"十四五"职业教育河南省规划教材

（第三版）

建筑供配电与照明

主　编　戴绍基
参　编　邱　红　胡雪梅　王宏颖　王林生
王臻卓　马磊娟　张　丽
主　审　夏国明

中国电力出版社
CHINA ELECTRIC POWER PRESS

内 容 提 要

本书为“十四五”职业教育河南省规划教材。

本书共十一章，主要内容包括概论（建筑供配电技术的有关知识），建筑供配电系统的主要电气设备，负荷计算，短路计算及电器的选择与校验，变配电所及建筑供配电系统，供配电系统的保护，建筑物的防雷，节约用电、计划用电与安全用电，高层建筑的供配电，建筑电气照明技术，城网小区规划及施工现场临时用电等。

为便于复习和自学，章末附有思考题、习题。书末的附录 A 介绍了一些常用的技术参数，附录 B 为课程设计任务书。

本书在编写中注意贯彻最新的国家标准和设计规范，使内容更新颖、更实用；在文字叙述上力求简明易懂，便于自学。

书中有一百多处二维码可供扫描，均为与教材配套的 3D 仿真、Flash 等教学资源。

本书可作为高职高专院校建筑设备类专业教材，也可作为应用型本科院校相关专业教材，还可供从事建筑电气设计、施工和运行的工程技术人员参考。

图书在版编目（CIP）数据

建筑供配电与照明/戴绍基主编．—3 版．—北京：中国电力出版社，2019.10（2024.2 重印）
“十三五”职业教育规划教材
ISBN 978-7-5198-3917-8

Ⅰ．①建… Ⅱ．①戴… Ⅲ．①房屋建筑设备－供电系统－高等职业教育－教材②房屋建筑设备－配电系统－高等职业教育－教材③房屋建筑设备－电气照明－高等职业教育－教材 Ⅳ．①TU852 ②TU113.8

中国版本图书馆 CIP 数据核字（2019）第 250892 号

出版发行：中国电力出版社
地　　址：北京市东城区北京站西街 19 号（邮政编码 100005）
网　　址：http://www.cepp.sgcc.com.cn
责任编辑：孙　静（010-63412542）
责任校对：黄　蓓　常燕昆　王海南
装帧设计：张俊霞
责任印制：吴　迪

印　　刷：北京雁林吉兆印刷有限公司
版　　次：2007 年 1 月第一版　2016 年 8 月第二版　2019 年 10 月第三版
印　　次：2024 年 2 月北京第十六次印刷
开　　本：787 毫米×1092 毫米　16 开本
印　　张：29.25
字　　数：718 千字　1 插页
定　　价：79.80 元

前言

本书按照培养技术应用型专门人才的要求，根据最新规范和标准进行了修订。本书注重培养和增强学生的规范意识及电气安全意识，并加强了运行维护等实际知识的内容。书中部分表格和插图采用了实际设计施工的工程图样，以便于师生了解实际工程设计。

可持续发展的智能化建筑已成为21世纪建筑的发展方向。一方面，作为一种具有广阔市场和高附加值的产业，智能化建筑正在成为国民经济一个新的增长点；另一方面，智能化建筑全面地应用了电气工程与自动化技术以及计算机与网络技术的最新成果，对高等职业教育拓宽专业面、增强适应性具有十分重要的作用。

高等职业教育专业课教材应强调理论的应用性，体现以能力为本位的观念，注重技能训练，以胜任职业岗位需要为出发点；课程内容应密切联系实际，本书亦力图反映建筑电气技术领域的新知识、新技术、新产品。教材作为教学的重要载体，应将学校的办学宗旨、培养模式、质量标准等信息传递给学生；应把教材建设目标、学校办学目标和人才培养目标统一起来。

本书共分十一章，分别介绍：概论（建筑供配电技术的有关知识），建筑供配电系统的主要电气设备，负荷计算，短路计算及电器的选择与校验，变配电所及建筑供配电系统，供配电系统的保护，建筑物的防雷，节约用电、计划用电与安全用电，高层建筑的供配电，建筑电气照明技术，城网小区规划及施工现场临时用电等。

为便于复习和自学，章末附有思考题、习题。书末的附录A介绍了一些常用的技术参数，附录B为课程设计任务书。

本书由河南工业职业技术学院戴绍基教授主编。其中，第十章由广西水电职业技术学院邱红副教授编写。河南工业职业技术学院下列教师参加了编写工作：胡雪梅教授（第八章）、王宏颖教授（第四章和第十一章）、王林生副教授（第七章）、王臻卓副教授（第二章）、马磊娟副教授（第一章）、张丽讲师（第六章）。其余由戴绍基编写并负责全书的统稿、定稿以及提供习题解答和案例库、现场讲解录像等。

本书主要适用于高职高专院校的建筑电气及智能化技术、建筑电气工程技术、建筑设备工程技术、供配电技术、电气自动化技术、机电一体化技术等专业。本书也可作为应用型本科院校相关专业的教材；并可供从事建筑电气设计、施工和运行的工程技术人员参考。实际授课内容可根据各校、各专业的不同要求而适当取舍（带“*”标记的内容为选讲内容）。

针对建筑供配电与照明课程具有较强实践性的特点，为了便于学生直观地理解和便于教师课堂教学，本书已由主编与深圳松大网络有限公司合作制作成MOOC全媒体教材。教材中的知识点通过Flash、三维仿真、微课视频等形式进行展示；并且大部分章节附有习题与案例库。上述全部资源都在书中相应位置设有二维码，读者可以通过扫描封面底部的二维码，下载松大慕课（MOOC）APP，打开软件扫码功能，在书中附有二维码的地方进行扫描识别，查看并获取资源。为了方便读者更加直观快速地找到自己所需的学习资源，在本书文前特别编写有二维码使用说明及资源目录，欢迎各位读者使用。

在编写和修订过程中，编者参阅了国内外出版的有关教材和资料，并得到了河南工业职业技术学院的支持和帮助，谨在此表示诚挚的谢意！

限于编者水平，书中难免有错漏之处，敬请读者批评指正，并请将意见发到 1179912754@qq.com。

编　者

2021 年 9 月

扫码可获取
本书配套
电子课件

第二版前言

本书是“十四五”职业教育河南省规划教材，是在第一版的基础上，按照与时俱进培养技术应用型专门人才的要求，根据近十年来我国新颁的一些规范和标准（例如：GB 50034—2013《建筑照明设计标准》、GB 50054—2011《低压配电设计规范》、GB 50057—2010《建筑物防雷设计规范》、GB 50343—2012《建筑物电子信息系统防雷技术规范》，以及行业标准 JGJ 16—2008《民用建筑电气设计规范》等）进行了修订，以培养和增强学生的规范意识和电气安全意识，并加强了运行维护等实际知识的内容。本书中有些表格和插图系采用实际设计施工的工程图样。

我国的高等教育正在由精英教育向大众教育转变，从而在办学形式、人才标准和人才培养模式等方面都呈现出多样化发展趋势。作为教学改革成果重要体现形式的教材，既是体现教学内容、教学方法和传播知识的载体，也是深化教学改革、全面推行素质教育和培养创新人才的重要保证。

教材作为教学的重要载体，应将学校的办学宗旨、培养模式、质量标准等信息传递给学生；应该将教材建设目标、学校办学目标和人才培养目标统一起来。

可持续发展的智能化建筑将成为 21 世纪建筑的发展方向。一方面，作为一种具有广阔市场和高附加值的产业，智能化建筑正在成为国民经济一个重要的增长点；另一方面，智能化建筑全面地应用了电气工程与自动化技术及计算机与网络技术的最新成果，对高等职业教育拓宽专业面、增强适应性具有十分重要的作用。

高等职业教育专业课教材应强调理论的应用性，体现以能力为本位的观念，注重技能训练，以胜任职业岗位需要为出发点；课程内容应密切联系实际，反映建筑电气技术领域的新知识、新技术、新产品。

本书共分十一章，分别介绍：建筑供配电技术的有关知识；建筑供配电系统的主要电气设备；负荷计算；短路计算及电器的选择与校验；变配电所及建筑供配电系统；供配电系统的保护；建筑物防雷；节约用电、计划用电与电气安全；高层建筑的供配电；建筑电气照明技术；城网小区规划及施工现场临时用电等。

为便于复习和自学，每章末附有思考题、习题。书末的附录 A 介绍了一些常用的技术参数，附录 B 为课程设计任务书，附录 C 为二维码使用说明及资源目录。

本书由河南工业职业技术学院戴绍基主编。其中，第十章由广西水电职业技术学院邱红老师编写。河南工业职业技术学院下列老师参加了编写工作：王宏颖（第四、十一章）、韩艳赞（第八章）、王林生（第七章）、张丽（第六章）、王臻卓（第二章）、冯硕（第一章）。其余部分均由戴绍基编写并负责全书的统稿和定稿工作。

本书可作为高职高专院校建筑电气工程技术、楼宇智能化工程技术、建筑设备工程技术等专业的教材，也可作为应用型本科院校相关专业的教材，并可供从事建筑电气设计、施工和运行的工程技术人员参考。实际授课内容可根据各校、各专业的不同要求而适当取舍。

针对本课程的特点，为便于学生直观地理解课程内容和便于教师教学，本书已由深圳市松大网络有限公司制作成全媒体教材。教材中的知识点通过 Flash 动画、三维仿真、微课视频等形式进行展示；并且各章节都附有习题与案例库。上述全部资源都在书中相应位置设有二维码，读者可以通过扫描封底二维码下载松大慕课（MOOC）APP，打开软件扫码功能，在书中附有二维码的地方进行扫描识别，查看并获取资源。为方便读者快速找到自己所需的学习资源，本书文前附有“二维码使用说明及资源目录”，欢迎各位读者使用。本课程部分资源免费，部分资源需付费下载，请读者知悉。

在本书的编写和修订过程中，编者参阅了国内外出版的有关教材和资料，并得到了河南工业职业技术学院的大力支持和帮助，谨在此表示诚挚的谢意！

限于编者水平，书中难免有错漏之处。敬请使用本书的广大师生和读者批评指正。请将意见发到 1179912754@qq.com。

编　者

2016 年 5 月

第一版前言

本书为教育部职业教育与成人教育司推荐教材之一。

可持续发展的智能化建筑将成为21世纪建筑的发展方向。一方面，作为一种具有广阔市场和高附加值的产业，智能化建筑正在成为国民经济一个新的增长点；另一方面，智能化建筑全面地应用了电气工程与自动化技术以及计算机与网络技术的最新成果，对高等职业教育拓宽专业面、增强适应性具有十分重要的作用。

高等职业教育专业课教材应强调理论的应用性，体现以能力为本位的观念，注重技能训练，以胜任职业岗位需要为出发点。本课程内容密切联系实际，力求反映建筑电气技术领域的新知识、新技术、新产品。

本书在编写中注意贯彻最新的国家标准和设计规范（例如GB 50034—2004《建筑照明设计标准》、GB 50343—2004《建筑物电子信息系统防雷技术规范》等），使内容更新颖、更实用；在文字叙述上亦力求简明易懂，便于自学。

本书共分十一章。其主要内容有：建筑供配电技术的有关知识；建筑供配电系统的主要电气设备；建筑供配电系统的负荷计算；短路计算及电器的选择与校验；变配电所及建筑供配电系统；建筑供配电系统的保护；建筑物的防雷；节约用电、计划用电与安全用电；高层建筑的供配电；建筑电气照明系统；城网小区规划及施工现场临时用电等。为便于复习和自学，每章末附有思考题、习题。书末的附录A介绍了一些常用的技术参数，附录B为课程设计任务书。

本书可作为高职高专院校建筑设备、建筑电气、楼宇智能化及相关专业的教材，也可作为应用型本科院校相关专业的教材，还可供从事建筑电气工程及相关专业的技术人员参考，亦可作为建筑电气技术的培训教材。教材内容可根据各校专业要求和教学时数情况自行取舍。限于教学时数时，目录中标有“*”号的章节，可作为选讲内容，或安排学生自学。

本书由河南工业职业技术学院戴绍基主编，第十章由广西水电职业技术学院邱红编写，第一章和第十一章由河南工业职业技术学院冯硕编写，其余各章由戴绍基编写并负责统稿和定稿。

本书编写过程中得到了河南工业职业技术学院和中国电力出版社的大力支持，在此一并表示诚挚的谢意。

本书在编写中参考了一些有关书籍和资料，除在书末的主要参考文献中列出外，并在此表示诚挚的谢意。

限于本人水平，书中难免还有一些缺点错误，恳切希望使用本书的读者批评指正。本书主编的E-mail地址为：nydsj2004@yahoo. com. cn。

河南工业职业技术学院　**戴绍基**

2006年7月

常用电气设备文字符号表

一、电气设备的文字符号

表 0-1 为常用电气设备的新旧文字符号对照表。

表 0-1　　　　常用电气设备的新旧文字符号对照表

文字符号	中文含义	英文含义	旧符号	文字符号	中文含义	英文含义	旧符号
A	装置	device	—	PV	电压表	voltmeter	V
	放大器	amplifier	FD	Q	电力开关	power switch	K
APD	备用电源自动投入装置	auto-put-into device of reserve-source	BZT	QF	断路器	Circuit-breaker	DL
ARD	自动重合闸装置	auto-reclosing device	ZCH	Q (QA)	低压断路器 (自动开关)	Low-voltage circuit-breaker (auto-switch)	ZK
				QK	刀开关	Knife-switch, blade	DK
C	电容，电容器	electric capacity, capacitor	C	QL	负荷开关	Load-switch, switch-fuse	FK
F	避雷器	arrester	BL	QM	手力操动机构辅助触点	Auxiliary contact of manual operating mechanism	—
FU	熔断器	fuse	RD	QS	隔离开关	disconnector	GK
G	发电机，电源	generator, source	F	R	电阻	resistance	R
HL	指示灯，信号灯	indicator lamp, pilot lamp	XD	RP	电位器	Potential meter	W
K	继电器，接触器	relay, contactor	J; C, JC	S	电力系统	Power system	XT
					启辉器	Glow starter	S
KA	电流继电器	current relay	LJ	SA	控制开关 选择开关	Control switch selector switch	KK XK
KG	气体继电器 (瓦斯继电器)	gas relay	WSJ	SB	按钮	Push-button	AN
KH	热继电器，温度继电器	heating relay, thermal relay	RJ	T	变压器	transformer	B

续表

文字符号	中文含义	英文含义	旧符号	文字符号	中文含义	英文含义	旧符号
KM	中间继电器（辅助继电器）接触器	Medium relay (auxiliary relay) contactor	ZJ C，JC	TA	电流互感器	Current transformer	LH（CT）
KO	合闸接触器	closing operation contactor	HC	TAN	零序电流互感器	Neutral-current transformer	LLH
KS	信号继电器	signal relay	XJ	TV	电压互感器	Voltage trans-former, potential transformer	YH（PT）
KT	时间继电器（延时继电器）	timing relay, time-delay relay	SJ				
KV	电压继电器	voltage relay	YJ	U	变流器，整流器	Converter，rectifier	BL，ZL
L	电感，电感线圈；电抗器	inductance，inductive coil；reactor	L	V	电子、晶体管	Electric tube transistor	D，BG
M	电动机	motor	D	W	导线，母线	Wire，bus bar	L，M
N	中性线	neutral wire	N	WAS	事故音响信号小母线	Accident sound signal small-bus bar	SYM
PA	电流表	ammeter	A	WB	母线	Bus bar	M
PE	保护线	protective wire	—	WC	控制回路电源小母线	Control circuit source small-bus bar	KM
PEN	保护中性线	protective neutral wire	N	WF	闪光信号小母线	Flash-light signal small-bus bar	SM
PJ	电能表	energy meter	Wh，varh	WFS	预报信号小母线	Forecast signal small-bus bar	YBM
WL	线路，导线 灯光信号小母线	Line，wire light signal small-bus bar	XL，l DM	X	端子板	Terminal strip	—
				XB	连接片	Connector	LP
WO	合闸回路电源小母线	Switch-on circuit source small-bus bar	HM	YA	电磁铁	Electromagnet	DC
WS	信号回路电源小母线	Signal circuit source small-bus bar	XM	YO	合闸线圈	Closing operation coil	HQ
WV	电压小母线	Voltage small-bus bar	YM	YR	跳闸线圈，脱扣器	Opening operation coil release	TQ

二、物理量下角的文字符号

物理量下角文字符号表如表 0 - 2 所示。

表 0 - 2　　物理量下角文字符号表

文字符号	中文含义	英文含义	旧符号	文字符号	中文含义	英文含义	旧符号
a	年，每年	Annual	n	ima	假想	Imaginary	jx
a	有功	Active	a，yg	k	短路	Short-circuit	d
Al	铝	Aluminium	Al	KA	继电器	Relay	J
al	允许	allowable	yx	L	电感 负荷，负载	Inductance Load	L H，fz
av	平均	Average	pj	L	灯	Lamp	D
c	计算顶棚， 天花板	Calculate ceiling	js dp	l	线，线路	Line	l，XL
cab	电缆	Cable	L	l	长延时	Long-delay	l
cr	临界	Critical	lj	M	电动机	Motor	D
Cu	铜	Copper	Cu	man	人工的，手工的	Manual	rg
d	需要 基准	Demand Datum	x j	m	最大	Maximum	m
d	日	Day	—				
dsq	不平衡	Disequilibrium	bp	max	最大	Maximum	max
E	地，接地	Earth，earthing	d，jd	min	最小	Minimum	min
e	设备	Equipment	S，SB	N	额定，标称	Rated，nominal	e
e	有效	Efficient	yx	n	数，总数	Number，total	n
eq	等效	Equivalent	dx	nat	自然的	Natural	zr
ec	经济	Economic	j，ji	np	非周期性的	Non-periodic， aperiodic	f-zq
es	电动稳定	Electrokinetic stable	dw	oc	断路	Open circuit	dl
FE	熔体	Fuse-element	RT	oh	架空线路	Over-head line	K
Fe	铁	Iron	Fe	oL	过负荷，过载	Over-load	gh
h	高度	Height	h	op	动作	Operate	dz
i	电流 任意常数	Current Arbitrary constant	i	OR	过电流脱扣器	Over-current release	TQ
p	有功功率 周期性的 保护	Active power Periodic protect	p zq j	w	结线，接线 工作 墙壁	Wiring Working Wall	JX qz —
pk	尖峰	Peak	jf	wk	破坏	Wreck	ph

续表

文字符号	中文含义	英文含义	旧符号	文字符号	中文含义	英文含义	旧符号
q	无功功率	Reactive power	q	WL	导线，线路	Wire，line	l，XL
qb	速断	Quick break	sd	x	某一数值	A number	x
r	无功	Reactive	R，wg	XC	［触头］接触	Contact	jc
RC	室空间	Room cabin	RC	a	吸收	Absorption	a
re	返回	Return	f	ρ	反射	Reflection	ρ
rel	可靠（性）	Reliability	k	θ	温度	Temperature	θ
S	系统	System	XT	Σ	总和	Total，sum	Σ
s	短延时	Short-delay	—	τ	透射	Transmission	τ
saf	安全	Safety	—	Ph	相	Phase	φ
sh	冲击	shock，impulse	cj，ch	0	零，无，空	Zero，nothing，empty	0
st	起动	Start	q，qd	0	停止，停歇 每（单位） 中性线 起始的 周围（环境） 瞬时	Stopping Per(unit) Neutral wire Initial Ambient Instantaneous	0 0 0 0 0 0
step	跨步	Step	kp				
t	时间	Time	t				
tou	接触	Touch	jc				
TR	热脱扣器	Thermal release	R，RT	30	半小时［最大］	30min[maximum]	30

二维码使用说明及资源目录

第一章　　概论

第二章　　建筑供配电系统的主要电气设备

续表

续表

序号	名称	资源类型	页码
8	DX - 31 信号继电器	3D 模型	174
9	图 6 - 8 仿真：中间继电器的内部结构	Flash	174
10	DZJ - 2 中间继电器	3D 模型	174
11	图 6 - 10 仿真：感应式电流继电器的内部结构	Flash	175
12	GL - 25 感应式电流继电器	3D 模型	175
13	图 6 - 17 仿真：去分流式跳闸方式	Flash	180
14	图 6 - 18 仿真：直接动作式过电流保护	Flash	180
15	图 6 - 19 仿真：定时限过电流保护装置	Flash	181
16	图 6 - 20 仿真：反时限过电流保护装置	Flash	182
17	图 6 - 24 仿真：低电压闭锁过电流保护	Flash	186
18	图 6 - 25 仿真：线路的定时限过电流保护、电流速断保护	Flash	188
19	图 6 - 31 仿真：变压器零序过电流保护	Flash	194
20	图 6 - 32 仿真：变压器的综合保护	Flash	196
21	图 6 - 36 仿真：变压器的瓦斯保护	Flash	198
22	图 6 - 37 仿真：采用手动操动机构的断路器控制回路及其信号系统	Flash	199
23	图 6 - 38 仿真：采用电磁操动机构的断路器控制回路及其信号系统	Flash	200
24	图 6 - 39 仿真：采用弹簧操动机构的断路器控制回路及其信号系统	Flash	202
25	万能转换开关	3D 模型	203
26	有功电能表	3D 模型	205
27	电流表	3D 模型	206
28	第六章习题	习题	216
29	第六章案例	案例	216

第七章　　建筑物的防雷

序号	名称	资源类型	页码
1	第七章　微视频	微视频	217
2	图 7 - 1 仿真：雷云中水滴分裂带电的过程	Flash	217
3	雷电波入侵	Flash	220
4	绝缘表	3D 模型	227
5	图 7 - 14 仿真：单支接闪杆的保护范围	Flash	230
6	图 7 - 15 仿真：双支等高接闪杆的保护范围	Flash	231
7	图 7 - 31 仿真：建筑物侧面遭受小电流雷击	Flash	258
8	图 7 - 32 仿真：负极性下行先导雷击发展示意图	Flash	258
9	第七章习题	习题	260
10	第七章案例	案例	260

第八章　　　　节约用电、计划用电和安全用电

序号	名称	资源类型	页码
1	第八章　微视频	微视频	262
2	图 8-10 仿真：交流电焊机空载自停原理电路图	Flash	275
3	交流接触器	3D 模型	275
4	控制变压器	3D 模型	275
5	图 8-12 仿真：并联电容器的装设位置	Flash	281
6	间接接触触电	Flash	296
7	电气安全事故案例 1—持证上岗	Flash	299
8	电气安全事故案例 2—最小安全距离	Flash	300
9	电气安全事故案例 3—电气火灾	Flash	302
10	电气安全事故案例 4—严禁合闸	Flash	302
11	使触电者脱离电源的方法	Flash	304
12	触电现场急救	Flash	305
13	第八章习题	习题	314
14	第八章案例	案例	314

第九章　　　　高层建筑的供配电

序号	名称	资源类型	页码
1	第九章　微视频	微视频	315
2	图 9-1 仿真：高层建筑的配电示意图	Flash	315
3	电缆穿刺式线夹	3D 模型	326
4	第九章习题	习题	343
5	第九章案例	案例	343

第十章　　　　建筑电气照明技术

序号	名称	资源类型	页码
1	第十章　微视频	微视频	345
2	图 10-14 仿真：双控开关控制照明	Flash	369
3	有功电能表　单相	3D 模型	375
4	第十章习题	习题	393
5	第十章案例	案例	393

第十一章　　　　城网小区规划及施工现场临时用电

序号	名称	资源类型	页码
1	第十一章　微视频	微视频	395
2	第十一章习题	习题	404
3	第十一章案例	案例	404

二维码使用帮助

1. 封面、封底及内页二维码使用说明

通过扫描封底二维码下载松大慕课（MOOC）APP，打开“扫一扫”功能，对准二维码进行扫码识别即可通过移动端获得相应资源。

2. 二维码资源目录列表使用说明

通过扫描封底二维码下载松大慕课（MOOC）APP，打开“扫一扫”功能，对准教材附录中所提供二维码资源目录列表上方二维码进行扫码，获得移动端版本的二维码资源目录列表，长按屏幕上表中二维码进行识别，选择识别图中二维码，获取其对应的资源及习题案例。

本课程部分资源免费，部分资源需要付费下载，请读者知悉。

目　录

第一章 概 论

本章概述有关建筑供配电技术的一些基本知识和基本问题。首先简要说明建筑供配电技术的意义、要求和课程任务，接着简介一些典型的建筑供配电系统以及发电厂和电力系统的基本知识、简述电力负荷的分级及其对供电电源的要求，然后重点论述关系供配电系统全局的两个问题，即电力系统的电压和电力系统中性点的运行方式。

第一节 建筑供配电的意义、要求及课程任务

建筑一般指主要供人们进行生产、生活或其他活动的房屋或场所，例如工业建筑、民用建筑和园林建筑等。如果说“建筑”是人为地限定空间和环境，则“建筑电气”就是以电能、电气设备和电气技术为手段来创造、维持与改善限定空间和环境的一门科学；它对建筑物的服务性与干预性，完善了建筑物的功能，也提高了建筑物的等级和效益。建筑业是国民经济的重要物质生产部门，它与整个国家的经济发展、人民生活的改善有着密切的关系。近三十几年来，随着社会的进步和城市化进程的发展，建筑业获得了前所未有的发展机遇，经济建设速度和城市规模得到了迅速发展。由于社会结构和人们生活方式的改变，人们的工作和生活环境越来越依赖于建筑物，对建筑物的功能也提出了越来越高的要求。

人类社会发展的历史证明：科学技术的重大突破必然会影响到人类生活模式的变化；而这种变化又必将促使人们对自己居住和生活的环境进行变革。例如：有了电能和电光源，人们才可能开辟夜生活，形成不夜城；只有电能在照明、空调等方面广泛应用之后，建筑上才有可能出现全封闭的无窗厂房，开敞的大面积办公空间，以及旅馆或住宅的暗卫生间等。只有当控制技术、通信技术、计算机和网络技术发展到一定水平，才出现了今天的所谓“智能建筑”。科技的进步正深刻地影响着人们的生活方式，促使建筑的功能、格局以至细部做法都产生了变化，这样的例子不胜枚举。建筑不仅仅是一种艺术和文化，建筑的本质是界定人类活动的空间，建筑的基本目的是给使用者提供一个舒适的空间和环境。现代建筑必须适应科技飞速发展的要求。

建筑的发展是人类文明与进步的重要标志。从修建遮蔽风雨的洞穴到今天各种风格和功能的大型建筑物，伴随着建筑工程的飞速发展，建筑电气等相关专业也有了长足的进步。如果把建筑物比作一个人，钢筋和混凝土是它的骨骼和肌肉，装修则好比是它的服饰。大楼里的电力线路类似血管，变配电所则好比心脏。如果说眼睛是心灵的窗户，窗户则是建筑物的眼睛，独具特色的窗户可以使建筑物增色不少。正在高速发展中的“楼宇自动化系统”（Building Automation System，BAS）、“办公自动化系统”（Office Automation System，OAS）和“通信自动化系统”（Communication Automation System，CAS）有效地改善了现代建筑的功能，形成了所谓“3A”智能化建筑。智能系统的主要设备通常放置在系统集成中心（System Integrated Center，SIC），并通过综合布线系统（Generic Cabling System，GCS）与各种终端设备（例如电话机、传真机、传感器等）连接，从而“感知”智能建筑内各处的信息，经过计算机处理后给出相应的对策，再通过终端设备（例如步进电机和各种开

关、阀门等）给出相应的反应，使建筑物具有“智能”。从一定意义上说来，系统集成中心SIC的地位类似大脑，而BAS、OAS、CAS和GCS就好比是建筑物的神经系统，它们把建筑物提升到智能化的高度。

建筑电气照明的初始目的是获得适当的照度，但在很多现代建筑中，灯具和照明的装饰作用和烘托气氛的功能显得更为重要。

可持续发展的智能化建筑将成为21世纪建筑的发展方向。一方面，作为一种具有广阔市场和高附加值的产业，智能化建筑正在成为国民经济一个新的增长点；另一方面，智能化建筑全面地应用了电气工程与自动化技术以及计算机与网络技术的最新成果，对高等职业教育拓宽专业面、增强适应性具有十分重要的作用。

建筑是凝固的艺术，一个好的建筑应该是一幅优美的立体画。建筑电气使这个艺术品充满生机和活力。

电力是国民经济和社会生活中的主要能源和动力，是现代文明的物质技术基础。没有电力就没有整个国民经济的现代化。现代社会的信息化和网络化，也是建立在电气化的基础之上的。现代化的大型建筑一般都有风机、水泵、电梯、电灯、电话、电视、电脑和火灾自动报警及消防系统等等。随着建筑物高度的增加和功能的扩展，现代建筑对电气设备和供电可靠性的依赖程度越来越高，电气设备在工程造价中所占比重也越来越大。建筑电气设施的优劣在一定程度上标志着建筑物现代化的程度。而电能供应如果突然中断，则将对现代化的大型建筑造成严重的后果，甚至可能发生人身伤亡事故。由此可见，供配电技术对于保证现代化建筑的正常工作具有十分重大的意义。

供配电工作要很好地为国民经济服务，并切实搞好安全用电、节约用电和计划用电（俗称“三电”）工作，必须达到下列基本要求。

（1）安全：在电能的供应、分配和使用中，不应发生人身事故和设备事故。

（2）可靠：应满足电能用户对供电可靠性即连续供电的要求。

（3）优质：应满足电能用户对电压质量和频率质量等方面的要求。

（4）经济：应使供电系统的投资少，运行费用低，并尽可能地节约电能。

此外，在供配电工作中，应合理地处理局部与全局、当前与长远的关系，既要照顾局部和当前的利益，又要有全局观点，顾全大局，适应发展。例如计划供用电问题，就不能只考虑一个单位的局部利益，更要有全局观点。

本课程的基本任务，主要是讲述工业与民用建筑内部的电能供应和分配问题，使学生初步掌握一般工业与民用建筑供配电系统运行维护及简单设计计算所必需的基本理论和基本知识，为今后从事供配电技术工作奠定初步的基础。本课程实践性较强，并与较多国家标准和设计规范密切相关，学习时应注重理论联系实际，培养实际应用能力。

第二节　建筑供配电系统及其电源与负荷

一、建筑供配电系统的基本知识

为了接受和分配从电力系统送来的电能，各类建筑都需要有一个内部的供配电系统。以工业建筑（工厂）为例，其供配电系统是指工厂所需的电力电源从进厂起到所有用电设备入端止的整个电力线路及其中的变配电设备。

一些小型建筑只有低压负荷且容量不大，此时可直接采用220/380V低压进线，即只有低压配电系统。对于中型工业建筑或大、中型民用建筑，由于负荷容量较大或具有高压电气设备（例如高压电动机等），其电源进线电压一般为10kV；此时，建筑内的供配电系统就包括高压和低压两部分。此外，某些大型工业建筑的电源进线电压可为35kV及以上。在本书中，所谓低压是指低于1kV的电压，而1kV以上的电压则称为高压。

1. 具有高压配电所的供电系统

图1-1是一个比较典型的中型工业建筑（或大、中型民用建筑）供电系统的系统图，图1-2是其平面布线图。为使图形简明，系统图、布线图及后面将涉及的主电路图，一般都绘成单线图的形式。必须说明，这里绘出的系统图中未绘出其中的开关电器，但示意性地绘出了高低压母线上和低压联络线上装设的开关。

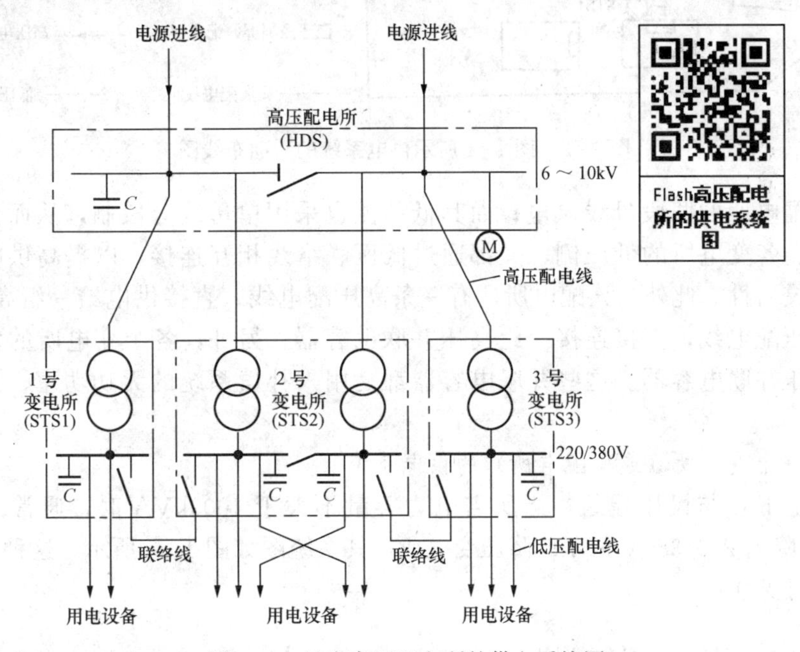

图1-1　具有高压配电所的供电系统图

从图1-1可以看出，此高压配电所有两条10kV的电源进线，分别接在高压配电所的两段母线上。所谓母线，就是用来汇集和分配电能的导体，又称汇流排，一般为矩形的铜排或铝排。这种利用一台开关分隔开的单母线接线形式，称为单母线分段制。当一条电源进线发生故障或进行检修而被切除时，可以闭合分段开关，由另一条电源进线来对整个配电所的负荷供电。这种具有双电源的高压配电所的运行方式有两种：其一，分段开关正常情况下是打开的，配电所由两条电源进线供电，当一路电源故障时，通过倒闸操作合上分段开关，变成一路电源供电；其二，分段开关正常情况下是闭合的，整个配电所由一条电源进线供电，通常来自公共高压配电网络；而另一条电源进线则作为备用，此时可从邻近单位取得备用电源（或者从自起动柴油发电机等取得备用电源）。若采用环网柜的供电方式，则接线方式将更为简单，这在本书后面会详细介绍。

该高压配电所有四条高压配电线，供电给三个变电所。变电所内装有电力变压器，将10kV高压降为低压用电设备所需的220/380V电压。这里的2号变电所中的两台电力变

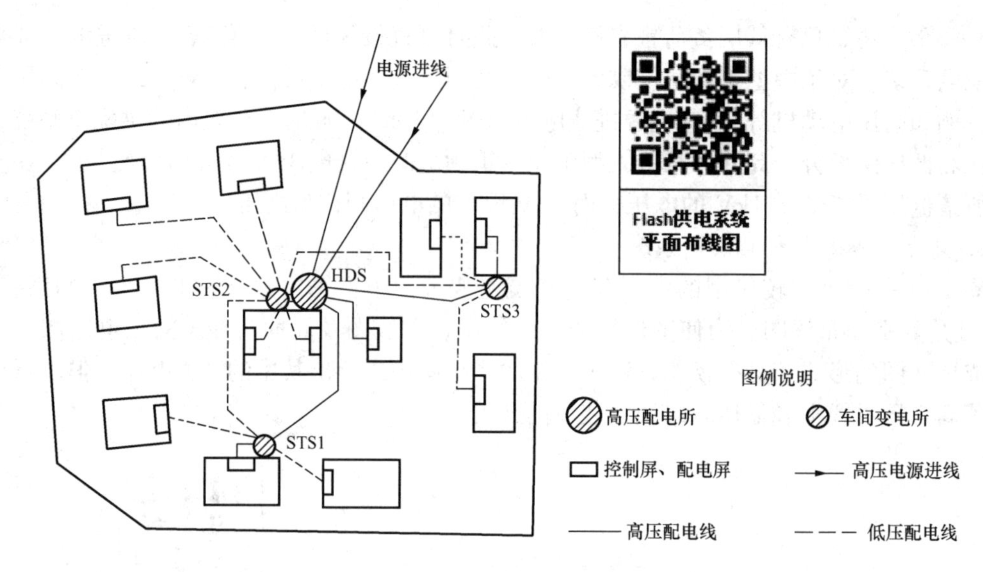

图 1-2　图 1-1 所示供电系统的平面布线图

压器分别由配电所的两段母线供电；而其低压侧也采用单母线分段制，从而使供电可靠性大大提高。各变电所的低压侧，又都通过低压联络线相互连接，以提高供电系统运行的可靠性和灵活性。此外，该配电所还有一条高压配电线，直接供电给一组高压电动机；另有一条高压配电线，直接连接一组高压并联电容器。另外，各个变电所的低压母线上也连接有低压并联电容器。这些并联电容器都是用来补偿系统的无功功率、提高功率因数用的。

2. 只有一个变电所（或变配电所）的供电系统

对于小型工业与民用建筑，当所需电力容量不大于 1000kVA 时，通常只设一个将 10kV 的电压降为 220/380V 低压的降压变电所，其系统图如图 1-3 所示。这种变电所相当于工厂的车间变电所。

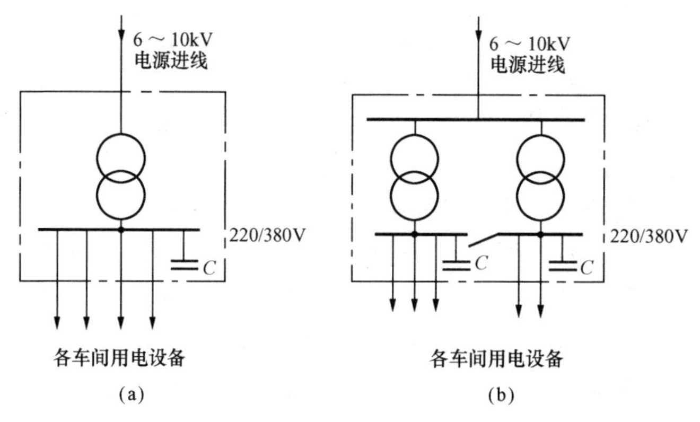

图 1-3　只有一个降压变电所的工厂供电系统图

（a）装有一台变压器；（b）装有两台变压器

如果建筑所需电力不大于 160kVA，则通常采用低压进线，直接由当地的 220/380V 公共电网供电，此时只需设置一个低压配电所（俗称“配电间”），通过低压配电间直接向各建筑物配电。

综上所述，变电所的任务是接受电能、变换电压和分配电能；配电所的任务是接受电能和分配电能。两者的区别，在于变电所装设有电力变压器，较之配电所多了变压的任务。

二、发电厂和电力系统的基本知识

电力用户所需的电力是由发电厂生产的。但发电厂大多建设在能源基地附近，往往离用电负荷很远。为了减少输电损失，发电厂发出的电压一般要经升压变压器升压；而用电负荷的电压一般是低压，因此升压输送的电能最后又要经降压变压器降压，如图 1-4 所示。发电、输电、变电、配电和用电的全过程，对电能本身来说实际上是在同一瞬间实现的，这是交流电能的一大特点。因此，在研究工业与民用建筑的供配电问题时也有必要了解发电厂及电力系统方面的一些基本知识。

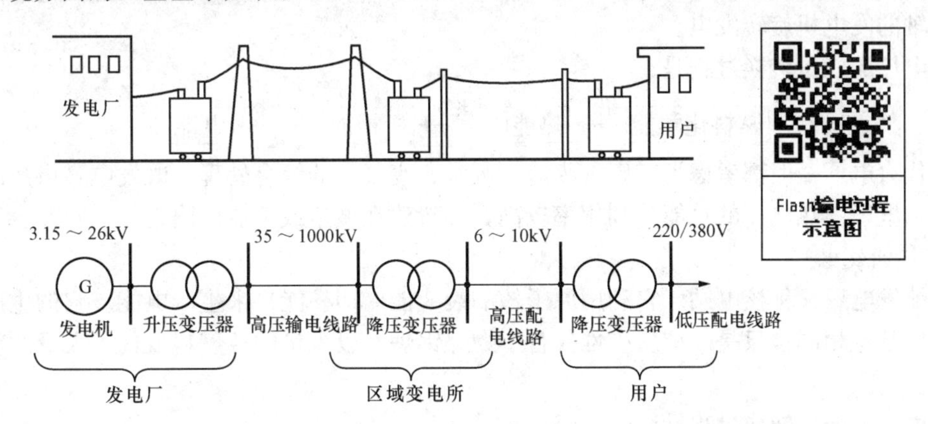

图 1-4 从发电厂到用户输送电能的过程示意图

（一）发电厂

发电厂又称发电站，是将自然界蕴藏的各种一次能源如水力、煤炭、石油、天然气、风力、地热、太阳能和核能等，转换为电能（二次能源）的工厂。发电厂按其利用的能源不同，可分为水力发电厂、火力发电厂、核能发电厂、风力发电厂、地热发电厂、潮汐能发电厂、太阳能发电厂等类型。这里只简介水力发电厂、火力发电厂和核能发电厂。

1. 水力发电厂

水力发电厂简称水电厂或水电站。它利用水流的位能来生产电能。

水电厂的发电容量与水电厂所在地点上下游的水位差（通称水头，或落差）和流过水轮机的水流量的乘积成正比，因此，建造水电厂，一般必须用人工的办法来提高水位。最常用的办法，是在河道上建筑一个很高的拦河坝，使上游形成水库，提高上游水位，使坝的上下游形成尽可能大的落差。水电厂就建在大坝后面。这种水电厂称为“坝后式水电厂”。我国一些大型水电厂包括正在建设中的三峡水电厂，都属于这种类型。另一种提高水位的办法，是在具有相当坡度的弯曲河段上游，筑一低坝，拦住河水，然后利用沟渠或隧洞，将河水直接引至建在河段末端的水电厂。这种水电厂，称为“引水式水电厂”。还有一种水电厂，是上述两种方式的综合，由水坝和引水渠道分别提高一部分水位。这种水电厂，称为“混合式水电厂”。

水电厂的能量转换过程是：

Flash水力发电流程介绍

2. 火力发电厂和热电厂

火力发电厂简称火电厂或火电站。它利用燃料的化学能来生产电能。我国的火电厂当前以燃煤为主，也有燃油的。为了提高燃煤效率，现代火电厂都把煤块粉碎成煤粉燃烧。煤粉在锅炉的炉膛内充分燃烧，将锅炉内的水烧成高温、高压的蒸汽，推动汽轮机转动，从而使与它联轴的发电机旋转发电。

火电厂的能量转换过程是：

燃料化学能 —锅炉→ 热能 —汽轮机→ 机械能 —发电机→ 电能

现代火电厂一般都考虑了三废（废渣、废水、废气）的综合处理。既发电又供热的火电厂称为热电厂。热电厂的总能量利用率较高，一般建在城市或工业区附近。

3. 核能发电厂

核能发电厂又称核电站。它利用原子核的裂变能（即核能）来生产电能。它的生产过程与火电厂基本相同；只是以核反应堆代替了燃煤锅炉，以少量的核燃料取代了大量的煤、油等燃料。

核电厂的能量转换过程是：

核裂变能 —核反应堆→ 热能 —汽轮机→ 机械能 —发电机→ 电能

核能是极其巨大的能源，也是相当洁净和安全的一种能源，而且核电建设具有重要的经济和科研价值，所以世界各国都很重视核电建设，核电发电量的比重正在逐年增长。

从我国的国情出发，我国的电力建设方针确定为："优化火电结构，大力发展水电，适当发展核电，因地制宜开发新能源，同步建设电网，积极减少环境污染，开发与节约并举，把节约放在首位"。我国除了新建和扩建了一批水电厂和火电厂外，还兴建了秦山、大亚湾等核电厂，并正在兴建举世瞩目的三峡水电厂。三峡水电厂的总装机容量为 1820 万 kW，共 26 台机组，按设计，多年平均发电量为 847 亿 kWh。

（二）电力系统

由各种电压的电力线路，将各种发电厂、变电所和电力用户联系起来的一个发电、输电、变电、配电和用电的整体，称为电力系统。

图 1-5 是一个大型电力系统的系统图。

电力系统中的各级电压线路及其联系的变配电所，称为电力网，简称电网。但习惯上，电网或系统往往按电压等级来划分；例如，我们说 10kV 电网或 10kV 系统，实指 10kV 的整个线路。

建立大型电力系统，可以更经济合理地利用动力资源（首先是充分利用水力资源），降低发电成本，减少电能损耗，保证供电质量，并大大提高供电可靠性，有利于整个国民经济的发展。但同时应考虑大型电力系统在事故时引发大范围停电的问题，并采取相应的对策。

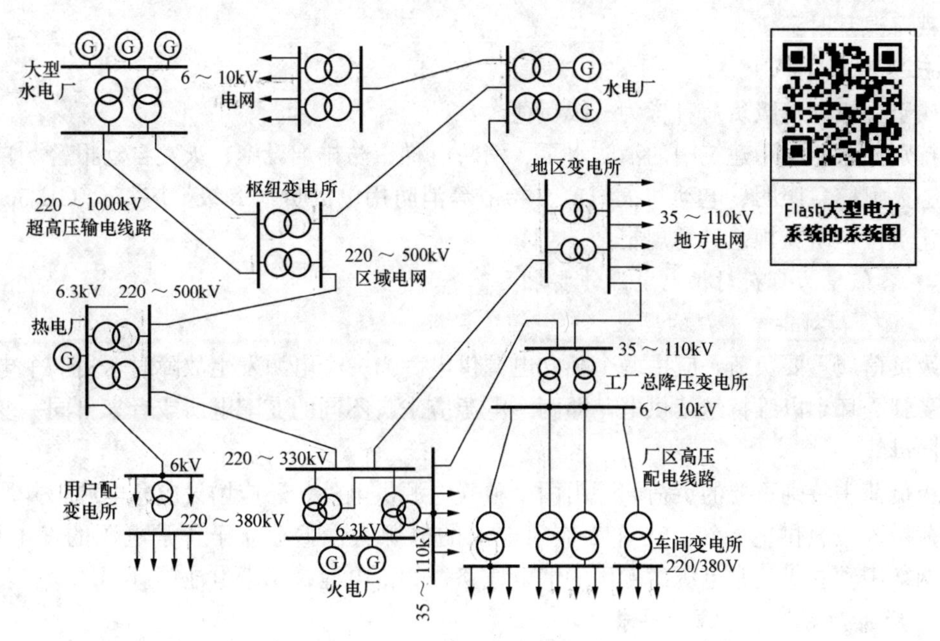

图 1-5 大型电力系统的系统图

目前正在发展的分布式供电系统就可以限制电力系统在事故时的停电范围。

三、电力负荷

本书中的电力负荷有两个含义：一是指用电设备或用电单位（用户）；二是指用电设备或用户所消耗的电功率或电流。这里所讲的电力负荷是指前者。

（一）电力负荷的分级

电力负荷应根据其对供电可靠性的要求及中断供电在政治、经济上所造成损失或影响的程度，分为一级负荷、二级负荷及三级负荷。

1. 一级负荷

符合下列情况之一时应为一级负荷：①中断供电将造成人身伤亡时；②中断供电将在政治、经济上造成重大损失时，例如重大设备损坏、大量产品报废、用重要原料生产的产品大量报废、国民经济中重点企业的连续生产过程被打乱需要长时间才能恢复时；③中断供电将造成公共场所秩序严重混乱时。

在一级负荷中，当中断供电将发生中毒、爆炸和火灾等情况的负荷，以及特别重要场所的不允许中断供电的负荷，应视为特别重要的负荷。例如：重要交通枢纽、重要通信枢纽、重要宾馆、大型体育场馆、经常用于国际活动的大量人员集中的公共场所等用电单位中的重要电力负荷；大型金融中心的防火、防盗报警系统和重要的计算机系统，大型国际比赛场馆的记分系统和监控系统等。

2. 二级负荷

符合下列情况之一时应为二级负荷：①中断供电将在政治、经济上造成较大损失时，例如主要设备损坏、大量产品报废、连续生产过程被打乱需长时间才能恢复、重点企业大量减产时；②中断供电将影响重要用电单位的正常工作时，例如交通枢纽、通信枢纽等用电单位中的重要电力负荷，以及中断供电将造成大型影剧院、大型商场等较多人员集中的重要的公共场所秩序混乱时。

3. 三级负荷

不属于一级和二级负荷者皆为三级负荷。

应特别注意，民用建筑中的消防水泵、消防电梯、防排烟设施、火灾自动报警、自动灭火装置、火灾应急照明、电动防火门窗、卷帘等消防用电的负荷等级，应符合 GB 50016—2014《建筑设计防火规范》的规定。

（二）各级电力负荷对供电电源的要求

1. 一级负荷对供电电源的要求

一级负荷属重要负荷，应由两个独立电源供电。当一个电源发生故障时，另一个电源不应同时受到损坏，以维持继续供电，即两个电源应来自不同的变配电所或者来自同一变配电所的不同母线。

一级负荷中特别重要的负荷，除由两个独立电源供电外，还应增设应急电源，并严禁将其他负荷接入应急供电系统。可作为应急电源的电源有：①独立于正常电源的发电机组；②供电网络中独立于正常电源的专用的馈电线路；③蓄电池；④干电池等。

2. 二级负荷对供电电源的要求

二级负荷也属重要负荷，但其重要程度次于一级负荷。二级负荷宜由两回线路供电，供电变压器一般也应有两台。在负荷较小或地区供电条件困难时，二级负荷可由一回 6kV 及以上专用的架空线路或电缆供电。当采用架空线路时，可为一回架空线路供电；当采用电缆线路时，应采用两根电缆组成的线路供电，其每根电缆应能承受 100%的二级负荷，即要求当变压器或线路故障时不致中断供电或者中断后能迅速恢复供电。

3. 三级负荷对供电电源的要求

三级负荷属不重要负荷，对供电电源无特殊要求。

表 1-1 列出了工业和民用建筑部分重要电力负荷的级别，供参考。该表中工业负荷级别为 JBJ 6—1996《机械工厂电力设计规程》所规定，民用建筑负荷级别为 GB 51348—2019《民用建筑电气设计标准》所规定。

表 1-1 工业和民用建筑部分重要电力负荷的级别

序号	建筑物名称	电力负荷名称	负荷级别
1	工业重要电力负荷的级别（据 JBJ 6—1996）		
1.1	炼钢车间	容量为 100t 及以上的平炉加料起重机、浇铸起重机、倾动装置及冷却水系统的用电设备	一级
		容量为 100t 及以下的平炉加料起重机、浇铸起重机、倾动装置及冷却水系统的用电设备	二级
		平炉鼓风机、平炉用其他用电设备；5t 以上电弧炼钢炉的电极升降机构、倾炉机构及浇铸起重机	二级
		总安装容量为 30MVA 以上，停电会造成重大经济损失的多台大型电热装置（包括电弧炉、矿热炉、感应炉等）	一级
1.2	铸铁车间	30t 及以上的浇铸起重机、部重点企业冲天炉鼓风机	二级
1.3	热处理车间	井式炉专用淬火起重机、井式炉油槽抽油泵	一级

续表

序号	建筑物名称	电力负荷名称	负荷级别
1.4	锻压车间	锻造专用起重机、水压机、高压水泵、油压机	二级
1.5	金属加工车间	价格昂贵、作用重大、稀有的大型数控机床；停电会造成设备损坏，如自动跟踪数控仿形铣床、强力磨床等设备	一级
		价格贵、作用大、数量多的数控机床工部	二级
1.6	电镀车间	大型电镀工部的整流设备、自动流水作业生产线	二级
1.7	试验站	单机容量为200MW以上的大型电机试验、主机及辅机系统、动平衡试验的润滑油系统	一级
		单机容量为200MW及以下的大型电机试验、主机及辅机系统，动平衡试验的润滑油系统	二级
		采用高位油箱的动平衡试验润滑油系统	二级
1.8	层压制品车间	压机及供热锅炉	二级
1.9	线缆车间	熔炼炉的冷却水泵、鼓风机、连铸机的冷却水泵、连轧机的水泵及润滑泵 压铅机、压铝机的熔化炉、高压水泵、水压机 交联聚乙烯加工设备的挤压交联冷却、收线用电设备；漆包机的传动机构、鼓风机、漆泵 干燥浸油缸的连续电加热、真空泵、液压泵	二级
1.10	磨具成型车间	隧道窑鼓风机，卷扬机构	二级
1.11	油漆树脂车间	2500L及以上的反应釜及其供热锅炉	二级
1.12	焙烧车间	隧道窑鼓风机、排风机、窑车推进机、窑门关闭机构 油加热器、油泵及其供热锅炉	二级
1.13	热煤气站	煤气加压机、加压油泵及煤气发生炉鼓风机	一级
		有煤气罐的煤气加压机、有高位油箱的加压油泵	二级
		煤气发生炉加煤机及传动机构	二级
1.14	冷煤气站	鼓风机、排风机、冷却通风机、发生炉传动机构、高压整流器等	二级
1.15	锅炉房	中压及以上锅炉的给水泵	一级
		有汽动水泵时，中压及以上锅炉的给水泵	二级
		单台容量为20t/h及以上锅炉的鼓风机、引风机、二次风机及炉排电机	二级
1.16	水泵房	供一级负荷用电设备的水泵	一级
		供二级负荷用电设备的水泵	二级
1.17	空压站	部重点企业单台容量为60m^3/min及以上空压站的空气压缩机、独立励磁机	二级
		离心式压缩机润滑油泵	一级
		有高位油箱的离心式压缩机润滑油泵	二级
1.18	制氧站	部重点企业中的氧压机、空压机冷却水泵、润滑液压泵（带高位油箱）	二级
1.19	计算中心	大中型计算机系统电源（自带UPS电源）	二级

续表

序号	建筑物名称	电力负荷名称	负荷级别
1.20	理化计量楼	主要实验室、要求高精度恒温的计量室的恒温装置电源	二级
1.21	刚玉、碳化硅冶炼车间	冶炼炉及其配套的低压用电设备	二级
1.22	涂装车间	电泳涂装的循环搅拌、超滤系统的用电设备	二级
2	民用建筑重要电力负荷的级别（据 JGJ 16—2008）		
2.1	高层普通住宅	客梯、生活水泵电力，楼梯照明	二级
2.2	高层宿舍	客梯、生活水泵电力，主要通道照明	二级
2.3	重要办公建筑	客梯电力，主要办公室、会议室、总值班室、档案室及主要通道照明	一级
2.4	部、省级办公建筑	客梯电力，主要办公室、会议室、总值班室。档案室及主要通道照明	二级
2.5	高等学校教学楼	客梯电力，主要通道照明	三级①
2.6	一、二级旅馆	经营管理用及设备管理用电子计算机系统电源	一级④
		宴会厅电声、新闻摄影、录像电源，宴会厅、餐厅、娱乐厅、高级客房、康乐设施、厨房及主要通道照明，地下室污水泵、雨水泵电力，厨房部分电力、部分客梯电力	一级
		其余客梯电力，一般客房照明	二级
2.7	科研院所重要实验室		一级②
2.8	市（地区）级及以上气象台	主要业务用电子计算机系统电源	一级④
		气象雷达、电报及传真收发设备，卫星云图接收机及语言广播电源，天气绘图及预报室的照明	一级
		客梯电力	二级
2.9	高等学校重要实验室		一级②
2.10	计算中心	主要业务用电子计算机系统电源	一级
		客梯电力	二级
2.11	大型博物馆、展览馆	防盗信号电源，珍贵展品展室的照明	一级④
		展览用电	二级
2.12	中等剧场	调光用电子计算机系统电源	一级④
		舞台、贵宾室、演员化妆室照明，舞台机械电力，电声、广播及电视转播、新闻摄影电源	一级
2.13	甲等电影院		二级
2.14	重要图书馆	检索用电子计算机系统电源	一级④
		其他用电	二级

续表

序号	建筑物名称	电力负荷名称	负荷级别
2.15	省、自治区、直辖市及以上体育馆、体育场	计时记分用电子计算机系统电源	一级④
		比赛厅（场）、主席台、贵宾室、接待室及广场照明，电声、广播及电视转播、新闻摄影电源	一级
2.16	县（区）级及以上医院	急诊部用房、监护病房、手术部、分娩室、婴儿室、血液病房的净化室，血液透析室、病理切片分析室，CT扫描室，区域用中心血库、高压氧舱、加速器机房和治疗室及配血室的电力和照明，培养箱、冰箱、恒温箱的电源	一级
		电子显微镜电源，客梯电力	二级
2.17	银行	主要业务用电子计算机系统电源，防盗信号电源	一级④
		客梯电力，营业厅、门厅照明	二级③
2.18	大型百货商店	经营、管理用电子计算机系统电源	一级④
		营业厅、门厅照明	一级
		自动扶梯、客梯电力	二级
2.19	中型百货商店	营业厅、门厅照明，客梯电力	二级
2.20	广播电台	电子计算机系统电源	一级④
		直接播出的语言播音室、控制室、微波设备及发射机房的电力和照明	一级
		主要客梯电力，楼梯照明	二级
2.21	电视台	电子计算机系统电源	一级④
		直接播出的电视演播厅、中心机房、录像室、微波机房及发射机房的电力和照明	一级
		洗印室、电视电影室、主要客梯电力，楼梯照明	二级
2.22	火车站	特大型站和国境站的旅客站房、站、天桥、地道的用电设备	一级
2.23	民用机场	航行管制、导航、通信、气象、助航灯光系统的设施和台站；边防、海关、安全检查设备，航班预报设备；三级以上油库；为飞行及旅客服务的办公用房；旅客活动场所的应急照明	一级④
		候机楼、外航驻机场办事处、机场宾馆及旅客过夜用房、站坪照明、站坪机务用电	一级
		其他用电	二级
2.24	水运客运站	通信枢纽，导航设施，收发信台	一级
		港口重要作业区，一等客运站用电	二级
2.25	汽车客运站	一、二级站	二级
2.26	市话局，电信枢纽、卫星地面站	载波机、微波机、长途电话交换机、市内电话交换机、文件传真机、会议电话、移动通信及卫星通信等通信设备的电源；载波机室、微波机室、交换机室、测量室、转接台室、传输室、电力室、电池室、文件传真机室、会议电话室、移动通信室、调度机室及卫星地面站的应急照明，营业厅照明，用户电传机	一级⑤
		主要客梯电力，楼梯照明	二级

续表

序号	建筑物名称	电力负荷名称	负荷级别
2.27	冷库	大型冷库，有特殊要求的冷库的一台氨压缩机及其附属设备的电力，电梯电力，库内照明	二级
2.28	监狱	警卫照明	一级

注 各种建筑物的分级见现行的有关设计规范。

①仅当建筑物为高层建筑时，其客梯电力、楼梯照明为二级负荷。

②此处系指高等学校，科研院所中一旦中断供电将造成人身伤亡或重大政治影响、经济损失的实验室，例如生物制品实验室等。

③在面积较大的银行营业厅中，供暂时工作用的应急照明为一级负荷。

④该一级负荷为特别重要负荷。

⑤重要通信枢纽的一级负荷为特别重要负荷。

需要说明，负荷分级是在计划经济体制下为解决电力供应短缺问题而采用的办法；而且，在具体实行中也存在一些问题，例如一、二级负荷有多少应按一级负荷供电等。为此，《深圳市城市中低压配电网规划设计及用户供电技术导则》就“根据用户用电负荷中拥有各级负荷的比例又将负荷分为三类”：二级及以上的负荷超过50%以上的用户为一类用户；二级及以上的负荷超过20%以上的用户为二类用户；绝大部分用电负荷为三级负荷的用户为三类用户。该导则对各类用户不同变压器总容量的10kV供电方式都作了具体的规定。

第三节 电力系统的电压

一、概述

电力系统中的所有电气设备，都是规定有一定的工作电压和频率的。电气设备在其额定电压和频率下工作时，其综合的经济效果最好。例如感应电动机，若电压偏高，虽转矩增大，但电流也增大，温升增大，将使绝缘严重受损，缩短使用寿命；若电压偏低，则转矩将按电压二次方成比例地减小，而在负荷转矩要求一定的情况下，绕组电流必然增大，致使绝缘受损，缩短使用寿命。若电源频率偏高或偏低，也将严重影响电动机的转速和使用寿命。又如白炽灯，若电压偏高，其使用寿命将大大缩短；若电压偏低，则灯光明显变暗，严重影响工作效率和人的视力健康。国务院发布的《电力供应与使用条例》第十九条规定：“用户受电端的供电质量应当符合国家标准或者电力行业标准。”供电质量是指供电频率质量、电压质量和供电可靠性等。因此，一般认为，电压、频率和供电连续可靠，是表征电能质量的基本指标。

我国采用的工业频率（简称工频）为50Hz，频率偏差范围一般规定为±0.5Hz。如电力系统容量达3000MW及以上时，则频率偏差范围规定为±0.2Hz。频率的调整主要依靠发电厂（发电厂有一种自动按频率减负荷装置）。对于用户供电系统来说，提高电能质量主要是提高电压质量和供电可靠性的问题。

电压质量，不只是指对额定电压来说是电压偏高或偏低即电压偏差的问题，而且包括电压波动以及电压波形是否畸变即所含高次谐波是否超过规定标准的问题。

二、三相交流电网和电气设备的额定电压

我国规定的三相交流电网和电气设备的额定电压，如表1-2所示。下面对此表作一些

说明。

表 1-2 我国三相交流电网和电气设备的额定电压

分类	电网和用电设备额定电压/kV	发电机额定电压/kV	电力变压器额定电压/kV	
			一次绕组	二次绕组
低压	0.38	0.40	0.38	0.40
	0.66	0.69	0.66	0.69
高压	3	3.15	3，3.15	3.15，3.3
	6	6.3	6，6.3	6.3，6.6
	10	10.5	10，10.5	10.5，11
	—	13.8，15.75，18，20，22，24，26	13.8，15.75，18，20，22，24，26	—
	35	—	35	38.5
	66	—	66	72.5
	110	—	110	121
	220	—	220	242
	330	—	330	363
	500	—	500	550
	750	—	750	825（800）
	1000	—	1000	1100

（一）电网（电力线路）的额定电压

电网的额定电压等级是国家根据国民经济发展的需要及电力工业的水平，经全面的技术经济分析后确定的。它是确定各类电气设备额定电压的基本依据。表 1-2 中电网额定电压等级是 GB/T 156—2017《标准电压》所规定的。

（二）用电设备的额定电压

由于用电设备运行时要在线路中产生电压损耗，因而造成线路上各点电压略有不同，如图 1-6 的虚线所示。但是成批生产的用电设备，其额定电压不可能按使用地点的实际电压来制造，只能按线路首端与末端的平均电压即电网的额定电压 U_N 来制造。所以用电设备的额定电压规定与供电电网的额定电压相同。

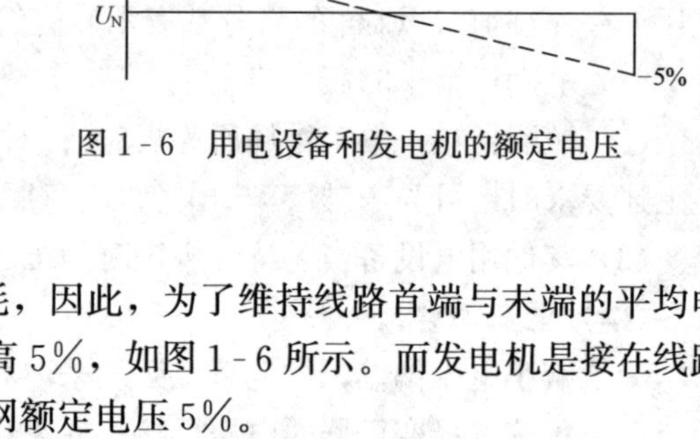

图 1-6 用电设备和发电机的额定电压

（三）发电机的额定电压

由于同一电压的线路一般允许的电压偏差是±5%，即整个线路允许有 10%的电压损耗，因此，为了维持线路首端与末端的平均电压在额定值，线路首端电压应较电网额定电压高 5%，如图 1-6 所示。而发电机是接在线路首端的，所以规定发电机额定电压高于所供电网额定电压 5%。

（四）电力变压器的额定电压

1. 电力变压器一次绕组的额定电压

若变压器直接与发电机相连，如图 1-7 中的变压器 T1，则其一次绕组额定电压应与发电机额定电压相同，即高于电网额定电压 5%。

若变压器不与发电机直接相连，而是连接在线路的其他部位，则应将变压器看作是线路上的用电设备。因此变压器的一次绕组额定电压应与供电电网额定电压相同，如图 1-7 中的变压器 T2。

2. 电力变压器二次绕组的额定电压

变压器二次绕组的额定电压是指变压器在其一次绕组加上额定电压时的二次绕组开路电压（空载电压）。而变压器在满载运行时，其绕组内有大约 5%的阻抗电压降，因此应分两种情况讨论：

如果变压器二次侧的供电线路较长（如为较大容量的高压电网），则变压器二次绕组额定电压一方面要考虑补偿绕组本身 5%的电压降，另一方面还要考虑变压器满载时输出的二次电压仍要高于二次侧电网额定电压 5%（因变压器处在其二次侧线路的首端），所以这种情况的变压器二次绕组额定电压应高于二次侧电网额定电压 10%，如图 1-7 中变压器 T1。

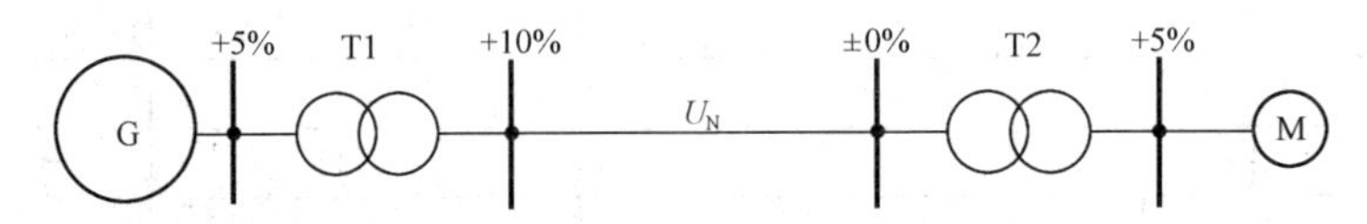

图 1-7 电力变压器的额定电压

如果变压器二次侧的供电线路不长（如为低压电网，或直接供电给高低压用电设备的线路），则变压器二次绕组的额定电压，只需高于二次侧电网额定电压 5%，仅考虑补偿变压器满载时绕组本身 5%的电压降，如图 1-7 中变压器 T2。

三、电压偏差和电压调整

（一）电压偏差

用电设备端子处的电压偏差 ΔU，是以设备端电压 U 与设备额定电压 U_N 差值的百分值来表示的，即

$$\Delta U\% = \frac{U - U_N}{U_N} \times 100\% \tag{1-1}$$

电压偏差是由于系统运行方式改变及负荷缓慢变化而引起的，其变动相当缓慢。

按 GB 50052—2009《供配电系统设计规范》规定，正常运行情况下，用电设备端子处电压偏差允许值（以 U_N 的百分数表示）宜符合下列要求：

（1）电动机为±5%。

（2）照明：在一般工作场所为±5%；对于远离变电所的小面积一般工作场所，难以满足上述要求时，可为+5%、−10%；应急照明、道路照明和警卫照明等为+5%、−10%。

（3）其他用电设备当无特殊规定时为±5%。

（二）电压调整

为了减小电压偏差，供电系统必须采取相应的电压调整措施。

（1）正确选择变压器的电压分接头或采用有载调压变压器。我国供电系统中应用的 6～

10kV 电力变压器，通常为无载调压型，其高压绕组有 $U_{1N}\pm5\%U_{1N}$ 的电压分接头，并装设有无载调压分接开关，如图 1-8 所示。如果设备端电压偏高，则应将分接头开关换接到 $+5\%U_{1N}$ 的分接头，以降低设备端电压。如果设备端电压偏低，则应将分接开关换接到 $-5\%U_{1N}$ 的分接头，以升高设备端电压。这是实际中最常用、最方便的调压措施。但换接电压分接头必须停电进行，因此不能频繁操作。如果用电负荷中有的设备对电压要求严格，采用无载调压型变压器满足不了要求，而单独装设调压设备在技术经济上不合理时，可采用有载调压型变压器，使之在正常运行过程中自动调整电压，保证设备端电压的稳定。

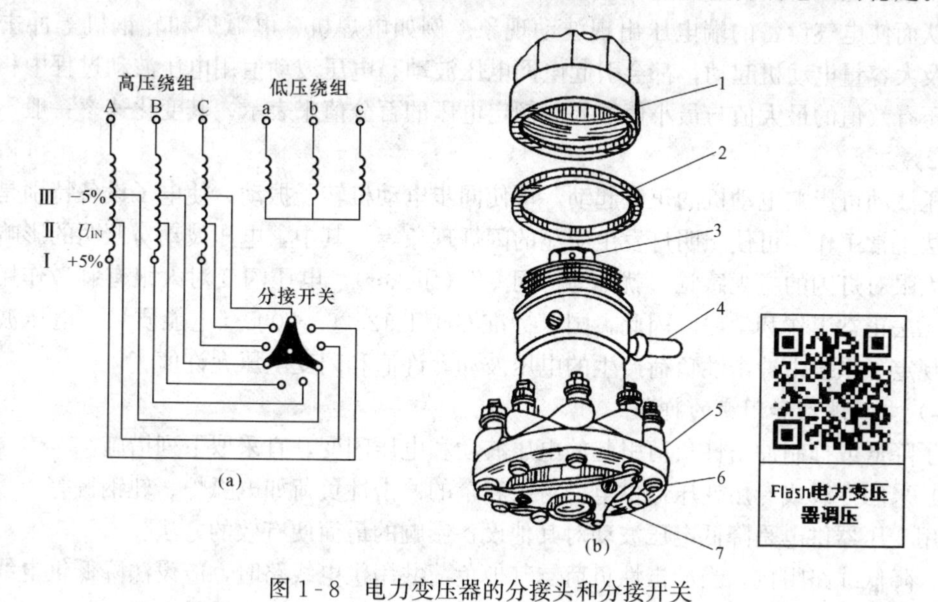

图 1-8 电力变压器的分接头和分接开关

(a) 分接头的接线；(b) 分接开关外形

1—帽；2—密封垫圈；3—操动螺母；4—定位钉；5—绝缘盘；6—静触头；7—动触头

(2) 降低系统阻抗。供电系统中各元件的电压降是与各元件的阻抗成正比的，因此在技术经济合理时，减少系统的变压级数，增大线路截面，或以电缆取代架空线路，都能降低系统阻抗，减少电压降，从而缩小电压偏差的范围。

(3) 尽量使三相负荷平衡。在三相四线制系统中，如果三相负荷分布不均衡，则将使负荷端中性点的电位偏移，造成有的相电位升高，从而增大线路的电压偏差。为此，应使三相负荷尽可能平衡。

(4) 合理地改变系统的运行方式。在生产为一班制或两班制的工厂中，在工作班的时间内，负荷重，往往电压偏低，因而需要将变压器高压绕组的分接头调在 $-5\%U_N$ 的位置。但这样一来，到非工作班的时间内，负荷轻，电压就会升高。这时可切除变压器，改用低压联络线供电（参看图 1-1），这样既可减少变压器的能耗，又由于投入低压联络线而增加线路的电压损耗，从而降低可能出现的过高电压。对于两台变压器并列运行的变电所，在负荷轻时切除一台变压器，同样可起到降低过高电压的作用。

(5) 采用无功功率补偿装置。由于系统中存在大量的感性负载（如感应电动机、高频电炉、气体放电灯等），加上系统中感抗很大的变压器，从而使系统产生大量相位滞后的无功功率，降低功率因数 $\cos\varphi$，增加系统的电压降。为了提高功率因数，减小系统的电压降，可采用并联电容器或同步补偿机，使之产生相位超前的无功功率，以补偿一部分相位滞后的无功功率。由于采用并联电容器补偿较之采用同步补偿机更为简单经济和便于运行维护，因此并联电容器补偿在工厂供电系统中获得广泛的应用。不过采用专门的无功补偿设备，需额外投资，因此在进行电压调整时，首先应考虑前面所述的各项措施，以提高供电系统的经济效果。

四、电压波动和闪变及其抑制

（一）电压波动和闪变的概念

电压波动是由于负荷急剧变动引起的。负荷的急剧变动，使系统的电压损耗也相应快速变化，从而使电气设备的端电压出现波动现象。例如电焊机、电弧炉和轧钢机等冲击性负荷，以及大容量电动机起动，都会引起电网电压波动。电压波动值用电压波动过程中相继出现的电压有效值的最大值与最小值之差对额定电压的百分值来表示，其变化速率一般不低于每秒0.2%。

电压波动可影响电动机的正常起动，可使同步电动机转子振动，使电子设备特别是使计算机无法正常工作，可使照明灯发生明显的闪烁现象等。其中，电压波动对照明的影响最为明显。人眼对灯闪的主观感觉，就称为“闪变”（flicker）。电压闪变对人眼有刺激作用，甚至使人无法正常工作和学习。因此，国家标准GB/T 12326—2008《电能质量　电压波动和闪变》规定了系统由冲击性负荷产生的电压波动允许值和闪变电压允许值。

（二）电压波动和闪变的抑制

为了降低或抑制冲击性负荷引起的电压波动和电压闪变，宜采取下列措施。

（1）采用专线或专用变压器供电。对大容量的冲击性负荷如电弧炉、轧钢机等，采用专线或专用变压器供电是降低电压波动对其他设备影响的最简便有效的办法。

（2）降低线路阻抗。当冲击性负荷与其他负荷共用供电线路时，应设法降低供电线路的阻抗，例如将单回路改为双回路供电，或者将架空线路供电改为电缆供电等，从而减少冲击性负荷引起的电压波动。

（3）选用短路容量较大或电压等级较高的电网供电。对大型电弧炉的炉用变压器由短路容量较大或电压等级较高的电网供电，也能有效地降低冲击性负荷引起的电压波动。

（4）采用静止补偿装置。对大容量电弧炉及其他大容量冲击负荷，在采取以上措施尚达不到要求时，可装设能吸收冲击性无功功率的静止补偿装置SVC（static var compensator）。SVC的形式有多种，而以自饱和电抗器型（SR型）的效能较好，其电子元件少、可靠性高、维护方便，是值得推广应用的一种SVC。但总的来说，SVC的价格昂贵，因此应首先考虑其他措施。

五、高次谐波及其抑制

（一）高次谐波的概念

高次谐波是指对周期性非正弦波形按傅里叶方法分解后所得到的频率为基波频率整数倍的所有高次分量，而基波频率就是50Hz。高次谐波简称“谐波”。

电力系统中的发电机发出的电压，一般可认为是50Hz的正弦波。但由于系统中有各种非线性元件存在，因而在系统中和用户处的线路中出现了高次谐波，使电压或电流波形发生一定程度的畸变。

系统中产生高次谐波的非线性元件很多，例如荧光灯、高压汞灯、高压钠灯等气体放电灯及交流电动机、电焊机、变压器和感应电炉等，都要产生高次谐波电流。最为严重的是晶闸管等大型整流设备和大型电弧炉，它们产生的高次谐波电流最为突出，是造成电力系统中谐波干扰的最主要的"谐波源"。

当前，高次谐波的干扰已成为电力系统中影响电能质量的一大"公害"。

高次谐波电流通过变压器，可使变压器的铁心损耗明显增加，从而使变压器出现过热，缩短使用寿命。高次谐波电流通过交流电动机，不仅会使电动机铁心损耗明显增加，而且还会使电动机转子发生振动，严重影响机械加工的产品质量。高次谐波对电容器的影响更为突出，含有高次谐波的电压加在电容器两端时，由于电容器对高次谐波的阻抗很小，因此电容器极易因过负荷而烧坏。此外，高次谐波电流可使N线上的电流增大，使电力线路的能耗增加，使计算电费的感应式电能表的计量不准确；还可能使电力系统发生电压谐振，从而在线路上引起过电压，有可能击穿线路设备的绝缘。高次谐波的存在，还可能使系统的继电保护和自动装置误动或拒动，并可对附近的通信设备和线路产生干扰。

因此，国家标准GB/T 14549—1993《电能质量·公用电网谐波》规定了公用电网中谐波电压限值和谐波电流允许值。

（二）高次谐波的抑制

抑制高次谐波，宜采取下列措施：

（1）大容量的非线性负荷由短路容量较大的电网供电。电网的短路容量越大，它承受非线性负荷的能力越强。

（2）三相整流变压器采用Yd或Dy联结。使一次或二次绕组中至少有一个为三角形联结，这种联结可以消除3的整数倍的高次谐波。这是抑制整流变压器产生高次谐波干扰的最基本的方法。

（3）增加整流变压器二次侧的相数。整流变压器二次侧的相数越多，整流脉冲数也随之增多，其次数较低的谐波分量被消去的也越多。增加整流相数对抑制高次谐波的效果相当显著。

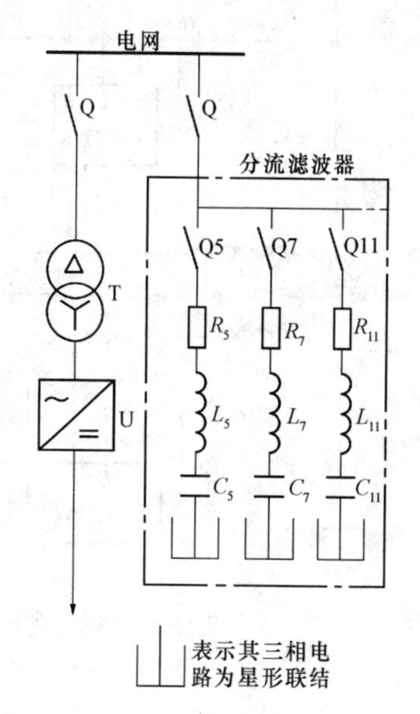

图1-9　装设分流滤波器吸收高次谐波

Q—开关；T—整流变压器；U—变流设备

（4）装设分流滤波器。分流滤波器又称调谐滤波器，由能对需要消除的各次谐波进行调谐的多组R—L—C串联谐振电路所组成，如图1-9所示。由于串联谐振时支路阻抗很小，因而可使有关次数的谐波电流被谐振支路分流（吸收）而不致注入电网中去，例如图1-9中Q5控制的支路可吸收5次谐波电流，Q7和Q11控制的支路可分别吸收7次和11次谐波电流。

（5）装设静止补偿装置（SVC）。对大型电弧炉和硅整流设备，亦可装设SVC来吸收高次谐波电流，以减小这些用电设备对系统产生的谐波干扰。

第四节　电力系统的中性点运行方式

一、概述

我国电力系统中电源（含发电机和电力变压器）的中性点通常有三种运行方式：一是中性点不接地；二是中性点经阻抗接地；三是中性点直接接地。前两种称为小接地电流系统，后一种称为大接地电流系统。

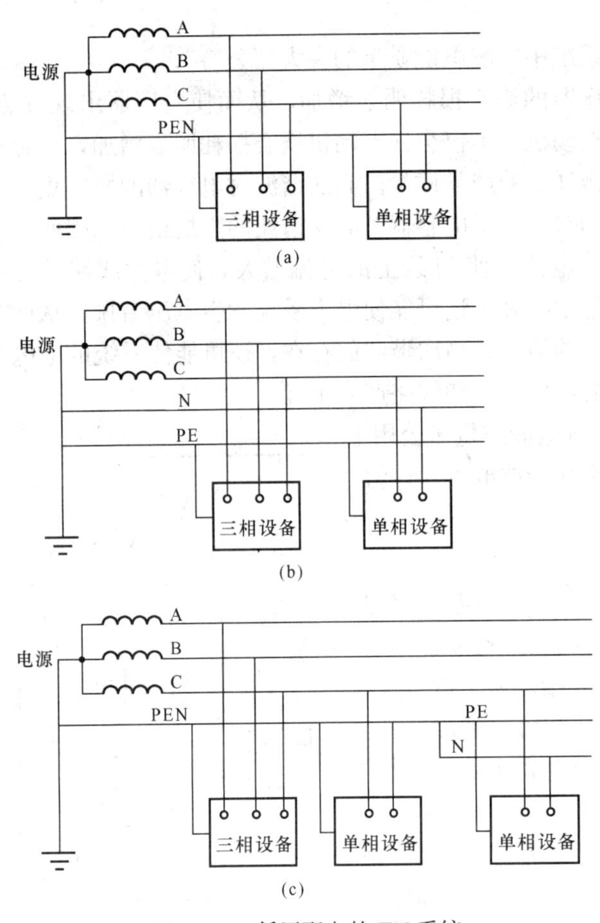

图 1-10　低压配电的 TN 系统

(a) TN—C 系统；(b) TN—S 系统；(c) TN—C—S 系统

我国 3～66kV 的电力系统，大多数采用中性点不接地的运行方式。只有当系统单相接地电流大于一定数值时（3～10kV，大于 30A 时；20kV 及以上，大于 10A 时）才采取中性点经消弧线圈（一种大感抗的铁心线圈）接地。110kV 以上的电力系统，则一般均采取中性点直接接地的运行方式。

按照 IEC（国际电工委员会）规定，低压配电系统接地型式一般由两个字母组成（必要时可加后续字母）。第一个字母表示电源中性点与地的关系（T 表示直接接地，I 表示非直接接地）；第二个字母表示设备的外露可导电部分与地的关系（T 表示独立于电源接地点的直接接地，N 表示直接与电源系统接地点或与该点引出的导体相联结）；后续字母表示中性线（N 线）与保护线（PE 线）之间的关系（C 表示合并为 PEN 线，S 表示分开）。因此，低压配电系统，按保护接地的型式分为 TN 系统、TT 系统和 IT 系统。TN 系统和 TT 系统都是中性点直接接地系统，且都引出有中性线（N 线），因此也称为“三相四线制系统”。但 TN 系统中的设备外露可导电部分采取与公共的保护线（PE 线）或保护中性线（PEN 线）相连接的保护方式，如图 1-10 所示；而 TT 系统中的设备外露可导电部分则采取经各自的 PE 线直接接地的保护方式，如图 1-11 所示。IT 系统的中性点不接地或经阻抗（约 1000Ω）接地，且通常不引出中性线，因此它一般为三相三线制系统，其中设备的外露可导电部分，与 TT 系统一样，也是经各自的 PE 线直接接地，如图 1-12 所示。

各个国家和地区可能采用不同的低压配电系统保护接地型式，甚至同一地区也采用不同的形式。以上海地区为例，大多数公共建筑为 TN—S 或 TN—C—S 系统，而住宅则为 TT 系统。

顺便说一下，按照 IEC 标准配电系统有两种分类法。一是按上述接地系统分类，分为 IT、TT、TN 等系统；二是按带电导体分类。

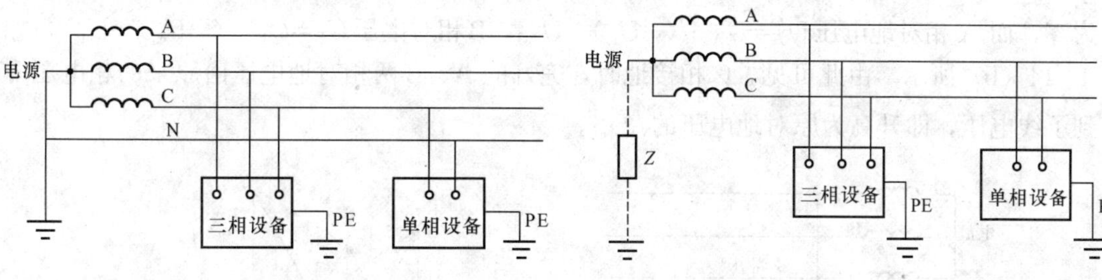

图 1-11 低压配电的 TT 系统

图 1-12 低压配电的 IT 系统

由于传统习惯的影响，我国有些电气人员经常将 TN-S 系统中三相的称为三相五线制系统，单相的称为单相三线制系统，严格地讲这些称呼都是不规范的。按照 IEC 标准，带电导体是指正常工作时带电的导体，相线（L 线）和中性线（N 线）是带电导体，保护接地线（PE 线）不是带电导体。带电导体系统按带电导体的相数和根数分类，在根数中都不计 PE 线。按 IEC 规定，交流的带电导体系统有单相两线系统、单相三线系统、两相三线系统、两相五线系统、三相三线系统、三相四线系统（注意：不论有无 PE 线都被称作三相四线系统）。

总之，按系统带电导体形式分类与按系统接地形式分类，这是两种不同性质的分类方法，不能混为一谈。

电力系统中电源中性点的不同运行方式，对电力系统的运行特别是在发生单相接地故障时有明显的影响，而且还影响到电力系统二次侧的保护装置及监察测量系统的选择与运行，因此有必要予以研究。

二、中性点不接地的电力系统

图 1-13 是中性点不接地的电力系统在正常运行时的电路图和相量图。

三相交流系统的相间及相与地间都存在着分布电容。这里只考虑相与地间的分布电容，而且用集中电容 C 来表示，如图 1-13（a）所示。

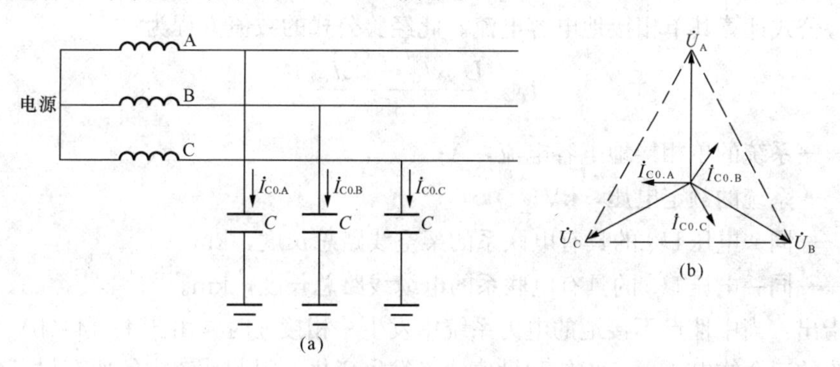

图 1-13 正常运行时中性点不接地的电力系统

（a）电路图；（b）相量图

系统正常运行时，三个相的相电压 $\dot{U}_A$、$\dot{U}_B$、$\dot{U}_C$ 是对称的，三个相的对地电容电流 $\dot{I}_{C0}$ 也是平衡的。因此三个相的电容电流相量和为零，没有电流在地中流过。每相对地的电压，就是相电压。

当系统发生单相接地故障时，例如 C 相接地，如图 1-14（a）所示。这时 C 相对地电压为零，而 A 相对地电压$\dot{U}'_A = \dot{U}_A + (-\dot{U}_C) = \dot{U}_{AC}$，B 相对电压$\dot{U}'_B = \dot{U}_B + (-\dot{U}_C) = \dot{U}_{BC}$，如图 1 - 14（b）所示。由此可见，C 相接地时，完好的 A、B 两相对地电压由原来的相电压升高到了线电压，即升高为原对地电压的$\sqrt{3}$倍。

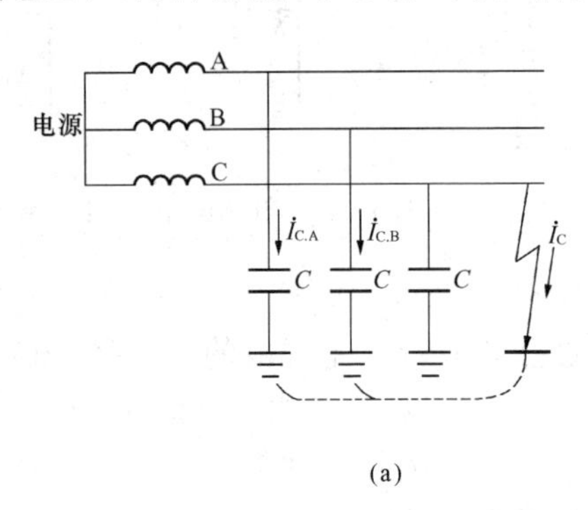

(a)

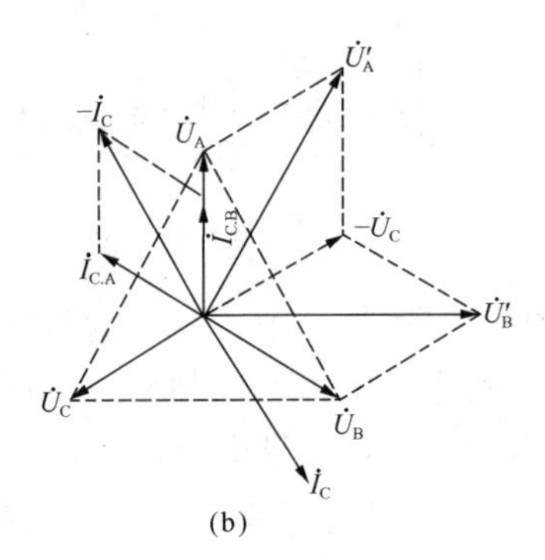

(b)

图 1 - 14 单相接地时的中性点不接地的电力系统
（a）电路图；（b）相量图

C 相接地时，系统的接地电流（电容电流）$\dot{I}_C$ 应为 A、B 两相对地电容电流之和。由于一般习惯将从相线到地的电流方向规定为电流正方向，因此

$$\dot{I}_C = -(\dot{I}_{C.A} + \dot{I}_{C.B})$$

而由图 1 - 14（b）的相量图可知，$\dot{I}_C$ 在相位上正好较 C 相电压 $\dot{U}_C$ 超前 90°。

再分析 I_C 的量值。由于 $I_C = \sqrt{3} I_{C.A}$，而 $I_{C.A} = U'_A / X_C = \sqrt{3} U_A / X_C = \sqrt{3} I_{C0}$，因此

$$I_C = 3 I_{C0} \tag{1-2}$$

这说明中性点不接地系统中单相接地电容电流为系统正常运行时每相对地电容电流的 3 倍。

由于线路对地的分布电容 C 不便计算，因此 I_{C0} 和 I_C 也不便根据 C 来确定。工程上一般采用经验公式计算其单相接地电容电流。此经验公式的数值方程为

$$I_C = \frac{U_N (l_{oh} + 35 l_{cab})}{350} \tag{1-3}$$

式中 I_C——系统的单相接地电容电流，A；

U_N——系统的额定电压，kV；

l_{oh}——同一电压 U_N 的具有电联系的架空线路总长度，km；

l_{cab}——同一电压 U_N 的具有电联系的电缆线路总长度，km。

必须指出：当中性点不接地的电力系统中发生一相接地时，由图 1 - 14（b）相量图可以看出，系统的三个线电压无论相位和量值均未发生变化，因此系统中的所有设备仍可照常运行。但是如果另一相又发生接地故障，则形成两相接地短路，将产生很大的短路电流，损坏线路及其设备。因此我国有关规程规定：中性点不接地的电力系统发生单相接地故障时，可允许暂时继续运行 2h。但必须同时通过系统中装设的单相接地保护或绝缘监察装置发出报警信号或提示，以提醒运行值班人员注意，采取措施，查找和消除接地故障；如有备用线路，则可将负荷转移到备用线路上去。在经过 2h 后，如接地故障尚未消除，则应切除故障线路，以防故障扩大。

三、中性点经消弧线圈接地的电力系统

在上述中性点不接地的电力系统中，如果接地电容电流较大，将在接地点产生断续电弧，这就可能使线路发生电压谐振现象。由于线路既有电阻、电感，又有电容，因此发生一相弧光接地时，就可能形成一个 $R-L-C$ 的串联谐振电路，从而可使线路上出现危险的过电压（可达线路相电压 2.5～3 倍），有可能使线路上绝缘薄弱地点的绝缘击穿。为了消除单相接地时接地点出现间歇性电弧，因此，按规定，在单相接地电容电流大于一定值（如前面“概述”中所说）时，系统中性点必须采取经消弧线圈接地的运行方式。

图 1-15 为中性点经消弧线圈接地的电力系统在单相接地时的电路图和相量图。

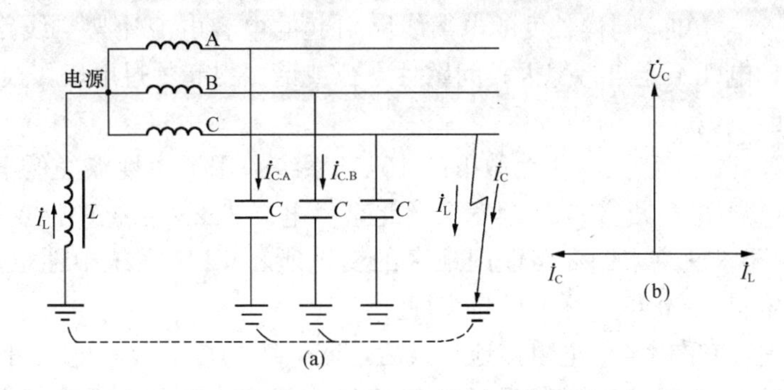

图 1-15 单相接地时的中性点经消弧线圈接地的电力系统

（a）电路图；（b）相量图

当系统发生单相接地时，通过接地点的电流为接地电容电流 $\dot{I}_C$ 与流过消弧线圈的电感电流 $\dot{I}_L$ 之和（消弧线圈可看作一个电感 L）。由于 $\dot{I}_C$ 比 $\dot{U}_C$ 超前 90°，而 $\dot{I}_L$ 比 $\dot{U}_C$ 滞后 90°，因此 $\dot{I}_L$ 与 $\dot{I}_C$ 在接地点相互补偿。如果接地点电流补偿到小于最小生弧电流时，接地点就不会产生电弧，从而也不会出现上述的电压谐振现象了。

在中性点经消弧线圈接地的系统中，与中性点不接地的系统一样，在发生单相接地故障时，三个线电压不变，因此可允许暂时继续运行 2h；但必须发出指示信号，以便采取措施，查找和消除故障，或将故障线路的负荷转移到备用线路上去。而且这种系统，在一相接地时，另两相对地电压也要升高到线电压，即升高为原对地电压的$\sqrt{3}$倍。

四、中性点直接接地的电力系统

图 1-16 为中性点直接接地的电力系统在单相接地时的情形。这种系统发生单相接地，就造成单相短路（用符号 $k^{(1)}$ 表示），其单相短路电流 $I_k^{(1)}$ 比线路的正常负荷电流要大许多倍，通常要使线路上的断路器（开关）自动跳闸或者使熔断器熔断，将短路故障部分切除，恢复其他无故障部分的系统正常运行。

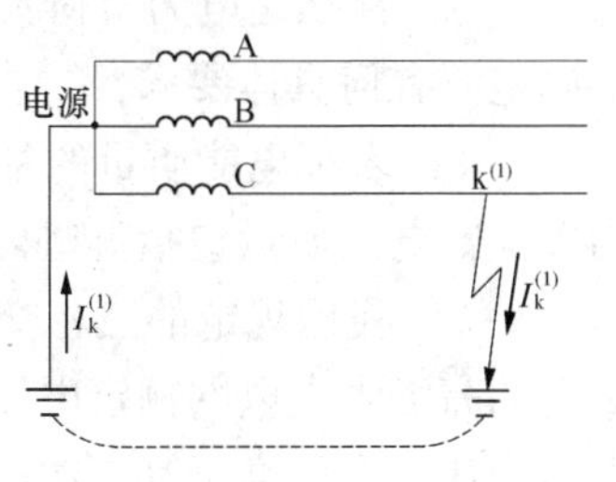

图 1-16 单相接地时的中性点直接接地的电力系统

中性点直接接地的系统在发生一相接地时，其他两相对地电压不会升高，因此这种系统中的供用电设备的相绝缘只需按相电压考虑，而不必按线电压考虑。这对 110kV 以上的超高压系统，是很有经济技术价值的，因为高压电器特别是超高压电器的绝缘问题，是影响其设计和制造的关键问题。

绝缘要求的降低，实际上就降低了高压电器的造价，同时改善了高压电器的工作环境，所以我国规定110kV以上的电力系统中性点均采用直接接地的运行方式。

至于低压配电系统，TN系统和TT系统均采取中性点直接接地的方式，而且引出有中性线（N线）或保护中性线（PEN线），这除了便于接用单相负荷外，还考虑到安全保护的要求，一旦发生单相接地故障，即形成单相短路，快速切除故障，有利于保障人身安全，防止触电。

五、中性点经低电阻接地的电力系统

随着10kV中压配电系统不断扩大，特别是大城市中大量采用电缆，致使接地电容电流增大［由式（1-3）可知，同样长度的电缆线路引起的电容电流比架空线路的大得多］。当发生接地故障时，电弧不能自行熄灭；间歇性电弧或谐振引起的过电压，损坏配电设备和线路，从而导致中断供电。

为了解决上述问题，我国一些大城市的10kV系统采用了中性点经低电阻接地的方式。例如，北京市供电局于2000年5月颁发了《北京供电局10kV系统中性点采用低电阻接地方式技术导则》，要求北京市四环路以内地区的变电所，10kV系统中性点均采用经低电阻接地方式。并规定自2000年6月1日起施行。

10kV系统中性点采用经低电阻接地方式后，变电所的接地故障电压可能升高，为防止这种过电压经变电所共同接地系统沿低压线传导到用户，应将变电所低压侧的接地独立设置。

电力系统的中性点运行方式，是一个涉及面很广的问题。它对于供电可靠性、过电压和绝缘配合、短路电流、继电保护、系统稳定性以及对弱电系统的干扰等诸方面都有不同程度的影响。因此，电力系统的中性点运行方式，应依据国家的有关规定，并根据实际情况而确定。

思考题

1-1 供配电工作对国民经济和社会生活有何重要作用？对供配电工作有哪些基本要求？

1-2 工业建筑的供电系统包括哪些范围？变电所和配电所各自的任务是什么？

1-3 水电厂、火电厂和核电厂各采用什么一次能源？各自又是如何产生电能的？

1-4 什么是电力系统和电力网？建立大型电力系统有哪些好处？

1-5 什么是电力负荷？电力负荷按其对供电可靠性的要求可分为哪几级？各级负荷对供电电源有何具体要求？

1-6 表征电能质量的基本指标是什么？我国采用的工频是多少？一般要求的频率偏差为多少？电压质量包括哪些内容？

1-7 我国规定的三相交流电网额定电压有哪些等级？电力变压器的额定一次电压为什么有的高于供电电网额定电压5%，有的又等于供电电网额定电压？电力变压器的额定二次电压为什么有的高于其二次电网额定电压10%，有的又只高于其二次电网额定电压5%？

1-8 什么是电压偏差？电压偏差对电气设备运行有什么影响？如何进行电压调整？

1-9 什么是电压波动和闪变？电压波动是如何产生的？对设备运行有何影响？如何

抑制？

1-10　什么是谐波干扰？高次谐波是如何产生的？对设备运行有何影响？如何抑制？

1-11　电力系统的电源中性点有哪几种运行方式？什么叫小接地电流的电力系统和大接地电流的电力系统？在系统发生单相接地故障时，上述两系统的相对地的电压各如何变化？为什么小接地电流系统在发生单相接地时可允许短时继续运行，但又不允许长期运行？

1-12　试画图并说明：TN系统、TN—C系统、TN—S系统、TN—C—S系统、TT系统和IT系统。

1-13　试确定图1-17所示供电系统中线路W L1和电力变压器T1、T2和T3的额定电压。

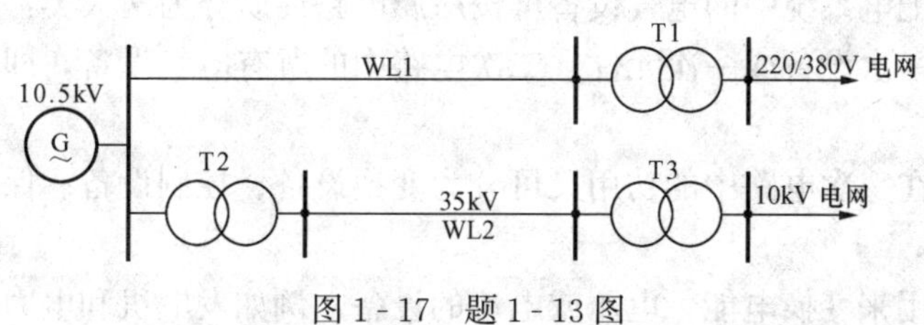

图1-17　题1-13图

1-14　某10kV电网，架空线路总长度为50km，电缆线路总长度为20km。试求此中性点不接地的电力系统中发生单相接地时接地电容电流，并判断此系统的中性点需不需要改为经消弧线圈接地？

第二章　建筑供配电系统的主要电气设备

本章首先简介建筑供配电系统电气设备的分类，接着讲述电器触头间电弧产生和熄灭的基本知识，然后分别介绍建筑供配电系统中的一些主要电气设备，着重讲述其功用、结构特点、主要性能及使用注意事项和操作要求。

第一节　建筑供配电系统电气设备的分类

建筑供配电系统中担负输送和分配电能这一主要任务的电路，称为一次电路或一次回路，也称主电路或主接线。而用来控制、指示、测量和保护一次电路及其中设备运行的电路，则称为二次电路或二次回路，也称二次接线。

因此，建筑供配电系统中的电气设备可按所属电路性质分为两大类：一次电路中的所有电气设备，即称为一次设备或一次元件；二次电路中的所有电气设备，即称为二次设备或二次元件。

一次设备按其在一次电路中的功用又可分为变换设备、控制设备、保护设备、补偿设备等类。

变换设备：是用来变换电能、电压或电流的设备，例如发电机和电力变压器、电压互感器和电流互感器等。

控制设备：是用来控制电路通断的设备，例如各种高低压开关设备等。

保护设备：是用来防护电路过电流或过电压的设备，例如高低压熔断器和避雷器等。

补偿设备：是用来补偿电路的无功功率以提高系统功率因数的设备，如高低压电容器等。

成套设备：是按照一定的线路方案将有关一、二次设备组合成的设备，如高压开关柜、低压配电屏、动力和照明配电箱、高低压电容器柜及成套变电所等。

第二节　电气设备中的电弧问题

一、概述

电弧是一种极强烈的电游离现象，其特点是强光和高温。

电弧对电气设备的安全运行是一个极大的威胁。首先，电弧延长了电路开断的时间。其次，电弧的高温可能烧损开关触头，烧毁电气设备及导线、电缆，甚至引起火灾和爆炸事故。此外，强烈的弧光还可能损伤人的视力（例如患电光性眼炎）。因此，电气设备在结构设计上应力求避免产生电弧，或在产生电弧后能迅速地熄灭。为此，在讲述电气设备之前，有必要了解电弧产生和熄灭的原理和熄灭电弧（以下简称为灭弧）的一些基本方法。

二、电弧的产生

1. 产生电弧的根本原因

电气设备的触头在分断电流时之所以会产生电弧，根本的原因（内因）在于触头本身及周围介质中含有大量可被游离的电子。这样，当触头间存在着足够高的电场强度（外因）时，就可能使电子强烈游离而形成电弧。

2. 发生电弧的游离方式

发生电弧的游离方式可归纳为以下四种。

(1) 高电场发射：开关触头分断之初，触头间的电场强度很大。在这个高电场的作用下，触头表面的电子可能被强拉出去而进入触头间隙，成为自由电子。

(2) 热电发射：开关触头分断电流时，阴极表面由于大电流逐渐收缩集中而形成炽热的光斑，温度很高，因而使触头表面的电子吸收足够的热能而发射到触头间隙中去，形成自由电子。

(3) 碰撞游离：当触头间存在足够大的电场强度时，自由电子高速向阳极移动，在移动中碰撞到中性质点，就可能使中性质点中的电子吸收动能而游离出来，从而使中性质点分裂为带电的正离子和自由电子。这些游离出来的带电质点在电场力的作用下继续参加碰撞游离，结果使触头间隙中的离子数越来越多，形成所谓“电子崩”现象。当离子浓度足够大时，介质击穿而发生电弧。

(4) 热游离：电弧表面温度达3000～4000℃，弧心温度可高达10000℃。在这样的高温下，触头间的中性质点由于吸收热能而可能游离，成为正离子和自由电子，从而进一步加强了电弧中的游离。

在上述几种游离方式的综合作用下，电弧得以发生、发展和维持。

三、电弧的熄灭

1. 熄灭电弧的条件

要使电弧熄灭，必须使触头间电弧中的去游离大于游离率，即其中离子消失的速率大于离子产生的速率（游离率）。

2. 熄灭电弧的去游离方式

(1) 正负带电质点的“复合”：复合就是带电质点重新结合为中性质点。电弧中的电场强度越弱，电弧温度越低，电弧截面越小，则带电质点的复合越强。此外，复合还与电弧接触的介质有关。如电弧接触固体介质表面，则由于较活泼的电子先使表面带一负电位，这负电位的表面就吸引正离子而造成强烈的复合。

(2) 正负带电质点的“扩散”：带电质点从电弧内部逸出而进入周围介质的现象称为扩散。扩散的原因：一是由于温度差，二是由于离子浓度差，也可以是由于外力的作用；另外，扩散也与电弧的周长与截面之比有关，当电弧被拉长时，离子的扩散也会加强。

上述带电质点的复合和扩散，都使电弧中的离子数减少，即去游离增强。

3. 电气设备中常用的灭弧方法

(1) 速拉灭弧法：迅速拉长电弧，可使弧隙的电场强度骤降，导致带电质点的复合和扩散都迅速增强，从而加速电弧的熄灭。这是开关电器中普遍采用的最基本的一种灭弧方法。

(2) 冷却灭弧法：降低电弧的温度，可使电弧中的热游离减弱，导致带电质点的复合增强，有助于电弧迅速熄灭。这种灭弧方法在开关电器中应用也较普遍。

(3) 吹弧灭弧法：利用外力（如气流、油流或电磁力）来吹动电弧，使电弧加速冷却，同时拉长电弧，降低电弧中的电场强度，使带电质点的复合和扩散增强，从而加速电弧的熄灭。按吹弧的方向来分，有横吹和纵吹之分，如图2-1所示。按外力的性质来分，有气吹、

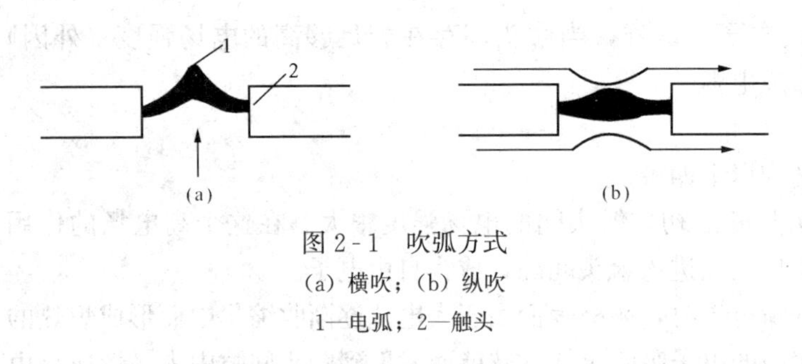

图 2-1　吹弧方式
(a) 横吹；(b) 纵吹
1—电弧；2—触头

油吹、电动力吹和磁力吹等方式。低压刀开关迅速拉开刀闸时，不仅迅速拉长了电弧，而且其本身回路电流产生的电动力作用于电弧，也吹动电弧使之拉长，即电动力吹弧如图 2-2 所示。有的开关还采用专门的磁吹线圈来吹动电弧，即磁力吹弧如图 2-3 所示。也有的开关利用钢片来吸动电弧，即铁磁吸弧如图 2-4 所示。

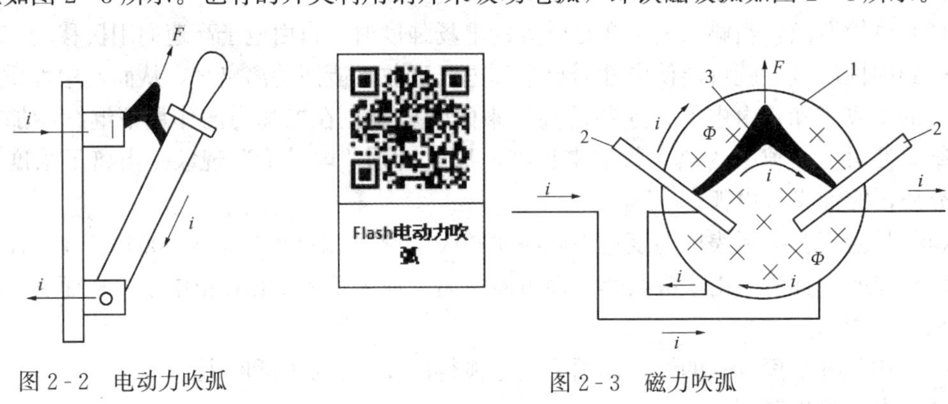

图 2-2　电动力吹弧
(刀开关断开时)

图 2-3　磁力吹弧
1—磁吹线圈；2—灭弧触头；3—电弧

(4) 长弧切短灭弧法：电弧的电压降主要落在阴极和阳极上，而阴极压降又比阳极压降大得多。如果利用金属片（如钢栅片）将长弧切为若干短弧，则电弧上的压降将近似地增大若干倍。当外施电压小于电弧上的压降时，电弧就不能维持而迅速熄灭。图 2-5 所示为钢灭弧栅将长弧切成若干短弧的灭弧情形。这种钢灭弧栅同时还具有上述电动力吹弧和铁磁吹弧的作用。另外，钢片对电弧还有冷却作用。

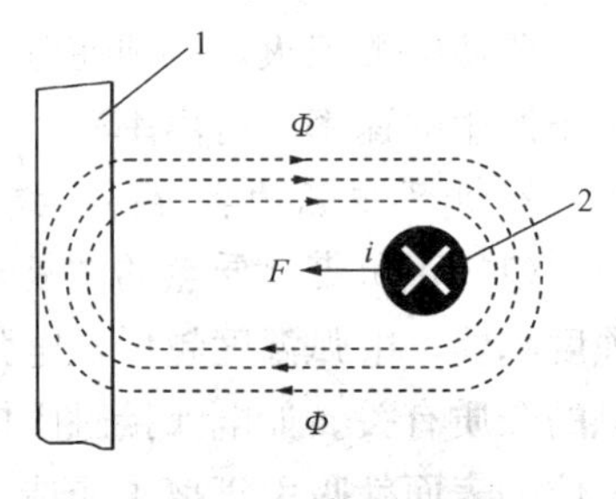

图 2-4　铁磁吸弧
1—钢片；2—电弧

(5) 粗弧分细灭弧法：将粗大的电弧分为若干平行的细小电弧，便于“分而治之、各个击破”，使电弧与周围介质的接触面增大，从而改善电弧的散热条件，降低电弧的温度，使电弧中带电质点的复合和扩散均得到增强，电弧迅速熄灭。

(6) 狭沟灭弧法：使电弧在固体介质所形成的狭沟中燃烧。由于电弧的冷却条件改善，从而使电弧的去游离增强；同时介质表面带电质点的复合比较强烈，也使电弧加速熄灭。有些熔断器在熔管中充填石英砂，就是利用狭沟灭弧原理。图 2-6 所示绝缘灭弧栅，也是狭沟灭弧法的应用实例。

(7) 真空灭弧法：真空具有较高的绝缘强度。处于真空中的触头之间只有由触头开断初瞬间产生的所谓“真空电弧”，这种电弧在电流过零时就能自动熄灭而不致复燃。真空断路器就是利用这种原理制成的。

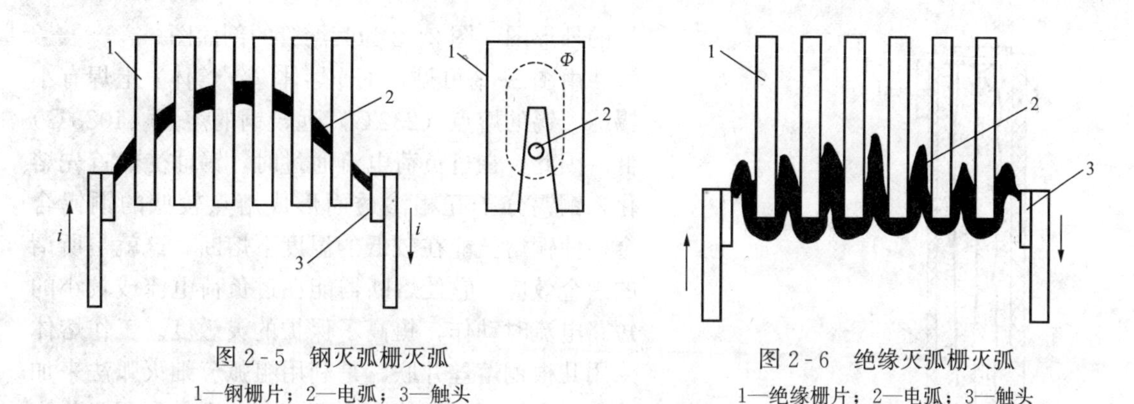

图 2-5　钢灭弧栅灭弧

1—钢栅片；2—电弧；3—触头

图 2-6　绝缘灭弧栅灭弧

1—绝缘栅片；2—电弧；3—触头

（8）六氟化硫（SF_6）灭弧法：SF_6 气体具有优良的绝缘性能和灭弧性能。其绝缘强度约为空气的 3 倍，其介质强度恢复速度约为空气的 100 倍。六氟化硫断路器就是利用具有一定压力的 SF_6 气体作绝缘介质和灭弧介质，从而获得了极高的断开容量。

在现代的电气设备特别是开关电器中，往往是根据具体情况综合运用上述某几种灭弧方法来达到迅速熄灭电弧的目的。

第三节　高低压熔断器

一、概述

熔断器（FU）是一种应用广泛的保护电器。当通过的电流超过某一规定值时，熔断器的熔体熔化而切断电路。其功能主要是对电路及其中设备进行短路保护，但有的也具有过负荷保护的功能。熔断器的主要优点是“轻、小、简、廉”，它结构简单、体积较小、价格便宜和维护方便。但其保护特性误差较大，可能造成非全相切断电路，而且一般是一次性的，损坏后难以修复。

二、高压熔断器

在 6～10kV 系统中，目前户内多采用 RN1、RN2 型管式熔断器；而 XRNT1、XRNT2 型管式熔断器为今后推广应用的更新换代产品。户外则较多采用 RW10 型等跌开式熔断器。

（一）RN1、RN2 型户内高压管式熔断器

RN1 和 RN2 的结构基本相同，都是瓷质熔管内充有石英砂填料的密闭管式熔断器。RN1 用作高压电力线路及其设备的保护，其熔体在正常情况下通过的是高压一次电路的负荷电流，因此其结构尺寸较大。RN2 专门用作电压互感器的短路保护，因而其熔体额定电流一般为 0.5A，其结构尺寸也较小。

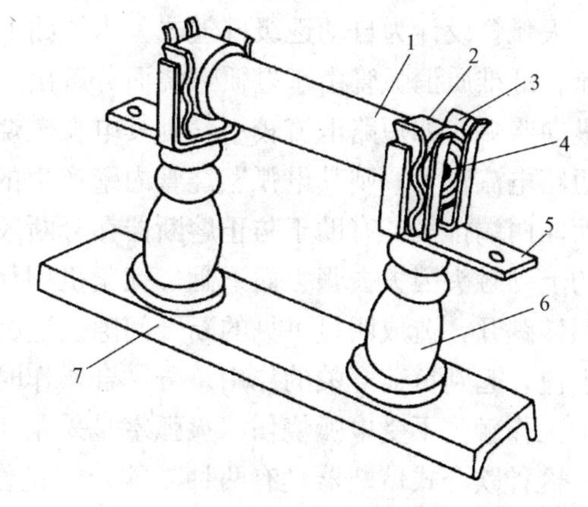

图 2-7　RN1、RN2 型高压管式熔断器的外形图

1—瓷熔管；2—金属管帽；3—弹性触座；4—熔断指示器；5—接线端子；6—瓷绝缘子；7—底座

图 2-7 为 RN1、RN2 型高压管式熔断

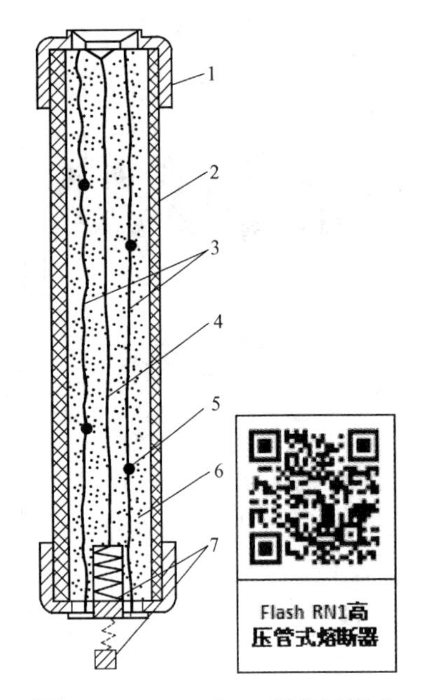

图 2 - 8　RN1、RN2 型高压管式熔断器的熔管剖面示意图

1—金属管帽；2—瓷熔管；3—工作熔体；4—指示熔体；5—锡球；6—石英砂填料；7—熔断指示器（虚线表示指示器在熔体熔断时弹出）

器的外形图，图 2 - 8 为其熔管的剖面图。

由图 2 - 8 可见，工作熔体（铜熔体）上焊有小锡球。锡的熔点（232℃）远较铜的熔点（1083℃）低。因此，在过负荷电流通过时，锡球受热首先熔化，铜锡分子互相渗透而形成熔点较低的铜锡合金，使铜熔丝能在较低的温度下熔断，这就是所谓的冶金效应。它使熔断器能在过负荷电流或较小的短路电流时动作，提高了保护的灵敏度。工作熔体采用几根铜熔丝并联，是利用粗弧分细灭弧法来加速电弧的熄灭。熔管充有石英砂，则是利用了狭沟灭弧法，而且石英砂对电弧也有冷却的作用。因此，这种熔断器的灭弧能力很强，能在短路电流未达到冲击值之前（即短路后不到半个周期）就能完全熄灭电弧，因此这种熔断器具有限流特性。

XRNM1-10 型电动机保护用高压限流熔断器，适用于户内交流 50Hz、额定电压 10kV 系统，可与其他保护电器（如开关、真空接触器等）配合使用，作为高压电动机及其他电气设备的过载或短路保护。XRNT1-10 型为变压器保护用高压限流熔断器，XRNP1-10 型为电压互感器保护用高压限流熔断器。

（二）RW10-10F 型户外高压跌开式熔断器

图 2 - 9 是 RW10-10F 型高压跌开式熔断器的基本结构图。

RW10-10F 系列熔断器由基座和灭弧管两部分组成。正常工作时，灭弧管下端的弹簧支架使熔体处于张紧状态，以保证灭弧管合闸时的自锁。当熔体熔断时，弹簧支架在弹簧的作用下，迅速将熔体从灭弧管内抽出，以减少燃弧时间和灭弧材料的损耗。

灭弧管设计为自动逐级排气式。当线路上发生短路时，短路电流使熔体迅速熔断，形成电弧。纤维质消弧管由于电弧燃烧而分解出大量气体，使管内压力剧增，并沿管道形成强烈的纵向吹弧。如短路电流较小，则其电弧燃烧管内壁产生的气体也较小，熔管仅向下排气；如短路电流较大，则其电弧燃烧管内壁产生的气体较多，气压较大，将熔管上端薄膜冲开，从而向两端排气，有助于防止熔断器在分断较大短路电流时造成熔管爆裂。熔体熔断后，熔管的上动触头因失去张力而下翻，锁紧机构释放熔管，在触头弹力及熔管自重的作用下，熔管回转跌开，造成明显可见的断开间隙。这种熔断器具有灭弧室和弧触头，可分、合额定负荷电流，起到负荷开关的作用。分、合操作时，电弧在弧触头上产生、在灭弧室内熄灭，以保护工作触头不受电弧烧伤。灭弧室是采用新型耐高温的工程塑料压制而成。

这种跌开式熔断器具有两种功能：一是作为 6～10kV 线路和变压器的短路保护；另一是可当作隔离开关（参看下一节）使用，也就是可用来隔离电源以保证安全检修。但跌开式熔断器的灭弧能力不强、灭弧速度不快，因而属于非限流式熔断器。

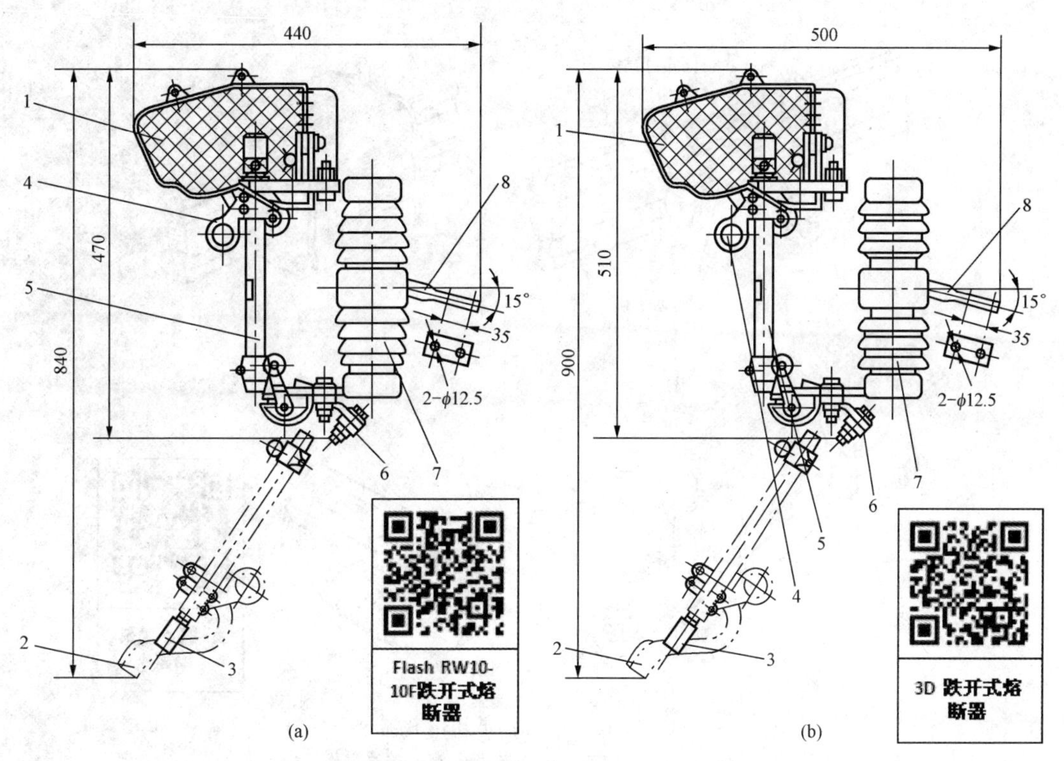

图 2-9　RW10-10F 型高压跌开式熔断器

(a) 普通型；(b) 防污型

1—灭弧室；2—上动触头；3—管帽（带薄膜）；4—操作环；5—熔管（外层为环氧玻璃布，内衬纤维质高消弧管）；6—下接线端子；7—绝缘子；8—固定安装板

三、低压熔断器

低压熔断器的类型很多。目前仍广泛应用的插入式熔断器有 RT0 型及引进技术生产的 NT 型等。下面着重介绍最常见的 RT0 型熔断器。

RT0 型熔断器由瓷熔管、栅状铜熔体和触头底座等部分组成，如图 2-10 所示。RT0 型熔断器具有引燃栅。由于它的等电位作用，可使熔体在短路电流通过时形成多根并联电弧（粗弧分细灭弧法）。熔体还具有若干变截面小孔，可使熔体在短路电流通过时在截面较小的小孔处熔断，形成多段短弧（长弧切短灭弧法）。加之电弧都是在石英砂中燃烧，使电弧中的离子强烈地复合（狭沟灭弧法和冷却灭弧法）。因此这种熔断器的灭弧能力很强，具有“限流”特性。另外，其熔体还具有“锡桥”，即在栅状铜熔体中部弯曲处焊有锡层，可利用其“冶金效应”来实现对较小的短路电流和过负荷电流的保护。熔体熔断后，有红色的熔断指示器弹出，便于运行人员检视。

附录表 A-1 和表 A-2 分别列出了 RT0 型和 RM10 型熔断器的主要技术数据和保护特性曲线，供参考。

较新的产品有 RT14 型，该系列熔断器由熔体和熔断器支持件（底座）组成。支持件有螺钉安装和轨道安装两种结构。该系列熔断器还分为带撞击器和不带撞击器两类。带撞击器的熔体熔断时将撞击器弹出，既可作熔断信号指示，又可触动微动开关来控制接触器等控制电器的线圈回路作三相电动机的断相保护等。

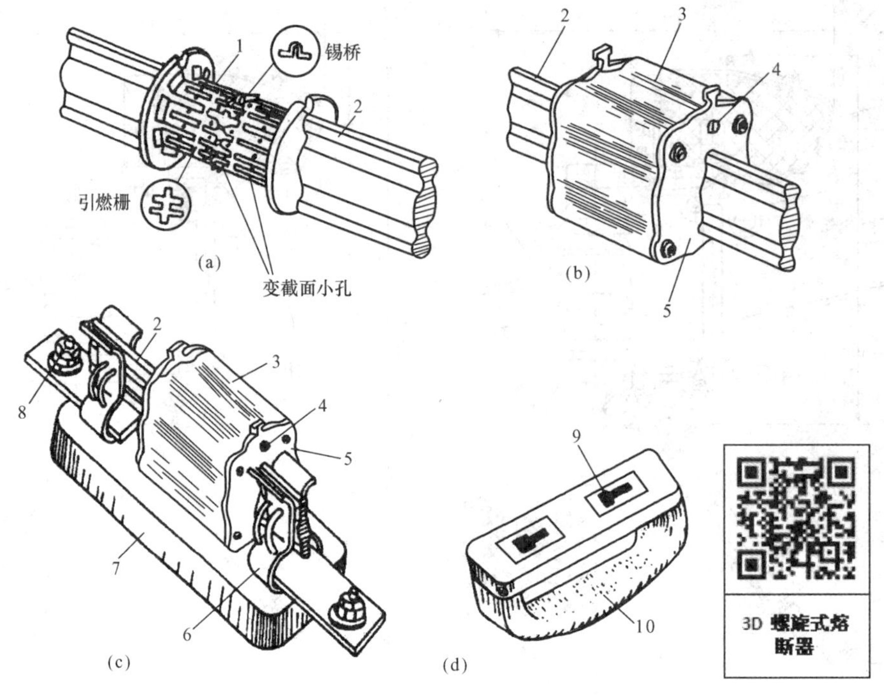

图 2-10 RT0 型低压熔断器

（a）熔体；（b）熔管；（c）熔断器；（d）绝缘操作手柄

1—栅状铜熔体；2—触刀；3—瓷熔管；4—熔管指示器；5—端面盖板；6—弹性触座；7—底座；8—接线端子；9—扣眼；10—绝缘拉手手柄

第四节 高低压开关设备

一、概述

高低压开关设备用于电路的通、断。但由于其结构的不同，有的不能带负荷操作，只能用来隔离电源以保证安全检修，例如高压隔离开关和低压刀开关等；有的虽可带负荷操作但不能断开短路电流，例如高压负荷开关和带灭弧罩的低压刀开关等；还有的既能带负荷操作又能断开短路电流，例如高、低压断路器等。因此，对于各种开关设备，应结合其结构特点了解其功能和操作要求，并逐渐熟悉其型号、规格及用途。

二、高压开关设备

（一）高压隔离开关（QS）

高压隔离开关的结构比较简单。图 2-11 所示为 GN19 型户内式高压隔离开关。它断开后有明显可见的断开间隙，而且断开间隙的绝缘及相间绝缘都是足够可靠的，因此可用来隔离高压电源以保证其他设备的安全检修。但它没有专门的灭弧装置，因此不允许带负荷操作。但它可以用来通断一定的小电流，如励磁电流不超过 2A 的空载变压器、电容电流不超过 5A 的空载线路以及电压互感器和避雷器的电路等。

户内型高压隔离开关可以采用 CS6 型手动操动机构进行操作。图 2-12 为 CS6 型手动操动机构与 GN19 型隔离开关配合的一种安装方式。

（二）高压负荷开关（QL）

高压负荷开关具有简单的灭弧装置，因而能通断一定的负荷电流和过负荷电流，但不能断开短路电流，因此它一般与高压熔断器串联使用，借助熔断器来切除短路故障。

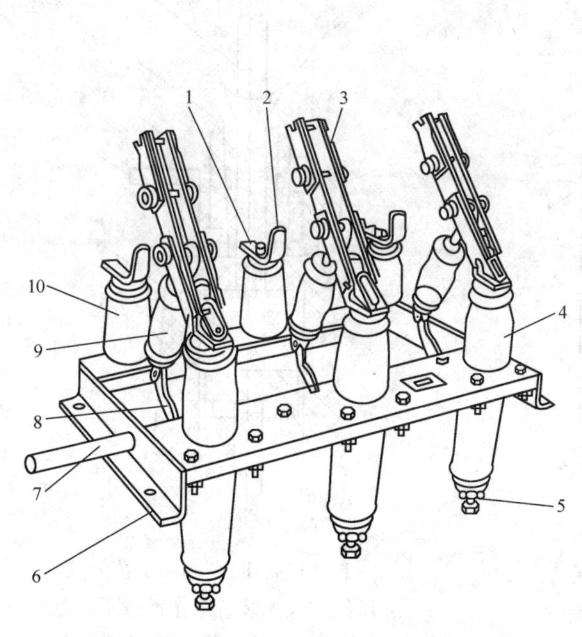

图 2-11　GN19-10/600 型高压隔离开关
1—上接线端子；2—静触头；3—闸刀；4—套管绝缘子；
5—下接线端子；6—框架；7—转轴；8—拐臂；
9—升降绝缘子；10—支柱绝缘子

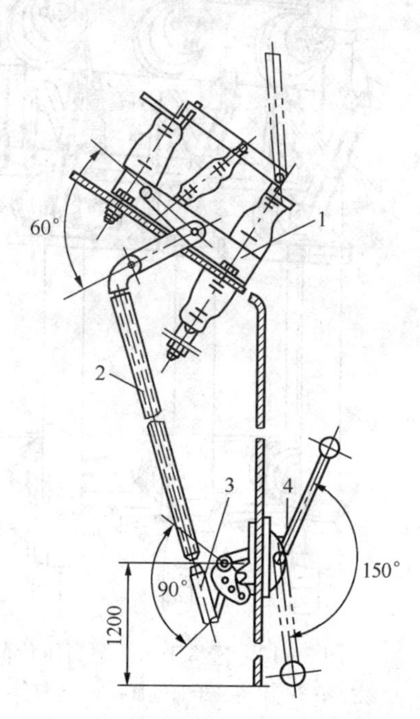

图 2-12　CS6 型手力操动机构与 GN19 型隔离开关配合的一种安装方式
1—GN19 型隔离开关；2—ϕ20mm 焊接钢管；
3—调节杆；4—CS6 型手动操动机构

图 2-13 是 FN3-10RT 型高压负荷开关的外形图。图中上半部为负荷开关本身，外形与隔离开关相似，但其上端的绝缘子实际上是一个压气式灭弧装置，如图 2-14 所示。此绝缘子不仅起支持作用，而且内部是一个气缸，内有由操动机构主轴传动的活塞，其功能类似于打气筒。当负荷开关分闸时，在闸刀一端的弧动触头与绝缘喷嘴内的弧静触头之间产生电弧。由于分闸时主轴转动而带动活塞，压缩气缸内的空气从喷嘴往外吹弧，加之断路弹簧使电弧迅速拉长以及电流回路的电磁吹弧作用，使电弧迅速熄灭。

负荷开关不便配用保护短路的继电保护装置来自动跳闸，但热脱扣器在过负荷时能使负荷开关自动跳闸。

负荷开关断开后具有明显可见的断开间隙，因此它也可以用来隔离电源、保证安全检修。

图 2-15 是 CS2 型手动操动机构的外形结构及它与 FN3 型负荷开关配合的一种安装方式。

在 10kV 高压环网柜中装设的高压熔断器与负荷开关之间有联锁机构，当熔断器熔断时，会带动负荷开关自动打开。

当开关自动跳闸时，CS2 型手动操动机构的跳闸指示牌会转到水平位置，以此告知值班人员。若要重新合闸，需先将手柄向下扳到分闸位置，这时指示牌掉下，然后才能合闸。

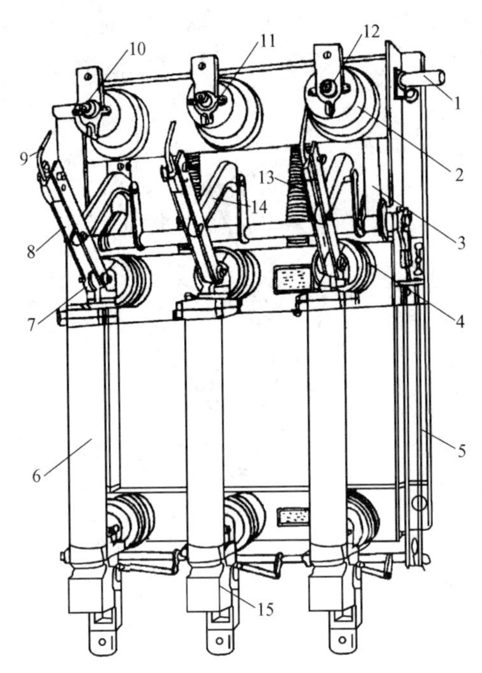

图 2-13　FN3-10RT 型高压负荷开关

1—主轴；2—上绝缘子兼气缸；3—连杆；4—下绝缘子；5—框架；6—RN1 型高压熔断器；7—下触座；8—闸刀；9—弧动触头；10—绝缘喷嘴；11—主静触头；12—上触座；13—断路弹簧；14—绝缘拉杆；15—热脱扣器

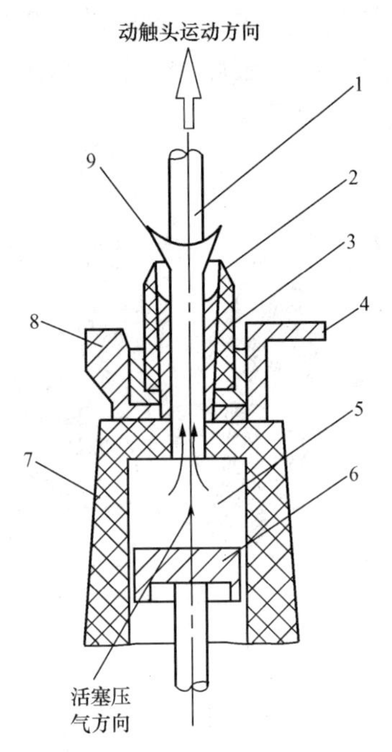

图 2-14　FN3-10 型高压负荷开关压气式灭弧装置工作示意图

1—弧动触头；2—绝缘喷嘴；3—弧静触头；4—接线端子；5—气缸；6—活塞；7—上绝缘子；8—主静触头；9—电弧

（三）高压断路器（QF）

1. 高压断路器的功能和类型

高压断路器具有相当完善的灭弧装置，因此它不仅能通断正常的负荷电流，而且能通断一定的短路电流。它还能在继电保护装置的作用下自动跳闸，切除短路故障。

高压断路器按其采用的灭弧介质分，有油断路器、六氟化硫（SF_6）断路器、真空断路器等类型。目前，我国建筑供配电系统中主要采用真空断路器和六氟化硫（SF_6）断路器。

油断路器按其油量多少和油的作用，又分为多油式和少油式两大类。多油断路器的油，既作灭弧介质，又作绝缘介质，利用油作其相对地（外壳）甚至相与相之间的绝缘，因此油量多。少油断路器的油，只作灭弧介质，因此油量少。少油断路器由于油量少，比较安全，且外形尺寸小，便于成套设备中装设，在 20 世纪 80 年代，一般 6～35kV 户内配电装置中多采用少油断路器。

SN10-10 型少油断路器是我国统一设计、应用很广的 10kV 户内式产品。它安装在 GG-1A(F)-07S 型高压开关柜上的情况如后面的图 2-42 所示。

六氟化硫断路器利用 SF_6 气体作为灭弧介质。纯净的 SF_6 是无色、无味、无毒且不易燃烧的惰性气体，它具有优良的灭弧性能和电绝缘性能。SF_6 断路器的灭弧速度快、断流能力强，适于频繁操作，而且没有像油断路器可能燃烧或爆炸的危险。体积小且性能优异的

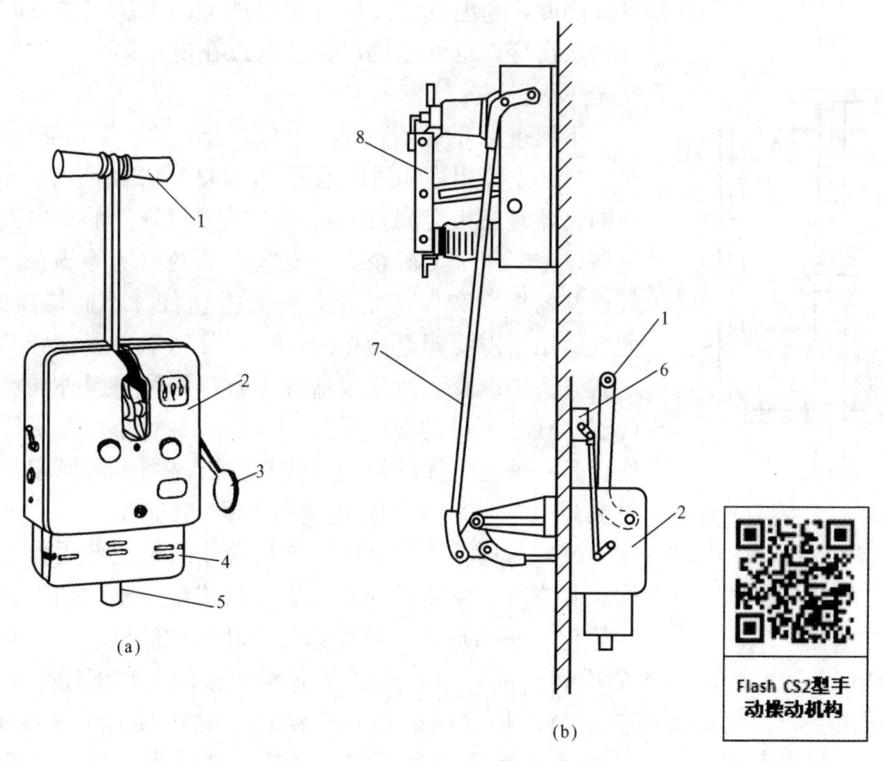

图 2-15 CS2 型手动操动机构及其与 FN3 型负荷开关配合的一种安装方式

（a）外形结构；（b）与负荷开关配合安装

1—操作手柄；2—操动机构外壳；3—跳闸指示牌（掉牌）；4—脱扣器盒；

5—跳闸铁心；6—辅助开关；7—传动杠杆；8—负荷开关的闸刀

SF_6 负荷开关和断路器在环网开关柜中已大量采用。

真空断路器的触头装在真空灭弧室内，它利用真空灭弧原理来灭弧。真空断路器具有体积小、质量轻、动作快、寿命长、安全可靠和便于维修等优点，适于频繁操作。特别适合 1000kVA 及以上的变压器回路作操作及保护之用。

2. 真空断路器

高压真空断路器，是利用“真空”（气压为 10^{-2}～10^{-6}Pa）灭弧的一种断路器，其触头装在真空灭弧室内。由于真空中不存在气体游离的问题，所以这种断路器的触头断开时很难发生电弧。但是在感性电路中，灭弧速度过快，瞬间切断电流 i 将使变化率 $\mathrm{d}i/\mathrm{d}t$ 很大，从而使电路出现过电压（$u_L = L \cdot \mathrm{d}i/\mathrm{d}t$），这对供电系统是不利的。因此，实际上要求在触头断开时产生一点电弧，称之为“真空电弧”，它能在电流第一次过零时熄灭。这样，燃弧时间很短（至多半个周期），又不致产生很高的过电压。

真空断路器的灭弧室结构图如图 2-16 所示。真空灭弧室的中部，有一对圆盘状的触头。在触头刚分离时，由于高电场发射和热电发射而使触头间发生电弧。电弧温度很高，可使触头表面产生金属蒸气。随着触头的分开和电弧电流的减小，触头间的金属蒸气也逐渐减小。当电弧电流过零时，电弧暂时熄灭，触头周围的金属离子迅速扩散，凝聚在四周的屏蔽罩上，以致在电流过零后只几个 μs 的极短时间内，触头间隙实际上又恢复了原有的高真空

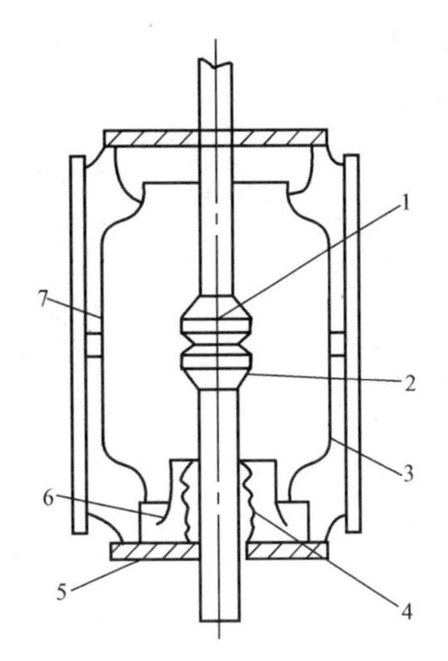

图 2-16　真空灭弧室的结构
1—静触头；2—动触头；3—屏蔽罩；4—波纹管；5—与外壳封接的金属法兰盘；6—波纹管屏蔽罩；7—玻壳

度。因此，当电流过零后虽很快加上高电压，触头间隙也不会再次击穿，也就是说，真空电弧在电流第一次过零时就能完全熄灭。

下面重点介绍 ZN63A-12（即 VS1-12）型真空断路器。

（1）主要用途和适用范围：ZN63A-12 型户内交流高压真空断路器是三相交流 50Hz、额定电压 12kV 的户内高压开关设备，主要用于工矿企业、发电厂及变电所等场合，作为电气设施的控制和保护之用，并可投切各种不同性质的负荷，尤其适用于需要频繁操作的场所。可用于中置式开关柜和固定式开关柜以及无油化改造等场合，并可与国外同类型产品（例如 ABB 公司的 VC 系列和 VD4-12 型等）方便地实现互换，是一种性能优越的新一代真空断路器。其额定短路开断电流为 16～50kA，额定电流有 630～3150A。

（2）结构特点：真空断路器总体结构是专用弹簧操动机构和真空灭弧室部件前后布置，组成统一整体的形式。这种一体化的布局形式，可使弹簧操动机构的操作性能与真空开关密切配合，并可减少不必要的中间传动环节，降低了能耗和噪声。它配用中间封接式陶瓷真空灭弧室，采用铜铬触头材料，杯状纵磁场触头结构。触头具有电磨损速率小、电寿命长、耐压水平高、介质绝缘强度稳定且弧后恢复迅速、截流水平低、开断能力强等优点。

真空断路器的核心部件为真空灭弧室，它纵向安装在一个椭圆形管状绝缘筒内，绝缘筒具有高爬电比距结构，由环氧树脂经 APG 工艺浇注或 SMC 材料压制而成。这种安装方式，可减少粉尘等在真空灭弧室表面的聚积，同时可防止真空灭弧室受到损坏，并且可确保在湿热及严重污秽环境下，也可对电压效应呈现出高阻态。

图 2-17 和图 2-18 分别是 ZN63A-12 型真空断路器的结构简图（一）和（二）。

（3）灭弧原理：真空灭弧室是以真空作为灭弧和绝缘介质的电真空器件。由于高度的真空具有极高的绝缘强度，因而真空断路器只需很小的触头开距就能满足绝缘的要求。

当真空灭弧室的动、静触头在操动机构的作用下带电分离时，在触头间隙中会产生真空电弧。同时，电弧电流流经具有特殊结构的触头时，在触头间隙中会产生纵向磁场，促使真空电弧保持为扩散型，并均匀地分布在触头表面燃烧，维持较低的电弧电压。在导通的电流自然过零时，残留的离子、电子及金属蒸气将迅速复合或凝聚在触头表面和屏蔽罩上，使灭弧室断口的介质绝缘强度很快地以高于恢复电压上升速率的速度恢复，在回路电流过零后，不再被重新击穿，从而电弧熄灭，达到开断电流的目的。

3. 六氟化硫（SF_6）断路器

SF_6 气体是无色、无臭、无毒且不易燃烧的惰性气体，在 150°C 以下时，其化学性能很稳定。它的密度是空气的 5.1 倍。SF_6 分子具有特殊的性能，它能在电弧间隙的游离气体中吸附自由电子，在分子直径很大的 SF_6 气体中，电子的自由行程是不大的，在同样的电场强度下产生碰撞游离机会减少了，因此，SF_6 气体有优异的绝缘及灭弧能力。与空气相比，它的绝缘能力约高 3 倍，灭弧能力则高约 100 倍。因此，采用 SF_6 作为电器的绝缘介质或灭弧

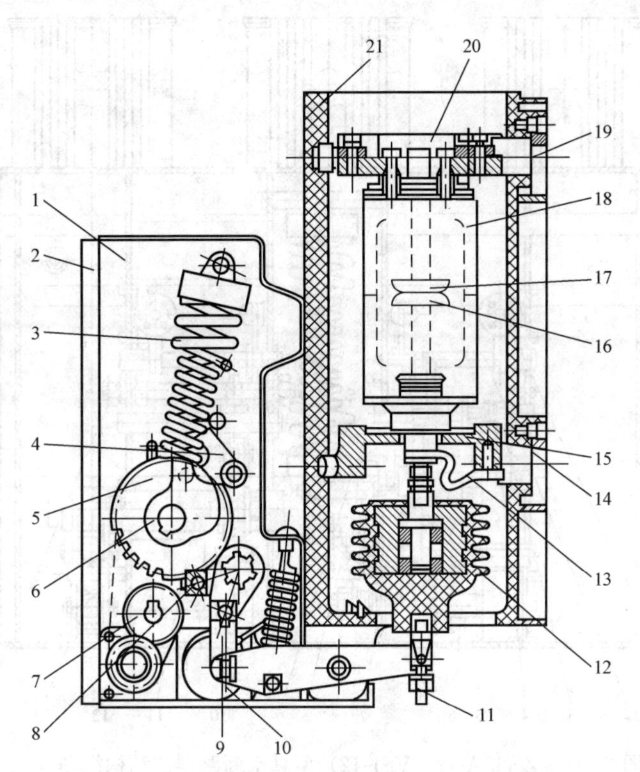

图 2-17　ZN63A-12（VSI-12）型真空断路器的结构简图（一）

1—机箱；2—面板；3—合闸弹簧；4—合闸挚子；5—链轮传动机构；6—凸轮机构；
7—齿轮传动机构；8—输入拐臂；9—四杆传动机构；10—储能电机；11—操作绝缘子；
12—触头压力弹簧；13—软连接；14—下部接线端子；15—下支架；16—动触头；
17—静触头；18—真空灭弧室；19—上部接线端子；20—上支架；21—绝缘筒

介质，既可以大大缩小电器的外形尺寸、减少占地面积，又可利用简单的灭弧结构达到很大的开断能力。此外，电弧在 SF_6 中燃烧时电弧电压特别低，燃弧时间也短，因而 SF_6 断路器每次开断后触头烧损很轻微，不仅适用于频繁操作，同时也延长了检修周期。由于这些优点，SF_6 断路器发展很快。

SF_6 的缺点是，它的电气性能受电场均匀程度及水分等杂质影响特别大，故对 SF_6 断路器的密封结构、元件结构的加工精度以及 SF_6 气体本身质量的要求相当严格，因而价格较贵。

LN2-10 型 SF_6 断路器的外形结构如图 2-19 所示。

附录表 A-3 列出了 SN10-10、ZN63A-12、LN2-10 型等高压断路器的参数，供参考。

4. 操动机构

操动机构的作用是使断路器进行分闸或合闸，并使合闸后保持在合闸状态。操动机构一般由合闸机构、分闸机构和保持合闸机构三部分组成。操动机构的辅助开关还可以实现电气联锁作用。SN10-10 型少油断路器可配用 CS2 型手动操动机构或 CD10 型电磁操动机构或 CT8 等型弹簧操动机构。真空断路器一般配电磁或弹簧操动机构；也有真空断路器与操动机构作成一体化结构的，例如上述 ZN63A-12 型（VS1-12）等。SF_6 断路器则主要配用弹簧或液压操动机构。

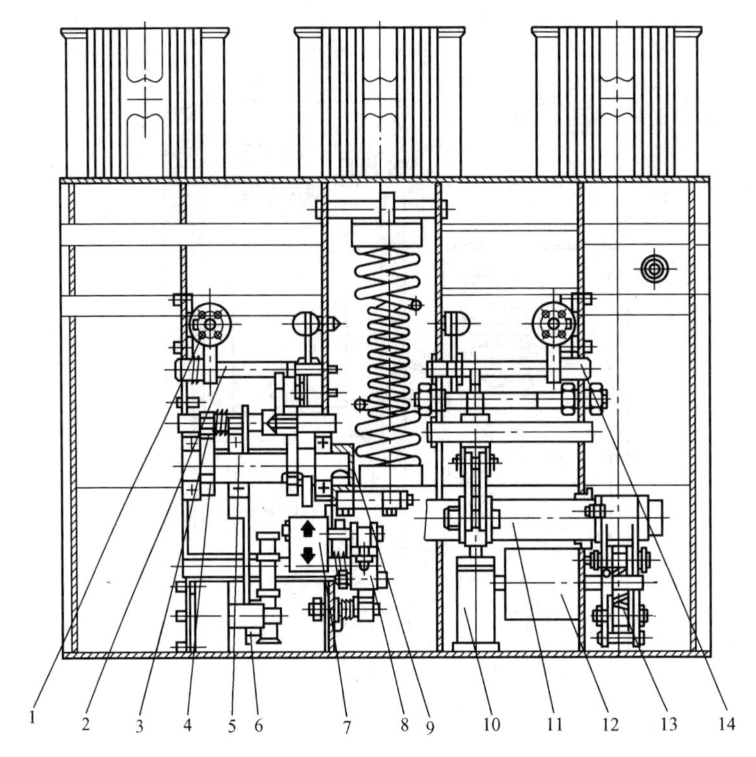

图 2-18 ZN63A-12（VS1-12）型真空断路器的结构简图（二）

1—合闸脱扣器；2—合闸半轴；3—传动爪；4—单向离合器；5—储能轴；6—单向轴承；7—储能状态指示；8—棘轮、棘机构；9—拐臂；10—油缓冲器；11—主轴；12—辅助开关；13—分闸弹簧；14—分闸脱扣器

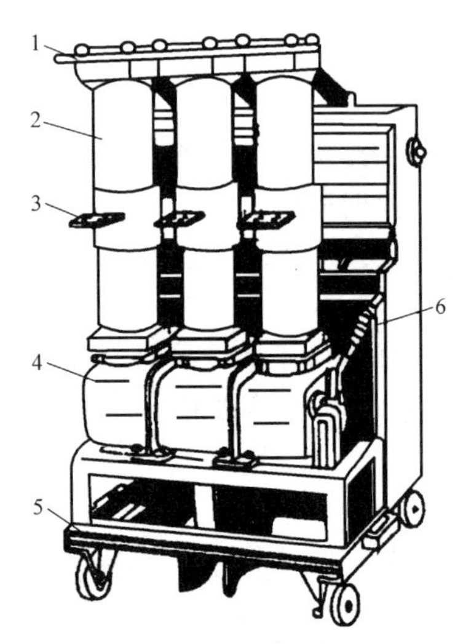

图 2-19 LN2-10 型 SF_6 断路器

1—上接线座；2—绝缘筒；3—下接线座；4—操动机构箱；5—小车；6—断路弹簧

（1）CS2 型手动操动机构：CS2 型手动操动机构（见图 2-15）能手动或电动分闸，但只能手动合闸，且因操作速度所限，其所操作的断路器开断的短路容量不宜大于 100MVA；但它结构简单、价格便宜，且为交流操作，可使控制和保护装置大为简化，因此尚应用于以前设计的一些中小型供配电系统中。

（2）CD10 型电磁操动机构：CD10 型电磁操动机构能手动或远距离电动分闸和合闸，便于实现自动化，但需直流操作电源。图 2-20 是 CD10 型电磁操动机构的外形图和剖面图，图 2-21 是其传动原理示意图。

如图 2-21（a）所示，跳闸时，跳闸铁心上的撞头，因手动或因远距离控制使跳闸线圈通电而向上撞击连杆机构，破坏了连杆机构原来在合闸位置时的稳定平衡状态，使搭在 L 形搭钩上的连杆滚轴下落，于是主轴在断路弹簧作用下转动，使断路器跳闸，并带动辅助开关切换。断路器跳闸后，跳闸铁心下落，正对此铁心的两连杆也回复到跳闸前的状态。

合闸时，如图 2-21（b）所示，合闸铁心因手动或因远距离控制使合闸线圈通电而上

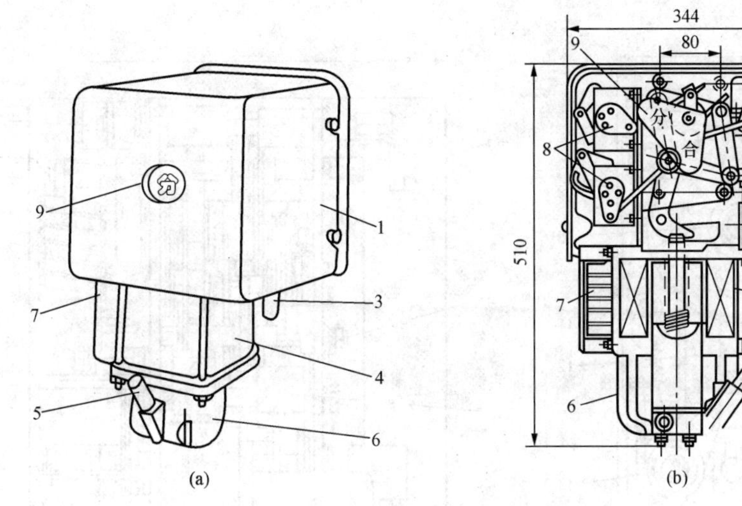

图 2-20　CD10 型电磁操动机构

(a) 外形图；(b) 剖面图

1—外壳；2—跳闸线圈；3—手动跳闸按钮（跳闸铁心）；4—合闸线圈；5—手动合闸操作手柄；6—缓冲底座；7—接线端子排；8—辅助开关；9—分合指示器

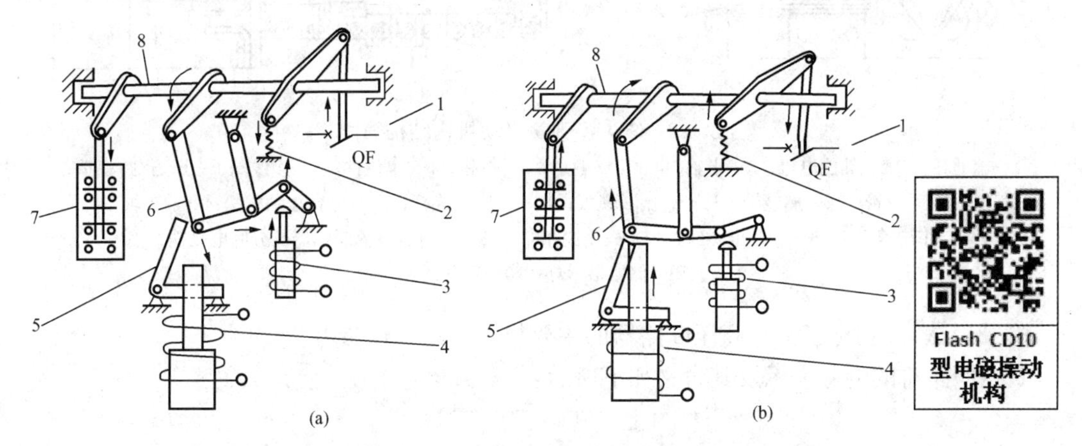

图 2-21　CD10 型电磁操动机构传动原理示意图

(a) 跳闸时；(b) 合闸时

1—高压断路器；2—断路弹簧；3—跳闸线圈（带铁心）；4—合闸线圈；5—L 形搭钩；6—连杆；7—辅助开关；8—操动机构主轴

举，使连杆滚轴又搭在 L 形搭钩上，同时使主轴反抗断路弹簧的作用而转动，使断路器合闸，并带动辅助开关切换，整个连杆机构又处于新的稳定平衡状态。

CD10 型电磁操动机构是目前应用很广泛的一种操动机构。但它在手动合闸时速度很慢，一般只有在检修和调整时才允许使用手动合闸。

(3) CT8 型弹簧操动机构：CT8 型弹簧操动机构是一种弹簧储能式电动操动机构。它由交直流两用串激电动机使合闸弹簧储能，在合闸弹簧释放能量的过程中将断路器合闸。弹簧操动机构可手动或远距离电动合闸，并可方便地实现一次自动重合闸，且可以交流操作，从而可使控制和保护装置简化，但结构复杂、价格较贵。图 2-22 是 CT8 型弹簧操动机构的外形示意图。

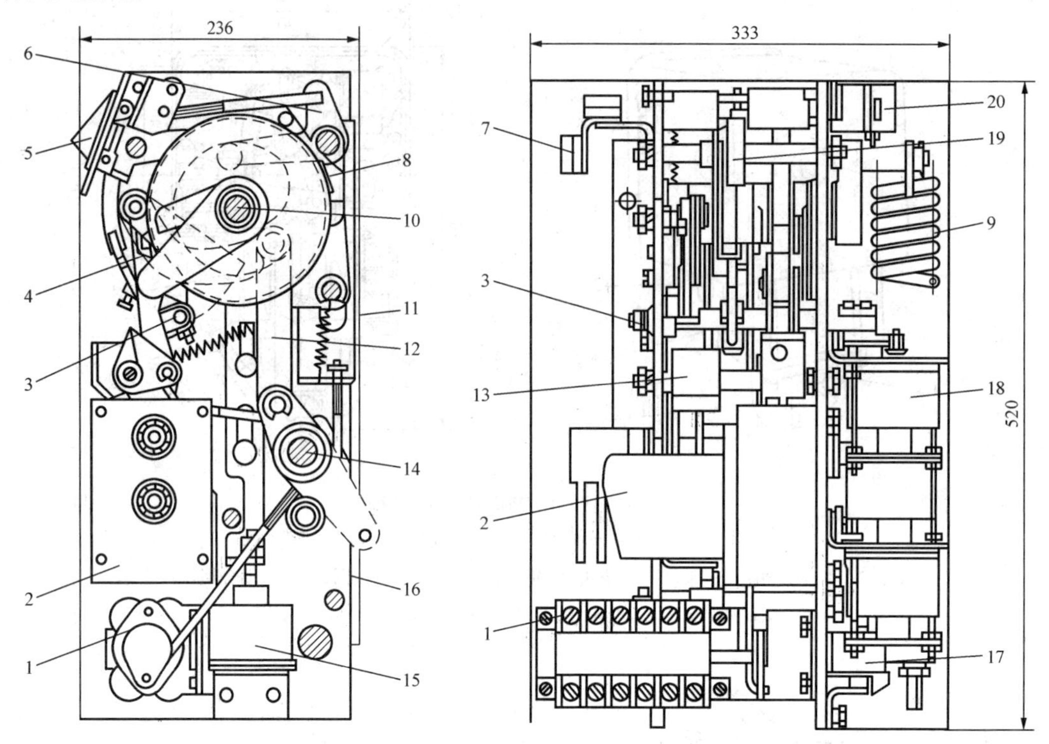

图 2-22　CT8 型弹簧操动机构结构简图

1—辅助开关；2—储能电机；3—半轴；4—驱动棘爪；5—按钮；6—定位件；7—接线端子；8—保持棘爪；9—合闸弹簧；10—储能轴；11—合闸联锁板；12—合闸四连杆；13—分合指示牌；14—输出轴；15—角钢；16—合闸电磁铁；17—失压脱扣器；18—瞬时过电流脱扣器及分闸电磁铁；19—储能指示灯；20—行程开关

附录表 A-3 列出了部分高压断路器的主要技术数据，供参考。

真空断路器的型号表示及其含义如下所示：

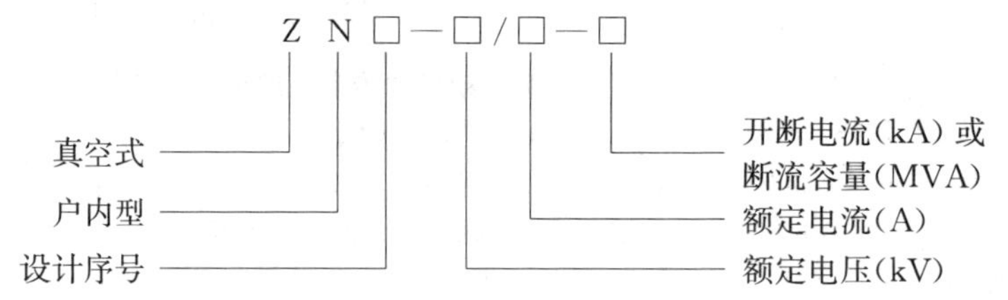

开断电流是标志断路器开断能力的一个重要参数，它表示了断路器在额定电压下能正常开断的最大短路电流。

三、低压开关设备

（一）低压刀开关、刀熔开关和负荷开关

低压刀开关又称低压隔离开关，常用于不经常操作的电路。低压刀开关，按其型式分，有单投（HD）和双投（HS）两类；按其极数分，有单极、双极和三极；按其灭弧结构分，有不带灭弧罩和带灭弧罩的两种。不带灭弧罩的刀开关不能带负荷操作，只当隔离开关用。带灭弧罩的刀开关（见图 2-23）则可带负荷操作。

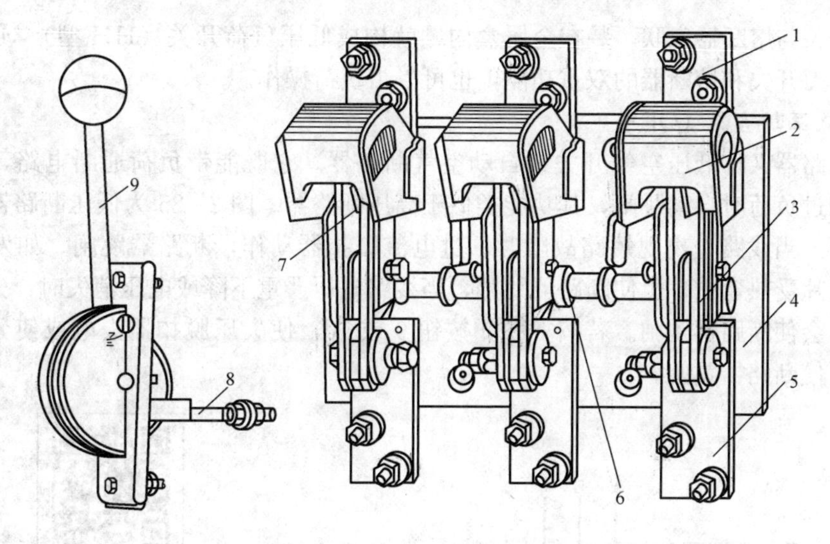

图 2-23　HD13 型低压刀开关

1—上接线端子；2—钢栅片灭弧罩；3—闸刀；4—底座；5—下接线端子；
6—主轴；7—静触头；8—连杆；9—操作手柄（中央杠杆操作）

低压刀开关的型号表示及其含义如下所示：

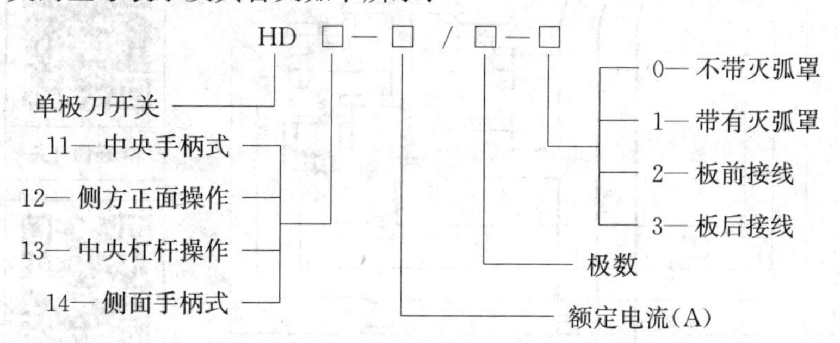

将刀开关的闸刀换为 RT0 型熔断器的熔管，就构成熔断器式刀开关（HR 型），简称刀熔开关（见图 2-24）。它兼有刀开关和熔断器的双重功能，有利于简化配电装置的结构。

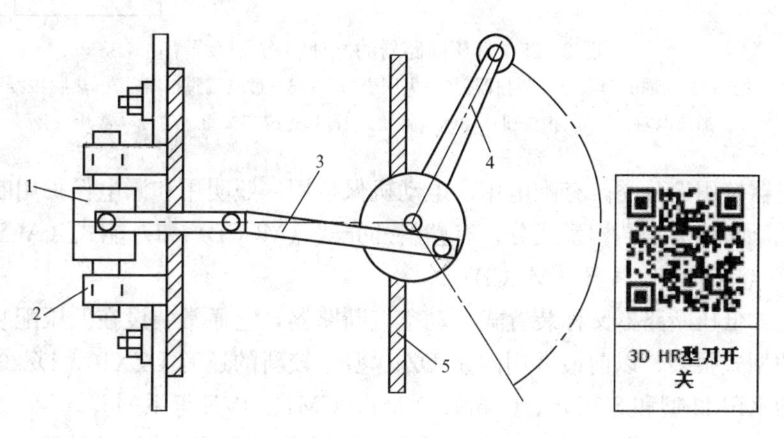

图 2-24　HR 型刀开关结构示意图

1—RT0 型熔断器的熔管；2—HD 型刀开关的弹性触座；
3—连杆；4—操作手柄；5—配电装置面板

将刀开关与熔断器串联，装在金属盒内，就构成低压负荷开关（HH 型），亦称铁壳开关。它兼有刀开关和熔断器的双重功能，也可以带负荷操作。

（二）低压断路器（QF）

低压断路器又称低压空气开关或自动空气断路器。它既能带负荷通断电路，又可在失压、短路和过负荷时自动跳闸，其功能类似于高压断路器。图 2-25 为低压断路器的原理结构和接线图。当线路上出现短路故障时，过电流脱扣器动作，断路器跳闸。如发生过负荷时，双金属片受热弯曲，也使断路器跳闸，当线路电压严重下降或电压消失时，失压脱扣器动作，同样会使断路器跳闸。若按下脱扣按钮 9 或 10，使失压脱扣器失电或使分励脱扣器通电，都可使断路器跳闸。

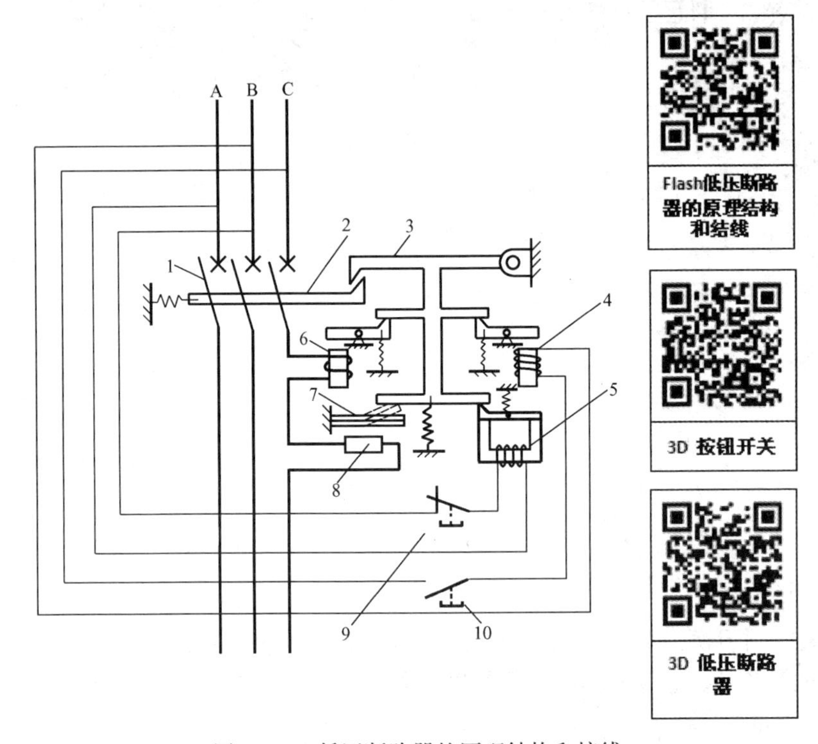

图 2-25 低压断路器的原理结构和接线

1—主触头；2—跳钩；3—锁扣；4—分励脱扣器；5—失压脱扣器；6—过电流脱扣器；7—热脱扣器（双金属片）；8—加热电阻；9—脱扣按钮［动断（常闭）］；10—脱扣按钮［动合（常开）］

低压断路器按用途分类，有配电用、电动机保护用、照明用和漏电保护用断路器。

配电用低压断路器按结构型式分，有塑料外壳式（MCCB）和万能式（ACB）两大类。

1. 塑料外壳式低压断路器（MCCB）

塑料外壳式低压断路器又称装置式自动空气断路器，它通常装设在低压配装置之中。塑壳式断路器的型式很多，以前最常用的是 DZ10 型，较新的还有 DZX10、DZ20 型等以及引进技术生产的 KFM2 型和 S、NS、C45N、NM1、CM1、3VE 等系列。

（1）DZ20 型低压断路器。图 2-26 为 DZ20 型塑壳式低压断路器的结构图。

DZ20 系列塑料外壳式断路器，其额定绝缘电压为 500V，交流 50Hz 或 60Hz。额定工作电压 380V（经济型为 400V）及以下，或直流额定工作电压 220V 及以下，其额定电流至

1250A，一般作为配电用。额定电流200A及以下和400Y型的断路器亦可作为保护电动机用。在正常情况下，断路器可分别作为线路的不频繁转换及电动机的不频繁起动之用。

配电用断路器：在配电网络中用来分配电能，且可作为线路及电源设备的过载、短路和欠电压保护。

保护电动机用断路器：在配电网络中用作鼠笼型电动机的起动和分断，以及作为电动机的过载、短路和欠电压保护。

该系列断路器是以Y型为基本产品，由绝缘外壳、操动机构、触头系统和脱扣器四部分组成。断路器的操动机构具有使触头快速合闸和分断的功能，DZ20型断路器的工作状态在手动操作时，应由手柄来指示，在图2-27中表示了合闸、分断、自由脱扣和再扣四个位置。合闸和分断分别表示了断路器接通电源和断开电源的手柄位置；自由脱扣位置是由于过载、短路、欠电压、操作分励脱扣器或脱扣按钮而断开时手柄的位置，此时若断路器装有报警触头，则通过报警触头可发出报警信号。在断路器处于自由脱扣位置时，要使断路器合闸必须进行再扣，然后才能把断路器手柄推向合闸位置。一些新型的断路器已经无此要求。

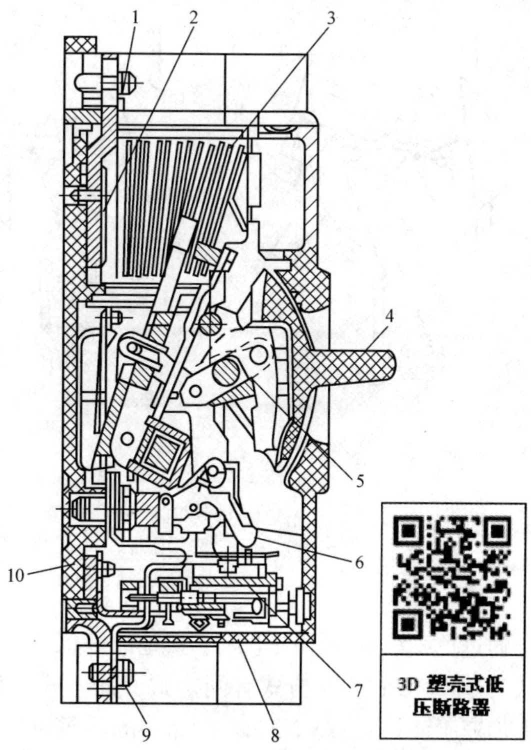

图2-26　DZ20型塑壳式低压断路器

1—引入线接线端；2—主触头；3—灭弧室；4—操作手柄；5—跳钩；6—锁扣；7—过电流脱扣器；8—塑料壳盖；9—引出线接线端；10—塑料底座

DZ20型断路器可根据需要装设以下脱扣器：①热脱扣器，用双金属片作过负荷保护；②电磁脱扣器，只作短路保护；③复式脱扣器，可同时实现过负荷保护和短路保护，即具有两段保护特性。

DZ20型断路器采用了钢片灭弧栅，加之脱扣机构的脱扣速度快，因此其灭弧时间短，一般断路时间不超过0.02s，而且断流能力也比较大。

（2）S系列、NS系列和KFM2系列塑料外壳式断路器简介。

1）S系列塑料外壳式断路器：是以ABB SACE公司技术和设备生产的新型断路器，适用于交流50Hz或60Hz、额定电压为690V及以下的配电网络中，作为分配电能和线路、设备的过负载、短路、欠电压、接地故障保护，以及在正常条件下线路的不频繁转换之用；级数为3、4级；安装方式有固定式、插入式及抽出式。断路器有S1～S7七种型号。S1～S3型的过电流脱扣器为热—电磁式；S4～S7型则用的是微处理器过电流脱扣器，配上对话、信号、控制单元，可与计算机自动化管理系统联网，实现数据通信与远方控制。

2）NS系列塑料外壳式断路器：是施耐德（Schneider）电气公司生产的新型断路器，适用于交流50Hz或60Hz、额定电压为690V及以下的配电网络中，作为分配电能和线路、

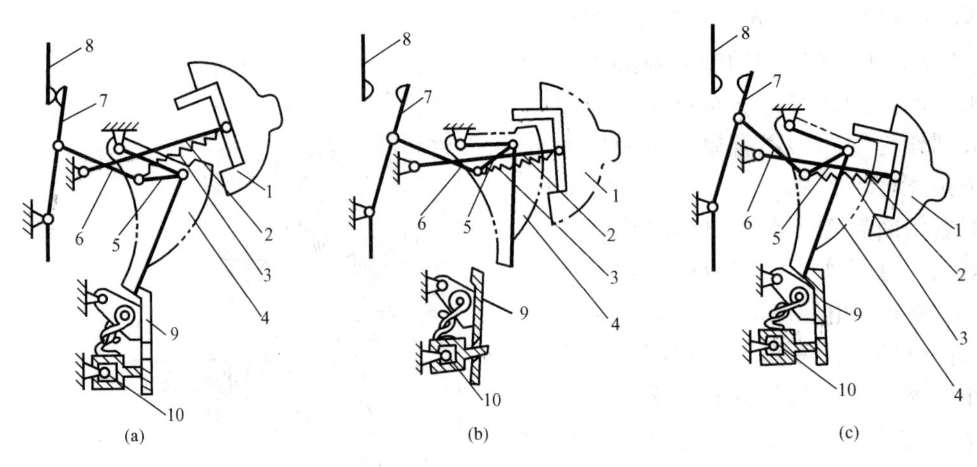

图 2-27　DZ20 型塑壳式低压断路器的手柄位置图

（a）合闸位置；（b）自由脱扣位置；（c）分闸和再扣位置

1—操作手柄；2—操作杆；3—弹簧；4—跳钩；5—上连杆；6—下连杆；7—动触头；8—静触头；9—锁扣；10—牵引杆

设备的过负载、短路、欠电压、接地故障保护，以及在正常条件下线路的不频繁转换之用；级数为 3、4 级；安装方式有固定式、插入式及抽出式。多种附加模块使 NS 系列结构与性能更加完善。NS100～NS250 断路器的热磁脱扣器和电子脱扣器都可以调整整定值满足保护要求；NS400～NS630 断路器的电子脱扣器是通用式插入模块。此外，NS 系列还具有显示和测量功能，因为带电显示模块、电流表模块、电流互感器模块、接地故障保护模块都可直接安装在 NS 断路器上。NS 断路器还可带 DIGIPACT 通信模块，操作者在一个遥控点通过 PC 电脑或 PLC 可编程控制器可实现下列功能：显示断路器的状态；控制断路器；读取由脱扣器提供的信息；检查电源自动切换控制器的状态等。操动方式可以有拨动、转动（可以带加长旋转手柄）或电动。

3）KFM2 型塑料外壳式断路器是江苏凯帆电器有限公司引进国外先进技术并国产化后生产的 MCCB，型号中的 KF 为江苏凯帆电器有限公司的企业代号，M 表示为塑料外壳式断路器（Moulded Case Circuit-breaker，MCCB），2 为设计序号。KFM2 系列适用于交流 50Hz、额定电压 690V 及以下的场合。额定电流为 800A 的一般作配电用，630A 及以下的亦可作电动机保护用。该产品的分断能力分 C、S、M、H 四个级别，有多种可供选择的脱扣器方式和附件代号，安装方式和操作方式亦灵活多样。该产品的性能价格比较好，可以替代进口的 NS 系列等同类产品。KFM2 型塑壳式低压断路器的外形图，如图 2-28 所示。

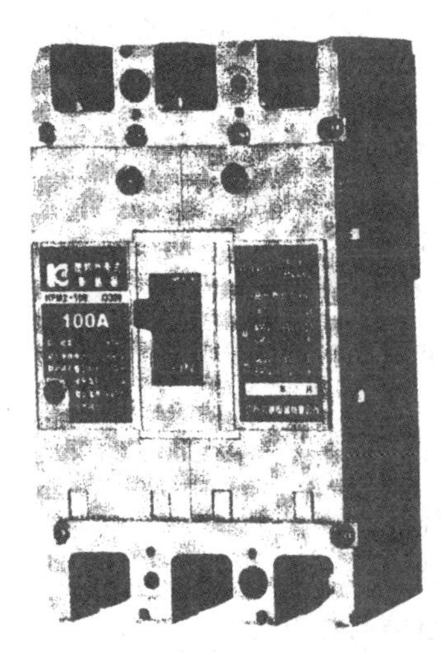

图 2-28　KFM2 型塑壳式低压断路器的外形图

附录表 A-4 列出了 DZ20 型低压断路器的主要技术数据，供参考。

2. 万能式（空气式）低压断路器（ACB）

万能式低压断路器的型式很多，目前最常用的为 DW15、DW16 型，其他还有 DWX15、DW45、DW16、NA1、CW1

等和引进技术生产的 KFW2、ME、AH 等系列。考虑到价格因素，一般说来，在要求高短路分断能力和选择性保护时，可选用具有智能型保护功能的 KFW2、DW45、NA1 和 CW1 等，它们能可靠地保护设备免受过负荷、欠电压、短路和单相接地等故障的危害，但价格较高。在要求有足够的短路分断能力和选择性时，宜选用 DW15，价格适中。在要求有足够的短路分断能力、只要求过载时保护和短路时瞬时断开的场所，宜选用 DW16 型，较为经济。DW16 是我国过去大量应用的 DW10 型的更新换代产品，其底座安装尺寸、相间距离及触头系统等，均与 DW10 型相同。

图 2-29 为 DW16 型万能式低压断路器的外形结构图。

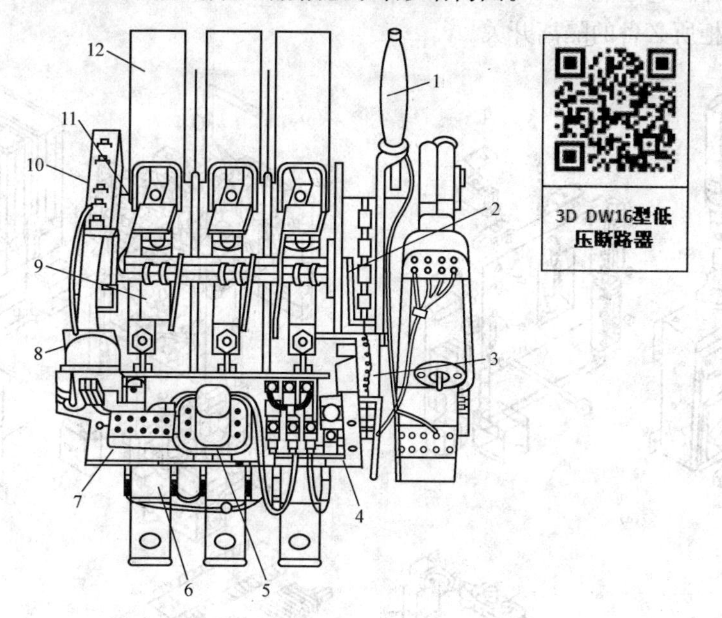

图 2-29　DW16 型万能式低压断路器

1—操作手柄（带电动操动机构）；2—自由脱扣机构；3—欠电压脱扣器；4—热脱扣器；5—接地保护用小型继电器；6—过负荷保护用过电流脱扣器；7—接线端子；8—分励脱扣器；9—短路保护用过电流脱扣器；10—辅助触头；11—底座；12—灭弧罩（罩内为主触头）

DW16 可采用如图 2-29 所示的手柄直接操作，也可通过杠杆手动操作，还可用电磁铁或电动机实现电动操作。

DW16 型较之 DW10 型增加了单相接地保护功能。它利用其本体上的过负荷保护用脱扣器的电流互感器作检测元件，利用接地保护用小型电流继电器和分励脱扣器作执行元件，以驱动脱扣机构，实现了单相接地短路保护功能。但应注意：这种单相接地短路保护功能是针对设备而言，它并不能保证人体造成单相接地时的生命安全。

DW16 型具有过负荷保护功能，其长延时（反时限）过电流脱扣器系由电流互感器和双金属片式热继电器组成。

限于篇幅，下面主要介绍 ME 型和 KFW2 型。

ME 型万能式断路器是从 AEG 公司引进的新产品，适用于额定工作电压交流至 380V 和 660V、50Hz 电路，作电能分配和线路不频繁转换之用，对线路及电气设备的过载、欠电压和短路进行保护，并具有分级选择保护；能直接起动电动机，并保护电动机、发电机和整流装置，免受过载、短路和欠电压等不正常情况的危害。ME型断路器的合闸操动方式较多，除直接手柄操动外，还有电动机操动和电动机预储能带释能操动等方式。

图2-30为ME系列断路器的外形结构分解图。图2-31为ME系列抽屉式断路器的外形图。断路器结构型式分固定式和抽屉式两大类。抽屉式断路器是在固定式断路器的基础上增加了主回路和二次回路接插件、导轨、支架、侧板、丝杆等附件发展而成。抽屉式断路器由二大组件组成，一是抽屉式断路器，二是抽屉式支架。抽屉式断路器与固定式断路器相比更具有经济、可靠的特点，由于更换方便、维护方便，所以更适用于不允许有较长时间停电的重要场所，此外，它还能一机两用，采用该抽屉式断路器不仅可起一般断路器的作用，还可省去一般开关柜所必备的隔离开关。

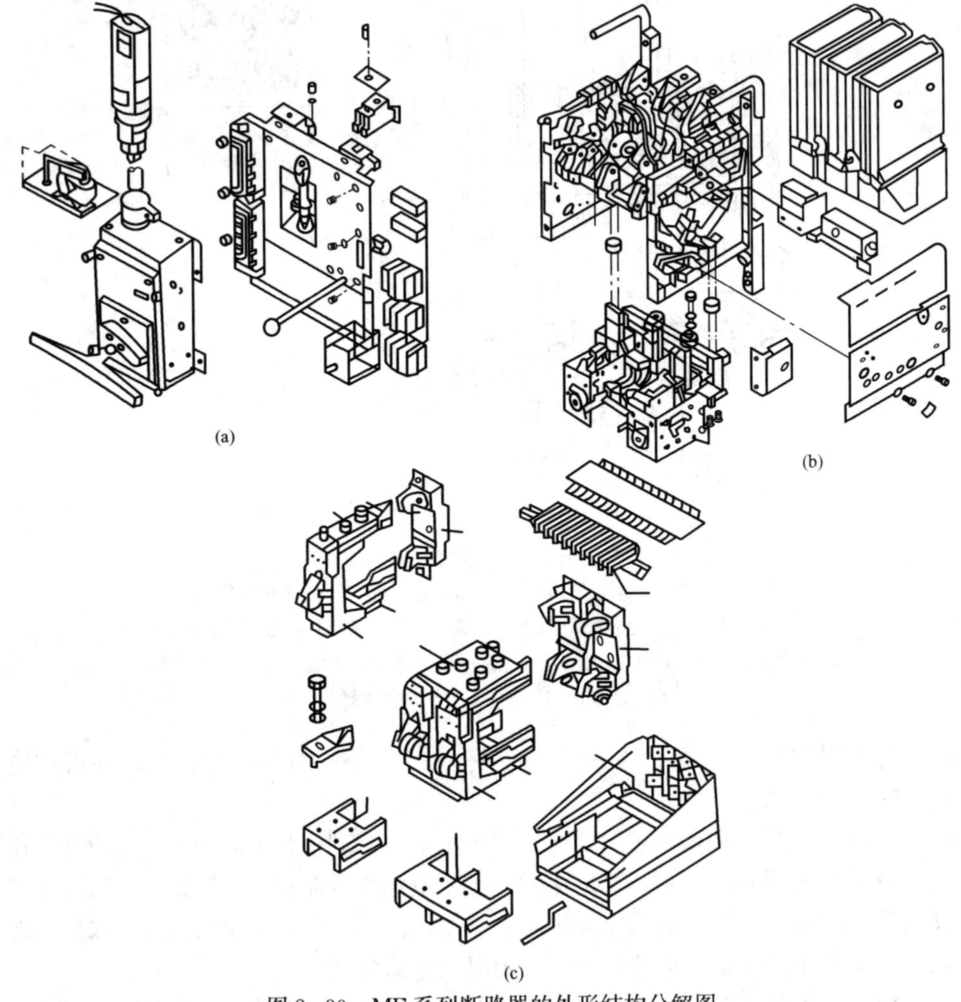

图2-30　ME系列断路器的外形结构分解图

(a) 操动机构、辅助开关与SU控制器；(b) 断路器本体电流脱扣器与电压脱扣器；(c) 断路器触刀部分、抽屉式抽屉及二次回路接触系统

ME型断路器的过电流脱扣器有过载长延时，短路短延时，短路瞬时等三种型式。具有过载长延时特性的过电流脱扣器，简称b—脱扣器，其特性为反时限，由具有温度补偿的双金属片执行元件与电流互感器等组成，过载信号通过电流互感器使双金属片发热弯曲而使执

行机构动作将断路器断开。具有短路瞬时或短延时的过电流脱扣器，简称 s—脱扣器，瞬时 s—脱扣器采用电磁式结构，根据需要可设置一套锁扣装置，当电路发生短路使断路器断开时，锁扣装置将断路器锁在脱扣位置，锁扣装置在线路故障排除后，需要手动复位，断路器才能重新合闸，否则脱扣器始终处于脱扣位置。对于短路延时 s—脱扣器，采用电磁式结构和延时元件等组成。延时元件采用钟表式延时机构，调整钟表机构的时间整定值来达到延时脱扣器所选择的延时时间，整个装置简称“ZZ”。带过载长延时、短路短延时或短路瞬时的过电流脱扣器，简称 bs—脱扣器。此外还有欠电压脱扣器，简称 r—脱扣器；分励脱扣器，简称 a—脱扣器。

KFW2 系列智能型万能式断路器是江苏凯帆电器有限公司引进国外先进技术并国产化后生产的 ACB，型号中的 KF 为江苏凯帆电器有限公司的企业代号，W 表示为万能式断路器，2 为设计序号。KFW2 系列适用于交流 50Hz、额定电压至 690V、额定电流为 630～6300A 的配电网络，用来分配电能，并保护线路等免受过负荷、短路、单相接地等故障的危害；可配置多种智能控制器，保护功能齐全；还可配置通信接口与现场总线连接，实现遥测、遥控、遥调、遥信等功能；若配置剩余电流互感器及相应的智能控制器，还可实现剩余电流保护（俗称为漏电保护）。该产品的性能价格比较好，可以替代进口的同类产品。KFW2 智能型万能式低压断路器的外形图，如图 2-32 所示。

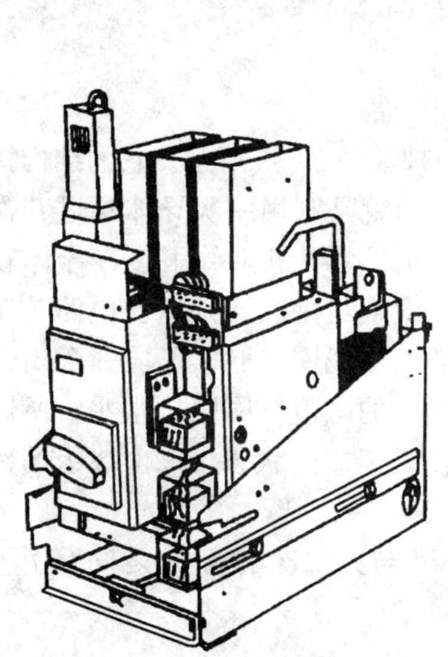

图 2-31　ME 系列抽屉式断路器的外形图

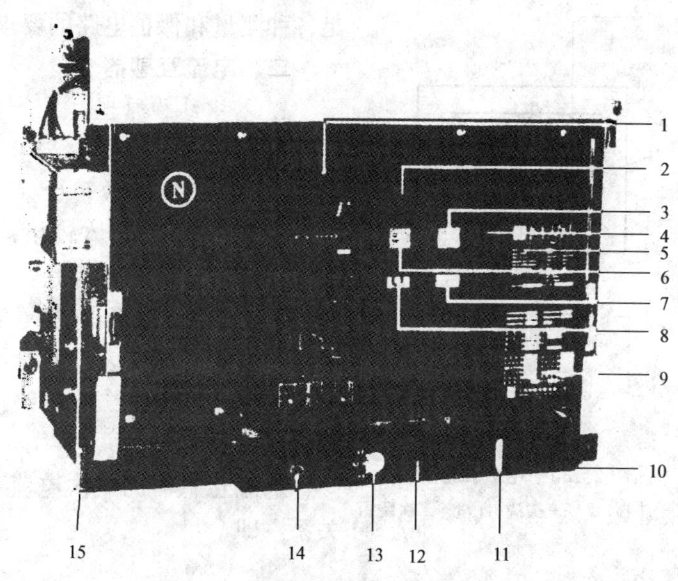

图 2-32　KFW2 智能型万能式低压断路器

1—故障跳闸指示器/复位按钮；2—防止闭合锁；3—闭合按钮（I）；4—机构储能手柄；5—铭牌；6—断开按钮（O）；7—储能机构状态指示器；8—主触头位置指示器；9—数据铭牌；10—柜门联锁；11—分离位置挂锁；12—推进（出）装置；13—“连接”“试验”及“分离”位置指示；14—手柄存放处；15—ST 智能控制器电源模块（直流）

附录表 A-4 列出了部分低压断路器的主要技术数据，供参考。

第五节 电流互感器和电压互感器

一、概述

电流互感器（Current Transformer，CT）又称仪用变流器，电压互感器（Potential Transformer，PT）又称仪用变压器，两者合称互感器，从基本结构和工作原理来说，互感器就是一种特殊的变压器。互感器的功能主要有以下三个：

（1）安全绝缘。采用互感器作一次电路与二次电路之间的中间元件，既可避免一次电路的高电压直接引入仪表、继电器等二次设备；又可避免二次电路的故障影响一次电路，提高了两方面工作的安全性和可靠性，特别是保障了人身安全。

（2）扩大量程范围。采用互感器以后，就相当于扩大了仪表、继电器的使用范围。例如用一只5A的电流表，通过不同变流比的电流互感器就可测量很大的电流。同样，用一只100V的电压表，通过不同变压比的电压互感器就可测量很高的电压。而且，由于采用了互感器，可使二次侧仪表、继电器等的电流、电压规格统一，有利于大规模生产。

（3）采用互感器可以获得多种形式的结线方案，以便满足各种测量和保护电路的要求。

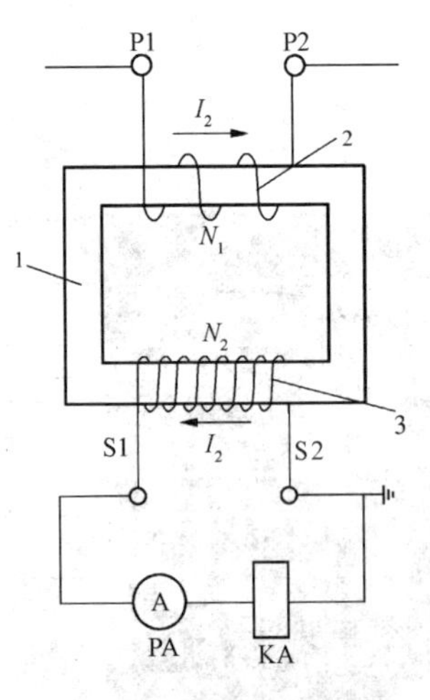

图2-33 电流互感器

1—铁心；2—一次绕组；3—二次绕组

二、电流互感器

1. 基本结构原理

电流互感器的基本结构原理如图2-33所示。它的结构特点是：一次绕组匝数很少（有的就是利用一次导体穿过其铁心，只有一匝），导体较粗；而二次绕组匝数很多，导体较细。它接入电路的方式是：一次绕组串联接入一次电路；二次绕组则与仪表、继电器等的电流线圈串联，形成一个闭合回路。由于二次仪表、继电器等的电流线圈阻抗很小，所以电流互感器工作时二次回路接近于短路状态。二次绕组的额定电流一般为5A。

电流互感器的一次电流 I_1 与其二次电流 I_2 之间有下列关系，即

$$I_1 \approx \frac{N_2}{N_1} I_2 \approx K_i I_2 \tag{2-1}$$

式中 N_1、N_2——电流互感器一次和二次绕组的匝数；

K_i——电流互感器的变流比，一般定义为 I_{1N}/I_{2N}，例如200/5。

2. 常用结线方案

电流互感器在三相电路中常用的结线方案有以下几种。

（1）一相式结线［图2-34（a）］：电流线圈通过的电流，反应一次电路对应相的电流。通常用在负荷平衡的三相电路中测量电流，或在继电保护中作为过负荷保护结线。

（2）两相V形结线［图2-34（b）］：也称为两相不完全Y形结线。这种结线的三个电流线圈，分别反应三相电流，其中最右边的电流线圈是接在互感器二次侧的公共线上，反应

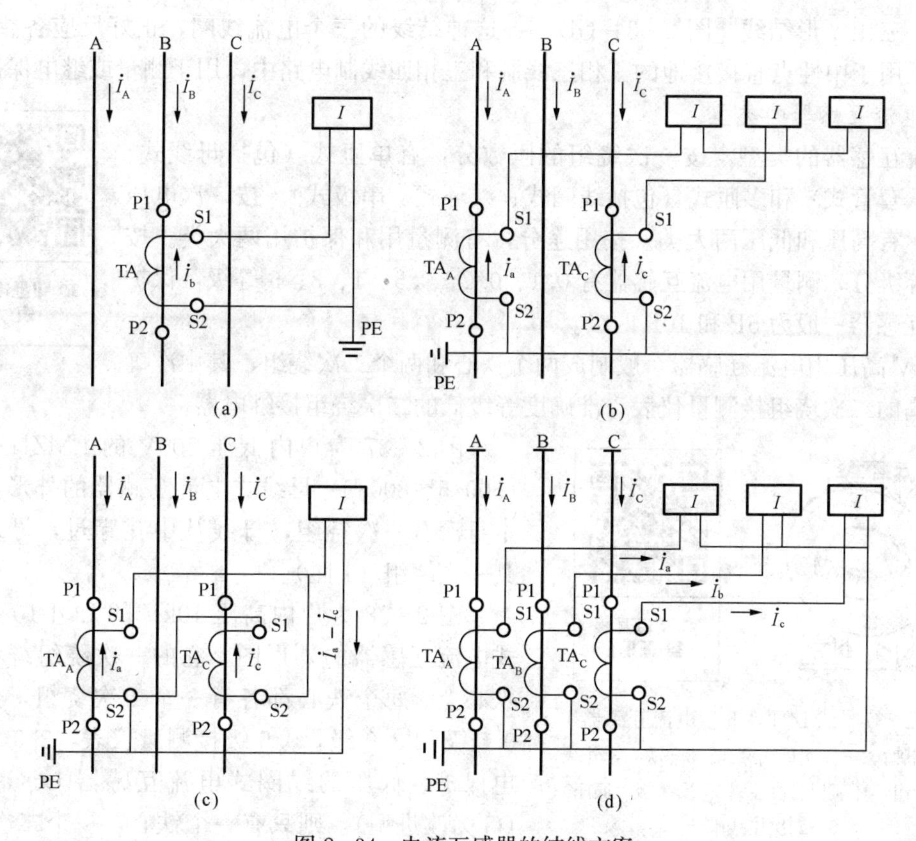

图 2-34 电流互感器的结线方案

(a) 一相式；(b) 两相 V 形；(c) 两相电流差；(d) 三相 Y 形

的是两个互感器二次电流的相量和，正好是未接互感器那一相的二次电流（其一次电流换算值），如图 2-35 相量图所示。因此这种结线广泛用于中性点不接地的三相三线制电路中，供测量三个相电流之用，也可用来接三相功率表和电能表。这种结线特别广泛地用于继电保护装置中，称为两相两继电器结线（参看图 6-14）。

（3）两相电流差结线［图 2-34（c）］：也称为两相交叉结线。其二次侧公共线流过的电流，由图 2-36 相量图可知，其值为相电流的 $\sqrt{3}$ 倍。这种结线也广泛用于继电保护装置中，称为两相一继电器结线（参看图 6-15）。

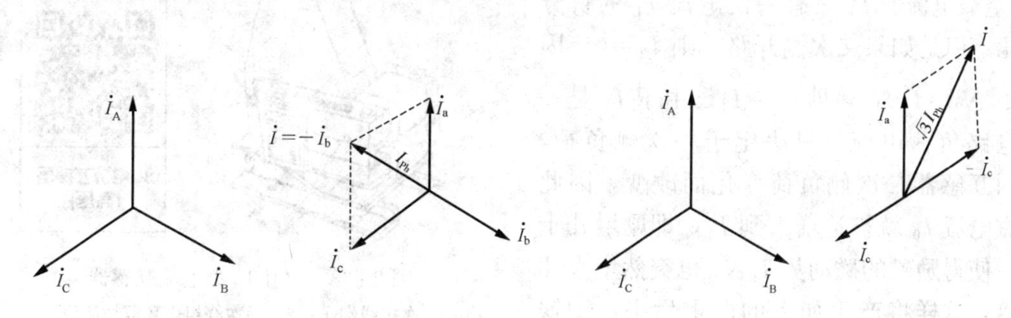

图 2-35 两相 V 形结线的电流互感器一、二次电流相量图

图 2-36 两相电流差结线的电流互感器一、二次电流相量图

（4）三相Y形结线［图2-34（d）］：这种结线的三个电流线圈，正好反应各相电流，因此广泛用于中性点直接接地的三相三线制和三相四线制电路中，用于测量或继电保护。

3. 电流互感器的类型

电流互感器的类型，按一次绕组的匝数分，有单匝式（包括母线式、芯柱式、套管式）和多匝式（包括线圈式、线环式、串级式）。按一次电压高低分，有高压和低压两大类。按用途分，有测量用和保护用两大类。按准确度等级分，测量用电流互感器有0.1、0.2、0.5、1、3、5等级，保护用电流互感器一般为5P和10P两级。

10kV高压用电流互感器一般制成两个铁心和两个二次绕组，其中准确度等级高的二次绕组接测量仪表，准确度等级低的二次绕组接继电器。

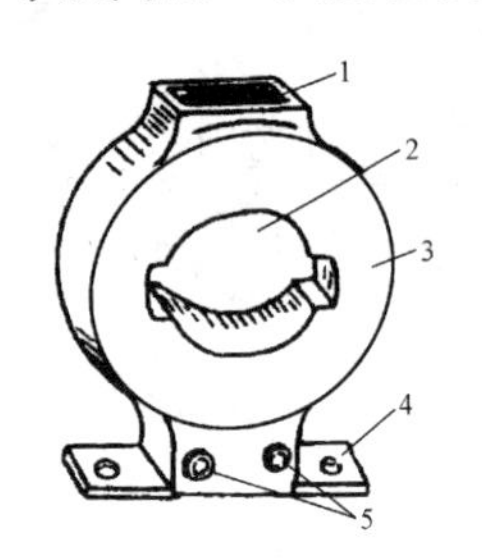

图2-37 LMZJ1-0.5型电流互感器

1—铭牌；2—一次母线穿孔；3—铁心，外绕二次绕组，环氧树脂浇注；4—安装板（底座）；5—二次接线端子

图2-37为户内低压500V的LMZJ1-0.5型（500/5～800/5）母线式电流互感器的外形图。它本身没有一次绕组，母线从中孔穿过，母线就是其一次绕组（1匝）。

图2-38为户内高压10kV的LQJ-10型线圈式电流互感器的外形图。它的一次绕组绕在两个铁心上。每个铁心都各有一个二次绕组，分别为0.5级和3.0级，0.5级接测量仪表，3.0级接继电保护。低压的线圈式电流互感器LQG-0.5型（G为改进型），则只有一个铁心，一个二次绕组，其一、二次绕组均绕在同一铁心上。

以上两种电流互感器都是环氧树脂浇注绝缘的，较之老式的油浸式和干式电流互感器的尺寸小、性能好，因此在现在生产的高、低压成套配电装置中广泛应用。

4. 使用注意事项

（1）电流互感器在工作时其二次侧不得开路：电流互感器二次侧接的都是阻抗很小的电流线圈，因此它是在接近于短路状态下工作。根据磁动势平衡方程式 $\dot{I}_1N_1-\dot{I}_2N_1=\dot{I}_0N_1$ 可知，由于 $\dot{I}_1N_1$ 绝大部分被 $\dot{I}_2N_1$ 所抵消，所以总的磁动势 $\dot{I}_0N_1$ 很小，励磁电流（即空载电流）I_0 只有一次电流 I_1 的百分之几。但是如果二次侧开路，则 $I_2=0$，因此 $\dot{I}_0N_1=\dot{I}_1N_1$，即 $I_0=I_1$。由于 I_1 是一次电路负荷电流，只决定于一次侧负荷，不因互感器二次侧负荷变化而改变，因此励磁电流 I_0 就被迫增大到 I_1，即剧增几十倍，使得励磁的磁动势 I_0N_1 也突然增大几十倍，这样将产生如下的严重后果：①铁心过热，有可能烧毁互感器，并且产生剩磁，大大降低准确度等级。②由于二次绕

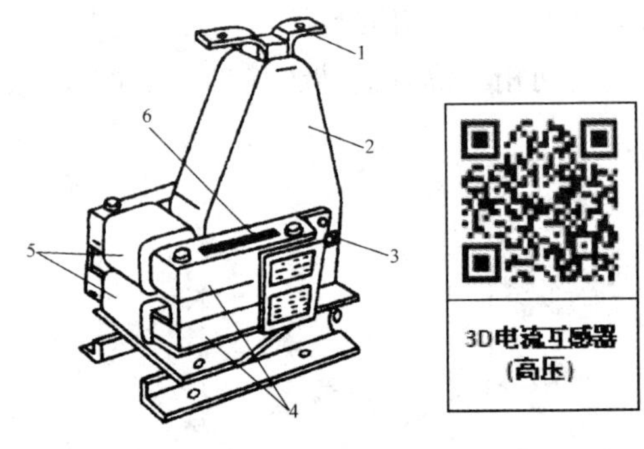

图2-38 LQJ-10型电流互感器

1—一次接线端子；2—一次绕组，环氧树脂浇注；3—二次接线端子；4—铁芯（两个）；5—二次绕组（两个）；6—警告牌（上写“二次侧不得开路”等字样）

组匝数远比一次绕组匝数多，因此可在二次侧感应出危险的高电压，危及人身和设备的安全。所以电流互感器工作时二次侧绝对不允许开路。为此，电流互感器安装时，其二次接线应采用试验型接线端子（参见后面的图 6-42），接线应牢靠和接触良好，并且不允许串接熔断器和开关等。

（2）电流互感器的二次侧有一端必须接地：这是为了防止电流互感器的一、二次绕组间绝缘击穿时，一次侧的高电压窜入二次侧，危及人身和设备的安全。这种接地属于保护接地。

（3）电流互感器在连接时要注意其端子的极性：按规定，电流互感器的一次绕组端子标以 P1、P2，二次绕组端子标以 S1、S2。P1 与 S1 互为"同名端"或"同极性端"，P2 与 S2 也互为"同名端"或"同极性端"。如果某一瞬间，P1 为高电位（电流 I_1 由 P1 流向 P2），则二次侧由电磁感应产生的电动势使得 S1 亦为高电位（电流 I_2 则由 S2 流向 S1，见图 2-34），这就是"同名端"或"同极性端"的含义，也称作互感器的"减极性"标号法。在安装和使用电流互感器时，一定要注意端子的极性；否则其二次侧所接仪表、继电器中流过的电流就不是预想的电流，甚至可能引起事故。例如图 2-34（b）中 C 相电流互感的 S1、S2 如果接反，则公共线中的电流就不是相电流，而是相电流的 $\sqrt{3}$ 倍，可能烧坏电流表。

三、电压互感器

1. 基本结构原理

电压互感器的基本结构原理如图 2-39 所示。它的结构特点是：一次绕组匝数很多，而二次绕组匝数较少，相当于降压变压器。它接入电路的方式是：一次绕组并联在一次电路中；二次绕组则并联仪表、继电器的电压线圈。由于二次仪表、继电器等的电压线圈阻抗很大，所以电压互感器工作时二次回路接近于空载状态。二次绕组的额定电压一般为 100V。

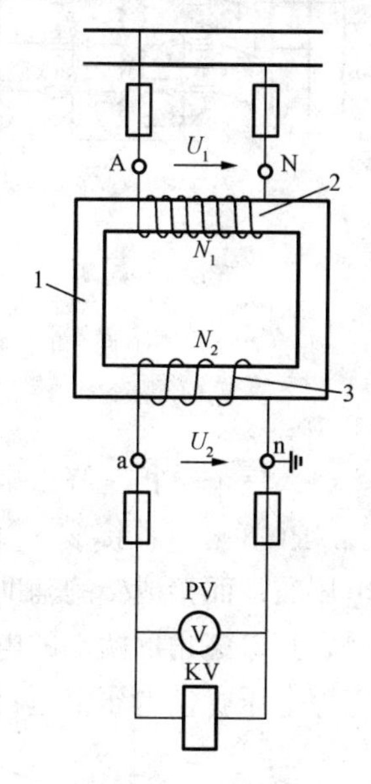

图 2-39　电压互感器
1—铁心；2—一次绕组；3—二次绕组

电压互感器的一次电压 U_1 和二次电压 U_2 之间有下列关系，即

$$U_1 \approx \frac{N_1}{N_2}U_2 \approx K_u U_2 \tag{2-2}$$

式中　N_1、N_2——电压互感器一次和二次绕组的匝数；

K_u——电压互感器的变压比，一般定义为 U_{1N}/U_{2N}，例如 10/0.1。

2. 常用结线方案

电压互感器在三相电路中常用的结线方案有以下几种。

（1）一个单相电压互感器的结线［图 2-40（a）］：供仪表、继电器接于线电压。

（2）两个单相电压互感器接成 V/V 形［图 2-40（b）］：供仪表、继电器接于三相三线制电路的各个线电压，它广泛地应用在 6～10kV 的高压配电装置中。

（3）三个单相电压互感器接成 Y_0/Y_0 形［图 2-40（c）］：供电给要求线电压的仪表、继电器，并供电给接相电压的绝缘监察电压表。由于小电流接地的电力系统在发生单相接地时，另外两完好相的对地电压要升高到线电压（$\sqrt{3}$ 倍相电压），所以绝缘监察电压表不能接入按相电压选择的电压表，否则在一次电路发生单相接地时，电压表可能被烧坏。

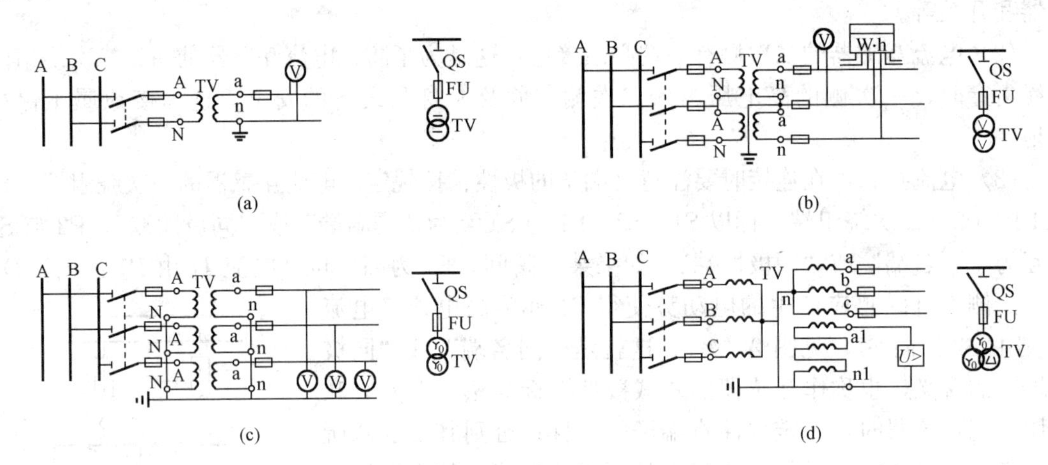

图 2-40　电压互感器的结线方案

（a）一个单相电压互感器；

（b）两个单相电压互感器接成 V/V 形；（c）三个单相电压互感器接成 Y_0/Y_0 形；

（d）三个单相三绕组电压互感器或一个三相五心柱三绕组电压互感器接成 $Y_0/Y_0/$⊿形

（4）三个单相三绕组电压互感器或一个三相五心柱三绕组电压互感器接成 $Y_0/Y_0/$⊿［图 2-40（d）］：接成 Y_0 的二次绕组，供电给需要线电压的仪表、继电器及作为绝缘监察的电压表；而接成⊿的辅助二次绕组，供电给用作绝缘监察的电压继电器。一次电路正常工作时，开口三角形两端的电压接近于零。当某一相接地时，开口三角形两端将出现近 100V 的零序电压，使电压继电器 KV 动作，发出信号。

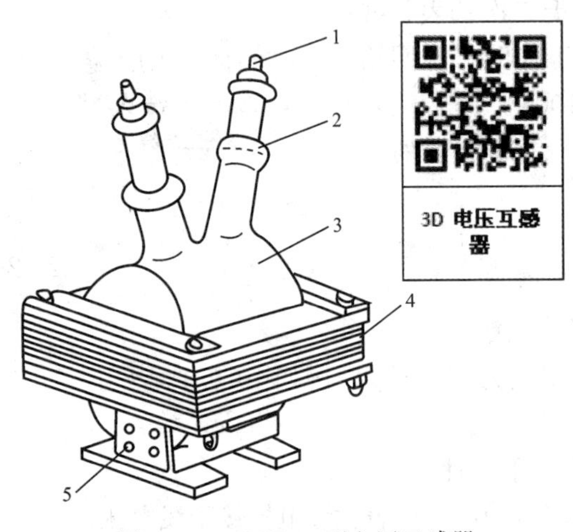

图 2-41　JDZJ-10 型电压互感器

1——次接线端子；2—高压绝缘套管；

3——、二次绕组，环氧树脂浇注；

4—铁心；5—二次接线端子

3. 电压互感器的类型

电压互感器按绝缘的冷却方式分，有干式和油浸式。现已广泛采用环氧树脂浇注绝缘的干式互感器。

图 2-41 为单相三绕组、环氧树脂浇注绝缘的户内用 JDZJ-10 型电压互感器的外形图。三个 JDZJ-10 型互感器连接成图 2-40（d）所示 $Y_0/Y_0/$⊿形的结线，可供小电流接地的电力系统作电压、电能测量及单相接地的绝缘监察之用。

4. 使用注意事项

（1）电压互感器的一、二次侧必须加熔断器保护。由于电压互感器是并联接入一次电路的，二次侧的仪表、继电器也是并联接入互感器二次回路的，因此互感器的一、二次侧均必须装设熔断器，以防发生短路烧毁互感器或影响一次电路的正常运行。

（2）电压互感器的二次侧有一端必须接地。这也是为了防止电压互感器的一、二次绕组间绝缘击穿时，一次侧的高压窜入二次侧，危及人身和设备的安全。

（3）电压互感器在联结时也要注意其端子的极性。按规定，单相电压互感器的一次绕组端子标以A、N，二次绕组端子标以a、n，A与a及N与n分别为“同名端”或“同极性端”。三相电压互感器，按照相序，一次绕组端子分别标以A、B、C、N，二次绕组端子则对应地标以a、b、c、n。这里A与a、B与b、C与c及N与n分别为“同名端”或“同极性端”。电压互感器连接时，不能把端子极性接错，否则可能发生事故。

第六节　高低压成套配电装置

一、概述

成套配电装置就是按照一定的线路方案将有关一、二次设备组装为一体的配电装置，用于供配电系统中作为受电或配电的控制、保护和监察测量。成套配电装置按电压及用途分，有高压开关柜、低压配电屏及动力、照明配电箱和终端组合电器等。

二、高压开关柜

高压开关柜有固定式、手车式两大类型。固定式高压开关柜中的所有电器元件都是固定安装的。手车式高压开关柜中的某些主要电器元件如高压断路器、电压互感器和避雷器等，是安装在可移开的手车上面的，因此手车式又称移开式。固定式开关柜较为简单经济，而手车式开关柜则可大大缩短检修时间，提高供电可靠性。当断路器等主要设备发生故障或需要检修时，可随时拉出，再推入同类备用手车，即可很快恢复供电。

图2-42为装有SN10-10型少油断路器的GG-1A（F）-07S型高压开关柜的外形结构图，该型开关柜是在原GG-1A型基础上采取措施达到“五防”要求的防误型产品。所谓“五防”即防止误分、误合高压断路器，防止带负荷拉、合隔离开关，防止带电挂接地线，防止带接地线合隔离开关，防止人员误入带电间隔等。

图2-43为GC□-10（F）型手车式高压开关柜的结构图。图示为装有SN10-10型断路器的手车尚未推入时的情况。图中上、下插头兼起隔离开关的作用。二次接线的连接则采用专用的多孔插头。

近来，我国设计生产了一些技术性能指标接近或达到国际电工委员会（IEC）标准的新型、先进的高压开关柜，固定式有KGN-10型交流金属铠装固定式和XGNF1-12箱型金属封闭式开关柜等，移开式（手车式）有KYN□-12型交流金属封闭铠装移开式开关柜和JYN2-10型交流金属封闭型移开式开关柜等。

图2-44是KYN28C-12（MDS）开关柜基本结构示意图，该型开关柜主开关可选用性能优良的ABB公司的VD4-12型真空断路器或国产的ZN63A-12（即VSI-12）等真空断路器。二次回路可配置传统的继电保护装置，也可配置WZJK型综合智能监测保护装置。是多种老型金属封闭开关设备的较好替代产品，与国外同类型产品比较，具有较好的性能价格比。

三、高压环网柜

高压环网柜是为适应高压环形供电的要求而设计的一种专用开关柜。环网柜是用于

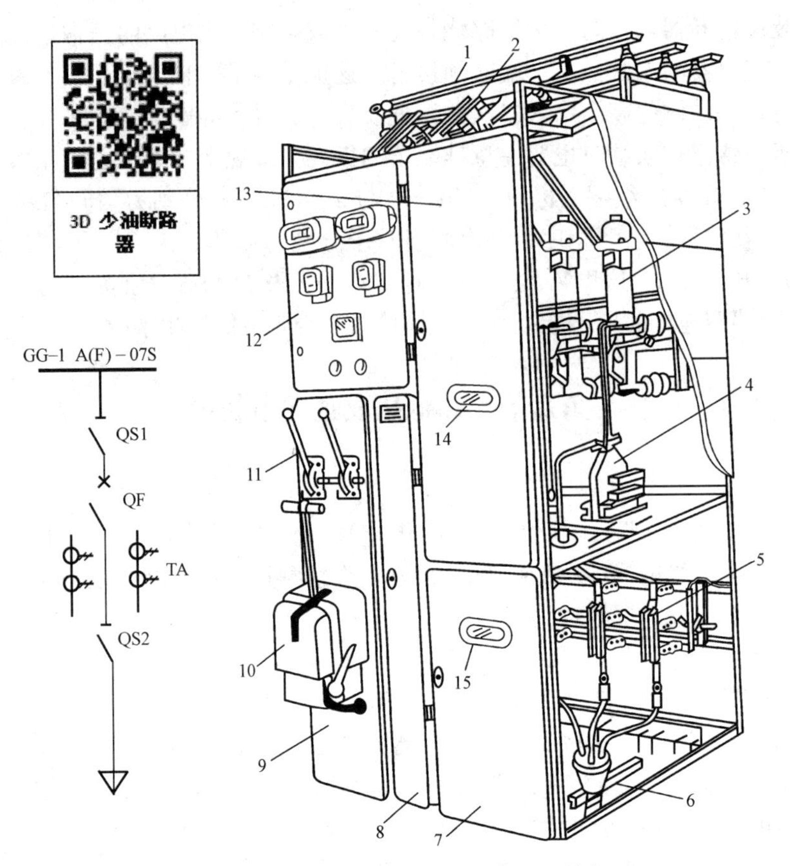

图 2-42　GG-1A（F）-07S 型高压开关柜

1—母线；2—母线侧隔离开关（QS1，GN8-10 型）；3—少油断路器（QF，SN10-10 型）；4—电流互感器（TA，LQJ-10 型）；5—线路侧隔离开关（QS2，GN6-10 型）；6—电缆头；7—下检修门；8—端子箱门；9—操作板；10—断路器的手力操动机构（CS2 型）；11—隔离开关操作手柄（CS6 型）；12—仪表继电器屏；13—上检修门；14、15—观察窗

10kV 电缆线路分段、联络及分接负荷的配电设施，一般用于 10kV 环网供电、双电源供电和终端供电系统中，也可用于箱式变电所的供电。高压环网开关柜可以采用负荷开关加熔断器的组合方式，由负荷开关（多采用真空或 SF_6 负荷开关）实现正常的通断操作，而短路保护则由具有高分断能力的熔断器来完成。当熔断器熔断并切除短路故障后，联锁装置（多为撞针式）会自动打开负荷开关。与采用断路器相比，这种负荷开关加熔断器的组合方式，当发生短路时的动作时间较短，且体积和质量都明显减少，价格也便宜很多，因而更为经济合理。对供电给较大容量变压器（例如 1250kVA 及以上）的环网柜，则仍需采用断路器，并装设继电保护。环网柜在我国城市 10kV 电网改造和小型变配电所中得到了广泛的应用。

环网柜一般由三个间隔组成，即两个电缆进出线间隔和一个变压器回路间隔，其主要电器元件包括负荷开关、熔断器、隔离开关、接地开关、电流互感器、电压互感器和避雷器等。环网具有可靠的防误操作设施，达到前面所说的“五防”要求。图 2-45 是 HXGN1-10 型环网柜的外形结构图。

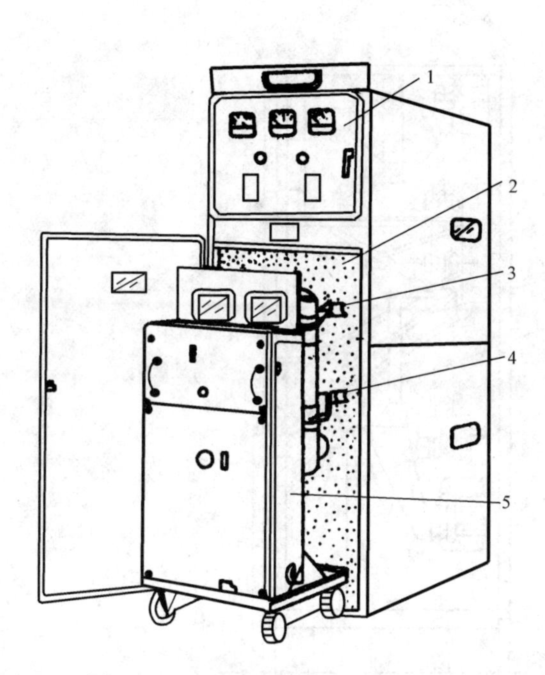

图 2-43 GC□-10（F）型高压开关柜

1—仪表屏；2—手车室；
3—上插头；4—下插头；
5—断路器手车

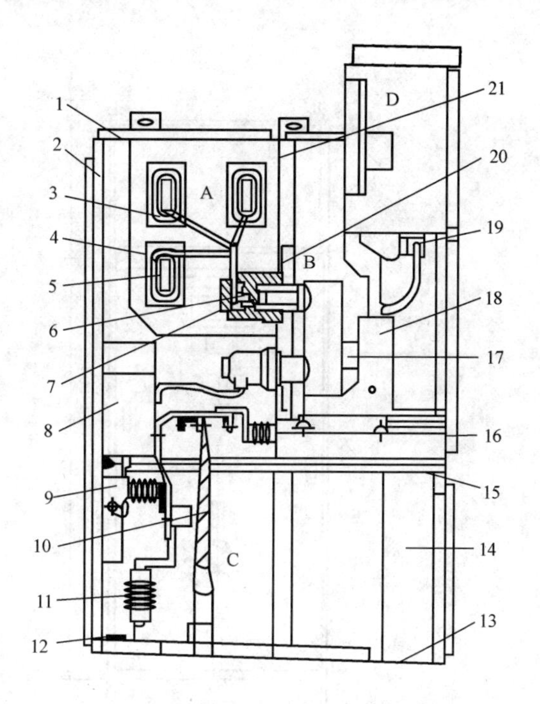

图 2-44 KYN28C-12（MDS）型高压开关柜

A—母线室；B—断路器手车室；C—电缆室；D—继电仪表室
1—泄压装置；2—外壳；3—分支小母线；4—母线套管；
5—主母线；6—静触头装置；7—静触点盒；8—电流互感器；9—接地开关；10—电缆；11—避雷器；
12—接地主母线；13—底板；14—控制线槽；
15—接地开关操动机构；16—可抽出式水平隔板；
17—加热装置；18—断路器手车；19—二次插头；
20—隔板（活门）；21—装卸式隔板

一些新型的环网柜将负荷开关、隔离开关、接地开关的功能合并为一个“三位置开关”，它兼有导通、隔离和接地的三种功能，操作方便，并且减小了环网柜的体积。

图 2-46 为 SM6 型高压环网柜的结构示意图。SM6 是引进技术生产的高压环网开关柜，可扩展模块组合式，金属密封。它可选用的开关装置包括：负荷开关；Fluarc SF1 或 Sfset 断路器；Rollarc 400 或 400D 接触器；隔离开关。图 2-46 所示为有负荷开关功能的“三位置开关”＋高压熔断器的组合方案（QM）。它还有高压熔断器＋接触器（CRM）、隔离开关＋断路器（DM）等方案。

图 2-47 为三位置开关的接线、外形和触头位置图。三位置开关密封于充满一定压力的 SF_6 气体的壳体内［图 2-47（b）］，利用 SF_6 气体作绝缘和灭弧，因而体积较小。

环网柜结线具有灵活多变的结线方案，且可扩展性很好。SIEMENS 公司等制造的 SF_6 型环网柜还可以上下重叠放置，占地面积很小，更便于扩展。

四、低压配电屏

低压配电屏（柜）有固定式和抽屉式两大类型。固定式中的所有电器元件是固定安装的；而抽屉式的某些电器元件按一定线路方案组成若干功能单元，然后灵活组装成配电屏

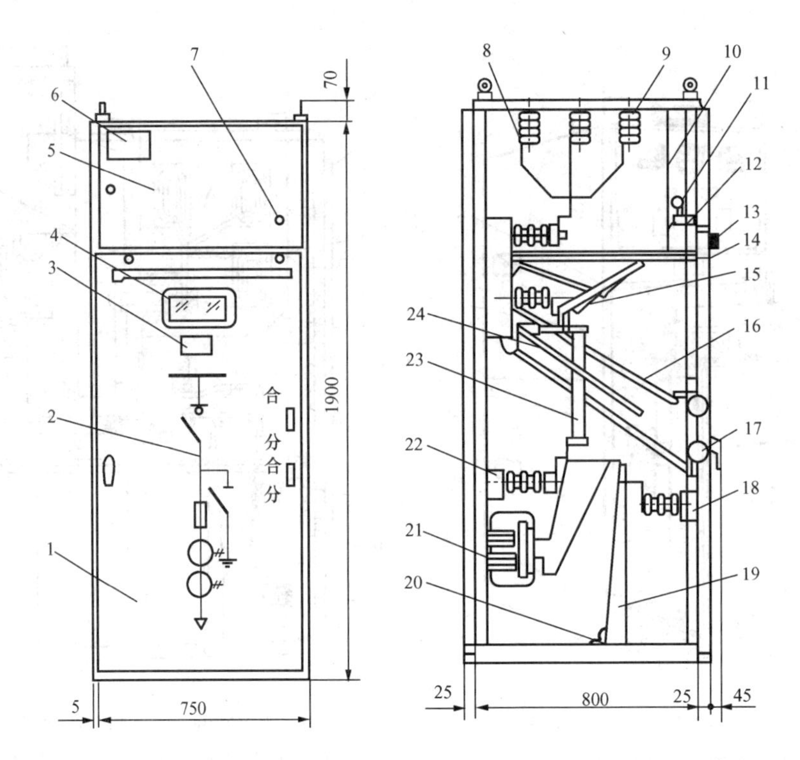

图 2 - 45　HXGN1-10 型环网开关柜

1—下门；2—模拟电路；3—显示器；4—观察窗；5—上门；6—铭牌；7—组合开关；8—母线；9—绝缘子；10—隔板；11—照明灯；12—端子板；13—旋钮；14—隔板；15—高压负荷开关（断开）；16—连杆；17—负荷开关操动机构；18—支架；19—电缆（用户自备）；20—固定电缆用角钢；21—电流互感器；22—支架；23—高压熔断器；24—连杆

（柜），各功能单元类似抽屉，可按需要抽出或推入，因此又称为抽出式。由于固定式比较简单经济，因此，在一般建筑供配电系统中，广泛采用的仍是固定式低压配电屏，离墙安装，双面维护。

PGL1 和 PGL2 型为我国曾经广泛使用的固定式低压配电屏。这种固定式低压配电屏，结构合理、安全可靠，曾一度取代过去普遍应用的 BSL 型。这种配电屏的母线安装在屏后骨架上方的绝缘框上，并在母线上方装有母线防护罩；其保护接地系统也较完善，提高了防触电的安全性；另外线路方案也更为完备合理，大多数线路方案都有几个辅助方案，便于用户选用。

图 2 - 48 为 PGL$_2^1$ 型低压配电屏的外形结构图。新的 PGL1 型采用的低压断路器为 DW16 型或 DZ20 型，而 PGL2 型采用的低压断路器为 DW15 型或 DZX20 型，断流能力较强，其他电器元件基本相同。

另外，GGD、GGL 等型低压配电屏，设计也较先进，技术性能指标符合 IEC 标准。由于采用了 ME 型低压断路器等新型元件，因此它比 PGL 型配电屏的断流能力更高，短路稳定度更好，运行也更安全可靠。

我国目前应用的抽屉式低压配电屏，主要有 BFC、GGD、MNS、GCL、GCK、GCS、GHT1 型等，可用作动力中心（PC）和电动机控制中心（MCC），其中 GHT1 型是 GCK（L）

1A型的更新换代产品，由天津电气传动设计研究所联合部分行业厂家，在GCK（L）1A型低压抽屉式开关柜基础上，共同开发的一种新型户内混合式低压成套开关设备和控制设备。它们采用NT型高分断能力熔断器和ME、CW1、CM1型断路器等新型元件，性能较好，但价格较贵。

图2-49为GCS型低压抽屉式开关柜外形图。

另外，国外生产的低压柜中，有一种“插入式”结构。所谓“插入式”，其外形与抽屉式相近，每个单元也是独立分隔的空间，但只有面板而无抽屉。打开面板，各单元的元件布置清清楚楚，其主要元件（例如低压断路器）则采用插入式，更换时非常方便。由于不用抽屉，可大大降低造价。且元件插座比抽屉插头较少出现故障，因而可靠性更高。

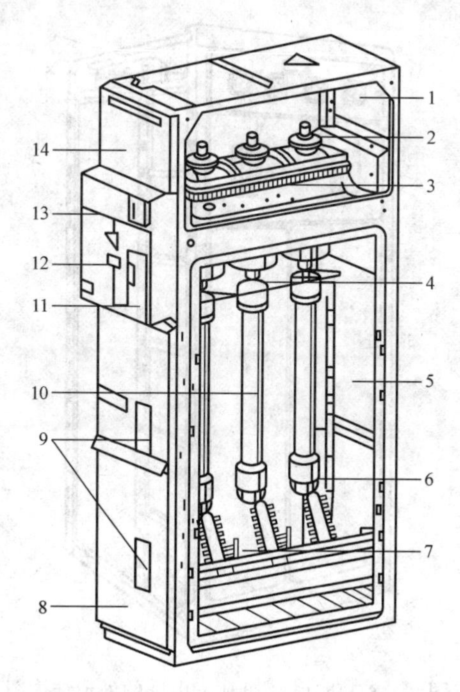

图2-46　SM6型高压环网柜

1—母线间隔；2—母线连接垫片；3—三位置开关间隔；4—熔断器熔断联跳装置；5—电缆与熔断器间隔；6—电缆连接间隔；7—下接地开关；8—面板；9—观察窗；10—高压熔断器；11—熔断器熔断指示；12—带电指示器；13—操动机构间隔；14—测量与控制保护间隔

五、动力和照明配电箱

上述低压配电屏装设在变电所的低压配电室，以向各个建筑物配电。而在各个建筑物内，通常还要装设动力和照明配电箱，以向各个用电设备配电。动力配电箱可用于向动力和照明设备配电；而照明配电箱主要用于照明配电，但也可配电给一些小容量的实验设备和家用电器。

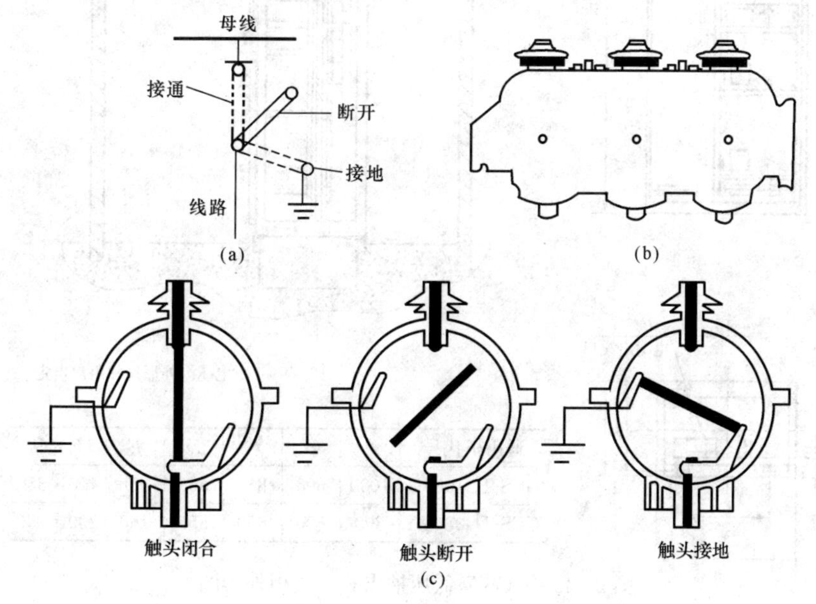

图2-47　三位置开关的接线、外形和触头位置图

(a) 触头闭合；(b) 触头断开；(c) 触头接地

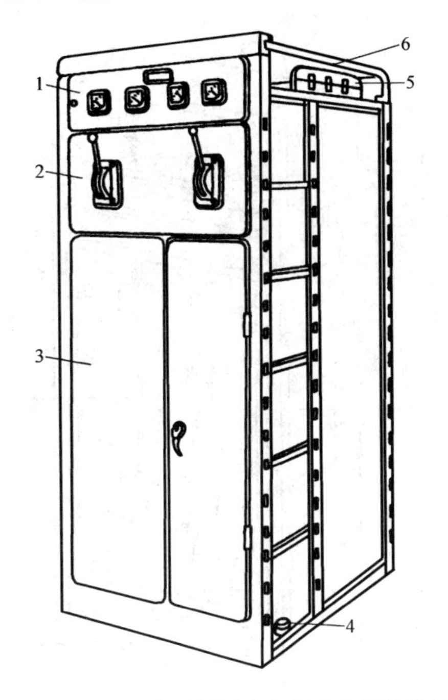

图 2-48　PGL_2^1 型低压配电屏的外形结构图
1—仪表板；2—操作板；3—检修门；4—中性母线绝缘子；5—母线绝缘框；6—母线防护罩

动力和照明配电箱的类型很多。按安装方式分，有靠墙式、挂墙式和嵌入式等。靠墙式是靠墙安装。挂墙式是挂墙明装（例如 XL-3）。嵌入式是嵌墙暗装。动力配电箱的型号一般标为 XL（例如 XL-15、XL-21、XL-25 等），照明配电箱的型号一般标为 XM（例如 XM-7）；如为嵌入式，有的在型号后面加“R”来表示，如 XMR-7。但也不完全如此。限于篇幅，这里就不详细介绍了。

六、终端组合电器

终端组合电器是一种安装终端电器（低压断路器、插座、开关等）的装置，一般用于额定电压为 220V 或 380V、负载电流不大于 100A 的末端电路中，作为对用电电器和设备进行配电、控制，对线路过载、短路和漏电起保护作用的一种成套装置。

目前生产的 PZ30 系列模数化终端组合电器具有以下结构特点。

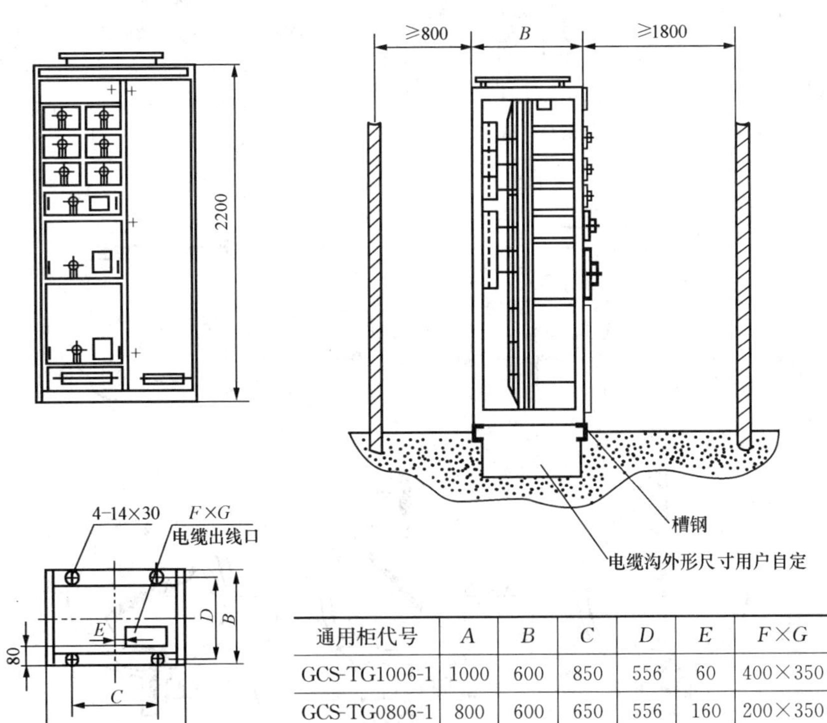

通用柜代号	A	B	C	D	E	F×G
GCS-TG1006-1	1000	600	850	556	60	400×350
GCS-TG0806-1	800	600	650	556	160	200×350

图 2-49　GCS 型低压抽出式开关柜外形图

（1）尺寸模数化：电器元件的安装尺寸均为 9mm，便于组合，互换性好。

(2) 安装轨道化：电器元件统一安装在一根 TH35 顶帽型标准化轨道上，拆装组合方便。

(3) 功能多样化：可选用不同功能和容量的电器元件组合，功能多样，可适应不同性质的用户。常用的终端电器有 C45N、DZ47 等模数化小型断路器，AC30 型模数化插座，HC30 型熔断器式隔离器等。

模数化终端组合电器功能多样、经济安全，广泛用于高层建筑、住宅、各种公共建筑和工矿企业等场合。

第七节　电力变压器与柴油发电机

一、电力变压器的结构类型

电力变压器（Power Transformer，T 或 TM）是变电所中最关键的一次设备。它将电力系统的电压升高或降低，以利于电能的合理输送、分配和使用。

电力变压器由铁心和绕组等两个基本部分组成，利用电磁感应的原理，用来升高或降低电源电压。建筑供配电系统所应用的电力变压器一般都是降压变压器。

电力变压器按相数分，有单相和三相两种。一般多采用三相电力变压器。

电力变压器按冷却介质分，有干式和油浸式两大类。油浸式变压器按其冷却方式分，又有油浸自冷式、油浸风冷式以及强迫油循环风冷式或水冷式等，后者只用于大型变压器。一般工厂变电所采用的中小型变压器多为油浸自冷式（因价格较低）。但在防火要求高的建筑物内则应采用干式变压器或 SF_6 变压器。注意：当变压器设置在民用建筑物中时不允许采用油浸式，一般多采用干式变压器。

电力变压器按其绕组导体材质分，有铜绕组和铝绕组两种。目前广泛应用的三相油浸式铜绕组电力变压器，主要为 S9、S11 系列低损耗变压器。而推广应用的三相干式铜绕组电力变压器，主要为 SCB9、SCB10 系列低损耗变压器。

附表 A-8 列出了 SC9、S9 和 SCB10 系列低损耗电力变压器的主要技术数据，供参考。

三相油浸式电力变压器的结构图，如图 2-50 所示。

变压器型号说明：

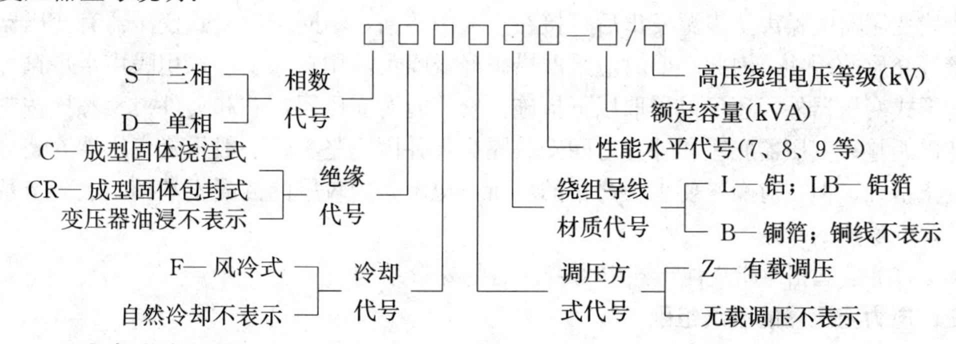

二、干式电力变压器

干式变压器中目前应用最多的是环氧树脂浇注干式变压器。它的高、低压绕组均采用铜导体，全缠绕、玻璃纤维增强、薄绝缘，树脂不加填料、在真空状态下浸渍式浇注，无爆炸和火灾危险，因此能在民用建筑内使用。目前该类变压器额定电压最高为 35kV。在国内民

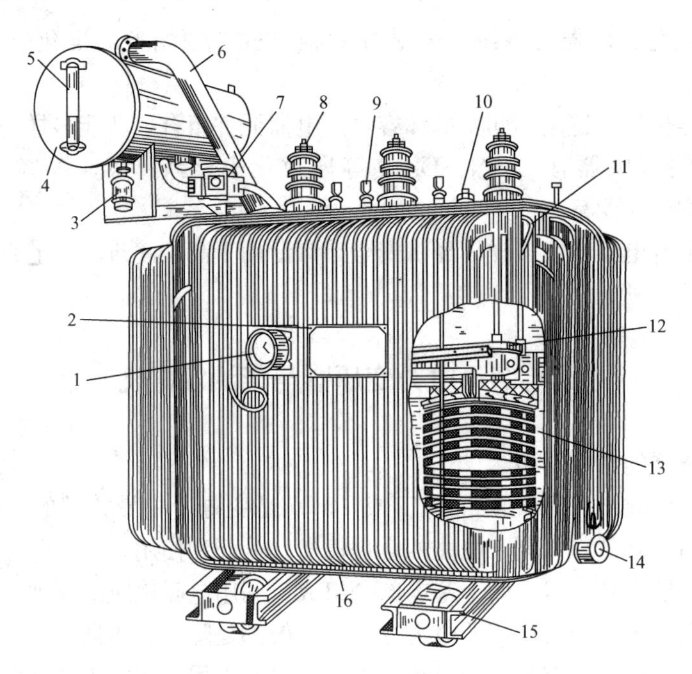

图 2-50　三相油浸式电力变压器

1—信号温度计；2—铭牌；3—吸湿器；4—油枕（储油柜）；5—油标；6—防爆管；7—气体（瓦斯）继电器；8—高压套管；9—低压套管；10—分接开关；11—油箱；12—铁心；13—绕组及绝缘；14—放油阀；15—小车；16—接地端子

用建筑中，10kV 电压等级的变压器普遍采用这种环氧树脂浇注的干式变压器。

环氧树脂浇注的干式变压器一般为 F 级绝缘（155℃）。我国一些大型厂家（例如广东顺德变压器有限公司）生产的环氧树脂浇注绝缘干式变压器已达到同类产品的世界先进水平。目前还有一种采用杜邦公司的 NOMEX 绝缘材料生产的干式变压器能达到 H 级绝缘（180℃），故其过负荷能力较强，但价格也较贵。

一般 200kVA 及以下的干式变压器利用自然空气冷却就可满足散热要求。对大于或等于 250kVA 的干式变压器，由于温升计算裕度不可能很大，最好附加温控仪表并采用风机散热。

干式变压器的噪声从声源发出后直接在空气中传播，不同于油浸式变压器有变压器油和油箱壁等介质的缓冲，因此必要时应采取措施降低噪声。用户除了应选用噪声水平符合标准要求的干式变压器外，还可以采取以下措施：安装时对变压器铁芯和夹件夹紧螺栓按制造厂要求加以调整；变压器底座和外壳之间安装隔振件并固定坚实；一般干式变压器安装可不要求混凝土基础，但在对噪声要求很严格的场所，也可采用较厚的混凝土基础，混凝土基础有明显的降低噪声的作用。

图 2-51 是三相树脂浇注干式电力变压器的外形结构。

三、电力变压器的联结组别

电力变压器的联结组别是指变压器一、二次绕组因采取不同的联结方式而形成的变压器一、二次侧对应线电压之间的不同相位关系。

6～10kV 电力变压器在其低压（400V）侧为 TN—C 或 TT 系统时，其联结组别常有 Yyn0（即 Y/Y_0-12）和 Dyn11（即$\triangle/Y_0-11$）两种。

我国过去差不多全采用 Yyn0 联结变压器，但现在国际上大多数国家的这类变压器是采用 Dyn11 联结。究其原因，是由于变压器采用 Dyn11 联结较之采用 Yyn0 联结有以下优点：

（1）对 Dyn11 联结变压器来说，其 $3n$ 次（n 为正整数）谐波电流可在其 D（△）结线的一次绕组内形成环流，不致注入公共的高压电网中去，这比一次绕组接成 Y 结线的 Yyn0 联结的变压器更有利于抑制高次谐波电流。

（2）Dyn11 联结变压器的零序阻抗比 Yyn0 联结变压器的小得多，从而更有利于低压单相接地短路故障的切除。

（3）Dyn11 联结变压器承受单相不平衡负荷的能力远比 Yyn0 联结变压器高得多。Yyn0 联结变压器的中性线电流一般规定不得超过其低压绕组额定电流的 25％，而 Dyn11 联结变压器的中性线电流可允许达低压绕组额定电流的 75％以上。

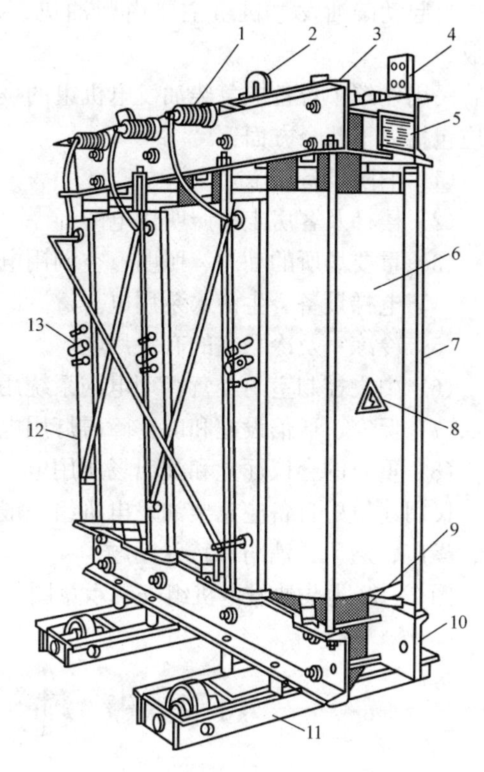

图 2-51　三相树脂浇注绝缘干式电力变压器

1—高压出线套管；2—吊环；3—上夹件；4—低压出线高压端子；5—铭牌；6—环氧树脂浇注绝缘绕组（内为低压，外为高压）；7—上下夹件拉杆；8—警示标牌；9—铁心；10—下夹件；11—底座（小车）；12—三相高压绕组间的连接导体；13—高压分接头及连接片

因此，我国最新国家标准 GB 50052—2009《供配电系统设计规范》规定：在 TN 及 TT 系统接地型式的低压电网中，宜选用 Dyn11 联结组别的三相变压器作为配电变压器。同时规定：在 TN 及 TT 系统接地型式的低压电网中，如选用 Yyn0 联结组别的三相变压器时，其由单相不平衡负荷引起的中性线电流不得超过低压绕组额定电流的 25％，且其一相的电流在满载时不得超过额定电流值。

由此可见，除三相负荷基本平衡的变压器可采用 Yyn0 联结外，一般（特别是单相不平衡负荷比较突出的场合）都宜采用 Dyn11 联结的变压器。

四、柴油发电机

按照我国高层民用建筑设计防火规范的有关要求，应确保楼宇的消防设施和其他特别重要负荷的供电，以便当外部电网万一中断供电时，仍能保证消防用电等的需要。对于一些重要设施，如银行、计算中心、高级旅馆经营管理电脑、新闻情报枢纽的信息处理中心，以及重要建筑物的通信网络等，除设有应急发电机组外，还需另设不间断电源装置 UPS 或 EPS，以提供可靠的备用电源设施。

目前广泛采用自起动柴油发电机组作一级负荷的第二电源和保安电源。

国内采用的柴油发电机组有两大类：一类是进口机组，如美国的康明斯、卡特彼勒，英国的佩特波以及德国和日本等国家的产品。另一类是国产机组，生产厂家也很多，如福州、厦门、广州、上海、南京、无锡、兰州等地均有。

自起动柴油发电机组主要由柴油机、发电机、控制屏以及供油设施和蓄电池几部分组成。

民用建筑中自备应急柴油发电机组的发电机输出电压一般为400/230V，其供电范围一般应包括以下几个方面：

（1）消防设备用电。

（2）楼梯及客房走道照明用电的50%。

（3）重要场所的动力、照明、空调用电。

（4）电梯设备、生活水泵用电。

（5）冷冻室及冷藏室的有关用电。

（6）中央控制室与经营管理电脑系统用电。

（7）保安、通信设施和航空障碍灯用电。

（8）重要的会议厅堂和演出场所用电。

民用建筑中自备应急柴油发电机组一般宜装设在与变电所毗邻的房间，并应考虑安装基础、噪声、通风、消防等特殊问题。

图2-52为柴油发电机组安装示意图。

习题

案例

2-1　什么是一次电路？什么是二次电路？一次电路的设备按其功用分哪几类？

2-2　电弧是一种什么现象？其主要特点是什么？它对电气设备的安全运行有哪些影响？

2-3　产生电弧的根本原因是什么？它包含哪些游离方式？

2-4　熄灭电弧的根本条件是什么？灭弧的去游离方式有哪些？开关电器中有哪些常用的灭弧方法？其中最常用最基本的灭弧方法是什么？

2-5　熔断器的主要功能是什么？什么是熔体的“冶金效应”？什么是熔断器的“限流”特性？

2-6　常用的RN1型和RN2型高压熔断器各用于什么场合？RN2型的熔体额定电流一般为多少？

2-7　RW10-10F型高压跌开式熔断器能否带负荷操作？它与一般高压熔断器（如RN1）在功能和性能方面有何特点？

2-8　RT0型和RT14型低压熔断器在性能方面有何特点？

2-9　高压隔离开关有哪些功能？它为什么可用来隔离电源保证安全检修？它为什么不能带负荷操作？

2-10　高压负荷开关有哪些功能？它可装设什么保护装置？在什么情况下可自动跳闸？在采用负荷开关的高压电路中，采取什么措施来进行短路保护？

2-11　高压断路器有哪些功能？

2-12　六氟化硫断路器和高压真空断路器各采用什么介质灭弧？它们与高压少油断路

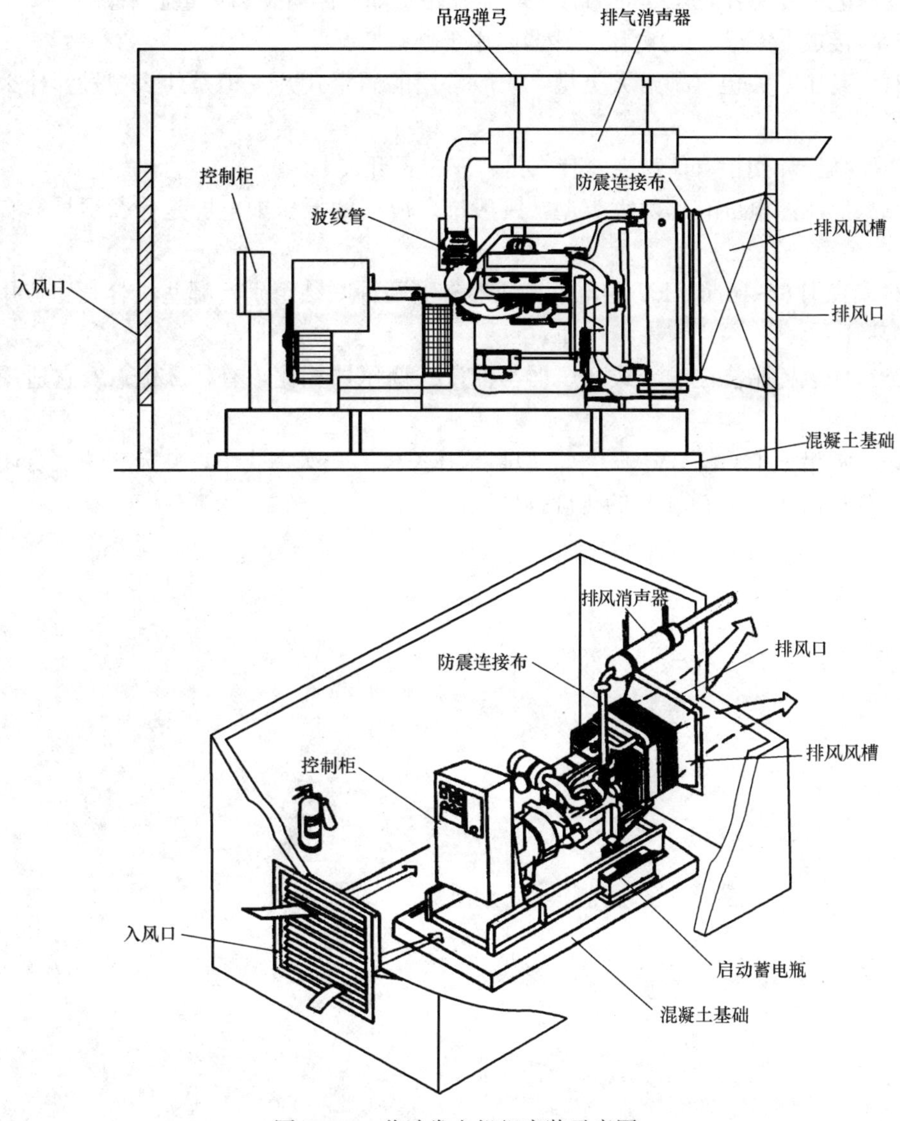

图 2-52　柴油发电机组安装示意图

器比较，有哪些优点？各适合哪些场所使用？

2-13　高压断路器的操动机构常用的有哪些类型？各有哪些功能？

2-14　低压断路器有哪些功能？配电用低压断路器按结构型式分哪两大类？各有何结构特点？

2-15　什么是选择型和非选择型的保护特性？ME 型低压断路器可装设哪些过电流保护？

2-16　电流互感器和电压互感器具有哪些功能？各有何结构特点？

2-17　电流互感器采用 V 形结线和采用两相电流差结线，在通过仪表、继电器的电流各与其互感器二次电流有什么关系？

2-18　高压电流互感器一般有两个二次绕组，各应用于什么情况？

2-19 电流互感器在工作时为什么不能开路？如开路有什么严重后果？

2-20 接成 $Y_0/Y_0/\triangle$ 的电压互感器应用于哪些情况？

2-21 高压开关柜有哪两大类型？一般常用的固定式开关柜是什么型号？什么是“五防”？

2-22 高压环网柜有何特点？什么是“三位置开关”？

2-23 低压配电屏有哪两大类型？一般推广应用的低压配电屏是什么型号？有何结构特点？

2-24 我国 6～10/0.4kV 的电力变压器有哪两种联结组别？哪些场合宜于应用 Dyn11 联结电力变压器？

2-25 环氧树脂浇注的干式变压器与油浸式变压器相比，有什么优点？它适用于什么场所？

2-26 画出一个 GG-1A（F）-07 型高压开关柜的一次结线图，并分析说明合闸和分闸时其开关（QS1、QS2 与 QF）的正确操作次序。

第三章 负 荷 计 算

本章首先简介电力负荷的有关概念，然后着重讲述计算负荷和尖峰电流的计算；负荷计算是进行供电设计计算、选择有关电器和导体的基础。

第一节 电力负荷和负荷曲线的有关概念

一、电力负荷的有关概念

电力负荷，如第一章所述，既可指用电设备或用电单位（用户），也可指用电设备或用户所耗用的电功率或电流，视具体情况而定。本章中的负荷专指电功率（P、Q、S）和电流（I）。

（一）用电设备按工作制的分类

用电设备按其工作制分以下三类：

（1）长期连续工作制　这类设备长期连续运行，负荷比较稳定，如通风机、水泵、空气压缩机、电动发电机、电炉和照明灯等。机床电动机的负荷虽然变动较大，但大多也是长期连续工作的。

（2）短时工作制　这类设备的工作时间较短，而停歇时间相对较长，例如机床上的某些辅助电动机（如进给电动机、升降电动机等）。

（3）断续周期工作制　这类设备周期性地工作—停歇—工作，如此反复运行，而工作周期一般不超过 10min，例如电焊机和起重机械等。

（二）用电设备的额定容量、负荷持续率及负荷系数

（1）用电设备的额定容量：是指用电设备在额定电压下，在规定的使用寿命内能连续输出或耗用的最大功率。对电动机，额定容量指其轴上正常输出的最大功率。因此其耗用的（即从电网吸取的）功率应为其额定容量除以其效率。对电灯和电炉等，额定容量则是指其在额定电压下耗用的功率，而不是指其输出的功率。

对电机、电炉、电灯等设备，额定容量均用有功功率 P_N 表示，单位为 W（瓦）或 kW（千瓦）。

对变压器和电焊机等设备，额定容量则一般用视在功率 S_N 表示，单位为 VA（伏安）或 kVA（千伏安）。

对电容器类设备，额定容量则用无功功率 Q_C 表示，单位为 var（乏）或 kvar（千乏）。

应注意：对断续周期工作制的设备来说，其额定容量是对应于一定的负荷持续率的。

（2）负荷持续率：又称暂载率或相对工作时间，符号为 ε，用一个工作周期内工作时间 t 与工作周期 T 的百分比来表示

$$\varepsilon = \frac{t}{T} \times 100\% = \frac{t}{t + t_0} \times 100\% \tag{3-1}$$

式中　T——工作周期；

t——工作周期内的工作时间；

t_0——工作周期内的停歇时间。

同一设备，在不同的负荷持续率下工作时，其输出功率是不同的。例如某设备在 ε_1 时的设备容量为 P_1，那么该设备在 ε_2 时的设备容量 P_2 是多少呢？这就需要进行“等效”换算，即按同一周期内相同发热条件来进行换算。

假设设备的内阻为 R，则电流 I 通过设备在 t 时间内产生的热量为 I^2Rt。因此在 R 不变而产生的热量又相等的条件下，$I \propto 1/\sqrt{t}$ 。又电压相同时，设备容量 $p \propto I$ ，因此 $P \propto 1/\sqrt{t}$ 。而由式（3-1）可知，同一周期的负荷持续率 $\varepsilon \propto t$ 。由此可得 $P \propto 1\sqrt{\varepsilon}$ ，即设备容量与负荷持续率的平方根成反比关系，因此

$$P_2 = P_1\sqrt{\frac{\varepsilon_1}{\varepsilon_2}} \tag{3-2}$$

（3）用电设备的负荷系数：用电设备的负荷系数（负荷率）为设备在最大负荷时输出或耗用的功率 P 与设备额定容量 P_N 的比值，用 K_L（或 β ）表示，即

$$K_L = \frac{P}{P_N} \tag{3-3}$$

可见，负荷系数的大小表征了设备容量利用的程度。

二、负荷曲线的有关概念

（一）负荷曲线的绘制及类型

负荷曲线是表征电力负荷随时间变动情况的图形。它绘在直角坐标上，纵坐标表示负荷功率，横坐标表示负荷变动所对应的时间。

负荷曲线按负荷对象分，有工厂的、车间的或某台设备的负荷曲线。按负荷的功率性质分，有有功和无功负荷曲线。按所表示的负荷变动时间分，有年的、月的、日的或工作班的负荷曲线。按绘制的方式分，有依点连成的负荷曲线［图 3-1（a）］和梯形负荷曲线［图 3-1（b）］。

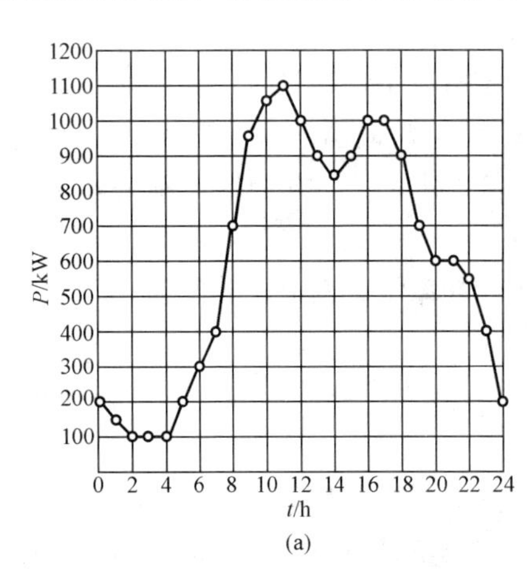

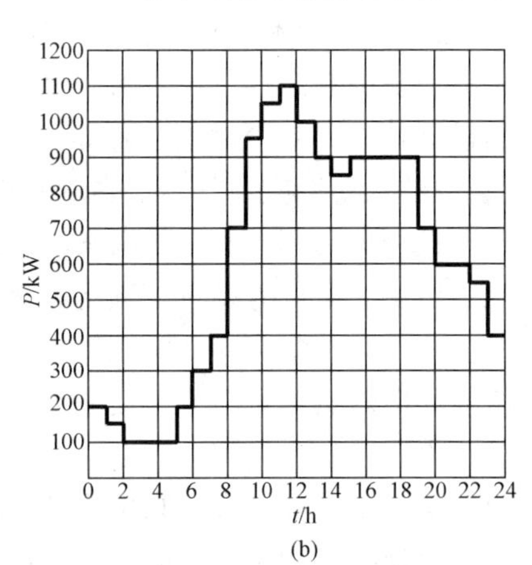

图 3-1 日有功负荷曲线

（a）依点连成的负荷曲线；（b）梯形负荷曲线

年负荷曲线，通常是根据典型的冬日和夏日负荷曲线来绘制。这种曲线的负荷从大到小依次排列，反映了全年负荷变动与对应的负荷持续时间（全年按 8760h 计）的关系。这种年

负荷曲线全称为年负荷持续时间曲线，如图 3-2（a）所示。另一种年负荷曲线，是按全年每日的最大半小时平均负荷来绘制的，又称为年每日最大负荷曲线，如图 3-2（b）所示。这种年负荷曲线，主要用来确定经济运行方式，即用来确定何段时间宜多投入变压器台数而另一段时间又宜少投入变压器台数，使供电系统的能耗达到最小，以获得最大的经济效益。

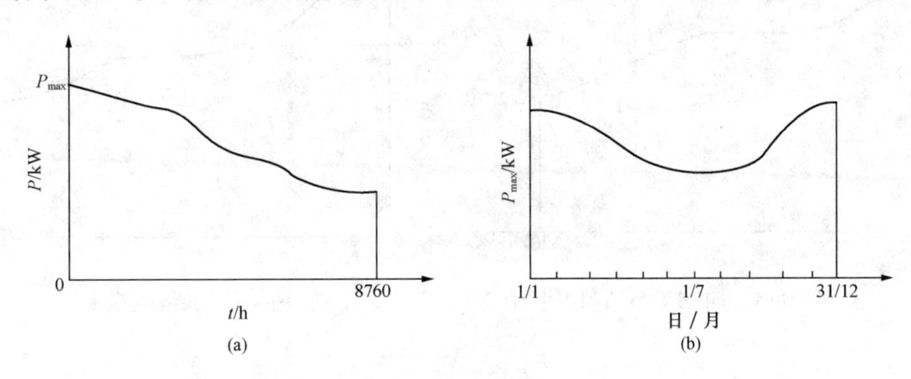

图 3-2　年负荷曲线

（a）年负荷持续时间曲线；（b）年每日最大负荷曲线

（二）与负荷曲线有关的物理量

1. 年最大负荷和年最大负荷利用小时

年最大负荷 P_{max} 就是全年中有代表性的最大负荷班的最大半小时平均负荷 P_{30}。

年最大负荷利用小时 T_{max} 是假设电力负荷按年最大负荷 P_{max} 持续运行时，在此时间内电力负荷所耗用的电能恰与电力负荷全年实际耗用的电能相同，如图 3-3 所示。因此年最大负荷利用小时是一个假想时间，其计算式为

$$T_{max}=\frac{W_a}{P_{max}} \tag{3-4}$$

式中　W_a——全年实际耗用的电能。

年最大负荷利用小时是反映电力负荷时间特征的重要参数，它与工厂的生产班制有关。例如：一班制工厂，$T_{max}\approx1800\sim2500$h；两班制工厂，$T_{max}\approx3500\sim4500$h；三班制工厂，$T_{max}\approx5000\sim7000$h。附录表 A-18 列出部分工厂的年最大负荷利用小时参考值，供参考。

2. 平均负荷和负荷曲线填充系数

平均负荷 P_{av} 就是电力负荷在一定时间 t 内平均耗用的功率，即

$$P_{av}=\frac{W_t}{t} \tag{3-5}$$

式中　W_t——t 时间内耗用的电能。

年平均负荷 P_{av}，就是电力负荷全年平均耗用的功率，如图 3-4 所示。

负荷曲线填充系数就是将起伏波动的负荷曲线“削峰填谷”，求出平均负荷 P_{av}，此平均负荷 P_{av} 与最大负荷 P_{max} 的比值，亦称负荷率或负荷系数，通常用 β 表示（亦可表示为 K_L），其定义式为

$$\beta=\frac{P_{av}}{P_{max}} \tag{3-6}$$

负荷曲线填充系数表征了负荷曲线不平坦的程度，亦即负荷变动的程度。从发挥整个电

力系统效能来说，应尽量设法提高β值，因此供电系统在运行中必须实行负荷调整。

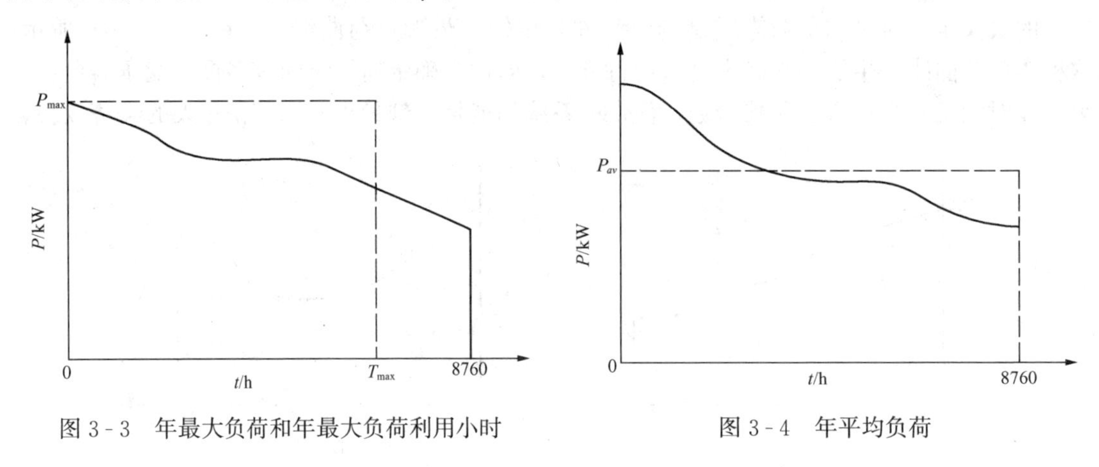

图 3-3　年最大负荷和年最大负荷利用小时　　　　图 3-4　年平均负荷

第二节　三相用电设备组计算负荷的确定

一、概述

计算负荷，是指通过统计计算求出的、用来按发热条件选择供电系统中各元件的负荷值。按计算负荷选择的电气设备和导线电缆，如以计算负荷持续运行，其发热温度不致超出允许值，因而也不会影响其使用寿命。

导体通过电流达到稳定温升的时间大约为3～4τ，τ为发热时间常数，而截面在16mm^{2}以上的导体的τ均在10min以上，也就是载流导体大约经30min后可达到稳定的温升值，因此通常取半小时平均最大负荷P_{30}（亦即年最大负荷P_{max}）作为计算负荷。

计算负荷是供电设计计算的基本依据。如果计算负荷确定过大，将使设备和导线选择偏大，造成投资和有色金属的浪费。如果计算负荷确定过小，又将使设备和导线选择偏小，造成设备和导线运行时过热，增加电能损耗和电压损耗，甚至使设备和导线烧毁，造成事故。因此正确确定计算负荷具有重要的意义。但是由于负荷的情况非常复杂，影响计算负荷的因素很多，虽然各类负荷的变化有一定规律可循，但准确确定计算负荷却十分困难。实际上，负荷也不可能是一成不变的，它与设备的性能、生产的组织以及能源供应的状况等多种因素有关，很难准确地定量描述，因此负荷计算也只能力求接近实际。

确定计算负荷的方法有多种，下面主要介绍简便实用的需要系数法。

二、需要系数法的基本公式及其应用

需要系数K_d，是用电设备组（或用电单位）在最大负荷时需要的有功功率P_{30}与其总的设备容量（备用设备的容量不计入）P_e的比值，即

$$K_d=\frac{P_{30}}{P_e} \tag{3-7}$$

因此，按需要系数法确定三相用电设备组有功计算负荷的基本公式为（常用单位kW）

$$P_{30}=K_dP_e \tag{3-8}$$

确定无功计算负荷的基本公式为（常用单位kvar）

$$Q_{30}=P_{30}\tan\varphi \tag{3-9}$$

确定视在计算负荷的基本公式为（常用单位 kVA）

$$S_{30}=\frac{P_{30}}{\cos\varphi} \tag{3-10}$$

确定计算电流的计算公式为（常用单位 A）

$$I_{30}=\frac{S_{30}}{\sqrt{3}U_{N}} \tag{3-11}$$

式中　U_N——用电设备的额定电压（单位为 kV）。

附表 A-9 和附表 A-10 列出了建筑用电设备的需要系数 K_d 及相应的 $\cos\varphi$ 、$\tan\varphi$ 值，供参考。以上公式适用于计算三相用电设备。

表中所列需要系数值，是按建筑物内的设备情况来确定的，若设备台数较多时，则需要系数值较小，若设备台数较少时，则需要系数值宜适当取大。但总的来说，需要系数适用于设备台数较多且容量差别不大的负荷。本书中为了计算的统一，需要系数一般取偏大的值。

【例 3-1】　已知某民用建筑拥有额定电压 380V 的三相水泵电动机 15kW 1 台、11kW 3 台、7.5kW 8 台、4kW 15 台、其他更小容量电动机总容量 35kW。试用需要系数法确定其计算负荷 P_{30}、Q_{30}、S_{30} 和 I_{30}。

解　此水泵电动机的总容量为

$$P_e=15\text{kW}\times1+11\text{kW}\times3+7.5\text{kW}\times8+4\text{kW}\times15+35\text{kW}=203\text{ kW}$$

查附表 A-10“给排水用电各种水泵（15kW 以下）”项得 $K_d=0.75\sim0.8$（取 0.8），$\cos\varphi=0.8$，$\tan\varphi=0.75$。因此按式（3-8）～式（3-11）计算可得

有功计算负荷　$P_{30}=0.8\times203\text{kW}=162.4\text{ kW}$

无功计算负荷　$Q_{30}=162.4\text{kW}\times0.75=121.8\text{ kvar}$

视在计算负荷　$S_{30}=162.4\text{kW}/0.8=203\text{ kVA}$

计算电流　$I_{30}=203\text{kVA}/(\sqrt{3}\times0.38)\text{ kV}=308.44\text{ A}$

三、设备容量的确定

式（3-8）中的设备容量 P_e 不包括备用设备的容量，而且要注意 P_e 的计算与设备组的工作制有关。

1. 长期连续工作制和短时工作制的三相设备容量

这两类三相设备的设备容量 P_e，就取所有设备（备用设备不计）的额定容量之和。

2. 断续周期工作制的三相设备容量

（1）电焊机组：一般要求设备容量统一换算到 $\varepsilon_{100}=100\%$。设备铭牌的容量为 P_N，其负荷持续率为 ε_N，因此由式（3-2）可得对应于 ε_{100} 的设备容量

$$P_e=P_N\sqrt{\frac{\varepsilon_N}{\varepsilon_{100}}}=S_N\cos\varphi\sqrt{\frac{\varepsilon_N}{\varepsilon_{100}}}$$

即

$$P_e=P_N\sqrt{\varepsilon_N}=S_N\cos\varphi\sqrt{\varepsilon_N} \tag{3-12}$$

式中　P_N、S_N——电焊机的铭牌容量，前者为有功容量，后者为视在容量，电焊机大多标的容量为后者；

ε_N——铭牌容量对应的负荷持续率，计算中换算为小数。

（2）吊车电动机组：一般要求设备容量统一换算到$\varepsilon_{25}=25\%$。设备铭牌的容量为P_N，其负荷持续率为ε_N，因此由式（3-2）可得对应于ε_{25}的设备容量

$$P_e=P_N\sqrt{\frac{\varepsilon_N}{\varepsilon_{25}}}=2P_N\sqrt{\varepsilon_N} \tag{3-13}$$

式中　ε_N——P_N对应的负荷持续率，计算中换算为小数。

3. 单相用电设备的等效三相设备容量的换算

（1）接于相电压的单相设备容量换算：按最大负荷相所接的单相设备容量$P_{e.mph}$乘以3来计算其等效三相设备容量为

$$P_e=3P_{e.mph} \tag{3-14}$$

（2）接于线电压的单相设备容量换算：由于容量为$P_{e.ph}$的单相设备接在线电压上产生的电流$I=P_{e.ph}/(U\cos\varphi)$，这一电流应与等效三相设备容量$P_e$产生的电流$I'=P_e/(\sqrt{3}\times U\cos\varphi)$相等，因此其等效三相设备容量为

$$P_e=\sqrt{3}P_{e.ph} \tag{3-15}$$

四、多组用电设备计算负荷的确定

在确定拥有多组用电设备的干线上或变电所低压母线上的计算负荷时，应考虑各组用电设备的最大负荷不同时出现的因素。因此在确定低压干线上或低压母线上的计算负荷时，可结合具体情况对其有功和无功计算负荷计入一个同时系数（又称参差系数或综合系数）K_Σ。

对于干线，可取$K_\Sigma=0.85\sim0.95$；对于低压母线，由用电设备计算负荷直接相加来计算时，可取$K_\Sigma=0.8\sim0.9$；由干线负荷直接相加来计算时，可取$K_\Sigma=0.9\sim0.95$。

总的有功计算负荷
$$P_{30}=K_\Sigma\sum P_{30.i} \tag{3-16}$$

总的无功计算负荷
$$Q_{30}=K_\Sigma\sum Q_{30.i} \tag{3-17}$$

总的视在计算负荷
$$S_{30}=\sqrt{P_{30}^2+Q_{30}^2} \tag{3-18}$$

总的计算电流
$$I_{30}=\frac{S_{30}}{\sqrt{3}U_N} \tag{3-19}$$

式中：$\sum P_{30.i}$和$\sum Q_{30.i}$分别表示所有各组设备的有功和无功计算负荷之和。

由于各组设备的$\cos\varphi$不一定相同、因此总的视在计算负荷和计算电流不能用各组的视在计算负荷或计算电流之和乘以K_Σ来计算。

顺便说明：在计算多组设备总的计算负荷时，为了简化和统一，各组设备的台数不论多少，各组的计算负荷均可按附录表中所列K_d和$\cos\varphi$值来计算。

【例3-2】 某建筑物的380V线路上，接有给排水用电的水泵电动机（15kW以下）30台共205kW、另有通风机25台共45kW、电焊机3台共10.5kW（$\varepsilon=65\%$）。试确定各组的计算负荷和总的计算负荷。

解　先求各组的计算负荷

（1）水泵电动机组：查附表A-10得$K_d=0.75\sim0.8$（取$K_d=0.8$）、$\cos\varphi=0.8$、$\tan\varphi=0.75$，因此

$$P_{30(1)}=0.8\times205\text{kW}=164\text{ kW}$$

$$Q_{30(1)}=164\text{kW}\times0.75=123\text{ kvar}$$

$$S_{30(1)}=164\text{kW}/0.8=205\ \text{kVA}$$

$$I_{30(1)}=205\text{kVA}/(\sqrt{3}\times 0.38)\text{kV}=311.47\ \text{A}$$

（2）通风机组：查附表 A-10 得 $K_d=0.7\sim0.8$（取 $K_d=0.8$）、$\cos\varphi=0.8$、$\tan\varphi=0.75$，因此

$$P_{30(2)}=0.8\times 45\text{kW}=36\ \text{kW}$$

$$Q_{30(2)}=36\text{kW}\times 0.75=27\ \text{kvar}$$

$$S_{30(2)}=36\text{kW}/0.8=45\ \text{kVA}$$

$$I_{30(2)}=45\text{kVA}/(\sqrt{3}\times 0.38\text{kV})=68.37\ \text{A}$$

（3）电焊机组：查附表 A-9 得 $K_d=0.35$，$\cos\varphi=0.35$，$\tan\varphi=2.68$，而 $\varepsilon=100\%$，故

$$P_{e(\varepsilon=100\%)}=10.5\sqrt{\frac{65\%}{100\%}}=8.46\ \text{kW}$$

则

$$P_{30(3)}=0.35\times 8.46\text{kW}=2.96\ \text{kW}$$

$$Q_{30(3)}=2.96\text{kW}\times 2.68=7.94\ \text{kvar}$$

$$S_{30(3)}=2.96\text{kW}/0.35=8.46\ \text{kVA}$$

$$I_{30(3)}=8.46\text{kVA}/(\sqrt{3}\times 0.38\text{kV})=12.85\ \text{A}$$

因此总计算负荷（取 $K_\Sigma=0.95$）为

$$P_{30}=0.95\times(164+36+2.96)\text{kW}=192.81\ \text{kW}$$

$$Q_{30}=0.95\times(123+27+7.94)\text{kvar}=150.04\ \text{kvar}$$

$$S_{30}=\sqrt{192.81^2+150.04^2}=244.31\ \text{kVA}$$

$$I_{30(1)}=244.31\text{kVA}/(\sqrt{3}\times 0.38\text{kV})=371.2\ \text{A}$$

为了使人一目了然，便于审核，实际工程设计中常采用计算表格形式，如表 3-1 示出的是［例 3-2］的电力负荷计算表。

表 3-1　　［例 3-2］的电力负荷计算表

序号	用电设备名称	台数	设备容量 P_e/kW	K_d	$\cos\varphi$	$\tan\varphi$	计算负荷			
							P_{30}/kW	Q_{30}/kvar	S_{30}/kVA	I_{30}/A
1	水泵机	30	205	0.8	0.8	0.75	164	123	205	311.47
2	通风机	25	45	0.8	0.8	0.75	36	27	45	68.37
3	电焊机	3	10.5（65%） 8.46（100%）	0.35	0.35	2.68	2.96	7.94	8.46	12.85
总计		—	—	—	—	—	202.9	157.94	—	—
		取 $K_\Sigma=0.95$			—	—	192.8	150.04	244.31	371.2

第三节　单相用电设备组计算负荷的确定*

一、概述

在建筑物里，除了广泛应用三相电气设备外，还有一些单相电气设备，例如电灯、电炉、

电冰箱、空调机等等。单相设备接在三相线路中，首先应尽可能地均衡分配，使三相负荷尽可能地平衡。如果三相线路中单相设备的总容量不超过三相设备总容量的15%时，则不论单相设备如何分配，单相设备可与三相设备综合按三相负荷平衡计算。如果单相设备容量超过三相设备容量15%时，则应将单相设备容量换算为等效三相设备容量，再与三相设备容量相加。

确定计算负荷的目的，主要是为了选择供配电系统中的设备和导线电缆，使设备和导线在最大负荷电流通过时不致过热或烧毁。因此，在接有较多单相设备的三相线路中，不论单相设备接于相电压还是接于线电压，只要三相负荷不平衡，就应以最大负荷相有功负荷的三倍作为等效三相有功负荷，以满足线路安全运行的要求。

二、单相设备组等效三相负荷的计算

单相设备接于相电压时的负荷计算与单相设备接于同一线电压时在第二节已讲过，下面介绍另外两种情况。

（一）单相设备接于不同线电压时

如图3-5所示，设 $P_1>P_2>P_3$，且 $\cos\varphi_1\neq\cos\varphi_2\neq\cos\varphi_3$，$P_1$ 接于 U_{AB}，P_2 接于 U_{BC}，P_3 接于 U_{CA}。按等效发热原理，可等效为图示的三种结线的叠加：①U_{AB}、U_{BC}、U_{CA} 间各接 P_3，其等效三相容量为 $3P_3$；②U_{AB} 和 U_{BC} 间各接（P_2-P_3），其等效三相容量为 $3(P_2-P_3)$；③U_{AB} 间接 P_1-P_2，其等效三相容量为$\sqrt{3}$（P_1-P_2）。

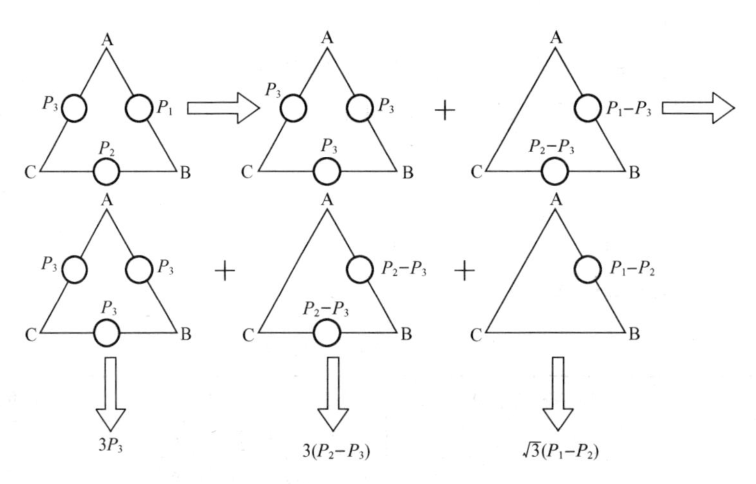

图3-5 接于各线电压的单相负荷等效变换程序

因此，P_1、P_2、P_3 接于不同线电压时的等效三相设备容量为

$$P_e=3P_3+3(P_2-P_3)+\sqrt{3}(P_1-P_2)=\sqrt{3}P_1+(3-\sqrt{3})P_2 \tag{3-20}$$

$$Q_e=\sqrt{3}P_1\tan\varphi_1+(3-\sqrt{3})P_2\tan\varphi_2 \tag{3-21}$$

则等效三相计算负荷同样可按需要系数法计算。

（二）单相设备分别接于线电压和相电压时

首先应将接于线电压的单相设备容量换算为接于相电压的设备容量，然后分相计算各相的设备容量，并按需要系数法计算其计算负荷。而总的等效三相有功计算负荷为其最大有功负荷相的有功计算负荷 $P_{30.mph}$ 的3倍，即

$$P_{30}=3P_{30.mph} \tag{3-22}$$

总的等效三相无功计算负荷为其最大有功负荷相的无功计算负荷 $Q_{30.\mathrm{mph}}$ 的 3 倍，即

$$Q_{30}=3Q_{30.\mathrm{mph}} \tag{3-23}$$

将接于线电压的单相设备容量换算为接于相电压设备容量的换算公式为

A 相
$$P_{\mathrm{A}}=p_{\mathrm{AB-A}}P_{\mathrm{AB}}+p_{\mathrm{CA-A}}P_{\mathrm{CA}} \tag{3-24}$$
$$Q_{\mathrm{A}}=q_{\mathrm{AB-A}}P_{\mathrm{AB}}+q_{\mathrm{CA-A}}P_{\mathrm{CA}} \tag{3-25}$$

B 相
$$P_{\mathrm{B}}=p_{\mathrm{BC-B}}P_{\mathrm{BC}}+p_{\mathrm{AB-B}}P_{\mathrm{AB}} \tag{3-26}$$
$$Q_{\mathrm{B}}=q_{\mathrm{BC-B}}P_{\mathrm{BC}}+q_{\mathrm{AB-B}}P_{\mathrm{AB}} \tag{3-27}$$

C 相
$$P_{\mathrm{C}}=p_{\mathrm{CA-C}}P_{\mathrm{CA}}+p_{\mathrm{BC-C}}P_{\mathrm{BC}} \tag{3-28}$$
$$Q_{\mathrm{C}}=q_{\mathrm{CA-C}}P_{\mathrm{CA}}+q_{\mathrm{BC-C}}P_{\mathrm{BC}} \tag{3-29}$$

式中 P_{AB}、P_{BC}、P_{CA}——接于 U_{AB}、U_{BC}、U_{CA} 的有功设备容量；

P_{A}、P_{B}、P_{C}——换算为接于 U_{A}、U_{B}、U_{C} 的有功设备容量；

Q_{A}、Q_{B}、Q_{C}——换算为接于 U_{A}、U_{B}、U_{C} 的无功设备容量；

$p_{\mathrm{AB-A}}$、$q_{\mathrm{AB-A}}$、…——接于 U_{AB}…的相同负荷换算为接于 U_{A}…的相负荷的有功和无功换算系数，如表 3-2 所示。

表 3-2　相间负荷换算为相负荷的功率换算系数

功率换算系数	负荷功率因数								
	0.35	0.4	0.5	0.6	0.65	0.7	0.8	0.9	1.0
$p_{\mathrm{AB-A}}$、$p_{\mathrm{BC-B}}$、$p_{\mathrm{CA-C}}$	1.27	1.17	1.0	0.89	0.84	0.8	0.72	0.64	0.5
$p_{\mathrm{AB-B}}$、$p_{\mathrm{BC-C}}$、$p_{\mathrm{CA-A}}$	−0.27	−0.17	0	0.11	0.16	0.2	0.28	0.36	0.5
$q_{\mathrm{AB-A}}$、$q_{\mathrm{BC-B}}$、$q_{\mathrm{CA-C}}$	1.05	0.86	0.58	0.38	0.3	0.22	0.09	−0.05	−0.29
$q_{\mathrm{AB-B}}$、$q_{\mathrm{BC-C}}$、$q_{\mathrm{CA-A}}$	1.63	1.44	1.16	0.96	0.88	0.8	0.67	0.53	0.29

【例 3-3】 如图 3-6 所示 220/380V 的 TN－C 线路上，接有 220V 单相电热干燥箱 4 台，其中 2 台 10kW 接于 A 相，1 台 30kW 接于 B 相，一台 20kW 接于 C 相。此外接有 380V 单相对焊机 4 台，其中 2 台 14kW（ε＝100%）接于 AB 相，1 台 20kW（ε＝100%）接于 BC 相，1 台 30kW（ε＝60%）接于 CA 相。试求此线路的计算负荷。

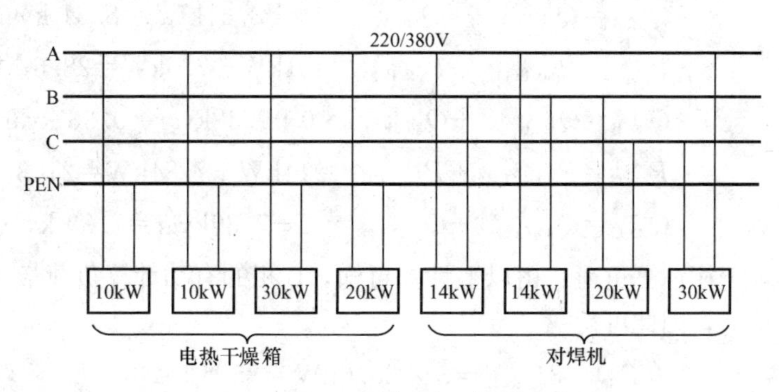

图 3-6 ［例 3-3］图

解 （1）电热干燥箱的各相计算负荷：查附表 A-9 得 $k_{\mathrm{d}}=0.7$、$\cos\varphi=1$、$\tan\varphi=0$，因此只需计算有功计算负荷，即

A 相
$$P_{30.\mathrm{A}(1)}=k_{\mathrm{d}}P_{\mathrm{e.A}}=0.7\times2\times10\mathrm{kW}=14\ \mathrm{kW}$$

B相 $P_{30.B(1)}=k_{d}P_{e.B}=0.7\times1\times30\text{kW}=21\text{ kW}$

C相 $P_{30.C(1)}=k_{d}P_{e.C}=0.7\times1\times20\text{kW}=14\text{ kW}$

（2）对焊机的各相计算负荷：先将接于CA相的30kW（ε＝60％）换算至ε＝100％时的容量，按式（3-12）可得

$$P_{CA}=30\text{kW}\times\sqrt{0.6}=23\text{ kW}$$

查附表A-9得$k_{d}=0.35$、$\cos\varphi=0.7$，$\tan\varphi=1.02$；再由表3-2查得$\cos\varphi=0.7$时的功率换算系数$p_{AB-A}=p_{BC-B}=p_{CA-C}=0.8$，$p_{AB-B}=p_{BC-C}=p_{CA-A}=0.2$，$q_{AB-A}=q_{BC-B}=q_{CA-C}=0.22$，$q_{AB-B}=q_{BC-C}=q_{CA-A}=0.8$。因此各相的有功和无功设备容量为：

A相 $P_{A}=0.8\times2\times14\text{kW}+0.2\times23\text{kW}=27\text{ kW}$

$Q_{A}=0.22\times2\times14\text{kvar}+0.8\times23\text{kvar}=24.6\text{ kvar}$

B相 $P_{B}=0.8\times20\text{kW}+0.2\times2\times14\text{kW}=21.6\text{ kW}$

$Q_{B}=0.22\times20\text{kvar}+0.8\times2\times14\text{kvar}=26.8\text{ kvar}$

C相 $P_{C}=0.8\times23\text{kW}+0.2\times20\text{kW}=22.4\text{ kW}$

$Q_{C}=0.22\times23\text{kvar}+0.8\times20\text{kvar}=21.1\text{ kvar}$

各相的有功和无功计算负荷为

A相 $P_{30.A(2)}=0.35\times27\text{kW}=9.45\text{ kW}$

$Q_{30.A(2)}=0.35\times24.6\text{kvar}=8.61\text{ kvar}$

B相 $P_{30.B(2)}=0.35\times21.6\text{kW}=7.56\text{kW}$

$Q_{30.B(2)}=0.35\times26.8\text{kvar}=9.38\text{ kvar}$

C相 $P_{30.C(2)}=0.35\times22.4\text{kW}=7.84\text{ kW}$

$Q_{30.C(2)}=0.35\times21.1\text{kvar}=7.39\text{ kvar}$

（3）各相总的有功和无功计算负荷：

A相 $P_{30.A}=P_{30.A(1)}+P_{30.A(2)}=14\text{kW}+9.45\text{kW}=23.5\text{ kW}$

$Q_{30.A}=Q_{30.A(1)}+Q_{30.A(2)}=0+8.61\text{kvar}=8.61\text{ kvar}$

B相 $P_{30.B}=P_{30.B(1)}+P_{30.B(2)}=21\text{kW}+7.5\text{kW}=28.6\text{ kW}$

$Q_{30.B}=Q_{30.B(1)}+Q_{30.B(2)}=0+9.38\text{kvar}=9.38\text{ kvar}$

C相 $P_{30.C}=P_{30.C(1)}+P_{30.C(2)}=14\text{kW}+7.84\text{kW}=21.8\text{ kW}$

$Q_{30.C}=Q_{30.C(1)}+Q_{30.C(2)}=0+7.39\text{kvar}=7.39\text{ kvar}$

（4）总的等效三相计算负荷：由以上计算可知，B相的有功计算负荷最大，故取B相计算等效三相计算负荷，因此可得

$$P_{30}=3P_{30.B}=3\times28.6\text{kW}=85.8\text{ kW}$$

$$Q_{30}=3Q_{30.B}=3\times9.38\text{kvar}=28.1\text{ kvar}$$

$$S_{30}=\sqrt{P_{30}^{2}+Q_{30}^{2}}=\sqrt{85.8^{2}+28.1^{2}}\text{ kVA}=90.3\text{ kVA}$$

$$I_{30}=\frac{90.3\text{kV}\cdot\text{A}}{\sqrt{3}\times0.38\text{kV}}=137\text{ A}$$

第四节　计算负荷的估算

一、概述

工业与民用建筑的计算负荷是用来按发热条件选择电源进线及有关电气设备的基本依据，也是用来计算功率因数和确定无功功率补偿容量的基本依据。

估算计算负荷的方法，有单位面积功率法和单位指标法等。

二、单位面积功率法（又称负荷密度法）

将建筑物的建筑面积 A 乘以建筑物的负荷密度 K_s，即得到建筑物的计算负荷

$$P_{30}=\frac{K_s A}{1000} \tag{3-30}$$

式中　P_{30}——有功计算负荷，kW；

A——建筑面积，m^2；

K_s——负荷密度，W/m^2。

附表 A-17 为部分旅游宾馆、饭店的变压器容量及负荷密度，供参考。

三、单位指标法

P_{30} 计算公式为

$$P_{30}=\frac{K_n N}{1000} \tag{3-31}$$

式中　P_{30}——有功计算负荷，kW；

K_n——单位指标，如 W/床、W/人、W/户，可参见有关设计手册。

按照 GB/T 50293—2014《城市电力规划规范》规定的用电指标：居住建筑为 30～70W/m^2，或 4～16kW/户；公共建筑为 40～150W/m^2；工业建筑为 40～120W/m^2。考虑到今后的发展，现在新设计时，负荷宜适当取大一些。

四、功率因数、无功补偿及补偿后的计算负荷

（一）功率因数

功率因数有以下几种：

(1) 瞬时功率因数：瞬时功率因数可由装设在总配变电所控制室或值班室的功率因数表直接读出。它只用来了解和分析供电系统运行中无功功率变化的情况，以便考虑采取适当的补偿措施。

(2) 平均功率因数：平均功率因数是指某一规定时间内（例如一个月内）功率因数的平均值。其计算式为

$$\cos\varphi_{av}=\frac{W_p}{\sqrt{W_p^2+W_q^2}} \tag{3-32}$$

式中　W_p——某一时间（例如一个月）内耗用的有功电能，由有功电能表读出；

W_q——某一时间（例如一个月）内耗用的无功电能，由无功电能表读出。

我国电业部门每月向用户收取电费时，规定要按月平均功率因数的高低来调整电费。一般是 $\cos\varphi_{av}>0.85$ 或 0.90 时，适当少收电费；$\cos\varphi_{av}<0.85$ 或 0.90 时，适当多收电费。此措施用以鼓励用户提高功率因数，从而提高电力系统运行的经济性。

（3）最大负荷时的功率因数：最大负荷时的功率因数是指在年最大负荷（即计算负荷）时的功率因数，其计算式为

$$\cos\varphi = \frac{P_{30}}{S_{30}} \tag{3-33}$$

我国有关规程规定：高压供电的用电单位，最大负荷时的功率因数不得低于0.9，低压供电的用电单位，最大负荷时的功率因数不得低于0.85。如果达不到上述要求时，则必须进行无功补偿。

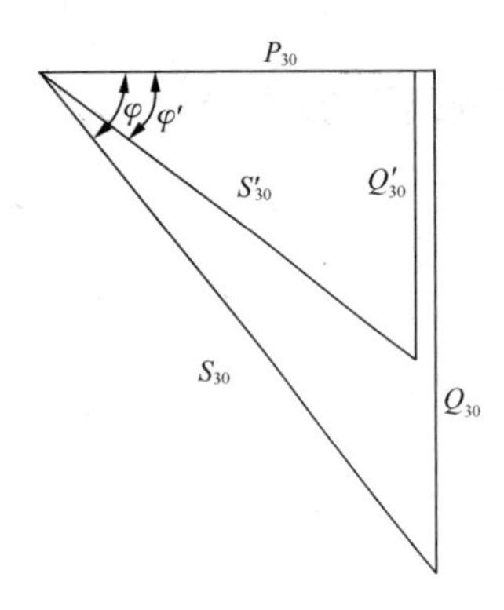

图3-7 功率因数的提高与无功功率和视在功率的变化关系

（二）无功功率补偿

一般情况下，由于大量动力负荷（如感应电动机、电焊机、气体放电灯等）都是感性负荷，使得功率因数偏低，达不到上述要求，因此需要采用无功补偿措施来提高功率因数。

图3-7表示在有功功率固定不变条件下功率因数提高与无功功率和视在功率变化的关系。当功率因数由 $\cos\varphi$ 提高到 $\cos\varphi'$ 时，无功功率 Q_{30} 和视在功率 S_{30} 将分别减小到 Q'_{30} 和 S'_{30}（在 P_{30} 不变条件下），从而使负荷电流相应减小。这就可使供电系统的电能损耗和电压损耗降低，并可选用较小容量的电气元件（如电力变压器、开关设备等）和较小截面的载流导体，减少投资和节约有色金属。因此提高功率因数对整个供电系统大有好处。

要使功率因数提高到 $\cos\varphi'$，通常需装设人工补偿装置。由图3-7可知无功补偿容量应为

$$Q_C = P_{30}(\tan\varphi - \tan\varphi')$$

或

$$Q_C = \Delta q_C P_{30} \tag{3-34}$$

式中 $\Delta q_C = \tan\varphi - \tan\varphi'$，称为无功补偿率，或比补偿容量，单位为kvar/kW。无功补偿率表示要使1kW的有功功率由 $\cos\varphi$ 提高到 $\cos\varphi'$ 所需的无功补偿功率kvar值。附表A-19列出了无功补偿率 Δq_C，可利用补偿前后的功率因数直接查出。

人工补偿设备最常用的为并联电容器。在确定了总的补偿容量后，就可根据选定的并联电容器的单个容量 q_C 来确定电容器的个数

$$n = \frac{Q_C}{q_C} \tag{3-35}$$

由式（3-35）计算所得的电容器个数 n；对于单相电容器来说，应取3的倍数，以便三相均衡分配。当选用电容器柜补偿时，则可直接根据计算出的 Q_C 值来选择。

（三）无功补偿后计算负荷的确定

装设了无功补偿设备后，则在确定补偿装设地点前的总计算负荷时应扣除无功补偿容量。因此补偿后的总的无功计算负荷为（注意为 P_{30} 不变的条件下）

$$Q'_{30} = Q_{30} - Q_C \tag{3-36}$$

总的视在计算负荷为

$$S'_{30} = \sqrt{P_{30}^2 + (Q_{30} - Q_C)^2} \tag{3-37}$$

总的计算电流为

$$I'_{30}=\frac{S'_{30}}{\sqrt{3}U_N} \quad (3-38)$$

式中 U_N——补偿地点的系统额定电压。

【例 3 - 4】 某建筑物拟建一降压变电所，装设一台 S9 型 10/0.4kV 的低损耗变压器。已求出变电所低压侧有功计算负荷为 540kW，无功计算负荷为 730kvar。按规定，变电所高压侧的功率因数不得低于 0.9。问此变电所是否需要无功补偿。如采用低压补偿，求所需补偿容量为多少？补偿后变电所高压侧的计算负荷 P'_{30}、Q'_{30}、S_{30} 和 I'_{30} 又为多少？

解 （1）补偿前变电所高压侧的功率因数计算：变电所低压侧的视在计算负荷为

$$S_{30(2)}=\sqrt{540^2+730^2}=908\ \text{kVA}$$

降压变压器的功率损耗为

$$\Delta P_T=0.015S_{30(2)}=0.015\times 908=13.6\ \text{kW}$$

$$\Delta Q_T=0.06S_{30(2)}=0.06\times 908=54.5\ \text{kvar}$$

高压侧的计算负荷为

$$P_{30(1)}=540+13.6=553.6\ \text{kW}$$

$$Q_{30(1)}=730+54.5=960.2\ \text{kvar}$$

$$S_{30(1)}=\sqrt{553^2+784.5^2}=960.2\ \text{kVA}$$

因此高压侧的功率因数为

$$\cos\varphi_{(1)}=553.6/960.2=0.577$$

此功率因数远小于规定的 0.9，因此需进行无功补偿。

（2）无功补偿容量的计算：按题意，在低压侧装设无功补偿电容器。现高压侧的功率因数要求不低于 0.9，考虑到变压器的无功损耗远大于其有功损耗，因此低压侧的功率因数一般应不得低于 0.92 左右才行，这里取 $\cos\varphi'_{(2)}=0.92$。现低压侧的 $\cos\varphi_{(2)}=P_{30(2)}/S_{30(2)}=540/908=0.595$。因此低压侧无功补偿容量应为

$$\begin{aligned}Q_C&=540\times[\tan(\arccos 0.595)-\tan(\arccos 0.92)]\text{kvar}\\&=540\times(1.35-0.43)\text{kvar}=497\ \text{kvar}\end{aligned}$$

取为 $$Q_C=500\ \text{kvar}$$

（3）补偿后的计算负荷和功率因数：变电所低压侧补偿后的视在计算负荷为

$$S'_{30(2)}=\sqrt{540^2+(730-500)^2}\ \text{kVA}=587\ \text{kVA}$$

补偿后变压器的功率损耗为

$$\Delta P'_T=0.015S_{30(2)}=0.015\times 587=8.805\ \text{kW}$$

$$\Delta Q'_T=0.06S_{30(2)}=0.06\times 587=35.22\ \text{kvar}$$

因此补偿后变电所高压侧的计算负荷为

$$P'_{30(1)}=540+8.805=548.8\ \text{kW}$$

$$Q'_{30(1)}=(730-500)+35.2=265.2\ \text{kvar}$$

$$S'_{30(1)}=\sqrt{548.8^2+265.2^2}=609.5\ \text{kVA}$$

$$I'_{30(1)}=609.5/(\sqrt{3}\times 10)=35.2\ \text{A}$$

无功补偿后高压侧的功率因数为

$$\cos\varphi'_{(1)}=548.8/609.5=0.9004$$

正好满足规定的要求。

第五节 尖峰电流及其计算

一、概述

尖峰电流是指只持续1～2s的短时最大负荷电流。在计算电压波动、选择熔断器和低压断路器及整定继电保护装置时，要用到尖峰电流。

二、单台用电设备尖峰电流的计算

单台用电设备（如电动机）的尖峰电流 I_{pk}，就是其起动电流 I_{st}，即

$$I_{pk}=I_{st}=K_{st}I_N \tag{3-39}$$

式中 I_N——用电设备的额定电流；

K_{st}——用电设备的起动电流倍数；笼型异步电动机可取为5～7，绕线转子异步电动机可取为2～3，电焊变压器可取为3或稍大。

三、多台用电设备尖峰电流的计算

引至多台用电设备的线路上的尖峰电流的计算式为

$$I_{pk}=K_{\Sigma}\sum_{i=1}^{n-1}I_{N.i}+I_{st.max} \tag{3-40}$$

或

$$I_{pk}=I_{30}+(I_{st}-I_N)_{max} \tag{3-41}$$

式中 $I_{st.max}$ 和 $(I_{st}-I_N)_{max}$——分别为用电设备中起动电流与额定电流之差为最大的那台设备的起动电流及起动电流与额定电流之差；

$\sum_{i=1}^{n-1}I_{N.i}$——将起动电流与额定电流之差为最大的那台设备除外的其他 $(n-1)$ 台设备的额定电流之和；

K_{Σ}——$(n-1)$ 台设备的同时系数，按台数多少选取，一般为0.7～1.0；

I_{30}——全部设备正常运行时线路的计算电流。

【例3-5】 某分支线路供电给表3-3所示的5台电动机，该线路的计算电流为50A。试计算线路的尖峰电流。

表3-3 **［例3-5］表**

参　数	电　动　机				
	M1	M2	M3	M4	M5
额定电流 I_N/A	8	15	10	25	18
起动电流 I_{st}/A	40	36	58	46	65

解 由表3-3可知，M3的 $I_{st}-I_N=58-10=48$A 为最大，因此按式（3-41）可得线路尖峰电流为

$$I_{pk}=50+(58-10)=98\text{ A}$$

思 考 题

3-1 用电设备按工作制分哪几类？各有何工作特点？

3-2 什么是负荷持续率？它表征哪类设备的工作特性？设某设备在 ε_1 时的容量为 P_{N1}，则它在 ε_2 时的容量 P_{N2} 应为多少？

3-3 什么是年最大负荷和年最大负荷利用小时？

3-4 什么是用电设备的负荷系数（负荷率）？什么是负荷曲线填充系数？

3-5 什么是计算负荷？确定计算负荷的需要系数法主要适用什么场合？

3-6 在确定多组用电设备总的视在计算和计算电流时，可不可以将各组的视在计算负荷分别直接相加？为什么？

3-7 什么是无功功率补偿？这对电力系统有什么好处？

3-8 什么是尖峰电流？尖峰电流与计算电流同为最大负荷电流，它们在性质上和用途上有哪些区别？

3-9 有一 380V 线路，供电给某建筑物给排水用电的水泵（10 台，每台 13kW）共 130kW；电焊机（$\varepsilon=40\%$），容量为 12.5kW；通风机容量为 7kW。试用需要系数法确定各设备组和 380V 线路的计算负荷 P_{30}、Q_{30}、S_{30} 和 I_{30}。

3-10 现有 9 台 220V 的单相电烤箱，其中 4 台 1kW，3 台 1.5kW，2 台 2kW。试合理分配上列各电烤箱于 220/380V 的 TN-C-S 线路上，并计算其计算负荷 P_{30}、Q_{30}、S_{30} 和 I_{30}。

3-11 有一机修车间，拥有冷加工机床 52 台，共 200kW；行车 1 台，共 5.1kW（$\varepsilon=15\%$）；通风机 4 台，共 5kW；点焊机 3 台，共 10.5kW（$\varepsilon=65\%$）。车间采用 220/380V 的 TN-C-S 供电系统。试确定各组和该车间的计算负荷 P_{30}、Q_{30}、S_{30} 和 I_{30}。

3-12 已知某建筑物 10/0.4kV 变电所装有一台变压器，其低压侧的计算负荷 $P_{30(2)}=610\text{kW}$，$Q_{30(2)}=480\text{kvar}$。试计算该变电所高压侧的计算负荷 $P_{30(1)}$、$Q_{30(1)}$、$S_{30(1)}$ 和 $I_{30(1)}$ 及该建筑物最大负荷时的功率因数 $\cos\varphi_{(1)}$。

3-13 为使习题 3-11 所示建筑物的功率因数由现在 $\cos\varphi_{(1)}$ 提高到 $\cos\varphi'_{(1)}=0.9$，拟在高压母线上装设 BW10.5-12-1 型并联电容器，问需装设多少个？总容量为多少？

3-14 某 380V 线路供电给表 3-4 所示 4 台电机。试计算其尖峰电流（建议 $K_{\Sigma}=0.9$）。

表 3-4　　题 3-14 表

电动机参数	M1	M2	M3	M4
I_N/A	35	14	56	20
I_{st}/A	148	85	160	135

3-15　某220/380V线路上，接有如表3-5所列的用电设备。试确定该线路的计算负荷P_{30}、Q_{30}、S_{30}和I_{30}。

表3-5　　**题3-15表**

设备名称	380V单头手动弧焊机			220V电热箱		
接入相序	AB	BC	CA	A	B	C
设备台数	1	1	2	2	1	1
单台设备容量	21kVA (ε=65%)	17kVA (ε=100%)	10.3kVA (ε=50%)	3kW	6kW	4.5kW

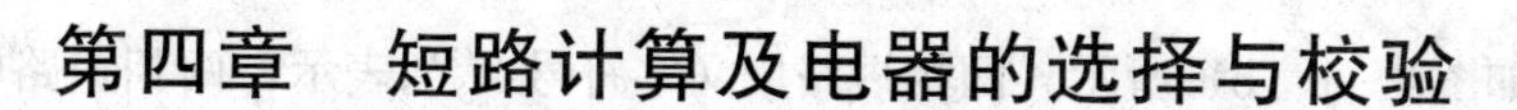

第四章　短路计算及电器的选择与校验

本章首先简介短路的原因、后果及其形式；接着分析无限大容量系统三相短路时的物理过程及有关物理量；然后重点讲述供配电系统的两种短路电流计算方法，即欧姆法和标幺制法；进而阐述短路电流的效应；最后讲述高低压电器的选择和校验条件。

第一节　短路的原因、后果及其形式

一、短路的原因

短路是指不同电位的导体之间的电气短接，这是电力系统中最常见、也是最严重的一种故障。

电力系统出现短路故障，究其原因，主要有以下三个方面。

(1) 电气绝缘损坏：由于设备长期运行，其绝缘自然老化而损坏；由于设备本身质量不好，绝缘强度不够而被正常电压击穿；设备绝缘受到外力损伤而导致短路。

(2) 误操作：例如带负荷误拉高压隔离开关，很可能导致三相弧光短路；又如误将较低电压的设备投入较高电压的电路中而造成设备的击穿短路。

(3) 鸟兽害：例如鸟类及蛇、鼠等小动物跨越在裸露的不同电位的导体之间，或者咬坏设备或导体的绝缘，都会引起短路故障。

二、短路的后果

电路短路后，其阻抗值比正常负荷时电路的阻抗值小得多，因此短路电流往往比正常负荷电流大许多倍。在大容量电力系统中，短路电流可高达几十千安培至几百千安培。如此大的短路电流对电力系统将产生极大的危害。

(1) 短路的电动效应和热效应：短路电流将产生很大的电动力和很高的温度，可能造成电路及设备的损坏。

(2) 电压骤降：短路将造成系统电压骤然下降，越靠近短路点电压越低，这将严重影响电气设备的正常运行。

(3) 造成停电事故：短路时，电力系统的保护装置动作，使开关跳闸或熔断器熔断，从而造成停电事故。越靠近电源处短路，引起停电的范围越大，从而给国民经济造成的损失越大。

(4) 影响系统稳定：严重的短路可使并列运行的发电机组失去同步，造成电力系统解列，破坏电力系统的稳定运行。

(5) 产生电磁干扰：单相接地短路电流，可对附近的通信线路，信号系统及电子设备等产生电磁干扰，使之无法正常运行，甚至引起误动作。

由此可见，短路的后果是非常严重的，因此，供电系统在设计、安装和运行中，都应该尽力设法消除可能引起短路故障的一切因素。

三、短路的形式

在三相系统中，可有下列短路形式。

（1）三相短路：如图 4-1（a）所示。三相短路用文字符号 $k^{(3)}$ 表示，三相短路电流则写作 $i_k^{(3)}$。

（2）两相短路：如图 4-1（b）所示。两相短路用文字符号 $k^{(2)}$ 表示，两相短路电流则写作 $i_k^{(2)}$。

（3）单相短路：如图 4-1（c）、（d）所示。单相短路用文字符号 $k^{(1)}$ 表示，单相短路电流则写作 $i_k^{(1)}$。

（4）两相接地短路：如图 4-1（e）所示，由中性点不接地的电力系统中两不同相的单相接地所形成的两相短路，也指两相短路又接地的情况，如图 4-1（f）所示，都用文字符号 $k^{(1-1)}$ 表示，短路电流则写作 $i_k^{(1-1)}$。两相接地短路实质上与两相短路相同。

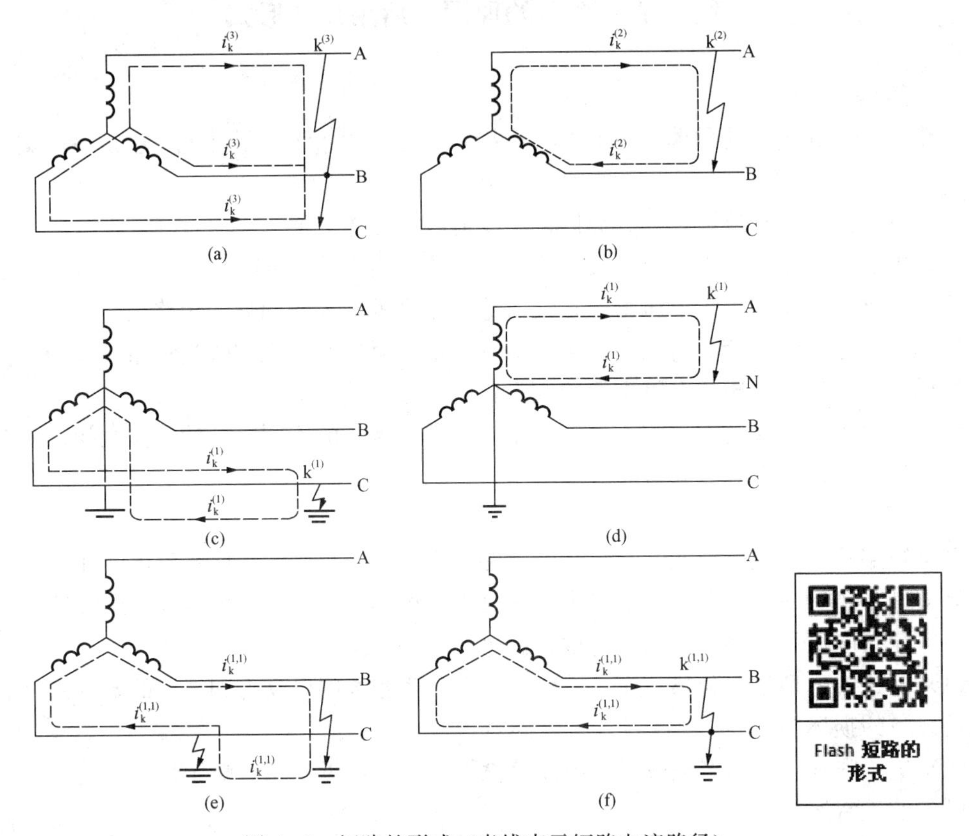

图 4-1　短路的形式（虚线表示短路电流路径）

上述三相短路，属对称短路，其他形式的短路，均属不对称性短路。

电力系统中，发生单相短路的可能性最大；但在一般情况下，以三相短路的短路电流最大，从而造成的危害也最为严重。因此，作为选择和校验电器和导体依据的短路电流，通常采用三相短路电流。下面的讲述也以三相短路为主。

第二节　无限大容量电力系统发生三相短路时的物理过程和物理量

一、无限大容量电力系统及其三相短路的物理过程

无限大容量电力系统，就是容量相对于用户内部供配电系统容量大得多的电力系统，以

致用户的负荷不论如何变动甚至发生短路时，电力系统变电所馈电母线的电压能基本维持不变。在实际中，当电力系统总阻抗不超过短路电路总阻抗的10%，或者电力系统容量超过用户（含企业）供配电系统容量的50倍时，就可将电力系统视为“无限大容量电源”。

对一般企业供配电系统来说，由于企业供配电系统的容量都远比电力系统总容量小，而其阻抗又较电力系统大得多，因此企业供配电系统内发生短路时，电力系统变电所馈电母线上的电压几乎维持不变，也就是说，这时一般都可将电力系统看作无限大容量的电源。

图4-1（a）是一个电源为无限大容量的供电系统发生三相短路的电路图。考虑到三相对称，因此这个三相电路可用图4-1（b）的等效单相电路图来分析研究。

正常运行时，电路中的电流取决于电源电压和电路中所有元件包括负荷在内的总阻抗。当发生三相短路时，由于负荷阻抗和部分线路阻抗被短路，所以电路中的电流要突然增大。但是，由于短路电路中存在着电感，根据楞次定律，电流又不能突变，因而引起一个过渡过程，即短路暂态过程，最后短路电流达到一个新的稳定状态。图4-2为无限大容量系统中发生三相短路的电路。

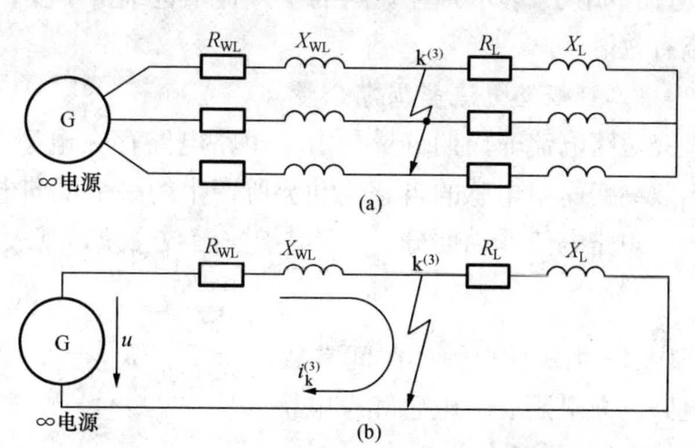

图4-2 无限大容量系统中发生三相短路

（a）三相电路图；（b）等效单相电路图

R_{WL}、X_{WL}—线路阻抗；R_L、X_L—负荷阻抗

图4-3表示无限大容量系统发生三相短路前后的电压和电流变动曲线。

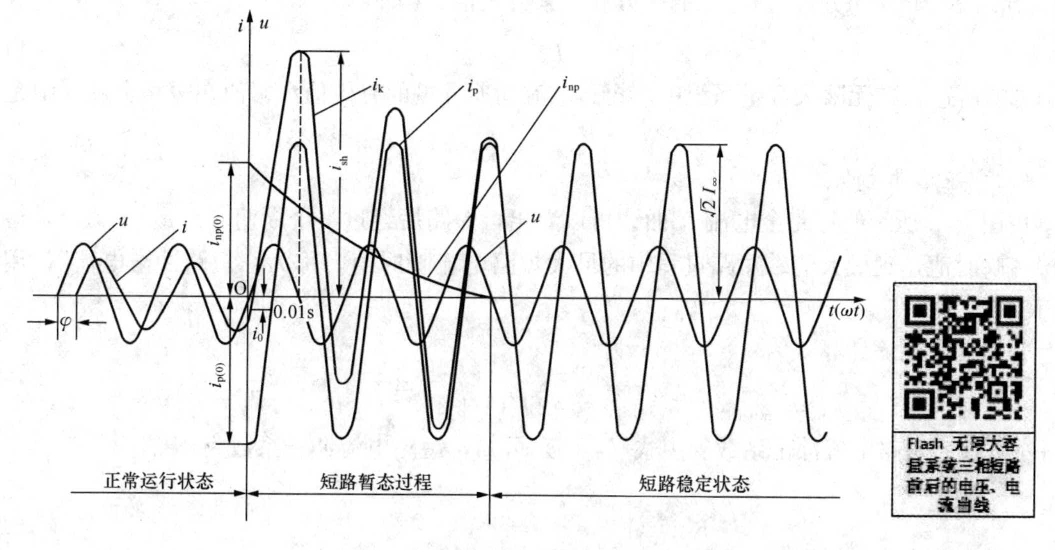

图4-3 无限大容量系统发生三相短路

前后的电压、电流曲线

二、有关短路的物理量

（一）短路电流周期分量

假设短路发生在电压瞬时值 $u=0$ 时，这时负荷电流为 i_0。由于短路时电路阻抗减小很

多，电路中将要出现一个如图 4-3 中 i_p 所示的短路电流周期分量。由于短路电路的电抗一般远大于电阻，所以这周期分量 i_p 滞后电压 u 约 90°。因此，在 $u=0$ 时短路的瞬间（$t=0$ 时），i_p 将突然增大到幅值，即

$$i_{p(0)}=I''_m=\sqrt{2}I'' \tag{4-1}$$

式中：I''为短路次暂态电流有效值，它是短路后第一个周期的短路电流周期分量 i_p 的有效值（一般把短路后第一个周波时的参数都加一个“次”字，本书中以加上标″表示。）

在无限大容量系统中，由于系统母线电压维持不变，所以其短路电流周期分量有效值（习惯上用 I_k 表示）在短路的全过程中也维持不变，即 $I''=I_\infty=I_k$，这里 I_∞ 为短路稳态电流有效值。

（二）短路电流非周期分量

短路电流非周期分量是由于短路电路存在电感，用以维持短路初瞬间（$t=0$ 时）电流不致突变而由电感的自感电动势所产生的一个反向电流，如图 4-3 中的 i_{np} 所示。

短路电流非周期分量 i_{np} 按指数函数衰减，其表达式为

$$i_{np}=i_{np(0)}e^{-\frac{t}{\tau}}=(I''_m-i_0)e^{-\frac{t}{\tau}}\approx\sqrt{2}I''e^{-\frac{t}{\tau}} \tag{4-2}$$

式中：τ 为短路电流的时间常数，$\tau=L_\Sigma/R_\Sigma=X_\Sigma/(314R_\Sigma)$；$R_\Sigma$、$L_\Sigma$ 和 X_Σ 分别为短路电路的总电阻、总电感和总电抗。

（三）短路全电流

任一瞬间的短路全电流 i_k 为其周期分量 i_p 与其非周期分量 i_{np} 之和，即

$$i_k=i_p+i_{np} \tag{4-3}$$

某一瞬间 t 的短路全电流有效值 $I_{k(t)}$，是以 t 为中点的一个周期内的周期分量有效值 $I_{p(t)}$ 与 t 瞬间非周期分量值 $i_{np(t)}$ 的平方和的平方根值，即

$$I_{k(t)}=\sqrt{I^2_{p(t)}+i^2_{np(t)}} \tag{4-4}$$

如前所述，在无限大容量系统中，短路电流周期分量的有效值和幅值在短路全过程中是恒定不变的。

（四）短路冲击电流

由图 4-3 所示的短路全电流 i_k 曲线可以看出，短路后经过半个周期（即 $t=0.01$s），短路电流瞬时值达到最大值。短路过程中的最大短路电流瞬时值，称为“短路冲击电流”，用 i_{sh} 表示。

短路冲击电流计算式为

$$i_{sh}=i_{p(0.01)}+i_{np(0.01)}\approx\sqrt{2}I''(1+e^{-\frac{0.01}{\tau}})=K_{sh}\sqrt{2}I'' \tag{4-5}$$

式中：K_{sh} 为短路电流冲击系数。由式（4-5）可知，短路电流冲击系数为

$$K_{sh}=1+e^{-\frac{0.01}{\tau}}=1+e^{-\frac{0.01R_\Sigma}{L_\Sigma}} \tag{4-6}$$

当 $R_\Sigma\to0$ 时，$K_{sh}\to2$；当 $L_\Sigma\to0$ 时，$K_{sh}\to1$。因此，$1<K_{sh}<2$。

短路全电流的最大有效值，是短路后第一个周期的短路全电流有效值，用 I_{sh} 表示。它也可称为短路冲击电流有效值，计算式为

$$I_{sh}=\sqrt{I^2_{p(0.01)}+i^2_{np(0.01)}}\approx\sqrt{I''^2+(\sqrt{2}I''e^{-\frac{0.01}{\tau}})^2}$$

或
$$I_{sh} \approx \sqrt{1+2(K_{sh}-1)^2}\,I'' \tag{4-7}$$

在高压电路发生三相短路时，一般取 $K_{sh}=1.8$，因此

$$i_{sh}=2.55I'' \tag{4-8}$$

$$I_{sh}=1.51I'' \tag{4-9}$$

在低压电路和 1000kVA 及以下变压器二次侧发生三相短路时，一般取 $K_{sh}=1.3$，因此

$$i_{sh}=1.84I'' \tag{4-10}$$

$$I_{sh}=1.09I'' \tag{4-11}$$

（五）短路稳态电流

短路稳态电流是短路电流非周期分量衰减完毕以后的短路全电流，其有效值用 I_{∞} 表示。在无限大容量系统中，$I_{\infty}=I_k$。

第三节　无限大容量电力系统中的短路电流计算

一、短路电流计算概述

供配电系统应该对用户安全可靠地供电，但是由于各种原因，也难免出现故障。其中最常见的故障就是短路，而短路的后果十分严重，直接影响供配电系统及电气设备的安全运行。为了正确选择电气设备，使设备具有足够的动稳定性和热稳定性，以保证在通过可能最大的短路电流时也不致损坏，因此必须进行短路电流计算。另外，为了选择切除短路故障的开关电器、整定作为短路保护的继电保护装置和选择限制短路电流的元件（如电抗器）等，也必须计算短路电流。

进行短路电流计算，首先要绘出计算电路图，如图 4 - 4 所示。在计算电路图上，将短路计算所需的各元件的主要参数都表示出来，并将各元件依次编号，然后确定短路计算点。短路计算点要选择得使需要进行短路校验的电气元件有最大可能的短路电流通过。接着，按所选择的短路计算点绘出等效电路图（如图 4 - 5 所示），并计算电路中各主要元件的阻抗。在等效电路图上，只需将所计算的短路电流所流经的一些主要元件表示出来，并标明其序号和阻抗值，一般是分子标序号，分母标阻抗值（既有电阻又有电抗时，用复数形式 $R+jX$ 表示）。然后将等效电路化简。对于一般建筑供配电系统来说，由于可将电力系统当作无限大容量电源，而且短路电路也比较简单，因此一般只需采用阻抗串并联的方法即可将电路化简，求出其等效总阻抗，最后计算短路电流和短路容量。

短路电流计算的方法，常用的有欧姆法（又称有名单位制法）和标幺值法（又称相对单位制法）；还有一种短路容量法（又称 MVA 法），本书暂不介绍。

在实际工程中，短路计算时的物理量一般采用以下单位：电压为 kV（千伏）；电流为 kA（千安）；短路容量和断流容量为 MVA（兆伏安）；设备容量为 kW（千瓦）或 kVA（千伏安）；电阻、电抗和阻抗为 Ω（欧姆）。但必须说明，本书计算公式中各物理量的单位除特别标明的以外，一般均采用国际单位制（SI 制）的基本单位：V（伏）、A（安）、W（瓦）、VA（伏·安）、Ω（欧）等。因此后面导出的公式一般不标注物理量的单位。如果采用工程上常用的单位计算，则必须注意所用公式中各物理量单位的换算系数。

二、采用欧姆法进行三相短路计算

欧姆法因其短路计算中的阻抗都采用有名单位“欧姆”而得名，亦称“有名单位制法”。

在无限大容量系统中发生三相短路时，其三相短路电流周期分量有效值计算式为

$$I_k^{(3)}=\frac{U_c}{\sqrt{3}\,|Z_\Sigma|}=\frac{U_c}{\sqrt{3}\sqrt{R_\Sigma^2+X_\Sigma^2}} \tag{4-12}$$

式中：U_c 为短路计算点的短路计算电压（有的书称为平均额定电压），由于线路首端短路时其短路最为严重，因此按线路首端电压考虑，即短路计算电压取为比线路额定电压 U_N 高5%左右，按我国电压标准，U_c（kV）为 0.4、0.69、3.15、6.3、10.5、37、…；$|Z_\Sigma|$、R_Σ、X_Σ分别为短路电路的总阻抗［模］、总电阻和总电抗值。

在高压电路的短路计算中，通常总电抗远比总电阻大，所以一般可以只计电抗，不计电阻。在计算低压侧短路时，也只有当短路电路的 $R_\Sigma>X_\Sigma/3$ 时才需计算电阻。

如果不计电阻，则三相短路电流周期分量有效值为

$$I_k^{(3)}=\frac{U_c}{\sqrt{3}X_\Sigma} \tag{4-13}$$

三相短路容量计算式为

$$S_k^{(3)}=\sqrt{3}U_c I_k^{(3)} \tag{4-14}$$

关于短路电路的阻抗，一般可只计电力系统（电源）阻抗和电力变压器阻抗以及电力线路阻抗。而供电系统中的母线、线圈型电流互感器的一次绕组、低压断路器的过电流脱扣线圈及开关的触头等的阻抗，相对来说很小，在短路计算中一般可略去不计。在略去上述阻抗后，计算所得的短路电流自然稍有偏大；用稍微偏大的短路电流来校验电气设备，正好可以使其运行的安全性更有保证。

1. 电力系统的阻抗

电力系统的电阻相对于电抗来说很小，一般不予考虑。电力系统的电抗，可找当地电业部门提供，不过一般也可由电力系统变电所高压馈电线出口断路器的断流容量 S_{oc} 来估算，把这个 S_{oc} 就看作是电力系统的极限短路容量 S_k。因此电力系统的电抗为

$$X_s=\frac{U_c^2}{S_{oc}} \tag{4-15}$$

式中：U_c 为高压馈电线路的短路计算电压，但为了便于短路电路总阻抗的计算，免去阻抗换算的麻烦，此式的 U_c 可直接采用短路计算点的短路计算电压；S_{oc} 为电力系统出口断路器的断流容量，可查有关手册或产品样本（例如参看附表 A-3）。如果只有开断电流 I_{oc} 数据，则其断流容量可计算为

$$S_{oc}=\sqrt{3}I_{oc}U_N \tag{4-16}$$

式中：U_N 为额定电压。

2. 电力变压器的阻抗

（1）电力变压器的电阻 R_T：可由变压器的短路损耗 ΔP_k 近似地计算，因为

$$\Delta P_k\approx 3I_N^2R_T=3\times\left(\frac{S_N}{\sqrt{3}U_N}\right)^2R_T\approx\left(\frac{S_N}{U_c}\right)^2R_T$$

所以

$$R_T\approx\Delta P_k\left(\frac{U_c}{S_N}\right)^2 \tag{4-17}$$

式中 U_c——短路计算电压，取短路计算点的短路计算电压，以免阻抗换算；

S_N——变压器的额定容量；

ΔP_k——变压器的短路损耗，可查有关手册或产品样本（参看附表A-8）。

（2）电力变压器的电抗X_T：可由变压器的阻抗电压（即短路电压）$U_k\%$近似地计算。因为

$$U_k\% \approx \frac{\sqrt{3}I_N X_T}{U_c}\times 100 \approx \frac{S_N X_T}{U_c^2}\times 100$$

所以
$$X_T \approx \frac{U_k\% U_c^2}{100S_N} \tag{4-18}$$

式中　$U_k\%$——变压器的阻抗电压（即短路电压）百分值，可查有关手册或产品样本（参看附表A-8）。

3. 电力线路的阻抗

（1）电力线路的电阻R_{WL}：可由导线电缆的单位长度电阻R_0值求得，即

$$R_{WL}=R_0 l \tag{4-19}$$

式中　R_0——导线或电缆单位长度的电阻，可查有关手册或产品样本（参看附表A-25）；

l——线路长度。

（2）电力线路的电抗：可由导线电缆的单位长度电抗X_0值求得，即

$$X_{WL}=X_0 l \tag{4-20}$$

式中　X_0——导线电缆单位长度的电抗，可查有关手册或产品样本（参看附表A-25），若线路的结构数据不详或无法查找时，可按表4-1取其电抗平均值，因为同一电压的同类线路的电抗值变动的幅度一般不大；

l——线路长度。

表4-1　电力线路每相的单位长度电抗平均值

线路结构	单位长度电抗平均值（Ω/km）		
	220/380V	6～10kV	35～110kV
架空线路	0.32	0.35	0.40
电缆线路	0.066	0.08	0.12

求出短路电路中各主要元件的阻抗后，就可化简电路，求出其总阻抗。然后按式（4-12）或式（4-13）计算三相短路电流周期分量$I_k^{(3)}$，再按前面第二节有关公式计算其他短路电流$I''^{(3)}$、$I_\infty^{(3)}$、$i_{sh}^{(3)}$和$I_{sh}^{(3)}$，按式(4-14)计算三相短路容量$S_k^{(3)}$。

必须注意：在计算短路电路的阻抗时，假如电路内含有电力变压器，则电路内各元件的阻抗都应统一换算到短路点的短路计算电压去。阻抗等效换算的条件是元件的功率损耗不变。

由$\Delta P=U^2/R$和$\Delta Q=U^2/X$可知，元件的阻抗值与电压平方成正比，因此阻抗换算的公式为

$$R'=R\left(\frac{U'_c}{U_c}\right)^2 \tag{4-21}$$

$$X'=X\left(\frac{U'_c}{U_c}\right)^2 \tag{4-22}$$

式中　R、X和U_c——换算前元件的电阻、电抗和元件所在处的短路计算电压；

R'、X' 和 U'_c——换算后元件的电阻、电抗和短路点的短路计算电压。

就短路计算中考虑的几个主要元件的阻抗来说，只有电力线路的阻抗有时需要换算，例如计算低压侧的短路电流时，高压侧的线路阻抗就需换算到低压侧。而电力系统和电力变压器的阻抗，由于其阻抗计算公式均含有 $(U_c)^2$，因此计算其阻抗时，公式中 U_c 直接代以短路点的短路计算点电压，就相当于阻抗已经换算到短路点一侧了。

【例 4-1】 某供配电系统如图 4-4 所示。已知电力系统出口断路器为 SN10-10Ⅱ型。试求企业变电所高压 10kV 母线上 k1 点短路和低压 380V 母线上 k2 点短路的三相短路电流和短路容量。

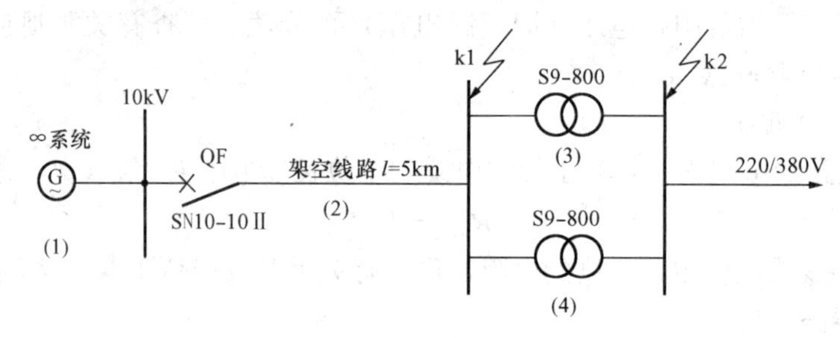

图 4-4 ［例 4-1］图（一）

解 1. 求 k1 点的三相短路电流和短路容量（$U_{c1}=10.5\text{kV}$）

（1）计算短路电路中各元件的电抗及总电抗。

1）电力系统的电抗：由附表 A-3 可查得 SN10-10Ⅱ型断路器的断流容量 $S_{oc}=500\text{MVA}$，因此

$$X_1=\frac{U_{c1}^2}{S_{oc}}=\frac{(10.5\text{kV})^2}{500\text{MVA}}=0.22\ \Omega$$

2）架空线路的电抗：由表 4-1 查得 $X_0=0.35\ \Omega/\text{km}$，因此

$$X_2=X_0 l=0.35(\Omega/\text{km})\times 5\text{km}=1.75\ \Omega$$

3）绘 k1 点短路的等效电路如图 4-5（a）所示，并计算其总电抗为

$$X_{\Sigma k1}=X_1+X_2=0.22\Omega+1.75\Omega=1.97\ \Omega$$

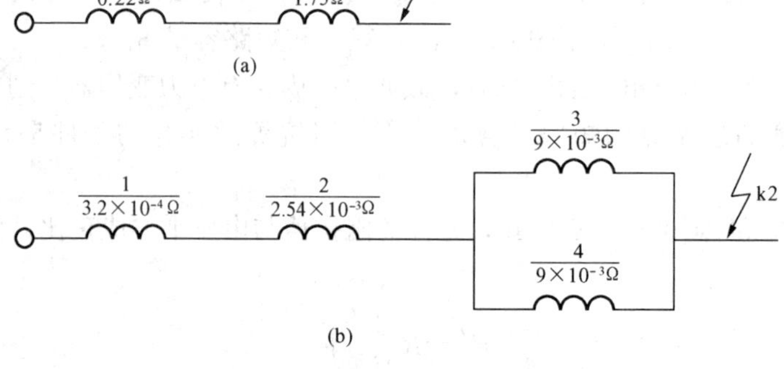

图 4-5 ［例 4-1］图（二）

（a）k1 点短路；（b）k2 点短路

（2）计算三相短路电流和短路容量。

1）三相短路电流周期分量有效值为

$$I_{k1}^{(3)}=\frac{U_{c1}}{\sqrt{3}X_{\Sigma k1}}=\frac{10.5\text{kV}}{\sqrt{3}\times 1.97\Omega}=3.08\ \text{kA}$$

2）三相短路次暂态电流和稳态电流有效值为

$$I''^{(3)}=I_{\infty}^{(3)}=I_{k1}^{(3)}=3.08\ \text{kA}$$

3）三相短路冲击电流及第一个周期短路全电流有效值为

$$i_{sh}^{(3)}=2.55I''^{(3)}=2.55\times 3.08\text{kA}=7.85\ \text{kA}$$

$$I_{sh}^{(3)}=1.51I''^{(3)}=1.51\times 3.08\text{kA}=4.65\ \text{kA}$$

4）三相短路容量为

$$S_{k1}^{(3)}=\sqrt{3}U_{c1}I_{k1}^{(3)}=\sqrt{3}\times 10.5\text{kV}\times 3.08\text{kA}=56.0\ \text{MVA}$$

2. 求 k2 点的三相短路电流和短路容量（$U_{c2}=0.4\text{kV}$）

(1) 计算短路电路中各元件的电抗及总电抗：

1）电力系统的电抗为

$$X'_1=\frac{U_{c2}^2}{S_{oc}}=\frac{(0.4\text{kV})^2}{500\text{MVA}}=3.2\times 10^{-4}\Omega$$

2）架空线路的电抗为

$$X'_2=X_0 l\left(\frac{U_{c2}}{U_{c1}}\right)^2=0.35(\Omega/\text{km})\times 5\text{km}\times\left(\frac{0.4}{10.5}\right)^2=2.54\times 10^{-3}\Omega$$

3）电力变压器的电抗：由附表 A-8 得 $U_k\%=4.5$（Yyn0 联结），因此

$$X_3=X_4\approx\frac{U_k\%U_c^2}{100S_N}=\frac{4.5}{100}\times\frac{(0.4\text{kV})^2}{800\text{kVA}}=9\times 10^{-6}\text{k}\Omega=9\times 10^{-3}\Omega$$

4）绘 k2 点短路的等效电路如图 4-5（b）所示，并计算其总电抗为

$$X_{\Sigma k2}=X'_1+X'_2+X_3//X_4=X'_1+X'_2+\frac{X_3X_4}{X_3+X_4}$$

$$=3.2\times 10^{-4}\Omega+2.54\times 10^{-3}\Omega+\frac{9\times 10^{-3}\Omega}{2}=7.36\times 10^{-3}\Omega$$

(2) 计算三相短路电流和短路容量：

1）三相短路电流周期分量有效值为

$$I_{k2}^{(3)}=\frac{U_{c2}}{\sqrt{3}X_{\Sigma k2}}=\frac{0.4\text{kV}}{\sqrt{3}\times 7.36\times 10^{-3}\Omega}=31.4\ \text{kA}$$

2）三相短路次暂态电流和稳态电流有效值为

$$I''^{(3)}=I_{\infty}^{(3)}=I_{k2}^{(3)}=31.4\ \text{kA}$$

3）三相短路冲击电流及第一个周期短路全电流有效值为

$$i_{sh}^{(3)}=1.84I''^{(3)}=1.84\times 31.4\text{kA}=57.8\ \text{kA}$$

$$I_{sh}^{(3)}=1.09I''^{(3)}=1.09\times 31.4\text{kA}=34.2\ \text{kA}$$

4）三相短路容量为

$$S_{k2}^{(3)}=\sqrt{3}U_{c2}I_{k2}^{(3)}=\sqrt{3}\times 0.4\text{kV}\times 31.4\text{kA}=21.8\ \text{MVA}$$

在工程设计中，往往只列短路计算结果表格，如表 4 - 2 所示。

表 4 - 2 **［例 4 - 1］表**

短路计算点	三相短路电流/kA					三相短路容量/MVA
	$I_k^{(3)}$	$I''^{(3)}$	$I_\infty^{(3)}$	$i_{sh}^{(3)}$	$I_{sh}^{(3)}$	$S_k^{(3)}$
k1 点	3.08	3.08	3.08	7.85	4.65	56.0
k2 点	31.4	31.4	31.4	57.8	34.2	21.8

三、采用标幺值法进行三相短路的计算

标幺值法，又称相对单位制法，因其短路计算中的阻抗、电流、电压等物理量均采用标幺值（相对值）而得名。

（一）标幺值的定义及其基准

某一物理量的标幺值 A_d^* ，就是该物理量的实际值 A 与所选定的基准值 A_d 的比值，即

$$A_d^* = \frac{A}{A_d} \tag{4-23}$$

按标幺值法进行短路计算时，首先应选定基准容量 S_d 和基准电压 U_d。

基准容量，工程设计中通常取 $S_d = 100$ MVA。

基准电压，通常就取短路计算元件所在电路的短路计算电压，即取 $U_d = U_c$。这 U_c 比所在电路额定电压 U_N 约高 5%，即 $U_c = 1.05U_N$。

基准电流计算式为

$$I_d = \frac{S_d}{\sqrt{3}U_d} \tag{4-24}$$

基准电抗计算式为

$$X_d = \frac{U_d}{\sqrt{3}I_d} = \frac{U_d^2}{S_d} \tag{4-25}$$

（二）标幺值法短路计算的有关公式

在无限大容量系统中发生三相短路时，其三相短路电流周期分量有效值（即三相短路稳态电流）的标幺值 $I_k^{(3)*}$ 计算式为

$$I_k^{(3)*} = \frac{I_k^{(3)}}{I_d} = \frac{U_c}{\sqrt{3}X_\Sigma I_d} = \frac{X_d}{X_\Sigma} = \frac{1}{X_\Sigma^*} \tag{4-26}$$

由此可得三相短路电流周期分量有效值（即三相短路稳态电流）为

$$I_k^{(3)} = I_k^{(3)*} I_d = \frac{I_d}{X_\Sigma^*} \tag{4-27}$$

求出 $I_k^{(3)}$ 后，就可利用前面的有关公式求出 $I''^{(3)}$、$I_\infty^{(3)}$、$i_{sh}^{(3)}$ 和 $I_{sh}^{(3)}$ 等。

而三相短路容量的计算式为

$$S_k^{(3)} = \sqrt{3}U_c I_k^{(3)} = \frac{\sqrt{3}U_c I_d}{X_\Sigma^*} = \frac{S_d}{X_\Sigma^*} \tag{4-28}$$

下面分别讲述供电系统中三个主要元件的电抗标幺值计算（取 $S_d = 100$MVA，$U_d = U_c$）。

1. 电力系统的电抗标幺值

其计算式为

$$X_s^* = \frac{X_s}{X_d} = \frac{U_c^2 S_d}{S_{oc} U_d^2} = \frac{S_d}{S_{oc}} \tag{4-29}$$

式中　S_{oc}——电力系统出口断路器的断流容量。

2. 电力变压器的电抗标幺值

其计算式为

$$X_T^* = \frac{X_T}{X_d} = \frac{U_k\% U_c^2 S_d}{100 S_N U_d^2} = \frac{U_k\% S_d}{100 S_N} \tag{4-30}$$

式中　$U_k\%$——电力变压器的短路电压（阻抗电压）百分值；

S_N——电力变压器的额定容量。

3. 电力线路的电抗标幺值

其计算式为

$$X_{WL}^* = \frac{X_{WL}}{X_d} = X_0 l \frac{S_d}{U_d^2} = \frac{X_0 l S_d}{U_c^2} \tag{4-31}$$

式中　X_0——线路的单位长度电抗；

l——线路的长度。

求出短路电路中各主要元件的电抗标幺值后，就可利用其等效电路分别针对各个短路计算点进行电路化简，按不同的短路计算点分别计算其总的电抗标幺值 X_Σ^*。由于所有元件电抗都采用相对值，与短路计算电压无关，因此计算总电抗标幺值时，不同电压的元件阻抗值无需进行换算。这也是标幺制法较之欧姆法方便之处。

（三）标幺值法作短路计算的步骤和示例

1. 短路计算的步骤

按标幺值法进行短路计算的步骤大致如下：

（1）绘短路计算电路图，并根据短路计算的目的确定短路计算点，如图 4-4 所示。

（2）选定标幺值的基准，并求出所有短路计算点电压下的 I_d。

（3）计算短路电路中所有主要元件的电抗标幺值。

（4）绘出短路电路的等效电路图，如图 4-6 所示，用分子标明元件序号或代号，分母标明电抗标幺值，并在等效电路图上标出所有短路计算点。

（5）针对各短路计算点分别简化电路，求出其总的电抗标幺值，然后按有关公式计算所有的短路电流和短路容量。

2. 标幺值法作短路计算示例

【例 4-2】　试用标幺值法重新计算［例 4-1］所示供电系统中 k1 点和 k2 点（如图 4-4 所示）的三相短路电流和短路容量。

解　（1）确定标幺值的基准：取 $S_d=100\text{MVA}$、$U_{d1}=10.5\text{kV}$、$U_{d2}=0.4\text{kV}$，则

$$I_{d1}=S_d/(\sqrt{3}U_{d1})=100\text{MVA}/(\sqrt{3}\times 10.5\text{kV})=5.50\text{ kA}$$

$$I_{d2}=S_d/(\sqrt{3}U_{d2})=100\text{MVA}/(\sqrt{3}\times 0.4\text{kV})=144\text{ kA}$$

（2）计算短路电路中各主要元件的电抗标幺值：

1）电力系统：已知 $S_{oc}=500\text{MVA}$，因此

$$X_1^*=100\text{MVA}/500\text{MVA}=0.20$$

2）架空线路：由表 4-1 查得 $X_0=0.35\Omega\cdot\text{km}^{-1}$，因此

$$X_2^*=0.35\Omega\cdot\text{km}^{-1}\times 5\text{km}\times 100\text{MVA}/(10.5\text{kV})^2=1.59$$

3）电力变压器：由附表 A-8 查得 $U_k\%=4.5$（Yyn0 联结），因此

$$X_3^* = X_4^* = 4.5 \times 100 \times 10^3 \text{kVA}/100 \times 800\text{kVA} = 5.625$$

然后绘出短路电路的等效电路如图 4 - 6 所示。

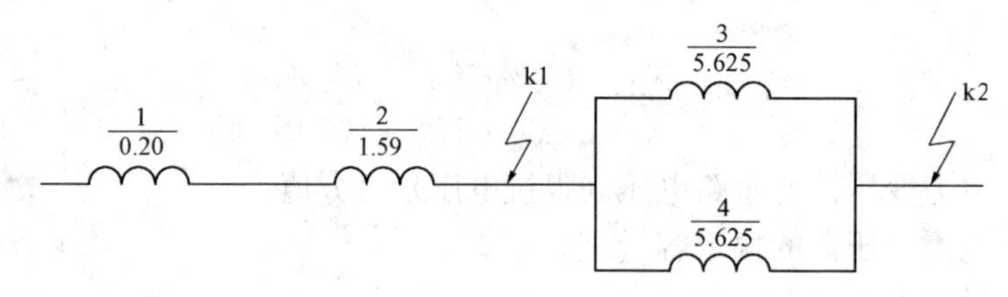

图 4 - 6 ［例 4 - 2］图（标幺值法）

(3) 计算 k1 点的短路电路总电抗标幺值及三相短路电流和短路容量：

1）总电抗标幺值为

$$X_{\Sigma k1}^* = X_1^* + X_2^* = 0.2 + 1.59 = 1.79$$

2）三相短路电流周期分量有效值为

$$I_{k1}^{(3)} = \frac{I_{d1}}{X_{\Sigma k1}^*} = 5.50\text{kA}/1.79 = 3.07\ \text{kA}$$

3）其他三相短路电流为

$$I''^{(3)} = I_\infty^{(3)} = I_{k1}^{(3)} = 3.07\ \text{kA}$$

$$i_{sh}^{(3)} = 2.55 I''^{(3)} = 2.55 \times 3.08\text{kA} = 7.83\ \text{kA}$$

$$I_{sh}^{(3)} = 1.51 I''^{(3)} = 1.51 \times 3.08\text{kA} = 4.64\ \text{kA}$$

4）三相短路容量为

$$S_{k1}^{(3)} = \sqrt{3} U_{c1} I_{k1}^{(3)} = \sqrt{3} \times 10.5\text{kV} \times 3.07\text{kA} = 55.9\ \text{MVA}$$

(4) 求 k2 点的短路电路总电抗标幺值及三相短路电流和短路容量：

1）总电抗标幺值为

$$X_{\Sigma k2}^* = X_1^* + X_2^* + X_3^* // X_4^* = 0.2 + 1.59 + \frac{5.625}{2} = 4.60$$

2）三相短路电流周期分量有效值为

$$I_{k2}^{(3)} = \frac{I_{d2}}{X_{\Sigma k2}^*} = 144\text{kA}/4.60 = 31.3\ \text{kA}$$

3）其他三相短路电流为

$$I''^{(3)} = I_\infty^{(3)} = I_{k-2}^{(3)} = 31.3\ \text{kA}$$

$$i_{sh}^{(3)} = 1.84 I''^{(3)} = 1.84 \times 31.3\text{kA} = 57.6\ \text{kA}$$

$$I_{sh}^{(3)} = 1.09 I''^{(3)} = 1.09 \times 31.3\text{kA} = 34.1\ \text{kA}$$

4）三相短路容量为

$$S_{k1}^{(3)} = \sqrt{3} U_{c2} I_{k2}^{(3)} = \sqrt{3} \times 0.4\text{kV} \times 31.3\text{kA} = 21.7\ \text{MVA}$$

计算结果与［例 4 - 1］基本相同（短路计算表略）。

四、两相短路电流的计算

在无限大容量系统中发生两相短路时（参见图 4 - 7），其两相短路电流周期分量有效值（简称两相短路电流）为

$$I_k^{(2)} = \frac{U_c}{2|Z_\Sigma|} \tag{4-32}$$

式中　U_c——短路计算点的短路计算电压（线电压）。

若只计电抗，则两相短路电流为

$$I_k^{(2)}=\frac{U_c}{2X_\Sigma} \qquad (4-33)$$

其他两相短路电流 $I''^{(2)}$、$I_\infty^{(2)}$、$i_{sh}^{(2)}$ 和 $I_{sh}^{(2)}$ 等，都可按前面三相短路的对应短路电流的公式计算。

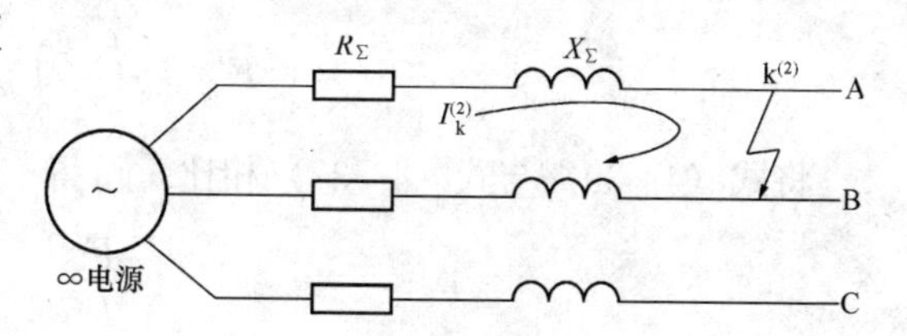

图 4-7　无限大容量系统中发生两相短路

两相短路电流与三相短路电流的关系，可由 $I_k^{(2)}=U_c/(2X_\Sigma)$ 及 $I_k^{(3)}=U_c/(\sqrt{3}X_\Sigma)$ 求得。因为

$$I_k^{(2)}/I_k^{(3)}=\sqrt{3}/2=0.866$$

所以

$$I_k^{(2)}=\frac{\sqrt{3}}{2}I_k^{(3)}=0.866I_k^{(3)} \qquad (4-34)$$

式（4-34）说明，在无限大容量系统中，同一地点的两相短路电流为三相短路电流的0.866倍。因此，无限大容量系统中的两相短路电流，可在求出三相短路电流后用式（4-34）直接求得。

第四节　短路电流的效应与校验

一、短路电流的电动效应与动稳定度校验

（一）短路电流的电动效应

由《电工基础》或物理学中的“毕奥—沙伐尔定律”知，处于空气中的两平行直导体分别通过电流 i_1、i_2（A）时，若导体间轴线距离为 a，导体的两支持点间距离（档距）为 l，则导体间所产生的电磁互作用力即电动力（N）为

$$F=\mu_0 i_1 i_2 \frac{l}{2\pi a} \qquad (4-35)$$

式中　μ_0——空气的磁导率，其值为 $4\pi\times10^{-7}$ N/A²。

若三相线路中发生两相短路，则两相短路冲击电流 $i_{sh}^{(2)}$（A）通过两相导体时产生的电动力（N）为最大，其值为

$$F^{(2)}=\mu_0 i_{sh}^{(2)2}\frac{l}{2\pi a} \qquad (4-36)$$

若三相线路中发生三相短路，则（可以证明）三相短路冲击电流 $i_{sh}^{(3)}$（A）在中间相所产生的电动力（N）为最大，其值为

$$F^{(3)}=\frac{\sqrt{3}}{2}\mu_0 i_{sh}^{(3)2}\frac{l}{2\pi a} \qquad (4-37)$$

式（4-37）中代入 $\mu_0=4\pi\times10^{-7}$ N/A²，即得

$$F^{(3)}=\sqrt{3}i_{sh}^{(3)2}\frac{l}{a}\times10^{-7}\quad \text{N/A}^2 \qquad (4-38)$$

由于 $i_{sh}^{(2)}=\frac{\sqrt{3}}{2}i_{sh}^{(3)}$，因此由式（4-36）可得

$$F^{(2)}=\left(\frac{\sqrt{3}}{2}\right)^2\mu_0 i_{sh}^{(3)2}\frac{l}{2\pi a} \tag{4-39}$$

将式（4-39）与式（4-37）相比，可得

$$\frac{F^{(2)}}{F^{(3)}}=\frac{\sqrt{3}}{2} \tag{4-40}$$

由式（4-40）可见，三相线路发生三相短路时中间相导体所受的电动力比两相短路时导体所受的电动力大。因此校验电器和导体的动稳定度时，一般应采用三相短路冲击电流 $i_{sh}^{(3)}$ 或 $I_{sh}^{(3)}$。

（二）短路动稳定度的校验

电器和导体的动稳定度校验，在工程实际中，依校验对象不同而采用不同的具体条件。

（1）一般电器的动稳定度校验条件为

$$i_{max}\geqslant i_{sh}^{(3)} \tag{4-41}$$

或

$$I_{max}\geqslant I_{sh}^{(3)} \tag{4-42}$$

式中：i_{max} 为电器的极限通过电流（动稳定电流）峰值；I_{max} 为电器的极限通过电流（动稳定电流）有效值。以上 i_{max} 和 I_{max} 均可由有关手册或产品样本查得（参看附表 A-3 和附表 A-4）。

（2）绝缘子的动稳定度校验条件为

$$F_{al}\geqslant F_c^{(3)} \tag{4-43}$$

式中：F_{al} 为绝缘子的最大允许载荷，可由有关手册或产品样本查得。如果手册或样本给出的是绝缘子的抗弯破坏载荷值，则应将抗弯破坏载荷值乘以 0.6 作为 F_{al}。$F_c^{(3)}$ 为短路时作用于绝缘子上的计算力，按通过 $i_{sh}^{(3)}$ 来计算；如果母线在绝缘子上平放［见图 4-8（a）］，则 $F_c^{(3)}$ 按式（4-38）计算，即 $F_c^{(3)}=F^{(3)}$；如果母线在绝缘子上竖放［见图 4-8（b）］，则 $F_c^{(3)}=1.4F^{(3)}$。

（3）母线的动稳定度校验条件为

$$\sigma_{al}\geqslant\sigma_c \tag{4-44}$$

式中　σ_{al}——母线材料的最大允许应力。硬铜的 $\sigma_{al}=140\text{MPa}$，硬铝的 $\sigma_{al}=70\text{MPa}$（$1\text{Pa}=1\text{N/m}^2$）；

σ_c——母线通过三相短路冲击电流 $i_{sh}^{(3)}$ 时受到的最大计算应力，MPa。

母线的最大计算应力的计算式为

$$\sigma_c=\frac{M}{W} \tag{4-45}$$

式中　M——母线通过 $i_{sh}^{(3)}$ 时受到的弯曲力矩，N·m，当母线的挡数为 1～2 时 $M=F^{(3)}l/8$，当挡数大于 2 时 $M=F^{(3)}l/10$；$F^{(3)}$ 按式（4-38）计算；l 为母线档距，对开关柜（屏）上的母线来说，l 即柜（屏）的宽度，m；

W——母线的截面系数，单位为 m^3。母线采取图 4-8 所示放置方式时，$W=b^2h/6$，这里的 b 为母线截面的水平宽度、h 为母线截面的垂直高度，m。

（三）对短路计算点附近交流电动机反馈冲击电流的考虑

当短路计算点附近所接交流电动机的额定电流之和超过供配电系统短路电流的 1%时，按 GB 50054—2011《低压配电设计规范》规定，应计入电动机反馈电流的影响。由于短路

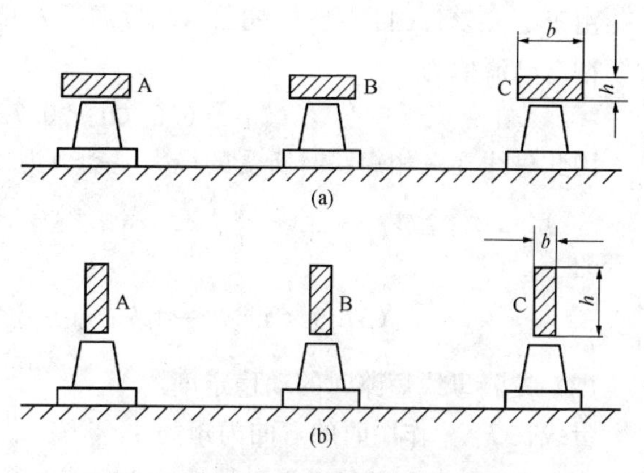

图 4-8　母线在绝缘子上的放置方式

(a) 平放；(b) 竖放

时电动机端电压骤降，致使电动机因定子电动势反高于外施电压而向短路点反馈冲击电流，如图 4-9 所示，从而使短路计算点的短路冲击电流增大。

当交流电动机进线端发生三相短路时，它反馈的最大短路电流瞬时值（即电动机反馈冲击电流）计算式为

$$i_{sh.M}=\sqrt{2}\ \frac{E''^{*}_{M}}{X''^{*}_{M}}K_{sh.M}I_{N.M}=CK_{sh.M}I_{N.M} \tag{4-46}$$

式中：E''^{*}_{M} 为电动机次暂态电动势标幺值；X''^{*}_{M} 为电动机次暂态电抗标幺值；C 为电动机反馈冲击倍数。以上参数均见表 4-3。$K_{sh.M}$ 为电动机短路电流冲击系数，对 3～10kV 可取 1.4～1.7，对 380V 电动机可取 1；$I_{N.M}$ 为电动机额定电流。

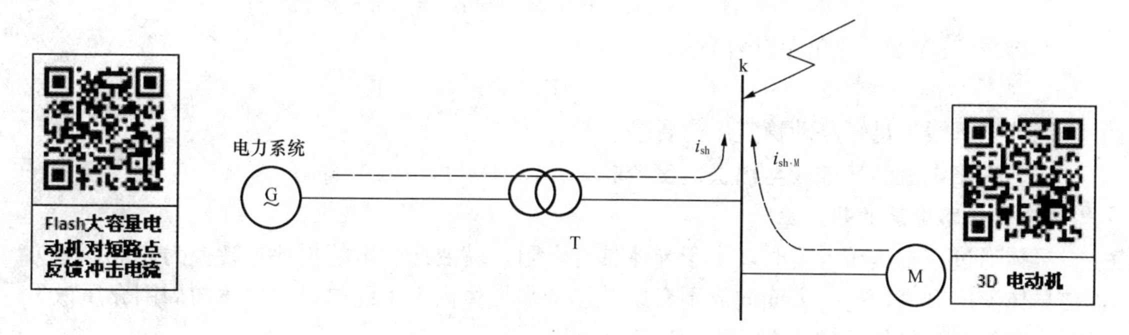

图 4-9　大容量电动机对短路点的反馈冲击电流

由于交流电动机产生的这种反馈电流衰减极快，因此只在考虑短路冲击电流的影响时才需计入电动机反馈电流。

表 4-3　　电动机的 E''^{*}_{M}、X''^{*}_{M} 和 C 值

电动机类型	E''^{*}_{M}	X''^{*}_{M}	C	电动机类型	E''^{*}_{M}	X''^{*}_{M}	C
感应电动机	0.9	0.2	6.5	同步补偿机	1.2	0.16	10.6
同步电动机	1.1	0.2	7.8	综合性负荷	0.8	0.35	3.2

【例 4-3】　设［例 4-1］所示某变电所 380V 侧母线上接有 380V 感应电动机组 250kW，平均 $\cos\varphi=0.7$，效率 $\eta=0.75$。该母线采用 LMY-100×10 的硬铝母线，水平平放，挡距为 900mm，挡数大于 2，相邻两相母线的轴线距离为 160mm。试求该母线三相短路时所受的最大电动力，并校验其动稳定度。

解　(1) 计算母线三相短路时所受的最大电动力：由［例 4-1］知，380V 母线的短路电流 $I_{k}^{(3)}=31.4\text{kA}$，$i_{k}^{(3)}=57.8\text{kA}$；而接于 380V 母线的感应电动机组的额定电流为

$$I_{N.M}=\frac{250\text{kW}}{\sqrt{3}\times380\text{V}\times0.7\times0.75}=0.724\ \text{kA}$$

由于 $I_{N.M} \geqslant 0.01 I_k^{(3)} = 0.314\text{kA}$，故需计入此电动机组反馈电流的影响。该电动机组的反馈冲击电流值为

$$i_{sh.M} = 6.5 \times 1 \times 0.724\text{kA} = 4.7\ \text{kA}$$

因此母线在三相短路时所受的最大电动力为

$$F^{(3)} = \sqrt{3}(i_{sh}^{(3)} + i_{sh.M})^2 \frac{l}{a} \times 10^{-7}\ \text{N/A}^2$$

$$= \sqrt{3}(57.8 \times 10^3\text{A} + 4.7 \times 10^3)^2 \times \frac{0.9\text{m}}{0.16\text{m}} \times 10^{-7}\text{N/A}^2 = 3806\ \text{N}$$

（2）校验母线短路时的动稳定度：

母线在 $F^{(3)}$ 作用时的弯曲力矩为

$$M = F^{(3)} 1/10 = 3806\text{N} \times 0.9\text{m}/10 = 346\ \text{N} \cdot \text{m}$$

母线的截面系数为

$$W = b^2 h/6 = (0.1\text{m})^2 \times 0.01\text{m}/6 = 1.667 \times 10^{-5}\text{m}^3$$

因此母线在三相短路时所受到的计算应力为

$$\sigma_c = M/W = 346\text{N} \cdot \text{m}/1.667 \times 10^{-5}\text{m}^3 = 20.8 \times 10^6\ \text{Pa}$$

而母线（LMY）的允许应力为

$$\sigma_{al} = 70\text{MPa} > \sigma_c$$

因此该母线满足短路动稳定度的要求。

二、短路电流的热效应与热稳定度校验

（一）短路电流的热效应

导体通过正常负荷电流时，由于导体具有电阻，就要产生电能损耗并转换为热能，一方面使导体温度升高，另一方面向周围介质散热。当导体内产生的热量与导体向周围介质散发的热量相等时，导体就维持在一定的温度值。

当线路发生短路时，短路电流将使导体温度迅速升高。但短路后线路的保护装置很快动作，切除短路故障，因此短路电流通过导体的时间很短，通常不会超过 2～3s。所以在短路过程中，可不考虑导体向周围介质的散热，也就是可近似地认为在短路时间内导体与周围介质是绝热的，短路电流在导体中产生的热量，完全未使导体温度升高。

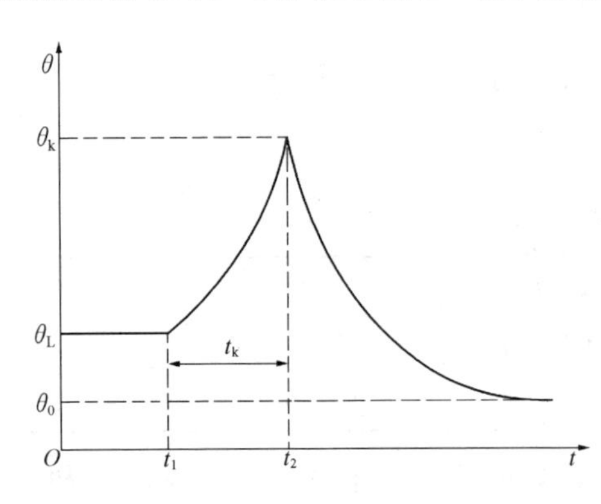

图 4-10　短路前后导体的温升变化曲线

图 4-10 表示短路前后导体的温升变化曲线。导体在短路前正常负荷时的温度为 θ_L。设在 t_1 时发生短路，导体温度按指数规律迅速升高；而到达 t_2 时，线路的保护装置动作，切除短路故障，这时导体温度已升高到最高值 θ_k。短路故障切除后，线路断电，导体不再产生热量，只向周围介质按指数规律散热，直到导体温度等于周围介质温度 θ_0 为止。

导体短路时的最高发热温度不得超过附表 A-21 规定的允许值。

由于短路电流是一个变动的电流，而且含有非周期分量，因此要计算其短路期间在导体

内产生的热量 Q_k 和达到的最高温度 θ_k 是相当困难的。为此，引出一个“短路发热假想时间” t_{ima}，假想在此时间内以恒定的短路稳态电流 I_∞ 通过导体产生的热量，恰好与实际短路电流 i_k 或 $I_{k(t)}$ 在实际短路时间 t_k 内通过导体所产生的热量相等，如图 4 - 11 所示。

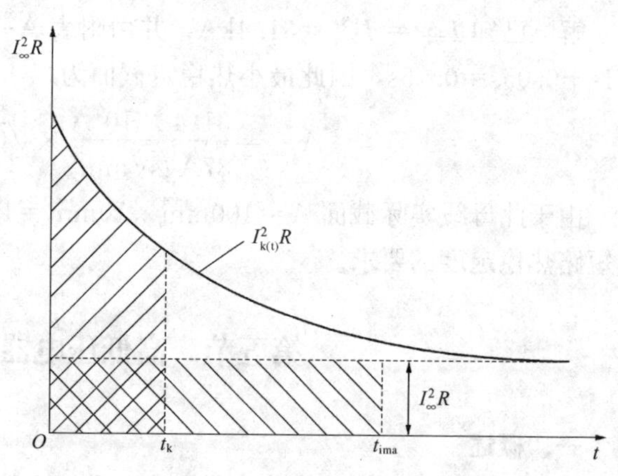

图 4 - 11　短路产生的热量与短路发热假想时间

短路发热假想时间可近似地计算为

$$t_{ima}=t_k+0.05\left(\frac{I''}{I_\infty}\right)^2\text{s} \tag{4-47}$$

在无限大容量系统中发生短路，由于 $I''=I_\infty$，因此

$$t_{ima}=t_k+0.05\text{s} \tag{4-48}$$

当 $t_k>1$s 时，可认为

$$t_{ima}=t_k \tag{4-49}$$

短路时间 t_k 为短路保护装置最长的动作时间 t_{op} 与断路器的断路时间 t_{oc} 之和，即

$$t_k=t_{op}+t_{oc} \tag{4-50}$$

断路器的断路时间 t_{oc}，包括断路器的固有分闸时间和灭弧时间两部分。对一般高压断路器（如油断路器），可取 $t_{oc}=0.2$s；对高速断路器（如真空断路器），可取 $t_{oc}=0.1\sim0.15$s。因此，实际短路电流 $I_{k(t)}$ 通过导体在短路时间 t_k 内产生的热量为

$$Q_k=\int_0^{t_k}I_k^2(t)R\,dt=I_\infty^2Rt_{ima} \tag{4-51}$$

（二）短路热稳定度的校验

在实际工程中，电器和导体的热稳定度校验，也是依据校验对象不同而采用不同的条件。

（1）一般电器的热稳定校验条件：一般电器包括开关电器和电流互感器等的热稳定度校验条件为

$$I_t^2t\geqslant I_\infty^{(3)}t_{ima} \tag{4-52}$$

式中：I_t 为电器的热稳定试验电流有效值；t 为电器的热稳定试验时间。

以上的 I_t 和 t 可由有关手册或产品样本查得（参看附表 A - 3）。

（2）母线、电缆和绝缘导线的热稳定校验条件：母线、电缆和绝缘导线的热稳定度本来可按短路时最高发热温度 θ_k 是否不超过短路时最高允许温度 $\theta_{k.max}$（见附表 A - 21）来校验，但由于 θ_k 的确定比较麻烦，因此通常采用最小热稳定截面来进行校验，其校验的条件为

$$A\geqslant A_{min}=\frac{I_\infty^3}{C}\sqrt{t_{ima}} \tag{4-53}$$

式中：A 为满足短路热稳定度的导体实际截面；A_{min} 为导体的最小热稳定截面；C 为导体的短路热稳定系数（参见附表 A - 21）；t_{ima} 为短路发热假想时间（亦称“热效时间”）。

【例 4 - 4】　试校验［例 4 - 3］所示企业变电所 380V 侧母线的短路热稳定度。已知此母线的短路保护实际时间为 0.6s，低压断路器的断路时间为 0.1s。

解 已知 $I_{\infty}^{(3)}=I_{k}^{(3)}=31.4\text{kA}$，并由附表 A-21 查得 $C=87\text{A}\sqrt{\text{s}}/\text{mm}^2$，而 $t_{ima}=0.6\text{s}+0.1\text{s}+0.05\text{s}=0.75\text{s}$，因此最小热稳定截面为

$$A_{min}=\frac{31.4\times10^3\text{A}}{87\text{A}\sqrt{\text{s}}/\text{mm}^2}\times\sqrt{0.75\text{s}}=313\ \text{mm}^2$$

由于此母线实际截面 $A=100\text{mm}\times10\text{mm}=1000\text{mm}^2>A_{min}=313\text{mm}^2$，因此该母线满足短路热稳定度的要求。

第五节 高低压电器的选择与校验

一、概述

高低压电器的选择，应该满足一次电路在正常条件下和短路故障情况下工作的要求。

高低压电器按正常条件下工作选择，就是要考虑电器的环境条件和电气要求。环境条件是指电器的使用场所（户内或户外）、环境温度，海拔以及有无防尘、防腐、防火、防爆等要求。电气要求是指电器在电压、电流、频率等方面的要求；对一些开断电流的电器，如熔断器、断路器和负荷开关等，则还有断流能力的要求。

高低压电器按短路故障条件下工作选择，就是要校验其短路时能否满足动稳定度和热稳定度的要求。

表 4-4 列出高低压电器的选择校验项目和条件，供参考。

表 4-4　　高低压电器的选择校验项目和条件

电器名称	电压/V	电流/A	断流能力/kA	短路电流校验	
				动稳定度	热稳定度
熔断器	√	√	√	—	—
高压隔离开关	√	√	—	√	√
高压负荷开关	√	√	√	√	√
高压断路器	√	√	√	√	√
低压刀开关	√	√	√	√×	√×
低压负荷开关	√	√	√	—	—
低压断路器	√	√	√	√×	√×
电流互感器	√	√	—	√	√
电压互感器	√	—	—	—	—
并联电容器	√	—	—	—	—
电缆、绝缘导线	√	√	—	—	√
母线	—	√	—	√	√
支柱绝缘子	√	—	—	√	—
套管绝缘子	√	√	—	√	√

续表

电器名称	电压/V	电流/A	断流能力/kA	短路电流校验	
				动稳定度	热稳定度
应满足的条件	电器的额定电压不低于所在电路的额定电压	电器的额定电流应不小于所在电路的计算电流	电器的最大开断电流应不小于它可能开断的最大电流	按 $i_{sh}^{(3)}$ 或 $I_{sh}^{(3)}$ 校验，分别满足式（4-41）～式（4-44）的要求，需计入 $i_{sh\cdot M}$	按 $I_{\infty}^{(3)}$ 及 t_{ima} 校验，满足式（4-52）或式（4-53）的要求

注　1. 表中“√”表示必须校验；“—”表示不必校验；“(√)”表示一般可不校验。

2. 对“并联电容器”，还应按容量（var 或 μF）选择；对“互感器”，还应考虑准确度等级。

3. 表中未列“频率”项目，电器的额定频率应与所在电路的频率一致。

二、熔断器的选择与校验

（一）熔断器熔体电流的选择

1. 保护电力线路的熔断器熔体电流的选择

保护电力线路的熔体电流应满足下列条件：

（1）熔体额定电流 $I_{N.FE}$ 应不小于线路的计算电流 I_{30}，以使熔体在线路正常最大负荷下运行时也不致熔断，即

$$I_{N.FE} \geqslant I_{30} \tag{4-54}$$

式中：I_{30} 对并联电容器的线路熔断器来说，由于电容器的合闸涌流较大，按 GB 50227—2017《并联电容器装置设计规范》5.4.2 的规定，应取为电容器额定电流的 1.37～1.50 倍。

（2）熔体额定电流 $I_{N.FE}$ 还应躲过线路的尖峰电流 I_{pk}，以使熔体在线路出现尖峰电流时也不致熔断。由于尖峰电流为短时最大电流，而熔体熔断需经一定时间，因此满足的条件为

$$I_{N.FE} \geqslant KI_{pk} \tag{4-55}$$

式中：K 为小于 1 的计算系数。对供单台电动机的线路，如起动时间 $t_{st}<3s$（轻载起动）宜取 $K=0.25\sim0.35$，$t_{st}=3\sim8s$（重载起动）宜取 $K=0.35\sim0.5$，$t_{st}>8s$ 及频繁起动或反接制动宜取 $K=0.5\sim0.6$；对供多台电动机的线路，则视线路上最大一台电动机的起动情况、线路计算电流与尖峰电流的比值及熔断器的特性而定，宜取为 $K=0.5\sim1$；如线路 $I_{30}/I_{pk}\approx1$，则可取 $K=1$。

（3）熔断器保护还应与被保护的线路相配合，使之不致发生因线路过负荷或短路而引起绝缘导线或电缆过热甚至起燃而熔断器熔体不熔断的事故，因此还应满足以下条件，即

$$I_{N.FE} \leqslant K_{OL} I_{al} \tag{4-56}$$

式中　I_{al}——绝缘导线和电缆的允许载流量（参见附表 A-24）；

K_{OL}——绝缘导线和电缆的允许短时过负荷系数。

如果熔断器只作短路保护时：对电缆和穿管绝缘导线，取 $K_{OL}=2.5$；对明敷绝缘导线，取 $K_{OL}=1.5$。

如果熔断器不只作短路保护，而且要求同时可作过负荷保护时，例如居住建筑、重要仓库和公共建筑中的照明线路，有可能长时间过负荷的动力线路以及在可燃建筑物构架上明敷的有延燃性外皮的绝缘导线线路，则应取 $K_{OL}=1$。

如果按式（4-54）和式（4-55）两个条件选择的熔体电流不满足式（4-56）的配合要求，则应改选熔断器的型号规格，或适当增大绝缘导线和电缆的芯线截面。

2. 保护电力变压器的熔断器熔体电流的选择

保护电力变压器的熔体电流应满足的条件是

$$I_{N.FE}=(1.5\sim2.0)I_{1N.T} \tag{4-57}$$

式中：$I_{1N.T}$ 为变压器的额定一次电流。

式（4-57）考虑了以下三个因素：

（1）熔体电流要躲过变压器允许的正常过负荷电流。

（2）熔体电流还要躲过来自变压器低压侧的电动机自起动引起的尖峰电流。

（3）熔体电流还要躲过变压器自身的励磁涌流，这涌流是变压器空载投入时或者在外部故障切除后突然恢复电压所产生的一个类似涌浪的电流，可高达 $8\sim10I_{1N.T}$。它与三相电路突然短路时的短路全电流相似，也要衰减，但较之短路全电流的衰减稍慢。

3. 保护电压互感器的熔断器熔体电流的选择

由于电压互感器二次侧的负荷很小，因此保护高压电压互感器的 RN2 型熔断器的熔体额定电流一般为 0.5A。

（二）熔断器规格的选择与校验

熔断器规格的选择与校验应满足下列条件。

（1）熔断器的额定电压 $U_{N.FU}$ 应不低于所在线路的额定电压 U_N，即

$$U_{N.FU}\geqslant U_N \tag{4-58}$$

（2）熔断器的额定电流 $I_{N.FU}$ 应不小于它所安装的熔体额定电流 $I_{N.FE}$，即

$$I_{N.FU}\geqslant I_{N.FE} \tag{4-59}$$

（3）熔断器断流能力的校验。

1）限流熔断器（如 RN1、RT0 等型）：由于限流熔断器能在短路电流达到冲击值之前灭弧，因此只需满足条件

$$I_{oc}\geqslant I''^{(3)} \tag{4-60}$$

式中 I_{oc}——熔断器的最大分断电流；

$I''^{(3)}$——熔断器安装地点的三相次暂态短路电流（有效值）。

2）非限流熔断器（如 RW10 型）：由于非限流熔断器不能在短路电流达到冲击值之前灭弧，因此应满足的条件为

$$I_{oc}\geqslant I_{sh}^{(3)} \tag{4-61}$$

式中 $I_{sh}^{(3)}$——熔断器安装地点的三相短路冲击电流（有效值）。

3）对具有断流能力上下限的熔断器（如 RW4 等跌开式熔断器）：其断流能力上限应满足式（4-61）的条件，而其断流能力下限应满足的条件为

$$I_{oc.min}\leqslant I_k^{(2)} \tag{4-62}$$

式中 $I_{oc.min}$——熔断器的最小分断电流（下限）；

$I_k^{(2)}$——熔断器所保护线路末端的两相短路电流。

熔断器一般不必校验其短路的动稳定度和热稳定度，而且根据 GB 50060—2008《3～110kV 高压配电装置设计规范》规定，用熔断器保护的电压互感器回路，可不验算动稳定和热稳定。用高压限流熔断器保护的导体和电器，可根据限流熔断器的特性验算其动稳定和热稳定。

（三）熔断器保护灵敏度的检验

为了保证熔断器在其保护范围内发生最轻微的短路故障时也能可靠地熔断，熔断器保护的灵敏度必须满足的条件为

$$S_p = \frac{I_{k.min}}{I_{N.FE}} \geqslant K \tag{4-63}$$

式中　$I_{N.FE}$——熔断器熔体的额定电流；

$I_{k.min}$——熔断器保护线路末端在系统最小运行方式下的最小短路电流。对TN系统和TT系统，为单相短路电流或单相接地故障电流；对IT系统及中性点不接地的高压系统，为两相短路电流；对于保护降压变压器的高压熔断器来说，为低压侧母线的两相短路电流折算到高压侧之值；

K——满足保护灵敏度的最小比值，如表4-5所示。

表4-5　检验熔断器保护灵敏度的最小比值K（据GB 50054—2011）

熔体额定电流/A		4～10	16～32	40～63	80～200	250～500
K	5	4.5	5	5	6	7
熔断时间/s	0.4	8	9	10	11	—

注　本表所列K值适用于符合IEC标准的一些新型低压熔断器，例如NT、RT14、RT15等。对于老型熔断器，可取K=4～7。

【例4-5】　有一台异步电动机，其额定电压为380V、额定容量为18.5kW，额定电流为35.5A、起动电流倍数为7。现拟采用BLV-1000-1×10型导线穿钢管敷设，采用RT0型熔断器作短路保护。已知三相短路电流$I_k^{(3)}$最大可达4kA，单相短路电流$I_k^{(1)}$可达1.5kA。试选择熔断器及其熔体额定电流，并进行校验。

解　（1）选择熔体及熔断器的额定电流：按满足$I_{N.FE} \geqslant I_{30} = 35.5A$及$I_{N.FE} \geqslant KI_{pk} = 0.3 \times 35.5A \times 7$来选择，由附表A-1，可选RT0-100/80型熔断器，其$I_{N.FU}=100A$，而熔体选$I_{N.FE}=80A$。

（2）校验熔断器的断流能力：查附表A-1得RT0-100型熔断器的$I_{oc}=50kA > I''^{(3)} = I_k^{(3)} = 4kA$，故此熔断器满足断流能力要求。

（3）校验熔断器的保护灵敏度为

$$S_p \overset{def}{=} \frac{I_{k.min}}{I_{N.FE}} = \frac{1500A}{80A} = 18.75 > K = 7$$

因此该熔断器也满足保护灵敏度要求。

（4）校验熔断器保护与导线的配合：由附表A-25.2查得$A=10mm^2$的BLV导线$I_{al}=41A$。

熔断器保护与导线配合的条件为$I_{N.FE} \leqslant 2.5 I_{al}$。现$I_{N.FE}=80A < 2.5 \times 41A = 102.5A$，因此满足配合要求。

（四）前后熔断器之间的选择性配合

前后熔断器之间的选择性配合，就是在线路发生短路故障时，靠近故障点的熔断器最先熔断，切除短路故障，从而使系统的其他部分迅速恢复正常运行。

前后熔断器的选择性配合，可按其保护特性曲线（又称“安秒特性曲线”）来进行

检验。

如图 4 - 12（a）所示线路中，假设支线 WL2 的首端 k 点发生三相短路，则其三相短路电流要通过 FU2 和 FU1。但根据保护选择性的要求，应该是 FU2 的熔体首先熔断，切除故障线路 WL2，而 FU1 不再熔断，干线 WL1 恢复正常运行。然而，目前国产熔断器的熔体实际熔断时间与其产品的标准保护特性曲线所查得的熔断时间可能有±30%～±50%的偏差。从最不利的情况考虑，假设 k 点短路时，FU1 的实际熔断时间 t_1' 比标准保护特性曲线查得的时间 t_1 小 50%（为最大负偏差），即 $t_1'=0.5t_1$，而 FU2 的实际熔断时间 t_2' 又比标准保护特性曲线查得的时间 t_2 大 50%（为最大正偏差），即 $t_2'=1.5t_2$。这时由图 4 - 12（b）可以看出，要保证前后两熔断器 FU1 和 FU2 的保护选择性，必须满足的条件是 $t_1'>t_2'$，或 $0.5t_1>1.5t_2$。也就是保证前后熔断器保护选择性的条件为

$$t_1>3t_2 \tag{4-64}$$

即前一熔断器（FU1）根据其保护特性曲线查得的熔断时间，至少应为后一熔断器（FU2）根据其保护特性曲线查得的熔断时间的 3 倍，才能确保前后熔断器动作的选择性。如果不能满足这一要求时，则应将前一熔断器的熔体电流提高 1～2 级，再进行校验。

如果不用熔断器的保护特性曲线来检验选择性，则一般只有前一熔断器的熔体电流大于后一熔断器的熔体电流 2～3 级以上，才有可能保证其动作的选择性。

【例 4 - 6】 如图 4 - 12（a）所示电路中，假设 FU1（RT0 型）的 $I_{N.FE1}=100A$，FU2（RT0 型）的 $I_{N.FE2}=60A$。k 点的三相短路电流为 1000A。试检验 FU1 与 FU2 是否能选择性配合。

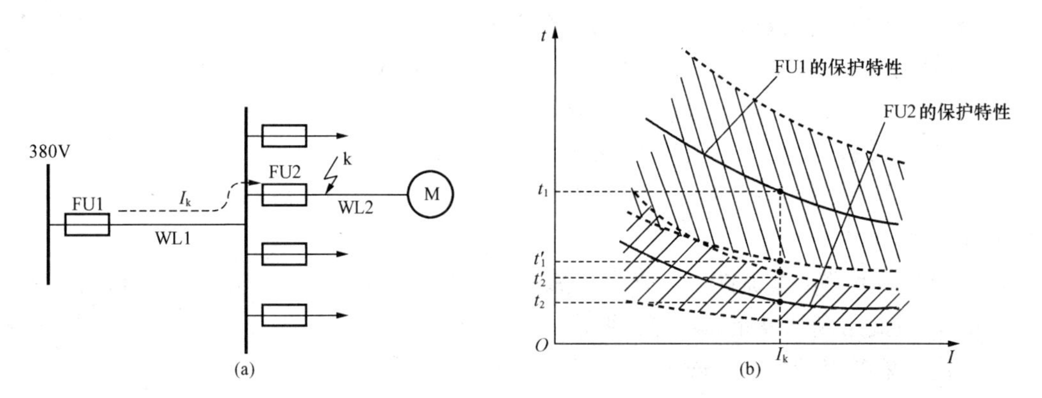

图 4 - 12 熔断器保护

（a）熔断器在低压线路中的选择性配置；（b）熔断器按保护特性曲线进行选择性校验

（注：斜线区表示特性曲线的偏差范围）

解 用 $I_{N.FE1}=100A$ 和 $I_k^{(3)}=1000A$ 查附表 A - 1 曲线得 $t_1\approx0.3s$，用 $I_{N.FE2}=60A$ 和 $I_k^{(3)}=1000A$ 查附表 A - 1 曲线得 $t_2\approx0.09s$，则

$$t_1\approx0.3s>3t_2\approx3\times0.09s=0.27\ s$$

可见，FU1 与 FU2 能保证选择性动作。

三、低压断路器的选择与校验

（一）低压断路器过电流脱扣器的选择

过电流脱扣器的额定电流 $I_{N.OR}$ 应不小于线路的计算电流 I_{30}，即

$$I_{N.OR} \geqslant I_{30} \tag{4-65}$$

（二）低压断路器过电流脱扣器的整定

（1）瞬时过电流脱扣器的动作电流 $I_{op(0)}$ 应躲过线路的尖峰电流 I_{pk}，即

$$I_{op(0)} \geqslant K_{rel} I_{pk} \tag{4-66}$$

式中：K_{rel} 为可靠系数。对动作时间在0.02s以上的万能式断路器，可取1.35；对动作时间在0.02s及以下的塑壳式断路器，则宜取2～2.5。

（2）短延时过电流脱扣器动作电流和动作时间的整定。短延时过电流脱扣器的动作电流 $I_{op(s)}$ 应躲过线路尖峰电流 I_{pk}，即

$$I_{op(s)} \geqslant K_{rel} I_{pk} \tag{4-67}$$

式中：K_{rel} 为可靠系数，一般取1.2。

短延时过电流脱扣器的动作时间有0.2s、0.4s和0.6s等级别，应按前后保护装置保护选择性要求来确定，前一级保护的动作时间应比后一级保护的动作时间长一个时间级差0.2s。

（3）长延时过电流脱扣器动作电流和动作时间的整定。长延时过电流脱扣器主要用来作过负荷保护，因此其动作电流 $I_{op(1)}$，应按躲过线路的最大负荷电流即计算电流 I_{30} 来整定，即

$$I_{op(1)} \geqslant K_{rel} I_{30} \tag{4-68}$$

式中：K_{rel} 为可靠系数，一般取为1.1。

长延时过电流脱扣器的动作时间，应躲过允许过负荷的持续时间，其动作特性通常为反时限（即过负荷电流越大，其动作时间越短），一般动作时间可长达1～2h。

（4）过电流脱扣器与被保护线路的配合。为了不致发生因过负荷或短路引起导线或电缆过热起燃而低压断路器的脱扣器仍不动作的事故，低压断路器过电流脱扣器的动作电流 I_{op} 还必须满足的条件为

$$I_{op} \leqslant K_{OL} I_{al} \tag{4-69}$$

式中　I_{al}——绝缘导线和电缆的允许载流量（参看附表A-25）；

K_{OL}——绝缘导线和电缆的允许短时过负荷系数。对瞬时和短延时过电流脱扣器，一般取 $K_{OL}=4.5$；对长延时过电流脱扣器，可取 $K_{OL}=1$；对保护有爆炸性气体区域内线路的低压断路器的过电流脱扣器，应取 $K_{OL}=0.8$。

如果不满足以上配合要求，则应改选脱扣器的动作电流，或者适当加大绝缘导线和电缆的芯线截面。

（三）低压断路器热脱扣器的选择与整定

1. 热脱扣器的选择

热脱扣器的额定电流 $I_{N.HR}$ 应不小于线路的计算电流 I_{30}，即

$$I_{N.HR} \geqslant I_{30} \tag{4-70}$$

2. 热脱扣器的整定

热脱扣器的动作电流 $I_{op.HR}$ 应不小于线路的计算电流 I_{30}，以实现其对过负荷的保护，即

$$I_{op.HR} \geqslant K_{rel} I_{30} \tag{4-71}$$

式中　K_{rel}——可靠系数，可取为1.1，但一般应通过实际运行试验来进行检验和调整。

（四）低压断路器规格的选择与校验

低压断路器规格的选择与校验应满足下列条件。

（1）低压断路器的额定电压$U_{N.Q}$应不低于所在线路的额定电压U_N，即

$$U_{N.Q} \geqslant U_N \tag{4-72}$$

（2）低压断路器的额定电流$I_{N.Q}$应不小于它所安装的脱扣器额定电流$I_{N.OR}$或$I_{N.HR}$，即

$$I_{N.Q} \geqslant I_{N.OR} \tag{4-73}$$

或

$$I_{N.Q} \geqslant I_{N.HR} \tag{4-74}$$

（3）低压断路器还必须进行断流能力的校验。

1）对动作时间在0.02s以上的万能式断路器，其极限分断电流I_{oc}应不小于通过它的最大三相短路电流周期分量有效值$I_k^{(3)}$，即

$$I_{oc} \geqslant I_k^{(3)} \tag{4-75}$$

2）对动作时间在0.02s及以下的塑壳式断路器，其极限分断电流I_{oc}或i_{oc}应不小于通过它的最大三相短路冲击电流$I_{sh}^{(3)}$或$i_{sh}^{(3)}$，即

$$I_{oc} \geqslant I_{sh}^{(3)} \tag{4-76}$$

或

$$i_{oc} \geqslant i_{sh}^{(3)} \tag{4-77}$$

（五）低压断路器过电流保护灵敏度的检验

为了保证低压断路器的瞬时或短延时过电流脱扣器在系统最小运行方式下其保护区内发生最轻微的短路故障时仍能可靠地动作，低压断路器保护灵敏度必须满足的条件为

$$S_p \overset{\text{def}}{=\!=} \frac{I_{k.min}}{I_{OP}} \geqslant K \tag{4-78}$$

式中　I_{OP}——低压断路器瞬时或短延时过电流脱扣器的动作电流；

$I_{k.min}$——低压断路器保护的线路末端在系统最小运行方式下的单相短路电流（对TN和TT系统），或两相短路电流（对IT系统）；

K——最小比值，可取1.3。

【例4-7】　有一条380V动力线路，$I_{30}=120A$，$I_{PK}=400A$；此线路首端的$I_k^{(3)}=8kA$，末端$I_k^{(1)}=1.2kA$。当地环境温度为+30℃。该线路拟用BLV-1000-1×70导线穿硬塑料管敷设。试选择此线路上装设的DW16型低压断路器及其过电流脱扣器。

解　（1）选择低压断路器及其过电流脱扣器：由附表A-4可知，DW16-630型低压断路器的过电流脱扣器额定电流

$I_{N.OR}=160A>I_{30}=120A$，故初步选DW16-630型低压断路器，选其$I_{N.OR}=160A$。

设瞬时脱扣电流整定为3倍，即$I_{op}=3I_{N.OR}=3\times160A=480A$。而$K_{rel}I_{pk}=1.35\times400=540A$，不满足$I_{op(0)} \geqslant K_{rel}I_{pk}$的要求，因此需增大$I_{op(0)}$。将瞬时脱扣电流整定为4倍时，$I_{op(0)}=4I_{N.OR}=4\times160A=640A>K_{rel}I_{pk}=1.35\times400=540A$，满足躲过尖峰电流的要求。

（2）校验低压断路器的断流能力：由附表A-4可知，所选DW16-630型断路器，其$I_{OC}=30kA>I_k^{(3)}=8kA$，满足分断要求。

（3）检验低压断路器保护的灵敏度为

$$S_p=\frac{I_{k.min}}{I_{op(0)}}=\frac{1200A}{640A}=1.875 \geqslant K=1.3$$

满足保护灵敏度要求。

(4) 校验低压断路器保护与导线的配合：由附表A-25知，BLV-1000-1×70导线的$I_{al}=121A$（3线穿管），而$I_{op(0)}=640A$，不满足$I_{op(0)}\leqslant 4.5I_{al}=4.5\times 121A=544.5A$的配合要求，因此所用导线应增大截面，改用BLV-1000-1×95。其$I_{al}=147A$，$4.5I_{al}=4.5\times 147A=661.5>I_{op(0)}=640A$，满足两者配合要求。

（六）前后低压断路器之间及低压断路器与熔断器之间的选择性配合

1. 前后低压断路器之间的选择性配合

前后两低压断路器之间是否符合选择性配合，可按其保护特性曲线进行检验，按产品样本给出的保护特性曲线考虑其偏差范围可为±20%～±30%。如果在后一断路器出口发生三相短路时，前一断路器保护动作时间在计入负偏差（提前动作）、后一断路器保护动作时间在计入正偏差（延后动作）情况下，前一级断路器的动作时间仍大于后一级的动作时间，则能实现选择性配合的要求。对于非重要负荷，前后保护装置可允许无选择性动作。

一般来说，要保证前后两低压断路器之间能选择性动作，前一级低压断路器宜采用带短延时的过电流脱扣器（凡带有短延时过电流脱扣器的断路器则称为选择型断路器），后一级低压断路器则采用瞬时脱扣器，而且动作电流也是前一级大于后一级，至少前一级的动作电流不小于后一级动作电流的1.2倍。

2. 低压断路器与熔断器之间的选择性配合

要检验低压断路器与熔断器之间是否符合选择性配合，也只有通过各自的保护特性曲线。前一级低压断路器可按产品样本给出的保护特性曲线并考虑-30%～-20%的负偏差，而后一级熔断器可按产品样本给出的保护特性曲线并考虑+30%～+50%的正偏差。在这种情况下，如果两条曲线不重叠也不交叉，且前一级的曲线总在后一级的曲线之上，则前后两级保护可实现选择性动作，而且两条曲线之间留有的裕量越大，则动作的选择性越有保证。

四、高压隔离开关、负荷开关和断路器的选择与校验

（一）按电压和电流进行选择

高压隔离开关、负荷开关和断路器的额定电压，不得低于装设地点电网的额定电压；其额定电流，不得小于通过的计算电流。

（二）断流能力的校验

高压隔离开关不允许带负荷操作，只作隔离电源用，因此不校验其断流能力。

高压负荷开关能带负荷操作，但不能切断短路电流，因此其断流能力应按切断最大可能的过负荷电流来校验，满足的条件为

$$I_{OC}\geqslant I_{OL.max} \tag{4-79}$$

式中　I_{OC}——负荷开关的最大分断电流；

$I_{OL.max}$——负荷开关所在电路的最大可能的过负荷电流，可取为$1.5\sim 3I_{30}$，I_{30}为电路的计算电流。

高压断路器可分断短路电流，其断流能力应满足的条件为

$$I_{OC}\geqslant I_{k}^{(3)} \tag{4-80}$$

或

$$S_{OC}\geqslant S_{k}^{(3)} \tag{4-81}$$

式中：I_{OC}、S_{OC}分别为断路器的最大开断电流和断流容量；$I_{k}^{(3)}$、$S_{k}^{(3)}$分别为断路器安装地点的三相短路电流周期分量有效值和三相短路容量。

（三）短路稳定度的校验

高压隔离开关、负荷开关和断路器均需进行短路动稳定度和热稳定度的校验。

校验动稳定的公式如前式（4-41）或式（4-42）所示。

校验热稳定的公式如前式（4-52）或式（4-53）所示。

【例 4-8】 试选择某 10kV 高压配电所进线侧的高压户内少油断路器的型号规格。已知该进线的计算电流为 295A，配电所母线的三相短路电流周期分量有效值 $I_k^{(3)}=3.2kA$，继电保护的动作时间为 1.1s。

解 根据我国目前仍广泛使用的 10kV 高压户内少油断路器型式，可选用全国统一设计的 SN10-10 型。根据 $I_{30}=298A$，可初步选 SN10-10I/630-300 型进行校验，如表 4-6 所示，结果全部合格，因此所选是正确的。

表 4-6　　**[例 4-8] 表**

序号	安装地点的电气条件		SN10-10I/630-300 型断路器		
	项目	数据	项目	数据	结论
1	U_N	10kV	$U_{N.QF}$	10kV	合格
2	I_{30}	298A	$I_{N.QF}$	630A	合格
3	$I_k^{(3)}$	3.2kA	I_{OC}	16kA	合格
4	$i_{sh}^{(3)}$	2.55×3.2kA=8.16kA	i_{max}	40kA	合格
5	$I_{\infty}^{(3)2}t_{ima}$	3.2^2×（1.1+0.2）=13.3	I_t^2t	16^2×4=1024	合格

五、电流互感器和电压互感器的选择与校验

（一）电流互感器的选择与校验

1. 电压、电流的选择

电流互感器的额定电压应不低于装设地点电路的额定电压；其额定一次电流应不小于电路的计算电流（宜有一定裕量，一般可取为 1.5～2 倍的 I_{30}）；而其额定二次电流按其二次设备的电流负荷而定，一般为 5A。

2. 按准确度等级要求选择

电流互感器满足准确度等级要求的条件，是其二次负荷 S_2 不得大于额定准确度等级所要求的额定二次负荷 S_{2N}，即

$$S_{2N} \geqslant S_2 \tag{4-82}$$

S_2 由互感器二次侧的阻抗 $|Z_2|$ 来决定，而 $|Z_2|$ 为其二次回路所有串联的仪表、继电器电流线圈的阻抗之和 $\sum|Z_i|$、连接导线阻抗 $|Z_{WL}|$ 与二次回路接头的接触电阻 R_{XC} 等之和。由于 $\sum|Z_i|$ 和 $|Z_{WL}|$ 中的感抗远比其中的电阻小，因此可认为

$$|Z_2| \approx \sum|Z_i| + |Z_{WL}| + R_{XC} \tag{4-83}$$

其中

$$|Z_{WL}| \approx R_{WL} = l/(\gamma A)$$

式中：$|Z_i|$ 可由仪表、继电器的产品样本查得；γ 为导线的电导率（电阻率的倒数），铝线 $\gamma=32m/(\Omega \cdot mm^2)$，铜线 $\gamma=53m/(\Omega \cdot mm^2)$；$A$ 为导线截面积，mm^2；l 为二次回路的计算长度，m；R_{XC} 可近似地取为 0.1Ω。

电流互感器二次回路的计算长度 l 与互感器结线方式有关。若从互感器二次端子到仪

表、继电器接线端子的单向长度为 l_1，则互感器二次侧为Y形结线时 $l=l_1$，互感器二次侧为V形结线时 $l=\sqrt{3}l_1$，互感器二次侧为一相式结线时 $l=2l_1$。

电流互感器的二次负荷 S_2 的计算式为

$$S_2=I_{2N}^2|Z_2|\approx I_{2N}^2(\sum|Z_i|+R_{WL}+R_{XC})$$

或

$$S_2\approx\sum S_i+I_{2N}^2(R_{WL}+R_{XC}) \tag{4-84}$$

式中：S_i 为仪表、继电器在 I_{2N} 时的功率损耗，可查产品样本或有关手册（例如由附表A-10可查LQJ-10的参数）。

如果电流互感器不满足式（4-87）的准确度等级要求的条件，则应改选较大变流比或较大二次容量的互感器，也可适当加大二次接线的导线截面。按规定，电流互感器二次接线应采用电压不低于500V、截面不小于2.5mm^2 的铜芯绝缘导线。

3. 短路动稳定度的校验

电流互感器的动稳定度校验，应满足的条件仍为式（4-41）或式（4-42）。

但有的电流互感器产品给出的是动稳定倍数 K_{es}，因此其动稳定度校验公式为

$$K_{es}\sqrt{2}I_{1N}\geqslant i_{sh}^{(3)} \tag{4-85}$$

式中　I_{1N}——电流互感器的额定一次电流。

4. 短路热稳定度的校验

电流互感器的热稳定度校验，应满足的条件仍为式（4-52）。

但有的电流互感器产品给出的是热稳定倍数 K_t，因此其热稳定度校验公式为

$$(K_tI_{1N})^2t\geqslant I_{\infty}^{(3)2}t_{ima}$$

即

$$K_tI_{1N}\geqslant I_{\infty}^{(3)}\sqrt{\frac{t_{ima}}{t}} \tag{4-86}$$

大多数电流互感器的热稳定试验时间取为1s，因此其热稳定度校验公式可改为

$$K_tI_{1N}\geqslant I_{\infty}^{(3)}\sqrt{t_{ima}} \tag{4-87}$$

附表A-10列出了LQJ-10型电流互感器的主要技术数据，可供参考。

（二）电压互感器的选择与校验

（1）电压的选择：电压互感器的额定一次电压，应与安装地点电网的额定电压相适应，其额定二次电压一般为100V。

（2）按准确度等级要求选择：电压互感器满足准确度等级要求的条件，也是其二次负荷不得大于规定准确度等级所要求的额定二次容量 S_{2N}，即

$$S_{2N}\geqslant S_2 \tag{4-88}$$

电压互感器的二次负荷 S_2，一般只计二次回路中所有仪表、继电器电压线圈所消耗的视在功率，即

$$S_2=\sqrt{(\sum P_u)^2+(\sum Q_u)^2} \tag{4-89}$$

其中

$$\sum P_u=\sum(S_u\cos\varphi_u)$$

$$\sum Q_u=\sum(S_u\sin\varphi_u)$$

式中：$\sum P_u$ 为仪表、继电器电压线圈所消耗的总的有功功率；$\sum Q_u$ 为仪表、继电器电压线圈所消耗的总的无功功率。

电压互感器一、二次侧装有熔断器保护，因此不需要进行短路动稳定度和热稳定度的

校验。

六、电力变压器及柴油发电机组的选择和校验

（一）电力变压器的选择

1. 电力变压器的额定容量和实际容量

电力变压器的额定容量 $S_{N.T}$（铭牌容量），是指它在规定的环境温度条件下、户外安装时，在规定的使用年限（一般为 20 年）内所能连续输出的最大视在功率（kVA）。

按 GB 1094.1—2013《电力变压器　第 1 部分：总则》规定，电力变压器正常使用的环境温度条件为最高气温＋40℃，最高日平均气温＋30℃，最高年平均气温＋20℃，最低气温对户外变压器为－25℃，对户内变压器为－5℃。油浸式变压器顶层油的温升，规定不得超过周围气温 55℃。如按规定的最高气温＋40℃，则变压器顶层油温不得超过＋95℃。

若变压器安装地点的最高年平均气温 $\theta_{o.av} \neq +20$℃，则每升高 1℃，变压器的容量就要减少 1%。另外再考虑到室内变压器放置处的实际温度比气象部门提供的室外环境温度约高 8℃，因此室内变压器的实际容量 S_T 应计算为

$$S_T = \left(1 - \frac{\theta_{o.av} - 20}{100}\right) S_{N.T} \tag{4-90}$$

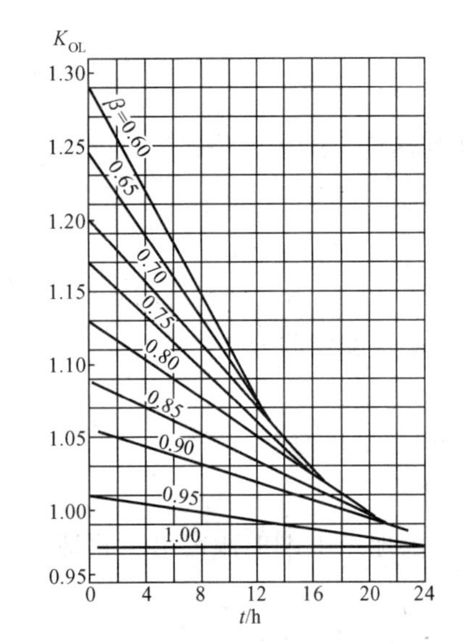

图 4-13　变压器允许过负荷系数 K_{OL} 与日负荷率 β 及最大负荷持续时间 T_{max} 的关系曲线

2. 电力变压器的正常过负荷

电力变压器在运行中，其负荷电流总是不断变化的、是不均匀的。如果变压器容量是按最大负荷来选择的话，那么变压器在很大一部分时间内实际上是在低于额定容量的负荷下运行，因此从维持变压器规定的使用寿命（20 年）来说，变压器在必要时完全可以过负荷运行。

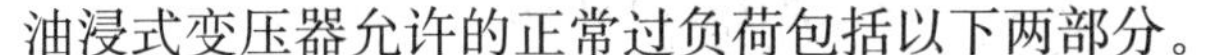

油浸式变压器允许的正常过负荷包括以下两部分。

（1）由于昼夜负荷不均匀而允许的变压器过负荷：可根据典型日负荷曲线的填充系数（即日负荷率）β 和最大负荷持续时间 T_{max}，查图 4-13 所示曲线，即得变压器的允许过负荷系数 $K_{OL(1)}$。

（2）由于季节性负荷差异而允许的过负荷：如果夏季（或冬季）的平均日负荷曲线中的最大负荷 S_m 低于变压器实际容量 S_T 时，则每低 1%，变压器在冬季（或夏季）可过负荷 1%（1%规则）。但此项过负荷不得超过 15%，即此项过负荷系数为

$$K_{OL(2)} = 1 + \frac{S_T - S_m}{S_T} \leqslant 1.15 \tag{4-91}$$

以上两项过负荷可同时考虑，即变压器的最大正常过负荷系数为

$$K_{OL} = K_{OL(1)} + K_{OL(2)} - 1 \tag{4-92}$$

但按规定：户内变压器，正常过负荷最大不得超过 20%；户外变压器，正常过负荷最大不得超过 30%。因此变压器最大的正常过负荷能力（最大出力）为

$$S_{T(OL)} = K_{OL} S_{N.T} \leqslant (1.2 \sim 1.3) S_{N.T} \tag{4-93}$$

式（4-93）中系数 1.2 适于户内变压器，系数 1.3 适于户外变压器。

3. 电力变压器的事故过负荷

电力变压器在事故状态下（例如两台并列运行的变压器在一台被切除时），为了保证重要负荷的继续供电，可允许短时间较大幅度的过负荷运行。变压器事故过负荷运行的过负荷值与允许时间关系如表 4-7 所示。

表 4-7　　电力变压器事故过负荷的允许时间

油浸式自冷变压器	过负荷百分值（%）	30	45	60	75	100	200
	过负荷时间/s	120	80	45	20	10	1.5
干式变压器	过负荷百分值（%）	10	20	30	40	50	60
	过负荷时间/s	75	60	45	32	16	5

应注意：变压器的事故过负荷是以降低使用寿命为代价的，故应慎用。

4. 变电所主变压器台数的选择

选择主变压器台数时应考虑下列原则：

（1）应满足负荷对供电可靠性的要求。对供有大量一、二级负荷的变电所，不能选用一台变压器。对只有少量二级而无一级负荷的变电所，如低压侧有与其他变电所相联结的联络线作为备用电源时，亦可只采用一台变压器。

（2）季节性负荷变化较大而宜于采用经济运行方式（参看第八章第二节）的变电所，可选用两台变压器。

（3）一般供三级负荷的变电所，可只采用一台变压器。但集中负荷较大者，虽为三级负荷，亦可选用两台变压器。

（4）在确定变电所主变压器台数时，应适当考虑负荷的发展，留有一定的余地。

5. 工厂变电所主变压器容量的选择

（1）只装有一台主变压器的变电所。主变压器的额定容量 $S_{N.T}$ 应满足全部用电设备总的计算负荷 S_{30} 的需要，即

$$S_{N.T} \geqslant S_{30} \tag{4-94}$$

（2）装有两台主变压器的变电所。每台主变压器的额定容量 $S_{N.T}$ 应同时满足以下两个条件：

1）任一台变压器单独运行时，应能满足不小于总计算负荷 60%的需要，即

$$S_{N.T} \geqslant 0.6S_{30} \tag{4-95}$$

2）任一台变压器单独运行时，应能满足全部一、二级负荷的需要，即

$$S_{N.T} \geqslant S_{30(\text{I}+\text{II})} \tag{4-96}$$

（3）单台主变压器（低压为 0.4kV）的容量上限。低压为 0.4kV 的单台主变压器容量，一般不宜大于 1250kVA。这一方面是受现在通用的低压断路器的断流能力及短路稳定度要求的限制，另一方面也是考虑到可以使变压器更接近于负荷中心，以减少低压配电系统的电能损耗和电压损耗。但如果负荷比较集中、容量较大而运行合理时，在采用断流能力更大、短路稳定度更高的新型低压断路器的情况下，也可选用单台容量较大的配电变压器。实际上，很多负荷较大的高层建筑都安装了容量大于 1250kVA 的干式变压器。

此外，主变压器容量的确定，应适当考虑发展。另外，一个单位的变压器容量的等级不

宜太多。主变压器的台数和容量的最后确定，应结合变电所主结线方案的选择，择优而定。

【例 4-9】 某 10/0.4kV 降压变电所，总计算负荷为 1500kVA，其中一、二级负荷为 800kVA。试初步选择该变电所主变压器的台数和容量。

解 根据题目所给条件，有大量一、二级负荷，因此应选两台主变压器。

每台主变压器的容量应满足以下两个条件：

（1）$S_{N.T} \geqslant 0.6 \times 1500\text{kVA} = 900\text{kVA}$。

（2）$S_{N.T} \geqslant 800\text{kVA}$。

因此初步确定选择两台容量为 1000kVA 的主变压器。

6. 变压器容量与全压起动的笼型电动机最大功率

笼型电动机起动时，其端子电压应能保证被拖动机械要求的起动转矩，且在配电系统中引起的电压下降不应影响其他用电设备的工作。一般而言，当电动机起动时，配电母线上的电压不应低于系统额定电压的 90%（频繁起动时）或 80%（不频繁起动时）。

若变压器高压侧短路容量 $S_k^{(3)}$ 比变压器的额定容量 $S_{N.T}$ 大 50 倍以上（无限大容量系统），则允许全压起动的笼型电动机最大功率 P（kW）为 $0.2S_{N.T}$（频繁起动时）或 $0.3S_{N.T}$（不频繁起动时）。

此值亦可作为选择 10（6）/0.4kV 变压器容量的一个条件。

笼型电动机全压起动是最简单、最可靠、最经济的起动方式，应优先采用。但全压起动时起动电流大，在配电母线上引起的电压下降也大。降压起动时则起动电流小，但起动转矩也小，且起动时间延长，致使绕组温升较大，起动电器也相对复杂，故仅当不符合全压起动条件时才宜采用。实际上，当变压器容量够大时，75kW 以下的电动机一般都可以采用全压起动。

常用的降压起动方式有电抗器降压起动，自耦变压器降压起动，星—三角降压起动等。此外，还有一些新型降压起动设备，例如单片机控制的“软起动器”等。

当有大量一、二级负荷并采用自起动柴油发电机组作应急电源时，全压起动的笼型电动机最大功率则主要受该柴油发电机容量的限制。

（二）电力变压器的并列运行条件

两台或多台电力变压器并列运行时必须满足下列基本条件：

（1）所有并列变压器的一、二次电压必须对应地相等：即并列变压器的电压比应该相同，允许差值范围为±5%。如果并列变压器的电压比不同，则并列变压器二次绕组的回路内将出现环流，即二次电压高的绕组将向二次电压低的绕组供给电流，引起电能损耗，可导致绕组过热或烧毁。

（2）所有并列变压器的阻抗电压必须相等：由于并列运行变压器的负荷是按其阻抗电压值成反比分配的，所以其阻抗电压必须相等，其允许差值范围为±10%。如果阻抗电压的差值过大，可能使阻抗电压小的变压器发生过负荷现象。

（3）所有并列变压器的联结组别必须相同：即并列变压器的一、二次电压的相序和相位均应对应地相同，否则不能并列运行。例如两台变压器的变电所，设一台为 Yyn0 联结，另一台为 Dyn11 联结，则此两台变压器并列运行时，其对应的二次侧将出现 30°的相位差，从而在两台变压器的二次绕组间产生电位差 $\Delta\dot{U}$，如图 4-14 所示，此 $\Delta\dot{U}$ 将在二次侧产生一个很大的环流，可能使变压器绕组烧毁。

（4）并列运行的变压器容量最好相同或相近。并列变压器的最大容量与最小容量之比，一般不宜超过 3∶1。如果并列运行变压器容量相差太悬殊时，不仅运行很不方便，而且容易造成容量小的变压器过负荷。

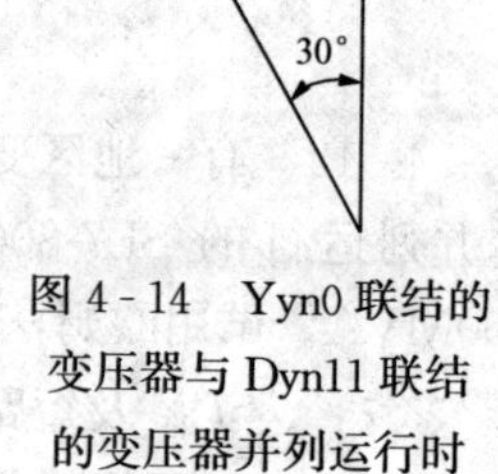

图 4-14 Yyn0 联结的变压器与 Dyn11 联结的变压器并列运行时二次电压相量图

（三）作为应急电源的柴油发电机机组选择

作为应急电源的柴油发电机组，其容量选择应满足下列条件。

（1）应急柴油发电机组的额定功率 P_N 应不小于所供全部应急负荷的计算负荷值 P_{30}，即

$$P_N \geqslant P_{30} \tag{4-97}$$

在初步设计时，应急柴油发电机组的额定容量 S_N，一般可按用户变电所主变压器总容量的 10%～20%考虑。例如，从本书的表 9-2 某高层建筑的负荷计算及变压器、发电机选择表可以看到，此用户的变压器总容量为 800＋800＋1250＋1600＝4450kVA，而应急电源柴油发电机组的容量为 655kVA，二者之比为 655/4450＝0.1472＝14.72%。此高层建筑位于深圳市，并已经建成使用。

（2）在应急电源即柴油发电机组所供的应急负荷中，最大的笼型电动机的容量 $P_{N.M}$ 与柴油发电机组的容量 P_N 之比不宜大于 25%，以免起动时电压下降过甚，起动转矩不够，并影响其他负荷的正常工作，即

$$P_N \geqslant 4P_{N.M} \tag{4-98}$$

在后面讲到的表 9-2 的例子中，应急负荷包括“消防时负荷”和“市电断电时重要负荷”。单台容量最大的笼型电动机为 75kW，而柴油发电机的容量为 524kW，满足式（4-98）。

（3）应急柴油发电机组的单台额定容量不宜大于 1000kW。若应急负荷的总计算负荷大于 1000kW，则宜选用两台或多台柴油发电机组。

思考题

4-1 什么是短路？短路故障产生的原因有哪些？短路对电力系统有哪些危害？

4-2 短路有哪些形式？哪种形式的短路可能性最大？哪种形式的短路危害最严重？

4-3 什么是无限大容量电力系统？它有什么特点？在无限大系统中发生短路时，短路电流将如何变化？能否突然增大？为什么？

4-4 短路电流周期分量和非周期分量各是如何产生的？

4-5 什么是短路冲击电流 i_{sh} 和 I_{sh}？什么是短路次暂态电流 I'' 和短路稳态电流 I_∞？

4-6 什么是短路计算的欧姆法？

4-7 什么是短路计算电压？它与线路额定电压有什么关系？

4-8 在无限大容量电力系统中，两相短路电流和单相短路电流各与三相短路电流有什么关系？

4-9 什么是短路电流的电动效应？为什么要采用短路冲击电流来计算？

4-10 什么是短路电流的热效应？为什么要采用短路稳态电流来计算？什么是短路发

热假想时间？如何计算？

4-11　对一般开关电器，其短路动稳定度和热稳定度校验的条件各是什么？

4-12　有一地区变电所通过一条长 7km 的 10kV 电缆线路供电给某建筑物一个装有两台并列运行的 SL7-800 型主变压器的变电所。地区变电所出口断路器的断流容量为 300MVA。试用欧姆法求该变电所 10kV 高压侧和 380V 低压侧的短路电流 $I_k^{(3)}$、$I''^{(3)}$、$I_\infty^{(3)}$、$i_{sh}^{(3)}$、$I_{sh}^{(3)}$ 及短路容量 $S_k^{(3)}$。并列出短路计算表。

4-13　试用标幺值法重做题 4-12。

4-14　设习题 4-12 所述变电所 380V 侧母线采用 80×10mm² 铝母线，水平平放，两相邻母线轴线间距离为 200mm，档距为 0.9m，档数大于 2。该母线上装有一台 500kW 的同步电动机，$\cos\varphi=1$ 时，$\eta=94\%$。试校验此母线的动稳定度。

4-15　设习题 4-14 所述 380V 母线的短路保护动作时间为 0.5s，低压断路器的断路时间 0.5s。试校验此母线的热稳定度。

4-16　某企业变电所高压进线采用三相铝芯聚氯乙烯绝缘电缆，芯线为 50mm²。已知该电缆首端装有高压少油断路器，其继电保护动作时间 1.2s。电缆首端的三相短路电流 $I_k^{(3)}=2.1\text{kA}$。试校验此电缆的短路热稳定度。

4-17　某线路的计算电流为 56A、尖峰电流为 230A。该线路首端的三相短路电流 $I_k^{(3)}=13\text{kA}$。试选择该线路所装 RT0 型低压熔断器及其熔体的规格。

4-18　某线路前一熔断器为 RT0 型，其熔体电流为 200A；后一熔断器为 RT0 型，其熔体电流为 120A。在后一熔断器出口发生三相短路的 $I_k^{(3)}=800\text{A}$。试校验这两组熔断器有无保护选择性。

4-19　习题 4-17 的线路如改装 DW16 型低压断路器。试选择该断路器及其瞬时过电流脱扣器的电流规格，并整定脱扣器动作电流。

4-20　某企业的有功计算负荷为 3000kW，功率因数为 0.92。该企业 10kV 进线上拟装设一台 ZN5-10 型高压断路器，其主保护动作时间为 1.0s，断路器断路时间为 0.1s，该企业 10kV 母线上的 $I_k^{(3)}=10\text{kA}$。试选择此高压断路器的规格。

4-21　习题 4-20 所示 10kV 进线上装设有两个 LQJ-10 型电流互感器（A、C 相各一个），其 0.5 级的二次绕组接测量仪表，其中 1T1-A 型电流表消耗功率 3VA，DS2 型有功电能表和 DX2 型无功电能表的每一电流线圈均消耗功率 0.7VA；其 3 级的二次绕组接 GL-15 型电流继电器，其线圈消耗功率 15VA。电流互感器二次回路接线采用 BV-500-1×2.5mm² 的铜芯塑料线。互感器至仪表、继电器的连线单向长度为 4m。试校验此电流互感器的准确度等级是否符合要求（提示：图 6-41 所示电流表 PA 消耗的功率应由两个互感器各负担一半）。

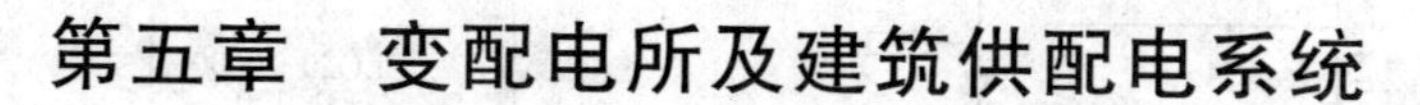

第五章　变配电所及建筑供配电系统

本章首先提出对变配电所主结线的基本要求；然后分别介绍高压配电所、总降压变电所和中小型工业与民用建筑变配电所一些典型的主结线方案；讲述变配电所的所址选择、变电所的类型及其基本结构、布置和安装图，并归纳出工业与民用建筑中常用的几种变配电所类型；接着介绍电力线路的一些典型结线方式；最后介绍架空线路、电缆线路和车间线路的结构与敷设。

第一节　变配电所的主结线

一、概述

变配电所的电路图，按功能可分为以下两种：一种是表示变配电所的电能输送和分配路线的电路图，称为主电路图或一次电路图；另一种是表示用来控制、指示、测量和保护一次电路及其设备运行的电路图，称为二次电路图或二次回路图。

对变配电所主电路的结线方案（简称主结线）一般有下列基本要求。

（1）安全性：要符合国家标准和有关技术规范的要求，能充分保证人身和设备的安全。例如，在高压断路器的电源侧及可能反馈电能的负荷侧，必须装设高压隔离开关；对低压断路器也有类似的要求；架空线路末端及变配电所高压母线上，必须装设防护过电压的避雷器等装置。

（2）可靠性：要满足各级电力负荷对供电可靠性的要求。因事故被迫中断供电的机会越少、停电时间越短、影响范围越小，主结线的可靠性就越高。因此，变配电所的主结线方案，必须与其负荷级别相适应。

（3）灵活性：能适应系统所需要的各种运行方式，便于操作维护，并能适应负荷的发展，有扩充和改建的可能性。

（4）经济性：在满足以上要求的前提下，尽量使主结线简单、投资少、运行费用低，并且节约电能。例如选用技术先进、经济适用的节能型产品等。

二、高压配电所的主结线图

高压配电所担负着从电力系统受电并向各个变电所及某些高压用电设备配电的任务。

图 5 - 1 是图 1 - 1 所示中型工厂供电系统中高压配电所及其附设 2 号车间变电所的主结线图。这种主结线形式也可用于占地面积较大（例如大于 200 亩）的民用建筑群，例如大学和住宅小区等。下面对此图作一些分析介绍。

（一）电源进线

配电所有两路 10kV 电源进线。最常见的进线方案是一路电源来自电力系统变电所，作为正常工作电源；另一路电源则来自邻近单位的高压联络线，作为备用电源。

图中的 No. 101 和 No. 112 是专用的电能计量柜。国家标准 GB/T 50063—2017《电力装置电测量仪表装置设计规范》规定：“装设在 66kV 以下的电力用户处电能计量点的计费电能表，应设置专用的互感器”。“电力用户处的电能计量装置，宜采用全国统一标准的电能计

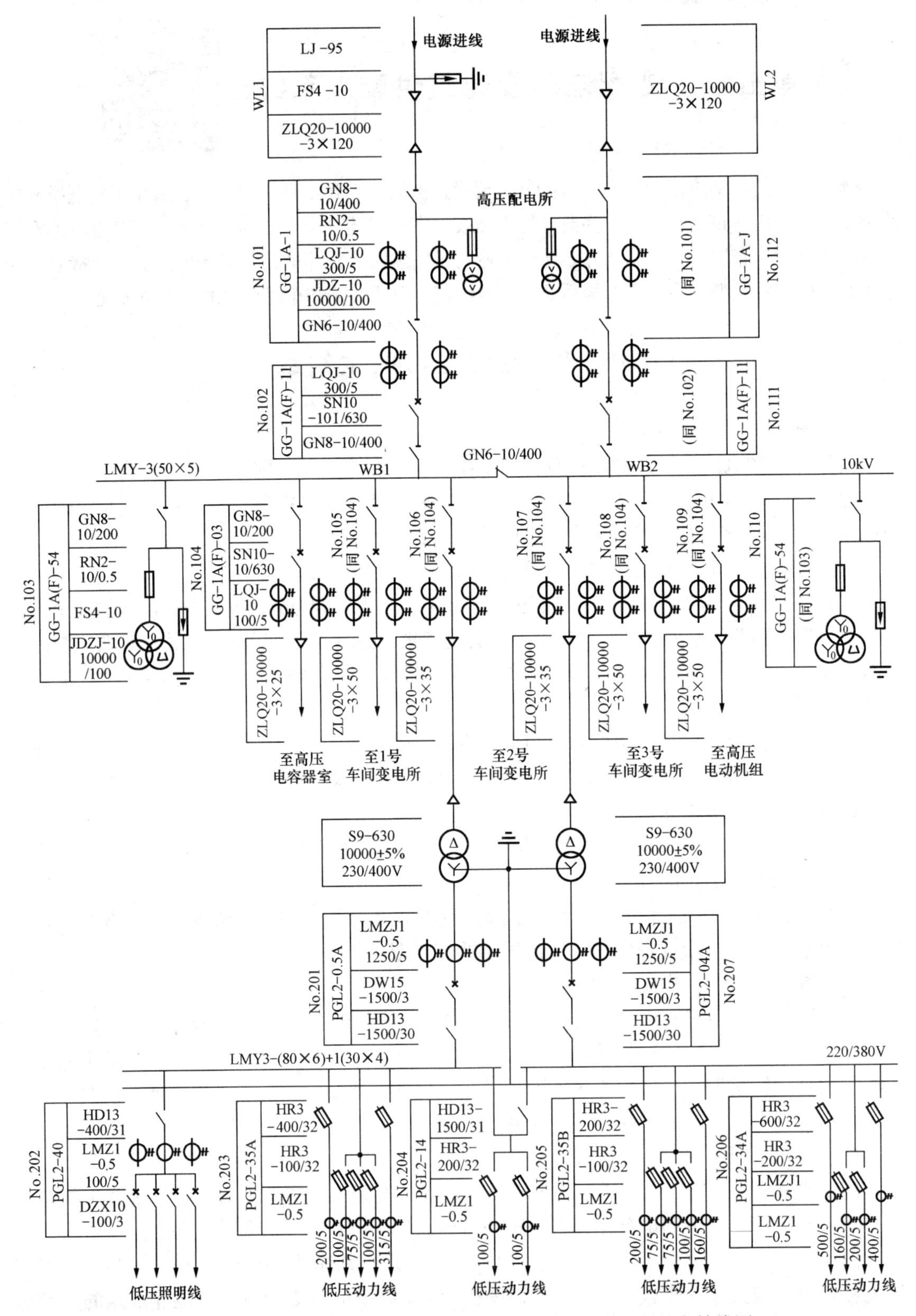

图 5-1　图 1-1 所示高压配电所及其附设 2 号车间变电所的主结线图

量柜”。图中的GG-1A-J型专用电能计量柜，实际上就是连接计费电能表的专用电压互感器和电流互感器柜。凡由地区变电所用专线供电的变配电所，其专用电能计量柜宜装设在进线开关柜的前面，如图5-1所示。但如果变配电所接在电力系统的公共干线上，则专用电能计量柜宜装在进线开关柜的后面。这样，当计量柜发生短路故障时，可由进线开关柜中的断路器跳闸，不致影响公共干线的正常运行。

图5-1中的进线开关柜（No.102和No.111）采用GG-1A（F）-11型，内装SN10-10型高压断路器，便于切换操作，并可配以继电保护和自动装置，使供电可靠性较高。

（二）母线

母线又名汇流排，它是各级电压配电装置的中间环节，其作用是汇集、分配和传送电能。

工业与民用建筑高压配电所的母线，通常采用单母线制。若为双电源进线，则一般采用单母线分段制。要求分段开关带负荷通断时，必须用断路器（其两侧装隔离开关）。如不要求带负荷通断时，则分段开关可采用隔离开关（例如图5-1中的GN6-10/400)。分段隔离开关可安装在墙上或母线桥上，也可采用专门的分段柜（亦称联络柜，例如GG-1A-119型)。

图5-1所示高压配电所通常采用一路电源工作，另一路电源备用的运行方式，即母线分段开关闭合，两段母线并列运行。当工作电源失电时，可手动或自动地投入备用电源，具有较好的可靠性和灵活性。

为了监测、保护和控制主电路设备，母线上接有电压互感器，进线和出线上均串接有电流互感器。为便于了解高压侧的三相电压情况及有无单相接地故障，应装设$Y_0/Y_0/\triangle$结线的电压互感器。如果只要了解三相电压情况或计量三相电能，则可装设V/V结线的电压互感器。为了了解各条线路的三相负荷情况及实现相间短路保护，高压侧应在A、C两相装设电流互感器；低压侧总出线及照明出线的三相负荷有可能不均衡，因此应在三相都装设电流互感器，而低压动力回路则可只在一相装设电流互感器。

另外，在高压架空线路的末端及高压母线上均应装设高压避雷器，以防止雷电波沿线路侵入变配电所。高压母线上的避雷器还有抑制内部过电压的作用。

（三）高压配电出线

该配电所共有六路高压出线。其中至2号车间变电所的两条出线分别来自两段母线。由于配电出线为母线侧来电，因此只需在断路器的母线侧装设隔离开关，相应高压柜的型号为GG-1A（F）-03（电缆出线）。

图5-1中的2号车间变电所有两台油浸自冷变压器，这类降压变压器宜采用Dyn11联结组别，例如S9或S11系列。本书其余插图亦同。

需要说明：随着技术水平的发展，目前一般已不采用图中所示高压电容器补偿功率因数的做法，而多采用低压电容器补偿的形式。

（四）变配电所的装置式主电路图

变配电所的主电路图有两种绘制方式。图5-1所示为系统式主电路图，该图中的高低压开关柜只示出了相互连接关系，并未示出具体安装位置。这种主电路图主要用于教材和运行中的模拟控制盘。在实际设计图样中广泛采用的是另外一种装置式主电路图，该图中的高低压开关柜要按其实际相对排列位置绘制，并在相应的表格中标注说明。图5-2是图1-1所示高压配电所的装置式主电路图，但在实际设计图样中，标注表格中的内容应更为详细。

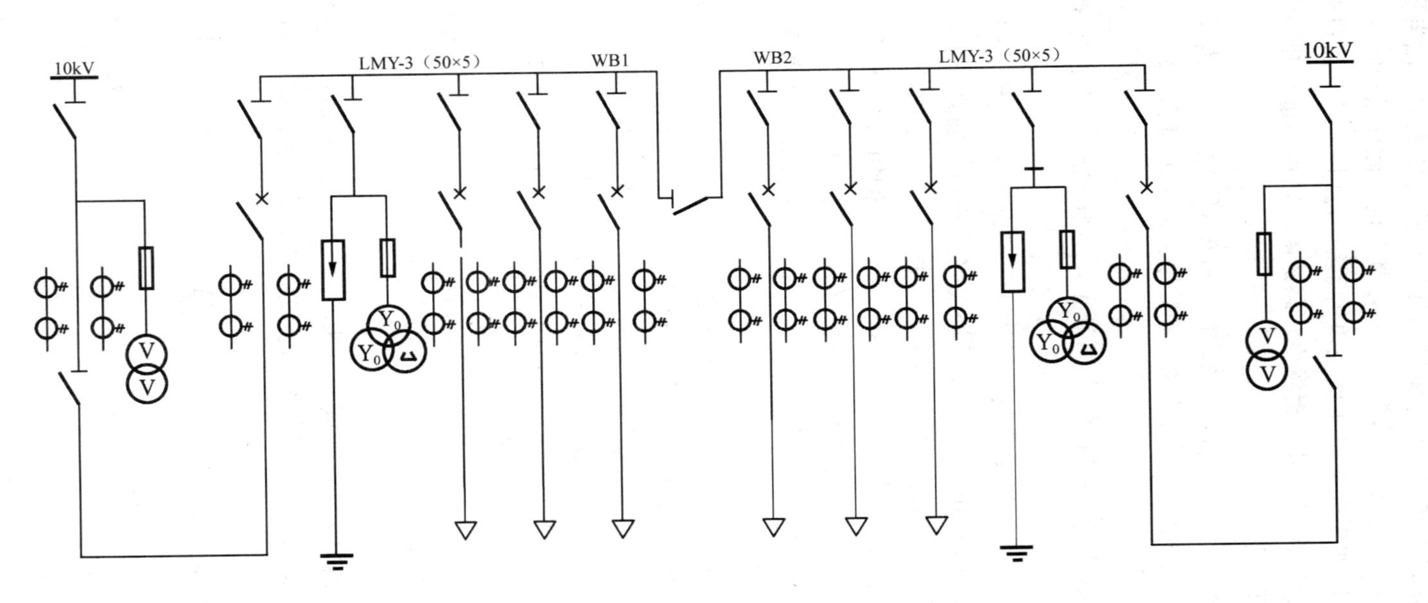

No.101	No.102	No.103	No.104	No.105	No.106	GN6-10/400	No.107	No.108	No.109	No.110	No.111	No.112
电能计量柜	1号进线开关柜	避雷器及电压互感器	出线柜	出线柜	出线柜		出线柜	出线柜	出线柜	避雷器及电压互感器	2号进线开关柜	电能计量柜
GG-1A-J	GG-1A (F)–11	GG-1A (F)-54	GG-1A (F)-0.3	GG-1A (F)-0.3	GG-1A (F)-0.3		GG-1A (F)-0.3	GG-1A (F)-0.3	GG-1A (F)-0.3	GG-1A (F)-54	GG-1A (F)-11	GG-1A-J

图 5-2　图 5-1 所示高压配电所的装置式主电路图

(五) 民用建筑的变配电所

在现代民用建筑特别是高层建筑中，从安全考虑，一般不允许采用装有可燃性油的电气设备（例如S9、S11型油浸式变压器和SN10型少油断路器等）。例如，《民用建筑电气设计标准》规定：“一类高、低层主体建筑内，严禁设置装有可燃性油的电气设备的配变电所。二类高、低层主体建筑内不宜设置装有可燃性油的电气设备的配变电所，……”。因此，民用建筑的室内变电所一般应采用干式变压器和真空或六氟化硫高压断路器。此外，高层建筑对供电可靠性要求较高，一般应有两个独立电源。因此，民用建筑中的变配电所一般不同于上述图5-1所示的工业建筑中常用的变配电所。一般说来，高层或大型民用建筑内，宜设室内变电所或户内成套变电所。大中城市的居民小区，宜设独立变电所或内外附变电所，有条件时也可设户外成套变电所。

图5-3为一高层民用建筑配变电所的高、低压配电系统图，下面对它作一简单介绍。

1. 设计要求

(1) 本大厦属一类高层民用建筑，强电部分设计内容包括高低压配电、应急电源、照明、风机及水泵自动控制、防雷接地和等电位联结等。一至六层的娱乐、培训中心，招待所和屋顶游泳池及花园等需要二次装修场所的配电和照明，由二次装修设计；建筑物立面照明等由环境设计负责，本设计已预留电源容量。

(2) 本大厦主要用电指标为：

设备容量：4097kW。

需要用电量：有功功率1897kW；无功功率612kvar；视在功率1993kVA。

消防需要用电量：467kW。

2. 变配电所和应急电源设计

(1) 10kV市电采用环网供电方式，以电缆埋地引入，正常工作电源为一路。

(2) 应急电源采用CD512型柴油发电机组，容量为512kW。当市电断电或消防时，发电机自动起动，并在15s内恢复对消防负荷等一级负荷的供电。

(3) 高低压变配电所位于地下一层，变压器安装容量为2500kVA（两台1250kVA）。

(4) 发电机房与变电所相邻，设有噪声衰减装置和烟气净化装置，以满足环保要求；机房内由给排水专业设有自动灭火装置，以满足消防要求。

(5) 按当地（深圳市）供电局意见，高压侧不设计量柜。

(6) 为提高功率因数，低压侧设置了带功率因数自动补偿装置的低压静电电容器柜，柜内装设体积小的干式电容器，补偿后高压侧功率因数不应低于0.9。

(7) 低压配电系统共设四段母线。其中两段（图中Ⅰ和Ⅱ）为正常工作母线，向一般负荷供电，它们之间设有母线联络断路器3QF，便于当某台变压器故障或季节负荷变化时调配负荷。另外两段（图中Ⅲ和Ⅳ）为保安母线，正常情况下保安母线由2T变压器供电，当市电停电时由发电机供电，其中一段（Ⅲ）向消防负荷供电，另一段（Ⅳ）向重要负荷供电；两母线间也设有联络断路器7QF，联络断路器应带分励脱扣装置，当发生火灾时，可由消防控制室发出指令，解列重要负荷母线段（Ⅳ），使柴油发电机组只向消防负荷供电（Ⅲ），以确保消防负荷供电的可靠性。

(8) 大厦低压配电系统的接地方式为TN—S式，即将正常工作时有电流通过的N线（中

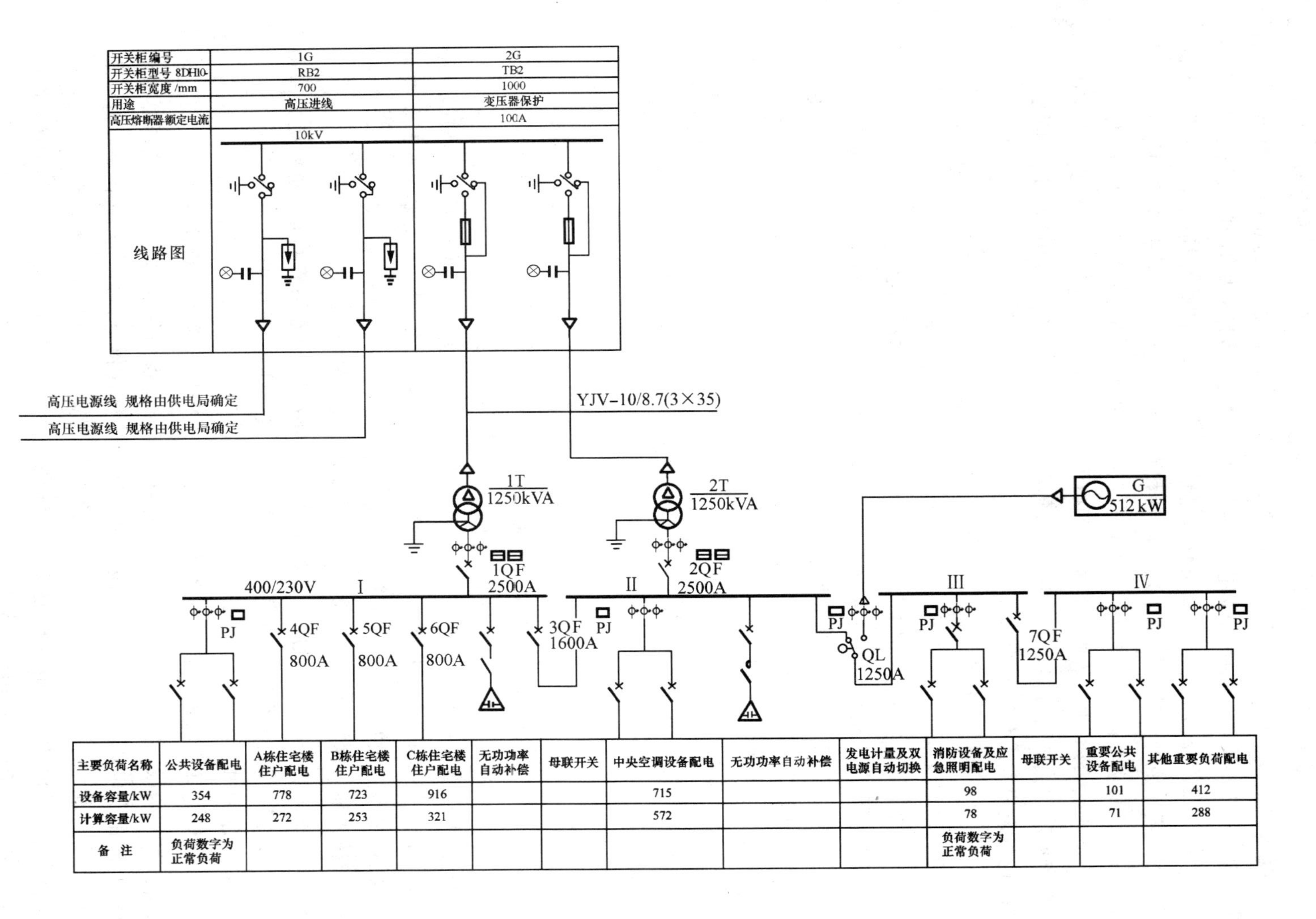

主要负荷名称	公共设备配电	A栋住宅楼住户配电	B栋住宅楼住户配电	C栋住宅楼住户配电	无功功率自动补偿	母联开关	中央空调设备配电	无功功率自动补偿	发电计量及双电源自动切换	消防设备及应急照明配电	母联开关	重要公共设备配电	其他重要负荷配电
设备容量/kW	354	778	723	916			715			98		101	412
计算容量/kW	248	272	253	321			572			78		71	288
备 注	负荷数字为正常负荷									负荷数字为正常负荷			

图 5-3 某高层民用建筑变配电所的高、低压配电系统图

性线）与起保护作用的PE线（保护线），只在变配电室内相接于同一接地点，以后分开引出N线和PE线，彼此绝缘互不共用，为便于识别需用不同颜色表示（PE线为黄、绿相间色）。

（9）高层建筑的电气线路一般敷设在专用的电气竖井内。供电给电气竖井内配电箱的配电线路，从低压柜引出时均为四芯铜电缆，其设备的PE线则从相应层电气竖井的PE专用铜排引出，该专用PE铜排从低压配电柜引至电气竖井并在每一层电气竖井内作局部等电位联结。

3. 设备选择及订货需注意的问题

（1）高压配电柜选用西门子（SIEMENS）公司生产的8DH10系列六氟化硫绝缘环网开关柜和断路器柜，其技术要求请参见系统图上的说明。

（2）变压器选用SC8型薄绝缘环氧浇注变压器，请注意配IP2X级保护外壳及自动送风装置。为提高变压器输出波形质量，增加系统抗干扰能力，提高防触电保护灵敏度，变压器绕组联结组别选为Dyn11。

（3）柴油发电机组配套要求详见设计图，需带自动起动装置，但不需带双电源自动切换柜。双电源切换采用法国SIRCOVER系列电动机驱动自动转换负荷开关（图5-3中的QL），以确保发电机与市电不得并网运行。

（4）低压配电柜应按系统图及平面图要求订货，采用上出线方式（这种上出线方式不需设置电缆沟，且便于维修），变压器至低压配电柜的封闭式密集母线桥，建议与配电柜配套订货。

（5）为适应低压配电系统为TN—S式的需要，动力配电箱、照明配电箱、电能表等，应在箱内设置保护线（PE）端子板（或接线板），订货时应特别指明，以免遗漏。

（6）电缆梯架订货时，应由施工单位按平面图并结合施工现场确定全套组件，包括直通、弯通、吊架、支臂和各种连接件（紧固件等）。

（7）当安装离地高度低于1.8m时，插座必须带安全门装置。

（8）电缆订货时，请注意按设计要求选用难燃型及耐火型电缆。

4. 设备安装

（1）高压环网开关柜、低压配电柜的设备基础，应由施工单位按照制造厂提供的详细安装资料并对照设计图核实和调整后方可施工。

（2）由于柴油发电机房的设备布置和安装尺寸在很大程度上取决于所订发电机组的型号和规格，也取决于选定的噪声限制及烟气净化的具体做法，本施工设计图仅提出技术要求及布置示意，进一步的安装资料需由建设单位责成发电机供应商及机房环保施工单位提供。

（3）挂墙式配电箱和电表箱的尺寸因制造厂而异，在电气竖井内未标注安装尺寸，具体安装位置在施工时定。

（4）除图中特别注明者外，设备安装高度（底边距地）一般为：

挂墙明装配电箱，控制箱开关箱，插座箱等	1.5m
挂墙明装照明配电箱，电能表箱	1.5m
住户内配电箱	1.8m
灯开关，按钮，电扇调速开关，风机盘管开关等	1.3m
一般插座	0.3m
窗式或分体式空调器插座	2.0m
洗衣机和厨房插座	1.5m

浴室内排风机插座或接线盒　　　　　　　　　　　　　　2.3m

从以上介绍可以看出，由于具有较多的一、二级负荷以及预防火灾等要求，高层民用建筑的供配电，在结线方案、设备选型、布置以及线路敷设等方面都与一般工业建筑有所不同。

三、车间（或小型工业与民用建筑）变电所的主结线方案

车间（或小型工业与民用建筑）变电所，是将高压（10kV）降为一般用电设备所需低压（如220/380V）的终端变电所，这类变电所的主结线比较简单。其高压侧主结线方案分两种情况：一种是有总降压变电所或高压配电所时，其高压侧的开关电器、保护装置和测量仪表等，通常就安装在高压配电线路的首端，即总降压变电所或配电所的10kV配电室内，而车间变电所的高压侧可不装开关设备，或只装简单的隔离开关、高压跌开式熔断器或避雷器等，如图5-4所示，即这类车间变电所只设变压器室和低压配电室。由图5-4可以看出，凡是高压架空进线，均需装设避雷器，以防雷电波沿架空线路侵入变电所毁坏变压器及其他设备的绝缘。

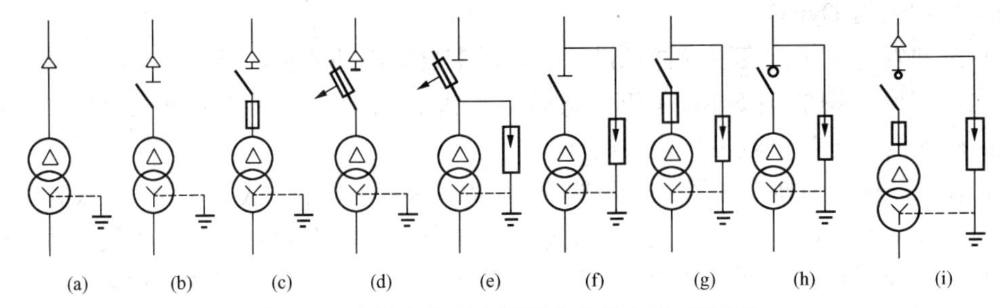

图5-4　车间变电所高压侧主结线方案（示例）

（a）高压电缆进线，无开关；（b）高压电缆进线，装隔离开关；
（c）高压电缆进线，装隔离开关—熔断器（室内）；（d）高压电缆进线，装跌开式熔断器（室外）；
（e）高压架空进线，装跌开式熔断器和避雷器（室外）；（f）高压架空进线，装隔离开关和避雷器（室内）；
（g）高压架空进线，装隔离开关—熔断器和避雷器（室内）；（h）高压架空进线，装负荷开关和避雷器（室内）
（i）高压电缆进线，装SF6型负荷开关和高压熔断器（环网柜）及避雷器（室内）

另一种是无总降压变电所或配电所时，其车间变电所往往就是工业与民用建筑的降压变电所，高压侧必须配置足够的开关设备。

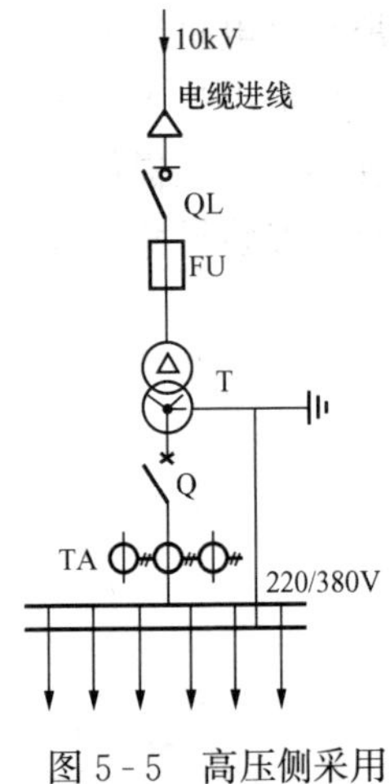

图5-5　高压侧采用负荷开关—熔断器的变电所主电路图

电力变压器发生故障时，需要迅速切断电源，因此应采用快速切断电源的保护装置。对于较小容量的变压器，只要运行操作符合要求，可以优先采用简单经济的负荷开关—熔断器保护的方案。

下面介绍小型工业与民用建筑变电所的几种常用的主结线方案（注意：未绘出计量柜主电路等）。

（一）只装有一台主变压器的小型变电所

根据其高压侧所用开关电器的不同，有以下三种典型的主结线方案：

（1）高压侧采用隔离开关—熔断器或跌开式熔断器的变电所主电路图［见图5-4（c）、（d）、（e）、（g）］。它们均采用熔断器来保护变电所的短路故障。由于隔离开关和跌开式熔断器切断空载变压器容量的限制，一般只用于500kVA及以下容量的变压器。这类主结线都简单经济，但供电可靠性不高，仅适用于供三级负荷的小容量变电所。

(2) 高压侧采用负荷开关—熔断器的变电所主电路图（见图 5-5）。由于负荷开关能带负荷操作，使变电所停电和送电的操作较为灵活简便。现在有一种环网柜，内装有新型高压熔断器和负荷开关，它能可靠地保护变压器，并能方便地实现环形结线，从而大大提高供电的可靠性。例如，图 5-3 中的 8DH10-RB2 即为西门子（SIEMENS）公司生产的六氟化硫绝缘环网柜。

(3) 高压侧采用隔离开关—断路器的变电所主电路图（见图 5-6）。由于采用了高压断路器，从而使变压器的切换操作非常灵活方便。在短路和过负荷时，继电保护装置能实现自动跳闸，而在短路故障和过负荷情况消除后，又可直接迅速合闸，从而使恢复供电的时间大大缩短。

（二）装有两台主变压器的小型变电所

(1) 高压侧无母线、低压单母线分段的变电所主电路图（见图 5-7）。当任一主变压器或任一电源线停电检修或发生故障时，通过倒闸操作闭合低压母线分段断路器 Q3，即可恢复供电，因而具有较高的供电可靠性。

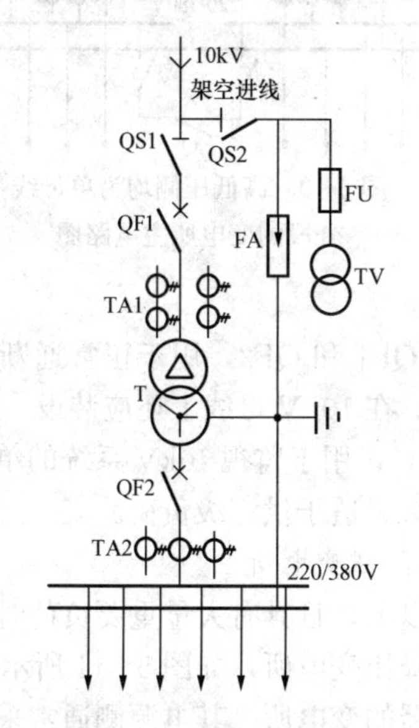

图 5-6　高压侧采用隔离开关—断路器的变电所主电路图

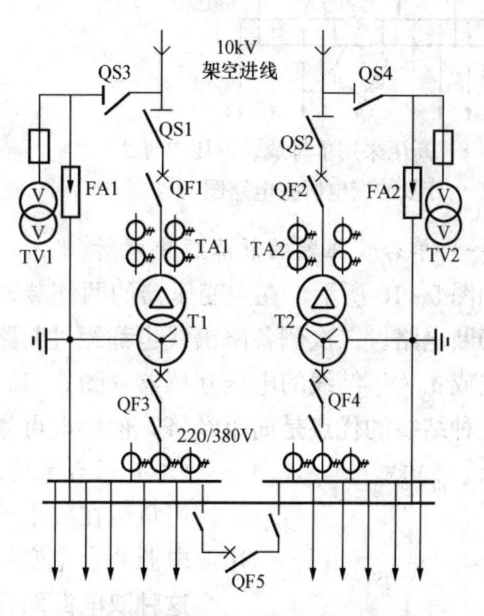

图 5-7　高压侧无母线、低压单母线分段的变电所主电路

(2) 高压采用单母线、低压单母线分段的变电所主电路图（见图 5-8）。这种主结线适用于装有两台及以上主变压器或具有多路高压出线的变电所。当任一台变压器检修或发生故障时，通过切换操作，仍能很快恢复供电。

(3) 高低压侧均为单母线分段的变电所主电路图（见图 5-9）。这种主电路的两段高压母线在正常时可以接通运行，也可以分段运行。当发生故障时，通过切换，可切除故障部分，恢复对整个变电所供电，因此供电可靠性很高，可供一、二级负荷。

四、总降压变电所的主结线方案

电源进线电压为 35kV 及以上的大中型工业与民用建筑，一般需两级降压，即先经总降压变电所将电压降为 10kV 的高压配电电压，然后经终端变电所降为一般低压用电设备所需的电压（如 220/380V）。

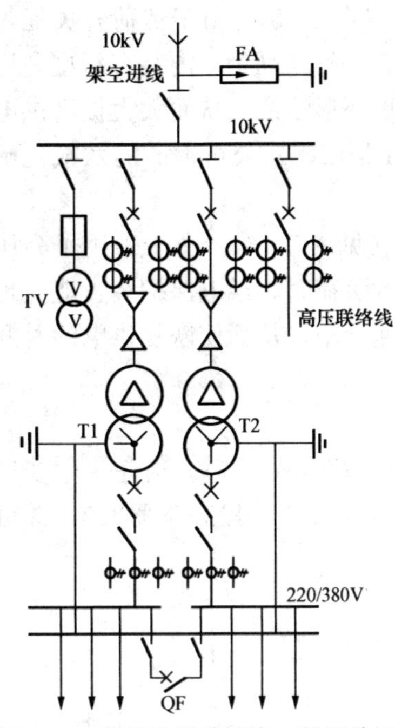

图 5-8　高压采用单母线、低压单母线分段的变电所主电路图

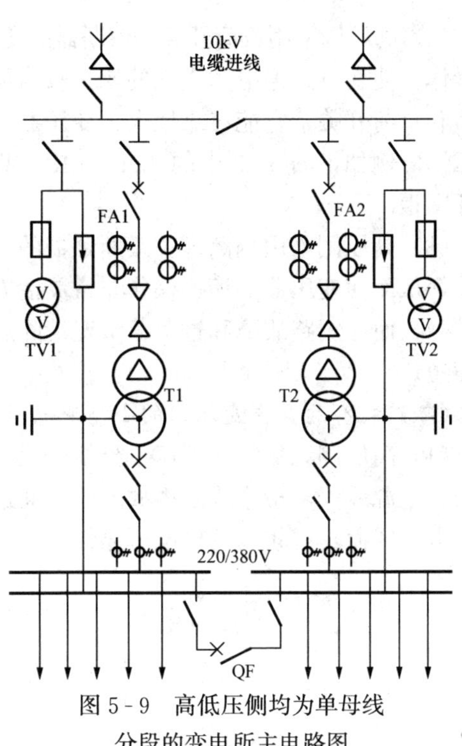

图 5-9　高低压侧均为单母线分段的变电所主电路图

（一）单台变压器的总降压变电所

如图 5-10 所示，在主变压器的两侧装设断路器 QF1 和 QF2，用于正常通断及故障时自动切断电路。二次侧各路出线也都经过断路器送出。在 10kV 母线上还应装设一组 $Y_0/Y_0/$△结线或 Y_0/Y_0 结线的电压互感器（图 5-10 中未绘出），用于监视 10kV 系统的单相接地故障。这种结线的优点是简单经济，但供电可靠性不高，只适于供三级负荷。

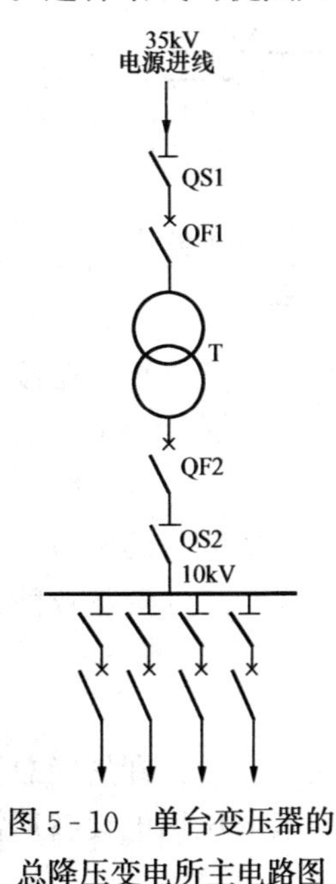

图 5-10　单台变压器的总降压变电所主电路图

（二）两台主变压器的总降压变电所

当负荷在数千千伏·安以上，且具有大量重要负荷时，通常采用双电源两台主变压器的总降压变电所，如图 5-11 所示。

这种双电源两台主变压器的变电所，其电源侧通常采用桥式结线，即在两路电源进线之间跨接一台桥路开关 QF10（其两侧有隔离开关 QS101、QS102），犹如一座桥梁。这样增加投资不多，却可以大大提高供电的灵活性和可靠性，可适用于一、二级负荷。桥式结线又分外桥式与内桥式两种。

图 5-11（a）为外桥式结线，它的桥路开关 QF10 接在高压断路器 QF11 和 QF12 的外侧。

图 5-11（b）为内桥式结线，它的桥路开关 QF10 接在高压断路器 QF11 和 QF12 的内侧。

（1）外桥式结线的运行操作。如果要停用主变压器 T1，只要断开 QF11 和 QF21 即可。如果要停用主变压器 T2，只要断开 QF12 和 QF22 即可，操作均较简便。如果要检修电源进线 WL1，则需先断开 QF11 和 QF10，然后断开 QS111，再合上 QF11 和

QF10，使两台主变压器均由电源进线 WL2 供电，显然操作比较麻烦。

因此，外桥式结线多用于电源线路较短、故障和检修机会较少而变电所负荷变动较大、适于经济运行因而需经常切换的总降压变电所。

（2）内桥式结线的运行操作。如果电源进线 WL2 失电或检修时，只要断开 QF12 和 QS122、QS121，然后合上 QF10（其两侧的 QS 应先合上），即可使两台主变压器均由电源进线 WL1 供电，操作比较简便。如果要停用变压器 T2，则需先断开 QF12、QF22 及 QF10，然后断开 QS123、QS221，再合上 QF12 和 QF10，使变压器 T1 仍可由两路电源进线供电，显然操作比较麻烦。

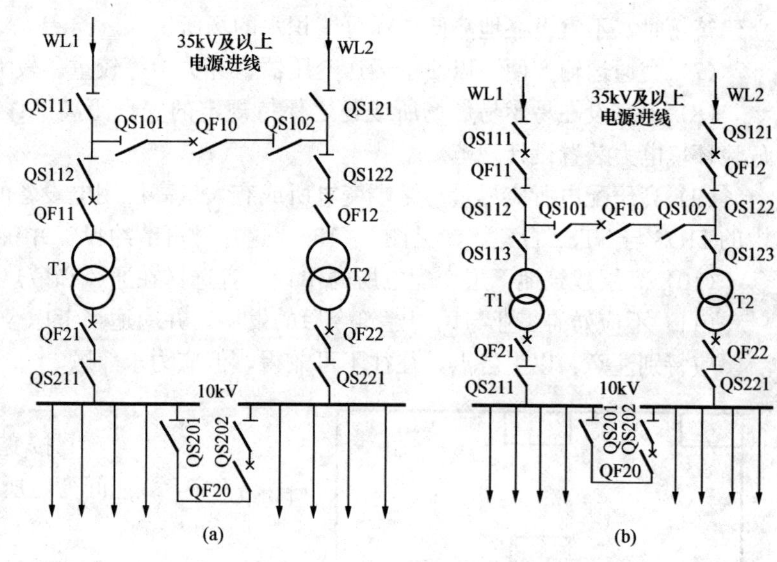

图 5-11　桥式结线的总降压变电所主电路图

（a）外桥式结线；（b）内桥式结线

因此，内桥式结线多用于电源线路较长、故障和检修机会较多而主变压器不需经常切换的总降压变电所。

在一些大城市中，由于土地价格昂贵并且负荷密度很大，此时可以在建筑物内设置 35kV 或 110kV 变电所，以便更好地深入负荷中心。不过，此时一般要采用全封闭的六氟化硫（SF_6）绝缘电气装置（GIS），以保证安全和减小体积。近来，高压变电所在 GIS 的基础上，又发展出了一种新的 HGIS 型。HGIS 是将各相的设备分别密封于 SF_6 气体，且母线采用常规方式（敞开式空气绝缘）布置而不用 SF_6 密封。HGIS 结构清晰、便于安装和维护，而造价则低于 GIS，因而得到了广泛应用。

第二节　变配电所的结构与布置

一、变配电所所址的选择

变配电所所址的选择是否合理，直接影响供电系统的造价和运行。变配电所所址的选择，应综合考虑以下原则：

（1）尽量靠近负荷中心，以便减少电压损耗、电能损耗和有色金属消耗量。

（2）进出线方便，特别是采用架空进出线时应着重考虑进出线条件。

（3）尽量靠近电源侧，以尽量避免倒送功率，对总降压变电所和配电所要特别考虑这一点。

（4）尽量不设在多尘和有腐蚀性气体的场所，若无法远离时则应设在污秽源的上风侧。

（5）不应设在有剧烈震动的场所。

（6）不应设在洗手间、浴室或其他可能经常积水场所的正下方或贴邻。当配变电所为独立建筑物时，不宜设在地势低洼和可能积水的场所。

（7）交通运输方便，以便于运送变压器、开关柜等较重、较大的设备。

（8）不宜设在易燃易爆场所或与之保持规定的安全距离。详见 GB 50058—2014《爆炸危险环境电力装置设计规范》。

（9）高压配电所应尽量与终端变电所或有大量高压用电设备的建筑物合建（例如图 1-1 中的 HDS 与 STS2 合建，参见图 5-13）。这样做可节约投资并获得较好的供电质量。

（10）高层建筑地下层变配电所的位置，宜选择在通风和散热条件较好的场所。

（11）不应妨碍工业与民用建筑今后的发展，并应适当考虑今后扩建的可能。

应特别注意：以上各点，往往不可兼得，但应力求兼顾。

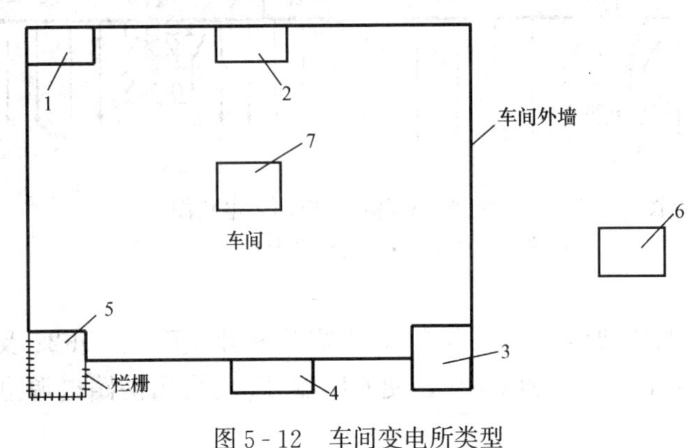

图 5-12　车间变电所类型
1、2—内附式；3、4—外附式；5—露天式；6—独立式；7—车间内变电所

二、车间变电所的类型

按变压器的安装地点分类，车间变电所有以下型式。

（1）附设变电所。变电所的一面或数面墙与车间的墙共用，且变压器室的门和通风窗向车间外开，如图 5-12 中的 1～4。图中 1 和 2 是内附式，3 和 4 是外附式。

（2）露天变电所。变压器位于露天地面上，如图 5-12 中的 5。如果变压器的上方设有顶板或挑檐，则称为半露天变电所。

（3）独立变电所。变电所为一独立建筑物，如图 5-12 中所示的 6。此类变电所也可为两层。

（4）车间内变电所。变电所位于车间内部，且变压器室的门向车间内开，如图 5-12 中的 7。

（5）杆上变电所。变压器装在室外的电杆上面。

（6）地下变电所。整个变电所装设在地下的设施内。

上述附设变电所、独立变电所、车间内变电所及地下变电所，统称为室内型变电所；而露天、半露天变电所及杆上变电所，统称为室外型变电所。

变电所的类型，应根据用电负荷的状况和周围环境的具体情况来确定。

在负荷大而集中且设备布置比较稳定的大型生产厂房内，可以考虑采用车间内变电所，以便尽量靠近车间的负荷中心。

对生产面积较小或生产流程要经常调整的车间，宜采用附设变电所。

露天变电所简单经济，可用于周围环境条件正常的场合。

独立变电所一般用于负荷小而分散的情况，或者需远离易燃、易爆和有腐蚀性物质的情况。

杆上变电所一般只用于容量在 315kVA 及以下的变压器，且多用于生活区供电或农村电网。

地下变电所的建筑费用较高，但不占地面，不碍观瞻，一般只用于有特殊需要的情况。

近来，现代工业与民用建筑的变配电所，由于采用了无油型开关、变压器等电气设备，因而可以直接设置在建筑物内部，甚至不需要隔墙。供城市路灯等公用设施的变电所，也已较少采用杆上变电所的型式，而采用预装式（组合式）变电所，直接放置在道路旁边。

三、变配电所的总体布置

（一）变配电所总体布置的要求

变配电所的总体布置应满足以下要求：

（1）便于运行维护。有人值班的变配电所，一般应设置值班室。值班室应尽量靠近高低压配电室，且有门直通。

（2）保证运行的安全。值班室内不得有高压设备。高压电容器组一般应装设在单独的房间内。变配电所各室的大门都应朝外开。所有带电部分离墙和离地的尺寸以及各室的维护操作通道的宽度，均应符合有关规程要求，以确保安全（参见表 5-1～表 5-3）。长度大于 7m 的高压配电室应设两个出口，并尽量布置在配电室的两端；低压配电屏的长度大于 6m 时，其屏后通道应设两个出口等。

（3）便于进出线。高压架空进线时，高压配电室宜位于进线侧，低压配电室应靠近变压器室。开关柜下面一般应有电缆沟（采用上出线方案时则不用电缆沟）。

（4）节约土地与建筑费用。高压配电所应尽量与终端变电所合建。高压开关柜数量较少时，可以与低压配电屏装设在同一配电室内，但其裸露带电导体之间的净距不应小于 2m。

（5）适当考虑发展。高低压配电室内均应留有适当数量开关柜的备用位置，变压器室应考虑更换大一级容量变压器的可能，既要考虑到变配电所留有扩建的余地，又要不妨碍车间或工厂今后的发展等。

表 5-1　变压器外廓（防护外壳）与变压器室墙壁和门的最小净距/m（据 GB 51348—2019）

变压器容量/kVA	100～1000	1250～1600
油浸变压器外廓与后壁、侧壁净距	0.60	0.80
油浸变压器外廓与门净距	0.80	1.00
干式变压器带有 IP2X 及以上防护等级金属外壳时与后壁、侧壁净距	0.60	0.80
干式变压器有金属网状遮栏时与后壁、侧壁净距	0.60	0.80
干式变压器带有 IP2X 及以上防护等级金属外壳时与门净距	0.80	1.00
干式变压器有金属网状遮栏时与门净距	0.80	1.00

表 5-2　高压配电室内各种通道最小宽度/mm

开关柜布置方式	柜后维护通道	柜前操作通道	
		固定式	手车式
单排布置	800	1500	单车长度+1200
双排面对面布置	800	2000	双车长度+900
双排背对背布置	1000	1500	单车长度+1200

注　1. 固定式开关柜为靠墙布置时，柜后与墙净距应大于 50mm，侧面与墙净距应大于 200mm。

2. 通道宽度在建筑物的墙面遇有柱类局部凸出时，凸出部位的通道宽度可减少 200mm。

表 5-3　配电屏前、后通道最小宽度/mm

形式	布置方式	屏前通道	屏后通道
固定式	单排布置	1500	1000
	双排面对面布置	2000	1000
	双排背对背布置	1500	1500

续表

形式	布置方式	屏前通道	屏后通道
抽屉式	单排布置	1800	1000
	双排面对面布置	2300	1000
	双排背对背布置	1800	1000

（二）变配电所总体布置的方案

变配电所总体布置的方案应因地制宜，合理设计，拟出几种可行的方案进行技术经济比较后确定。

图 5-13 为图 5-1 所示高压配电所及其附设 2 号车间变电所的平面图和剖面图。读者可

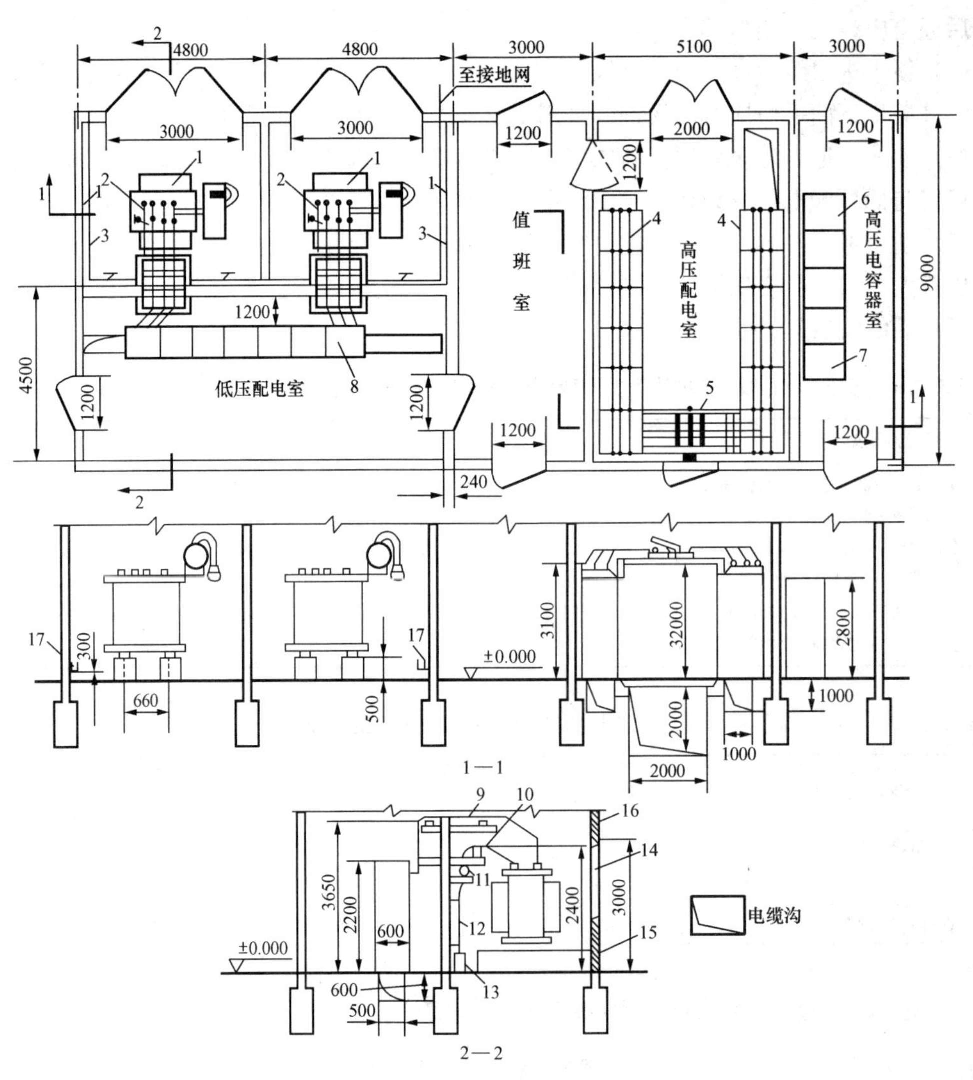

图 5-13　图 5-1 所示高压配电所及其附设 2 号车间变电所的平面图和剖面图

1—S9-630/10 型电力变压器；2—PEN 线；3—PE 线；4—GG-1A（F）型高压开关柜；5—分段隔离开关及母线桥；6—GR-1 型高压电容器柜；7—GR-1 型高压电容器的放电互感器柜；8—PGL2 型低压配电屏；9—低压母线及支架；10—高压母线及支架；11—电缆头；12—电缆；13—电缆保护管；14—大门；15—进风口（百叶窗）；16—出风口（百叶窗）；17—PE 线及其固定钩

根据上述对变配电所总体布置的要求，仔细阅读体会，并且对照图 5-1，将高压开关柜、变压器、低压配电屏等设备在图 5-13 中“对号入座”，体会变配电所的平、剖面图是如何具体地表示出变配电所的总体布置和一次设备的安装位置的。

图 5-14 是高压配电所与附设式车间变电所合建的几种平面布置方案，粗线表示墙，缺口表示门。图（a）、图（c）、图（e）中的变压器装在室内；图（b）、图（d）、图（f）中的变压器是露天安装的。

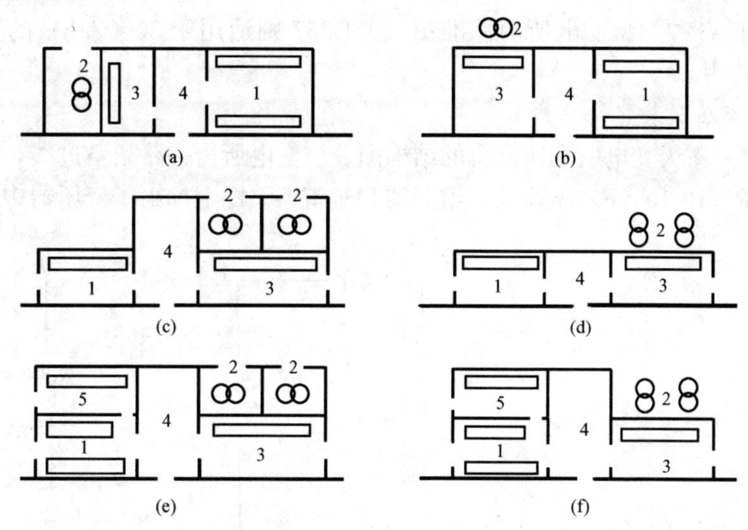

图 5-14　高压配电所与附设式车间变电所合建的平面布置方案（示例）

（a）户内型，有值班室，一台变压器；（b）户外型，有值班室，一台变压器；

（c）户内型，有值班室，两台变压器；（d）户外型，有值班室，两台变压器；

（e）户内型，有值班室和高压电容器室，两台变压器；

（f）户内型，有值班室和高压电容器室，两台变压器；

1—高压配电室；2—变压器室或户外变压器装置；

3—低压配电室；4—值班室；5—高压电容器室

如果没有总降压变电所和高压配电所，则其高压开关柜的数量较少，高压配电室也相应较小，但布置方案可与图 5-14 相类似。如果既无高压配电室又无值班室，则车间变电所的平面布置方案更为简单，如图 5-15 所示。

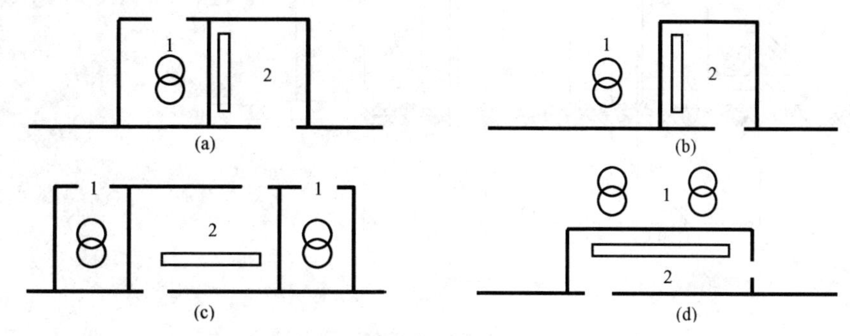

图 5-15　无高压配电室和值班室的车间变电所平面布置方案（示例）

（a）户内型，一台变压器；（b）户外型，一台变压器；

（c）户内型，两台变压器；（d）户外型，两台变压器

1—变压器室或户外变压器装置；2—低压配电室

四、变配电所的结构

为了运行维护的安全，有关设计规范对变配电所的结构有不少规定和要求。例如上述表 5-1～表 5-3 等对变配电所总体布置的要求，在 GB 50053—2013《20kV 及以下变电所设计规范》和 GB 51348—2019《民用建筑电气设计标准》中都有具体规定。为了加快设计进度，提高设计质量，我国建设部编绘有一套《全国通用建筑标准设计·电气装置标准图集》，其中的 88D263、88D264、86D265、86D266 是适用于 6～10/0.4kV、1600kVA 以下的各种类型变电所的标准图，97D267 则适用于 35/0.4kV 的变电所，均可供设计参考或选用。

（一）室外变压器装置的结构

图 5-16 是一露天变电所变压器台的结构图。该变电所为一路架空进线，高压侧装有可带负荷操作的 RW10-10（F）型跌开式熔断器和避雷器。图上标出了变压器中心线与电杆及

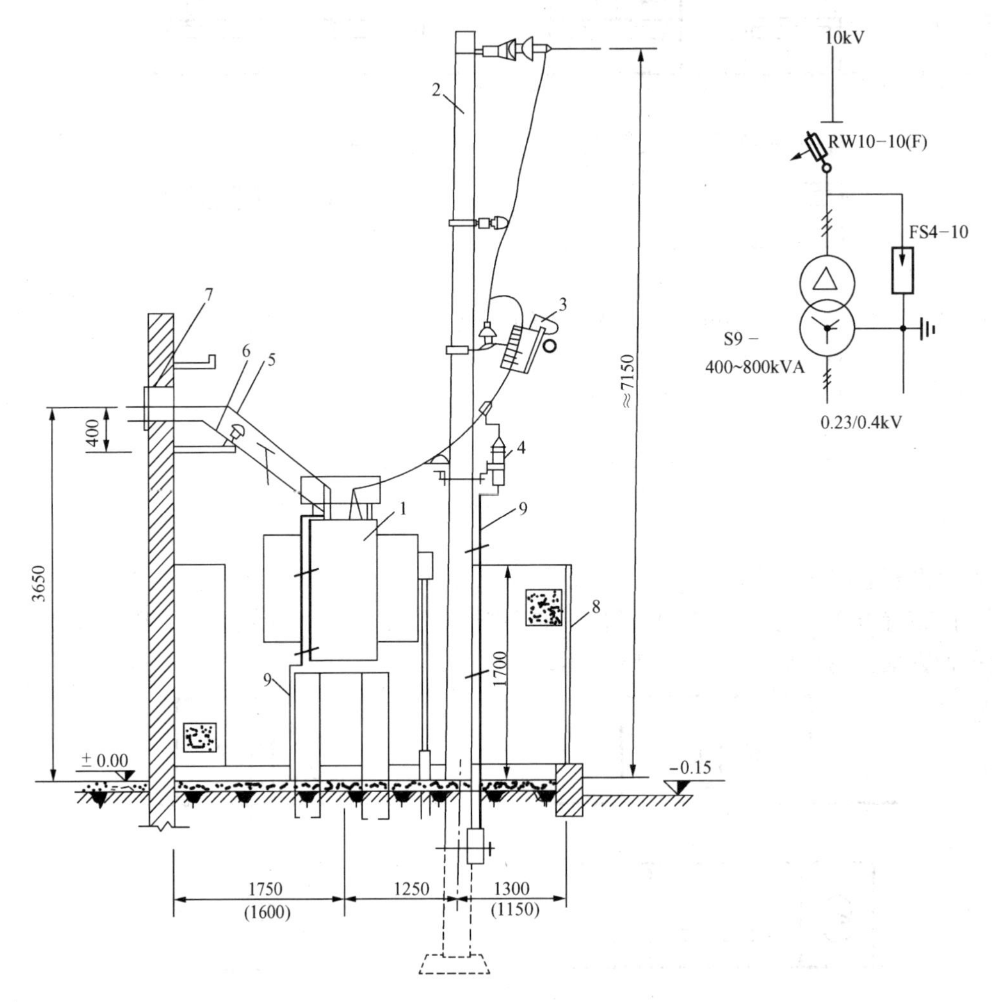

图 5-16 露天变电所变压器台结构

1—电力变压器；2—电杆；3—RW10-10（F）型跌开式熔断器；4—避雷器；5—低压母线；6—中性母线；7—穿墙隔板；8—围墙；9—接地线

注：括号内尺寸用于容量为 630kVA 及以下的变压器。

围墙的距离、围墙的高度、低压母线及中性母线的安装高度等。图中的避雷器。变压器的0.4kV中性点及变压器外壳采用共同接地，并将变压器的接地中性线（PEN线）引入低压配电室内。

当变压器容量为315kVA及以下并能满足供电可靠性要求时，环境条件允许的中、小城镇居民区和工厂的生活区，可采用杆上式或高台式变电所，设计时可参考电气装置标准图集86D265《杆上变电所》。但由于城市10kV配电线路已广泛采用电缆，此类变电所已逐渐被更为紧凑的户外组合式成套变电所所取代。

（二）室内变压器装置的结构

变压器室的结构型式，决定于变压器的型式、容量、放置方式、主结线方案及进出线的方式和方向等，并应考虑以下内容：

变压器室的建筑应为一级耐火等级，其门窗材料都应该是不易燃烧的。门的大小应按变压器推进面的外廓尺寸加0.5m考虑，门要向外开。新设计的变压器室尺寸，宜按变压器容量增大一级考虑，变压器室不设采光窗，只设通风窗。通风窗的面积应根据变压器的容量、进风温度等因素确定，变压器室在夏季的出风温度不宜高于45℃，进出风温差不宜大于15℃。

变压器室的布置方式，按变压器推进方向分为宽面推进式和窄面推进式两种。

变压器室的地坪，按变压器的通风要求分为地坪抬高和不抬高两种形式。

图5-17是一室内变电所变压器室的结构图（摘自88D264-35）。该变压器高压侧为高压负荷开关—熔断器（或隔离开关—熔断器）。本变压器室的特点为：高压电缆左侧进线，窄面推进式，室内地坪不抬高，低压母线右侧出线。

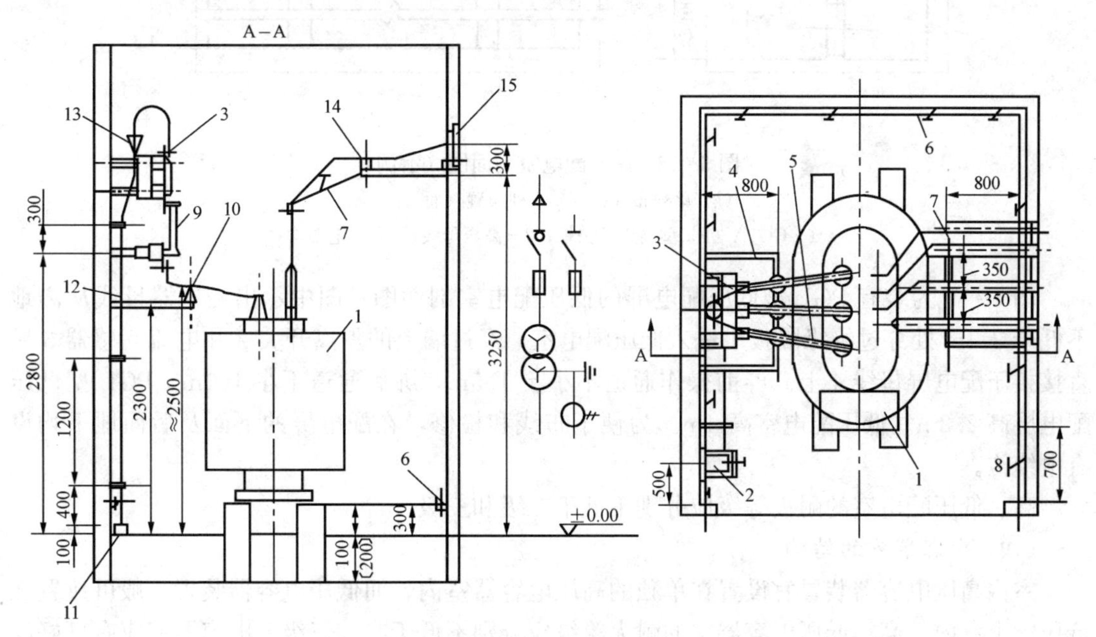

图5-17　室内变电所变压器室结构（示例）

1—变压器；2—负荷开关操动机构；3—负荷开关；4—高压母线支架；5—高压母线；6—接地线（PE线）；7—中性母线；8—临时接地接线柱；9—熔断器；10—高压绝缘子；11—电缆保护管；12—高压电缆；13—电缆头；14—低压母线；15—穿墙隔板

（三）配电室的结构

高低压配电室的结构，主要决定于高低压开关柜的型式和数量。配电室的高度与开关柜的高度及进出线方式有关；配电室的长度则与开关柜的数量及布置（单列或双列）有关。此外，还应留有足够的操作维护通道，以保证运行维护的安全和方便；还应预留适当数量的开关柜位置，供负荷发展时使用。

图 5 - 18 为装有 GG-1A（F）型高压开关柜、采用电缆进出线的高压配电室剖面图。图（a）为单列布置，柜前操作通道不小于 1.5m；图（b）为面对面双列布置，柜前操作通道为 2～3.5m，两侧开关柜通过柜顶的高压母线桥联络，开关柜下方及前面地下均设有电缆沟，供敷设电缆用。GG-1A（F）型开关柜高度为 3.1m。若为电缆进出线，配电室高度为 4m；若为架空进出线，则其高度应大于 4.2m。

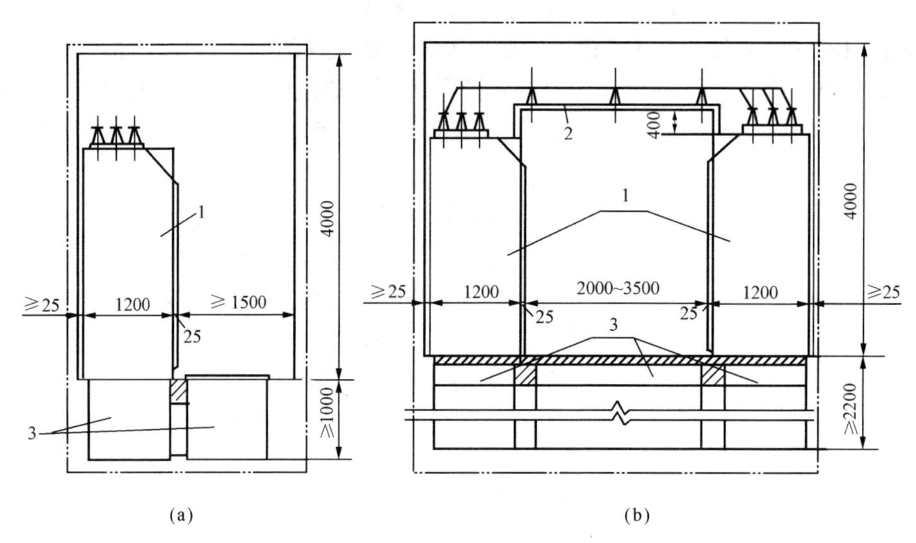

图 5 - 18　高压配电室剖面图（示例）

（a）单列布置；（b）双列布置（面对面）

1—GG1A（F）型高压开关柜；2—高压母线桥；3—电缆沟

图 5 - 19 为装有 PGL 型低压配电屏的低压配电室剖面图。图中示出变压器母线从离地不低于 3.4m 处穿过绝缘隔板 1 进入低压配电室，经过墙上的隔离开关 2 和电流互感器 3 后直接接于配电屏母线 4 上。屏前操作通道不小于 1.5m，屏后通道不小于 1m。PGL 型低压配电屏高 2.2m。低压配电室高 4m。为便于布线和检修，在配电屏的下面及后面地下均设有电缆沟。

高、低压配电室的耐火等级应分别不低于二级和三级。

（四）电容器室的结构

室内高压电容器装置宜设置在单独的高压电容器室内，而低压电容器装置一般可放置在低压配电室内。高、低压电容器室的耐火等级应分别不低于二、三级。电容器室应有良好的自然通风，通风量应根据电容器允许温度，按夏季排风温度不超过电容器所允许的最高环境温度计算。当自然通风不能满足排热要求时，可增设机械排风。电容器室应设温度指示装置。

五、组合式成套变电所简介

以上主要介绍的是传统的变配电所。它一般采用油浸式变压器（例如SL7、S9、S11 型）和少油型断路器（例如 SN10-10 型），它们有火灾和爆炸危险，因此要求变压器室和高低压配电室等分开设置，并用密实墙隔开。这种变配电所以前多用于工业建筑。在民用建筑特别是高层建筑中，目前广泛使用一种组合式成套变电所。

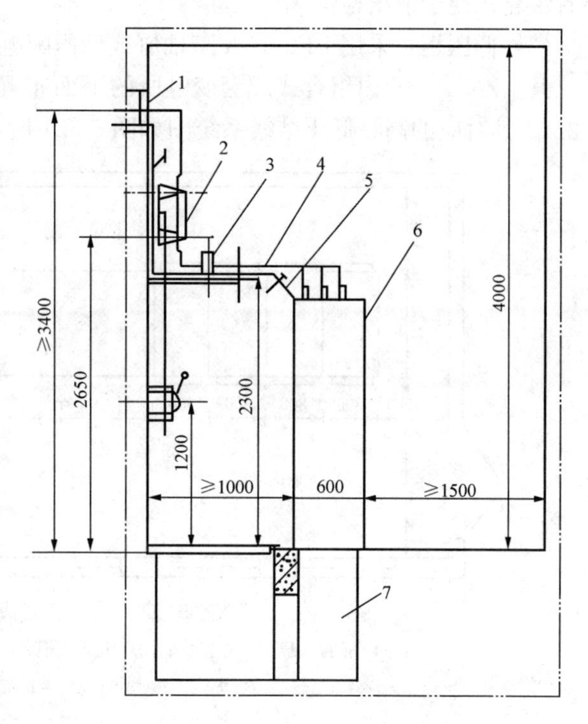

图 5-19　低压配电室剖面图（示例）

1—穿墙绝缘隔板；2—隔离开关；3—电流互感器；4—低压母线；5—中性母线；6—低压配电屏；7—电缆沟

组合式成套变电所又叫预装式变电所或箱式变电所。它由高压开关设备、电力变压器和低压开关设备三个单元部分组合而成。它的各个单元部分都是由制造厂成套供应，便于在现场组合安装。组合式成套变电所不需建造变压器室和高低压配电室，从而可以免去土建工程，并且易于深入负荷中心，简化供电系统的设计。它一般采用无油电器，因此更为安全，当然价格也较高。组合式成套变电所占地面积小、绝缘水平高、安全可靠性高、维护工作量小，且单元方案多样化，可根据需要而组合，已在国内外的民用建筑中得到了广泛的应用。随着我国经济建设的发展与制造水平的提高，组合式成套变电所亦将成为工厂变电所的一个新的发展方向。在发达国家，在一次电压为 6～35kV 的变电所中，组合式成套变电所已占到 70%左右。

组合式成套变电所可分为户内式和户外式两类。户外式适用于工业企业、公共建筑和住宅小区供电；户内式目前则主要用于高层建筑或民用建筑群的供电。

我国已颁发了国家专业标准 ZBK40001—1989《组合式变电站》和部颁标准 SD320—1989《箱式变电站技术条件》，并做出了 ZBW 和 ZBN 系列组合式变电所及 NXB 系列箱式变电所的统一设计。目前，国内各种型号的组合式成套变电所品种很多，包括全封闭型、半封闭型，组合式、固定式、装置式，终端供电、环网供电等等，用户应根据实际情况合理选用。另外，组合式成套变电所中变压器的通风散热条件较差，在设计和运行中应特别注意。

采用环网开关柜实现的环形供电方式已得到了广泛的应用。在城市电网中采用环网供电技术具有很好的经济效益和技术指标。

上海华通开关厂生产的 XZN-1 型户内组合式成套变电所，其电气设备分为以下三部分。

（1）高压柜：采用 GFC-10A 型手车式高压开关柜，其手车上装 ZN4-10C 型真空断路器。

（2）变压器柜：主要装配 SC 型环氧树脂浇注干式变压器，防护式可拆装结构，变压器装有滚轮，便于取出检修。

（3）低压柜：采用 BFC-10A 型抽屉式低压配电柜，主要装配 ME 型低压断路器等。

某 XZN-1 型户内组合式成套变电所的平面布置图如图 5 - 20 所示，变电装置的高度为 2.2m。其对应的高、低压结线系统图如图 5 - 21 所示。

1200
1500
>2500
1
2
3
4
5
6
7
8
9
10
>1000
800
800
800
800
2500
900
600
600
600
600
>1000

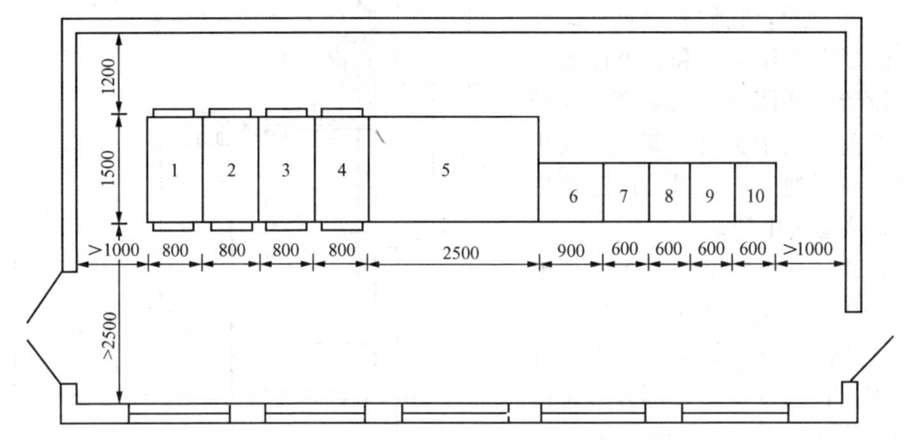

图 5 - 20　某 XZN-1 型户内组合式成套变电站的平面布置图

1～4—4 台 GFC-10A 型手车式高压开关柜；5—变压器柜；6—低压总进线柜；
7～10—4 台 BFC-10A 型抽屉式低压配电柜

序　号
1
2
3
4
5
6
7
8
9
10
方
案
4 回路
4 回路
8 回路
8 回路
名　称
进　线
电压测量及过电压保护
计　量
出　线
变压器
低　压总进线
出　线
出　线
出　线
出　线

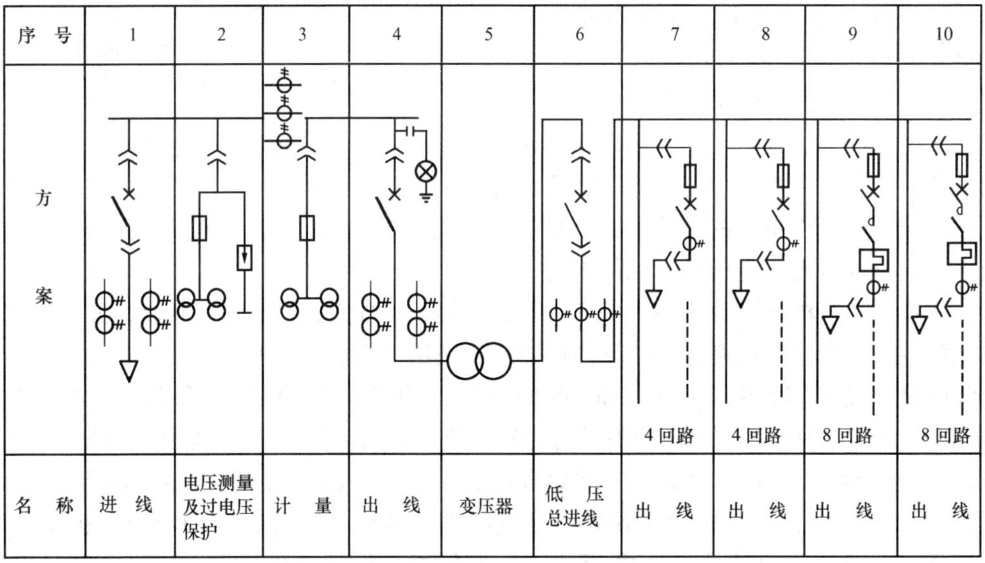

图 5 - 21　图 5 - 20 所示 XZN-1 型户内成套变电所的高低压结线系统图

图 5 - 22 为一 ZBW-630/10 型户外组合式变电所的一次电路图。箱式（组合式）变电站从外形和结构上可分为欧式和美式两大类，欧式的变压器和高、低压柜为一字形排列，而美式的变压器则为凸形排列。图 5 - 23 为两种（欧式和美式）箱式变电站的外形图。

图 5 - 24 是图 5 - 3 所示某高层民用建筑变配电所的平、剖面布置图。

这类高层民用建筑的变配电所，宜设置室内变电所或户内成套变电所，且一般设置在地下一层或地面首层；当建筑物高度超过 100m 时，也可在高层区的避难层或上技术层内设置变电所。本变配电所设置在地下一层，以便得到较好的通风、散热条件。

ZBW-10/0.4-630kVA 目字型终端高供高计

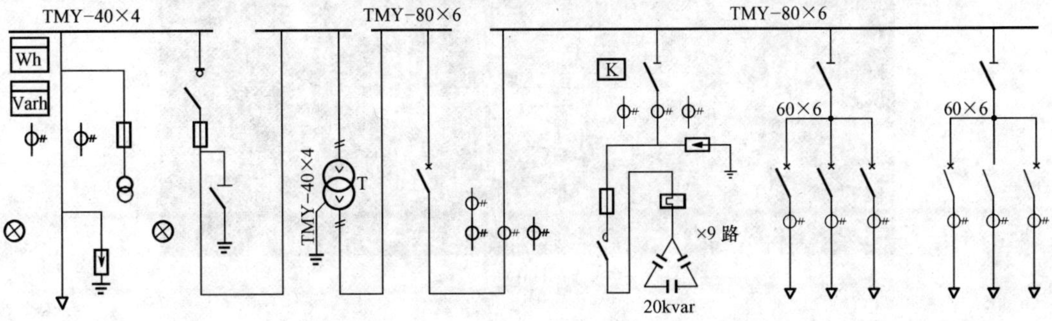

TMY−40×4　TMY−80×6　TMY−80×6

Wh　Varh　TMY−40×4　T　K　60×6　60×6　×9 路　20kvar

序号	型号/柜号	计量进线柜		计量柜		变压器		总柜		电容补偿柜		1 号出线柜		2 号出线柜	
1	负荷开关	FN12-1ORO	1												
2	隔离开关									HD138-140/31	1	HD138-600/31	1	HD138-600/31	1
3	断路器							ME1605-220V 固定式垂直进线				DZ20J-200/3300	3	DZ20J-200/3300	3
4	电流互感器			LAJ-10-40/5A	2			LMZ2-0.66-1500/5A	3	LMZ2-0.66-300/5A	3	LMZ2-0.66-200/5A	3	LMZ2-0.66-1500/5A	3
5	电压互感器			JDZ-10-10/0.1kV	2										
6	接触器											B25C AC220	9		
7	热继电器											T25 AC220V	9		
8	电容器											BCMJ1-0.4-20-3	9		
9	熔断器	RD2-10/0.5A	3	SFLAJ-12-63A	3							RT14-32A	27		
10	避雷器	YH5WS-17/50										Y3W-0.28-1.3	3		
11	电能表	DSD3-1　1　DX863	1												
12	带电显示器	DXN2-T	1	DXN2-T	1										
13	变压器					S9 或 S11 630kVA	1								

图 5-22　ZBW-630/10 型户外组合式变电所的一次电路图

(a)

(b)

图 5 - 23　两种（欧式和美式）箱式变电站的外形图
（a）欧式箱式变电站（YB - 40.5）；（b）美式箱式变电站（ZGS - 12）

图 5 - 24 中：1G 和 2G 为高压环网开关柜，1T 和 2T 为带 IP2X 级防护外壳的环氧树脂浇注干式变压器，因而可以同居一室，但应保持一定间距；1P～16P 为 GCS 型低压抽屉式开关柜及电容器柜；1T 和 2T 采用上出线方式（当低压开关柜不在最底层时，这种上出线方式可以避免作电缆沟带来的麻烦），至低压开关柜的线路采用封闭式密集母线槽，既安全，又整齐美观、便于检修（详见Ⅰ-Ⅰ剖面）。

作为“应急电源”的自起动柴油发电机组一般毗邻变配电所布置。其结构布置应做到运行安全可靠、经济合理、布局紧凑、便于维护等。机房应有良好的通风和采光，且便于排出废气，应设防烟、排烟装置，机房基础应有隔振措施。图 5 - 24 中设有发电机房、油箱间、进风竖井与排风竖井等。发电机房装有气体自动灭火装置以满足消防要求。发电机房的排风竖井处装有轴流风机。发电机房的进、排风口均装有噪声衰减装置以满足环保要求。发电机房的进、排风口内侧还应装设金属保护网以防小动物进入（详见Ⅱ-Ⅱ剖面）。

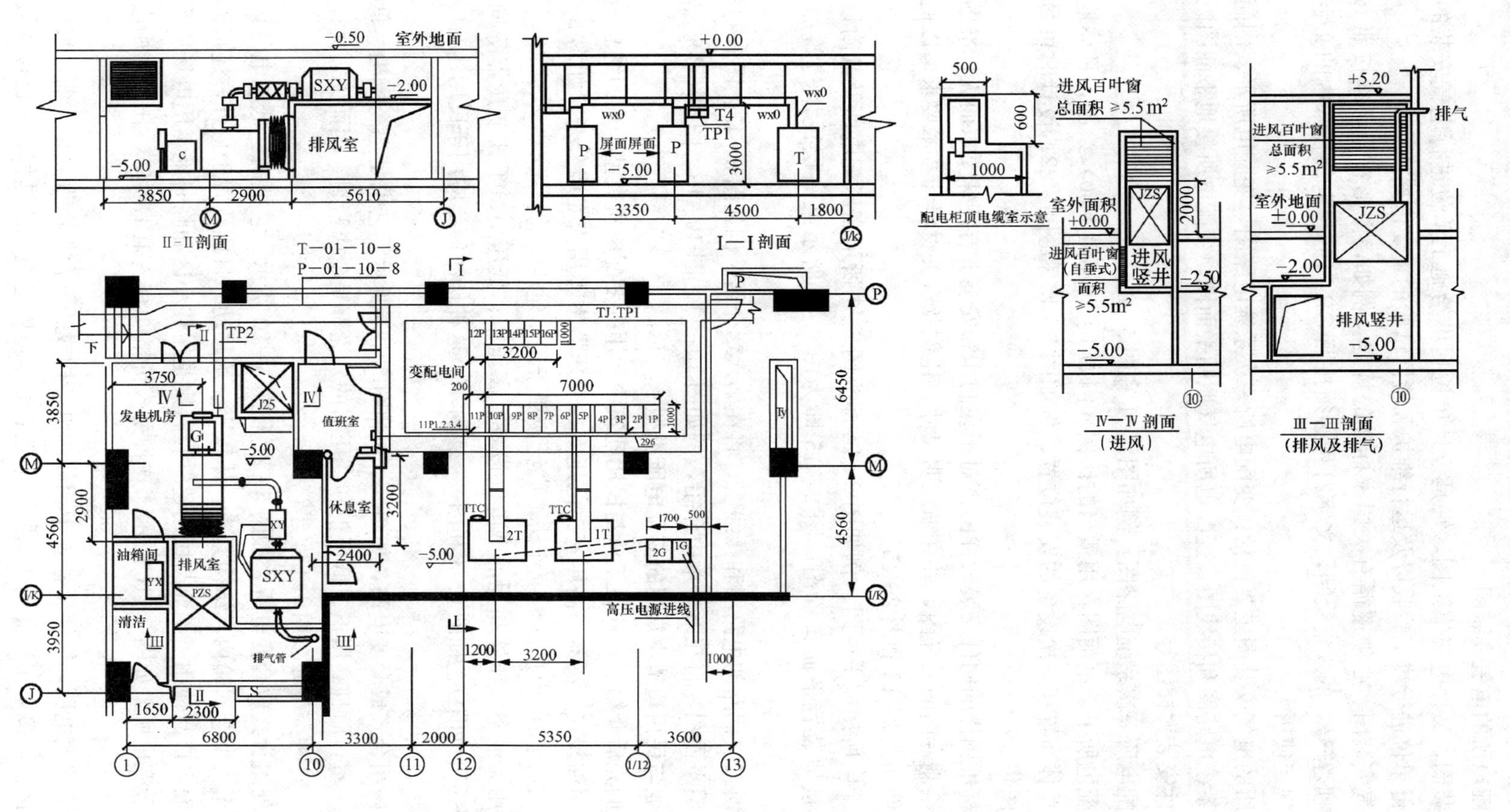

图 5-24　图 5-3 所示某高层民用建筑变配电所的平、剖面布置图

六、变配电所的电气安装图

电气安装图，又称电气施工图，它是设计单位提供给施工单位进行电气安装的技术图样，也是运行单位进行竣工验收以及运行维护和检修试验的重要依据。

绘制电气安装图，必须遵循有关国家标准的规定。例如，图形符号必须按照 GB 4728《电气图用图形符号》的规定绘制，文字符号必须按照 GB 7159《电气技术中的文字符号制定通则》的规定使用。

变配电所的电气安装图主要包括：变配电所一次系统电路图，变配电所平、剖面图，变配电所二次系统电路图和接线图，变配电所电气照明平面图，变配电所接地平面图以及无标准图样的构件安装大样图等。

（1）变配电所一次系统电路图：例如图 5－1 和图 5－2。

（2）变配电所平、剖面图：用适当的比例（例如 1∶20 或 1∶50）绘制，具体地表示出变配电所的总体布置和一次设备的安装位置，例如图 5－13 和图 5－22；设计时可尽量参考国家的标准图集。

（3）无标准图样的构件安装大样图：对于在制作和安装上有特殊要求而无标准图样的一些构件，应绘制专门的大样图，并详细注明尺寸、比例及有关材料和技术要求，以便按图制作和安装，例如图 2－12 和图 2－15。

（4）变配电所接地平面图：例如图 9－14 即为图 5－1 所示高压配电所及其附设 2 号车间变电所的接地装置平面布置图；图 9－15 即为图 5－3 所示某高层民用建筑的接地平面图。

变配电所二次回路的电路图和接线图，将在第六章介绍。例如图 6－45、图 6－46。

电气照明平面图，将在第十章中介绍，例如图 10－11、图 10－19、图 10－20。

七、工业与民用建筑中常用的变配电所类型

以上我们先后介绍了六种在工业与民用建筑中常用的变配电所类型，现归纳总结如下。

（1）采用油浸式变压器，高压室、低压室、变压器室等用密实墙分开，如图 5－1 和图 5－13 所示。这是变配电所的传统作法，广泛使用于工业建筑。

（2）采用无油型变压器和无油型电气设备，高压柜、低压柜、干式变压器等同置一室（但应保持规定的间距），如图 5－3 和图 5－24 所示。这种作法广泛应用于民用建筑中的变配电所。

（3）户内组合式成套变电站，如图 5－20 和图 5－21 所示。它也是把高压柜、低压柜和变压器同置一室，而且高压柜、低压柜和变压器的外壳都是金属密封，因而无需间距，可节省占地面积。这种类型亦多用于工业建筑。

（4）户外组合式成套变电所，如图 5－22 和图 5－23 所示。它把高、低压电气设备和变压器装在一个大型金属箱内，结构紧凑、体积小、可移动并且能放置于户外，还可以做成地下式的，因而可广泛使用于工业与民用建筑，特别是居住小区和临时施工用电场所等。

（5）露天变电所，如图 5－16 所示。这种型式价格便宜、施工简单，在农村用电系统中仍有采用。

（6）杆上式变电所，因变压器置于相邻两电杆构成的平台上而得名。以前，城市路灯供电和居民小区供电多采用杆上式变电所；但随着城市电网电缆化的进程，它已逐步被户外组合式成套变电所所取代。

以上几种不同类型的变配电所，在结构、价格、设备类型和使用范围方面都有所不同。希望读者在选择和使用时特别注意。

第三节　电力线路的结线方式

一、概述

电力线路是电力系统的重要组成部分，担负着输送和分配电能的任务。

工业与民用建筑中电力线路的结线方式与电源进线电压有关。当采用380V电压为电源进线电压时，只有低压电力线路的结线方式问题；当采用6～10kV或更高电压为电源进线电压时，则还有高压电力线路的结线方式问题。

二、高压电力线路的结线方式

高压电力线路的结线方式，可按单电源供电、双电源供电和环形供电等几种形式来讨论。

（一）单电源供电的结线方式

该结线方式主要有放射式和树干式两种。这两种结线方式的对比分析，如表5-4所列。

表5-4　放射式结线与树干式结线对比分析

名称	放射式结线	树干式结线
结线图	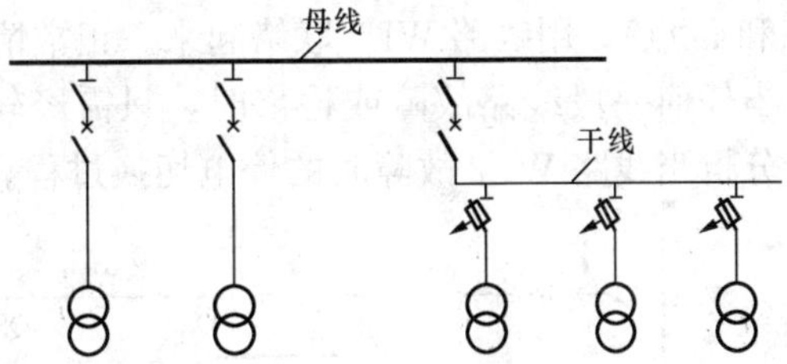 母线	干线
特点	每个用户由独立线路供电	多个用户由一条干线供电
优点	可靠性高，线路故障时只影响一个用户；操作、控制灵活	高压开关设备少，耗用导线也较少，投资省；易于适应发展，增加用户时不必另增线路
缺点	高压开关设备多，耗用导线也多，投资大；不易适应发展，增加用户时，要增加较多线路和设备	可靠性较低，干线故障时全部用户停电；操作、控制不够灵活
适用范围	离供电点较近的大容量用户，供电可靠性要求高的重要用户	离供电点较远的小容量用户，不太重要的用户
提高可靠性的措施	改为双放射式结线，每个用户由两条独立线路供电；或增设公共备用干线	改为双树干式结线，重要用户由两路干线供电；或改为环形供电

（二）双电源供电的结线方式

该结线方式主要有双放射式、双树干式和公共备用干线的结线等。

（1）双放射式结线：即一个用户由两条放射式线路供电，如图5-25（a）所示。当一条线路故障或失电时，用户可由另一条线路保持供电，多用于容量较大的重要负荷。

（2）双树干式结线：即一个用户由两条不同电源的树干式线路供电，如图 5-25（b）所示。供电可靠性高于单电源供电的树干式，而投资又低于双电源供电的放射式，多用于容量不太大且离供电点较远的重要负荷。

（3）公共备用干线式结线：即各个用户由单放射式线路供电，而从公共备用干线上取得备用电源，如图 5-25（c）所示。每个用户都可获得双电源，又能节约投资和有色金属，可用于容量不太大的多个重要负荷。

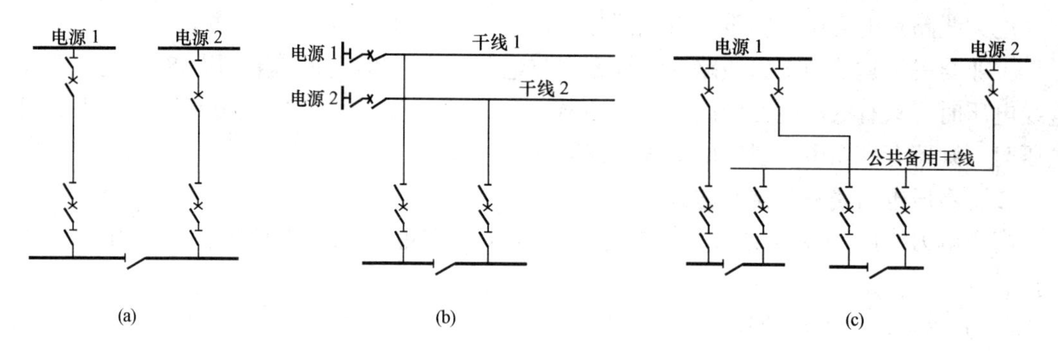

图 5-25 双电源供电的结线方式

（a）双放射式；（b）双树干式；（c）公共备用干线式

（三）环形供电的结线方式

环形供电结线方式如图 5-26 所示，将两段母线 WB1 和 WB2 上引出的两条链式干线的末端（例如 B 点和 D 点），用线路 WL5 联络起来。正常情况下 QS4 或 QS8 是断开的，两条线路开环运行。当任何一段线路故障或检修时，只需经较短时间的停电切换，即可恢复供电。读者可自行分析当线路 WL2 故障时的停电切换过程。

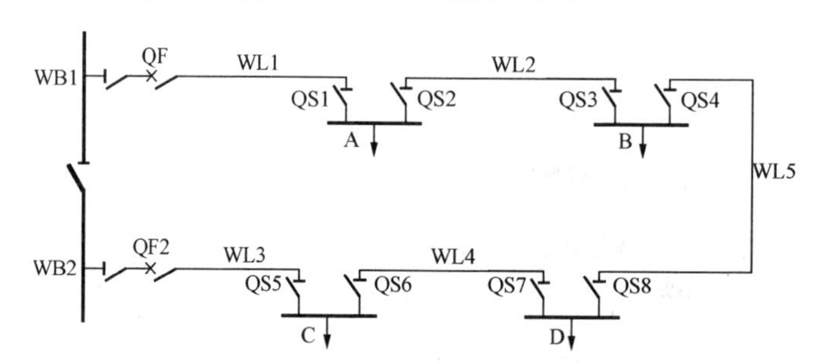

图 5-26 环形供电的结线方式

目前，城市的中压供电系统广泛采用 10kV 环网柜，实现“手拉手”环形供电。

（四）供电系统举例

图 5-27 是某重型机器厂的平面图，各厂房的计算负荷已标在图上。图 5-28 是该厂主电路图，其中铸钢车间、氧气站、水压机车间及煤气站均为一级负荷，其他车间为三级负荷。

下面具体分析该厂供电系统是怎样考虑的。读者可从而了解其设计思路，并培养和提高自己的读图能力。

（1）厂区配电电压：由于本厂具有多台 6kV 高压电动机，而且本厂厂区范围不大，因此厂区高压配电电压采用 6kV（说明：以前我国不能生产 10kV 高压电动机，故当时只能如

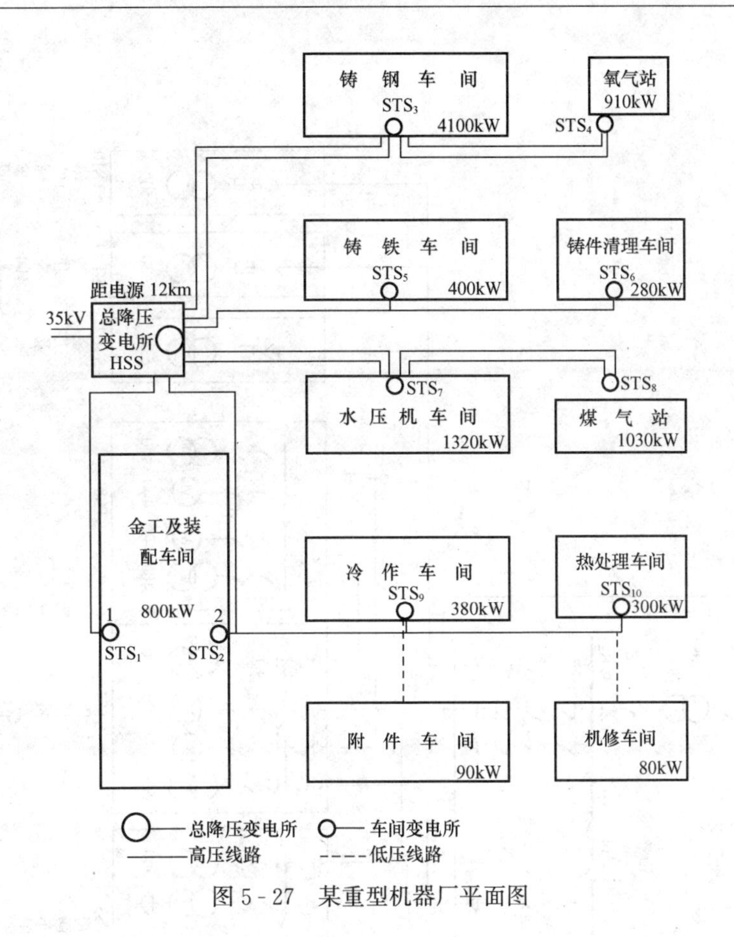

图 5-27　某重型机器厂平面图

此选择；现在可采用 10kV 高压电动机了，则厂区高压配电电压宜采用 10kV)。

(2) 电源进线电压：由于全厂计算负荷达 8100kW，而且本厂离系统电源 12km，超出 6kV 线路合理输送功率和距离，因此采用 35kV 作为电源进线电压，在厂区设总降压变电所，降为 6kV 后送往各个车间变电所。又因本厂具有相当数量的一级负荷，所以采用两路 35kV 线路供电，取得两个独立电源，以满足一级负荷对供电电源的要求。

总降压变电所设两台 8000kVA 变压器，这样，每台单独运行时都能满足全厂一、二级负荷的要求。

总降压变电所的 35kV 侧采用外桥式结线。6kV 侧采用分段单母线，分段开关采用断路器，可以带负荷通断。

(3) 厂区高压电力线路的结线方式：铸钢车间和氧气站都为一级负荷，而且两车间距离不远，如果分别采用双放射式供电，那么总降压变电所就需要装 4 台 6kV 开关柜，在厂区需敷设 4 条 6kV 线路。如果采用双树干式对这两个车间供电，则对每个车间来说，仍为双电源供电，但总降压变电所只要装两台 6kV 开关柜，可节省两台 6kV 开关柜，而且也可以少敷设两条 6kV 线路。后一方案既满足了负荷对供电可靠性的要求，又简化了总降压变电所主电路和厂区高压电力线路，节省了投资，是最佳方案。由于高压电动机绝缘强度不如电力变压器，为避免雷击危害高压电动机，所以从总降压变电所到这两个车间的 6kV 线路，不采用架空线路而采用电缆线路。

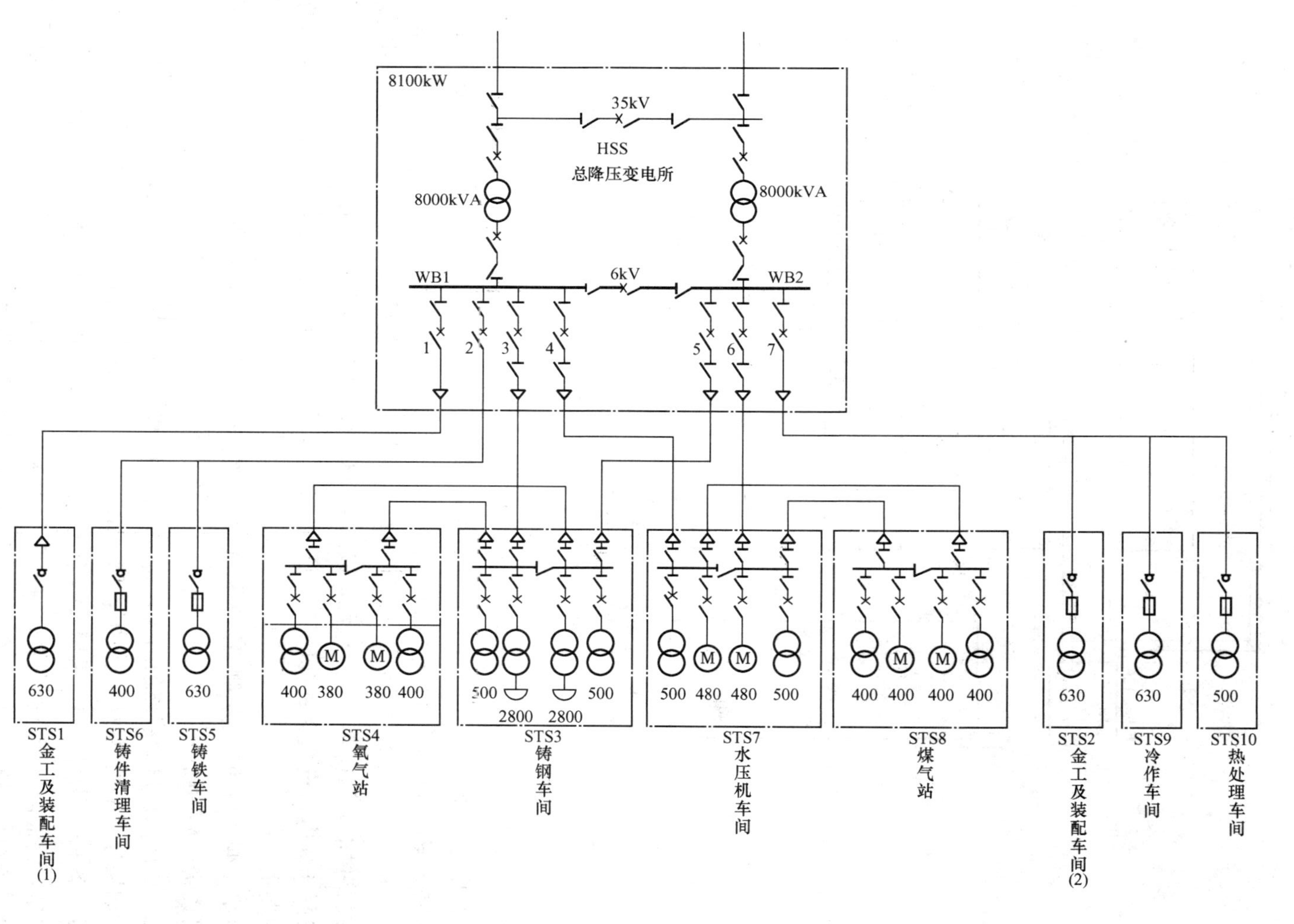

图 5-28 某重型机器厂主电路图

水压机车间及煤气站，都为一级负荷，两个车间距离也不远，因此也采用双树干式供电。也由于有高压电动机，同样采用电缆线路。

铸铁车间及铸件清理车间变电所，由于是三级负荷，因此采用一路树干式线路供电。

金工及装配车间，由于负荷重、面积大，为减少380V线路的电压损耗及电能损耗，因此分设两个车间变电所，如图5-27所示。

附件车间，由于它的负荷不大，因此由冷作车间变电所以380V电压供电。同理，机修车间则由热处理车间变电所供电。

金工车间的STS2与冷作车间的STS9、热处理车间的STS10等三个车间变电所，都是功率不大的三级负荷，而且彼此靠近，因此采用一条树干式线路供电。由于这一条干线上没有高压电动机，因此可采用架空线路，既便于分支，又可节省投资。

金工车间的另一变电所STS1，因没有顺路的6kV线路，只好由总降压变电所以放射式供电。此线路不长，故采用电缆线路。

(4) 各车间变电所高压开关的选择：铸钢车间、氧气站、水压机车间及煤气站等车间变电所，由于都是一级负荷，因此其车间变电所的变压器高压侧都采用高压断路器控制，便于装设继电保护和自动切换装置。

金工车间的车间变电所STS1，因在总降压变电所侧已装有控制此变压器的专用高压断路器及保护装置，所以在车间变电所这一端，只装一台隔离开关，用于检修时隔离高压电源。

民用建筑与工业建筑的供配电系统也有一些不同之处。图5-29为某高层民用建筑低压配电柜系统图。高层民用建筑中有较多一、二级负荷，并且消防负荷等属于第一章中介绍的“特别重要的负荷”。由图5-29可见，低压配电系统分为正常配电（Ⅰ和Ⅱ段母线）和保安配电（Ⅲ和Ⅳ段母线）两部分。正常配电由两台1250kVA的干式变压器供给，单母线分段，正常时两台变压器分列运行，轻负荷时（例如早期入住率较低时或非空调季节）可只投一台变压器，以母线联络方式运行。此外，当其中一台变压器发生故障时也可以母线联络方式运行。保安配电也分为两段母线，一段带消防负荷，另一段带其他重要负荷。火灾时，图中带15P柜内号的断路器（7QF，800A）接受到消防控制室的信号而自动断开，切除第Ⅳ段母线所带的除消防负荷之外的其他重要负荷，以确保第Ⅲ段母线所带消防负荷的供电可靠性。保安母线（Ⅲ和Ⅳ）平时也由市电供电；当市电断电时，发电机自动起动，保证在10s内恢复保安供电。双电源切换柜（12P）中装有法国SIRCOVER系列电动机驱动自动转换开关ATSE（QL，1250A），确保发电机与市电不得并网运行。当市电恢复时，QL经延时几秒后自动切换回市电供电。本图中的低压配电柜为MCS型抽屉式，其额定短时耐受电流（I_{sh}有效值）选用50kA级。配电柜采用顶部进出线（可节省土建投资且便于维修），从变压器到配电柜采用封闭式母线桥，配电柜出线则一般采用四芯铜电缆，水平部分敷设在电缆托盘上。高层建筑的电气干线一般敷设在专用的电气竖井内，各层的电气竖井内设配电箱，再供电给各层的电气设备。为保证在火灾时能继续供电，消防设备的配电干线应选用耐火电缆（例如NH-YJV型）。为防止配电线路故障引起火灾或火灾时火势沿线路蔓延，经由电缆托盘或电气竖井明敷的配电线路，均应选用阻燃电缆（例如ZR-YJV型）。

三、低压电力线路的结线方式

低压电力线路基本的结线方式有放射式、树干式及链式等三种，各自的结线特点和适用范围如表5-5所列。

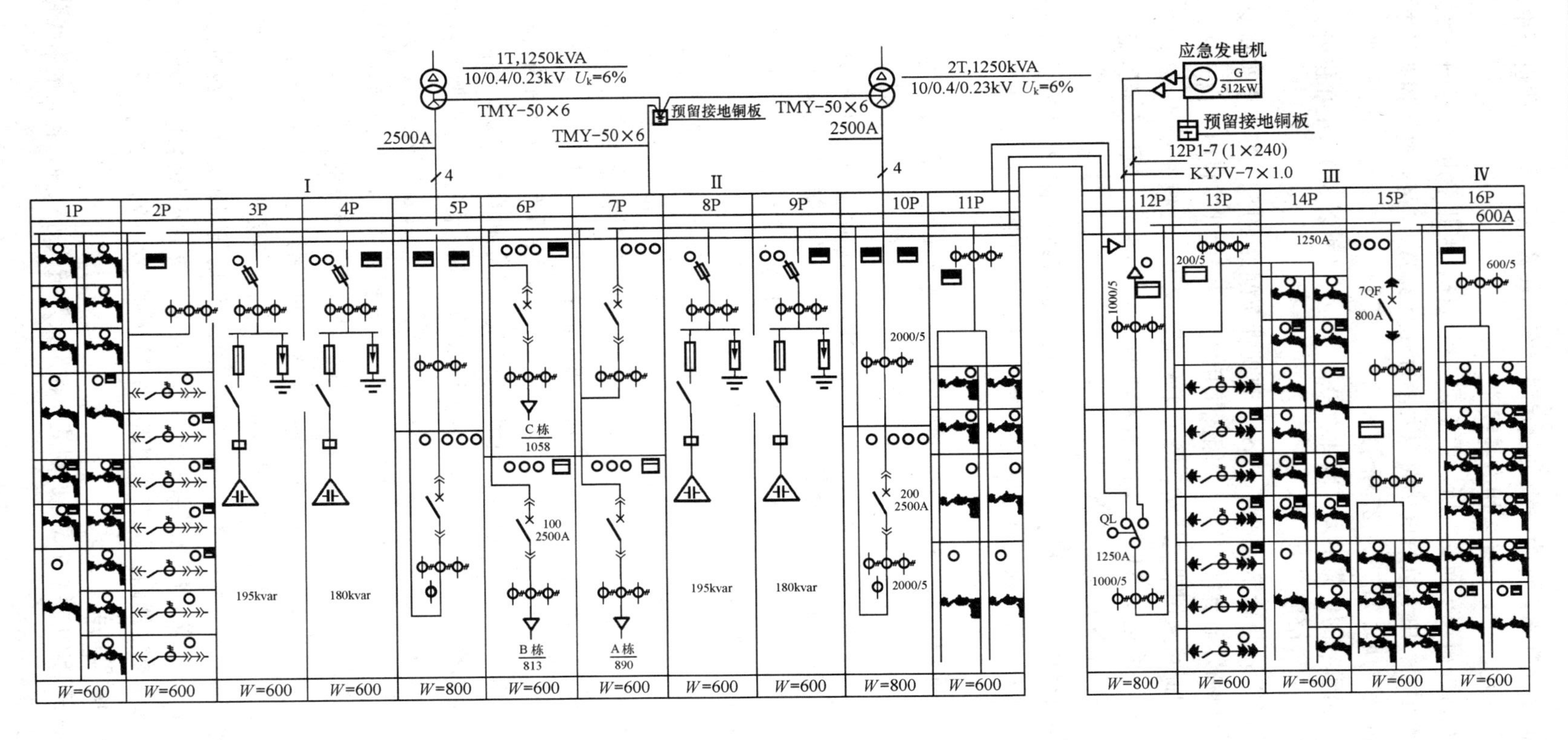

图5-29 某高层民用建筑低压配电柜系统图

表 5-5　**低压电力线路常用的结线方式**

名称	放射式	树干式	链式
结线图			
特点	每个负荷由单独线路供电	多个负荷由一条干线供电	后面设备的电源引自前面设备的端子
优点	线路故障时影响范围小，因此可靠性较高；控制灵活，易于实现集中控制	线路少，因此有色金属消耗量少，投资省；易于适应发展	线路上无分支点，适合穿管敷设或电缆线路；节省有色金属消耗量
缺点	线路多，有色金属消耗量大；不易适应发展	干线故障时影响范围大，因此供电可靠性较低	线路检修或故障时，相连设备全部停电，因此供电可靠性较低
适用范围	供大容量设备，或供要求集中控制的设备，或供要求可靠性高的重要设备	适于明敷线路，也适于供可靠性要求不高的和较小容量的设备	适于暗敷线路，也适于供可靠性要求不高的小容量设备；链式相连的设备不宜多于 5 台，总容量不宜超过 10kW，最大一台的容量不宜超过 7kW

有些机械加工车间，为了适应生产工艺的经常改变和设备位置的频繁调整，可采用变压器—干线式结线，如图 5-30 所示。它是一种特殊的树干式结线。在变压器低压侧不设低压配电屏，只在车间墙上装设低压断路器。总干线采用载流量很大的母线，贯穿整个车间，再从总干线经低压断路器或熔断器引至各分干线。这样，大容量设备可直接接在总干线上，而小容量设备则接在分干线上，因此可非常灵活地适应设备位置的调整。但是干线检修或故障时停电范围大，供电可靠性不很高。变压器—干线式结线主要用于设备位置需经常调整的机械加工车间。也可以采用封闭式母线槽作母线，既美观，又安全。

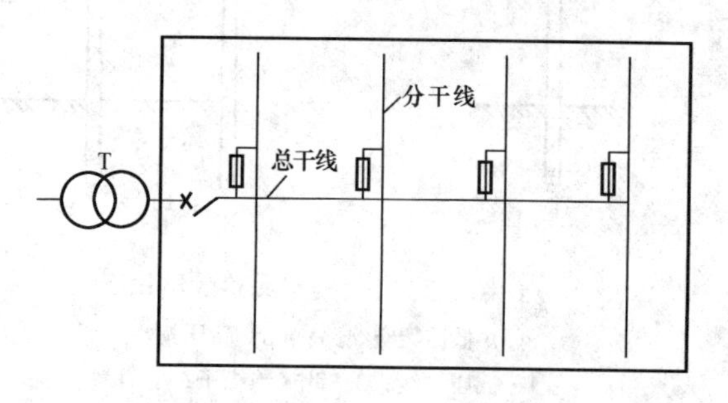

图 5-30　变压器—干线式结线

在实际的工厂低压配电系统中，往往是以上几种结线方式的组合。

总的来说，电力线路的结线应力求简单可靠。运行经验证明：供配电系统如果结线复杂，层次过多，不仅浪费投资和不便管理，而且由于串联元件过多，使元件故障和操作错误而发生事故的可能性也随之增加，且处理事故和恢复供电的操作也比较麻烦，从而延长了停电时间。同时，由于配电级数多，继电保护级数也相应增多，致使级间配合困难，对供配电系统的故障保护十分不利。因此，GB 50052—2009《供配电系统设计规范》规定："供电系统应简单可靠，同一电压供电系统的配电级数不宜多于两级"。

第四节　电力线路的结构与敷设

一、概述

工业与民用建筑的电力线路按结构型式来分，有架空线路、电缆线路和室内线路等三类。

架空线路是利用电杆架空敷设导线的户外线路。其优点是投资少、易于架设，维护检修方便，易于发现和排除故障；但它要占用地面位置，有碍交通和观瞻，且易受环境影响，安全可靠性较差。

电缆线路是利用电力电缆敷设的线路。电缆线路与架空线路相比，虽然具有成本高、不便维修、不易发现和排除故障等缺点，但却具有运行可靠、阻抗较小、不易受外界影响、不需架设电杆、不占地面、不碍交通和观瞻等优点，特别是在有腐蚀性气体和易燃易爆场所，以及需要防止雷电波沿线路侵入不宜采用架空线路时，只有敷设电缆线路。因此，在现代的工业与民用建筑中，电缆线路得到了越来越广泛的应用。

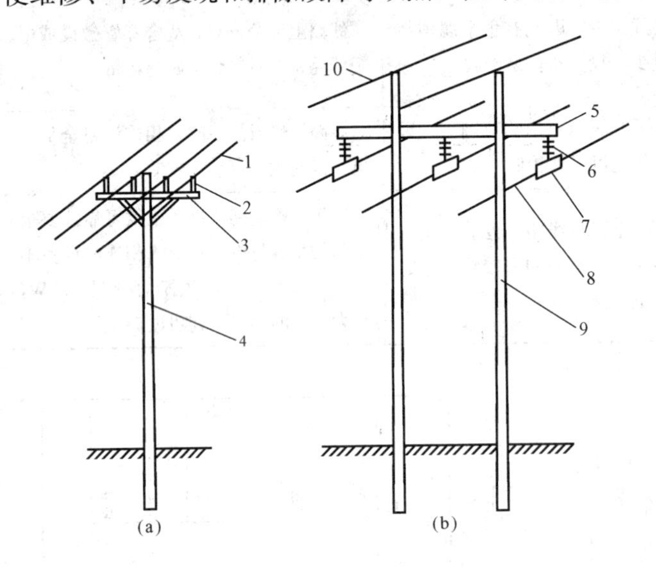

图 5 - 31　架空线路的结构

(a) 低压架空线路；(b) 高压架空线路

1—低压导线；2—针式绝缘子；3—横担；4—低压电杆；5—横担；6—绝缘子串；7—线夹；8—高压导线；9—高压电杆；10—避雷线

车间线路是指车间内外敷设的各类配电线路，包括车间内用裸线（包括母线）和电缆敷设的线路，用绝缘导线沿墙、沿屋架和沿顶棚明敷的线路，用绝缘导线穿管沿墙、沿屋架或埋地敷设的线路，也包括车间之间用绝缘导线敷设的低压线路。

二、架空线路的结构和敷设

架空线路的结构如图 5 - 31 所示。它由电杆、横担、绝缘导线以及接闪线（避雷线，架空地线）、拉线等组成。

（一）架空线路的导线

架空线路一般多采用裸导线。截面 10mm^2 以上的导线一般都是多股绞合的，称为绞线。目前最常用的是 LJ 型铝绞线。在机械强度要求较高的和 35kV 及以上的架空线路上，则多采用 LGJ 型钢芯铝绞线，其断面如图 5 - 32 所示。其中的钢芯主要承受机械载荷，外围的铝线部分用于载流。钢芯铝绞线型号（如 LGJ-95）中表示的截面积（95mm^2）就是指铝线部分的截面积。在建筑物稠密地区应采用绝缘导线、架空绝缘线或电缆。

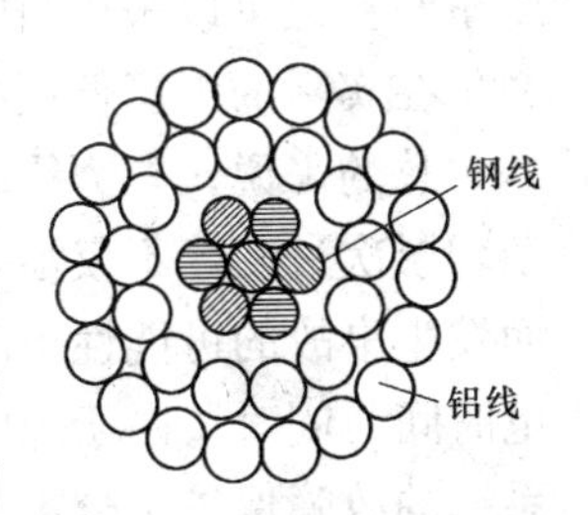

图 5 - 32　钢芯铝绞线的截面

根据机械强度的要求，架空裸导线的最小截面如附表 A - 11 所示。

（二）电杆、横担和拉线

电杆是用来支持和架设导线的。对电杆的要求，主要是要有足够的机械强度，并保证导线对地有足够的距离，如表 5 - 6 所示。

表 5 - 6　　架空导线离地最小距离/m

线路经过地区	线路电压	
	高压（6～10kV）	低压（1kV 及以下）
居民区、厂区	6.5	6.0
非居民区	5.5	5.0
交通困难地区	4.5	4.0

电杆按其采用的材料分类，有木电杆、混凝土电杆和铁塔等。现在最常用的是混凝土电杆。因为采用混凝土电杆可大量节约木材和钢材，而且经久耐用，维护简单，也比较经济。常用圆形混凝土电杆的规格如表 5 - 7 所示。

表 5 - 7　　圆形钢筋混凝土电杆规格

杆长/m	7	8		9		10		11	12	13
梢长/mm	150	150	170	150	190	150	190	190	190	190
底径/mm	240	256	270	270	310	283	323	337	350	363
埋深/mm	1200	1500		1600		1700		1800	1900	2000

注　表中埋深系按一般土质情况。

电杆按其在线路中的地位和作用分类，有直线杆、耐张杆、转角杆、终端杆、跨越杆和分支杆等型式。图 5 - 33 是上述各种杆型在低压架空线路上应用的示意图。

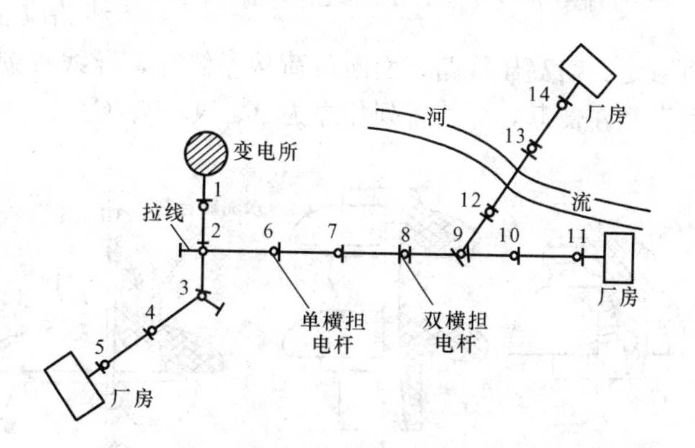

图 5 - 33　各种杆型在低压架空线路上的应用
1、5、11、14—终端杆；2、9—分支杆；3—转角杆；4、6、7、10—直线杆；8—耐张杆（分段杆）；12、13—跨越杆

横担用来固定绝缘子以支承导线，并保持各相导线之间的距离。

目前常用的横担有铁横担和瓷横担。铁横担由角钢制成。10kV 线路多采用∟63×6 的角钢，380V 线路多采用∟50×5 的角钢。铁横担的机械强度高，应用广泛。瓷横担兼有横担和绝缘子的作用，能节约钢材、提高线路绝缘水平和节省投资，但机械强度较低，一般仅用于农村 10kV 电网等较小截面导线的架空线路。

拉线是为了平衡电杆各方面的受力，防止电杆倾倒用的，如转角杆、耐张杆、终端杆等往往都装有拉线。拉线一般采用镀锌钢绞线，依靠花篮螺钉来调节拉力，如图 5 - 34 所示。

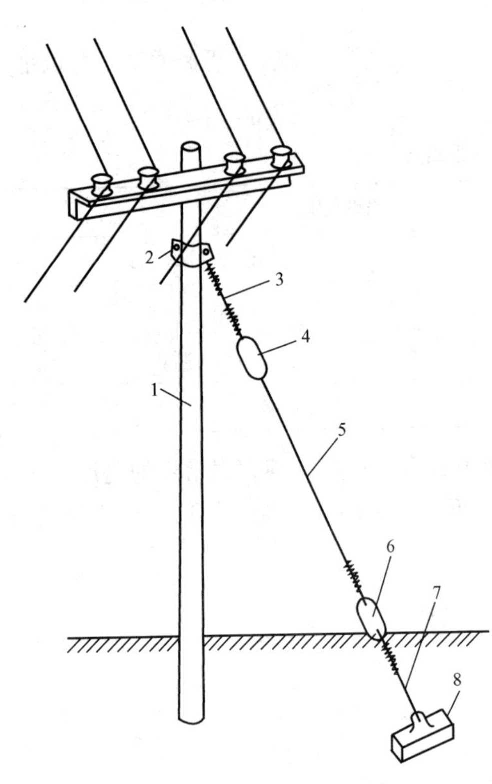

图 5-34　拉线的结构

1—电杆；2—拉线抱箍；3—上把；4—拉线绝缘子；5—腰把；6—花篮螺钉；7—底把；8—拉线底盘

（三）线路绝缘子和金具

线路绝缘子俗称瓷瓶，用来固定导线并使导线与电杆绝缘。图 5-35 所示为常见的几种高压线路绝缘子。

线路金具是用来连接导线、安装横担和绝缘子的金属附件，包括安装针式绝缘子的直脚［见图 5-36（a）］和弯脚［见图 5-36（b）］，安装蝴蝶式绝缘子的穿心螺钉［见图 5-36（c）］，将横担或拉线固定在电杆上的 U 形抱箍［见图 5-36（d）］，调节松紧的花篮螺钉［见图 5-36（e）］，以及悬式绝缘子串的挂环、挂板、线夹［见图 5-36（f）］等。

（四）架空线路的敷设

敷设架空线路，要严格遵守有关技术规程的规定。在施工过程中，要特别注意安全，防止发生事故。

导线在电杆上的排列方式，如图 5-37 所示：有水平排列［图（a）、图（f）］，三角形排列［图（b）、图（c）］，三角、水平混合排列［图（d）］和双回路垂直排列［图（e）］等。电压不同的线路同杆架设时，电压较高的线路应在上面。架空线路的排列相序应符合下列规定：对高压线路，面向负荷从左侧起，导线排列相序为 A、B、C；对低压线路，面向负荷从左侧起，导线排列相序为 A、N、B、C。

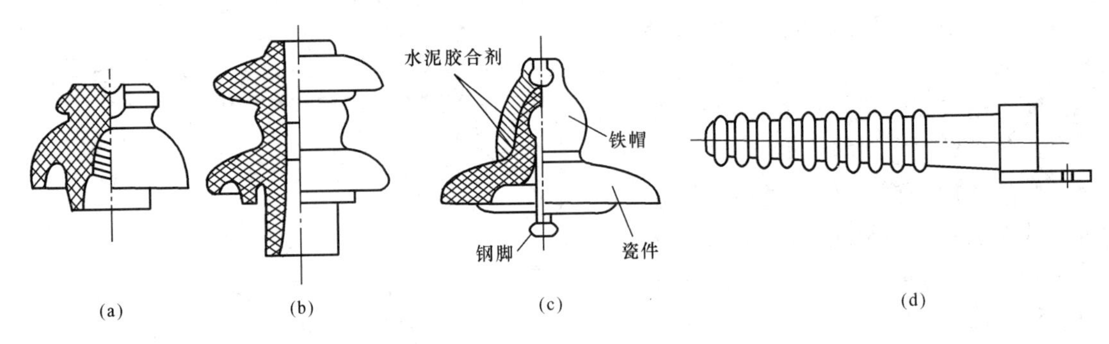

图 5-35　高压线路绝缘子

（a）针式；（b）蝴蝶式；（c）悬式；（d）瓷横担

架空线路的档距（跨距）是同一线路上相邻两电杆之间的水平距离，导线的弧垂则是导线的最低点与档距两端电杆上的导线悬挂点之间的垂直距离，如图 5-38 所示。对于各种架空线路，有关规程对其档距和弧垂都有具体的规定。

为了防止架空导线之间相碰短路，架空线路一般要满足表 5-8 所示的最小线间距离的要求，同时，上下横担之间也要满足表 5-9 所示的最小垂直距离的要求。

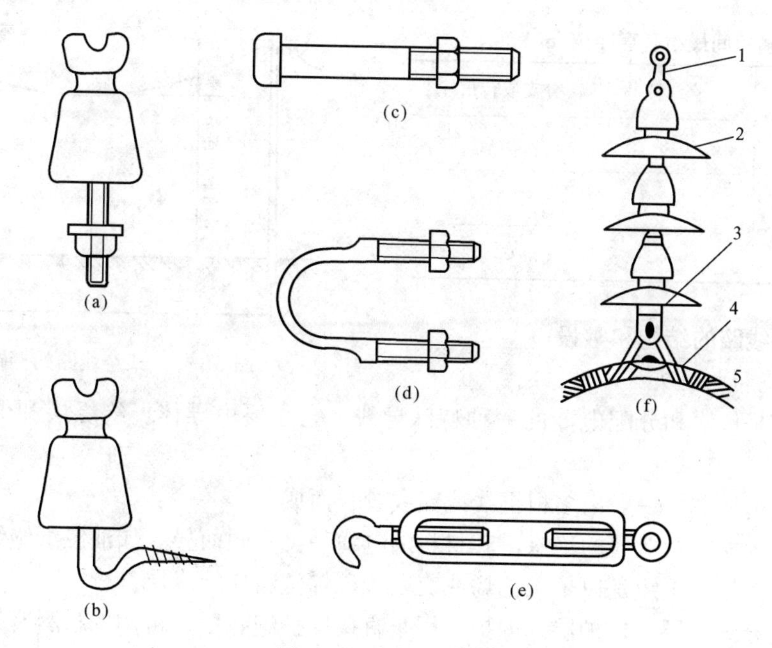

图 5-36　线路用金具
(a) 直脚及绝缘子；(b) 弯脚及绝缘子；(c) 穿心螺钉；
(d) U形抱箍；(e) 花篮螺钉；(f) 悬式绝缘子串及金具
1—球形挂环；2—绝缘子；3—碗头挂板；4—悬垂线夹；5—导线

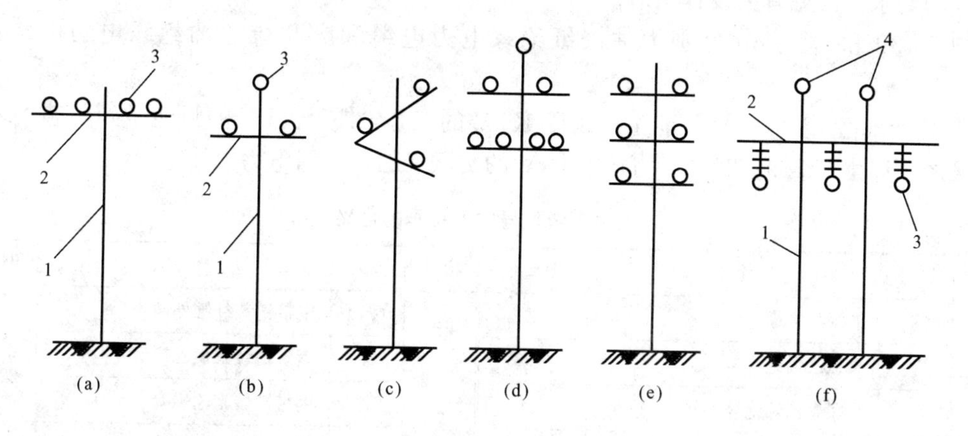

图 5-37　导线在电杆上的排列方式
(a)、(f) 水平排列；(b)、(c) 三角形排列；(d) 混合排列；(e) 双回路垂直排列
1—电杆；2—横担；3—导线；4—避雷线

表 5-8　　**架空电力线路最小线间距离/m**

线路电压＼档距	<40	40～50	50～60	60～70	70～80
3～10kV	0.6	0.65	0.7	0.75	0.85
≤1kV	0.3	0.4	0.45	0.5	—

表 5-9　　横担间最小垂直距离/m

导线排列方式	直线杆	分支或转角杆
高压与高压	0.8	0.6
高压与低压	1.2	1
低压与低压	0.6	0.3

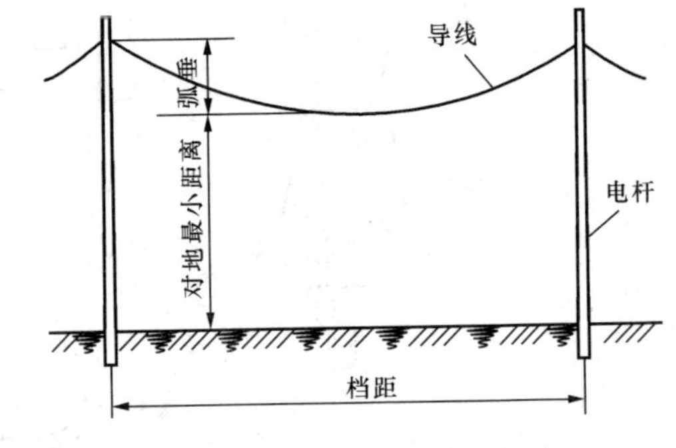

图 5-38　架空线路的档距和弧垂

三、电缆线路的结构和敷设

（一）电缆和电缆头

电力电缆是传输和分配电能的一种特殊导线。它主要由导体、绝缘层和保护层三部分组成。

导体即电缆线芯，一般由多根铜线或铝线绞合而成。

绝缘层作为相间及对地的绝缘，其材料随电缆种类不同而异。如油浸纸绝缘电缆是以油浸纸作绝缘层，塑料电缆是以聚氯乙烯或交联聚乙烯塑料作绝缘层。

保护层又分内护层和外护层。内护层用来直接保护绝缘层，常用的材料有铅、铝和塑料等。外护层用以防止内护层免受机械损伤和腐蚀，通常为钢丝或钢带构成的钢铠，外覆沥青、麻被或塑料护套。

表 5-10 为电力电缆型号中各符号的含义，供参考。选择电缆时还应考虑环境条件和敷设方式的要求，详见有关设计手册。

图 5-39 和图 5-40 分别为油浸纸绝缘电力电缆和交联聚乙烯绝缘电力电缆的结构图。

我国在 20 世纪 70 年代只能生产耐压 10kV 的三芯电缆，35kV 的只能做到单芯。现在，我国已经可以生产 110、220kV 直至 500kV 的交联聚乙烯绝缘电力电缆。

表 5-10　　电力电缆型号中各符号的含义

项目	型号	含义	旧型号	项目	型号	含义	旧型号
类别	Z	油浸纸绝缘	Z	外护层	(21)	钢带铠装纤维外被	2，12
	V	聚氯乙烯绝缘	V		22	钢带铠装聚氯乙烯套	22，29
	YJ	交联聚乙烯绝缘	YJ		23	钢带铠装聚乙烯套	
	X	橡皮绝缘	X		30	裸细钢丝铠装	30，130
导体	L	铝芯	L		(31)	细圆钢丝铠装纤维外被	3，13
	T	铜芯（一般不注）	T		32	细圆钢丝铠装聚氯乙烯套	23，39
内护套	Q	铅包	Q		33	细圆钢丝铠装聚乙烯套	
	L	铝包	L		(40)	裸粗圆钢丝铠装	50，150
	V	聚氯乙烯护套	V		41	粗圆钢丝铠装纤维外被	5，15

续表

项目	型号	含义	旧型号	项目	型号	含义	旧型号
特征	P	滴干式	P	外护层	(42)	粗圆钢丝铠装聚氯乙烯套	59，25
	D	不滴流式	D				
	F	分相铅包式	F		(43)	粗圆钢丝铠装聚乙烯套	
	02	聚氯乙烯套	—				
外护层	03	聚乙烯套	1，11		441	双粗圆钢丝铠装纤维外被	59，25
	20	裸钢带铠装	20，120				
电力电缆全型号表示示例	ZLQ_{20}—10000—3×120 铝芯纸绝缘铅包裸钢带铠装电力电缆（ZLQ_{20}） 额定电压（V）（10000） 三芯（3） 线芯额定截面（mm^2）（120）						

注　1. 表中“外护层”型号，系按国家标准 GB/T 2952—2008《电缆外护层》规定。

2. “外护层”型号外加括号者，系不推荐使用的产品。

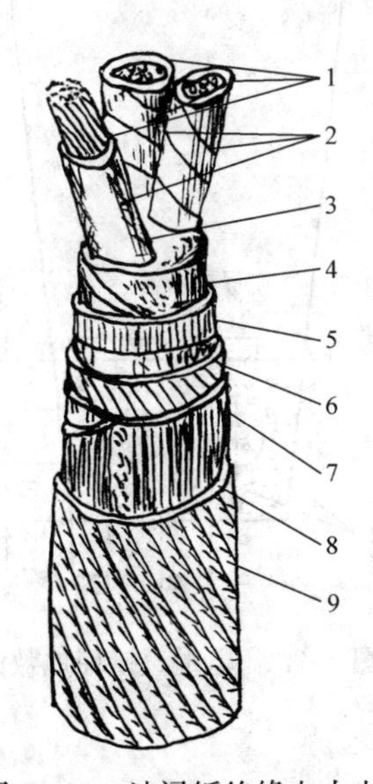

图 5-39　油浸纸绝缘电力电缆

1—铝芯（或铜芯）；2—油浸纸绝缘层；
3—麻筋（填料）；4—油浸纸统包绝缘层；
5—铅包；6—涂沥青的纸带（内护层）；
7—浸沥青的麻被（内护层）；8—钢铠（外护层）；
9—麻被（外护层）

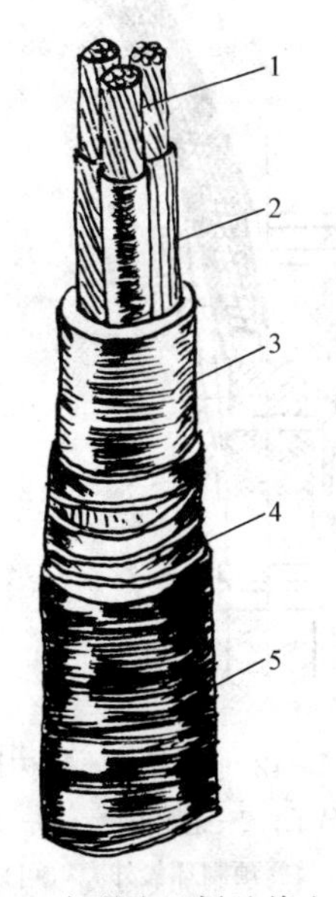

图 5-40　交联聚乙烯绝缘电力电缆

1—铝芯（或铜芯）；
2—交联聚乙烯绝缘层；
3—聚氯乙烯护套（内护层）；
4—钢铠（或铝铠，外护层）；
5—聚氯乙烯外壳（外护层）

电缆头包括连接两条电缆的中间接头和电缆终端的封端头。图 5-41 为 1～10kV 电缆环氧树脂中间头。图 5-42 为户内式环氧树脂终端头（封端头）。环氧树脂电缆头具有工艺简便、绝缘和密封性能好、体积小、质量轻、耐老化等优点，因而在 10kV 及以下的配电装置中得到了广泛的应用。另外，还有一种利用热缩材料作电缆封端的技术，已经取代传统电缆头作法。近几年又有一种使用冷缩材料的电缆封端技术问世。

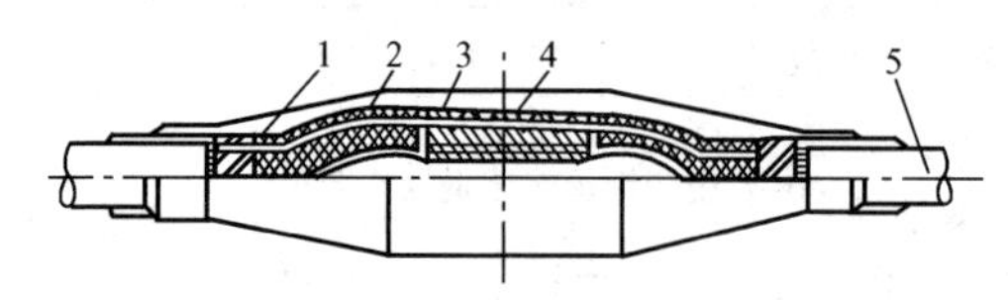

图 5-41　1～10kV 电缆环氧树脂中间头

1—统包绝缘层；2—芯线绝缘；3—扎锁管（压接管）；4—扎锁管涂包层；5—铝（或铅）包

电缆头是电缆线路的薄弱环节，在施工和运行中应特别注意。

（二）电缆的敷设

1. 电缆的敷设方式

工业与民用建筑中通常采用的电缆敷设方式有直接埋地、电缆沟敷设、沿墙敷设和电缆桥架敷设等几种。此外，在大型发电厂、变电所和城市内等电缆密集的场合，还采用电缆隧道、电缆排管和专用电缆夹层等方式。

（1）直接埋地敷设，如图 5-43 所示。这种敷设方式投资省、散热好，但不便检修和查找故障，且易受外来机械损伤和水土侵蚀，一般用于户外电缆不多的场合。

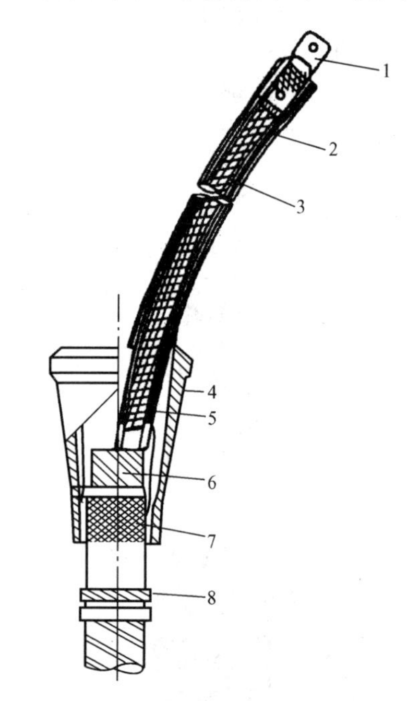

图 5-42　户内式环氧树脂终端头

1—引线鼻子；2—芯线绝缘；3—电缆芯线（外包绝缘层）；4—预制环氧外壳（可以代铁皮模具）；5—环氧混合胶（现场浇注）；6—统包绝缘；7—铝（或铅）包；8—接地线卡子

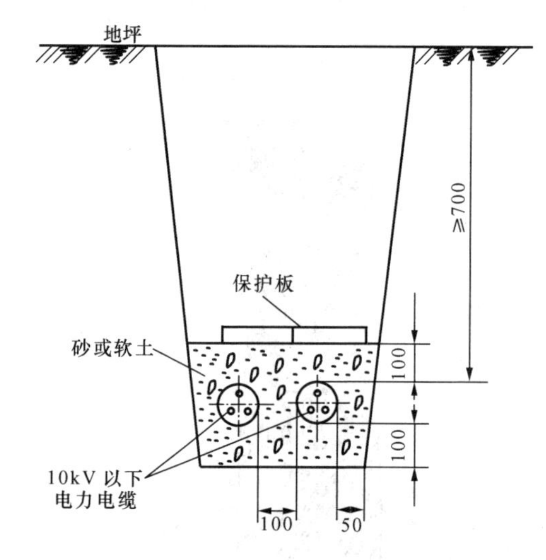

图 5-43　电缆直接埋地敷设

（2）电缆沟敷设，如图 5-44 所示。沟内可敷设多根电缆，占地少，且便于维修。

（3）沿墙敷设，如图 5-45 所示，一般用于室内环境正常的场合。

（4）电缆梯架敷设，图 5-46 为电缆梯架的一种。它由支架、托臂、线槽及盖板组成。电缆梯架在户内和户外均可使用。采用电缆梯架敷设的线路，整齐美观、便于维护，槽内可以使用价廉的无铠装全塑电缆。电缆梯架亦称电缆托盘，有全封闭与半封闭等型式。

2. 电缆敷设的一般要求

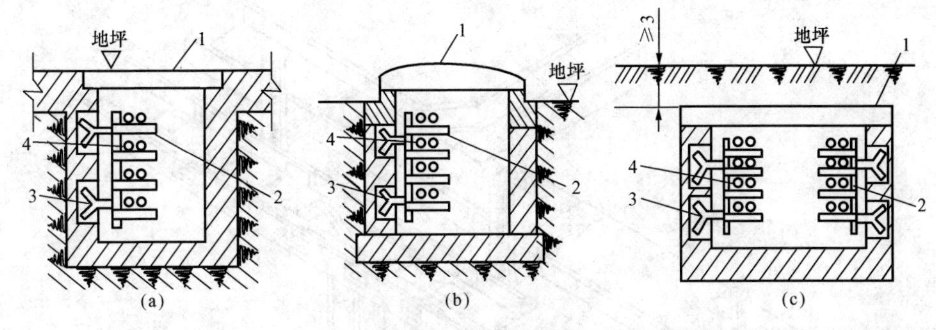

图 5-44　电缆沟敷设

(a) 户内的；(b) 户外的；(c) 厂区的

1—盖板；2—电缆支架；3—预埋铁件；4—电缆

敷设电缆时应严格遵守有关技术规程的规定和设计要求，竣工之后要按规定的要求进行检查和试验，确保线路的质量。部分重要的技术要求如下：

(1) 为防止电缆在地形发生变化时受过大的拉力，电缆在直埋敷设时要比较松弛，可作波浪形埋设。电缆长度可考虑 1.5%～2%的余量，以便检修。

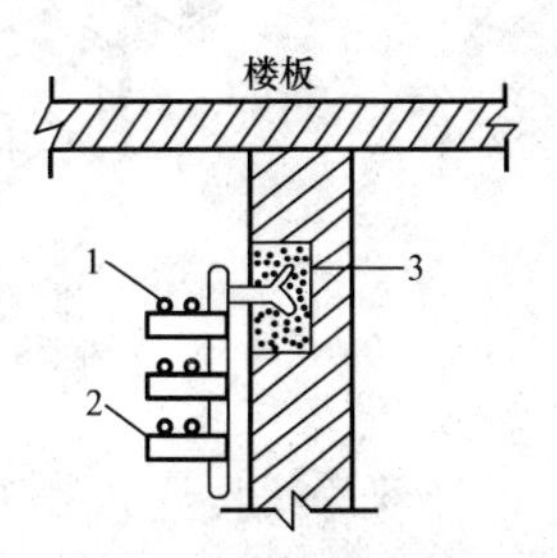

图 5-45　电缆沿墙敷设

1—电缆；2—支架；

3—预埋铁件

(2) 下列地点的电缆应穿管保护：电缆引入或引出建筑物或构筑物；电缆穿过楼板及主要墙壁处；从电缆沟道引出至电杆、或沿墙敷设的电缆距地面 2m 以下及地下 0.3m 深度的一段；电缆与道路、铁路交叉的一段。所用保护管内径不得小于电缆外径的 1.5 倍。以前是采用钢管作保护管，现在可用“碳素管”作保护管，其性能和价格均优于钢管。

(3) 电缆与不同管道一起敷设时应满足下列要求：不允许在敷设煤气管、天然气管及液体燃料管路的沟道中敷设电缆；在热力管道的明沟或隧道中，一般不要敷设电缆；个别情况下，如不致使电缆过热时，可允许少数电缆敷设在热力管道的沟道中，但应分隔在不同侧，或将电缆安放在热力管道的下面。

(4) 直埋电缆埋地深度不得小于 0.7m，其壕沟离建筑物基础不得小于 0.6m。直埋于冻土地区时，宜埋在冻土层以下。

(5) 电缆沟的结构应考虑到防火和防水。电缆沟进入建筑物及隧道的连接处应设置防火隔板。电缆沟的排水坡度不得小于 0.5%，而且不能排向建筑物内侧。

(6) 电缆的金属外皮和金属电缆头及保护钢管和金属支架等，均应可靠接地或作等电位联结。

四、室内线路的结构和敷设

1. 室内电力线路敷设的安全要求

(1) 离地面 3.5m 以下的电力线路应采用绝缘导线，离地面 3.5m 以上的允许采用裸导线。

(2) 离地面 2m 以下的导线必须加机械保护，例如穿钢管或穿硬塑料管保护。

(3) 根据机械强度的要求，绝缘导线的芯线截面应不小于附表 A-12 所列数值。

(4) 室内电力线路的敷设方式应根据环境条件和敷设要求确定。详见有关设计手册。

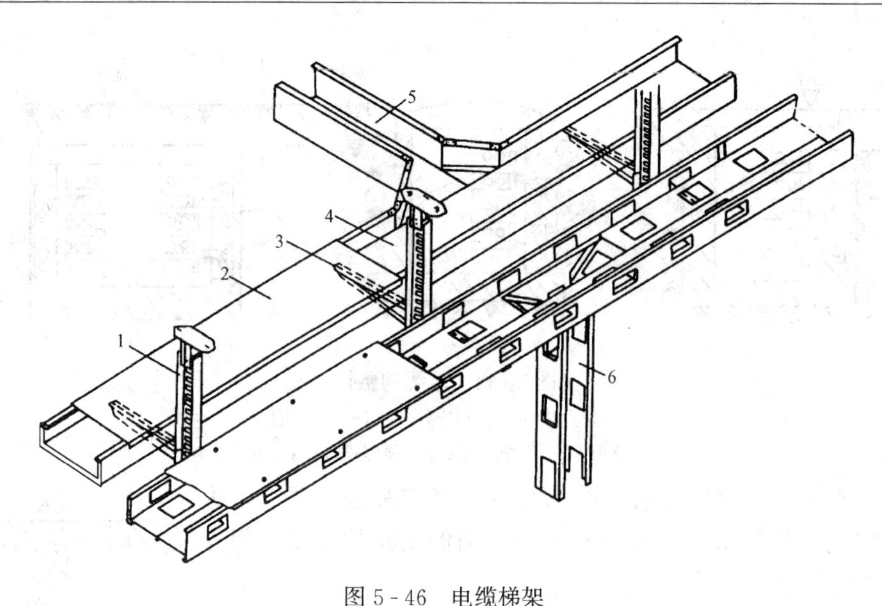

图 5-46　电缆梯架

1—支架；2—盖板；3—托臂；4—线槽；5—水平分支线槽；6—垂直分支线槽

2. 绝缘导线

绝缘导线按线芯材料分，有铜芯和铝芯两种。我国过去多年采取“以铝代铜”的技术政策，是由当时的历史条件而确定的。实际上，与铝导体相比，铜导体在机械强度和载流量等方面都具有显著的优势。

以材料的最大允许应力 σ_{al} 为例，硬铜的 $\sigma_{al}=140$MPa，硬铝的 $\sigma_{al}=70$MPa，1Pa=1N/m^2。在施工和运行中，铝芯绝缘导线的铝芯容易裂缝或折断，此时外绝缘层可能尚好，因而形成“有时通有时不通”的状况。这种故障很难检查和处理。

再从载流量来看，若以 I_{Cu} 和 I_{Al} 分别表示铜导体和铝导体的载流量，可查得 $\gamma_{Cu}=$53MS/m 为铜的电导率，$\gamma_{Al}=$32MS/m 为铝的电导率，这里 S 为单位“西门子”；由于相同截面（A）和相同长度（l）的铜（Cu）导体与铝（Al）导体在等效发热条件下的功率损耗相等，即可推导出

$$\frac{I_{Cu}^2 l}{\gamma_{Cu}A}=\frac{I_{Al} l}{\gamma_{Al}A} \text{或} \frac{I_{Cu}}{I_{Al}}=\sqrt{\frac{\gamma_{Cu}}{\gamma_{Al}}}$$

因此

$$I_{Cu}\approx 1.3I_{Al} \quad \text{或} \quad I_{Al}\approx 0.78I_{Cu}$$

可见相同截面的铜导体的载流量为铝导体的 1.3 倍。

另外，一般电器的接线端子多为铜质，若采用铝导线，则铜与铝的接合部难以处理。一方面，铝为 3 价，铜为 2 价，二者的接合部形成局部电池，结果铝被腐蚀，从而导致较大的接触电阻。其二，铝的热膨胀系数约为铜的 1.36 倍，在反复受热和冷却的过程中，铜、铝接合部的间隙变大，接触电阻增加；且潮气进入间隙后将加剧对铝线表面的氧化和腐蚀，从而更加增大接触电阻，甚至导致发热起火。即使采用铜—铝过渡接头和铜—锡连接片等，都不能从根本上解决问题。

按有关规定，下列场合应采用铜芯导线（或电缆）：需要确保长期运行中连接可靠的回路，例如重要电源、重要的操作回路及二次回路；爆炸或火灾危险环境有特殊要求时；重要

的公共建筑物以及住宅和高层建筑等民用建筑；应急系统，包括消防设施的线路；重腐蚀环境下、有剧烈振动处以及高温设备旁等等。例如：

按 GB 50062—2008《电力装置的继电保护和自动装置设计规范》规定：发电厂和变电所，以及其他重要的或有专门规定的二次回路应采用铜芯控制电缆和绝缘导线。

按 GB 50171—2012《电气装置安装工程　盘、柜及二次回路接线施工及验收规范》规定：盘、柜内的配线，电流回路应采用电压不低于 500V 的铜芯绝缘导线，其截面不应小于 $2.5mm^2$。

按 GB 50056—1993《电热设备电力装置设计规范》规定：经常有工作短路的电炉的短网，应采用铜母线。

按 GB 50194—2014《建设工程施工现场供用电安全规范》规定：重腐蚀环境中的架空线路应采用铜导线。

按 GB 50058—2014《爆炸危险环境电力装置设计规范》规定：在爆炸性气体环境内，1 区和 2 区内都应采用铜芯电缆；在爆炸性粉尘环境内，10 区内全部和 11 区内有剧烈振动的场合，均应采用铜芯绝缘导线或铜芯电缆。另外，煤矿井下严禁采用铝芯动力电缆。有剧烈振动地方的用电设备的线路，应采用铜芯绝缘软导线或铜芯多股电缆。

按 GB 50096—2011《住宅设计规范》规定：（住宅的）电气线路应采用符合安全和防火要求的敷设方法配线，导线应采用铜线；每套住宅进户线截面不应小于 $10mm^2$，分支回路截面不应小于 $2.5mm^2$。

近几年，在深圳和海口等地的一些高档民用建筑工程中，屋顶的避雷带和接闪器也采用了铜材。以前采用钢材时，容易腐蚀生锈，雨水把铁锈带到建筑物外墙上，影响美观。采用铜材可彻底解决此问题。另外，国外电厂和大型变电所的接地极也多采用铜材，从而解决了长期埋在地下的接地极易被腐蚀的问题。

实际上，目前仍采用铝导体的场合主要是高压架空线路，特别是 110kV 及以上电压的高压架空线路仍大量采用 LGJ 型钢芯钢绞线。此时，铝密度较小的优点得到了利用，而机械强度则靠钢芯来加强。

绝缘导线按其外皮的绝缘材料分橡皮绝缘和塑料绝缘两种。塑料绝缘导线绝缘性能良好，且价格较低，在户内明敷或穿管敷设时可取代橡皮绝缘导线。但塑料绝缘在高温时易软化，在低温时又变硬变脆，故不宜在户外使用。

3. 裸母线和母线槽

室内常用的裸母线为 TMY 型硬铜母线和 LMY 型硬铝母线。在干燥、无腐蚀性气体的高大厂房内，当工作电流较大时，可采用 TMY 型硬铜母线和 LMY 型硬铝母线作载流干线。按规定，裸导线 A、B、C 三相涂漆的颜色分别对应为黄、绿、红三色。

母线槽具有结构紧凑、安装方便、使用安全的优点。它按绝缘方式可分为空气绝缘型和密集绝缘型，当载流量大于 630A 时可优先选用密集绝缘型。封闭式母线槽适用于干燥、无腐蚀性气体的场合，例如高层建筑、多层厂房、标准厂房或机床设备布置紧凑而又需要经常调整位置的场合；它还可用于变压器与低压配电屏之间的连接，常用于干式变压器与低压进线屏之间的连接以及低压屏采用上出线方式的场合。图 5-47 为封闭式母线槽安装示意图。

封闭式母线槽可采用插接方式。图 5-48 为插接式母线槽在高层建筑内的敷设方式。

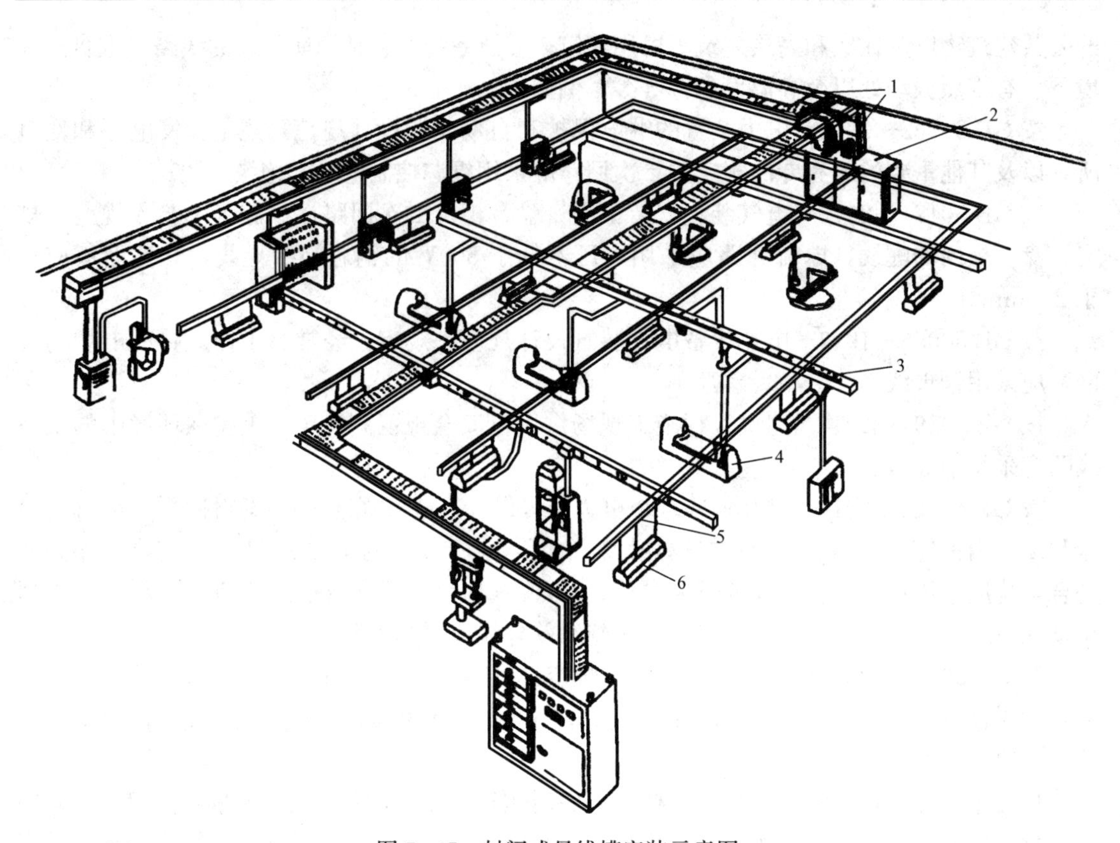

图 5-47　封闭式母线槽安装示意图

1—馈电母线槽；2—配电装置；3—插接式母线槽；4—机床；5—照明母线槽；6—灯具

吊车滑触线过去多采用角钢；新型安全滑触线的载流导体则为铜排，且外面有保护罩，既安全又美观。

4. 室内电力线路常用的敷设方式

图 5-49 表示了几种常用的室内电力线路敷设方式。

此外，如果室内电力线路采用电缆，则应采用相应的电缆敷设方式。例如图 5-45 所示电缆沿墙敷设和图 5-46 所示的电缆梯架敷设。

五、电气动力平面布线图

电气动力平面布线图是表示供电系统对动力设备配电的电气平面布线图。

所谓电气平面布线图，就是在建筑平面图上，应用国家标准规定的有关图形符号和文字符号，按照电气设备的安装位置及电气线路的敷设方式、部位和路径绘出的电气布置图。

图 5-50 是某机械加工车间（局部）的动力电气平面布线图。它按照实际位置及规定的图形符号和文字符号表示出车间的墙、门、窗和用电设备的位置以及配电线路的路径、导线型号、截面及敷设方式等。

表 5-11 是部分电力设备的标注方法。表 5-12 为部分电力设备的文字符号。表 5-13 为部分安装方式的文字符号。以上三表均为从国家建筑标准设计图集 00DX001 中摘录下来的。我国以前使用拼音文字代号，为便于了解，亦在表 5-14 和表 5-15 中列出。表 5-14 所示为电力线路的敷设方式的文字代号。表 5-15 所示为敷设部位的文字代号。

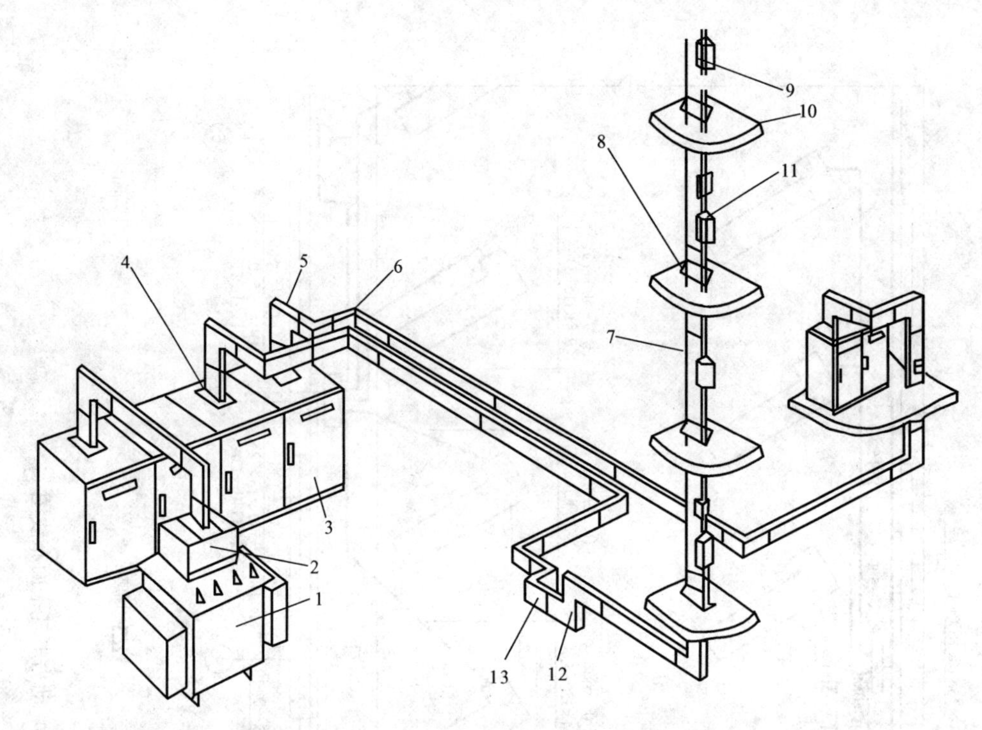

图 5-48　插接式母线槽在高层建筑内的敷设方式

1—变压器；2—进线箱；3—配电箱；4—接线节；5—垂直 L 型弯头；6—水平 L 型弯头；
7—变容节；8—地面支架；9—出线口；10—楼层；11—分线箱；12—垂直 Z 型弯头；13—水平 Z 型弯头

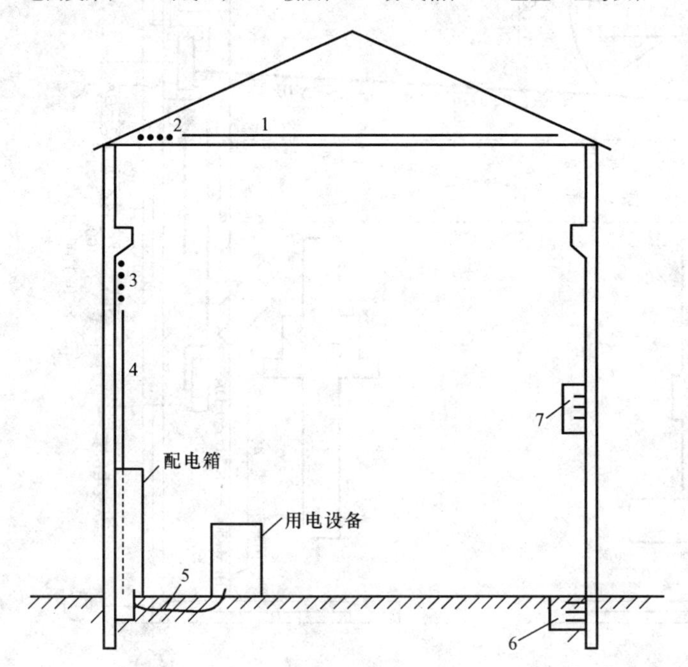

图 5-49　室内电力线路敷设方式示意图

1—沿屋架横向明敷；2—跨屋架纵向明敷；3—沿墙或沿柱明敷；4—穿管明敷；
5—地下穿管暗敷；6—地沟内敷设；7—封闭型母线（插接式母线）

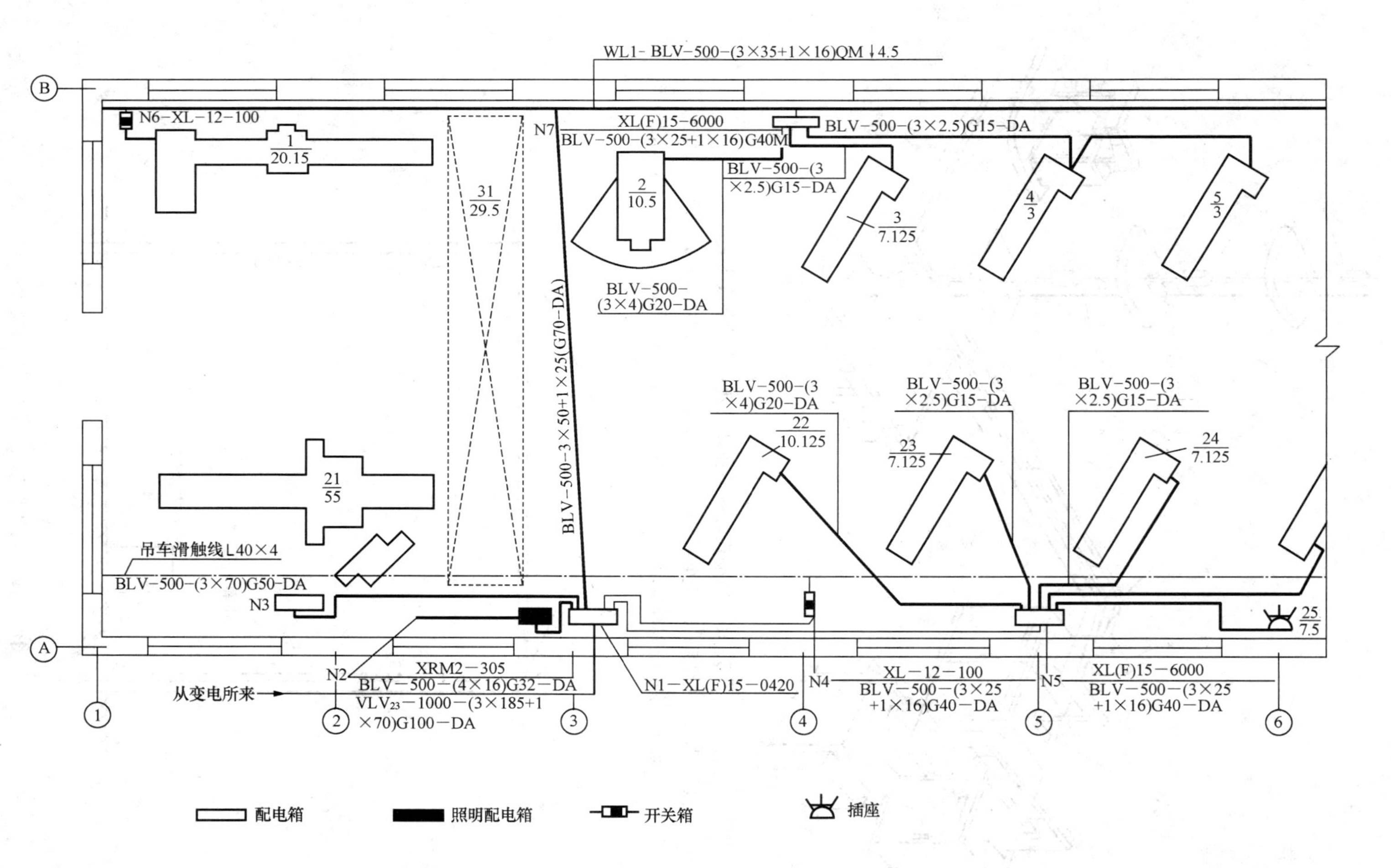

图5-50 某机械加工车间（局部）动力电气平面布线图

表 5-11　部分电力设备的标注方法（据国家建筑标准设计图集 00DX001）

标注对象	标注方式	说　明	示　例
用电设备	$\frac{a}{b}$	a——设备编号或设备位号 *b*——额定容量（kW 或 kVA）	$\frac{21}{55}$ 21 号设备，容量为 55kW
概略图（系统图）电气箱（柜、屏）	－a＋b/c	a——设备种类代号 b——设备安装位置的位置代号 c——设备型号	－AP1＋1·B6/XL21－15
平面图（布置图）电气箱（柜、屏）	－a	a——设备种类代号（不致引起混淆时，前缀“—”可省略）	－AP1（省略前缀后为 AP1）
照明、安全、控制变压器	a－*b*/*c*－*d*	a——设备种类代号 *b*/*c*——一次电压/二次电压 *d*——额定容量	TL1 220/36V 500VA
照明灯具	$a-b\frac{c\times d\times L}{e}f$	a——灯数 b——型号或编号（无则省略） *c*——每盏灯具的灯泡数 *d*——灯泡安装容量 *e*——灯泡安装高度（m），“—”表示吸顶安装 f——安装方式 *L*——光源种类	5—BYS80 $\frac{2\times 36\times fL}{3.5}$CS 5 盏 BYS-80 型灯具，灯管为 2 根 36W 荧光灯管，吊链安装，距地 3.5m
线路	a b－*c*（*d*×*e*＋*f*×*g*）i－j*h*	a——线缆编号 b——型号或编号（不需要可省略） *c*——线缆根效 *d*——电缆线芯数 *e*——线芯截面（mm^2） *f*——PE、N 线芯数 *g*——线芯截面（mm^2） i——线缆敷设方式 j——线缆敷设部位 *h*——线缆敷设安装高度（m） （上述字母无内容则省略）	WP201 YJV-0.6/1kV—2（3×150＋70＋PE70）SC80—WS3.5 电缆号为 WP201，电缆型号、规格为 YJV-0.6/1kV—2（3×150＋70＋PE70）2 根电缆并联使用，敷设方式为穿 DN80 焊接钢管沿墙明敷，距地 3.5m
电缆梯架	$\frac{a\times b}{c}$	*a*——电缆桥架宽度（mm） *b*——电缆桥架高度（mm） *c*——电缆桥架安装高度（m）	$\frac{600\times 150}{3.5}$ 电缆梯架宽 600mm，高 150mm，安装高度为距地 3.5m
断路器整定值	$\frac{a}{b}c$	*a*——脱扣器额定电流 *b*——脱扣器整定电流（脱扣器额定电流×整定倍数） *c*——短延时整定时间（瞬时不标注）	$\frac{500A}{500A\times 3}$0.2s 断路器脱扣器额定电流为 500A，动作整定值为 500A×3，短延时整定时间为 0.2s

表 5 - 12　　部分电力设备的文字符号（据国家建筑标准设计图集 00DDX001）

设备名称	英文名称	文字符号	设备名称	英文名称	文字符号
交流（低压）配电屏	AC（Low-voltage）switchgear	AA	高压开关柜	High-voltage switchgear	AH
控制箱（柜）	Control box	AC	照明配电箱	Lighting distribution board	AL
并联电容器屏	Shunt capacitor cubicle	ACC	动力配电箱	Power distribution board	AP
直流配电屏、直流电源柜	DC switchgear、DC power supply cabinet	AD	插座箱	Socket box	AX
			电能表箱	Watt-hour meter box	AW
空气调节器	Ventilator	EV	电压表	Voltmeter	PV
蓄电池	Battery	GB	电力变压器	Power transformer	T，TM
柴油发电机	Diesel-engine generator	GD	插头	Plug	XP
电流表	Ammeter	PA	插座	Socket	XS
有功电能表	Watt-hour meter	PJ	信息插座	Telecommunication outlet	XTO
无功电能表	Var-hour meter	PJR	端子板	Terminal board	XT

表 5 - 13　　部分安装方式的文字符号（据国家建筑标准设计图集 00DX001）

1. 线路敷设方式的标注

敷设方式	英文含义	文字符号
穿焊接钢管敷设	Run in welded steel conduit	SC
穿电线管敷设	Run in electrical metallic tubing	MT
穿硬塑料管敷设	Run in rigid PVC conduit	PC
穿阻燃半硬聚氯乙烯管敷设	Run in flame retardant semiflexible PVC conduit	FPC
电缆桥架敷设	Installed in cable tray	CT
金属线槽敷设	Installed in metallic raceway	MR
塑料线槽敷设	Installed in PVC raceway	PR
钢索敷设	Supported by messenger wire	M
直接埋设	Direct burying	DB
电缆沟敷设	Installed in Cable trough	TC
混凝土排管敷设	Installed in concrete encasement	CE

2. 导线敷设部位的标注

敷设部位	英文含义	文字符号
沿或跨梁（屋架）敷设	Along or across beam	AB
暗敷在梁内	Concealed in beam	BC
沿或跨柱敷设	Along or across column	AC
暗敷在柱内	Concealed in column	CLC

续表

敷设部位	英文含义	文字符号
沿墙面敷设	On wall surface	WS
暗敷在墙内	Concealed in wall	WC
沿天棚或顶板面敷设	Along ceiling or slab surface	CE
暗敷在屋面或顶板内	Concealed in ceiling or slab	CC
吊顶内敷设	Recessed in ceiling	SCE
地板或地面下敷设	In floor or ground	F

表 5-14　电力线路敷设方式的文字代号

敷设方式	代号	敷设方式	代号
明　　敷	M	用卡钉敷设	QD
暗　　敷	A	用槽板敷设	CB
用钢索敷设	S	穿焊接钢管敷设	G
用绝缘子或瓷珠敷设	CP	穿电线管敷设	DG
瓷夹板或瓷卡敷设	CJ	穿塑料管敷设	VG

表 5-15　电力线路敷设部位的文字代号

敷设部位	代号	敷设部位	代号
沿梁下弦	L	沿天花板（顶棚）	P
沿　　柱	Z	沿地板	D
沿　　墙	Q		

从图 5-50 中可以看出，总配电箱 N1 安装在 3 号轴线与 A 轴线的交叉处，其型号是 XLF-15-0420，从有关资料上可以查到该配电箱装有 4 回路 100A 及 2 回路 200A 熔断器。N1 配电箱的电源来自变电所，引入电缆的型号是 VLV_{23}-1000，即铝芯塑料绝缘、塑料护套、钢带铠装电力电缆，额定工作电压为 1kV，截面为（3×185＋1×70）mm^2，穿直径 100mm 的钢管埋地暗敷。

图 5-50 中 N2 为照明配电箱，其电源来自总配电箱 N1。N2 的电源也可以直接来自变电所的照明专用回路，这样，便于动力和照明分别计量，也可以避免动力和照明的相互影响。

21 号设备功率较大，故由 N1 配电箱放射式配电到该设备的控制箱 N3，导线采用 BLV-500-（3×70）穿直径 50mm 的钢管埋地暗敷。

31 号设备为桥式吊车。为了操作方便和维修安全，吊车滑触线设有专用开关箱 N4，其电源直接来自 N1 配电箱。开关箱宜位于滑触线中部。

22～25 号用电设备由 N5 配电箱供电。该配电箱装有 6 回路 60A 的熔断器。25 号设备为三相插座，供接临时用电设备，容量按 7.5kW 考虑。从配电箱到各用电设备的导线型号、截面及敷设方式均已在图上标明。

1～20 号用电设备功率均较小，由干线 WL1 供电，WL1 采用 BLV-500-（3×35＋1×16）绝缘导线沿墙明敷，高度为 4.5m。1 号设备经开关箱 N6 直接接于干线。2～5 号设备由 N7 配电箱供电，其中 4 号和 5 号设备功率较小，采用链式供电。

动力配电箱都留有备用回路，供增加设备或临时供电时使用。

图 5-50 仅为车间动力电气平面布线图的一种表示方法。当设备台数较多时，为了使图面清晰美观，可在平面布线图上只标出干线、配电箱及所供用电设备的编号。从配电箱到各用电设备的导线型号、截面、敷设方式及保护元件等，则可用配线表或系统图的形式表示，或用文字加注说明。

第五节　供配电系统载流导体的选择计算

一、概述

为了保证供电系统安全、可靠、优质、经济地运行，电力线路的导线和电缆等载流导体截面的选择一般应满足下列条件。

(1) 发热条件：导线和电缆（含母线）在通过计算电流时产生的发热温度，不应超过其正常运行时的最高允许温度，如附表 A-21 所列。

(2) 允许电压损耗：导线和电缆在通过计算电流时产生的电压损耗，不应超过正常运行时允许的电压损耗值。对于较短的高压线路，可不进行电压损耗的校验。

(3) 经济电流密度：35kV 及以上的高压线路，规定宜选“经济截面”，即按国家规定的经济电流密度来选择导线和电缆的截面，达到“年费用支出最小”的要求。一般 10kV 及以下的线路，可不按经济电流密度选择。但长期运行的低压特大电流线路（例如电炉的短网和电解槽的母线等）仍应按经济电流密度选择。

(4) 机械强度：导线的截面应不小于最小允许截面，如附表 A-11 和附表 A-12 所列。由于电缆敷设后的机械强度很好，因此电缆不校验机械强度，但需校验短路热稳定度。

(5) 短路时的动稳定度和热稳定度：导体的截面应满足短路时的动稳定度和热稳定度，以保证短路时不至损坏。此内容已在第四章第四节介绍。

(6) 导体与保护电器的配合：导体的截面应与熔断器、低压断路器等保护电器相配合，以保证当线路上出现过负荷或短路时保护电器能可靠动作。此内容已在第四章第五节介绍，详见式（4-56）和式（4-69）。

此外，绝缘导线和电缆还需满足工作电压和工作环境的要求，其额定电压不得小于工作电压，在有防火要求的场所（例如高层建筑中）应选用难燃型或耐火型的等等。

根据设计经验，低压动力线和 10kV 及以下的高压线，一般先按发热条件来选择截面，然后校验机械强度和电压损耗。低压照明线，由于照明对电压水平要求较高，所以一般先按允许电压损耗来选择截面，然后校验发热条件和机械强度。而 35kV 及以上的高压线，则可先按经济电流密度来选择经济截面，再校验发热条件、允许电压损耗和机械强度等。按以上经验进行选择，通常较易满足要求，较少返工。

二、按发热条件选择校验导线和电缆的截面

电流通过导体（包括母线、导线和电缆，下同），由于导体存在电阻，必然产生电能损耗，使导体发热。裸导体的温度升高时，会使接头处氧化加剧，增大接触电阻，使之进一步氧化，如此恶性循环，甚至可发展到断线。绝缘导线和电缆的温度过高时，可使绝缘损坏，甚至引起火灾。因此导体的正常发热温度不得超过附表 A-21 所示的允许值。

（一）按发热条件选择相线截面

按发热条件选择三相线路中的相线截面 A_{ph} 时，应使其允许载流量 I_{al} 不小于通过相线的计算电流 I_{30}，即

$$I_{al} \geqslant I_{30} \tag{5-1}$$

导体的允许载流量，就是在规定的环境温度条件下，导体能够连续承受而不致使其稳定温度超过规定值的最大电流。如果导体敷设地点的环境温度与导体允许载流量所采用的环境温度不同时，则导体的允许载流量应乘以温度校正系数

$$K_{\theta} = \sqrt{\frac{\theta_{al} - \theta'_0}{\theta_{al} - \theta_0}} \tag{5-2}$$

式中　θ_{al}——导体正常工作时的最高允许温度；

θ_0——导体允许载流量所采用的环境温度；

θ'_0——导体敷设地点实际的环境温度。

按规定，选择导体所用的环境温度：户外（含户外电缆沟）采用当地最热月的日最高气温平均值；户内（含户内电缆沟）采用当地最热月的日最高气温平均值另加5℃；直接埋地的电缆，采用埋深处的最热月平均地温，或近似地取当地最热月平均气温。

附表A-23列出LJ型、LGJ型铝绞线的允许载流量，附表A-24列出BLX和BLV型铝芯绝缘导线明敷、穿钢管和穿硬塑料管时的允许载流量，供参考。其他导线、母线和电缆的允许载流量可查有关设计手册。

本章第四节已推导得出 $I_{Cu} \approx 1.3 I_{Al}$ 或 $I_{Al} \approx 0.78 I_{Cu}$。所以，由附表A-23、附表A-24查出的某个截面铝导体的允许载流量乘以1.3，即可得同一截面铜导体的允许载流量。同样，如已知某个截面铜导体的允许载流量，乘以0.78即得同一截面铝导体的允许载流量。

按发热条件选择导体所用的计算电流，对电力变压器高压侧的导体，应取为变压器高压侧额定电流。而对并联电容器的引入线，计算电流应取为并联电容器组额定电流的1.35倍。

（二）低压线路的中性线（N线）、保护线（PN线）和保护中性线（PEN线）截面的选择

1. 中性线截面的选择

低压三相四线制（TN或TT）线路中的中性线（N线），按规定，其载流量不应小于线路中的最大不平衡负荷电流，同时应考虑谐波电流的影响。

一般三相负荷基本平衡的低压线路中的中性线截面 A_0，宜不小于相线截面 A_{ph} 的50%，

即

$$A_0 \geqslant 0.5 A_{ph} \tag{5-3}$$

对3次谐波电流突出的三相线路，由于各相的3次谐波电流都要通过中性线，使得中性线电流可能接近甚至等于或超过相电流，在这种情况下，中性线截面宜选为与相线截面相等或更大，即

$$A_0 \geqslant A_{ph} \tag{5-4}$$

从图5-51可以看出，由于相位的原因，3次谐波在N线上是叠加而不是抵消。所以，对于3次谐波较大的电路，例如大量使用气体放电灯、电脑和开关电源等的电路，N线截面

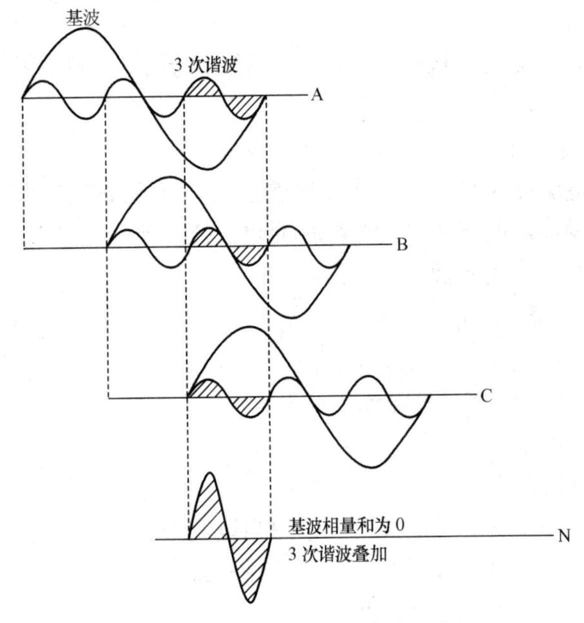

图 5-51　3 次谐波在 N 线上叠加

应与相线截面相等甚至更大，以免 N 线过载发热。而气体放电灯、电脑和开关电源等产生高次谐波的电气设备已广泛使用于办公室、学校等场所，所以现在新设计的建筑物中 N 线截面一般都选为与相线截面相等，而电脑机房等场所则更是选 N 线截面为相线截面的 2 倍左右。另外，当 N 线发热厉害时，还会影响到有关相线的发热，故相线的截面选择也可能发生变化。

对由三相线路分出的两相三线线路和单相双线线路中的中性线，由于其中性线的电流与相线电流相等，因此中性线截面应与相线截面相等，即

$$A_0 = A_{ph} \tag{5-5}$$

2. 保护线截面的选择

低压系统中的保护线（PE 线），按 GB 50054—2011《低压配电设计规范》规定，当其材质与相线相同时，其最小截面应符合表 5-16 的要求。

表 5-16　PE 线的最小截面

相线芯线截面	$A_{ph} \leqslant 16mm^2$	$16mm^2 < A_{ph} \leqslant 35mm^2$	$A_{ph} > 35mm^2$
PE 线最小截面	$A_{PE} = A_{ph}$	$A_{PE} = 16mm^2$	$A_{PE} = A_{ph}/2$

但对于变压器低压侧较大截面的 PE（PEN）线，亦可按满足热稳定度的条件，即按式（4-53）选择或校验。

3. 保护中性线截面的选择

低压系统中的保护中性线（PEN 线）的截面，应同时满足上述中性线（N 线）和保护线（PE 线）选择的条件，即

$$A_{PEN} = (0.5 \sim 1)A_{ph} \tag{5-6}$$

并且，按 GB 50054—2011《低压配电设计规范》规定：采用单芯导线为 PEN 干线时，铜芯截面不应小于 $10mm^2$，铝芯截面不应小于 $16mm^2$；采用多芯电缆的芯线为 PEN 干线时，截面不应小于 $4mm^2$。

【例 5-1】 有一条采用 BLV 型铝芯塑料线明敷的 220/380V 的 TN—S 线路，计算电流为 86A，敷设地点的环境温度为 35℃。试按发热条件选择此线路的导线截面。

解 此 TN—S 线路为具有单独 PE 线的三相四线制线路，包括相线、N 线和 PE 线。

（1）相线截面的选择：查附表 A-24 得 35℃时明敷的 BLV-500 型铝芯塑料线 $A_{ph} = 25mm^2$ 的 $I_{al} = 90A > I_{30} = 86A$，满足发热条件，故选 $A_{ph} = 25mm^2$。

（2）N 线截面的选择：按式（5-3），选 $A_0 = 16mm^2$。

（3）PE 线截面的选择：按表 5-16，选 $A_{PE} = 16mm^2$。

该线路所选的导线型号规格可表示为 BLV-500-（3×25+1×16+PE16）。

三、按经济电流密度选择导线和电缆的截面

经济电流密度就是能使线路的“年费用支出”接近于最小而又适当考虑节约有色金属条件的导线和电缆的电流密度值。我国规定的经济电流密度如表 5-17 所示。

所谓“年费用支出” B，是指线路投资费折算到一年的支出加上线路的年运行费（含维修管理费、电能损耗费等）。按 GB 50217—2007《电力工程电缆设计规范》推荐的计算公式为 $B=0.11Z+1.11N$，式中 Z 为线路投资费，N 为线路年运行费。

表 5-17　我国规定的经济电流密度 j_{ec}

线路类别	导体材料	年最大负荷利用小时 T_{max}/h		
		<3000	3000～5000	>5000
		经济电流密度 j_{ec}/(A·mm^{-2})		
架空线路	铜	3.00	2.25	1.75
	铝	1.65	1.15	0.90
电缆线路	铜	2.50	2.25	2.00
	铝	1.92	1.73	1.54

按经济电流密度选择的寻线和电缆截面，称为经济截面 A_{ec}，即

$$A_{ec}=I_{30}/j_{ec} \tag{5-7}$$

按式（5-7）计算出 A_{ec} 后，一般应选最接近的（可选稍小的）标准截面。

【例 5-2】　有一条采用 LGJ 型钢芯铝绞线架设的 35kV 架空线路供电给某厂，其计算负荷为 5000kW，$\cos\varphi=0.9$，$T_{max}=4300$h。试选择该钢芯铝绞线的额定截面。

解　(1) 按经济电流密度选择：得　$I_{30}=5000\text{kW}/(\sqrt{3}\times35\text{kV}\times0.9)=92\text{A}$

由表 5-17 查得 $j_{ec}=1.15\text{A/mm}^2$，因此 $A_{ec}=92\text{A}/(1.15\text{A/mm}^2)=80\text{mm}^2$

选取最接近的标准截面 $A=70\text{mm}^2$，即选 LGJ-70 型钢芯铝绞线。

(2) 校验发热条件：查附表 A-23，LGJ-70 的允许载流量（户外 25℃时）为 $I_{al}=275\text{A}$，此值远大于 $I_{30}=92\text{A}$，因此满足发热条件。

(3) 校验机械强度：查附表 A-11，架空钢芯铝绞线最小截面 $A_{min}=25\text{mm}^2$，因此 LGJ-70 完全满足机械强度要求。

四、线路电压损耗的计算

（一）线路的允许电压损耗

由于线路存在着阻抗，因此在负荷电流通过线路时就要产生电压损耗。按规定，高压配电线路的电压损耗，一般不应超过线路额定电压的 5%。从变压器低压母线到用电设备受电端上的低压配电线路的电压损耗，也一般不应超过用电设备额定电压的 5%；对视觉要求较高的照明线路，则为 2%～3%。如果线路的电压损耗值超过了允许值，则应适当加大导线或电缆的截面，使之满足允许的电压损耗要求。

（二）集中负荷的三相线路电压损耗的计算

以带两个集中负荷的三相线路［图 5-52 (a)］为例。线路图中的负荷电流都用小写 i 表示，各段线路电流都用大写 I 表示；各线段的长度、每相电阻和电抗分别用小写 l、r 和

x 表示，各负荷点至线路首端的长度、每相电阻和电抗分别用大写 L、R 和 X 表示，如图 5-52（a）所示。

以线路末端的相电压 U_{ph2} 作参考轴（为简化起见，这里将相量 $\dot{U}$ 简写为 U，省去“·”；其余相量亦同样简化。），绘制该线路的电压、电流相量图，如图 5-52（b）所示。由于线路上的电压降相对于线路电压来说很小，所以 U_{ph1} 与 U_{ph2} 间的相位差 θ 实际很小，因此负荷电流 i_1 与电压 U_{ph1} 间的相位差 φ_1 可近似地绘成 i_1 与 U_{ph2}（参考轴）间的相位差。

作相量图［图 5-52（b）］的步骤如下：

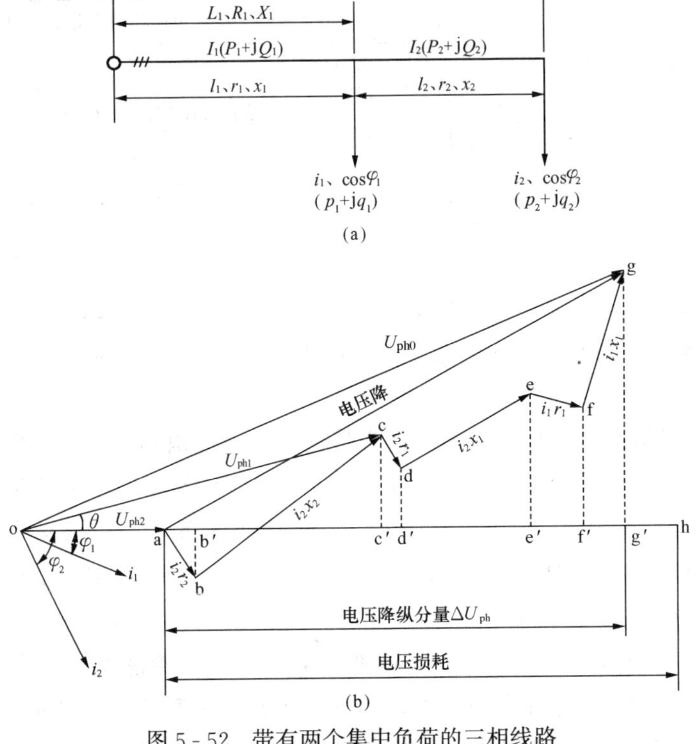

图 5-52　带有两个集中负荷的三相线路

（a）单线图；（b）相量图

（1）在水平方向作矢量 $\overrightarrow{oa}=\dot{U}_{ph2}$；

（2）由 o 点绘负荷电流 i_1 和 i_2，其相位分别滞后 $\dot{U}_{ph2}$ 为 φ_1 角和 φ_2 角；

（3）由 a 点作矢量 $\overrightarrow{ab}=i_2r_2$，平行于 i_2；

（4）由 b 点作矢量 $\overrightarrow{bc}=i_2x_2$，超前 $i_2 90°$；

（5）连直线 oc，即得 $\dot{U}_{ph1}$；

（6）由 c 点作矢量 $\overrightarrow{cd}=i_2r_1$，平行于 i_2；

（7）由 d 点作矢量 $\overrightarrow{de}=i_2x_1$，超前 $i_2 90°$；

（8）由 e 点作矢量 $\overrightarrow{ef}=i_1r_1$，平行于 i_1；

（9）由 f 点作矢量 $\overrightarrow{fg}=i_1x_1$，超前 $i_1 90°$；

（10）连直线 og，即得 U_{ph0}；

（11）以 o 点为圆心，og 为半径作圆弧交参考轴于 h，即 oh=og；

（12）连直线 ag，此 ag 即线路的电压降，而 ah 即线路的电压损耗。

线路电压降定义为线路首端电压与末端电压的相量差。

线路电压损耗定义为线路首端电压与末端电压的代数差。

电压降（ag）在参考轴（亦称纵轴）上的投影（ag′），称为电压降的纵分量，用 ΔU_{ph} 表示。必须说明，一般用户供电系统中线路的电压降相对于线路电压来说实际上很小［为便于画图，图 5-52（b）中的电压降是大大放大了的］，因此可近似地认为电压降纵分量 ΔU_{ph} 就是电压损耗。

由图 5-52（b）的相量图可知

$$\begin{aligned}\Delta\dot{U}_{ph}&=\mathrm{ab'}+\mathrm{b'c'}+\mathrm{c'd'}+\mathrm{d'e'}+\mathrm{e'f'}+\mathrm{f'g'}\\&=i_2r_2\cos\varphi_2+i_2x_2\sin\varphi_2+i_2r_1\cos\varphi_2+i_2x_1\sin\varphi_2+i_1r_1\cos\varphi_1+i_1x\sin\varphi_1\\&=i_2(r_1+r_2)\cos\varphi_2+i_2(x_1+x_2)\sin\varphi_2+i_1r_1\cos\varphi_1+i_1x_1\sin\varphi_1\\&=i_2R_2\cos\varphi_2+i_2X_2\sin\varphi_2+i_1R_1\cos\varphi_1+i_1X_1\sin\varphi_1\end{aligned}$$

将上式中的 ΔU_{ph} 换算为 ΔU，并以带任意个集中负荷的一般公式来表示，即为

$$\Delta\dot{U}=\sqrt{3}\sum(iR\cos\varphi+iX\sin\varphi)=\sqrt{3}\sum(i_aR+i_rX)\tag{5-8}$$

式中　i_a——负荷电流的有功分量（$i_a=i\cos\varphi$）；

　　　i_r——负荷电流的无功分量（$i_r=i\sin\varphi$）。

如果用各线段中的负荷电流来计算，则将上面 $\Delta\dot{U}$ 式中的负荷电流变换为线段电流，写成一般公式，即为

$$\Delta\dot{U}=\sqrt{3}\sum(Ir\cos\varphi+Ix\sin\varphi)=\sqrt{3}\sum(I_ar+I_rx)\tag{5-9}$$

如果用负荷功率 p、$q^{(1)}$ 来计算，则利用 $i=p/(\sqrt{3}U_N\cos\varphi)=q/(\sqrt{3}U_N\sin\varphi)$，代入式（5-8），即可得

$$\Delta U=\frac{\sum(pR+qX)}{U_N}\tag{5-10}$$

如果用线段功率 P、Q 来计算，则利用 $I=P/(\sqrt{3}U_N\cos\varphi)=Q/(\sqrt{3}U_N\sin\varphi)$，代入式（5-10），即可得

$$\Delta U=\frac{\sum(Pr+Qx)}{U_N}\tag{5-11}$$

以上各式中的电阻 R 或 r，均可由单位长度电阻 R_0 乘以线路或线段长度 L 或 l 求得。$R_0=1/(\gamma A)$，这里 γ 为导线电导率，铜的 $\gamma_{Cu}=53\mathrm{MS/m}$，铝的 $\gamma_{Al}=32\mathrm{MS/m}$，$A$ 为导线截面积。但 R_0 一般可查有关设计手册，按导线型号和导线截面直接查得。附表 A-23 列出 LJ、LGJ 型铝绞线的 R_0 值，附表 A-25 列出 BLX 型和 BLV 型铝芯绝缘线的 R_0 值，供参考。

以上各式中的电抗 X 或 x，均可由单位长度电抗 X_0 乘以线路或线段长度 L 或 l 求得。X_0 的计算式（单位为 Ω/km）为

$$X_0=0.145\lg\frac{2a_{au}}{d}+0.016\mu_r\tag{5-12}$$

式中　a_{au}——线间几何均距，$a_{au}=\sqrt[3]{a_1a_2a_3}$；这里 a_1、a_2、a_3 为三相线路的三个线间距离，对等边三角形排列的线路 $a_{au}=a$（a 为线距），对等距水平排列的线路

$a_{au}=\sqrt[3]{2}a=1.26a$（$a$ 为线距）；

d——导线的直径；

μ_r——导线的相对磁导率，铜、铝的 $\mu_r=1$。

X_0 也可查有关设计手册，按导线型号、截面和线间几何均距直接查得。附表 A-23 列出了 LJ、LGJ 型铝绞线的 X_0 值，附表 A-25 列出了 BLX 型和 BLV 型铝芯绝缘线的 X_0 值，供参考。

如果线路的感抗相对于线路的电阻来说小到可以忽略，或者负荷[1]的 $\cos\varphi\approx1$，则这种线路称为"无感"线路。"无感"线路的电压损耗计算式为

$$\Delta U=\sqrt{3}\sum(iR)=\sqrt{3}\sum(Ir)=\frac{\sum(pR)}{U_N}=\frac{\sum(Pr)}{U_N} \tag{5-13}$$

如果全线路的导线材料和相线截面相同，且可不计感抗或者负荷 $\cos\varphi\approx1$，则这种线路称为"均一无感"线路。"均一无感"线路的电压损耗计算公式为

$$\Delta U=\frac{\sum(pL)}{\gamma AU_N}=\frac{\sum(Pl)}{\gamma AU_N}=\frac{\sum M}{\gamma AU_N} \tag{5-14}$$

式中 γ——导线的电导率；

A——导线的截面；

$\sum M$——线路的所有功率矩之和，$\sum M=\sum(pL)=\sum(Pl)$；

U_N——线路的额定电压。

而线路电压损耗的百分值则为

$$\Delta U\%=\frac{\Delta U}{U_N}\times100 \tag{5-15}$$

将式（5-14）代入式（5-15），即得"均一无感"的三相线路电压损耗百分值为

$$\Delta U\%=\frac{100\sum M}{\gamma AU_N^2}=\frac{\sum M}{CA} \tag{5-16}$$

式中 C——计算系数，如表 5-18 所列，表中 C 值是在导线工作温度为 50℃及 M 的单位为 kW·m、A 的单位为 mm² 时的数值。

表 5-18 公式 $\Delta U\%=\sum M/(CA)$ 中的计算系数 C 值

线路额定电压/V	线路结线及电流类别	C 的计算式	计算系数 C/(kW·m·mm⁻²)	
			铜线	铝线
220/380	三相四线	$\gamma U_N^2/100$	76.5	46.2
	两相三线	$\gamma U_N^2/225$	34.0	20.5
220	单相及直流	$\gamma U_N^2/200$	12.8	7.74
110			3.21	1.94

对于"均一无感"的单相线路及直流线路，由于其负荷电流（或功率）要通过来回两根导线，所以总的电压损耗为一根导线电压损耗的 2 倍，而三相线路的电压损耗实际上就是一根相线上的电压损耗，因此这种单相和直流线路的电压损耗百分值为

[1] 感性负荷的功率表示为 $p+jq$ 或 $P+jQ$ 的形式，容性负荷的功率表示为 $p-jq$ 或 $P-jQ$ 的形式。

$$\Delta U\% = \frac{200\sum M}{\gamma A U_{\mathrm{N}}^{2}} = \frac{\sum M}{CA} \tag{5-17}$$

式中　U_{N}——线路的额定电压（对单相线路为额定相电压）；

　　C——计算系数，亦可查表 5-16。

对“均一无感”的两相三线线路，经过推证可得电压损耗百分值为

$$\Delta U\% = \frac{225\sum M}{\gamma A U_{\mathrm{N}}^{2}} = \frac{\sum M}{CA} \tag{5-18}$$

式中　C——计算系数，亦可查表 5-18。

对于“均一无感”线路，由 $\Delta U\% = \sum M/(CA)$，可得按允许电压损耗 $\Delta U_{\mathrm{al}}\%$ 选择导线截面的公式为

$$A = \frac{\sum M}{C\Delta U_{\mathrm{al}}\%} \tag{5-19}$$

此式常用于照明线路导线截面的选择。

【例 5-3】　某 6kV 三相架空线路，采用 LJ-50 型铝绞线，水平等距排列，线距为 0.8m。该线路负荷 $P_{30}=846\mathrm{kW}$，$Q_{30}=406\mathrm{kvar}$，线路长 2.5km。试计算其电压损耗百分值。

解　线路的线间几何均距 $a_{\mathrm{au}}=1.26\times0.8\mathrm{m}\approx1\mathrm{m}$。查附表 A-23，得线路的 $R_0=0.66\Omega/\mathrm{km}$，$X_0=0.36\Omega/\mathrm{km}$。故线路的电压损耗为

$$\Delta U = (P_{30}R + Q_{30}X)/U_{\mathrm{N}} = (846\mathrm{kW}\times0.66\times2.5\Omega + 406\mathrm{kvar}\times0.36\times2.5\Omega)/6\mathrm{kV}$$
$$= 294\mathrm{V}$$

因此线路的电压损耗百分值为

$$\Delta U\% = 100\Delta U/U_{\mathrm{N}} = 100\times294\mathrm{V}/6000\mathrm{V} = 4.9$$

【例 5-4】　某 220/380V 的 TN—C 线路，采用 BLV-500-（3×50+PEN35）的四根导线穿焊接钢管埋地敷设，在距线路首端 30m 处，接有 20kW 电阻炉 1 个，在末端接有 30kW 电阻炉 1 个。线路全长 80m。试计算该线路的电压损耗百分值。

解　由表 5-18 查得 $C=46.2\mathrm{kW\cdot m/mm^2}$

而　$$\sum M = 20\mathrm{kW}\times30\mathrm{m} + 30\mathrm{kW}\times80\mathrm{m} = 3000\mathrm{kW\cdot m}$$

故　$$\Delta U\% = \sum M/(CA) = 3000/(46.2\times50) = 1.3$$

（三）均匀分布负荷的三相线路电压损耗的计算

设线路带有一段均匀分布负荷，如图 5-53 所示。单位长度线路上的负荷电流为 i_0，微小线段 $\mathrm{d}l$ 的负荷电流则为 $i_0\mathrm{d}l$。这一负荷电流 $i_0\mathrm{d}l$ 通过线路（长度为 l、电阻为 $R_0 l$）产生的电压损耗为

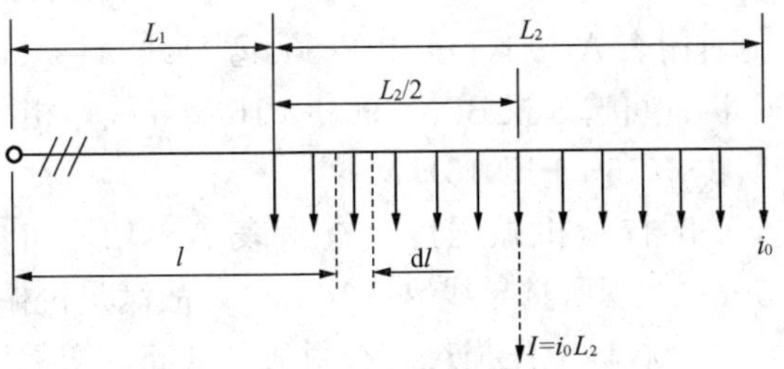

$$\mathrm{d}(\Delta U) = \sqrt{3}\,i_0\,\mathrm{d}l R_0 l$$

图 5-53　负荷均匀分布的线路

因此整个线路由分布负荷所产生的电压损耗为

$$\Delta U = \int_{L_1}^{L_1+L_2}\mathrm{d}(\Delta U) = \int_{L_1}^{L_1+L_2}\sqrt{3}\,i_0R_0 l\,\mathrm{d}l = \sqrt{3}\,i_0R_0\int_{L_1}^{L_1+L_2} l\,\mathrm{d}l$$
$$= \sqrt{3}\,i_0R_0\left[\frac{l^2}{2}\right]_{L_1}^{L_1+L_2} = \sqrt{3}\,i_0R_0\,\frac{L_2(2L_1+L_2)}{2} = \sqrt{3}\,i_0L_2R_0\left(L_1+\frac{L_2}{2}\right)$$

令 $i_0L_2=I$，I 为与均匀分布负荷等效的集中负荷，则有

$$\Delta U=\sqrt{3}IR_0\left(L_1+\frac{L_2}{2}\right) \tag{5-20}$$

式（5-20）说明：带有均匀分布负荷的线路，在计算其电压损耗时，可以将分布负荷集中于分布线段的中点，按集中负荷的方法计算。

【例 5-5】 某 220/380V 的 TN—C 线路，如图 5-54（a）所示。线路拟采用 BLX-500 型导线户内明敷，环境温度为 25℃，允许电压损耗为 5%。试选择导线截面。

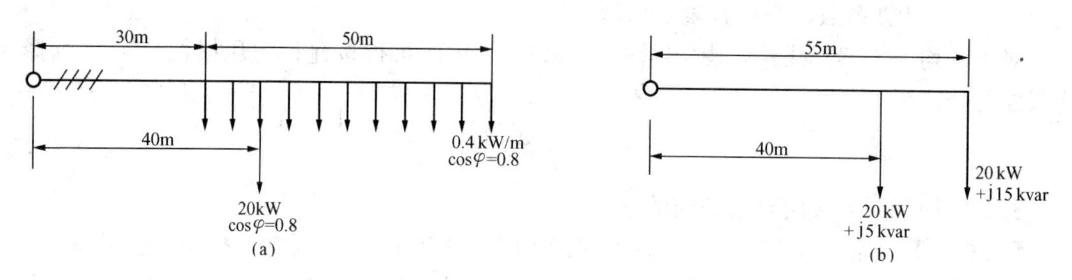

图 5-54 ［例 5-5］图

（a）带有均匀分布负荷的线路；（b）变换为集中负荷的线路

解 （1）线路的等效变换：将图 5-54（a）所示带有均匀分布负荷的线路，等效变换图为图 5-54（b）所示集中负荷的线路。

原集中负荷 $p_1=20\text{kW}$，$\cos\varphi=0.8$，则 $\tan\varphi=0.75$，故

$$q_1=20\text{kW}\times0.75=15\text{kvar}$$

原分布负荷 $p_2=0.4\times50\text{kW}=20\text{kW}$，$\cos\varphi=0.8$，$\tan\varphi=0.75$，故

$$q_2=20\text{kW}\times0.75=15\text{kvar}$$

（2）按发热条件选择导线截面：线路中的最大负荷（计算负荷）为

$$P=p_1+p_2=20\text{kW}+20\text{kW}=40\text{kW}$$

$$Q=q_1+q_2=15\text{kvar}+15\text{kvar}=30\text{kvar}$$

$$S=\sqrt{P^2+Q^2}=\sqrt{40^2+30^2}\text{kVA}=50\text{kVA}$$

$$I=S/(\sqrt{3}U_N)=50\text{kVA}/(\sqrt{3}\times0.38\text{kV})=76\text{A}$$

查附表 A-24，知 BLX-500 型导线 $A=16\text{mm}^2$ 在 25℃时的 $I_{al}=80\text{A}>I=76\text{A}$。

因此可选 3 根 BLX-500-1×16 型导线作相线，另选 1 根相同的导线作 PEN 线，即 BLV-500-（3×16+PEN16）M。

（3）校验机械强度：查附表 A-12，知户内明敷的铝芯绝缘线的芯线最小截面为 2.5mm^2，现所选导线 $A=16\text{mm}^2$，故满足机械强度要求。

（4）校验电压损耗：查附表 A-25，知 $R_0=2.16\Omega/\text{km}$，$X_0=0.265\Omega/\text{km}$，因此线路的电压损耗为

$$\begin{aligned}\Delta U&=[(p_1L_1+p_2L_2)R_0+(q_1L_1+q_2L_2)X_0]/U_N\\&=[(20\text{kW}\times0.04\text{km}+20\text{kW}\times0.055\text{km})\times2.16\Omega/\text{km}+\\&\quad(15\text{kvar}\times0.04\text{km}+15\text{kvar}\times0.055\text{km})\times0.265\Omega/\text{km}]/0.38\text{kV}\\&=11.78\text{V}\end{aligned}$$

$$\Delta U\%=100\Delta U/U_N=100\times11.78\text{V}/380\text{V}=3.10$$

由于 $\Delta U\%=3.1\%<\Delta U_{al}\%=5\%$，因此所选导线 BLX-500-1×16 也是满足电压损耗要求的。

[另一解法]

图 5-54（a）所示带有均匀分布负荷的线路，等效变换为图 5-54（b）所示的带两个集中负荷的线路。正巧这两个集中负荷也完全相同（这是一个特例），因此又可看作是"均匀分布负荷"，将这两个负荷等效集中于两负荷点之间的中点，即等效变换为只有一个集中负荷

$$p+jQ=(p_1+p_2)+j(q_1+q_2)=40kW+j30kvar$$

的线路，而等效线路长度为

$$L=40m+(55-40)m/2=47.5m$$

这样选择计算就更简单了，读者可自行作一下，结果应与上一解法完全相同。

五、母线、电缆和绝缘导线的校验

（一）母线的校验

母线在按发热条件选择后，应校验其短路的动稳定度和热稳定度。

母线的动稳定度校验，应满足式（4-44）的条件。

母线的热稳定度校验，应满足式（4-53）的条件。

（二）电缆和绝缘导线的校验

电缆和绝缘导线不需要校验其短路动稳定度，但需校验其短路热稳定度，即应满足式（4-53）的条件。

思考题

5-1　选择变配电所主结线方案时应考虑哪些因素？

5-2　双电源配电所的电源断路器为什么要双侧装隔离开关？

5-3　外桥结线［图 5-11（a）］在一条电源进线检修时应如何操作，才能转为一条进线两台变压器并列运行的工作状态？

5-4　哪些场合适合采用单台变压器变电所？哪些场合宜采用双台变压器变电所？

5-5　变配电所所址选择应考虑哪些原则？

5-6　车间附设式变电所与车间内变电所区别何在？各有何优缺点？各适用于什么场所？

5-7　高压、低压配电室的操作通道、维护通道及变压器室的维护通道的最小尺寸是多少？

5-8　某单位 $S=5000kVA$，附近有 380V、10kV 及 35kV 三种电压的电源，问该单位宜从哪一种电压电网取得电源？为什么？

5-9　试比较放射式与树干式供电的优缺点，并说明其适用范围。

5-10　导线 LJ-150 和 LGJ-150 各表示什么型号导线？两个 150 各表示什么？

5-11　架空线路的电杆有哪几种？工厂架空线路中常用哪种电杆？为什么？

5-12　架空线路的横担起什么作用？一般常用的横担有哪些？

5-13　从机械强度上考虑，380V 及 10kV 架空导线的最小截面是多少？

5-14　导线的弧垂是什么？与哪些因素有关？

5-15　试比较架空线路和电缆线路的优缺点及适用范围。

5-16　敷设电缆应注意哪些事项？

5-17　电力线路有哪些敷设方式？各自的适用范围如何？

5-18　采用钢管穿线时，可否分相穿管？为什么？

5-19　某电气平面布线图上，某一线路旁标注有 BV-500（3×70＋PEN35）SC70-F，请说明各文字符号的含义。

5-20　按规定哪些场合应采用铜芯导线（或电缆）？

5-21　选择导线和电缆截面一般应满足哪六个条件？一般动力线路的导线截面先按什么条件选择，而照明线路又先按什么条件选择，为什么？

5-22　一般三相四线制线路的 N 线截面如何选择？3 次谐波电流突出的线路的 N 线截面又如何选择？两相三线线路和单相线路的 N 线截面又如何选择？

5-23　PE 线截面如何选择？PEN 线截面又如何选择？

5-24　什么是线路的电压降和电压损耗？两者在概念上有何区别？在供电系统中可用电压降的什么分量来计算电压损耗？

5-25　计算线路电压损耗的公式 $\Delta U=\sum(pR+qX)/U_N$，其中 p、q、R、X 和 U_N 各表示什么物理量，试在单线图上标出。

5-26　计算线路电压损耗的公式 $\Delta U\%=\sum M/(CA)$，其中 $\sum M$、C、A 各指的什么，适用于什么性质的线路？

5-27　带有均匀分布负荷的线路在计算其电压损耗时可将分布负荷集中于线路的什么地方？

习 题

案 例

5-28　试按发热条件选择 220/380V 的 TN—S 线路中的相线、N 线和 PE 线截面（导线采用 BLV 型）和埋地敷设的穿线塑料管（VG）的内径。已知线路的计算电流为 140A，敷设地点环境温度为 30℃。

5-29　有一条 10kV 架空线路，全长 4.5km，在距首端 2.5km 处接有计算负荷 $p_1=670$kW，$\cos\varphi_1=0.7$，末端接有计算负荷 $p_2=450$kW，$\cos\varphi_2=0.8$，全线路截面一致，采用 LJ 型铝绞线，线路为水平等距排列，线距 1m，当地最热月平均日最高气温为 30℃。线路允许电压损耗为 5%。试按发热条件选择导线截面，并校验机械强度和电压损耗。

5-30　有一 380V 的 TN—C 线路，供电给 12 台 7.5kW、$\cos\varphi=0.85$、$\eta=0.87$ 的 Y 型电动机，各电动机间均匀间距 2m，全长 40m，环境温度为 35℃。试按发热条件选择此明敷的 BLV-500 型导线截面，并校验其机械强度，计算其电压损耗（建议 $K_\Sigma=0.75$）。

第六章　供配电系统的保护

本章首先简述继电保护的任务和基本要求；然后介绍常用的保护继电器类型和结构原理，继电保护的结线方式和操作方式，以及电力线路和电力变压器的各种继电保护的结线、工作原理和整定计算等；最后还介绍了断路器的控制回路、信号系统、绝缘监察装置、测量仪表、二次回路接线图绘制的基本知识，以及变配电所综合自动化系统等。

第一节　继电保护装置的任务与要求

一、继电保护装置的任务

供电系统中，由于各种原因难免发生各种故障和不正常运行状态，其中最常见的就是短路。供电系统发生短路时，必须迅速切除故障部分，恢复其他无故障部分的正常运行。前面所讲的熔断器保护和低压断路器保护，就是实现短路故障保护的两种保护装置。熔断器保护简单经济，但灵敏度低，且熔体熔断后更换时需一定时间，从而影响供电可靠性。低压断路器灵敏度高，而且在故障消除后可很快合闸恢复供电，因此供电可靠性大大提高，但以上两种保护一般只适用于低压系统。在高压系统中，一般都要采用继电保护装置，才能确保保护的灵敏度，大大提高供电可靠性。

继电保护装置的任务，一是在供电系统出现短路故障时，作用于前方最近的断路器或其他控制保护装置，使之迅速跳闸，切除故障部分，恢复系统其他部分的正常运行，同时发出信号，提醒运行值班人员及时处理事故。二是在供电系统出现不正常工作状态，如过负荷或有故障苗头时，发出报警信号，提醒运行值班人员注意并及时处理，以免发展为故障。

二、继电保护装置的基本要求

供电系统对继电保护装置有下列基本要求。

(1) 选择性：当供电系统发生故障时，仅由离故障点最近的继电保护装置动作，切除故障，而供电系统的其他非故障部分仍能正常运行。满足这一要求的动作，称为选择性动作。如果供电系统发生故障时，靠近故障点的保护装置不动作（拒动），而离故障点远的前级保护装置越级动作，称为失去选择性动作。

(2) 速动性：为了防止事故扩大，减轻短路电流对设备的危害程度，提高电力系统运行的稳定性，当供电系统发生故障时，继电保护装置应迅速动作切除故障。

(3) 可靠性：指保护装置该动作时就应该动作（不拒动），不该动作时则不误动。前者为信赖性，后者为安全性，即可靠性包括信赖性和安全性。继电保护装置的可靠性与保护装置的结线方式、元件的质量以及安装、整定和运行维护等很多因素有关。

(4) 灵敏性：指保护装置在其保护范围内对故障或不正常运行状态的反应能力。继电保护装置对其保护区内的所有故障都应该正确反应。灵敏性通常用灵敏系数 S_p 来衡量，S_p 愈大，灵敏性愈高，愈能反应轻微故障。例如对过量继电器（例如过电流继电器）构成的保护装置，灵敏系数为

$$S_p = \frac{I_{k.min}}{I_{op.1}} \tag{6-1}$$

式中 $I_{k.min}$——继电保护装置保护区内在电力系统最小运行方式下的最小短路电流；

$I_{op.1}$——继电保护装置动作电流换算到一次电路的值，称为其一次动作电流；

S_p——灵敏系数。

对欠量继电器（例如欠电压继电器）构成的保护装置，其灵敏系数的定义则有所不同，请读者自行思考后给出其定义式。

GB/T 50062—2008《电力装置的继电保护和自动装置设计规范》对各种继电保护的灵敏系数规定了一个最小值，将在后面讲述各种继电保护装置时分别介绍。

以上四项要求，对熔断器保护和低压断路器保护也是适用的。但这四项要求对于一个具体的继电保护装置，则不一定都是同等重要的，应根据所保护的对象而有所侧重。例如对电力变压器，一般要求灵敏性和速动性较好，有时宁可牺牲选择性也要确保快速切除故障。而对一般配电线路，它的保护装置则往往侧重选择性，对灵敏性的要求则可以低一些。当无法兼顾选择性和速动性时，为了快速切除故障以保护某些关键设备，或为了尽快恢复系统的正常运行，有时甚至不惜牺牲选择性来保证速动性，例如后面要讲的速断保护和自动重合闸装置等。

继电保护装置除应满足上述四项基本要求外，尚应要求节约投资、便于调试和维护、能尽可能满足系统运行所要求的灵活性等。

第二节 常用的保护继电器

一、概述

继电器是一种在其输入的物理量达到规定值时，其电气量输出电路被接通或分断的自动电器。继电器是组成继电保护装置的基本元件。

继电器的分类方式很多，按其应用类型分，有控制继电器和保护继电器两大类。机床控制电路应用的继电器多属于控制继电器。供电系统中应用的继电器多属于保护继电器。

保护继电器按其组成元件分，有机电型和电子型两大类。机电型按其结构原理分，又可分为电磁式和感应式等。机电型继电器具有简单可靠、便于维护和调试等优点，故在我国工业与民用建筑的供配电系统中仍得到普遍应用。

保护继电器按其反应物理量分，有电流继电器、电压继电器、功率继电器、气体（瓦斯）继电器等。

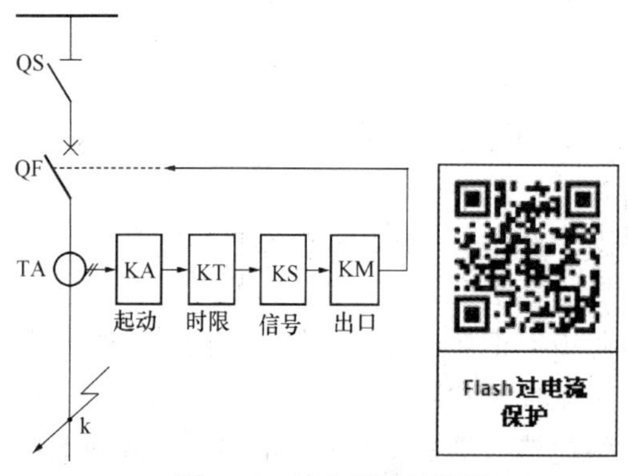

图 6-1 过电流保护框图

保护继电器按反应数量变化分，有过量继电器和欠量继电器，如过电流继电器和欠电压继电器等。

保护继电器按其在保护装置中的功能分，有起动继电器、时间继电器、信号继电器和中间继电器或出口继电器等。

图 6-1 为过电流保护的框图。当线路上发生短路时，起动用的电流继电器 KA 瞬时动作，使时间继电器 KT 起动，KT 经整定的时限后，接通信号

继电器 KS 和中间继电器 KM。KM 就接通断路器 QF 的跳闸回路，使断路器 QF 跳闸。

保护继电器按其与一次电路的联系分，有一次式继电器和二次式继电器。一次式继电器的线圈是与一次电路直接相连的。如低压断路器的过电流脱扣器和失电压脱扣器，实际上都是一次式继电器。二次式继电器的线圈都是连接在电流互感器或电压互感器二次侧的，通过互感器再与一次电路相联系。高压系统应用的保护继电器都属于二次式继电器。

下面分别介绍工业与民用建筑供电系统中常用的几种机电型保护继电器。

二、电磁式电流继电器

电磁式电流继电器在继电保护装置中，通常用作起动元件，因此又称起动继电器。

常用的 DL-10 系列电磁式电流继电器❶的内部结构如图 6-2 所示；其内部结线和图形符号如图 6-3 所示。

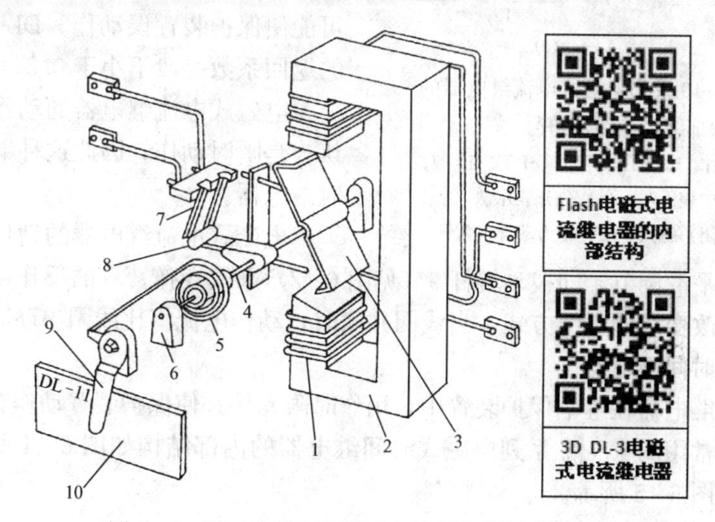

图 6-2 DL-10 系列电磁式电流继电器的内部结构

1—线圈；2—电磁铁；3—钢舌片；4—轴；5—弹簧；6—轴承；7—静触点；8—动触点；9—起动电流调节转杆；10—标度盘（铭牌）

由图 6-2 所示，当继电器线圈 1 通过电流时，电磁铁 2 中产生磁通，力图使 Z 形钢舌片 3 向凸出磁极偏转。与此同时，轴 4 上的弹簧 5 又力图阻止钢舌簧片偏转。当继电器线圈中的电流增大到使钢舌簧片所受到的转矩大于弹簧的反作用力矩时，钢舌簧片便被吸近磁极，使动合触点闭合，动断触点断开，这就叫继电器的动作或起动。

能使过电流继电器动作（动合触点闭合）的最小电流称继电器的“动作电流”，用 I_{op} 表示❷。

过电流继电器动作后，减小通入继电器线圈的电流到一定值时，钢舌簧片在弹簧作用下

---

❶ 继电器型号的含义

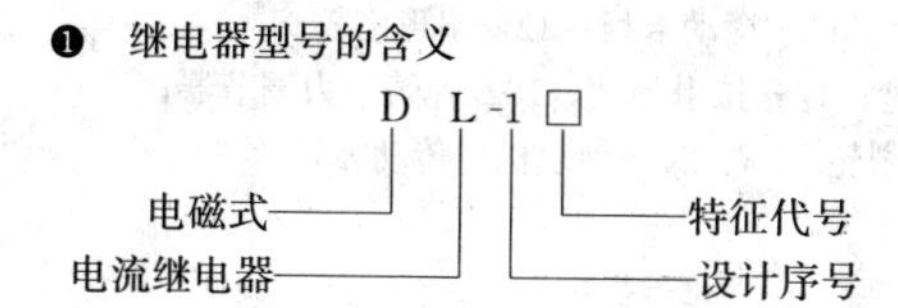

其他代号：G—感应式；S—时间继电器；Z—中间继电器；X—信号继电器；Y—电压继电器。

❷ 对于欠量继电器，例如欠电压继电器，其动作电压 U_{op} 则为继电器线圈中的使继电器动作的最大电压。

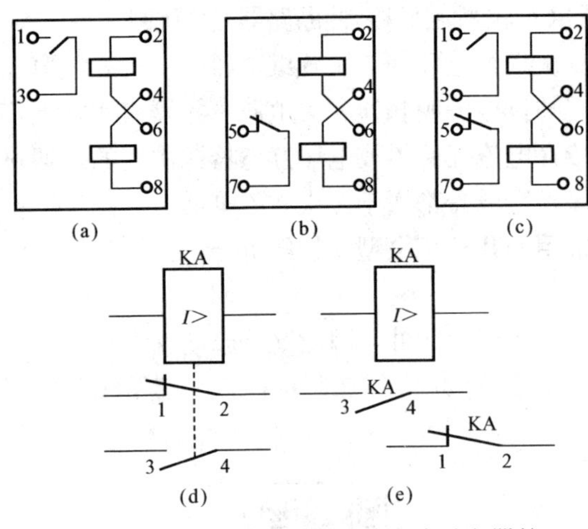

图 6-3　DL-10 系列电磁式电流继电器的内部结线和图形符号

(a) DL-11 型；(b) DL-12 型；(c) DL-13 型；(d) 集中表示法；(e) 分开表示法

kA1-2 为动断（常闭）触点，kA3-4 为动合（常开）触点

返回起始位置（触点断开）。使继电器由动作状态返回到起始位置的最大电流，称为继电器的“返回电流”，用 I_{re} 表示❶。

继电器“返回电流”与“动作电流”的比值，称为继电器的返回系数，用 K_{re} 表示，即

$$K_{re}=\frac{I_{re}}{I_{op}} \tag{6-2}$$

对于过量继电器返回系数总是小于 1 的（欠量继电器则大于 1），返回系数越接近于 1，说明继电器越灵敏，如果返回系数过低，可能使保护装置误动作。DL-10 系列继电器的返回系数一般不小于 0.8。

电磁式电流继电器的动作极为迅速，可认为是瞬时动作，因此这种继电器也称为瞬时继电器。

电磁式电流继电器的动作电流调节有两种方法：一种是平滑调节，即拨动转杆 9（见图 6-2）来改变弹簧 5 的反作用力矩；另一种是级进调节，即改变线圈联结方式，当线圈并联时，动作电流将比线圈串联时增大一倍。

三、电磁式时间继电器

电磁式时间继电器在继电保护装置中，用作时限元件，使保护装置动作获得一定延时。

供电系统中常用的 $DS\text{-}^{110}_{120}$ 系列电磁式时间继电器的内部结构如图 6-4 所示；其内部结线和图形符号如图 6-5 所示。

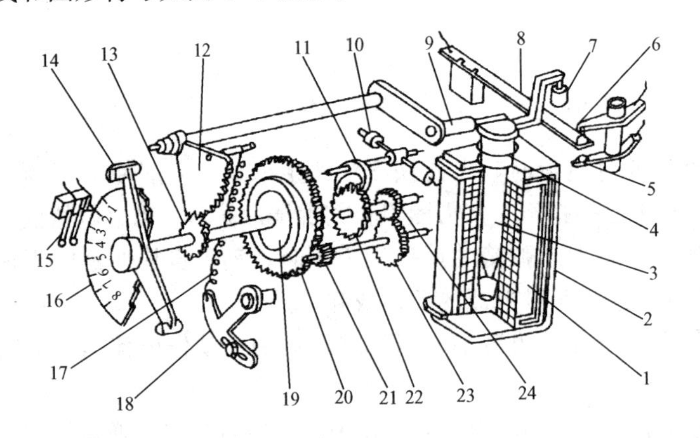

Flash电磁式时间继电器的内部结构

3D DS31时间继电器

图 6-4　$DS\text{-}^{110}_{120}$ 系列时间继电器的内部结构

1—线圈；2—电磁铁；3—可动铁芯；4—返回弹簧；5、6—瞬时静触点；7—绝缘杆；8—瞬时动触点；9—压杆；10—平衡锤；11—摆动卡板；12—扇形齿轮；13—传动齿轮；14—主动触点；15—主静触点；16—标度盘；17—拉引弹簧；18—弹簧拉力调节器；19—摩擦离合器；20—主齿轮；21—小齿轮；22—掣轮；23、24—钟表机构传动齿轮

---

❶ 对于欠量继电器，例如欠电压继电器，其返回电压 U_{re} 则为继电器线圈中的使继电器返回的最小电压。

由图 6 - 4 可知，当继电器的线圈通电时，铁心被吸入，压杆失去支持，使被卡住的一套钟表机构起动，同时切换瞬时触点。在拉引弹簧的作用下，经过整定延时，使主触点闭合。

继电器的延时，是用改变主静触点的位置（即它与主动触点的相对位置）来调整。调整的时间范围，在标度盘上标出。

当线圈失电后，继电器在拉引弹簧的作用下返回起始位置。

DS-100 型时间继电器有两种，一种为 DS-110 型，另一种为 DS-120 型。前者为直流，后者为交流。

为了缩小继电器的尺寸和节约材料，有的时间继电器线圈不是按长期通电设计的，因此若需长期接上电压的时间继电器，如图 6 - 5 所示的 DS-111C 型等，应在继电器起动后，利用其瞬时转换触点，使线圈串入电阻，以限制线圈电流。

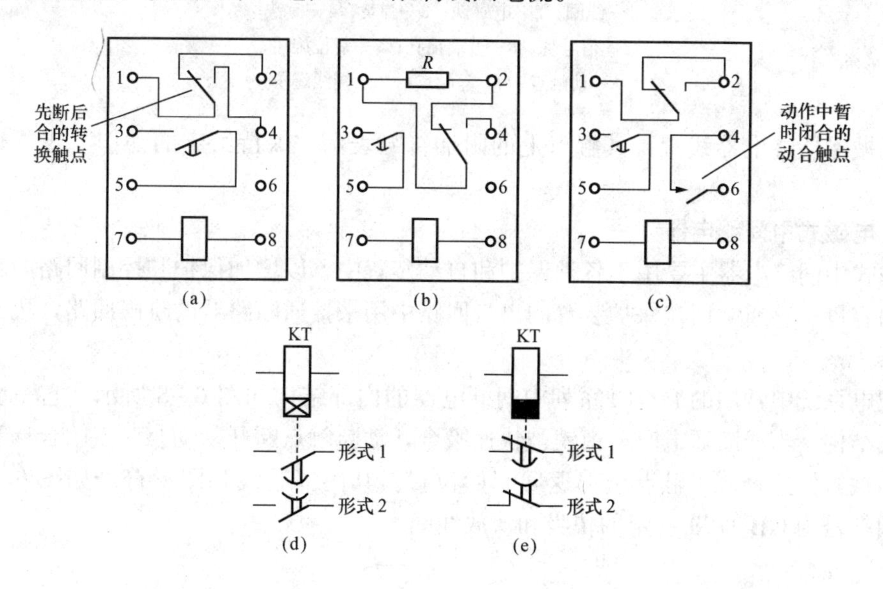

图 6 - 5 DS-系列时间继电器的内部结线和图形符号

（a）DS-$^{111}_{121}$、$^{112}_{122}$、$^{113}_{123}$型；（b）DS-111C、112C、113C 型；（c）DS-$^{115}_{125}$、$^{116}_{126}$；
（d）带延时闭合触点的时间继电器；（e）带延时断开触点的时间继电器

四、电磁式信号继电器

电磁式信号继电器在继电保护装置中，用作信号元件，指示保护装置已经动作。工厂供电系统中常用的 DX-11 型电磁式信号继电器，有电流型和电压型两种，两者线圈阻抗和反应参量不同。电流型可串联在二次回路中而不影响其他二次元件的动作。电压型因线圈阻抗大，必须并联在二次回路内。

DX-11 型电磁式信号继电器的内部结构如图 6 - 6 所示。信号继电器在正常状态时，其信号牌是被衔铁支持住的。当继电器线圈通电时，衔铁被吸向铁心而使信号牌掉下，显示其动作信号（可由窗孔观察），同时带动转轴旋转 90°，使固定在转轴上的导电条（动触点）与静触点接通，从而接通信号回路，发出音响或灯光信号。要使信号停止，可旋动外壳上的复位旋钮，断开信号回路，同时使信号牌复位。

DX-11 型信号继电器的内部结线和图形符号如图 6 - 7 所示，其中线圈符号为 GB 4728

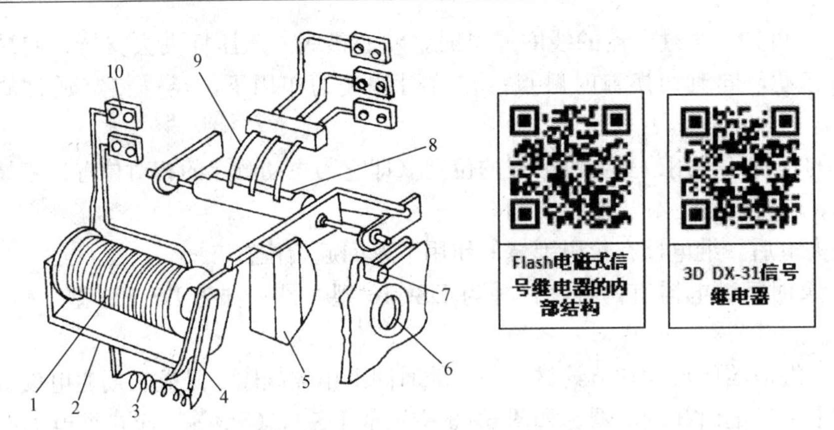

图 6-6 DX-11 型信号继电器的内部结构

1—线圈；2—电磁铁；3—弹簧；4—衔铁；

5—信号牌；6—玻璃窗孔；7—复位旋钮；

8—动触点；9—静触点；10—接线端子

规定的机械保持继电器线圈，其触点上的附加符号表示“保持给定的动作”或“非自动复位”。

五、电磁式中间继电器

电磁式中间继电器主要用于各种保护和自动装置中，以增加保护和控制回路的触点数量和触点的容量。它通常用在保护装置的出口回路中用来接通断路器的跳闸回路，故又称为出口继电器。

供配电系统中常用的 DZ-10 系列中间继电器的内部结构如图 6-8 所示，它一般采用吸引衔铁式结构。当线圈通电时，衔铁被快速吸合，动断触点断开，动合触点闭合。当线圈断电时，衔铁被快速释放，触点全部返回起始位置。其内部结线和图形符号如图 6-9 所示，其中线圈符号为 GB 4728 规定的快吸和快放线圈。

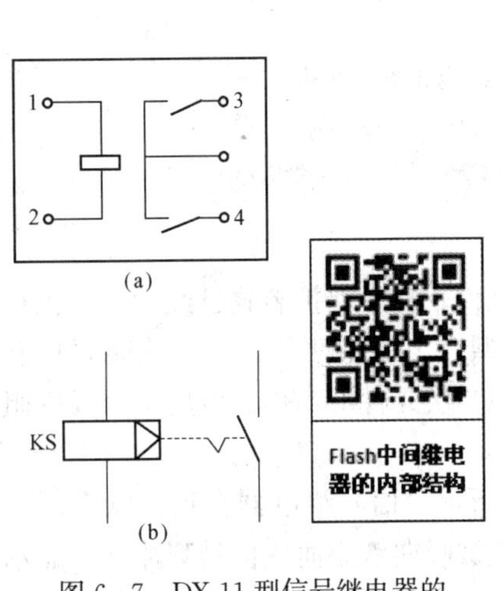

图 6-7 DX-11 型信号继电器的内部结线和图形符号

（a）内部结线；（b）图形符号

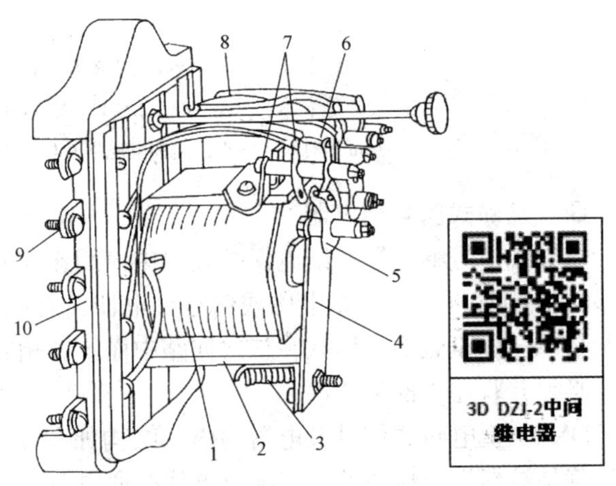

图 6-8 DZ-10 系列中间继电器的内部结构

1—线圈；2—电磁铁；3—弹簧；4—衔铁；

5—动触点；6、7—静触点；8—连接线；

9—接线端子；10—底座

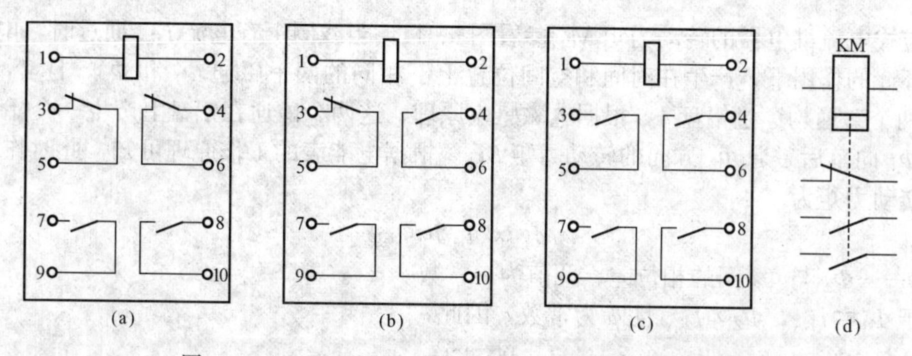

图 6-9　DZ-10 系列中间继电器的内部结线和图形符号

(a) DZ-15 型；(b) DZ-16 型；(c) DZ-17 型；(d) 图形符号

六、感应式电流继电器

感应式电流继电器具有上述电磁式电流继电器、时间继电器、信号继电器和中间继电器的功能，即它在继电保护装置中既能作为起动元件，又能实现延时、给出信号和直接接通跳闸回路；既能实现带时限的过电流保护，又能同时实现电流速断保护，从而使保护装置大大简化。此外，感应式电流继电器应用交流操作电源，可减少投资，简化二次结线。因此，在中小型建筑供电系统中，感应式电流继电器应用较为普遍。

供配电系统中常用 GL-$^{10}_{20}$ 系列感应式电流继电器的结构如图 6-10 所示。此种继电器由感应系统和电磁系统两大部分组成。

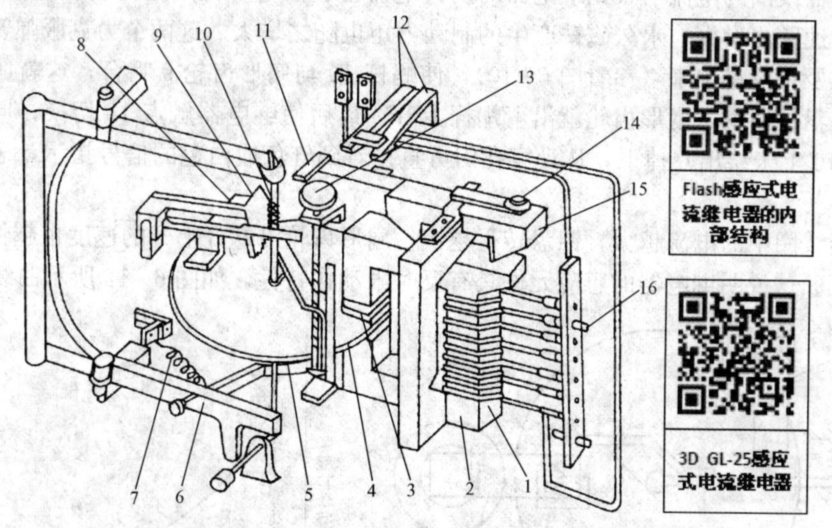

图 6-10　GL-$^{10}_{20}$ 系列感应式电流继电器的内部结构

1—线圈；2—电磁铁；3—短路环；4—铝盘；5—钢片；6—铝框架；7—调节弹簧；8—制动永久磁铁；9—扇形齿轮；10—蜗杆；11—扁杆；12—触点；13—时限调节螺杆；14—速断电流调节螺钉；15—衔铁；16—动作电流调节插销

感应系统主要包括线圈 1、带有短路环 3 的电磁铁 2 及装在可偏框架 6 上的转动铝盘 4 等元件。

电磁系统主要包括线圈 1、电磁铁 2 和衔铁 15 等元件。线圈 1 和电磁铁 2 是感应和电磁系统共用的。

感应式电流继电器的转动力矩 M_1 参看图 6-11，当线圈 1 有电流 I_{KA} 通过时，电磁铁 2 在短路环 3 的作用下，产生在时间和空间位置上不相同的两个磁通 Φ_1 和 Φ_2，且 Φ_1 超前于 Φ_2。这两个磁通均穿过铝盘 4，根据电磁感应原理，这两个磁通在铝盘上产生一个始终由超前磁通 Φ_1 向落后磁通 Φ_2 方向的转动力矩 M_1。根据电能表的工作原理可知，此时作用于铝盘上的转动力矩为

$$M_1 \propto \Phi_1 \Phi_2 \sin\psi \tag{6-3}$$

式中 ψ——Φ_1 与 Φ_2 间的相位差，此值为一常数。

由于 $\Phi_1 \propto I_{KA}$，$\Phi_2 \propto I_{KA}$ 且 ψ 为常数，因此，

$$M_1 \propto I_{KA}^2 \tag{6-4}$$

另外，在对应于电磁铁的另一侧装有一个产生制动力矩的永久磁铁 8，铝盘在转动力矩 M_1 作用下转动后，铝盘切割永久磁铁的磁通，在铝盘上产生涡流，涡流又与永久磁铁磁通作用，产生一个与 M_1 反向的制动力矩 M_2。由电能表工作原理知，M_2 与铝盘的转速 n 成正比，即

$$M_2 \propto n \tag{6-5}$$

这个制动力矩在某一转速下，与电磁铁产生的转动力矩相平衡，因而在一定的电流下保持铝盘匀速旋转。

在上述 M_1 和 M_2 的作用下，铝盘受力虽有使框架 6 和铝盘 4 向外推出的趋势，但由于受到弹簧 7 的拉力，仍保持在初始位置。

当继电器线圈的电流增大到继电器的动作电流时，由电磁铁产生的转动力矩随之增大，并使铝盘转速随之增大，永久磁铁产生的制动力矩也随之增大。这两个力克服弹簧的反作用力而将框架及铝盘推出来（参看图 6-10），使蜗杆 10 与扇形齿轮 9 啮合，这就叫继电器动作。由于铝盘的转动，扇形齿轮就沿着蜗杆上升，最后使继电器触点 12 切换，同时使信号牌（图 6-10 上未绘出）掉下，从观察孔内可直接看到红色或白色的信号指示，表示继电器已经动作。

继电器线圈中的电流越大，铝盘转得越快，扇形齿轮沿蜗杆上升的速度也越快，因此动作时间越短。这说明继电器的感应元件具有反时限动作特性，如图 6-12 所示曲线 abc。

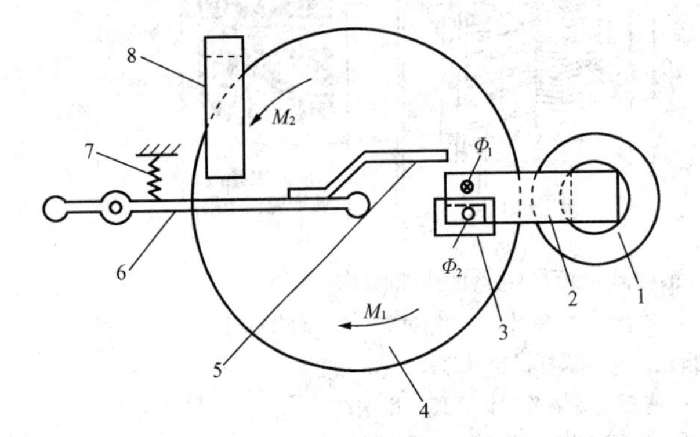

图 6-11 感应式电流继电器的转动力矩 M_1 和制动力矩 M_2

1—线圈；2—电磁铁；3—短路环；4—铝盘；5—钢片；6—铝框架；7—调节弹簧；8—永久磁铁

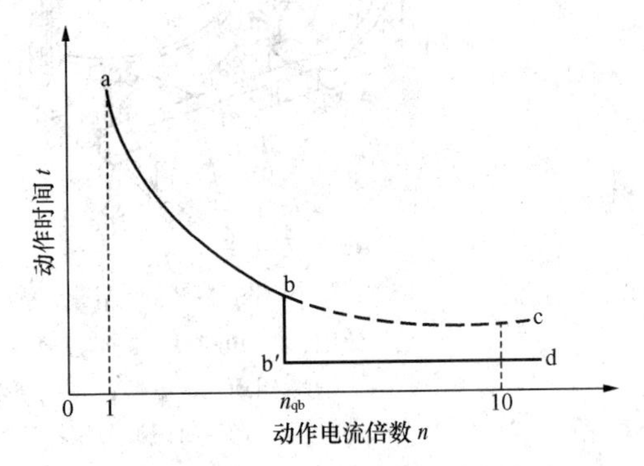

图 6-12 感应式电流继电器的动作特性曲线

abc—感应元件的反时限特性曲线；bd—电磁元件的速断特性曲线

电磁系统的工作原理：当继电器线圈中的电流增大到继电器整定的速断电流值时，电磁铁瞬时将衔铁 15 吸下，使继电器触点 12 切换，同时信号牌掉下，给予动作信号指示。这说明继电器的电磁系统具有“速断”动作特性，如图 6-12 所示直线 b′d。因此电磁系统的元件也称速断元件。动作曲线上对应于开始速断时间的动作电流倍数，称为速断电流倍数，即

$$n_{qb}=\frac{I_{qb}}{I_{op}} \tag{6-6}$$

式中　I_{op}——感应式电流继电器的动作电流；

I_{qb}——感应式继电器的速断电流，即继电器线圈中使速断元件动作的最小电流。

实际的 GL-$^{10}_{20}$ 系列感应式电流继电器的电流速断倍数 $n_{qb}=2\sim8$，n_{qb} 是利用图 6-10 中的速断电流调节螺钉 14 来调节，实际上是调节电磁铁 2 与衔铁 15 之间的气隙距离。而继电器的动作电流 I_{op}，则利用插销 16 来选择插孔位置进行调节，实际是改变线圈 1 的匝数。GL-$^{10}_{20}$ 系列继电器的 I_{op} 最大只能为 10A，而且只能是整数的级进调节。

感应式电流继电器的动作时间，是利用螺杆 13 来调节，也就是调节扇形齿轮顶杆行程的起点，而使动作特性曲线上下移动。应当注意的是，继电器时限调节螺杆的标度尺，是以 10 倍动作电流的动作时间来刻度的，即标度尺上标出的动作时间，是继电器线圈通过的电流为其动作电流 10 倍时的动作时间，而继电器实际的动作时间与通过继电器线圈的电流大小有关，需从相应的动作特性曲线上去查得。

附表 A-16 列出了 GL-$^{11\ 15}_{21\ 25}$ 型感应式电流继电器的主要技术数据及其动作特性曲线，供参考。

GL-$^{11\ 15}_{21\ 25}$ 型感应式电流继电器的内部结线和图形符号，如图 6-13 所示，其中先合后断的转换触点的结构（参看图 6-21）及其应用将在下一节介绍。

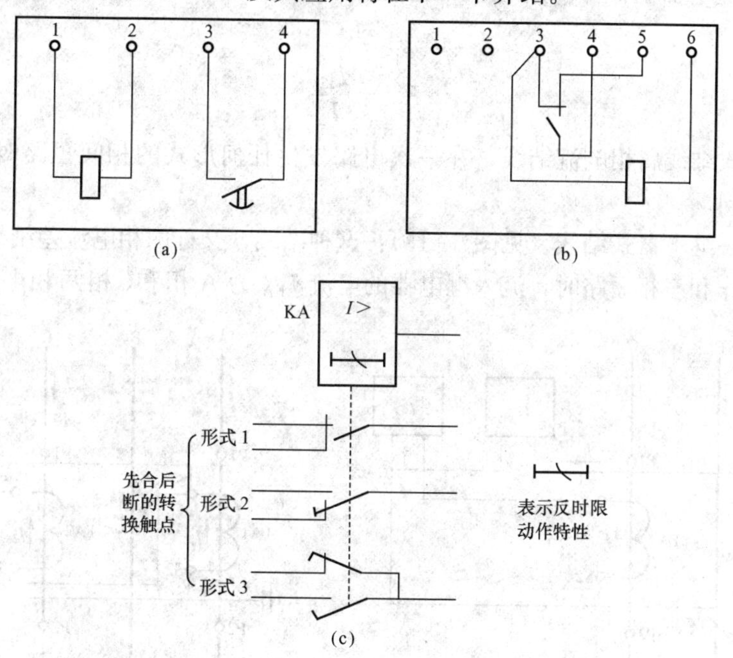

图 6-13　GL 型电流继电器的内部结线和图形符号

(a)、(b) GL 型；(c) 图形符号

第三节　6～10kV电网的继电保护

一、概述

由于中小型工业与民用建筑的高压线路一般不很长（供电半径通常不超过2km），电压不很高（通常为6～10kV），容量不很大（总容量一般不超过8000kVA），因此中小型工业与民用建筑供电系统的高压线路继电保护装置一般比较简单。

工业与民用建筑供配电系统高压线路的相间短路保护，通常采用带时限的过电流保护和电流速断保护。在线路上发生各种形式的相间短路时，继电保护装置作用于高压断路器的跳闸机构，使断路器跳闸，切除短路故障。当高压环网柜采用熔断器加负荷开关方案时，则是由熔断器作短路保护。

由于6～10kV系统属于小接地电流系统，当线路上发生单相接地故障时，只有接地电容电流，并不影响三相系统的正常运行，但需及时给出信号，以便提醒运行人员处理，预防进一步发展为两相接地短路，因此尚需装设绝缘监察装置或单相接地保护。

二、保护装置的结线方式和操作电源

（一）保护装置的结线方式

保护装置的结线方式是指起动继电器与电流互感器之间的连接方式。6～10kV高压电网的过电流保护装置，通常采用下面所示的两相两继电器式和两相一继电器式两种结线。

（1）两相两继电器式结线（见图6-14）：这种结线，如一次电路发生三相短路或任意两相短路，至少有一个继电器动作，且流入继电器的电流 I_{KA} 就是电流互感器的二次电流 I_2。

为了表征继电器电流 I_{KA} 与电流互感器二次电流 I_2 间的关系，特引入一个结线系数 K_w，其计算式为

$$K_w = \frac{I_{KA}}{I_2} \tag{6-7}$$

两相两继电器式结线属相电流结线，在一次电路发生任何形式的相间短路时 $K_w=1$，即保护灵敏度都相同。

（2）两相一继电器式结线（见图6-15）：这种结线，又称两相电流差结线，或两相交叉结线。正常工作和三相短路时，流入继电器的电流 I_{KA} 为A相和C相两相电流互感器二次

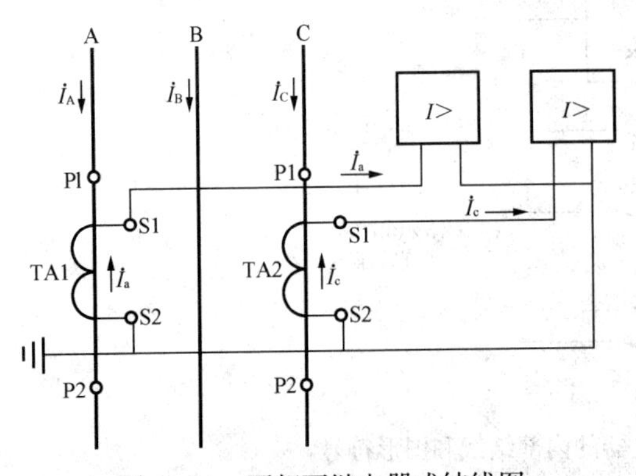

图6-14　两相两继电器式结线图

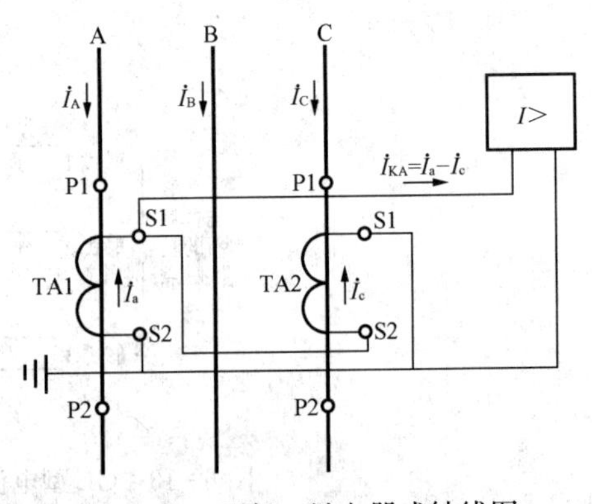

图6-15　两相一继电器式结线图

电流的相量差，即 $\dot{I}_{KA}=\dot{I}_a-\dot{I}_c$，而量值上 $I_{KA}=\sqrt{3}I_2$，如图 6-16（a）所示（请读者自行用 KCL 定律分析）。在 A、C 两相短路时，流进继电器的电流为电流互感器二次侧电流的 2 倍，如图 6-16（b）所示。在 A、B 或 B、C 两相短路时，流进电流继电器的电流等于电流互感器二次侧的电流，如图 6-16（c）所示。

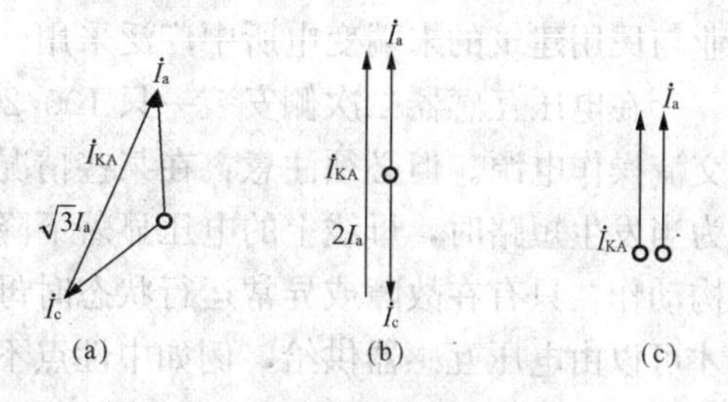

图 6-16 两相电流差结线在不同短路形式下电流相量图

（a）三相短路；（b）A 相、C 相短路；（c）A 相、B 相短路

可见，两相电流差结线的结线系数与一次电路发生短路的形式有关，不同的短路形式，结线系数 K_w 值是不同的。

三相短路时 $K_w=\sqrt{3}$

A 相与 C 相短路时 $K_w=2$

A 相与 B 相或 B 相与 C 相短路时 $K_w=1$

因为两相电流差式结线在不同短路时结线系数不同,故在发生不同形式故障情况下,保护装置的灵敏度也不同。有的甚至相差一倍,这是不够理想的。然而这种结线所用设备较少,较为简单经济,因此在工厂高压线路、小容量高压电动机和小型建筑的变压器保护中有所采用。

（二）保护装置的操作电源

保护装置的操作电源是指供电给继电保护装置及其所作用的断路器操动机构的电源。

对操作电源的要求，主要是它不应受供电系统运行情况的影响，在供电系统发生故障时，它能保证继电保护装置和断路器可靠地动作，并且当断路器合闸时有足够的功率。

操作电源分直流和交流两大类。

1. 直流操作电源

直流操作电源过去多采用老式的铅酸蓄电池组，后来也有采用镉镍蓄电池组或带电容储能的晶闸管整流装置的。现在则多采用新型免维护的阀控式密封铅酸蓄电池组。

（1）铅酸蓄电池组:优点是它与交流的供电系统无直接联系,不受供电系统运行情况的影响,工作可靠;老式的缺点是设备投资大,还需设置专门的蓄电池室,且有较大的腐蚀性,运行维护也相当麻烦。现在一般工业与民用建筑的变配电所中已很少采用老式的铅酸蓄电池组。当前,新型免维护的阀控式密封铅酸蓄电池组在技术上已经成熟,并已大量用于变配电所。

（2）镉镍蓄电池组：优点是除不受供电系统运行情况影响、工作可靠外，还有它的大电流放电性能好，比功率大，机械强度高，使用寿命长，腐蚀性小，而且它是装在专用屏内，无需设蓄电池室，降低了投资，运行维护也较简便，20 世纪九十年代在大中型工业与民用建筑的变配电所中得到广泛应用，但镉镍蓄电池组的造价较高。

（3）电容储能的晶闸管整流装置：优点是设备投资更少，并能减少运行维护工作量；缺点是电容器有漏电问题，且易损坏。因此，其工作可靠性不如镉镍蓄电池，但有时在技术改造中仍有使用。

2. 交流操作电源

由于交流操作电源直接利用交流供电系统的电源，可以取自电压互感器或电流互感器或变电所的所用变压器，投资少、运行维护方便，而且二次回路简单可靠。因此，在中小型工业与民用建筑的末端变电所中广泛采用。

在电压互感器二次侧安装一只100/200V的隔离变压器就可取得供给控制和信号回路的交流操作电源。但必须注意：在某些情况下，短路保护的操作电源不能取自电压互感器。因为当发生短路时，母线上的电压显著下降，致使加到断路器跳闸线圈上的电压不能使操动机构动作，只有在故障或异常运行状态时母线电压无显著变化的情况下，保护装置的操作电源才可以由电压互感器供给，例如中性点不接地系统的单相接地保护。

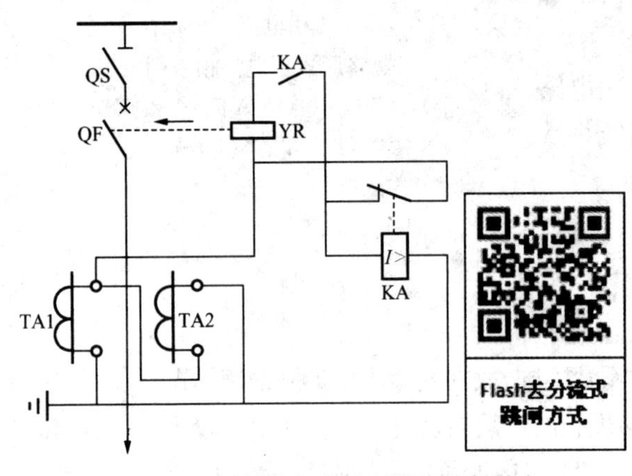

图6-17 利用电流继电器的动断触点去分流跳闸方式的过电流保护电路
QF—高压断路器；TA1、TA2—电流互感器；KA—GL型电流继电器；YR—断路器跳闸线圈

对于短路保护的保护装置，其交流操作电源可取自电流互感器，在短路时，短路电流本身可用来使断路器跳闸。

下面介绍两种常用的交流操作方式。

（1）去分流跳闸方式：这种结线如图6-17所示，在正常情况下，继电器KA的动断触点将跳闸线圈YR短接（分流），YR不通电，断路器QF不会跳闸。当一次电路发生相间短路时，继电器动作，其动断触点断开，使YR的短接分流支路被去掉（即去分流），从而使电流互感器的二次电流完全流入跳闸线圈YR，使断路器跳闸。这种结线方式简单、经济，而且灵敏度较高。但继电器触点的容量要足够大，因为要用它来断开反应到电流互感器二次侧的短路电流。现在生产的GL-$^{15}_{25}$$^{16}_{26}$型过电流继电器，其触点的短时分断电流可达150A，完全可以满足去分流跳闸的要求。这种去分流跳闸的交流操作方式在中小型工业与民用建筑的末端变电所中广泛采用。但此结线尚不够完善，实际结线方案将在后面详细介绍。

（2）直接动作式：如图6-18所示，利用高压断路器手动操动机构内的过电流脱扣器（跳闸线圈）YR作过电流继电器KA（直动式），接成两相一继电器式或两相两继电器式。正常情况下，YR通过正常的二次电流，远小于YR的动作电流，不动作；而在一次电路发生相间短路时，短路电流反应到互感器的二次侧，流过YR，达到或超过YR的动作电流，从而使断路器跳闸。这种交流操作方式最为简单经济，但受脱扣器型号的限制，没有时限，且动作准确性差，保护灵敏度低，在实际工程中已较少应用。

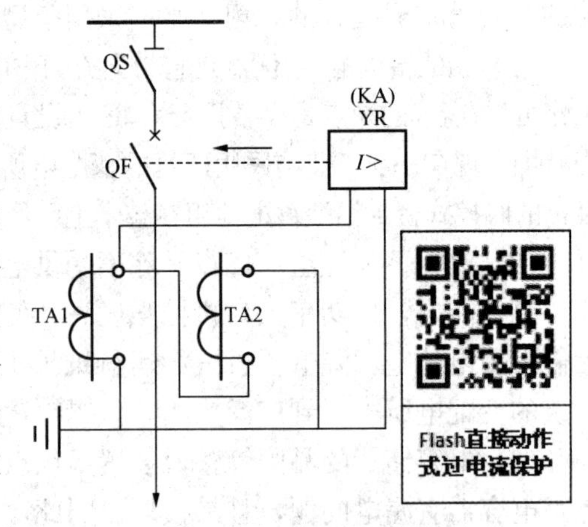

图6-18 直接动作式过电流保护电路
QF—高压断路器；TA1、TA2—电流互感器；YR—断路器跳闸线圈（直动式继电器KA）

三、带时限的过电流保护

带时限的过电流保护，按其动作时间特性分，有定时限过电流保护和反时限过电流保护两种。定时限，就是保护装置的动作时间是固定的，与短路电流的大小无关。反时限，就是保

护装置的动作时间与反应到继电器中的短路电流的大小成反比关系，短路电流越大，动作时间越短，所以反时限特性也称为反比延时特性或反延时特性。

（一）定时限过电流保护装置的组成和动作原理

定时限过电流保护的原理结线和展开图如图 6-19 所示。它由起动元件（电磁式电流继电器）、时限元件（电磁式时间继电器）、信号元件（电磁式信号继电器）和出口元件（电磁式中间继电器）等四部分组成。其中 YR 为断路器的跳闸线圈，QF 为断路器操动机构的辅助触点，TA1 和 TA2 为装于 A 相和 C 相上的电流互感器。

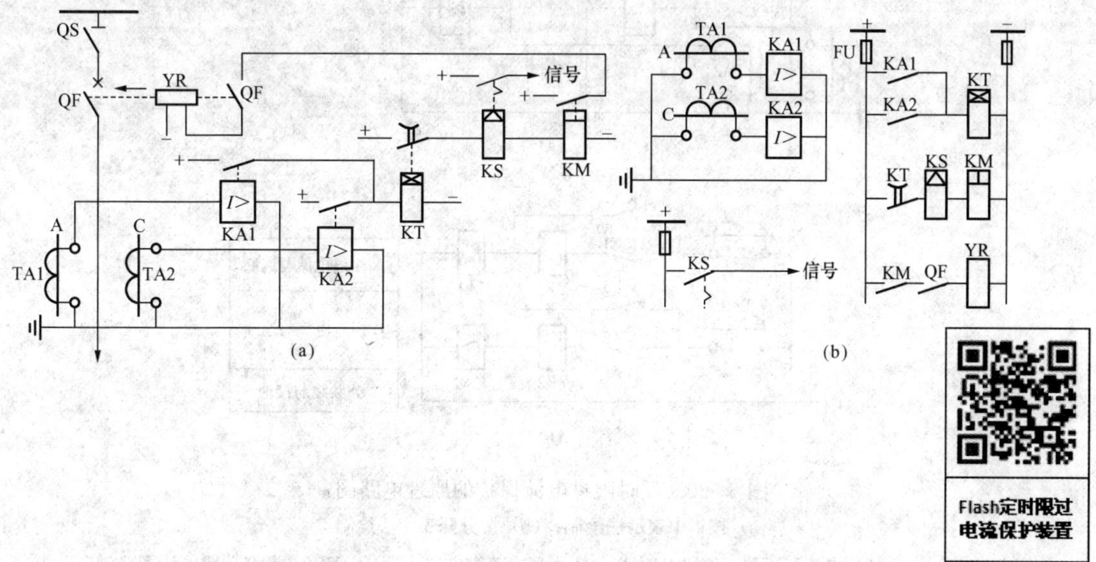

图 6-19　定时限过电流保护的原理结线和展开图

（a）按集中表示法绘制；（b）按分开表示法绘制

QF—高压断路器；TA1、TA2—电流互感器；KA1、KA2—DL 型电流继电器；KT—DS 型时间继电器；KS—DX 型信号继电器；KM —DZ 型中间继电器；YR—跳闸线圈

保护装置的动作原理：当一次电路发生相间短路时，电流继电器 KA1、KA2 中至少有一个瞬时动作，闭合其动合触点，使时间继电器 KT 起动。KT 经过整定的时限后，其延时触点闭合，使串联的信号继电器（电流型）KS 和中间继电器 KM 动作。KM 动作后，其触点接通断路器的跳闸线圈 YR 的回路，使断路器 QF 跳闸，切除短路故障。与此同时，KS 动作，其信号指示牌掉下，并接通信号回路，给出灯光和音响信号。在断路器跳闸时，QF 的辅助触点随之断开跳闸回路，以减轻中间继电器触点的工作，在短路故障被切除后，继电保护装置中除 KS 外的其他所有继电器均自动返回起始状态，而 KS 可手动复位。

（二）反时限过电流保护的组成和原理

反时限过电流保护由 GL 型电流继电器组成。图 6-20 为两相两继电器式结线的去分流跳闸的反时限过电流保护原理电路图。

当一次电路发生相间短路时，电流继电器 KA1、KA2 至少有一个动作，经过一定时限后（时限长短与短路电流大小成反比关系），其动合触点闭合，紧接着其动断触点断开，这时断路器跳闸线圈 YR 因“去分流”而通电，从而使断路器跳闸，切除短路故障部分。在继电器去分流跳闸的同时，其信号牌自动掉下，指示保护装置已经动作。在短路故障被切除后，继电器自动返回，信号牌则需手动复位。

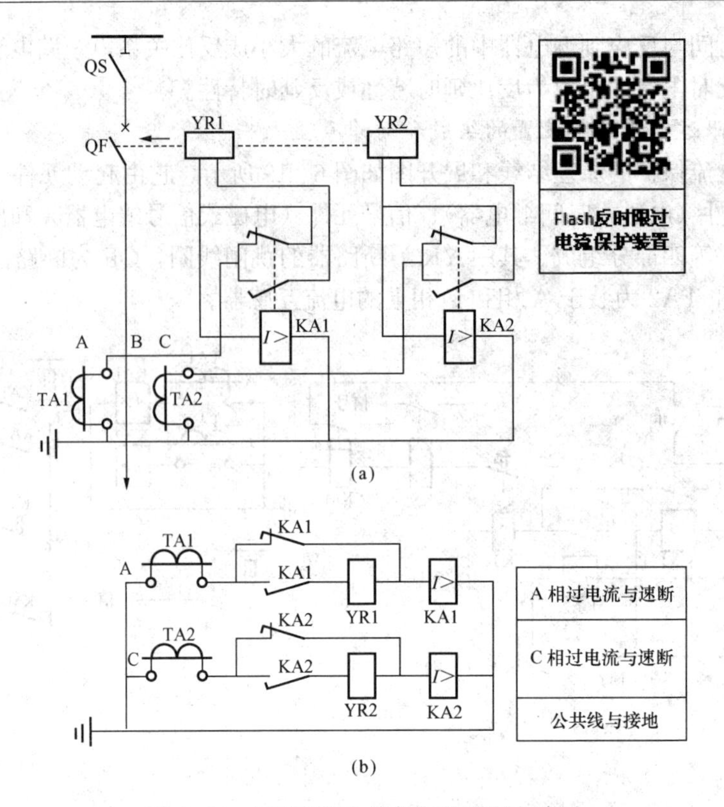

图 6－20　反时限过电流保护的原理电路图

（a）按集中表示法绘制；（b）按分开表示法绘制

TA1、TA2—电流互感器；KA1、KA2—GL-$^{15}_{25}$型电流继电器；YR1、YR2—断路器跳闸线圈

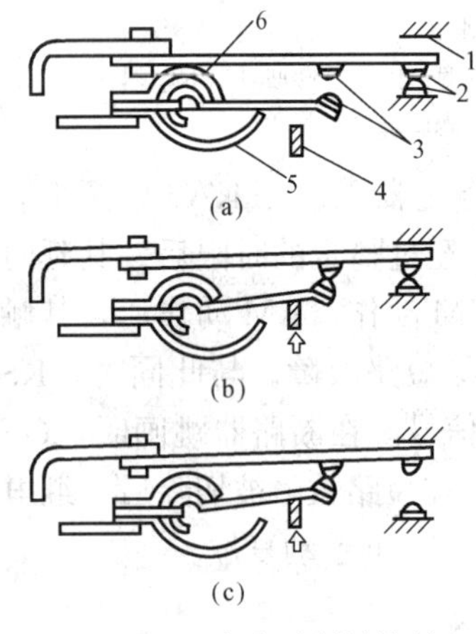

图 6－21　先合后断转换触点的结构及动作说明

（a）正常位置；

（b）动作后动合触点先闭合；

（c）接着动断触点断开

1—上止挡；2—动断触点；3—动合触点；4—衔铁杠杆；5—下止挡；6—簧片

图 6－20 的电流继电器中有一对动合触点与跳闸线圈 YR 串联，其作用是防止继电器动断触点在一次电路正常时由于外界振动等偶然因素使之意外断开而导致断路器误跳闸的事故。增加这对动合触点后，即使动断触点偶然断开，也不会造成断路器误跳闸。

这种继电器的动合、动断触点，动作时间的先后顺序必须是：动合触点先闭合，动断触点后断开（如图 6－21 所示）。而一般转换触点的动作顺序都是动断触点先断开后，动合触点再闭合。这里采用具有特殊结构的先合后断的转换触点，不仅保证了继电器的可靠动作，而且还保证了在继电器触点转换时电流互感器二次侧不会带负荷开路。

（三）过电流保护的动作电流整定

带时限过电流保护（包括定时限和反时限）的动作电流 I_{op}，是指继电器动作的最小电流。过电流保护的动作电流整定，必须满足下面两个条件：

（1）应该躲过线路的最大负荷电流（包括正常过负荷电流和尖峰电流）$I_{L.max}$，以免在最大负荷通过时保护装置误动作。

(2) 保护装置的返回电流 I_{re} 也应该躲过线路的最大负荷电流 $I_{L.max}$，以保证保护装置在外部故障切除后，能可靠地返回到原始位置，避免发生误动作。下面以图 6-22 为例来说明。

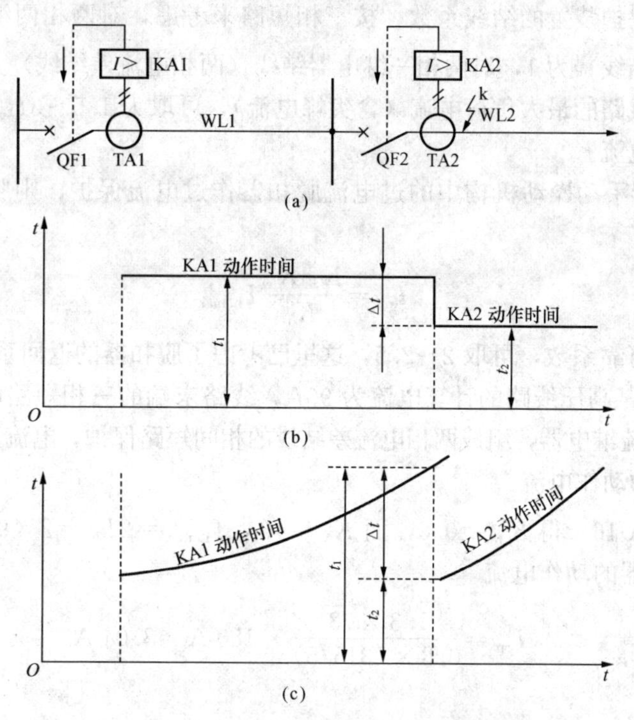

图 6-22 线路过电流保护整定说明图

(a) 电路；(b) 定时限过电流保护的动作时限曲线；

(c) 反时限过电流保护的动作时限曲线

当线路 WL2 的首端 k 点发生短路时，由于短路电流远远大于正常最大负荷电流，所以沿线路的过电流保护装置如 KA1、KA2 等都要起动。在正确动作情况下，应该是靠近故障点 k 的保护装置 KA2 断开 QF2，切除故障线路 WL2。这时线路 WL1 恢复正常运行，其保护装置 KA1 应该返回起始位置。若 KA1 在整定时其返回电流未躲过线路 WL1 的最大负荷电流，即 KA1 的返回系数过低时，则 KA2 切除 WL2 后，WL1 虽然恢复正常运行，但 KA1 继续保持起动状态（由于 WL1 在 WL2 切除后，还有其他出线，因此还有负荷电流），从而达到它所整定的时限（KA1 的动作时限比 KA2 的动作时限长）后，必将错误地断开 QF1 造成 WL1 停电，扩大了故障停电范围，这是不允许的。所以保护装置的返回电流也必须躲过线路的最大负荷电流。线路的最大负荷电流 $I_{L.max}$ 应根据线路实际的过负荷情况，特别是尖峰电流（包括电动机的自起动电流）情况来确定。

设电流互感器的变比为 K_i，保护装置的结线系数为 K_w，保护装置的返回系数为 K_{re}，则负荷电流换算到继电器中的电流为 $\frac{K_w}{K_i}I_{L.max}$。由于要求继电器的返回电流 I_{re} 也要躲过 $I_{L.max}$，即 $I_{re}>\frac{K_w}{K_i}I_{L.max}$。而 $I_{re}=K_{re}I_{op}$，因此 $K_{re}I_{op}>\frac{K_w}{K_i}I_{L.max}$，也就是 $I_{op}>\frac{K_w}{K_{re}K_i}I_{L.max}$，将此式写成等式，计入一个可靠系数 K_{rel}，由此过电流保护动作电流应整定为

$$I_{op}=\frac{K_{rel}K_{w}}{K_{re}K_{i}}I_{L.max} \tag{6-8}$$

式中　K_{rel}——保护装置的可靠系数，对DL型继电器可取1.2，对GL型继电器可取1.3；

K_{w}——保护装置的结线系数，按三相短路来考虑，对两相两继电器结线（相电流结线）为1，对两相一继电器结线（两相电流差结线）为$\sqrt{3}$；

$I_{L.max}$——线路的最大负荷电流（含尖峰电流），可取为$1.5\sim3I_{30}$，I_{30}为线路的计算电流。

如果用断路器手动操动机构中的过电流脱扣器作过电流保护，则脱扣器动作电流应整定为

$$I_{op}=\frac{K_{rel}K_{w}}{K_{i}}I_{L.max} \tag{6-9}$$

式中　K_{rel}——可靠系数，可取2～2.5，这里已考虑了脱扣器的返回系数。

【例6-1】 某高压线路的计算电流为90A，线路末端的三相短路电流为1300A。现采用GL-15/10型电流继电器，组成两相电流差结线的相间短路保护，电流互感器变流比315/5。试整定此继电器的动作电流。

解 查附表A-16，得$K_{re}=0.8$，而$K_{w}=\sqrt{3}$，$I_{L.max}=2I_{30}=2\times90\text{A}=180\text{A}$。故由式(6-8)得此继电器的动作电流

$$I_{op}=\frac{1.3\times\sqrt{3}}{0.8\times(315/5)}\times180\text{ A}=8.04\text{ A}$$

取为整数8A。

（四）过电流保护的动作时间整定

为了保证前后级保护装置动作时间的选择性，过电流保护装置的动作时间（也称动作时限），应按阶梯原则进行整定，也就是在后一级保护装置所保护的线路首端［如图6-22（a）中的k点］发生三相短路时，前一级保护的动作时间t_1应比后一级保护中最长的动作时间t_2都要大一个时间差Δt，如图6-22（b）、（c）所示，即

$$t_1\geqslant t_2+\Delta t \tag{6-10}$$

这一时间级差Δt，应考虑到前一级保护动作时间t_1可能发生负偏差，即可能提前动作一个时间Δt_1；而后一级保护动作时间t_2又可能发生正偏差，即可能延后动作一个时间Δt_2。此外应考虑到保护的动作（特别是采用GL型电流继电器时）还有一定的惯性误差Δt_3。为了确保前后级保护的动作选择性，还应再加上一个保险时间Δt_4（一般取0.1～0.15s）。因此

$$\Delta t=\Delta t_1+\Delta t_2+\Delta t_3+\Delta t_4=0.5\sim0.7\text{s} \tag{6-11}$$

对于定时限过电流保护，可取$\Delta t=0.5$s；对反时限过电流保护，可取$\Delta t=0.7$s。（注意：此0.7s是指前后两级实际的动作时间之差；在实际整定时，一般还要将此值换算到10倍动作电流时的动作时间之差。详见下面的例6-2。）

定时限过电流保护的动作时间，利用时间继电器来整定。

反时限过电流保护的动作时间，由于GL型继电器的时限调节机构是按10倍动作电流的动作时间来标度的，而实际通过继电器的电流一般不会恰恰为动作电流的10倍，因此必须根据继电器的动作特性曲线（如附表A-16所示）来整定。

假设图 6-22（a）所示线路中，前一级保护 KA1 的 10 倍动作电流动作时间已经整定为 t_1，现在要求整定后一级保护 KA2 的 10 倍动作电流的动作时间 t_2。其整定计算的步骤如下（见图 6-23）：

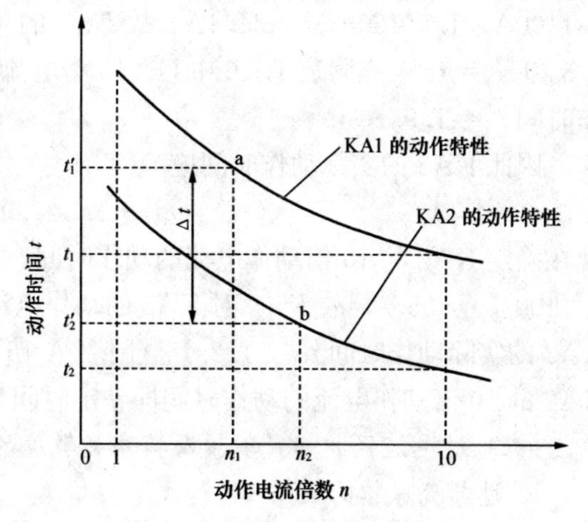

图 6-23 反时限过电流保护的动作时间整定

（1）计算 WL2 首端（WL1 末端）三相短路电流 I_k 反应到 KA1 中的电流值

$$I'_{k(1)}=\frac{K_{w(1)}}{K_i}I_R \tag{6-12}$$

式中 $K_{w(1)}$——KA1 与 TA1 的结线系数；

K_i——TA1 的变流比。

（2）计算 $I'_{k(1)}$ 对 KA1 的动作电流倍数

$$n_1=\frac{I'_{k(1)}}{I_{op(1)}} \tag{6-13}$$

式中 $I_{op(1)}$——KA1 的动作电流（已整定）。

（3）根据 n_1 从 KA1 整定的 10 倍动作电流动作时间 t_1 的曲线上找到 a 点，则其纵坐标 t'_1 即为 KA1 的实际动作时间。

（4）计算 KA2 的实际动作时间 $t'_2=t'_1-\Delta t=t'_1-0.7\text{s}$。

（5）计算 WL2 首端三相短路电流 I_k 反应到 KA2 中的电流值

$$I'_{k(2)}=\frac{K_{w(2)}}{K_{i(2)}}I_k \tag{6-14}$$

式中 $K_{w(2)}$——KA2 的动作电流（已整定）。

K_i——TA2 的变流比。

（6）计算 $I'_{k(2)}$ 对 KA2 的动作电流倍数

$$n_2=\frac{I'_{k(2)}}{I_{op(2)}} \tag{6-15}$$

式中 $I_{op(2)}$——KA2 的动作电流（已整定）。

（7）根据 n_2 与 KA2 的实际动作时间 t'_2，从 KA2 的动作特性曲线的坐标图上找到其坐标点 b 点，则此 b 点所在曲线的 10 倍动作电流的动作时间 t_2 即为所求。如果 b 点在两条曲线之间，则只能从上下两条曲线来粗略地估计其 10 倍动作电流的动作时间。

【例 6-2】 图 6-22（a）所示高压线路中，已知 TA1 的 $K_{i(1)}=160/5$，TA2 的 $K_{i(2)}=100/5$。WL1 和 WL2 的过电流保护均采用两相两继电器式结线，继电器均为 GL-15/10 型。KA1 已经整定，$I_{op(1)}=8\text{A}$，10 倍动作电流动作时间 $t_1=1.4\text{s}$。WL2 的 $I_{L.max}=75\text{A}$，WL2 首端的 $I_k^{(3)}=1100\text{A}$，试整定 KA2 的动作电流和动作时间。

解 （1）整定 KA2 的动作电流：取 $K_{rel}=1.3$ 而 $K_w=1$，$K_{re}=0.8$，故

$$I_{op(2)}=\frac{K_{rel}K_w}{K_i}I_{L.max}=\frac{1.31\times1}{0.8\times(100/5)}\times75\ \text{A}=6.09\text{A}$$

整定为 6A。

（2）整定 KA2 动作时间：先确定 KA1 的动作时间。由于 I_k 反应到 KA1 的电流 $I'_{k(1)}$

=1100A×1/（160/5）=34.4A，故 $I_{k(1)}$ 的动作电流倍数 n_1=34.4A/8A=4.3。利用 n_1=4.3 和 t'_1=1.4s 查附表 A-16 中 GL-15 型电流继电器的动作特性曲线，可得 KA1 的实际动作时间 t'_1=1.9s。

因此 KA2 的实际动作时间应为

$$t'_2 = t'_1 - \Delta t = 1.9\ \text{s} - 0.7\ \text{s} = 1.2\ \text{s}$$

现在确定 KA2 的 10 倍动作电流的动作时间。由于 I_k 反应到 KA2 中的电流 $I'_{k(1)}$=1100A×1/(100/5)=55A，故 $K_{k(2)}$ 对 KA2 的动作电流倍数 n_2=55A/6A=9.17。利用 n_2=9.17 和 KA2 的实际动作时间 t'_2=1.2s，查附表 A-16 - 2GL15 型电流继电器的动作特性曲线，可得 KA2 的 10 倍动作电流的动作时间即整定时间为 t_2≈1.2s。

（五）过电流保护的灵敏度及提高灵敏度的措施—低电压闭锁保护

1. 过电流保护的灵敏度

根据式（6-1），灵敏系数 $S_p = I_{k.min}/I_{op.1}$。对于线路过电流保护，$I_{k.min}$ 应取被保护线路末端在系统最小运行方式下的两相短路电流 $I^{(2)}_{k.min}$。而 $I_{op(1)} = (K_i/K_w)I_{op}$。因此按规定过电流保护的灵敏系数必须满足的条件为

$$S_P = \frac{K_w I^{(2)}_{k.min}}{K_i I_{op}} \geqslant 1.5 \tag{6-16}$$

当过电流保护作后备保护时，如满足式（6-16）有困难，可以使 $S_P \geqslant 1.2$。

当过电流保护灵敏系数达不到上述要求时，可采用下述的低电压闭锁保护来提高灵敏度。

2. 低电压闭锁的过电流保护

图 6-24 所示为低电压闭锁的过电流保护电路，低电压继电器 KV 通过电压互感器 TV 接于母线上，而 KV 的动断触点则串入电流继电器 KA 的动合触点与中间继电器 KM 的线圈回路中。

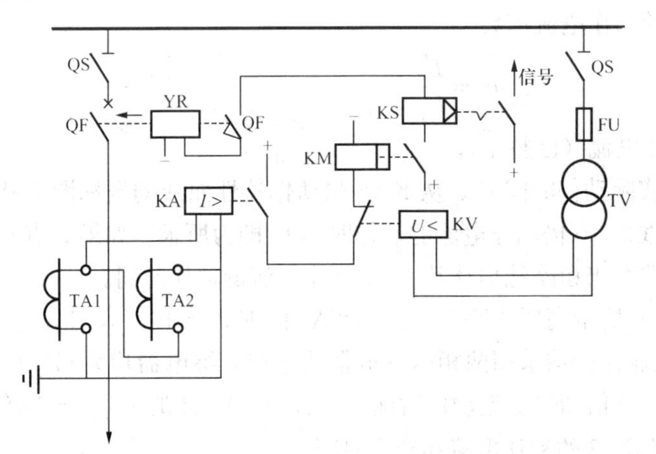

图 6-24 低电压闭锁的过电流保护电路

QF—高压断路器；TA—电流互感器；TV—电压互感器；KA—电流继电器；KM—中间继电器；KS—信号继电器；KV—电压继电器；YR—断路器跳闸线圈

在供电系统正常运行时，母线电压接近于额定电压，因此 KV 的动断触点是断开的。由于 KV 的动断触点与 KA 的动合触点串联，所以这时 KA 即使由于线路过负荷而动作，其动

合触点闭合，也不致造成断路器误跳闸。正因为如此，凡有低电压闭锁的这种过电流保护装置的动作电流就不必按躲过线路最大负荷电流 $I_{L.max}$ 来整定，而只需按躲过线路的计算电流 I_{30} 来整定，当然保护装置的返回电流也应躲过计算电流 I_{30}。故此时过电流保护的动作电流的整定计算公式为

$$I_{op(2)}=\frac{K_{rel}K_{w}}{K_{re}K_{i}}I_{30} \tag{6-17}$$

式中各系数的取值与式（6-8）相同。

由于其 I_{op} 减小，从式（6-16）可知，能提高保护的灵敏度 S_P。

上述低电压继电器的动作电压按躲过母线正常最低工作电压 U_{min} 而整定，当然，其返回电压也应躲过 U_{min}，也就是说，低电压继电器 U_{min} 时不动作，只有在母线电压低于 U_{min} 时才动作。因此低电压继电器动作电压的整定计算公式为

$$U_{op}=\frac{U_{min}}{K_{rel}K_{re}K_{u}}\approx(0.57\sim0.63)K_{u} \tag{6-18}$$

式中　U_{min}——母线最低工作电压，取（0.85～0.95）U_N；

U_N——线路额定电压；

K_{rel}——保护装置的可靠系数，可取 1.2；

K_{re}——低电压继电器的返回系数，可取 1.25；

K_u——电压互感器的变压比。

（六）定时限与反时限过电流保护的比较

定时限过电流保护的优点是动作时间较为准确、容易整定、误差小；缺点是所用继电器的数目比较多，因此结线较为复杂，继电器触点容量较小，需直流操作电源，投资较大。此外，靠近电源处保护动作时间较长，而此时的短路电流又较大，故对设备的危害较大。

反时限过电流保护的优点是：继电器的数量大为减少，故其结线简单，只用一套 GL 系列继电器就可实现不带时限的电流速断保护和带时限的过电流保护；由于 GL 继电器触点容量大，因此可直接接通断路器的跳闸线圈，而且适于交流操作。其缺点是：动作时间的整定和配合比较麻烦，而且误差较大，尤其是瞬动部分，难以进行配合；且当短路电流较小时，其动作时间可能很长，延长了故障持续时间。

由以上比较可知，反时限过电流保护装置具有继电器数目少，结线简单，以及可直接采用交流操作跳闸等优点，所以中小型工业与民用建筑的 6～10kV 供电系统的终端变电器所广泛采用。

四、电流速断保护

上述带时限的过电流保护，为了保证动作的选择性，其整定时限必须逐级增加 Δt，因而越靠近电源处，短路电流越大，而保护动作时限越长。这种情况对于切除靠近电源处的故障是不允许的。因此，一般规定，当过电流保护的动作时限超过 1s 时，应该装设电流速断保护。

（一）电流速断保护的组成及速断电流的整定

电流速断保护实际上就是一种瞬时动作的过电流保护。其动作时限仅仅为继电器本身的固有动作时间，它的选择性不是依靠时限，而是依靠选择适当的动作电流来解决。

如果采用 DL 型电流继电器，则其电流速断保护的组成，就相当于在定时限过电流保护中

抽去时间继电器。图 6 - 25 是线路上同时装有定时限过电流保护和电流速断保护的电路图。图中 KA1、KA2、KT、KS1 与 KM 组成定时限过电流保护，KA3、KA4、KS2 与 KM 组成电流速断保护。比较可知，电流速断保护装置只是比定时限过电流保护装置少了时间继电器。

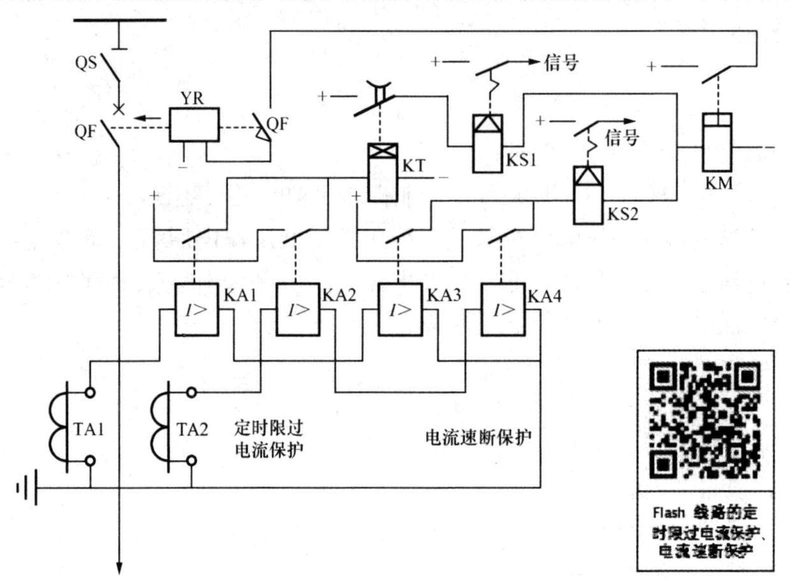

图 6 - 25　线路的定时限过电流保护和电流速断保护电路图

如果采用 GL 型电流继电器，则直接利用继电器的电磁元件来实现电流速断保护，其感应元件用来作反时限过电流保护，因此不用额外增加设备，非常简单经济。

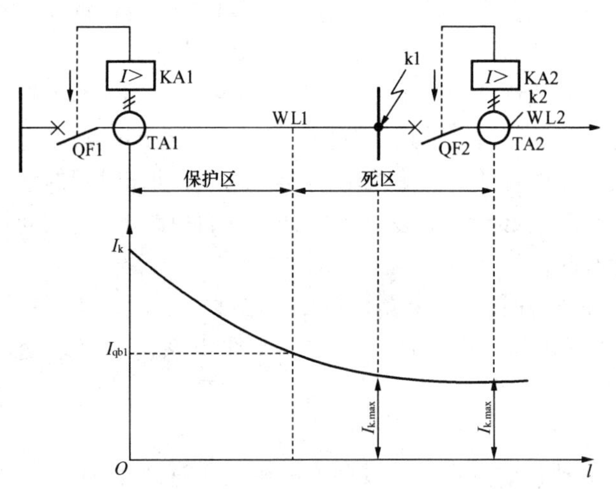

图 6 - 26　线路电流速断保护的保护区和死区

$I_{k.max}$—前一级保护应躲过的最大短路电流；

I_{qb1}—前一级保护整定的一次速断电流

电流速断保护的动作电流（即速断电流）I_{qb}，应按躲过它所保护线路末端的最大短路电流（即三相短路电流）$I_{k.min}^{(3)}$ 来整定。只有这样，才能避免在后一级速断保护所保护线路的首端发生三相短路时，它可能的误跳闸。如图 6 - 26 所示电路中，WL1 末端 k1 点的三相短路电流，实际上与其后一段 WL2 首端 k2 点的三相短路电流是近乎相等的，因为这两点间的距离很近，阻抗很小。

因此可得电流速断保护动作电流（速断电流）的整定计算公式为

$$I_{qb}=\frac{K_{rel}K_{w}}{K_{i}}I_{k.max} \tag{6-19}$$

式中　K_{rel}——可靠系数，对 DL 型继电器取 1.2～1.3，对 GL 型继电器取 1.4～1.5，对脱扣器取 1.8～2。

（二）电流速断保护的“死区”及其弥补

由于电流速断保护的动作电流是按躲过线路末端的最大短路电流来整定的，因此在靠近线路末端的一段线路上发生的不一定是最大的短路电流（例如两相短路电流）时，电流速断保护装置就不可能动作，也就是说电流速断保护实际上不能保护线路的全长，这种保护装置不能保护的区域，就称为“死区”，如图6-26所示。

为了弥补速断保护存在死区的缺陷，一般规定，凡装设电流速断保护的线路，都必须装设带时限的过电流保护，且过电流保护的动作时间比电流速断保护至少长一个时间级差$\Delta t=0.5\sim0.7s$，而且前后级过电流保护的动作时间符合前面所说的“阶梯原则”，以保证选择性。

在速断保护区内，速断保护作为主保护，过电流保护作为后备保护；而在速断保护的“死区”内，则过电流保护为基本保护。

（三）电流速断保护的灵敏度

按规定电流速断保护的灵敏度，应按其保护装置安装处（即线路首端）的最小短路电流（可用两相短路电流来代替）来校验。因此电流速断保护的灵敏度必须满足的条件是

$$S_P=\frac{K_w I_k^{(2)}}{K_i I_{qb}}\geqslant 1.5\sim 2 \tag{6-20}$$

式中 $I_k^{(2)}$——线路首端在系统最小运行方式下的两相短路电流。

【例6-3】 试整定［例6-1］所示GL-15/10型电流继电器的速断电流倍数。

解 已知线路末端$I_k^{(3)}=1300A$，且$K_w=\sqrt{3}$，$K_i=315/5$，取$K_{rel}=1.5$，故由式（6-19）得

$$I_{qb}=\frac{1.5\times\sqrt{3}}{315/5}\times 1300A=53.6\ A$$

而［例6-1］已经整定$I_{OP}=8A$，故速断电流倍数应整定为

$$n_{qb}=\frac{53.6A}{8A}=6.7$$

由于GL型电流继电器的速断电流倍数n_{qb}在2～8间可平滑调节，因此n_{qb}不必修约为整数。

【例6-4】 试整定［例6-2］所示装于WL2首端KA2的GL-15/10型电流继电器的速断电流倍数，并校验其过电流保护和电流速断保护的灵敏度。

解 （1）整定速断电流倍数：取$K_{rel}=1.5$，$K_w=1$，$K_i=100/5$，WL2末端$I_k^{(3)}=400A$，故由式（6-19）得

$$I_{qb}=\frac{1.5\times 1}{100/5}\times 400\ A=30A$$

而［例6-2］已经整定$I_{OP}=6A$，故速断电流倍数应整定为

$$n_{qb}=\frac{30\ A}{6\ A}=5$$

（2）过电流保护的灵敏度校验：根据式（6-16），其中

$I_{k.min}^{(3)}=0.866I_k^{(3)}=0.866\times 400A=346A$，故其保护灵敏系数为

$$S_P=\frac{1\times 346\ A}{20\times 6\ A}=2.88>1.5$$

由此可见，KA2整定的动作电流（6A）满足灵敏度要求。

（3）电流速断保护灵敏度的校验：根据式（6-20），其中$I_k^{(2)}=0.866\times 1100A=953A$，故其保护灵敏系数为

$$S_P=\frac{1\times 953\ \text{A}}{20\times 30\ \text{A}}=1.59>1.5$$

由此可见，KA2 整定的动作电流（倍数）也满足灵敏度要求。

五、单相接地保护

工业企业 6～10kV 电网为小接地电流系统。由第一章第四节知，在这种系统中，如果发生单相接地故障，只有很小的接地电容电流，而相间电压不变，因此可暂时继续运行。但由于非故障相的电压要升高为原对地电压的$\sqrt{3}$倍，所以对线路的绝缘增加了威胁，如果长此下去，可能引起非故障相对地绝缘击穿而导致两相接地短路，这时将引起线路开关跳闸，造成停电。为此，在 6～10kV 的供电系统中一般应装设单相接地保护装置或绝缘监察装置，用它来发出信号，通知值班人员及时发现和处理。这里仅介绍单相接地保护，而绝缘监察装置将在本章第六节介绍。

（一）单相接地保护的原理和组成

这是一种利用零序电流互感器使继电器动作来指示接地故障线路的保护装置。这种保护装置要求在 6～10kV 的每路出线上都装设零序电流互感器 TAN，它利用单相接地故障所产生的零序电流使保护装置动作，发出报警信号。

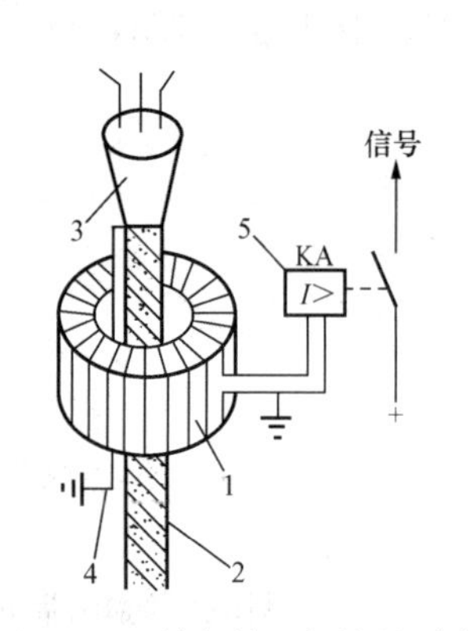

图 6-27　单相接地保护的零序电流互感器的结构和结线

1—零序电流互感器（其环形铁心上绕二次绕组，环氧浇注）；2—电缆；3—电缆头；4—接地线；5—电流继电器（KA）

图 6-27 是电缆线路用零序电流互感器进行单相接地保护的结构和结线，在系统正常运行及三相对称短路时，因在零序电流互感器二次侧由三相电流产生的三相磁通相量之和为零，即在零序电流互感器中不会感应出零序电流，继电器不动作。当发生单相接地时，就有接地电容电流通过，此电流在二次侧感应出零序电流，使继电器动作并发出信号。

这种单相接地保护装置能够较灵敏地监察小接地电流系统的对地绝缘，而且从各条线路的接地保护信号可以准确判断发生单相接地故障的线路，因此它适用于高压出线较多的大中型工业与民用建筑的变配电系统。

这里必须强调指出，根据小接地电流系统发生单相接地时接地电容电流的分布特点，电缆头的接地线必须穿过零序电流互感器的铁心，否则零序电流（不平衡电流）不穿过零序电流互感器的铁心，保护就不会动作。图 6-28 中的变（配）电所母线上接有三路出线 WL1、WL2 和 WL3。每路出线上都装有零序电流互感器 TAN。现假设 WL1 的 A 相发生接地故障，这时整个系统的 A 相都处于“地”电位，因此所有的 A 相均无对地电容电流。其他两相（B 相、C 相）的电容电流 $I_1 \sim I_6$ 的分布和流向如图 6-28 所示。从图上可以看出，WL1 的故障相（A 相）流过的所有电容电流 $I_1 \sim I_6$ 恰好与其他两完好相（B 相、C 相）以及电缆外皮流过的电容电流 $I_1 \sim I_6$ 反向，所以它们不可能在零序电流互感器 TAN1 的铁心中产生磁通。但穿过 TAN1 的电缆头接地线上流过的电容电流 $I_3 \sim I_6$（由其他正常线路 WL2、WL3 而来的不平衡电流）将在 TAN 的铁心中产生磁通，从而在其二次侧产生电流，使继电器 KA 动作，发出信号。

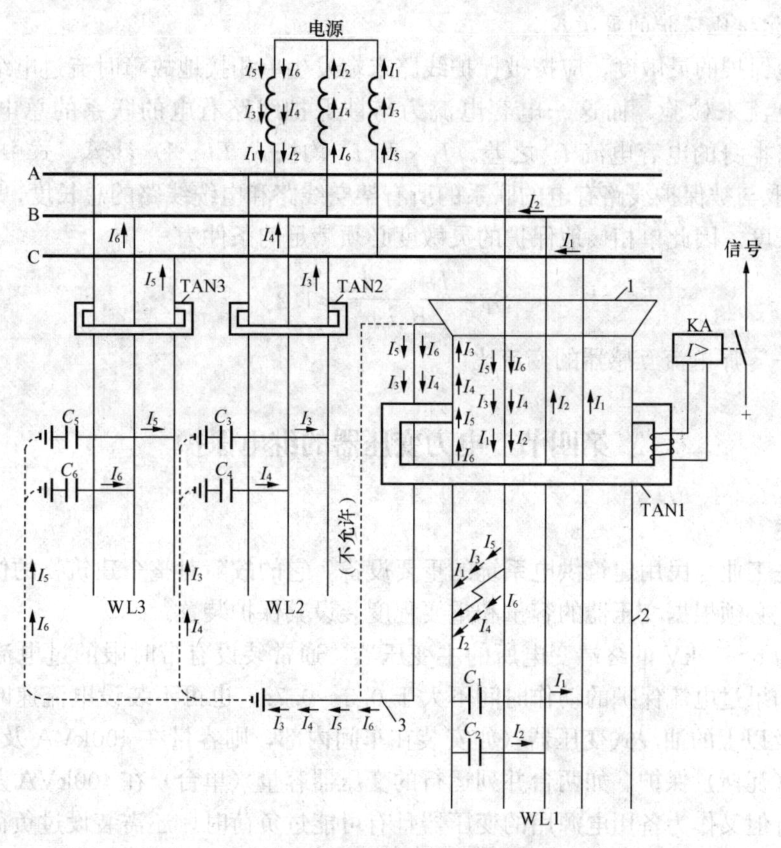

图 6-28　单相接地保护时接地电容电流的分布

1—电缆头；2—电缆金属外壳；3—电缆头接地线

TAN—零序电流互感器；KA—电流继电器；

$I_1 \sim I_6$—通过线路对地分布电容 $C_1 \sim C_6$ 的接地电容电流

架空线路的单相接地保护，一般采用由三个电流互感器同极性并联所组成的零序电流过滤器。但一般工厂的高压线路不长，很少采用。

（二）单相接地保护动作电流的整定

由图 6-28 可知，当供电系统中的某一线路发生单相接地时（如 WL1），其他线路（如 WL2、WL3）上也会出现不平衡的电容电流。但这些线路（如 WL2、WL3）本身是正常的，因此其保护装置不应动作。所以单相接地保护的动作电流 $I_{OP(E)}$ 应该躲过被保护线路外部发生单相接地时而在本线路上引起的电容电流，即

$$I_{OP(E)} = \frac{K_{rel}}{K_i} I_C \qquad (6-21)$$

式中　I_C——其他线路发生单相接地时，在整定保护的线路上产生的电容电流，可按式（1-3）计算，只是式中线路的长度 $l(l_{cab})$ 应采用本身线路的长度；

K_i——零序电流互感器的变流比；

K_{rel}——可靠系数。保护装置不带时限时，取 4～5，以躲过本身线路发生两相短路时所出现的不平衡电流；保护装置带时限时，取 1.5～2，这时接地保护的动作时间应比相间短路的过电流保护的动作时间大一个 Δt，以及保证选择性。

（三）单相接地保护的灵敏度

单相接地保护的灵敏度，应按被保护线路末端发生单相接地故障时流过电缆头接地线的不平衡电容电流来检验，而这一电容电流为与被保护线路有电的联系的总电网电容电流 $I_{C.\Sigma}$ 与该线路本身的电容电流 I_C 之差。$I_{C.\Sigma}$ 和 I_C 均按式（1-3）计算，式中 l（含 I_{oh} 和 l_{cab}）对 $I_{C.\Sigma}$ 取与被保护线路有电的联系的所有架空线路和电缆线路的总长度，而计算 I_C 只取本身线路长度。因此单相接地保护的灵敏度必须满足的条件为

$$S_P=\frac{I_{C.\Sigma}-I_C}{K_i i_{op}}\geqslant 1.2 \tag{6-22}$$

式中　K_i——零序电流互感器的变流比。

第四节　电力变压器的继电保护

一、概述

变压器是工业与民用建筑供电系统的重要设备，它的故障对整个建筑物的供电将带来严重影响，因此必须根据变压器的容量和重要程度装设其保护装置。

高压侧为 6～10kV 的终端变电所的主变压器，通常装设有带时限的过电流保护和电流速断保护。如果过电流保护的动作时间不大于 0.5～0.7s，也可不装设电流速断保护。容量在 800kVA 及以上的油浸式变压器（如安装在车间内部，则容量在 400kVA 及以上时），还需装设气体（瓦斯）保护。如两台并列运行的变压器容量（单台）在 400kVA 及以上，以及虽为单台运行但又作为备用电源用的变压器且有可能过负荷时，还需装设过负荷保护，但过负荷保护只动作于信号，而其他保护一般动作于跳闸。

高压侧为 35kV 及以上的总降压变电所主变压器，一般应装设过电流保护、电流速断保护和气体保护。在有可能过负荷时，也装设过负荷保护。但是如果单台运行的变压器容量在 10000kVA 及以上、两台并列运行的变压器容量（单台）在 6300kVA 及以上时，则要求装设纵联差动保护来取代电流速断保护。

本节只介绍常用的 6～10kV 配电变压器的继电保护，包括过电流保护、电流速断保护和过负荷保护，着重介绍变压器的气体保护。

二、保护装置的结线方式及低压侧单相短路保护

（一）保护装置的结线方式

对 6～10/0.4kV、采用 Yyn0 联结组的降压变压器，其保护装置的结线方式有两相两继电器式和两相一继电器式两种。

（1）两相两继电器式结线（图 6-29）。这种结线适用于作相间短路保护和过负荷保护，而且它属于相电流结线，结线系数为 1，因此无论何种相间短路，保护装置的灵敏系数都是相同的。但若变压器低压侧发生单相短路，情况就不同了。

如果是装设有电流互感器的那一相（A 相或 C 相）所对应的低压相发生单相短路，继电器中的电流反应的是整个单相短路电流，这当然是符合要求的。但如果是未装有电流互感器的那一相（B 相）所对应的低压相（b 相）发生单相短路，由下面的分析可知，继电器的电流仅仅反应单相短路电流的 1/3，这就达不到保护灵敏度的要求，因此这种结线不适于作低压侧单相短路保护。

图 6-29（a）是未装电流互感器的B相所对应的低压侧b相发生单相短路时短路电流的分布情况。根据不对称三相电路的“对称分量分析法”，可将低压侧b相的单相短路电流分解为正序 $\dot{I}_{b1}=\dot{I}_k^{(1)}/3$、负序 $\dot{I}_{b2}=\dot{I}_k^{(1)}/3$ 和零序 $\dot{I}_{b0}=\dot{I}_k^{(1)}/3$。由此可绘出变压器低压侧各相电流的正序、负序和零序相量图，如图 6-29（b）所示。

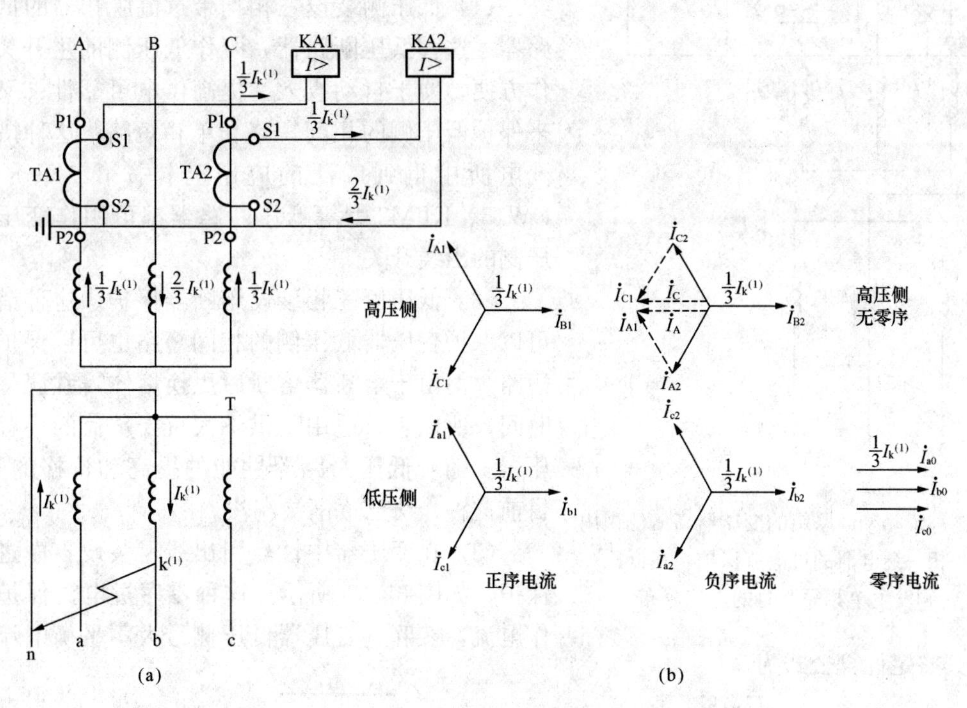

图 6-29　Yyn0 联结的变压器，高压侧采用两相两继电器的过电流保护（在低压侧发生单相短路时）

（a）电流分布；（b）电流相量分解（设变压器的电压比和互感器的电流比均为 1）

低压侧的正序电流和负序电流通过三相三芯柱变压器都要感应到高压侧去，但低压侧的零序电流 $\dot{I}_{a0}$、$\dot{I}_{b0}$、$\dot{I}_{c0}$ 都是同相的，其零序磁通在三相三芯柱变压器铁芯内不可能闭合，因而也不可能与高压绕组相交链，变压器高压侧则无零序分量。所以高压侧各相电流就只有正序和负序分量的叠加，如图 6-29（b）所示。

由以上分析可知，当低压侧相发生单相短路时，在变压器高压侧两相两继电器结线的继电器中只反应 1/3 的单相短路电流，因此灵敏度过低，所以这种结线方式不适用于作低压侧单相短路保护。

（2）两相一继电器式结线（见图 6-30）。这种结线也适于作相间短路保护和过负荷保护，但对不同相间短路保护灵敏度不同，这是不够理想的。然而由于这种结线只用一个继电器，比较经济，因此小容量变压器也有采用这种结线的。

值得注意的是，采用这种结线时，如果未装电流互感器的那一相对应的低压相发生单相短路，由图 6-30 可知，继电器中根本无电流通过，因此这种结线也不能作低压侧的单相短路保护。

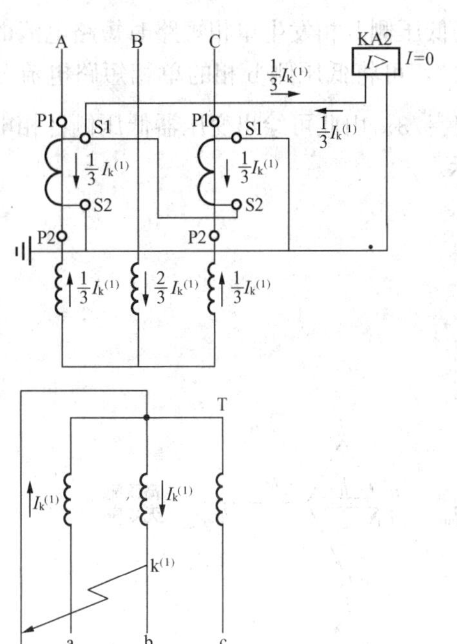

图 6-30　Yyn0 联结的变压器高压侧采用两相一继电器的过电流保护，在低压侧发生单相短路时的电流分布

（二）变压器低压侧的单相短路保护

为了弥补上述变压器过电流保护的两种结线方式不适于低压侧单相短路保护的缺点，可采取下列措施之一：

（1）低压侧装设三相均带过流脱扣器的低压断路器。这种低压断路器，既作低压侧的主开关，操作方便，便于自动投入，提高供电可靠性；又可用来保护低压侧的相间短路和单相短路。这种措施在变电所中得到广泛的应用。本书第二章介绍的 DW15、KFM2 型等低压断路器都可用作变压器低压侧的出线开关。

（2）低压侧三相装设熔断器保护。这种措施既可以保护变压器低压侧的相间短路也可以保护单相短路，但由于熔断器熔断后更换熔体需耽误一定的时间，所以它只适用于供不太重要负荷的小容量变压器。随着低压断路器性能的提高和价格的下降，目前这种作法已逐渐被淘汰。

（3）在变压器中性点引出线上装设零序过电流保护，如图 6-31 所示。这种零序过电流保护的动作电流，按躲过变压器低压侧最大不平衡电流来整定，其整定计算公式为

$$I_{op(0)}=\frac{K_{rel}K_{dsq}}{K_i}I_{2N.T} \quad (6-23)$$

式中　$I_{2N.T}$——变压器的额定二次电流；

K_{dsq}——不平衡系数，一般取 0.25；

K_{rel}——可靠系数，一般取 1.2～1.3；

K_i——零序电流互感器的电流比。

零序过电流保护的动作时间一般取 0.5～0.7s。

零序过电流保护的灵敏度，按低压干线末端发生单相短路校验。对架空线路 $S_P \geqslant 1.5$，对电缆线路 $S_P \geqslant 1.2$，这一措施保护灵敏度较高，但不经济，一般较少采用。

（4）改两相两继电器为两相三继电器。如图 6-29（b）所示结线。由于公共线上所接继电器的电流比其他两继电器的电流增大了一倍，因此使原来两相两继电器结线对低压单相短路保护的灵敏度也提高了一倍。

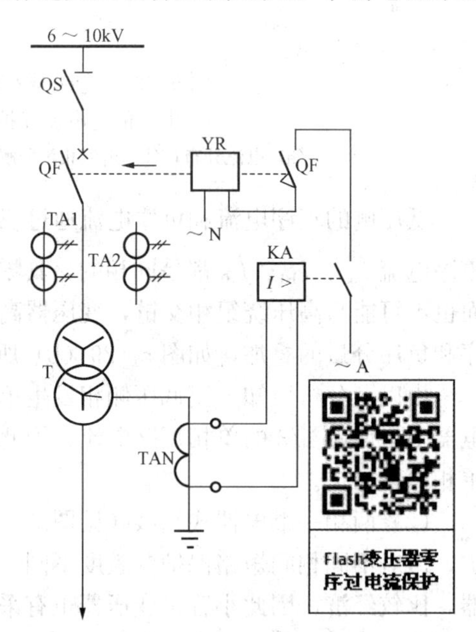

图 6-31　变压器的零序过电流保护
QF—高压断路器；
TAN—零序电流互感器；
KA—电流继电器；YR—断路器跳闸线圈

三、变压器的过电流保护、电流速断保护和过负荷保护

（一）变压器的过电流保护

变压器的过电流保护装置一般都装设在变压器的电源侧。无论是定时限还是反时限，变压器过电流保护的组成和原理与电力线路的过电流保护完全相同。

变压器过电流保护的动作电流整定计算公式，也与电力线路过电流保护基本相同，只是式(6-8)和式(6-9)中的 $I_{L.max}$ 应取为(13.5～3) $I_{1N.T}$，这里的 $I_{1N.T}$ 为变压器的额定一次电流。

变压器过电流保护的动作时间，也按阶梯原则整定。但对车间变电所来说，由于它属于电力系统的终端变电所，因此其动作时间可整定为最小值 0.5s。

变压器过电流保护的灵敏度，按变压器低压侧母线在系统最小运行方式时发生两相短路（换算到高压侧的电流值）来校验。其灵敏度的要求也与线路过电流保护相同，即 $S_P \geqslant 1.5$，个别情况可以使 $S_P \geqslant 1.2$。

（二）变压器的电流速断保护

变压器是供电系统中的重要设备。因此当变压器的过电流保护动作时限大于 0.5s 时，必须装设电流速断保护。变压器电流速断保护的组成、原理，也与电力线路的电流速断保护完全相同。

变压器电流速断保护动作电流（速断电流）的整定计算公式，也与电力线路的电流速断保护基本相同，只是式（6-19）中的 $I_{k.max}$ 应取低压母线三相短路电流周期分量有效值换算到高压侧的电流值，即变压器电流速断保护的动作电流按躲过低压母线三相短路电流来整定。

变压器速断保护的灵敏度，按变压器高压侧在系统最小运行方式时发生两相短路时的短路电流 I_k^2 来校验，要求 $S_P \geqslant 1.5$。

变压器的电流速断保护，与电力线路的电流速断保护一样，也有死区（不能保护变压器的全部绕组）。弥补死区的措施，也是配备带时限的过电流保护。

考虑到变压器在空载投入或突然恢复电压时将出现一个冲击性的励磁涌流，为避免速断保护误动作，可在速断保护整定后，将变压器空载试投若干次，以检验速断保护是否会误动作。根据经验，当速断保护的一次动作电流比变压器额定一次电流大 2～3 倍时，速断保护一般能躲过励磁涌流，不会误动作。

【例 6-5】 某厂降压变电所装有一台 10/0.4kV、1000kVA 的电力变压器。已知变压器低压母线三相短路电流 $I_k^{(3)}=13\text{kA}$，高压侧继电保护用电流互感器电流比为 100/5，继电器采用 GL-25 型，接成两相两继电器式。试整定该继电器的反时限过电流保护的动作电流、动作时间及电流速断保护的速断电流倍数。

解 （1）过电流保护的动作电流整定：取 $K_{rel}=1.3$，而 $K_w=1$，$K_{re}=0.8$，$K_i=100/5=20$，由于

$$I_{L.max}=2I_{1N.T}=2\times1000\text{ kVA}/(\sqrt{3}\times10\text{ kV})=115.5\text{ A}$$

故
$$I_{op}=\frac{1.3\times1}{0.8\times20}\times115.5\text{ A}=9.38\text{ A}$$

动作电流 I_{op} 整定为 9A。

（2）过电流保护动作时间的整定：考虑此为终端变电所的过电流保护，故其 10 倍动作电流的动作时间整定为最小值 0.5s。

（3）电流速断保护速断电流的整定：取 $K_{rel}=1.5$，而

$$I_{k.max}=13kA\times\frac{0.4kV}{10kV}=520A$$

$$I_{qb}=\frac{1.5\times1}{20}\times520A=39A$$

因此速断电流倍数整定为

$$n_{qb}=39/9\approx4.3$$

（三）变压器的过负荷保护

变压器的过负荷保护是用来反应变压器正常运行时出现的过负荷情况，只在变压器确有过负荷可能的情况下才予装设，一般动作于信号。

变压器的过负荷在大多数情况下都是三相对称的，因此过负荷保护只需要在一相上装一个电流继电器。在过负荷时，电流继电器动作，再经过时间继电器给予一定延时，最后接通信号继电器发出报警信号。

过负荷保护的动作电流按躲过变压器额定一次电流 $I_{1N.T}$ 来整定，其计算公式为

$$I_{op(OL)}=\frac{(1.2\sim1.25)I_{1N.T}}{K_i} \tag{6-24}$$

式中　K_i——电流互感器的变流比。

动作时间一般取 10～15s。

图 6-32 为变压器的定时限过电流保护、电流速断保护和过负荷保护的综合电路，全部继电器均为电磁式。

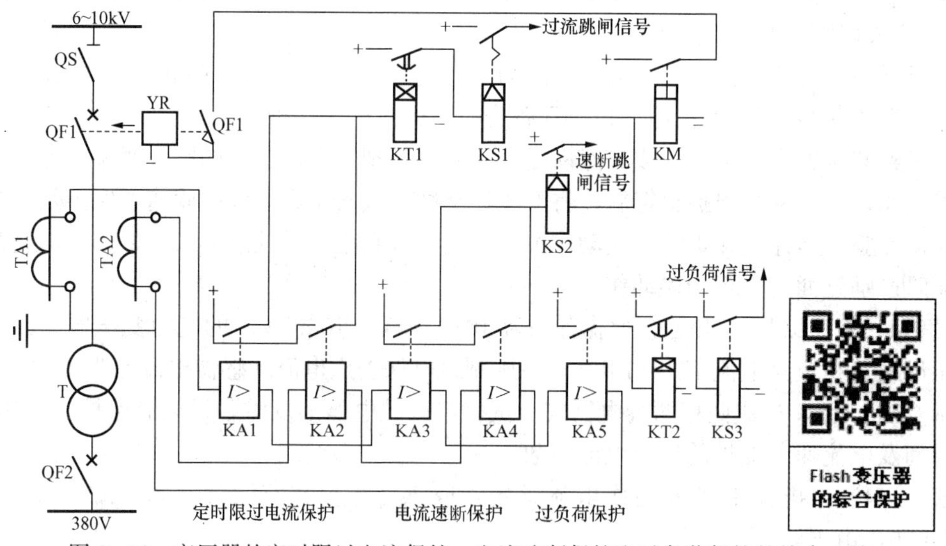

图 6-32　变压器的定时限过电流保护、电流速断保护和过负荷保护的综合电路

四、变压器的瓦斯（气体）保护

变压器的瓦斯保护是保护油浸变压器内部故障的一种基本的保护。在这里，瓦斯特指某些有爆炸危险的特殊混合气体。瓦斯继电器装在变压器油箱和油枕之间的联通管上，在油浸式变压器内部发生短路故障时，由于绝缘油和其他绝缘材料受热分解而产生气体，因此利用这种气体的变化情况使继电器动作，从而实现变压器内部故障的保护。

（一）瓦斯继电器的结构和工作原理

瓦斯继电器主要有浮筒式和开口杯式两种结构，现在一般采用开口杯式。图 6 - 33 为 FJ-80 型开口杯式瓦斯继电器的结构示意图。

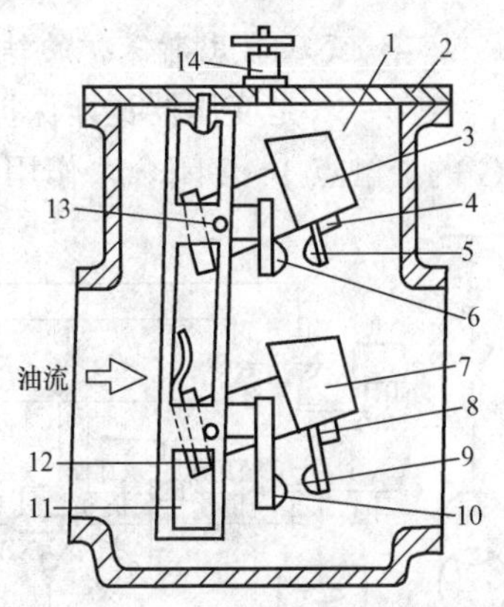

图 6 - 33　FJ3-80 型瓦斯继电器的结构示意图

1—容器；2—盖板；3—上油杯；4、8—永久磁铁；5—上动触点；6—上静触点；7—下油杯；9—下动触点；10—下静触点；11—支架；12—下油杯平衡锤；13—上油杯转轴；14—放气阀

为了保证油箱内产生的气体能够顺畅地通过瓦斯继电器排向油枕，除了联通管对变压器油箱顶盖已有 2%～4% 的倾斜度外，在安装时变压器对地平面应取 1%～1.5% 的倾斜度，如图 6 - 34 所示。

当变压器正常工作时，瓦斯继电器内的上下油杯都是充满油的，油杯因其平衡锤的作用而升高，如图 6 - 35（a）所示，它的上下两对触点都是断开的。

当变压器内发生轻微故障时，由故障引起的少量气体慢慢升起，沿着联通管进入并积聚于瓦斯继电器内，当气体积聚到一定程度时，由于气体的压力而使油面下降，上油杯因其中盛有残余的油而使其力矩大于另一端平衡锤的力矩而降落，如图 6 - 35（b）所示，从而使上触点接通变电所控制室的信号回路，发出轻瓦斯保护动作信号。

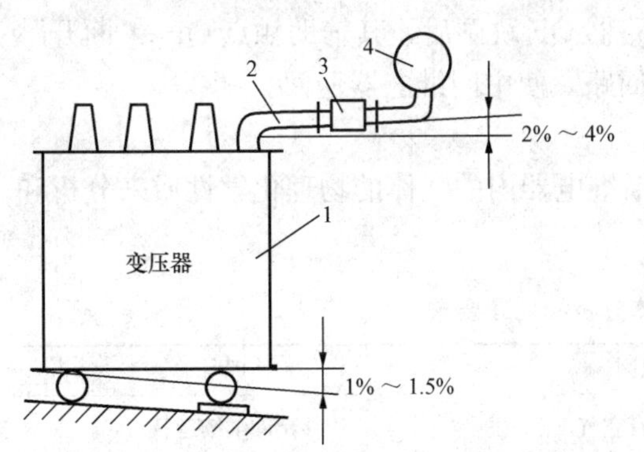

图 6 - 34　瓦斯继电器在变压器上的安装示意图

1—变压器油箱；2—联通管；3—气体继电器；4—油枕

当变压器内部发生严重故障时，被分解的变压器油和其他有机物将产生大量气体，使得变压器内部压力剧增，迫使大量气体带动油流迅猛地从联通管通过瓦斯继电器进入油枕。在油流的冲击下，继电器下部的挡板被掀起，使下油杯降落，如图 6 - 35（c）所示，从而使下触点接通跳闸回路，同时通过信号继电器发出灯光和音响信号（重瓦斯保护动作）。

如果变压器的油箱漏油，使得瓦斯继电器内的油慢慢流尽，如图 6 - 35（d）所示，先是上油杯降落，发出报警信号，最后下油杯降落，使断路器跳闸，切除变压器。

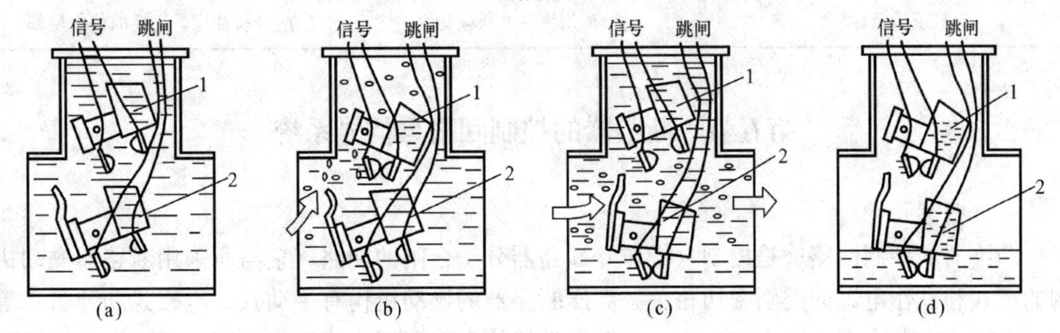

图 6 - 35　瓦斯继电器动作说明

（a）正常时；（b）轻微故障时（轻瓦斯保护动作）；（c）严重故障时（重瓦斯保护动作）；（d）严重漏油时

1—上开口油杯；2—下开口油杯

（二）变压器瓦斯保护的结线

图6-36是变压器瓦斯保护的原理电路图。当变压器内部发生轻微故障时，瓦斯继电器KG的上触点1～2闭合，作用于报警信号。当变压器内部发生严重故障时，KG的下触点3～4闭合，经中间继电器KM作用于断路器QF的跳闸线圈YR，使断路器跳闸，同时KS发出跳闸信号。KG的下触点3～4闭合时，也可以用连接片XB切换位置，串接限流电阻R，只给出报警信号。

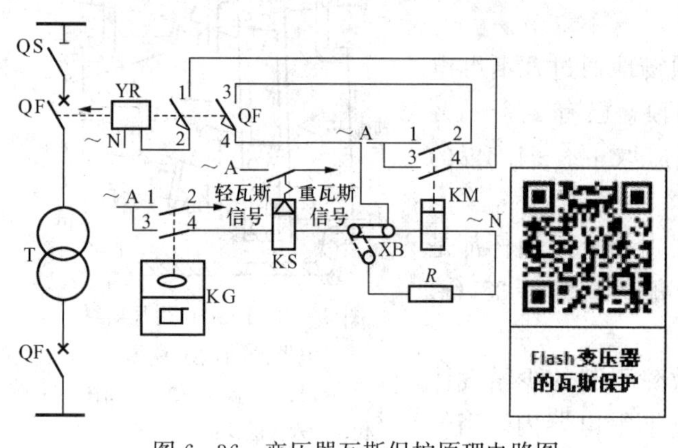

图6-36　变压器瓦斯保护原理电路图
T—电力变压器；KG—瓦斯继电器；KS—信号继电器；KM—中间继电器；QF—高压断路器；YR—断路器跳闸线圈；XB—连接片；*R*—限流电阻

由于瓦斯继电器KG的下触点3～4在发生严重故障时可能有“抖动”（接触不稳定）现象，因此，为使断路器可靠跳闸，特利用中间继电器KM的触点1～2作“自保持”（自锁）触点。只要KG的下触点3～4一闭合，KM就动作，并借其上触点1～2的闭合而使其处于自保持状态。KG的下触点3～4闭合后使断路器QF跳闸，断路器QF跳闸后，其辅助触点$QF_{1\sim2}$断开跳闸回路，$QF_{3\sim4}$则断开中间继电器KM的自保持回路，使中间继电器返回。

（三）变压器瓦斯保护动作后的故障分析

变压器瓦斯保护装置动作后，可由蓄积于瓦斯继电器内的气体的物理化学性质来分析和判断故障的原因及处理要求，如表6-1所列。

表6-1　瓦斯继电器动作后的气体分析和处理要求

气体的性质	故障原因	处理要求
无色，无臭，不可燃	油箱内含有空气	允许继续运行
灰白色，有剧臭，可燃	纸质绝缘烧毁	应立即停电检修
黄色，难燃	木质绝缘烧毁	应立即停电检修
深灰或黑色，易燃	油闪络，油质碳化	应分析油样，必要时停电检修

第五节　断路器的控制回路与信号系统

一、概述

断路器的控制回路就是控制（操作）断路器分、合闸的回路。它与所采用断路器操动机构的型式和操作电源的类别密切相关。高压断路器的操动机构有手动式、电磁式和弹簧式等型式；操作电源有直流和交流两类。电磁操动机构只能采用直流操作电源，手动操动机构和弹簧操动机构一般采用交流操作电源。

信号系统，是用来指示一次设备运行状态的二次系统。按用途分，有断路器位置信号、事故信号和预告信号。断路器的位置信号用来显示断路器正常工作时的位置状态，一般用红灯亮表示断路器在合闸位置，用绿灯亮表示断路器在分闸位置。事故信号用来显示断路器在事故情况下的工作状态，一般用红灯闪光表示断路器自动合闸，用绿灯闪光表示断路器自动跳闸，此外还有事故音响信号和光字牌等。预告信号是在一次设备出现不正常工作状态时或故障初期发出报警信号，例如变压器过负荷保护或轻气体保护动作时，就发出区别于事故音响信号的另一种预告音响信号，同时光字牌亮，指示出故障的性质和地点，值班人员可根据预告信号及时处理。

对高压断路器的控制回路及其信号系统有下列主要要求：

（1）应能监视控制回路保护装置（如熔断器）及其分、合闸回路的完好性，以保证断路器的正常工作，通常采用灯光监视的方式。

（2）分闸或合闸完成后应能使其命令脉冲解除，即能切断分闸或合闸的电源。

（3）应能指示断路器正常分、合闸的位置状态，并在自动合闸和自动跳闸时有明显的指示信号。

（4）各断路器应有事故跳闸信号。事故跳闸信号回路应按“不对应原理”结线。当断路器采用手力操动机构时，利用手动操动机构的辅助触点与断路器的辅助触点构成“不对应”关系，即操动机构（手柄）在合闸位置而断路器已跳闸时，发出事故跳闸信号。当断路器采用电磁操动机构或弹簧操动机构时，则利用控制开关的触点与断路器的辅助触点构成“不对应”关系，即控制开关（手柄）在合闸位置而断路器已跳闸时，发出事故跳闸信号。

（5）对有可能出现不正常工作状态的设备，应装设预告信号，预告信号应能使控制室或值班室的中央信号装置发出音响或灯光信号，并能指示故障地点和性质。一般预告音响信号用电铃，而事故音响信号用电笛，以示区别。

二、采用手动操动机构的断路器控制回路及其信号系统

图 6-37 为采用手动操动机构的断路器控制回路及其信号系统。

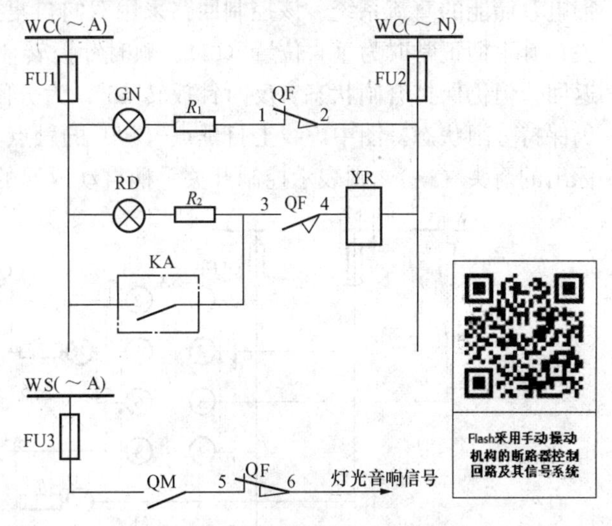

图 6-37 采用手动操动机构的断路器控制回路及其信号系统

WC—控制小母线；WS—信号小母线；FU1～FU3—熔断器；YR—跳闸线圈；GN—绿色信号灯；RD—红色信号灯；R_1、R_2—限流电阻；KA—继电保护装置出口继电器触点；$QF_{1\sim2}$～$QF_{5\sim6}$—断路器辅助触点；QM—手力操动机构辅助触点

合闸时，推上手动操动机构的操作手柄使断路器合闸。这时断路器的辅助触点 $QF_{3\sim4}$ 闭合，红灯 RD 亮，指示断路器在合闸位置（注意：YR 虽通电，但由于 RD 和 R_2 的限流，不会动作。）红灯 RD 亮还表明跳闸线圈 YR 回路及控制回路的熔断器 FU1、FU2 是完好的，即红灯 RD 同时起着监视跳闸回路完好性的作用。在合闸同时，$QF_{1\sim2}$ 断开，绿灯 GN 灭。

分闸时，扳下操作手柄使断路器跳闸。断路器辅助触点 $QF_{3\sim4}$ 断开，红灯 RD 灭，并切除跳闸电源，同时辅助触点 $QF_{1\sim2}$ 闭合，绿灯 GN 亮，指示断路器在分闸位置。绿灯 GN 亮还表明控制回路的熔断器 FU1、FU2 是完好的，即绿灯 GN 也同时起着监视合闸回路完好性的作用。

在断路器正常操作分、合闸时，由于操动机构辅助触点 QM 与断路器辅助触点 $QF_{5\sim6}$ 总是同时切换的，因此事故信号回路总是不通，不会错误地发出事故信号。

当一次电路发生短路故障时，继电保护装置动作，其出口继电器 KA 闭合，接通跳闸线圈 YR 的回路（$QF_{3\sim4}$ 原已闭合），使断路器跳闸。随后 $QF_{3\sim4}$ 断开，使红灯 RD 灭，并切断跳闸电源，同时 $QF_{1\sim2}$ 闭合，使绿灯 GN 亮。这时操动机构的手柄虽然还在合闸位置，但跳闸指示牌掉下，表示断路器自动跳闸。同时事故跳闸信号回路接通，此事故信号回路是按“不对应原理”接线的。由于操动机构仍在合闸位置，其辅助触点 QM 闭合，而断路器实际已跳闸，其辅助触点 $QF_{5\sim6}$ 也闭合，因此事故信号回路接通，发出音响和灯光信号。在值班员得知事故信号后，可将操作手柄扳向分闸位置。这时，跳闸信号牌返回，事故信号也立即消除。

控制回路中的电阻 R_1、R_2 是限流电阻，用来防止红、绿指示灯的灯座短路造成断路器误跳闸，或引起控制回路短路。

三、采用电磁操动机构的断路器控制回路及其信号系统

图 6-38 为采用电磁操动机构的断路器控制回路及其信号系统，其操作电源采用硅整流带电容储能的直流系统。该控制回路采用双向自复式并具有保持触点的 LW5 型万能转换开关，其手柄正常时为垂直位置（0°）。顺时针扳转 45°，为合闸（ON）操作，手松开即自动返回，但仍保持合闸状态。反时针扳转 45°，为分闸（OFF）操作，手松开也自动返回，但仍保持分闸状态。图中虚线上打黑点（·）的触点，表示在此位置时触点接通，而在虚线上标出的箭头（→），则表示控制开关手柄自动返回的方向。

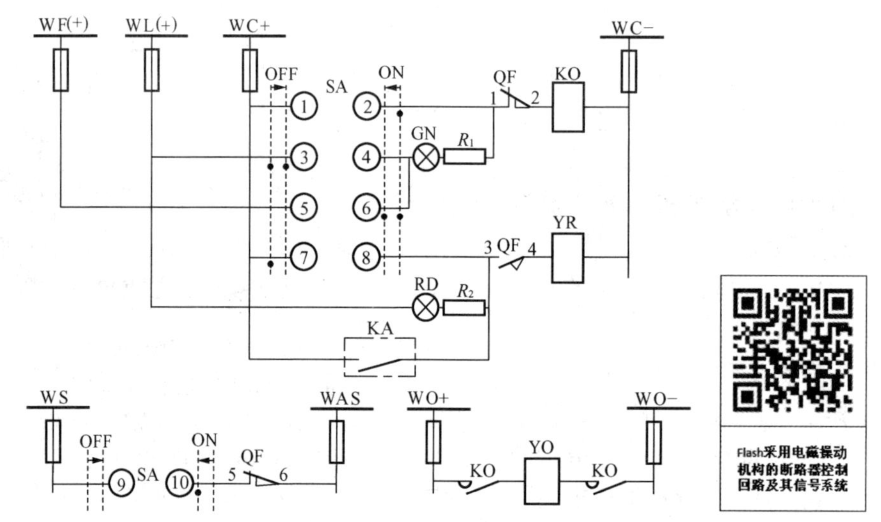

图 6-38　采用电磁操动机构的断路器控制回路及其信号系统

WC—控制小母线；WL—灯光指示小母线；WF—闪光信号小母线；WS—信号小母线；WAS—事故信号小母线；WO—合闸小母线；SA—控制开关；KO—合闸接触器；YO—电磁合闸线圈；YR—跳闸线圈；KA—保护装置出口继电器触点；$QF_{1\sim2}$～$QF_{5\sim6}$—断路器辅助触点；GN—绿色信号灯；RD—红色信号灯；ON—合闸操作方向；OFF—分闸操作方向

合闸时，将控制开关 SA 手柄顺时针扳转 45°，这时其触点 1—2 接通，合闸接触器 KO 通电（其中 $QF_{1\sim2}$ 原已闭合），其主触点闭合，使电磁合闸线圈 YO 通电，断路器合闸。合闸完成后，控制开关 SA 自动返回，其触点 1—2 断开，断路器辅助触点 $QF_{1\sim2}$ 也断开，绿灯 GN 灭，并切断合闸电源；同时 $QF_{3\sim4}$ 闭合，红灯 RD 亮，指示断路器在"合闸"位置，并监视跳闸回路的完好性。

分闸时，将控制开关 SA 手柄逆时针扳转 45°，这时其触点 7—8 接通，跳闸线圈 YR 通电（其中 $QF_{3\sim4}$ 原已闭合），使断路器跳闸。跳闸完成后，控制开关 SA 自动返回，其触点 7—8 断开，断路器辅助触点 $QF_{3\sim4}$ 也断开，红灯 RD 灭，并切断跳闸电源；同时 SA 的触点 3—4 闭合，$QF_{1\sim2}$ 也闭合，绿灯 GN 亮，指示断路器在"分闸后"位置，并监视合闸回路的完好性。

由于红绿指示灯兼起监视分、合闸回路完好性的作用，长期投入工作，耗电较多，为了减少储能电容器能量的过多消耗，因此这种回路设有灯光指示小母线 WL（+），专用来接入红绿指示灯。

当一次电路发生短路故障时，保护装置动作，其出口继电器触点 KA 闭合，接通跳闸线圈 YR 回路（其中 $QF_{3\sim4}$ 原已闭合），使断路器跳闸。随后 $QF_{3\sim4}$ 断开，红灯 RD 灭，并切断跳闸电源；同时 $QF_{1\sim2}$ 闭合，SA 在"合闸后"位置，其触点 5—6 也闭合，因而接通闪光电源 WF（+），使绿灯 GN 闪光，表示断路器已自动跳闸。由于 SA 仍在"合闸后"位置，其触点 9—10 闭合，而断路器已跳闸，其触点 $QF_{5\sim6}$ 也闭合，因此事故音响信号回路接通，发出事故跳闸的音响信号。值班人员得此信号后，可将控制开关 SA 的手柄扳向"分闸"位置（逆时针旋 45°后松开让它返回），使 SA 的触点与 QF 的辅助触点恢复"对应"关系，全部事故信号立即解除。

四、采用弹簧操动机构的断路器控制回路及其信号系统

弹簧储能操动机构是一种比较新型的操动机构。它利用预先储能的合闸弹簧释放能量，使断路器合闸。合闸弹簧由电动机带动（也可手动储能），多为交直流两用电动机，且功率很小（10kV 及以下断路器用的只有几百瓦），弹簧操动机构的出现，为变电所采用交流电动操作创造了条件。

目前国内生产的弹簧储能操动机构品种很多，在工业与民用建筑的变配电所内采用较多的是 CT8 型。

CT8 型操动机构的弹簧储能电动机采用单相交直流两用的串励电动机，额定功率为 369W。操动机构中可安装 1～4 只脱扣线圈，这种机构能满足交流操作的要求。

图 6-39 为采用 CT8 型操动机构的断路器控制及其信号系统，控制开关可采用 LW5 型或 LW2 型。图中 GN、RD 分别为断路器分、合闸位置信号指示灯，并兼作监视熔断器及合、分闸回路的完好性。S1 和 S2 是储能电机的行程开关。在合闸弹簧储能完毕时，S1 闭合，保证了在弹簧储能完毕时才能合闸，S2 断开，使电动机在弹簧储能完毕后断电。储能电动机由按钮 SB 控制，这样控制回路就不需要设置电气"防跳"装置了。事故跳闸回路由控制开关的触点 $SA_{9\sim10}$ 与断路器辅助开关的动断触点 $QF_{5\sim6}$ 构成不对应结线。

合闸时，首先按下 SB，储能电动机 M 通电（S2 原已闭合），使合闸弹簧储能，储能完毕后，S2 自动断开，切断电动机回路，同时 S1 动合触点闭合，为合闸做好准备。

将控制开关 SA 的手柄扳向合闸位置（ON 方向），这时其触点 3—4 接通，合闸线圈 YO 通电，弹簧释放，通过传动机构（如图 2-24 所示），使断路器合闸。合闸后，断路器辅

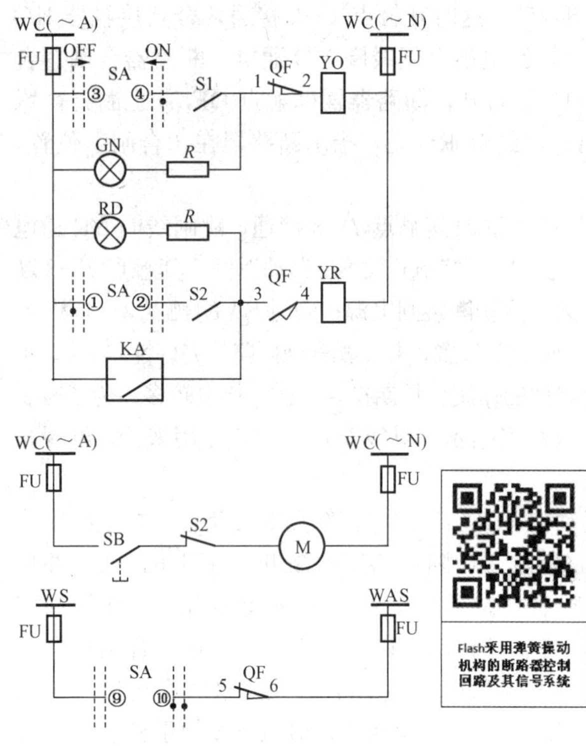

图 6 - 39　采用弹簧操动机构的断路器控制回路及其信号系统

WC—控制小母线；WS—信号小母线；WAS—事故信号小母线；SB—按钮；GN—绿色信号灯；RD—红色信号灯；YO—合闸电磁线圈；YR—跳闸线圈；$QF_{1\sim2}$～$QF_{5\sim6}$—断路器辅助触点；S1、S2—储能位置开关；M—储能电动机；FU—熔断器

助触点 $QF_{1\sim2}$ 断开，绿灯 GN 灭，并切断合闸电源；同时 $QF_{3\sim4}$ 闭合，红灯 RD 亮，指示断路器在合闸位置，并监视跳闸回路的完好性。

分闸时，将控制开关 SA 的手柄扳向分闸位置（OFF 方向），这时其触点 1—2 接通，跳闸线圈 YR 通电（其中 $QF_{3\sim4}$ 原已闭合），使断路器跳闸。跳闸后，$QF_{3\sim4}$ 断开，红灯 RD 灭，并切断跳闸电源；同时 $QF_{1\sim2}$ 闭合，绿灯 GN 亮，指示断路器在分闸位置，并监视合闸回路的完好性。

当一次电路发生故障时，保护装置动作，继电器 KA 触点闭合，接通跳闸线圈 YR 回路（其中 $QF_{3\sim4}$ 原已闭合），使断路器跳闸，随后 $QF_{3\sim4}$ 断开，使红灯 RD 灭，并切断跳闸电源；同时，由于断路器是自动跳闸，SA 仍在“合闸后”位置，其触点 9—10 闭合，而断路器已跳闸，$QF_{5\sim6}$ 也闭合，因此事故音响回路接通，发出事故跳闸音响信号。值班人员得知此信号后，可将控制开关扳回“跳闸”位置，使 SA 触点与 QF 的触点恢复“对应”关系，解除事故跳闸信号。

第六节　绝缘监察装置与电气测量仪表

一、绝缘监察装置

绝缘监察装置主要用来监视小接地电流系统相对地的绝缘状况。绝缘监察装置可采用三个单相电压互感器和三只电压表接成图 2 - 45（c）所示的电路，也可采用三个单相三绕组电压互感器或一个三相五芯柱三绕组电压互感器接成图 2 - 45（d）所示的电路。这类电压互感器二次侧有两组绕组。一组接成星形，在它的引出线上接三只电压表：系统正常运行时，反应各个相电压；在系统发生一相接地时，则对应相的电压表指零，而另两只电压表读数升高到线电压。另一组接成开口三角形（也称辅助二次绕组），构成零序电压过滤器，在开口处接一个过电压继电器：系统正常运行时，三相电压对称，开口三角形两端电压接近于零，继电器不动作；在系统发生一相接地时，接地相电压为零，另两个互差 120°的相电压叠加，则使开口处出现近 100V 的零序电压，使电压继电器动作，发出报警的灯光和音响信号。

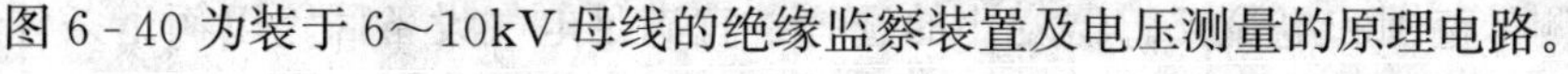

图6-40为装于6～10kV母线的绝缘监察装置及电压测量的原理电路。

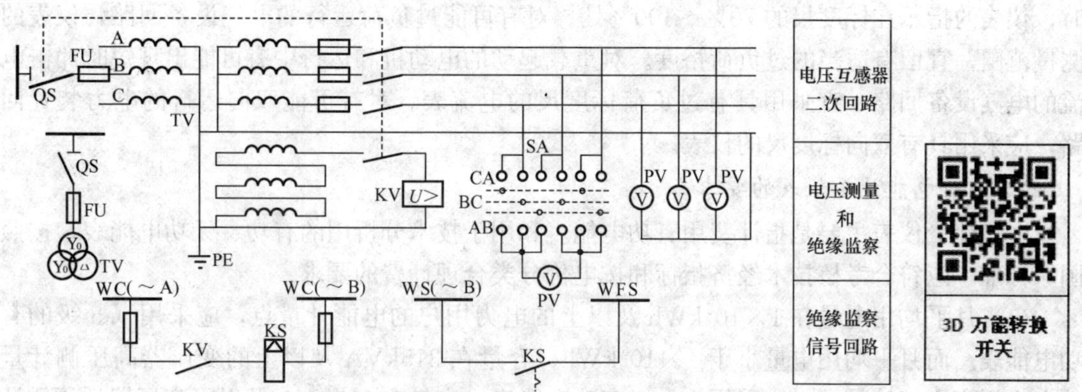

图6-40　6～10kV母线的绝缘监察装置及电压测量原理电路

PV—电压互感器（$Y_0/Y_0/\triangle$结线）；QS—高压隔离开关及辅助触点；SA—电压转换开关；

PV—电压表；KV—电压继电器；KS—信号继电器；WC—控制小母线；

WS—信号小母线；WFS—预报信号小母线

上述绝缘监察装置能够监察小接地电流系统的对地绝缘，值班人员根据信号和电压表指示可以知道发生了接地故障且知道故障相别，但不能判别是哪一条线路发生了接地故障。如果高压线路较多时，采用这种绝缘监察装置还是不够的。由此可见，这种装置只适用于线路数目不多，并且允许短时停电的供电系统中。

二、电气测量仪表

电气测量仪表是保证变配电所电气设备安全经济运行的重要设备。通过它，值班人员可以监视各种电气设备的运行情况，了解运行参数（如电压、电流、功率等），及时察觉各种异常现象。同时在电气设备发生事故的情况下，还可以测量和记录事故范围和事故性质等。此外，运行值班人员还可以通过各种记录仪表的指示数据，进行电力负荷的统计、积累技术资料和分析生产技术指标，以便指导运行工作。

为了监视一次设备的运行状况和计量一次系统消耗的电能，保证系统安全可靠和优质经济合理地运行，在工业与民用建筑供电系统的变配电装置中必须装设一定数量的电气测量仪表。

电气测量仪表的类型很多，根据各种仪表的结构、特点以及在供电系统的配置和用途，通常分成电气指示仪表和电能计量仪表。各种仪表的配置、选择应当符合国家标准GB/T 50063—2017《电力装置电测量仪表装置设计规范》的规定。

（一）对电气指示仪表的要求

电气指示仪表，是指固定安装在变配电所仪表屏、控制屏或配电屏（柜）上的反映电气设备运行情况、监视系统绝缘状况以及在事故情况下测量和记录事故范围和事故性质的电工测量仪表。除了要求其测量范围和准确度能满足变配电装置运行监测的要求外，应力求外形美观、便于观测、经久耐用。对其具体要求如下：

（1）交流回路的仪表，其准确度不低于2.5级；直流回路的仪表，其准确度不低于1.5级。

（2）1.5级和0.5级的仪表，应配用准确度不低于1.0级的互感器。

（3）仪表的测量范围和电流互感器变比的选择，宜满足电气设备回路以额定条件运行时，仪表的指示在标度尺的70%～100%处。对有可能过负荷运行的电气设备回路，仪表的测量范围，宜留有适当的过负荷裕度。对重载起动的电动机和运行中有可能出现短时冲击电流的电气设备回路，宜采用具有过负荷标度尺的电流表。对有可能双向运行的电力装置回路，应采用具有双向标度尺的仪表。

（二）对电能计量仪表的要求

电能计量仪表主要是指计费用有功电能表和用于技术分析用的有功、无功电能表，按照国家标准，应符合考核技术经济指标和按电价分类合理计费的要求。

（1）月平均用电量在1×10^6kWh及以上的电力用户的电能计量点，应采用0.5级的有功电能表。而月平均用电量小于1×10^6kWh、容量在315kVA及以上的变压器高压侧计量的电力用户电能计量点，应采用1.0级有功电能表。容量在315kVA及以下变压器低压侧计量的电力用户电能计量点、75kW及以上的电动机以及仅作为工厂内部技术经济考核而不计费的线路和电力装置回路，均采用2.0级有功电能表。

（2）315kVA及以上的变压器高压侧计费的电力用户电能计费点和并联电力电容器组，应采用2.0级的无功电能表。在315kVA以下的变压器低压侧计费的电力用户电能计量点以及仅作工厂内部技术经济考核而不计费的线路和电气设备回路，均采用3.0级无功电能表。

（3）0.5级的有功电能表，应配用0.2级的互感器。1.0级的有功电能表、2.0级计费用的有功电能表及2.0级的无功电能表，应配用不低于0.5级的互感器。仅作为工厂内部技术经济考核而不计费的有功和无功电能表，均宜配用1.0级的互感器。

（三）变配电装置中各部分仪表的配置

根据GB/T 50063—2008《电力装置的电测量仪表装置设计规范》的规定，仪表配置要求如下：

（1）在工厂的电源进线上，必须装设计费用的有功电能表和无功电能表，而且宜采用全国统一标准的电能计量柜，配用专用的互感器，连接计费用电能表的互感器，不得接用其他仪表和继电器。

（2）每段母线上都必须装设电压表测量电压，并装设绝缘监察装置（对小电流接地系统），如图6-40所示。

（3）降压变压器的两侧，均应装设电流表以了解负荷情况；低压侧如为三相四线制，应各相都装电流表。高压侧还应装设有功电能表和无功电能表。

（4）6～10kV高压配电线路，应装设一只电流表，了解其负荷情况。如需计量电能，还需装设有功电能表和无功电能表，如图6-41所示。

（5）低压配电线路（三相四线制），一般应装设三只电流表或一只电流表加电流转换开关，以测量各相电流，特别是照明线路。如为三相负荷平衡的动力线路，可只装一只电流表。如需计量电能，一般应装设三相四线制有功电能表。对负荷平衡线路，可只装一只单相有功电能表，实际电能为其计量的3倍。

（6）并联电力电容器电路，应装设三只电流表，以检查三相负荷是否平衡。如需计量无功电能，则需装设无功电能表。

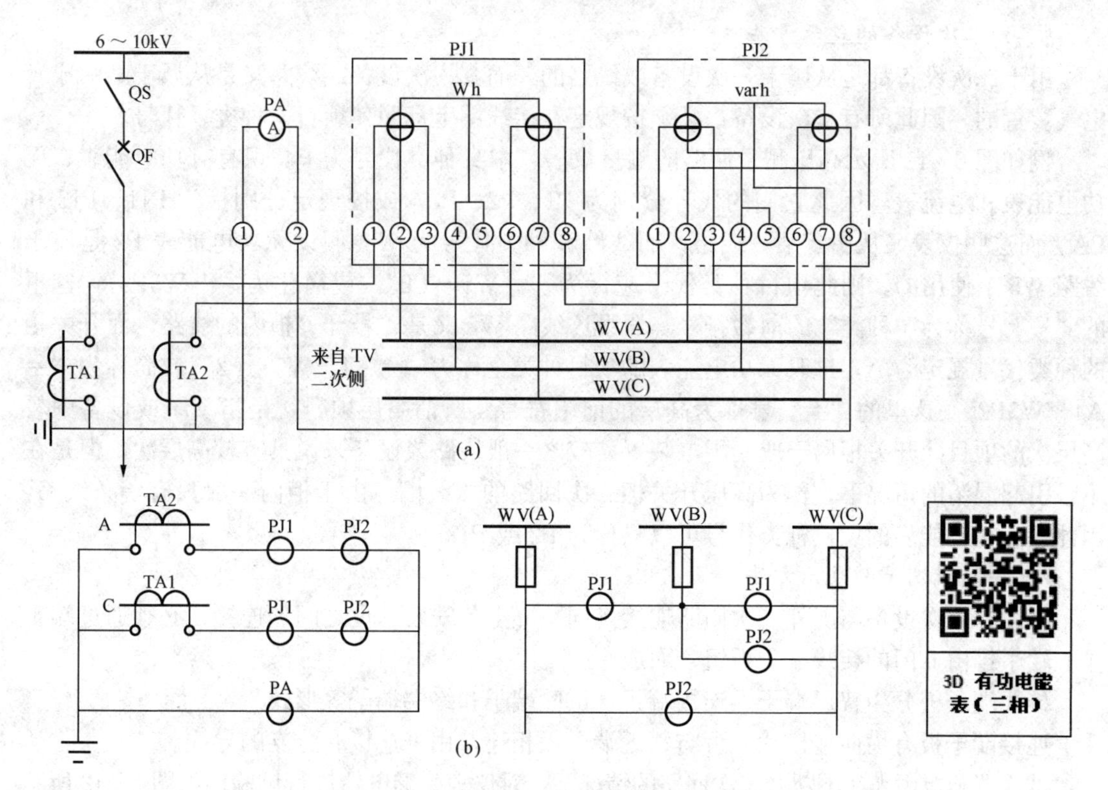

图6-41　6～10kV高压线路电工仪表原理电路

(a) 电路图；(b) 展开图

TA—电流互感器；TV—电压互感器；PA—电流表；PJ1—三相有功电能表；PJ2—三相无功电能表；WV—电压小母线

第七节　供配电系统二次回路的接线图

一、概述

接线图是用来表示成套装置或设备中各元件之间连接关系的一种图样。供配电系统二次回路的接线图主要用于二次回路的安装接线、线路检查、线路维修等。在实际应用中，接线图通常需要与电路图、位置图一起使用。接线图有时也和接线表配合使用。

接线图的绘制，应遵照国家标准 GB/T 6988—2008《电气技术用文件的编制》的有关规定。

二、二次回路接线图的基本绘制方法

（一）二次回路接线图的特点

(1) 接线图上各二次设备的尺寸和位置，可以不严格按照比例，但应和实际安装位置相同。由于二次设备都安装在屏的正面，而接线图都表示屏的后面，所以接线图又称屏的背视图。

(2) 接线图上的设备的外形都应与实际形状相符。对于复杂的二次设备（如继电器、功率表、电能表等），可以画出其内部接线。简单设备（如电流表、电压表等）则不必画出，但必须画出接线柱及其编号。对背视图看得见的设备轮廓用实线表示，看不见的轮廓线用虚线表示。

（二）二次设备的表示方法

由于二次设备都是从属于一次设备或线路的，而其一次设备或线路又是从属于某一成套电气装置的，因此所有二次设备都必须按规定在接线图上标明其项目、种类、代号。

例如图 6-41 所示高压测量回路的测量仪表，本身种类代号为 P。现有有功电能表、无功电能表和电流表，因此它们的代号分别为 P1、P2、P3，或按规定分别标为 PJ1、PJ2 和 PA。而这些仪表又从属于某一线路，而线路和种类代号为 W。假设无功电能表 P2 是属于线路 W5 上使用的，则此项目种类代号应标为“－W5－P2”，或简化为“－W5P2”。这里的“－”号称为“种类”的前缀符号。假设这线路 W5 又是 4 号开关柜内的线路，而开关柜的种类代号规定为 A，这时无功电能表的项目种类全称为“＝A4－W5－P2”或简称为“＝A4－W5P2”。这里的“＝”号称为高层的前缀符号。所谓高层项目，是指系统或设备中较高层次的项目。开关柜属于成套配电装置，较之一般线路或设备来说具有较高层次，但是在不致引起混淆的情况下，作为高压开关柜二次回路的接线图，由于柜内一般只有一条线路，因此这无功电能表的项目种类代号可以只标为 P2 或 PJ2。

（三）接线端子的表示方法

屏内的二次设备与屏外二次回路连接，同一屏上各安装单位之间的连接，必须通过端子排。端子排由专门的接线端子板组合而成。

接线端子板分为普通端子、连接端子、试验端子和终端端子等形式。

连接端子板有横向连接片，可与邻近端子板相连，用来连接有分支的导线。

试验端子板用来在不断开二次回路的情况下，对仪表、继电器进行试验。如图 6-42 所示两个试验端子，将工作电流表 PA1 与电流互感器 TA 连接起来。当需要换下工作电流表 PA1 进行试验时，可用另一备用电流表 PA2 分别接在试验端子的连接端子的螺钉 2 和 7 上。如图中虚线所示。然后拧开螺钉 3 和 8，使工作电流表拆离，就可进行试验了。PA1 校验完毕后，再拧入螺钉 3 和 8，就接入 PA1 了。最后拆下备用电流表 PA2，整个电路又恢复原状运行。

终端端子板是用来固定或分隔不同安装项目的端子排。

在接线图中，端子排中各种形式端子板的符号标志如图 6-43 所示，端子板的文字代号

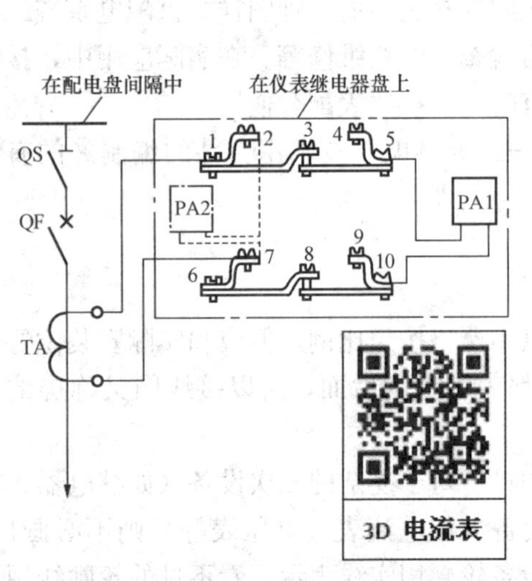

图 6-42　试验端子的结构及其应用

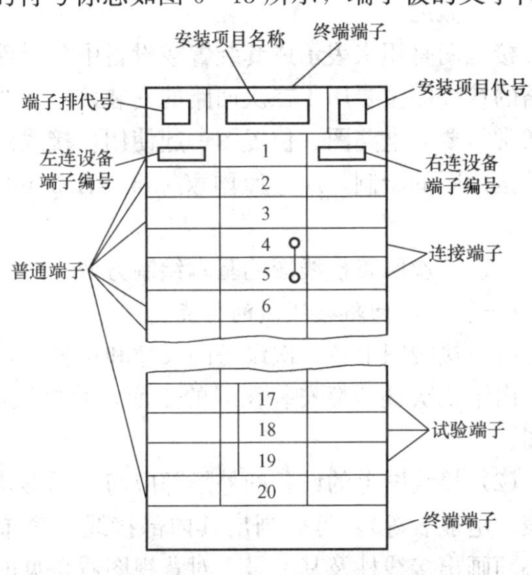

图 6-43　端子排标志图例

为X，端子的前缀符号为“：”。

（四）连接导线的表示方法

接线图中端子之间的导线连接有两种表示方法。

（1）连续线表示法——端子之间的连接导线用连续线表示，如图6-44（a）所示。

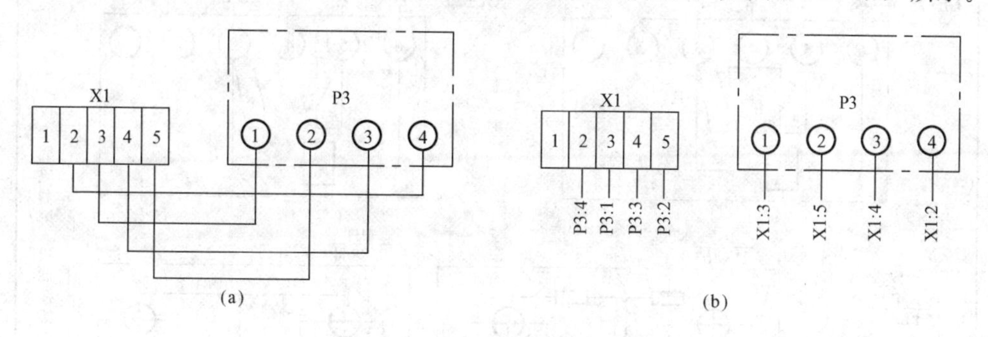

图6-44 连接导线的表示方法

（a）连续线表示法；（b）中断线表示法

（2）中断线表示法——端子之间的连接不连线条，而只在需相连的两端子处标注对面端子的代号，即表示两端子之间需相互连接，故又称“对面标号法”或称“相对标号法”，如图6-44（b）所示。

在接线图上屏内设备之间及设备与互感器或小母线之间的导线连接，如果用连续线来表示，当连接线比较多时就会使接线图相当复杂，不易辨认。所以目前二次接线图中导线连接方法用得较多的是“对面标号法”。

三、二次回路接线图示例

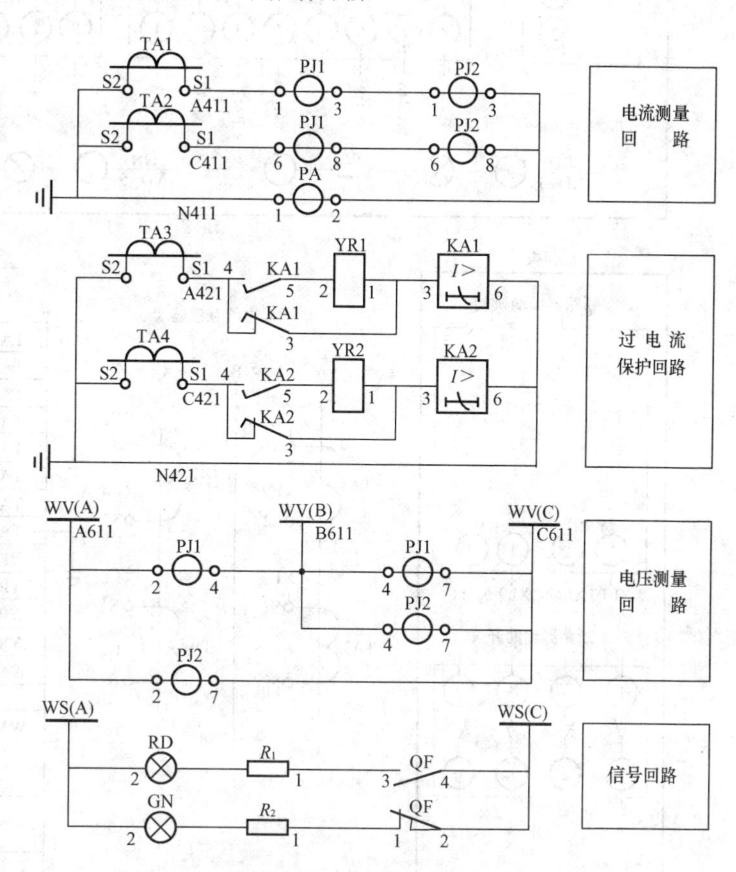

图6-45 高压线路二次回路展开式原理电路图

图6-45是一条高压配电线路二次回路展开式接线图。图6-46是它所对应的二次回路安装接线图。教师可详细讲解由图6-45作出图6-46的过程。读者可仔细对照阅读两图，并学习由展开图作接线图的方法，特别注意端子排的作法。

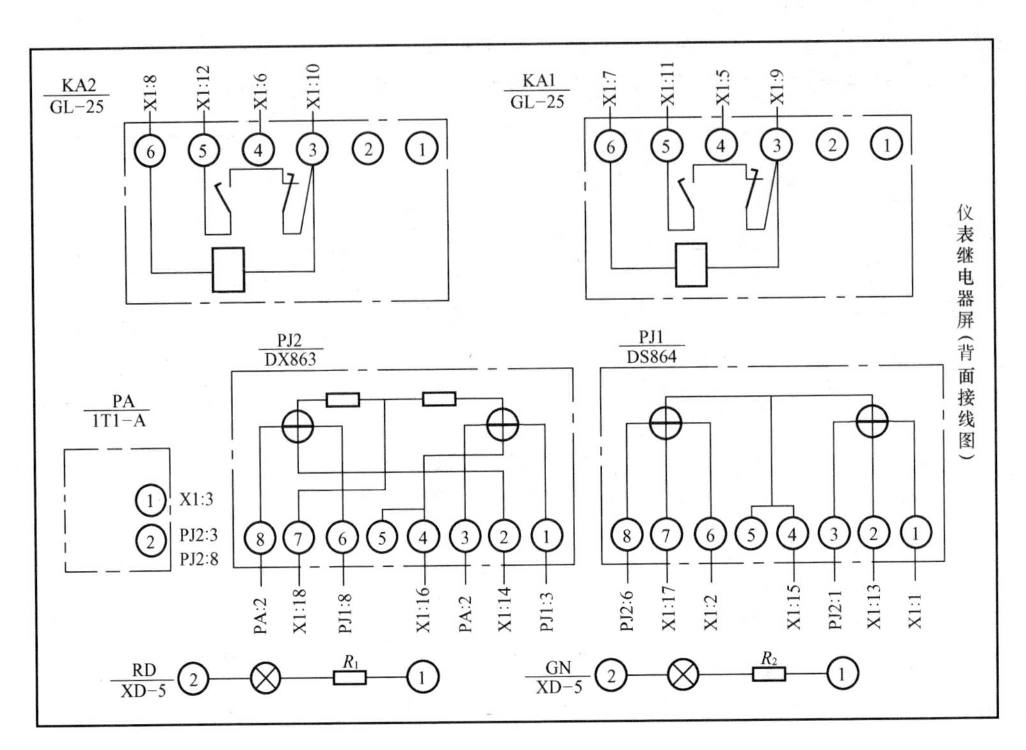

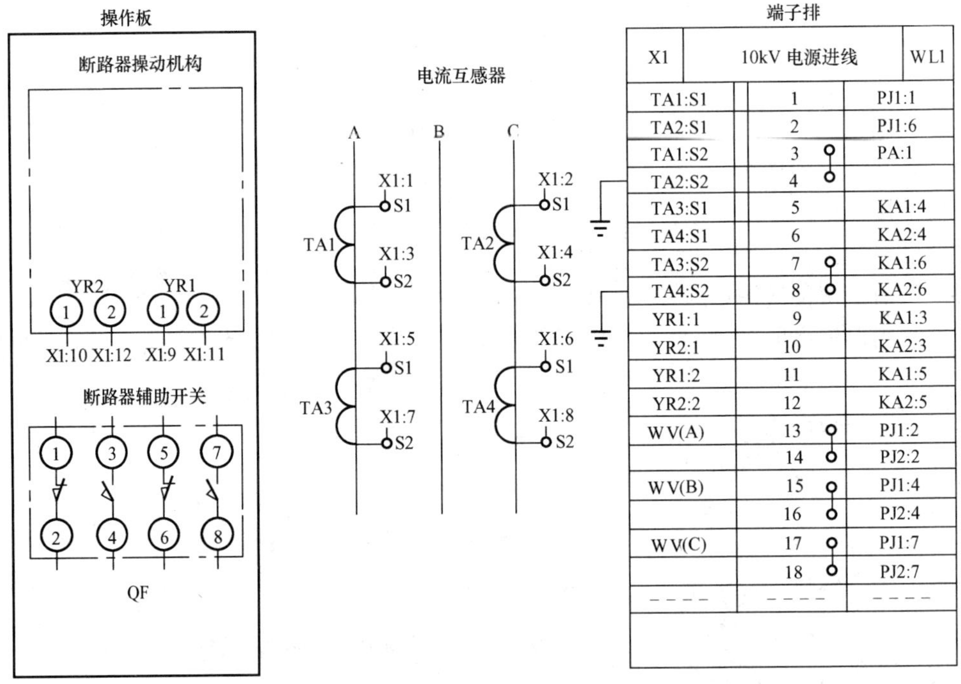

X1	10kV 电源进线	WL1
TA1:S1	1	PJ1:1
TA2:S1	2	PJ1:6
TA1:S2	3	PA:1
TA2:S2	4	
TA3:S1	5	KA1:4
TA4:S1	6	KA2:4
TA3:S2	7	KA1:6
TA4:S2	8	KA2:6
YR1:1	9	KA1:3
YR2:1	10	KA2:3
YR1:2	11	KA1:5
YR2:2	12	KA2:5
WV(A)	13	PJ1:2
	14	PJ2:2
WV(B)	15	PJ1:4
	16	PJ2:4
WV(C)	17	PJ1:7
	18	PJ2:7
----	----	----

图 6-46　高压配电线路二次回路安装接线图

第八节　变电所综合自动化系统

一、概述

目前的变电所中仍大量采用机电式的继电保护装置、仪表屏、操作屏及中央信号系统等对供电系统的运行状态进行监控。供电系统二次设备的这种配置，结构复杂，信息采样重复，资源不能共享，维护工作量大。随着计算机技术和控制技术的发展，更加凸显出这种配置方式的缺点。在供电系统中，正常操作、故障判断和事故处理是变电所的主要工作，而常规仪表不具备数据处理功能，对运行设备出现的异常状态难以早期发现，更不便于和计算机联网、通信。因此，整个变电所的自动化程度受到限制。

随着计算机技术和仪表制造技术的发展，变电所的综合自动化技术也有了长足的进步。

变电所的综合自动化就是利用计算机技术和通信技术，将变电所的二次设备（包括控制、信号、测量、保护及自动装置等）进行优化组合，将变电所的保护装置、控制装置、测量装置、信号装置综合为一体，以全微机化的新型二次设备替代机电式的二次设备，或用不同的模块化软件实现机电式二次设备的各种功能，用计算机网络通信替代大量信号电缆，通过人机接口设备实现变电所的综合管理以及监视、测量、控制、打印记录等所有功能。变电所的综合自动化也为变电所无人值班提供了技术支持和物质基础。

二、变电所综合自动化系统的“四遥”

变电所综合自动化系统的“四遥”是指遥测、遥信、遥控和遥调。

1. 遥测

可以遥测的量有：

（1）变压器的电压、电流、功率及电能。

（2）变压器的温度。

（3）各段母线的电压（小电流接地系统应测三个相电压）。

（4）所用变压器低压侧的电压。

（5）各馈电回路的电流及功率。

（6）电容器室的温度。

（7）直流电源电压。

（8）主变压器有载分接开关的位置（当采用遥测方式处理时）。

2. 遥信

可以遥信的量有：

（1）断路器的位置信号。

（2）反映运行方式的隔离开关的位置信号。

（3）变压器的保护动作信号和事故信号。

（4）断路器控制回路断线总信号。

（5）断路器操动机构故障总信号。

（6）变压器冷却系统故障信号。

（7）变压器温度过高信号。

（8）轻气体保护动作信号。

（9）所用电源失压信号。

（10）UPS交流电源消失信号。

（11）通信系统电源中断信号。

（12）主变压器有载分接开关位置信号（当采用遥信方式处理时）。

3. 遥控

可以遥控的量有：

（1）断路器的分闸、合闸。

（2）可以电控的主变压器中性点接地隔离开关（刀闸）。

4. 遥调

可以遥调的量有：

（1）主变压器的有载分接开关。

（2）预期的功率因数值。

三、变电所综合自动化系统的组态模式

变电所的自动化技术经历了从集中控制、功能分散型向分散（层）分布型，从专用设备向通用平台，从传统控制向综合智能控制发展的过程。下面分别介绍几种变电所综合自动化系统的组态模式。

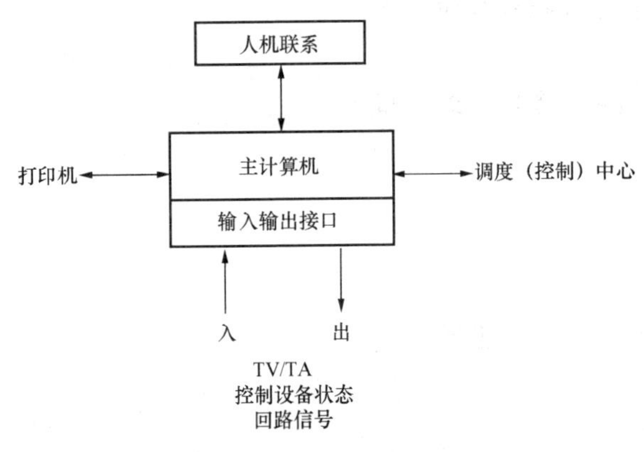

图6-47　集中式结构的变电所综合自动化系统示意图

1. 集中式结构的变电所

集中式的变电所综合自动化系统是按功能划分的模式，用模块化软件连接各功能模块，并且集中采集和处理信息。它集保护功能、人机功能、“四遥”功能与自检功能于一身，具有结构简单、工作可靠、价格便宜等优点。但同时也存在不便维护和扩展等缺点。图6-47为一个集中式结构的变电所综合自动化系统示意图。

2. 分布式组态模式的变电所

分布式组态模式一般采用多个CPU协同工作方式，利用网络技术实现各个功能模块之间的数据通信。分布式组态模式有利于处理并行多发事件，具有优先级的网络系统可解决数据传输中的“瓶颈”问题，提高了系统的实时性。分布式组态模式便于维护和扩展，局部故障不致影响其他部件（模块）的正常运行。图6-48为一个分布式组态（集中组屏）模式的变电所综合自动化系统的示意图。

3. 分散（层）分布式组态模式的变电所

（1）分散（层）分布式组态模式从逻辑上将变电所自动化系统划分为两层，即变电所层（所级测控主单元）和间隔层（间隔单元）。它采用面向电气回路或电气间隔的方法进行设计。间隔层中各个数据采集、控制单元、保护单元等就地分散安装在开关柜或其他一次设备附近，彼此相对独立，靠通信网互联，并可与所级测控主单元通信。这样，保护功能等可直接在间隔层完成而不必依赖通信网。分散（层）分布式组态模式具有分布式的全部优点，并且又精简了不少二次设备和电缆，节省了投资，也便于维护和扩展。这种模式是目前比较先进和推荐采用的。图 6-49 为一个分散（层）分布式组态模式的变电所综合自动化系统示意图。

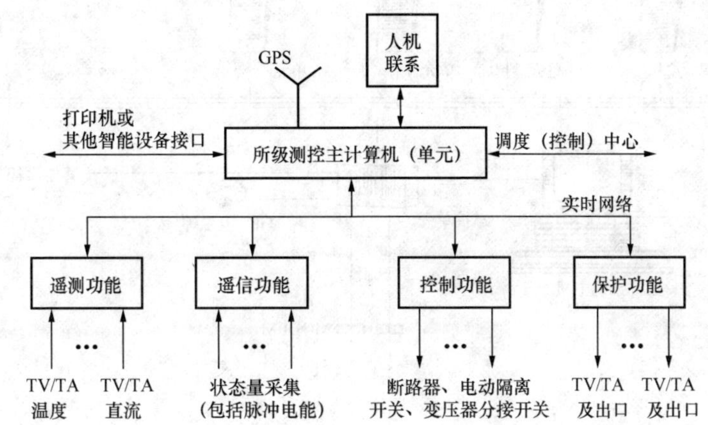

图 6-48 分布式组态（集中组屏）模式的变电所综合自动化系统示意图
GPS—全球定位系统（信息）

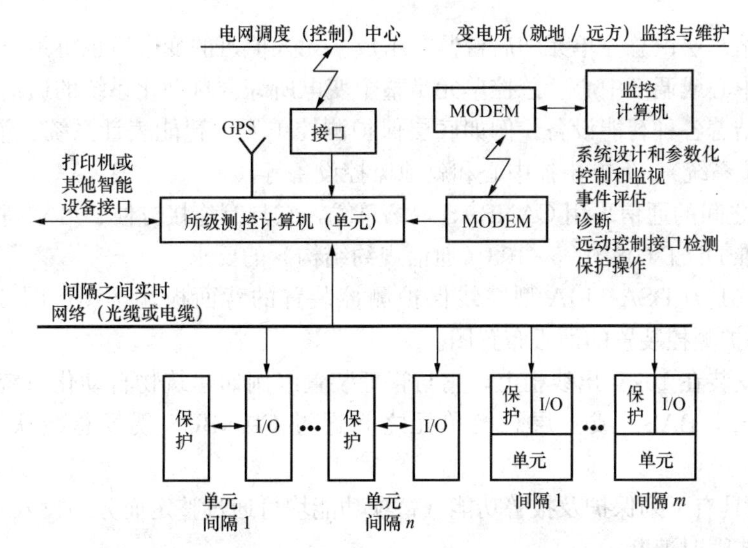

图 6-49 分散（层）分布式组态模式的变电所综合自动化系统示意图
GPS—全球定位系统（信息）；MODEM—调制解调器；
I/O—输入/输出（数据采集/控制）

（2）国家电力公司电力自动化研究院生产的 DSA 系列保护测控一体化系统就是一个分散（层）分布式系统（Distributed Substation Automatic，DSA）。图 6-50 为 DSA 变电所综合自动化系统的结构图。

这种分散（层）分布式系统底层的保护测控硬件，是按面向分散对象的要求设计的。每个一次对象的保护、遥控、遥信、遥调功能可集中在一个单元机箱内，称为保护测控一体化装置。它可以分散就地安装在开关柜上，也可以集中组屏安装在控制室内。单元机箱功能完整而独立，它与上层（变电所层）的总控单元之间通过 CANBUS 总线相联结，实现信息共享。如果用户需要，也可以将保护装置与测控装置分开配置。整个系统组态灵活，便于新站扩建和老站更新改造。

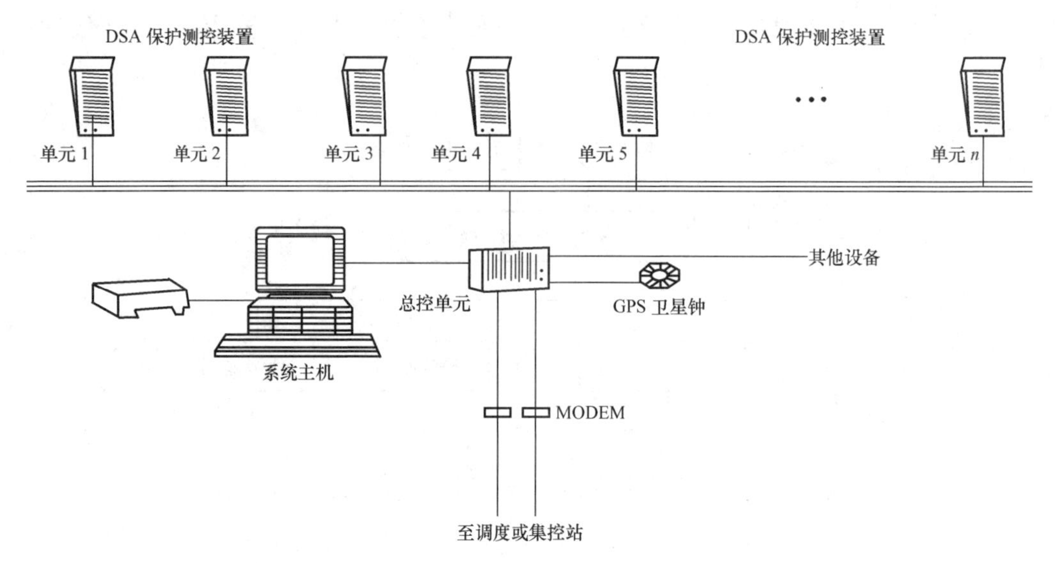

图 6-50　DSA 变电所综合自动化系统的结构图

变电所（站）层由总控单元和后台监控组成。无人值班的变电所也可不设后台机，信息直接送往集控中心或调度中心。总控单元是整个变电所综合自动化系统的通信枢纽，是信息综合点，它联结着各种智能设备，例如底层保护测控单元、智能表计系统、消防报警装置、GPS（全球定位系统）、远方集控中心和就地监控设备等。

DSA 装置之间的通信采用 CANBAS 现场总线，它具有连接方便、可靠高等优点，并满足电力行业标准 DJ/T 60870-5-103《通信规约结构》的要求。

（3）图 6-51 为 DSA-119A 型馈线保护测控装置的背面板端子图。图 6-52 为 DSA-119A 型馈线保护测控装置的面板布置图。

该装置可安装在 10kV 出线柜上，它与管理装置（例如建筑物自动化系统 Building Automation System，BAS）或上层总控单元之间通过 CANBUS 现场总线联结，实现信息共享。

1）该装置具有下列保护及报警功能（每项功能均可通过整定而分别投入或退出）：

两相电流式瞬时速断；

两相电流式限时速断；

两相电流式定时限过电流；

两相电流式反时限过电流；

三相一次或二次重合闸；

合闸后加速；

低频低压减负荷；

电流超限报警；

断路器失灵报警；

故障录波。

2）该装置具有下列遥测、遥控、遥信功能：

16 路遥信；

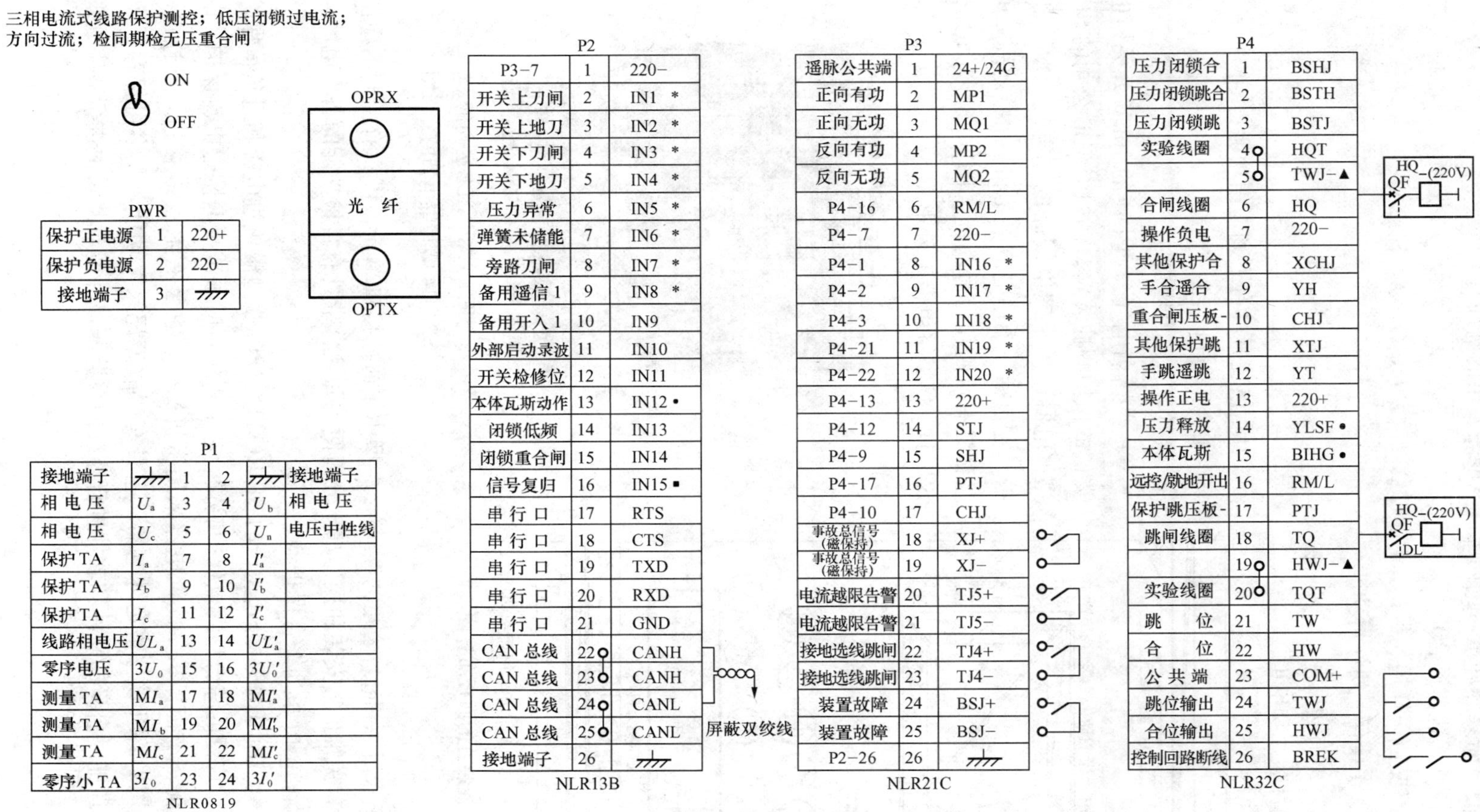

三相电流式线路保护测控；低压闭锁过电流；
方向过流；检同期检无压重合闸

ON
OFF

PWR

保护正电源	1	220+
保护负电源	2	220−
接地端子	3	⏚

OPRX
光　纤
OPTX

P1

接地端子	⏚	1	2	⏚	接地端子
相 电 压	U_a	3	4	U_b	相 电 压
相 电 压	U_c	5	6	U_n	电压中性线
保护TA	I_a	7	8	I_a'	
保护TA	I_b	9	10	I_b'	
保护TA	I_c	11	12	I_c'	
线路相电压	UL_a	13	14	UL_a'	
零序电压	$3U_0$	15	16	$3U_0'$	
测量TA	MI_a	17	18	MI_a'	
测量TA	MI_b	19	20	MI_b'	
测量TA	MI_c	21	22	MI_c'	
零序小TA	$3I_0$	23	24	$3I_0'$	

NLR0819

P2

P3−7	1	220−
开关上刀闸	2	IN1 *
开关上地刀	3	IN2 *
开关下刀闸	4	IN3 *
开关下地刀	5	IN4 *
压力异常	6	IN5 *
弹簧未储能	7	IN6 *
旁路刀闸	8	IN7 *
备用遥信1	9	IN8 *
备用开入1	10	IN9
外部启动录波	11	IN10
开关检修位	12	IN11
本体瓦斯动作	13	IN12 •
闭锁低频	14	IN13
闭锁重合闸	15	IN14
信号复归	16	IN15 ▪
串 行 口	17	RTS
串 行 口	18	CTS
串 行 口	19	TXD
串 行 口	20	RXD
串 行 口	21	GND
CAN 总线	22	CANH
CAN 总线	23	CANH
CAN 总线	24	CANL
CAN 总线	25	CANL
接地端子	26	⏚

NLR13B

屏蔽双绞线

P3

遥脉公共端	1	24+/24G
正向有功	2	MP1
正向无功	3	MQ1
反向有功	4	MP2
反向无功	5	MQ2
P4−16	6	RM/L
P4−7	7	220−
P4−1	8	IN16 *
P4−2	9	IN17 *
P4−3	10	IN18 *
P4−21	11	IN19 *
P4−22	12	IN20 *
P4−13	13	220+
P4−12	14	STJ
P4−9	15	SHJ
P4−17	16	PTJ
P4−10	17	CHJ
事故总信号（磁保持）	18	XJ+
事故总信号（磁保持）	19	XJ−
电流越限告警	20	TJ5+
电流越限告警	21	TJ5−
接地选线跳闸	22	TJ4+
接地选线跳闸	23	TJ4−
装置故障	24	BSJ+
装置故障	25	BSJ−
P2−26	26	⏚

NLR21C

P4

压力闭锁合	1	BSHJ
压力闭锁跳合	2	BSTH
压力闭锁跳	3	BSTJ
实验线圈	4	HQT
	5	TWJ−▲
合闸线圈	6	HQ
操作负电	7	220−
其他保护合	8	XCHJ
手合遥合	9	YH
重合闸压板-	10	CHJ
其他保护跳	11	XTJ
手跳遥跳	12	YT
操作正电	13	220+
压力释放	14	YLSF •
本体瓦斯	15	BIHG •
远控/就地开出	16	RM/L
保护跳压板-	17	PTJ
跳闸线圈	18	TQ
	19	HWJ−▲
实验线圈	20	TQT
跳　位	21	TW
合　位	22	HW
公 共 端	23	COM+
跳位输出	24	TWJ
合位输出	25	HWJ
控制回路断线	26	BREK

NLR32C

HQ−(220V)
QF

HQ−(220V)
QF
DL

图 6-51　DSA-119A 型馈线保护测控装置的背面板端子图

2 路遥脉（采集脉冲量，例如脉冲电能表发出的脉冲）；

1 路遥控（遥跳，遥合）；

1 条回路交流采样遥测（I_a，I_c，U_{ab}，U_{cb}，P，Q，f，$\cos\varphi$）。

3）该装置具有下列计量功能：

两表法计量有功电能；

两表法计量无功电能。

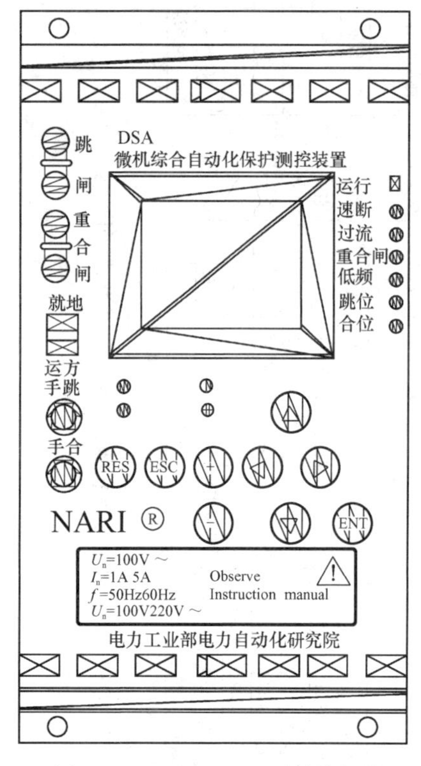

图 6 - 52　DSA-119A 型馈线保护测控装置的面板布置图

4）该装置具有下列通信功能：

1 个串行口；

1 个 CAN 总线口。

一些著名电气公司生产的 10kV 开关柜也可配有类似的保护测控装置。例如：ABB 公司的 SPAJ140C 型继电器适用于馈电线路的过电流、短路和接地保护。它包括一个过电流单元和一个接地故障单元，并且都具有跳闸和信号功能。图 6 - 53 为 ABB 公司的 SPAJ140C 型继电器的外形图。

图 6 - 53　ABB 公司的 SPAJ140C 型继电器的外形图

施耐德（Schneider）公司的 Talus200 型中压遥控接口单元，可具有控制、检测、通信等多种功能，免维护，安装和操作都十分简便，并且自带具有自检功能的备用电源。该公司还有一款 Sepam 10 系列综合保护器。

西门子（SIEMENS）公司生产的 SIPROTEC7SJ600 型微机过电流和过负荷保护继电器也是一种用途广泛的综合型继电保护装置。它能提供定时限或反时限过电流保护，以及过负荷保护和负荷不平衡保护。此继电器采用微机操作，它装有 RS485 接口，可连接一台 PC 机，便于使用 DIGSI 软件整定继电器。它具有“故障记录”功能，最多可保存 8 个故障录波记录。它还能对自身的硬件和软件进行连续的自监测，并能对测量值进行数字处理，因而可靠性很高。

思考题

6-1 对继电保护装置有哪些基本要求？什么是选择性动作？什么是灵敏性？

6-2 电磁式电流继电器、时间继电器、信号继电器和中间继电器各在保护装置中作什么用？各采用什么文字符号和图形符号？

6-3 什么是继电器的动作电流、返回电流和返回系数？返回系数的大小表征继电器的什么性能？

6-4 感应式电流继电器由哪两部分元件组成？各有何动作特性？

6-5 感应式电流继电器的动作电流如何调节？动作时间如何调节？速断电流如何调节？什么是10倍动作电流动作时间？什么是速断电流倍数？

6-6 什么是保护装置的结线系数？三相短路时，两相两继电器式结线的结线系数为多少？两相一继电器式结线的结线系数又为多少？试画出相量图来说明。

6-7 如图6-54（a）、（b）所示的两相一继电器式结线和两相两继电器式结线，能否用于相间短路保护？

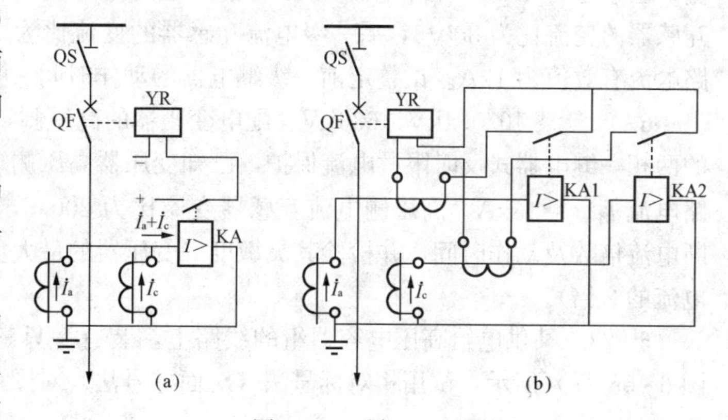

图6-54 题6-7图

（a）两相一继电器电路；（b）两相两继电器电路

6-8 带时限过电流保护的动作时间如何整定？时间级差考虑了哪些因素？

6-9 带时限过电流保护的动作电流如何整定？为什么要求继电器的动作电流和返回电流均应躲过线路的最大负荷电流？

6-10 什么是低电压闭锁的过电流保护？在什么情况下采用？

6-11 电流速断保护的动作电流如何整定？电流速断保护为什么会出现死区？如何消除？

6-12 采用零序电流互感器作单相接地保护时，电缆头的接地线为什么一定要穿过零序电流互感器的铁心后接地？绝缘监察装置与单相接地零序过电流保护装置两者各有哪些特点？各适用于什么情况？

6-13 电力变压器通常应设哪些保护？

6-14 对变压器低压侧单相短路进行保护有哪些方法？

6-15 图6-36变压器气体保护原理电路图中的中间继电器有哪些作用？

6-16 对高压断路器的控制回路和信号系统有哪些主要要求？什么是事故信号的“不对应原理”？在什么情况下发出事故跳闸信号？又在什么情况下发出自动合闸信号？

6-17 中小型变电所中的高压断路器通常采用哪些操动方式？试举例说明。

6-18 变配电所中通常对指示仪表和电能测量仪表各有哪些要求？对准确度又各有哪些要求？

6－19　什么是二次回路结线图？如何用“相对标号法”表示联结导线？

6－20　某高压线路，采用两相两继电器式结线的去分流跳闸原理的反时限过电流保护装置，电流互感器的变流比为250/5，线路最大负荷电流（含尖峰电流）为220A，首端三相短路电流有效值为5.1kA，末端三相短路电流有效值为1.9kA。试整定计算其采用GL-15型电流继电器的动作电流和速断电流倍数，并检验其过电流保护和速断保护的灵敏度。

6－21　现有前后两级反时限过电流保护，均采用GL-25型过电流继电器，前一级按两相两继电器结线，后一级按两相一继电器结线，后一级过电流保护动作时间（10倍动作电流）已整定为0.5s，动作电流为8A，前一级继电器的动作电流已整定为4A，前一级电流互感器的变流比为300/5，后一级电流互感器的变流比为200/5。后一级线路首端的三相短路电流有效值为1kA。试整定前一级继电器的动作时间。

6－22　某10/0.4kV，630kVA配电变压器的高压侧，拟装设GL-15型电流继电器组成的两相一继电器式反时限过电流保护，已知变压器高压侧短路电流 $I_{k-1}^{(3)}=1.7\text{kA}$，低压侧短路电流 $I_{k-2}^{(3)}=13\text{kA}$，高压侧电流互感器变流比为200/5，试整定此继电器的动作电流、速断电流倍数及动作时间，并检验其灵敏度（变压器的最大负荷电流建议取为变压器额定一次电流的2倍）。

6－23　某供电给高压电容器组的线路上，装有一只三相无功电能表和一只电流表，如图6－55（a）所示，试用相对标号法（对面标号法）对图6－55的有关端子进行标注。

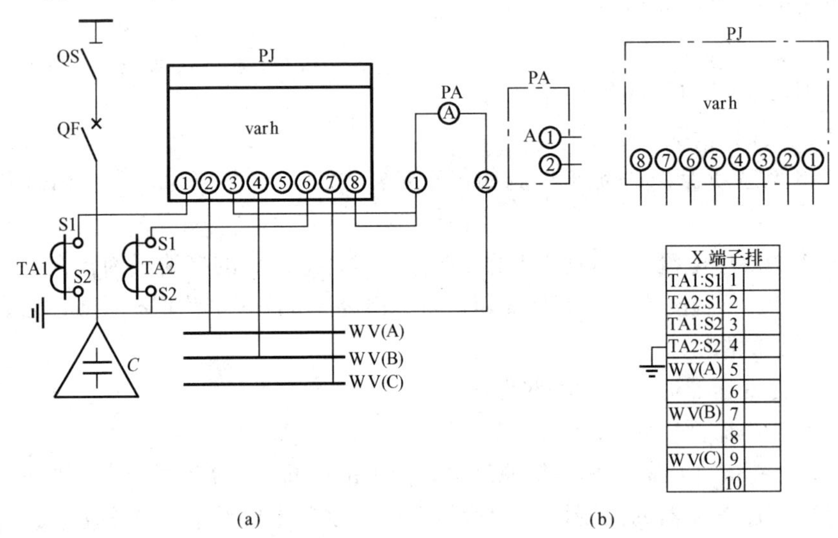

图6－55　习题6－23的原理电路和结线图
（a）原理电路图；（b）结线图（待标注）

第七章　建筑物的防雷

本章首先介绍雷电的基本知识，然后分别介绍防直击雷和防感应雷的具体措施，最后简介高层建筑的防雷。

第一节　雷电的基本知识

雷电是自然界中的一种大气放电现象。当地面上的建筑物和电力系统内的电气设备遭受直接雷击或雷电感应时，其放电电压可达数百万伏至数千万伏，放电电流可达几十至几百千安，远远大于发、供电系统的正常值，其破坏性极大。雷电可造成人畜伤亡，建筑物燃烧甚至炸毁，电气线路停电及电气设备损坏等严重事故。雷电灾害已被联合国有关部门列为“最严重的十种自然灾害之一”。因此，研究雷电产生的规律，以便采取有效的防护措施，对于防止雷电造成的损害、防止建筑物的火灾和爆炸事故，具有重要的意义。建筑物的防雷应遵循国家标准 GB 50057—2010《建筑物防雷设计规范》和 GB 50343—2012《建筑物电子信息系统防雷技术规范》。建筑物的防雷是一个综合工程，是一个系统工程。一个完善的建筑物防雷系统一般应包括两大部分，即外部防雷措施（包括接闪器、引下线、屏蔽、接地装置和共用接地系统等）和内部防雷措施（包括安装电涌保护器 SPD、合理布线、屏蔽和隔离、等电位联结和共用接地系统等）。

一、雷电的概念

雷电是一门古老的学科。人类对雷电的研究已经有了数百年的历史，然而有关雷电的一些问题至今尚未能得到完满的解决。

（一）雷电的形成

雷云是产生雷电的基本条件。雷云的形成必须具备以下三个基本条件：

（1）空气中应有足够的水蒸气。

（2）有使潮湿的空气能够上升并开始凝结为水珠的气象条件或地形条件。

（3）气流能够强烈而持久地上升。

经过多年的研究，目前有很多企图说明雷云中电荷分离的理论，其中一个被称为“水滴分裂带电理论”。其大意如下：

在闷热的天气里，空气中的水蒸气已接近饱和，地面的气温变化不均，使带有大量水蒸气的空气强烈上升，在气流上升的过程中，水珠因摩擦而分裂为大小不等的水滴。在快速分裂和摩擦的过程中，小水滴带上了负电荷并上升，大水滴带上了正电荷并下降，于是形成了上负下正的雷云，如图 7-1 所示。

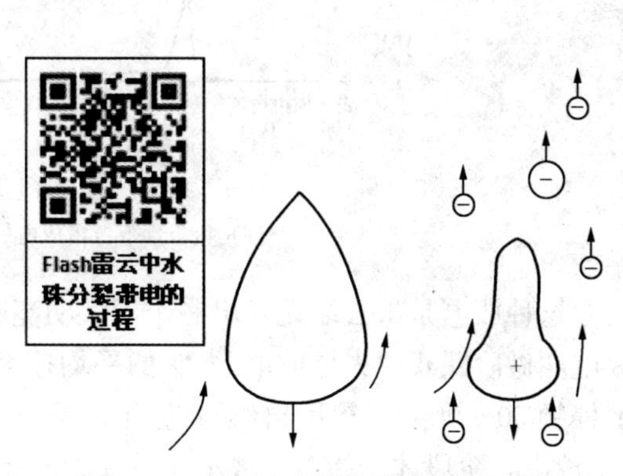

图 7-1　雷云中水滴分裂带电的过程

在上述作用下，带正（或负）电荷的水珠下降，并继续汇集其他水滴；带负（或正）电荷的水滴上升，并很快又汇集成水珠。这个分离过程要重复好多次，也就是说水珠要经过多次的分裂、汇集、再分裂、再汇集。等到一定数量的电荷聚集在一个区域时，这个区域的电动势就逐渐上升，在它附近的电场强度达到足以使附近空气绝缘被击穿的强度（25～30kV/cm）时，就发生强烈的放电现象，出现耀眼的闪光。

除了“雨滴分裂带电理论”外，还有“离子有差别吸收理论”“冰雹与冰晶接触带电学说”以及“宇宙射线学说”等。但到目前为止，还没有一个理论可以将全部雷电现象完整地解释清楚。从目前看来，只有将各种理论综合起来，才能对雷电现象给以较完善的解释。

（二）雷电的表现形式及危害

雷电按表现形式可分为直击雷、雷电感应、雷电波侵入及球雷四种。

1. 直击雷

当雷云较低，周围又没有带异性电荷的云层，但却在地面上的突出物（树木或建筑物）感应出异性电荷时，雷云就会通过这些物体向大地放电，这就是通常所说的云对地的雷击。这种直接击打在建筑物或其他物体上的雷电就叫做直击雷。如图 7-2 所示的雷云对烟囱的放电。

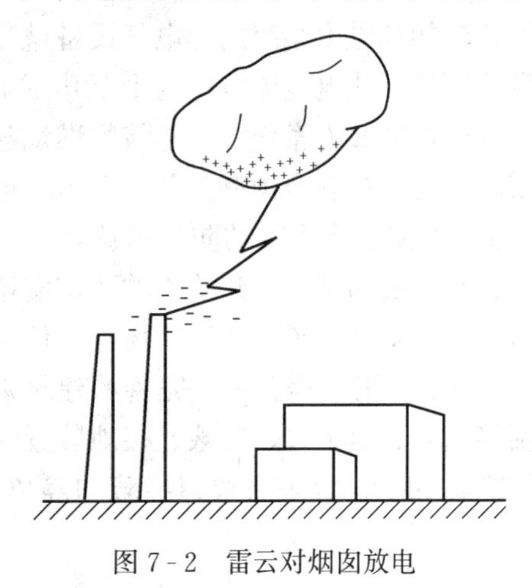

图 7-2　雷云对烟囱放电

由于遭受直接雷击，被击物产生很高的电位，从而引起过电压，流过被击物的雷电流可高达几十千安至几百千安，使建筑物或其他设备损坏。当雷击在对地绝缘的架空导线上时，可产生高达数千千伏的高电压。雷击产生的高电压不仅会引起线路闪络放电，造成线路短路事故；而且它还会以电磁波的形式沿线路迅速传播，使线路上电气设备的绝缘受到严重威胁，甚至引起绝缘击穿等严重后果。雷云对大地的放电过程如图 7-3 所示。

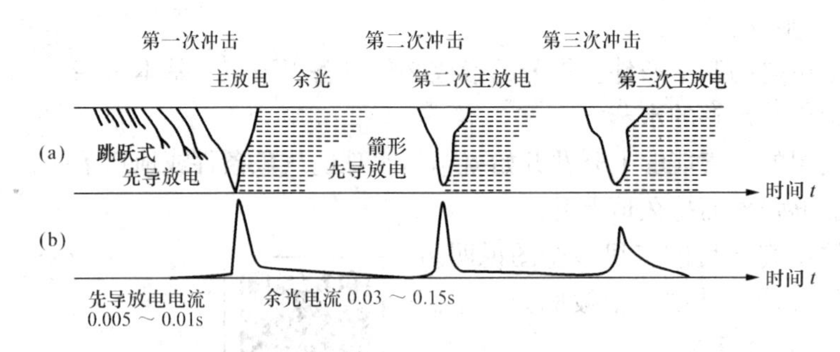

图 7-3　雷云对大地的放电过程

（a）负极性下行雷放电的光学照片；（b）雷电流波形

这种放电是由云端先发出一个不太明亮的、以跳跃式向大地前进的通道开始的，这种预放电叫做阶跃式“先导放电”。它的平均速度是 100～1000km/s，每跳跃前进大约 50m，就要停顿 30～90μs，然后再继续进行。当先导放电的通道到达大地时，我们肉眼所看见的“主放电”阶段才开始。主放电是从大地开始向云端发展的极明亮的放电通道，它的速度为光速的 1/5～1/3，即 60000～100000km/s。随着它的向上发展，其亮度也逐渐降低，一到云端，主放电就完成了。在主放电以后，还有多次发光微弱得多的“余辉放电”，又称“余光”。余辉阶段过后，整个脉冲放电过程就结束了。

雷云放电大多数具有“重复放电”的性质。重复放电都是沿着第一次放电的通路发展的。由于它的先导放电是连续的，这种连续式的先导放电又称为箭形先导放电。雷电放电的重复现象主要是由于雷云中的大量电荷不可能一次放完的缘故。图 7-3（b）表示了雷云放电过程中雷电流的变化情况。在先导放电时雷电流是不大的，此时雷云的负电荷在放电通道中积聚起来，在其下行先导接近地面并与上行先导相遇后，就开始了主放电。在主放电阶段中，聚集在先导放电电路中的电荷与地面上的电荷猛烈地中和，发出强烈的光，并有巨大的电流流过雷击点，能达到几十～几百千安，这个电流我们称之为雷电流。至于“余辉放电”则是开始放电的那一部分雷的电荷向大地泄漏的过程。图 7-4 是雷云对地放电时雷电流的发展过程。

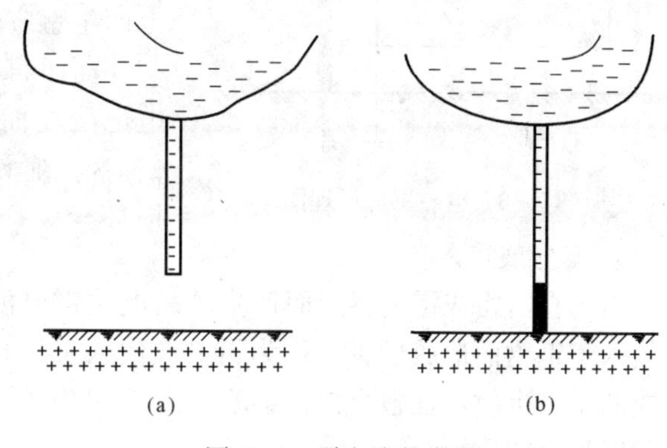

图 7-4 雷电流的发展
（a）先导放电阶段电荷的积累；
（b）主放电阶段电荷的中和

2. 雷电感应

雷电感应是指由于雷电强大的电磁场的变化而产生的静电感应和电磁脉冲。它可能使建筑物内的金属部件之间产生火花放电，从而引起火灾；或使建筑物内配电系统的保护动作而影响供电质量；还会使建筑物内的信息系统设备造成损坏而引起各种损失和混乱。因此，人们对于雷电感应的防护也是非常重视的。雷电感应一般可分为两种，即静电感应和雷击电磁脉冲。

（1）静电感应。当雷云出现在建筑物的上空时，由于静电感应作用，使建筑物上产生与雷云下部的电荷符号相反的电荷。雷云放电后，若这些感应电荷得不到释放，就会使建筑物与地之间产生很高的电位差。这种现象就叫做静电感应，如图 7-5 所示。静电感应也可发生在供配电线路上，此时，失去束缚的感应电荷形成向线路两端行进的雷电波。

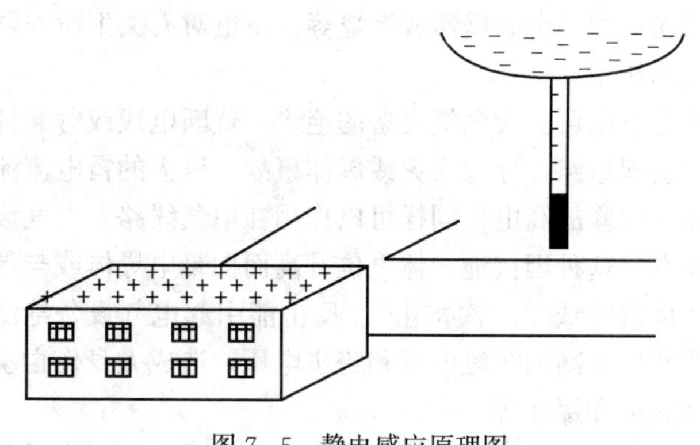

图 7-5 静电感应原理图

静电感应是由雷云感应而生成的，所以也称为感应过电压，其电压值一般为 200～300kV，最高可达 400～500kV。它对建筑物内的设备，尤其是信息系统设备及供配电线路两端的设备的损害是很大的。

（2）雷击电磁脉冲（Lightning Electromagnetic Impulse，LEMP）。雷电流以极大的幅值和陡度进行着迅速变化，在它周围的空间里，会产生强大的变化着的电磁场；处于这一电磁场中的导体会感应出强大的电动势，这就称为电磁感应现象。雷电流的变化是脉冲型的，

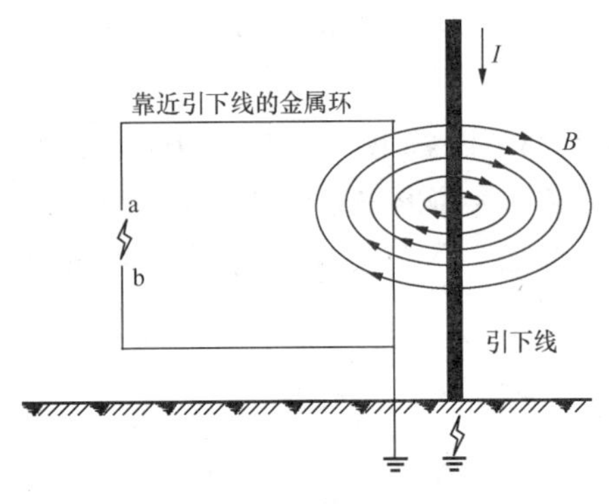

图 7-6　电磁感应原理图

由它感应出来的电磁场也是一个脉冲型的，故称其为雷电电磁脉冲，简称 LEMP，如图 7-6 所示。如果在雷电流的强磁场中放一只开口的金属环，环上感应出来的强大感应电动势足以使间隙 a-b 之间产生火花放电。同时，雷击电磁脉冲还会使构成回路的金属物体上产生感应电流。

简而言之，雷击电磁脉冲是一种因雷电流及雷电电磁场而产生的电磁场效应，它可能干扰附近的信息系统设备正常工作，甚至造成这些设备的损坏。

3. 雷电波侵入

由于直击雷或雷电感应而产生的高电位雷电波，沿架空线路或金属管道侵入建筑物而造成危害，称为雷电波侵入。据统计，由于雷电波侵入而造成的雷害事故，在整个雷害事故中占 50%以上。因此，应对防雷电波侵入予以足够的重视。

4. 球雷（球状闪电）

人类对球雷的研究还不很成熟。通常认为球雷是一个内部带有环流的等离子体，并与硅蒸气等有关。它是一个温度极高的发光球体，可发出橙色、红色或紫色的光。大多数球雷的直径在 10～300cm 左右。球雷多在强雷暴发生时出现。球雷通常可沿地面滚动或在空气中飘行，能经烟囱、门窗和其他缝隙进入建筑物内部，或无声无息地消失，或发生剧烈爆炸，造成人身伤亡或使建筑物遭受严重破坏，有时甚至引起火灾和爆炸事故。

5. 雷电的危害

雷电有很大的破坏力，且有多方面的破坏作用。雷击可造成人、畜的伤亡；可使电气设备的绝缘击穿，造成大规模停电；可击坏建筑物，引起爆炸或燃烧等。雷电对人类生命和财产造成重大损失。雷电有以下三方面的破坏作用。

（1）电效应。数十万至数百万伏的冲击电压可击毁电气设备的绝缘，烧断电线或劈裂杆塔，造成大规模的停电。绝缘损坏还可以引起短路，导致火灾或爆炸事故。巨大的雷电流流经防雷装置时会造成防雷装置的电位升高，这样的高电位同样可以作用在电气线路、电气设备或其他金属管道上，使它们之间产生放电。这种因接地导体电位升高而向带电导体或与地绝缘的其他金属物体放电的现象，叫做“反击”或“二次雷击”。反击能引起电气设备绝缘破坏，造成高电压窜入低压系统；还可能产生较高的接触电压和跨步电压，造成人身伤亡事故，或者使金属管道烧穿、易燃易爆物品起火和爆炸等。

（2）热效应。巨大的雷电流（几十至几百千安）通过导体，在极短的时间内产生大量的热能。雷击点的发热量为 500～2000J，这个能量可能会造成金属熔化、易燃易爆品燃烧或爆炸等。

（3）机械效应。巨大的雷电流通过被击物时，使被击物缝隙中的气体剧烈膨胀，缝隙中的水分也急剧蒸发为大量气体，因而在被击物体内部出现强大的机械压力，致使被击物体遭受到严重破坏或发生爆炸。

（三）雷电的活动规律

1. 雷电活动的一般规律

（1）湿热地区比气候寒冷而干燥的地区的雷击活动多。

（2）雷电活动与地理纬度有关，赤道最高，由赤道分别向北、向南递减。

（3）从地域来看，雷电活动是山区多于平原，陆地多于湖泊、海洋。

（4）从时间上看，雷电活动多在七、八月。

2. 雷电活动的选择性

（1）从地质条件看，土壤电阻率越小，越利于电荷的积累。

1）相对于大片土壤电阻率较大的地域，土壤电阻率较小的局部地域易遭受雷击。

2）土壤电阻率突然变化的地域最容易遭受雷击。例如岩石与土壤、山坡与稻田的交界处。

3）岩石或土壤电阻率较大的山坡，雷击点多发生在山脚，山腰次之。

4）土山或土壤电阻率较小的山坡，雷击点多发生在山顶，山腰次之。

5）地下埋有导电矿藏（金属矿、盐矿等）的地区，易受雷击。

6）地下水位高、小河沟、矿泉水、地下水出口处容易遭受雷击。

（2）从地形上看，有利于雷云的形成与相遇。在我国，雷击机会的分布为：

1）山的东坡、南坡多于山的北坡和西北坡。这是因为海洋潮湿空气从东南进入大陆后，经曝晒及遇高山被抬升而出现雷雨。

2）山中的局部平地受雷击的机会大于峡谷。这是因为峡谷窄，不易曝晒和对流，缺乏形成雷击的条件。

3）湖旁、海边遭受雷击的机会较小，但海滨如有山岳，则靠海的一侧山坡遭受雷击的机会较多。

4）雷击的地带与风向一致，风口或顺风的河谷容易遭受雷击。

（3）从地物看，有利于雷云与大地建立良好的放电通道。

1）空旷地域中间的孤立建筑物，建筑群中的高耸建筑物容易遭受雷击。

2）排放导电废气的管道容易遭受雷击。顶层为金属结构，底下埋有大量金属管道，室内安装有大型金属设备的场所容易遭受雷击。

3）建筑群中个别潮湿的建筑物（如冷库等）容易遭受雷击。

4）尖屋顶及高耸建筑物、构筑物（如水塔、烟囱、天线、旗杆、消防梯等）容易遭受雷击。

因此，在实际防雷工作中，要根据雷击活动的具体情况和雷击的可能性进行综合研究，并且对周围环境作全面分析后再制定应对方案。

3. 建筑物易受雷击的部位

（1）不同屋顶坡度（0°、15°、30°、45°）建筑物的易受雷击部位见图 7-7。

（2）屋角与檐角雷击率最高。

（3）屋顶的坡度越大，屋脊的雷击率也越大，当坡度大于 40°时，屋檐一般不易遭受雷击。

（4）当屋面坡度小于 27°、长度小于 30m 时，雷击点多发生在山墙，而屋脊和屋檐一般不易遭受雷击。

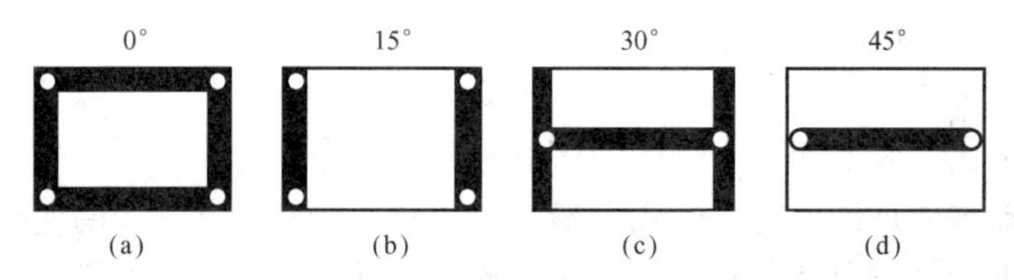

图 7 - 7　不同屋顶坡度建筑物的易受雷击部位

○—雷击率最高的部位；▬—可能遭受雷击的部位

(a)、(b) 檐角、女儿墙、屋檐；(c) 屋角、屋脊、檐角、屋檐；(d) 屋角、屋脊、檐角

在具体工程应用中，可对易遭受雷击的部位进行重点保护。

二、雷电参数

1. 年平均雷暴日数 T_d

雷电的大小与多少和气象条件有关。为了统计雷电的活动频繁程度，一般采用雷暴日为单位。在一天内只要听到雷声或者看到雷闪就算一个雷暴日。由当地气象台站统计的多年雷暴日的年平均值，称为年平均雷暴日数。按 GB 50343—2012《建筑物电子信息系统防雷技术规范》规定，此值为 25 天及以下地区为少雷区，此值超过 25 天但不超过 40 天的地区为中雷区，此值大于 40 天但不超过 90 天的地区为多雷区，此值超过 90 天的地区为强雷区。例如，我国年平均雷暴日数最大的海南省儋州市高达 121d/a，而最小的青海省格尔木市仅为 2.3d/a。在防雷设计中，标准雷暴日数一般取为 40 天。也有用雷暴小时作单位的，即在 1h 内只要听到雷声或看到雷闪就算一个雷暴小时。我国大部分地区一个雷暴日约折合为 3 个雷暴小时。

2. 雷电流幅值

雷电流的波形如图 7 - 8 所示。

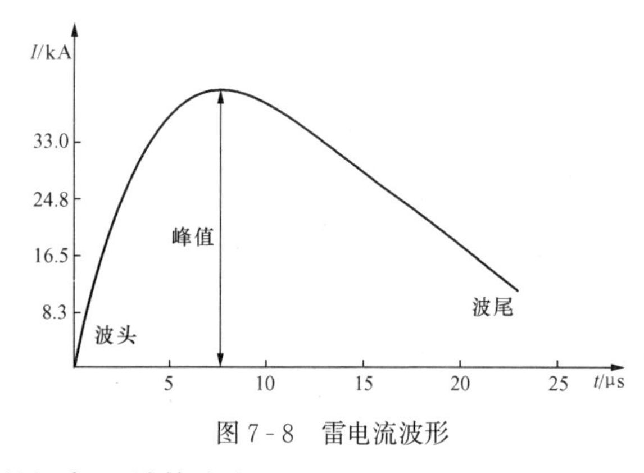

图 7 - 8　雷电流波形

雷电的破坏作用主要是由极大的雷电流引起的。雷电流具有冲击特性。雷电流幅值即雷电冲击电流的最大值，一般亦即主放电时雷电流的最大值。

雷电流幅值的变化范围很大，一般为数十至数百千安。据 DL/T 620—1997《交流电气装置的过电压保护和绝缘配合》，我国一般地区雷电流幅值大于 IkA 的概率 P 计算式为

$$\lg P = -\frac{I}{88} \tag{7-1}$$

平均年雷暴日在 20 天及以下地区（例如陕南以外的西北地区、内蒙古自治区的部分地区），雷电活动较弱且幅值较小，雷电流幅值超过 IkA 的概率 P 则可计算为

$$\lg P = -\frac{I}{44} \tag{7-2}$$

雷电流的幅值和极性可用磁钢记录器测量。

3. 雷电流陡度

雷电流一般在 1～4μs 内增长到幅值 I_m。雷电流在幅值以前的一段波形称为波头或波

前，其对应的时间称波头时间（常记为 T_1）；从幅值起至雷电流衰减至 $I_m/2$ 的一段波形称为波尾，其对应的时间称半波时间或半值时间（常记为 T_2）。

雷电流的陡度用雷电流波头部分增长的速率来表示，即 $\alpha = di/dt$。雷电流的陡度可用电花仪组成的陡度仪测量。据测定，α 可达 50kA/μs，平均值则约为 30kA/μs。雷电流是一个幅值很大、陡度很高的冲击电流。

陡度与雷电流幅值和雷电流波头时间长短有关。作线路防雷设计时，一般可取波头为 2.6μs，波头形状可简化为斜角波头；而在设计特性高塔时可取半余弦波头，如图 7-9 所示。

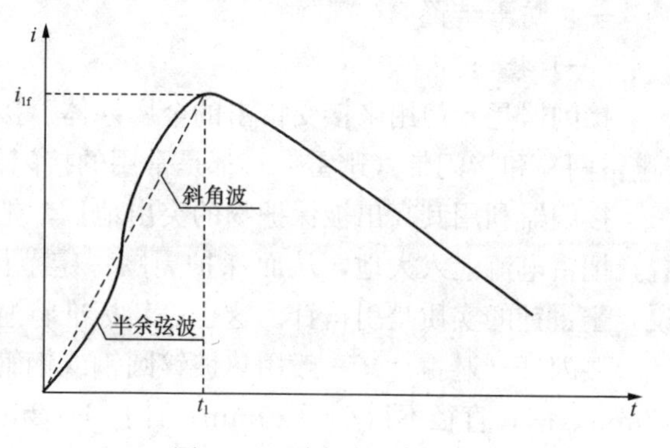

图 7-9　雷电流近似波形

此时，波头部分雷电流可计算为

$$i = \frac{I}{2}(1 - \cos\omega t) \tag{7-3}$$

式中　I—— 雷电流幅值，kA；

ω—— 角频率，$\omega = \pi/T_1$，T_1 为波头时间。

实测表明，波头时间一般在 1～4μs 范围，平均为 2.6μs 左右。

4. 雷电冲击过电压

雷击时的冲击过电压很高，直击雷的冲击过电压可用下式计算

$$u_z = iR_c + L\frac{di}{dt} \tag{7-4}$$

式中　u_z——直击雷冲击过电压，kV；

i——雷电流，kA；

R_c——防雷装置的冲击接地电阻，Ω；

$\frac{di}{dt}$——雷电流陡度，kA/μs；

L——雷电流通路的电感，μH。

由此可见，直击雷产生的冲击过电压主要由两部分组成，前一部分决定于雷电流的大小，后部分决定于雷电流的陡度。应当注意，直击雷冲击过电压除取决于雷电流的特征外，还取决于雷电流通道的波阻抗。

第二节　建筑物的直击雷防护

一个传统的防直击雷装置一般由接闪器、引下线和接地装置三部分组成。此即所谓外部防雷措施。

经常采用的接闪器有接闪杆（避雷针）、接闪线（避雷线）、接闪网（避雷网）和接闪带（避雷带）等。在下面的叙述中，圆括号内、外的称呼有时会混用。

接闪杆（避雷针）主要用来保护建筑物和发、配电装置；接闪线（避雷线）最适合用来

保护电力线路等较长的物体；接闪网（避雷网）和接闪带（避雷带）主要用来保护建筑物；避雷器是一种专用的防雷击过电压设备，主要用来保护架空线路、高压开关柜、变压器等电力设备。

一、防雷装置

（一）接闪器

接闪器是专门用来接受雷击的金属导体。接闪杆（避雷针）、接闪线（避雷线）、接闪网（避雷网）和接闪带（避雷带）都是常用的接闪器。

接闪器利用其高出被保护物的突出地位，把雷电引向自身，然后，通过引下线和接地装置，把雷电流泄入大地，从而保护周围一定范围内的物体免受直接雷击。从这个意义上来说，避雷针的实质是引雷针。这也是新标准将避雷针等改称接闪杆等的重要原因。

接闪杆（避雷针）一般用热镀锌圆钢或钢管制成。针长1m以下时，圆钢直径不得小于12mm，钢管直径不得小于20mm；针长1～2m时，圆钢直径不得小于16mm，钢管直径不得小于25mm；装在烟囱上方时，因烟气有腐蚀作用，故宜采用直径20mm以上的圆钢或直径不小于40mm的钢管。

接闪线（避雷线）一般采用截面积不小于50mm^{2}的热镀锌钢绞线，即GJ—50。

接闪网（避雷网）和接闪带（避雷带）一般采用圆钢或扁钢，特殊情况下也有采用铜材或外表面镀铜的钢。圆钢直径不得小于8mm。扁钢厚度不小于4mm，且截面积不得小于100mm^2。

接闪网（避雷网）分为明装接闪网和暗装接闪网。明装接闪网是在屋顶上部以较疏的明装金属网格作为接闪器，适用于较重要的部位的防雷保护；暗装接闪网是利用建筑物内的钢筋连接而成，例如利用建筑物屋面板内的钢筋作为接闪装置，从而将接闪网、引下线和接地装置三部分组成一个整体较密的钢铁网笼，亦称为笼式接闪网。

采用明装接闪带与暗装接闪网相结合的方法是一种较好的防雷措施；即在建筑物屋面、女儿墙上安装接闪带，并与暗装的接闪网连接在一起，也称为“法拉第笼”。

在电子信息类设备较多的建筑物的防雷工程中，应慎用接闪杆，多用接闪网。若需用接闪杆保护时，应以相应的配套措施（例如分流和均压等）来减少接闪杆接闪时带来的一些负面影响。

除第一类防雷建筑物外，金属屋面的建筑物宜利用其屋面作为接闪器，并应符合下列要求。金属板下面无易燃物品时，铅板的厚度不应小于2mm，不锈钢、热镀锌钢、钛和铜板的厚度不应小于0.5mm，铝板的厚度不应小于0.65mm，锌板的厚度不应小于0.7mm。金属板下面有易燃物品时，不锈钢、热镀锌钢和钛板的厚度不应小于4mm，铜板不应小于5mm，铝板不应小于7mm；金属板之间的搭接长度不应小于100mm；金属板应无绝缘被覆层。

除第一类防雷建筑物和突出屋面排放爆炸性危险气体、蒸气或粉尘的放散管、呼吸阀、排风管道等应符合规定外，屋顶上的永久性金属物，例如旗杆、栏杆、装饰物等宜作为接闪器，但其各部件之间均应连成电气通路。钢管、钢罐的壁厚一般不小于2.5mm；但钢管、钢罐一旦被雷击穿，其介质可能对周围环境造成危险时，其壁厚不得小于4mm。

接闪器应镀锌或涂漆。在腐蚀性较强的场所，应加大截面或采取其他防腐措施。

（二）引下线

引下线是连接接闪器与接地装置的金属导体。它应满足机械强度、耐腐蚀和热稳定性等要求。

引下线一般采用圆钢或扁钢，其尺寸和防腐蚀要求与上述“（一）接闪器”相同，如用热镀锌钢绞线作引下线，其截面不应小于 $50mm^2$，接闪网和接闪带亦与前面的要求相同。如用钢绞线作引下线，其截面不应小于 $25mm^2$。

引下线可沿建、构筑物外墙敷设，并经最短途径接地。对建筑艺术要求高者，可以暗设，但截面应适当加大，亦可利用建筑物的结构钢筋等作为引下线。建筑物的消防梯、钢柱等金属构件，亦可用作引下线，但所有金属构件之间均应联结成为电气通路。

为便于测量接地电阻和检查引下线和接地装置，宜在引下线距地面 0.3～1.8m 之间的位置设置断接卡。

在易受机械损伤和防人身接触的地方，地面上约 1.7m 的一段引下线应采取暗敷或采用镀锌角钢、改性塑料管或橡胶管等保护。注意：决不能采用钢管或其他金属管来保护防雷引下线！

利用混凝土内钢筋、钢柱作为引下线时，应在室内外的适应地点设若干联结板，该板可供测量、接人工接地体和作等电位联结用。联结板应与作引下线的钢筋焊接，联结板设置在引下线距地面不低于 0.3m 处，并应有明显标志。

防雷装置的引下线一般不应少于两根。

（三）接地装置

接地装置包括接地干线和接地体，是防雷装置的重要组成部分。接地装置向大地均匀泄放雷电流，使防雷装置对地电压不至于过高。

人工接地体一般有两种埋设方式：一种是垂直埋设，称为人工垂直接地体；另一种是水平埋设，称为人工水平接地体。

接地装置可用扁钢、圆钢、钢管等钢材制成。人工垂直接地体宜采用角钢、钢管或圆钢；人工水平接地体宜采用扁钢或圆钢。接地体的材料、结构和最小尺寸见表 7-1。

表 7-1　接地体的材料、结构和最小尺寸

（据 GB 50057—2010《建筑物防雷设计规范》）

材料	结构	最小尺寸			备注
		垂直接地体直径（mm）	水平接地体	接地板	
铜	铜绞线[3]	—	$50\ mm^2$	—	每股最小直径 1.7mm
	单根圆铜[3]	—	$50mm^2$	—	直径 8mm
	单根扁铜[3]	—	$50mm^2$	—	最小厚度 2mm
	单根圆铜	15	—	—	—
	铜管	20	—	—	最小壁厚 2mm
	整块铜板	—	—	500mm×500mm	最小厚度 2mm

续表

材料	结构	最小尺寸			备注
		垂直接地体直径（mm）	水平接地体	接地板	
钢	单根圆钢①②	16	直径 10mm	—	热镀锌
	热镀锌钢管①②	25	—	—	最小壁厚 2mm
	热镀锌扁钢①	—	$90mm^2$	—	最小厚度 3mm
	热镀锌钢板①	—	—	500mm×500mm	最小厚度 3mm
	热镀铜圆钢④	14	—	—	径向镀铜层至少 250μm，铜含量 99.9%
	裸圆钢⑤	—	直径 10mm	—	—
	裸扁钢⑤	—	$75mm^2$	—	最小厚度 3mm
	热镀锌钢绞线⑤	—	$70mm^2$	—	每股最小直径 1.7mm
	热镀锌角钢①	50mm×50mm×3mm	—	—	—
不锈钢⑥	圆形导体	16	直径 10mm	—	—
	扁形导体	—	$100mm^2$	—	最小厚度 2mm

注 ①镀锌层应光滑连贯、无焊剂斑点，镀锌层最小厚度圆钢为 50μm，扁钢为 70μm。
②热镀锌之前螺纹应先加工好。
③也可采用镀锡。
④铜应与钢结合良好。
⑤当完全埋在混凝土中时才允许采用。
⑥铬≥16%，镍≥5%，钼≥2%，碳≤0.08%。

接地线应与水平接地体的截面相同。

在腐蚀性较强的土壤中，应采取热镀锌等防腐蚀措施或加大截面。

人工垂直接地体的长度一般宜采用 2.5m。埋设深度不应小于 0.5m。人工垂直接地体一般由多根直径为 50mm 的钢管或 50mm×50mm×5mm 的角钢组成，可成排布置，也可环形布置。为减小接地体间的电流屏蔽效应，相邻钢管或角钢之间的距离一般不应小于 5m。钢管或角钢上端用扁钢或圆钢焊接连成一整体。

人工水平接地体可采用 40mm×4mm 的扁钢或直径为 16mm 的圆钢。水平接地体埋深为 0.5m，多为放射形布置，也可成排布置或环形布置。水平接地体间的距离可视具体情况而定，但一般也不宜小于 5m。

除人工接地体外，钢筋混凝土基础等自然导体亦可作为防雷接地装置的接地体，但钢筋的截面积应满足要求。

埋在土壤中的接地装置，其连接应采用焊接，并在焊接处作防腐处理。

除一些独立接闪杆外，在接地电阻满足要求的前提下，防雷接地装置可以和其他接地装置共用。

为了防止雷电反击（二次雷击）和减小跨步电压，防直击雷的接地装置应距建筑物出入口及人行道不小于 3m，否则宜将水平接地体局部深埋 1m 或更深，也可在水平接地体局部包以 50～80mm 厚的沥青层。

用作防雷装置的所有金属材料应有足够的截面，因为它要承受巨大的雷电流，并要有足够的机械强度和热稳定性，且能耐腐蚀。

（四）接地电阻

接地装置是否良好以及接地电阻的大小，对被保护物的安全有着密切的关系。对防雷接地来说，其允许的接地电阻值应符合有关规定，详见附表 A-20。

3D　绝缘表

1. 冲击接地电阻与工频接地电阻

当接地装置流过工频电流时所呈现的电阻值叫工频接地电阻。而冲击接地电阻则是指雷电流经接地装置泄放入地时的接地电阻，包括接地线电阻和地中散流电阻。一方面，由于强大的雷电流泄放入地时，当地土壤实际上被击穿并产生火花，相当于使接地电阻截面增大，使散流电阻显著降低。另一方面，由于雷电流具有高频特性，同时会使接地线的感抗增大。但接地线阻抗比起散流电阻来毕竟小得多，因此冲击接地电阻一般是小于工频接地电阻的。按 GB 50057—2010 规定，冲击接地电阻 R_{sh} 可计算为

$$R_{sh}=\frac{R_E}{\alpha} \tag{7-5}$$

式中　R_E——工频接地电阻；

α——换算系数，为 R_E 与 R_{sh} 的比值，由图 7-10 确定。

图 7-10 中的 l_e 为接地体的有效长度，按下式计算（单位为 m）

$$l_e=2\sqrt{\rho} \tag{7-6}$$

式中　ρ——土壤电阻率，Ω·m。

图 7-10 中的 l 为接地体的实际长度，按图 7-11 所示方法计算，详见 GB 50057—2010 之附录 C。

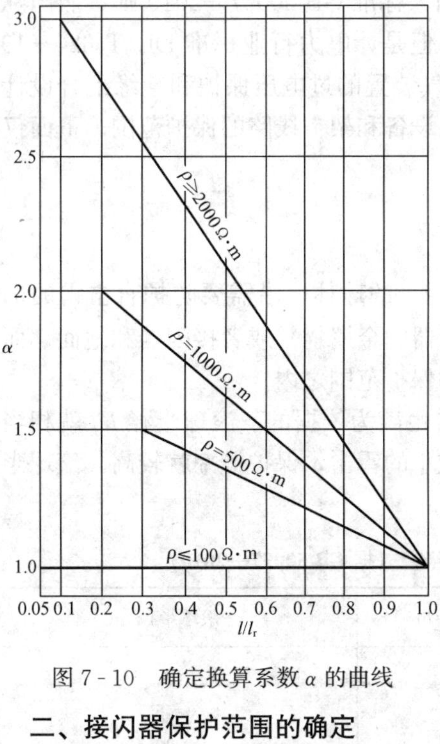

图 7-10　确定换算系数 α 的曲线

2. 高土壤电阻地区

降低高土壤电阻地区接地装置的接地电阻宜采用下列方法：采用多支线外引接地装置，外引线长度不应大于有效长度，有效长度应符合式（7-6）的要求；将接地体埋于较深的低电阻率土壤中；采用专用的复合降阻剂；或局部地进行土壤置换处理。

二、接闪器保护范围的确定

接闪杆（避雷针）的保护范围，以它能防护直击雷的空间来表示。

接闪杆（避雷针）的保护范围是人们根据雷电理论、模拟试验和雷击事故统计等三种研究结果进行分析而规定的。由于雷电放电受很多因素的影响，保护范围内也不是绝对安全的。但运行经验证明，处于保护范围内的设备和建筑物受到雷击的概率很小。

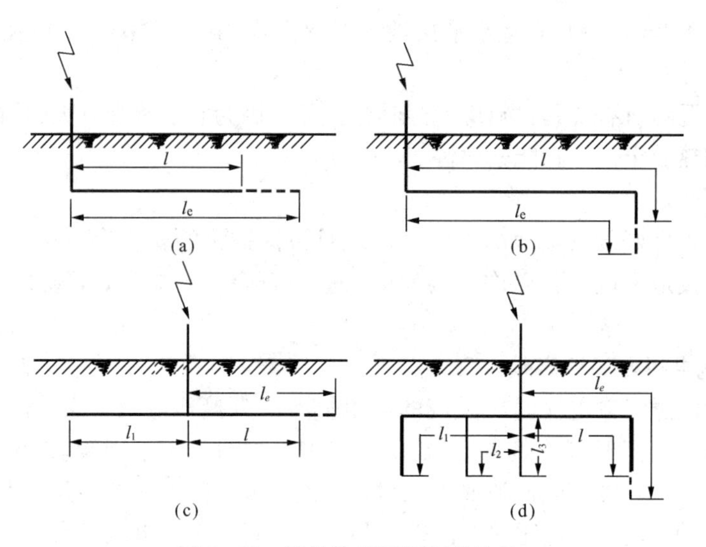

图 7-11 接地体实际长度的计量

(a) 单根水平接地体；(b) 末端接垂直接地体的单根水平接地体；
(c) 多根水平接地体；(d) 接多根垂直接地体的多根水平接地体

我国过去的防雷设计规范或过电压保护规程，对接闪杆（避雷针）或接闪线（避雷线）的保护范围是按“折线法”来确定的，而新制订的国家标准 GB 50057—2010 则参照国际电工委员会（IEC）标准规定采用“滚球法”来确定。但是，电力行业标准 DL/T 620—1997 以及替代它的国家标准 GB/T 50064—2014《交流电气装置的过电压保护和绝缘配合设计规范》中，仍以“折线法”确定避雷针、避雷线对电气设备和架空线路的保护范围。下面仅介绍“滚球法”。

（一）保护范围检验

1. 滚球法检验保护范围

所谓滚球法，就是选择一个半径为 h_r（滚球半径）的球体，沿需要防护直击雷的部位滚动；如果球体只触及接闪器（包括被利用作为接闪器的金属物）或者接闪器和地面，而不触及需要保护的部位时，则该部位就在这个接闪器的保护范围之内。

采用“滚球法”来计算保护范围的原理是以闪击距离为依据的。滚球半径 h_r 就相当于闪击距离。滚球半径较小，相当于模拟雷电流幅值较小的雷击，保护概率就较高。滚球半径是按建筑物的防雷类别确定的，如表 7-2 所示。

表 7-2 按建筑物的防雷类别布置接闪器及其滚球半径（据 GB 50057—2010）

建筑物的防雷类别	接闪网尺寸（不大于）/m	滚球半径/m
第一类防雷建筑物	5×5 或 6×4	30
第二类防雷建筑物	10×10 或 12×8	45
第三类防雷建筑物	20×20 或 24×16	60

注 建筑物防雷类别的划分将在下面介绍。布置接闪器时，可单独或任意组合采用滚球法、接闪网。

2. 防雷装置保护范围的检验

（1）圆板法检验。IEC 规范规定可以用圆板法来检验接闪带。这种方法首先将建筑物依雷击后果分为3类。每类适用不同直径的圆板，屋面上接闪带或接闪网的布置要使得圆板不会和接闪器毫无接触地落到被保护建筑物的屋面上，就可以满足对建筑物屋面的保护要求。建筑物保护的防雷分类见表7-3。

表7-3　建筑物保护的防雷分类

类别	3类	2类	1类
名称	普通建筑物	具有一般危险的建筑物	使周围环境发生危险的建筑物
特征	雷击危害局限于雷击点和雷电流流过的途径上	雷击危害将关系到建筑物的整个空间。如公共建筑物、火灾危险建筑物、有大量电子设备的建筑物	雷击危害将扩展到其周围环境的建筑物。例如，有爆炸危险的建筑物，有泄漏危险物质的建筑物

实际上，IEC对接闪带或接闪网布置的规定和我国现行规范是基本一致的。IEC规范的1、2、3类分别相当于我国规范的第一、二、三类防雷建筑物。圆板法保护的接闪器布置的校验如图7-12所示。

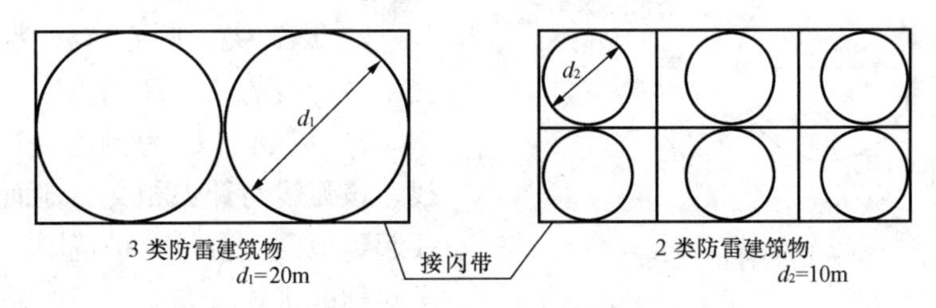

图7-12　接闪器布置的校验

(2) 滚球法检验。IEC规范规定，可用滚球法来检验屋面接闪带对建筑物外侧的保护范围，如图7-13所示。对于不同类别的建筑物采用不同半径的滚球见表7-4。滚球从建筑物顶点由上而下滚动，建筑物的侧面如不会被滚球碰到则受到保护，如图7-13 (a) 及 (b) 的60m以下的高度；建筑物的侧面如被滚球碰到则没有受到保护，如图7-13 (b) 的60m以上的高度。

表7-4　IEC规定的布置接闪器用几何条件的特性数据

建筑物类别	圆板直径 d/m	球体半径 R/m
3类防雷建筑物	20 (10～20)	60 (45～60)
2类防雷建筑物	10 (5～10)	45 (30～45)
1类防雷建筑物	5 (5～10)	30 (20～30)

注　括号内的数值为有分歧意见的范围。

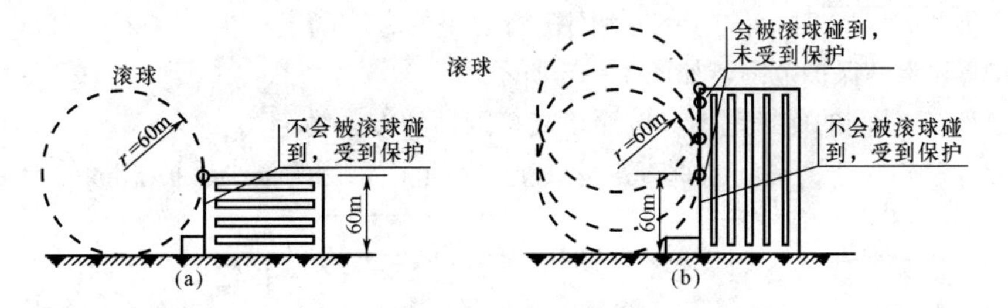

图7-13　接闪带对建筑物外侧的保护范围

(a) 建筑物的侧面不会被滚球碰到；(b) 建筑物的侧面可能被滚球碰到

滚球半径较小相当于模拟雷击电流较小的雷击，保护概率就较高。因此对于 3 类建筑物，滚球半径采用 60m；而对于 1 类建筑物，滚球半径便缩小到 30m。

（二）接闪杆的保护范围

接闪杆一般有直接安装在被保护建筑物上的接闪杆和安装在地面上的独立接闪杆两种类型。

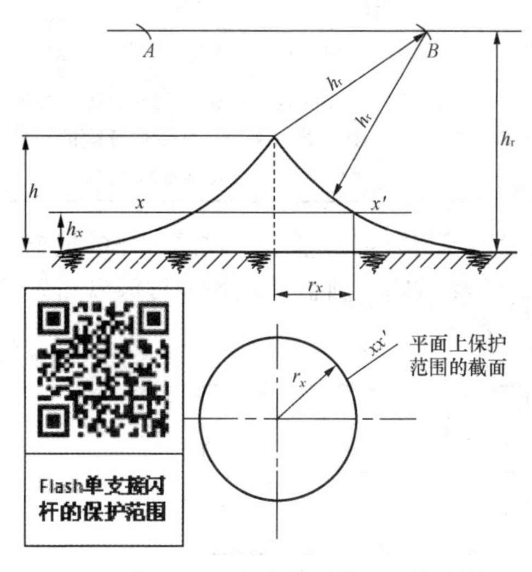

图 7-14 单支接闪杆的保护范围

独立接闪杆多用于保护露天变、配电装置，以及有可燃、爆炸危险的建筑物。

1. 单支接闪杆的保护范围

（1）当接闪杆高度 $h \leqslant h_r$ 时，单支接闪杆的保护范围可按下列步骤通过作图确定。

1）距地面 h_r 处作一平行地面的平行线。

2）以针尖为圆心，h_r 为半径，作弧线交于平行线的 A、B 两点。

3）以 A、B 为圆心，h_r 为半径作弧线，该弧线与针尖相交与地面相切。从此弧线起到地面止就是保护范围。保护范围是一个对称的锥体，如图 7-14 所示。

接闪杆在 h_x 高度的 xx' 平面和地面上的保护半径 r_x 也可用计算式确定为

$$r_x = \sqrt{h(2h_r - h)} - \sqrt{h_x(2h_r - h_x)} \tag{7-7}$$

$$r_0 = \sqrt{h(2h_r - h)} \tag{7-8}$$

式中 r_x——接闪杆在 h_x 高度的 xx' 平面上的保护半径，m；

h_r——滚球半径，m；

h_x——被保护物的高度，m；

r_0——接闪杆在地面上的保护半径，m；

h——接闪杆的高度，m。

（2）当接闪杆高度 $h > h_r$ 时，在接闪杆上取高度 h_r 时一点代替单支接闪杆针尖作为圆心。其余的作法同（1）项。

2. 双支接闪杆的保护范围

本书仅介绍双支等高接闪杆的保护范围，在 $h \leqslant h_r$ 的情况下，当两支接闪杆的距离 D 满足 $D \geqslant \sqrt{h(2h_r - h)}$ 时，各按单支接闪杆所规定的方法确定；当 $D < 2\sqrt{h(2h_r - h)}$ 时，应按下列方法确定其保护范围，如图 7-15 所示。

1）$AEBC$ 外侧的保护范围，按照单支接闪杆的方法确定。

2）C、E 点位于两针间的垂直平分线上。在地面每侧的最小保护宽度 b_0 计算为

$$b_0 = CO = EO = \sqrt{h(2h_r - h) - \left(\frac{D}{2}\right)^2} \tag{7-9}$$

在 AOB 轴线上，距中心线任一距离 x 处，其在保护范围上边线上的保护高度 h_x 计算

确定为

$$h_x = h_r - \sqrt{(h_r - h)^2 + \left(\frac{D}{2}\right)^2 - x^2} \tag{7-10}$$

该保护范围上边线是以中心线距地面 h_r 的一点 O' 为圆心，以 $\sqrt{(h_r-h)^2+\left(\frac{D}{2}\right)^2}$ 为半径所作的圆弧 AB。

3）两针间 $AEBC$ 内的保护范围及 ACO 部分的保护范围由下列方法确定：在任一保护高度 h_x 和 C 点所处的垂直平面上，以 h_x 作为假想接闪杆，按单支接闪杆的方法逐点确定，如图 7-15 所示。确定 BCO、AEO、BEO 部分的保护范围的方法与 ACO 部分的相同。

4）确定 xx' 平面上的保护范围截面的方法：以单支接闪杆的保护半径 r_x 为半径，以 A、B 为圆心作弧线与四边形 $AEBC$ 相交；以单支接闪杆的（r_0-r_x）为半径，以 E、C 为圆心作弧线与上述弧线相接。见图 7-15 中的虚线所示。

其他形式的接闪杆保护范围计算及接闪线的保护范围计算方法可参见有关规范。此略。

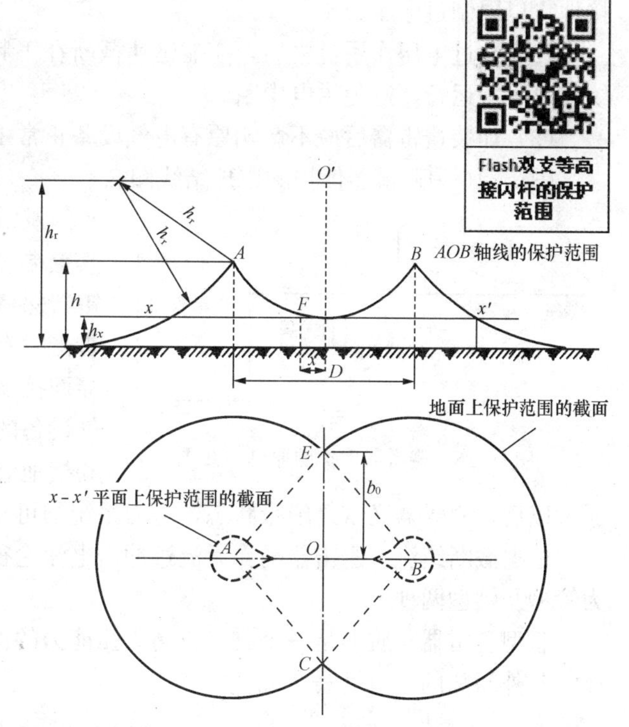

图 7-15　双支等高接闪杆的保护范围

（三）接闪网和接闪带的保护范围

当建筑物上不宜装设突出的接闪杆保护时，可采用接闪网、接闪带保护。由于接闪网、接闪带安装比较容易，并且不影响外观，所以现在建筑物采用接闪网、接闪带保护方式的越来越多。

当接闪网、接闪带与其他接闪器组合使用时，或当保护低于建筑物的物体时，可把接闪网，接闪带处于建筑物屋顶四周的导体当作接闪线来看待，可采用滚球法确定其保护范围。

对于建筑物易受雷击的屋角、屋脊、檐角、屋檐或屋顶边缘、女儿墙及其他建筑物边角部位都可设接闪带保护。接闪带也可利用直接敷设在房顶和房屋突出部分的接地导体作为接闪器。

当建筑物顶部面积较大时，可敷设接闪网。接闪网网格的大小可根据具体情况，参照表 5-2 所提供的接闪网网格尺寸布置。例如，对不同防雷等级的建筑物，可分别取 5m×5m、10m×10m 和 20m×20m 等（详见表 7-2）。

三、避雷器

避雷器是一种专用的防雷设备。它主要用来保护电气设备，也可用来防止雷电波沿架空线路侵入建筑物内，还可用于抑制操作过电压等。

当雷直击于架空线路时，感应雷过电压以及雷电波会以波的形式侵入发电厂、变电所和电气设备，从而直接威胁电气设备的安全。因此，就需要限制侵入波的大小来保证设备安全运行。目前，限制侵入波大小的主要设备就是避雷器。现代电气设备的绝缘水平就是根据经避雷器限制后的过电压来决定的。因此，正确地选择和合理地使用避雷器，对防止雷电灾害等过电压事故是十分重要的。

对避雷器一般有以下三个基本要求：

(1) 当过电压超过一定值时，避雷器应发生放电（动作），将被保护设备直接或经电阻接地，以限制过电压。

(2) 在过电压作用过去后，应能迅速截断在工频电压作用下的电流（工频续流），使系统恢复正常运行，避免供电中断。

(3) 加装避雷器后应不影响原有电气设备正常工作。

图 7-16 为避雷器保护的原理结线图。

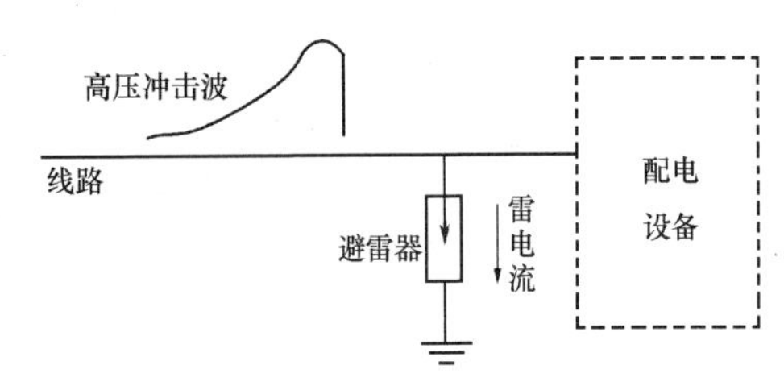

图 7-16 避雷器保护的原理结线图

避雷器并联装设在被保护物的电源引入端，其上端接电源线路，下端接地。正常情况时，避雷器保持绝缘状态，不影响电力系统的运行。当雷击时有高压雷电波沿线路袭来时，避雷器被击穿而接地，切断冲击波，这时能够进入被保护电气设备的电压，仅为雷电波通过避雷器及其引线和接地装置时产生的残余电压（残压）。雷电流通过以后，避雷器又恢复绝缘状态，电力系统则可正常运行。

根据截断续流（避雷器动作后流过冲击电流途径的工频电流）的方法不同，避雷器可分为管型及阀型两种。

管型避雷器实质上是一个具有较高灭弧能力的保护间隙，主要由灭弧管和内、外间隙组成。其外间隙的数值见表 7-5。

表 7-5　管型避雷器外间隙的数值

额定电压/kV	3	6	10	20	35	66	100	
							中点直接接地	中点不直接接地
外间隙最小值/mm	3	10	15	60	100	200	350	400

内间隙由棒形电极和环形电极组成，装在由纤维材料、胶木或塑料等产气材料制成的灭弧管内。在雷电波冲击下，内、外间隙击穿，雷电流泄入大地，雷电波被截断；随之而来的工频续流也产生强烈的电弧，电弧高温燃烧，灭弧管内壁产生大量气体，并以很大的压力从管内喷出，迅速吹灭电弧，恢复正常工作。

阀型避雷器主要由瓷套管、一些串联的火花间隙和一些串联的非线性电阻阀片组成。

火花间隙是由多个间隙串联而形成的。每个火花间隙均由两个黄铜电极和一个云母垫圈组成。云母垫圈的厚度为 0.5～1mm。

非线性电阻阀片是直径 56～100mm、高 20～30mm 的饼形元件，是用金刚砂（碳化硅）和水玻璃共同混合，模制成饼状，在低温下熔烧而成。阀片两面喷铝，以减少接触电阻，阀片侧面涂以无机的绝缘瓷釉，防止表面闪络。非线性电阻的阻值不是一个常数，是根据电流大小而变化的。在雷电流通过阀片电阻时，其电阻甚小，产生的残压不超过被保护设备的绝缘水平。当雷电流通过后，工频续流尾随而来时，其电阻变大，以保证火花间隙能可靠灭弧。也就是说，非线性电阻和火花间隙类似一个阀门的作用：对于雷电流，阀门打开，使电流泄入地下；对于工频续流，阀门关闭，迅速切断之。“阀型”之名就是由此而来的。

避雷器亦可应用于配电线路的过电压保护。为了防止雷电感应过电压沿线路侵入损坏变压器的绝缘，在变压器的高、低压侧均需装设避雷器。由于建筑物的电源输入端10kV高压输电线路的绝缘水平较低，不管高压侧还是低压侧遭受到感应的雷电波，都会使变压器的高压侧中性点附近的绝缘和高压侧纵绝缘击穿，所以低压侧也需每相都装设避雷器。高、低压两侧避雷器的接地线与变压器金属外壳以及低压侧中性点连在一起后再接地，即组成四点联合接地，或称共同接地，如图7-17所示。

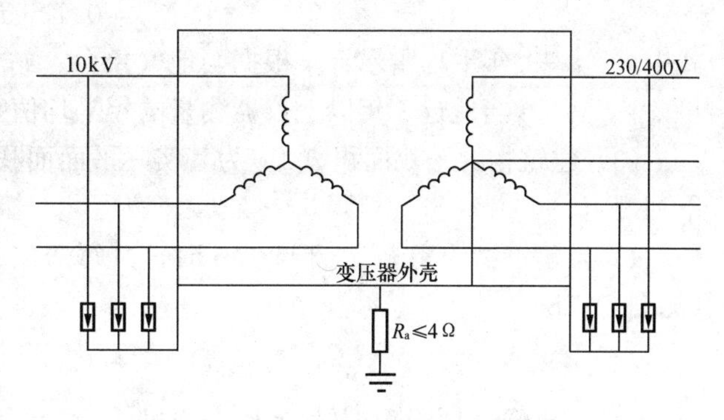

图7-17　配电变压器的防雷接地示意图

四、建筑物的防雷

（一）建筑物防雷的目的

建筑物（包括构筑物，下同）防雷的目的在于防止或极大地减小雷击建筑物而造成的损失。其意义可概括为以下几点：

(1) 当建筑物遭受直击雷或雷电波侵入时，可保护建筑物内部的人身安全。

(2) 当建筑物遭受直击雷时，防止建筑物遭到破坏。

(3) 保护建筑物内部存放的危险品，不会因雷击和雷电感应而引起燃烧和爆炸。

(4) 保护建筑物内部的重要设备和电气线路，使之不受损坏并能正常工作。

根据以上四点，应当针对直击雷、雷电感应、雷电波侵入以及由此引起的其他灾害，采取相应的保护措施。

（二）建筑物需安装防雷装置的范围

尽管雷电对建筑物的破坏性很大，但并没有必要对所有的建筑物都进行防雷保护，而应根据当地雷电活动情况、建筑物高度、所在地点和建筑物的重要性等诸多因素综合考虑，决定是否安装防雷装置。

1. 一般原则

选择防雷装置就在于将需要防雷的建筑物每年可能遭雷击而损坏的危险减到小于或等于可接受的最大损坏危险范围内。所以，作建筑物防雷设计时，应认真调查地质、地貌、土壤、气象、环境等条件和雷电活动规律以及被保护物的特点等，研究防雷装置的形式及其布置，因地制宜地采用相应的防雷措施，做到安全可靠、技术先进、经济合理，设计应符合国家现行有关标准和规范的规定。

2. 建筑物年预计雷击次数 N 的计算（据GB 50057—2010附录A）

(1) 建筑物年预计雷击次数为

$$N = kN_gA_e \tag{7-11}$$

式中　N——建筑物年预计雷击次数，次/a；

k——校正系数，在一般情况下取1，在下列情况下取相应数值：位于河边、湖边、山坡下或山地中土壤电阻率较小处、地下水露头处、土山顶部、山谷风口等处的建筑物，以及特别潮湿的建筑物取 1.5；没有接地的金属屋面的砖木结构建筑物取 1.7；位于山顶上和旷野的孤立建筑物取 2。

N_g——建筑物所处地区雷击大地的年平均密度，次/（km^2·a）；

A_e——与建筑物截收相同雷击次数的等效面积，km^2。

（2）雷击大地的年平均密度，首先应按当地气象台、站资料确定；若无此资料，在温带地区可按下式计算

$$N_g = 0.1 \times T_d \tag{7-12}$$

式中 T_d——年平均雷暴日，根据当地气象台、站资料确定，d/a。（年平均雷暴日宜采用当地近 3 年以上仪器测量的年平均值）

（3）建筑物的等效面积 A_e 应为其实际平面面积向外扩大后的面积，其计算方法应符合下列规定。

1）当建筑物的高 H 小于 100m 时，其每边的扩大宽度和等效面积应按下列公式计算（见图 7-18）

$$D = \sqrt{H(200-H)} \tag{7-13}$$

$$A_e = [LW + 2(L+W) \times \sqrt{H(200-H)} + \pi H(200-H)] \times 10^{-6} \tag{7-14}$$

式中 D——建筑物每边的扩大宽度，m；

L、W、H——分别为建筑物的长、宽、高，m。

2）当建筑物的高 H 等于或大于 100m 时，其每边的扩大宽度应按等于建筑物的高 H 计算；建筑物的等效面积应按下式计算

$$A_e = [LW + 2H(L+W) + \pi H^2] \times 10^{-6} \tag{7-15}$$

3）当建筑物的高 H 小于 100m，同时其周边在 $2D$ 范围内有等高或比它低的其他建筑物，这些建筑物不在所考虑建筑物以 $h_r=100$（m）的保护范围内时，按式（7-14）算出的 A_e 可减去（$D/2$）×（这些建筑物与所考虑建筑物边长平行以 m 计的长度总和）$\times 10^{-6}$（km^2）。当四周在 $2D$ 范围内都有等高或比它低的其他建筑物时，其等效面积为

$$A_e = \left[LW + (L+W)\sqrt{H(200-H)} + \frac{\pi H(200-H)}{4}\right] \times 10^{-6}$$

4）当建筑物的高 H 等于或大于 100m，同时其周边在 $2H$ 范围内有等高或比它低的其他建筑物，这些建筑物不在所考虑建筑物以 $h_r=H$（m）的保护范围内时，按式（7-15）算出的 A_e 可减去（$H/2$）×（这些建筑物与所考虑建筑物边长平行以 m 计的长度总和）$\times 10^{-6}$（km^2）。当四周在 $2H$ 范围内都有等高或比它低的其他建筑物时，其等效面积为

$$A_e = \left[LW + H(L+W) + \frac{\pi H^2}{4}\right] \times 10^{-6}$$

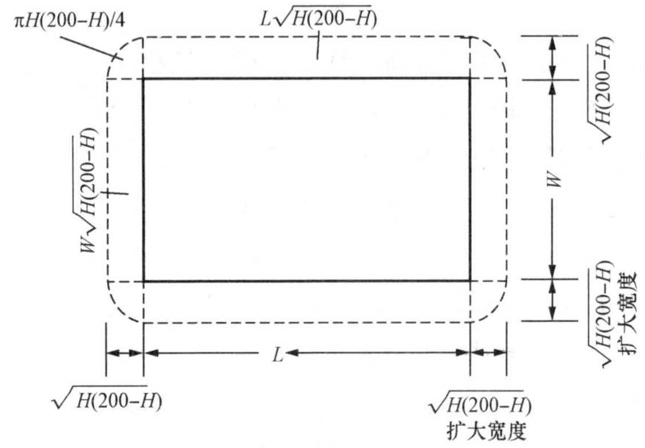

图 7-18 建筑物的等效面积

5）当建筑物的高 H 小于 100m，同时其周边在 $2D$ 范围内有比它高的其他建筑物时，按式（7-14）算出的 A_e 可减去 D

×（这些建筑物与所考虑建筑物边长平行以 m 计的长度总和）$\times 10^{-6}$（km^2）。当四周在 $2D$ 范围内都有比它高的其他建筑物时，其等效面积为 $A_e = LW$。

6）当建筑物的高 H 等于或大于 100m，同时其周边在 $2H$ 范围内有比它高的其他建筑物时，按式（7-15）算出的 A_e 可减去 $H\times$（这些建筑物与所考虑建筑物边长平行以 m 计的长度总和）$\times 10^{-6}$（km^2）。当四周在 $2H$ 范围内都有比它高的其他建筑物时，其等效面积为 $A_e = LW$。

7）当建筑物各部位的高不同时，应沿建筑物周边逐点算出最大扩大宽度，其等效面积 A_e 应按每点最大扩大宽度外端的连接线所包围的面积计算。

（三）建筑物的防雷类别

根据 GB 50057—2010《建筑物防雷设计规范》的规定，建筑物应根据建筑物的重要性、使用性质、发生雷电事故的可能性和后果，按防雷要求分为三类。

（1）在可能发生对地闪击的地区，遇下列情况之一时，应划为第一类防雷建筑物：

1）凡制造、使用或储存火炸药及其制品的危险建筑物，因电火花而引起爆炸、爆轰，会造成巨大破坏和人身伤亡者。

2）具有 0 区或 20 区爆炸危险场所的建筑物。

3）具有 1 区或 21 区爆炸危险场所的建筑物，因电火花而引起爆炸，会造成巨大破坏和人身伤亡者。

（2）在可能发生对地闪击的地区，遇下列情况之一时，应划为第二类防雷建筑物：

1）国家级重点文物保护的建筑物。

2）国家级的会堂、办公建筑物、大型展览和博览建筑物、大型火车站和飞机场、国宾馆，国家级档案馆、大型城市的重要给水泵房等特别重要的建筑物（飞机场不含停放飞机的露天场所和跑道）。

3）国家级计算中心、国际通信枢纽等对国民经济有重要意义的建筑物。

4）国家特级和甲级大型体育馆。

5）制造、使用或储存火炸药及其制品的危险建筑物，且电火花不易引起爆炸或不致造成巨大破坏和人身伤亡者。

6）具有 1 区或 21 区爆炸危险场所的建筑物，且电火花不易引起爆炸或不致造成巨大破坏和人身伤亡者。

7）具有 2 区或 22 区爆炸危险场所的建筑物。

8）有爆炸危险的露天钢质封闭气罐。

9）预计雷击次数大于 0.05 次/a 的部、省级办公建筑物和其他重要或人员密集的公共建筑物，以及火灾危险场所。

10）预计雷击次数大于 0.25 次/a 的住宅、办公楼等一般性民用建筑物或一般性工业建筑物。

（3）在可能发生对地闪击的地区，遇下列情况之一时，应划为第三类防雷建筑物：

1）省级重点文物保护的建筑物及省级档案馆。

2）预计雷击次数大于或等于 0.01 次/a，且小于或等于 0.05 次/a 的部、省级办公建筑物和其他重要或人员密集的公共建筑物，以及火灾危险场所。

3）预计雷击次数大于或等于 0.05 次/a，且小于或等于 0.25 次/a 的住宅、办公楼等一般性民用建筑物或一般性工业建筑物。

4）在平均雷暴日大于15d/a的地区，高度在15m及以上的烟囱、水塔等孤立的高耸建筑物；在平均雷暴日小于或等于15d/a的地区，高度在20m及以上的烟囱、水塔等孤立的高耸建筑物。

关于0区、1区、2区、21区、22区等爆炸危险场所的分区，可参见GB 50058—2014《爆炸危险环境电力装置设计规范》和附表A-5《爆炸危险区域的划分》。

（四）建筑物的防雷措施

1. 建筑物防雷的总要求

按GB 50057—2010规定，第一类防雷建筑物和第二类防雷建筑物中有爆炸危险的场所，应有防直击雷、防雷电感应和防雷电波侵入的措施。第二类防雷建筑物（除有爆炸危险者外）及第三类防雷建筑物，应有防直击雷和防雷电波侵入的措施。

2. 第一类防雷建筑物的防雷措施

（1）防直击雷的措施：

1）应设独立接闪杆或架空接闪线（网），使被保护的建筑物及风帽、放散管等突出屋面的物体均处于接闪器的保护范围内，架空接闪网的网络尺寸不应大于5m×5m或6m×4m。

2）排放爆炸危险气体、蒸气或粉尘的放散管、呼吸阀、排风管等的管口外的以下空间应处于接闪器的保护范围内：当有管帽时，应按表7-6确定；当无管帽时，应为管口上方半径5m的半球体，接闪器与雷闪的接触点应设在上述空间之外。

当其排放物达不到爆炸浓度、长期点火燃烧或一排放就点火燃烧，及发生事故时排放物才达到爆炸浓度的通风管、安全阀，接闪器的保护范围可仅保护到管帽，无管帽时可仅保护到管口。

表7-6 有管帽的管口处处于接闪器保护范围的空间

装置内的压力与周围空气压力的压力差/kPa	排放物的密度	管帽以上的垂直高度/m	距管口处的水平距离/m
<5	大于空气	1	2
5～25	大于空气	2.5	5
≤25	小于空气	2.5	5
>25	大或小于空气	5	5

3）独立接闪杆的杆塔、架空接闪线的端部和架空接闪网的各支柱处应至少设一根引下线。对于金属制成或有焊接、绑扎连接钢筋网的杆塔、支柱，均宜利用其作为引下线。

4）为了防止由于反击引起火灾、爆炸或人身伤亡事故，必须保证接闪器、引下线、接地装置与邻近导体之间有足够的安全距离。独立接闪杆和架空接闪线（网）的支柱及其接地装置至被保护建筑物及与其有联系的管道、电缆等金属物之间的距离如图7-19所示，应符合下列表达式的要求，且不得小于3m。

地上部分：当$h_x<5R_i$时 $$S_{al}\geqslant 0.4(R_i+0.1h_x) \quad (7-16)$$

当$h_x\geqslant 5R_i$时 $$S_{al}\geqslant 0.1(R_i+h_x) \quad (7-17)$$

地下部分为 $$S_{el}\geqslant 0.4R_i \quad (7-18)$$

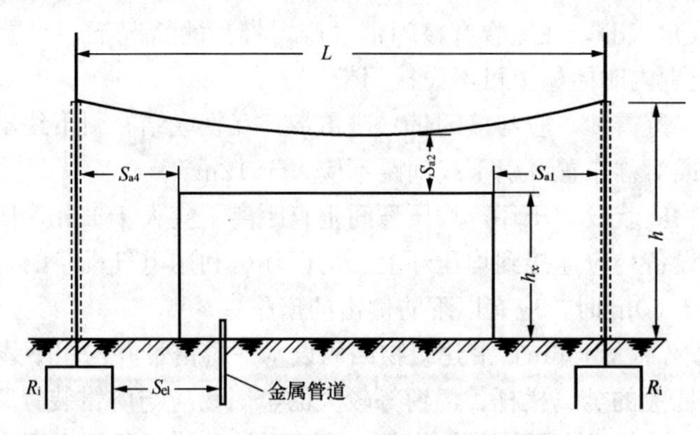

图 7-19　防雷装置至被保护物的距离

式中　S_{a1}——空气中距离，m；

S_{e1}——地中距离，m；

R_i——独立接闪杆或架空接闪线（网）支柱处接地装置的冲击接地电阻，Ω。

5）架空接闪线至屋面和各种突出屋面的风帽、放散管等物体之间的距离，应符合下列表达式的要求，且不应小于 3m。

$$当\left(h+\frac{l}{2}\right)<5R_i 时 \qquad S_{a2}\geqslant 0.2R_i+0.03\left(h+\frac{l}{2}\right) \tag{7-19}$$

$$当\left(h+\frac{l}{2}\right)\geqslant 5R_i 时 \qquad S_{a2}\geqslant 0.05R_i+0.06\left(h+\frac{l}{2}\right) \tag{7-20}$$

式中　S_{a2}——接闪线（网）至被保护物的空气中距离，m；

h——接闪线（网）的支柱高度，m；

l——接闪线的水平长度，m。

6）架空接闪网至屋面和各种突出屋面的风帽、放散管等物体之间的距离，应符合下列表达式的要求，且不应小于 3m。

$$当(h+l_i)<5R_i 时 \qquad S_{a2}\geqslant \frac{1}{n}[0.4R_i+0.06(h+l_1)] \tag{7-21}$$

$$当(h+l_1)\geqslant 5R_i 时 \qquad S_{a2}\geqslant \frac{1}{n}[0.1R_i+0.12(h+l_1)] \tag{7-22}$$

式中　l_1——从接闪网中间最低点沿导体至最近支柱的距离，m；

n——从接闪网中间最低点沿导体至最近并有同一距离 l_1 的支柱个数。

7）独立接闪杆、架空接闪线或架空接闪网应有独立的接地装置，每一引下线的冲击接地电阻不宜大于 10Ω。在土壤电阻率高的地区，可适当增大冲击接地电阻。

8）当建筑物太高或因其他原因难以装设独立接闪杆、架空接闪线、接闪网时，可将接闪杆或网孔不大于 5m×5m 或 6m×4m 的接闪网或由其混合组成的接闪器直接装在建筑物上，接闪网应沿屋角、屋脊、屋檐和檐角等易受雷击的部分敷设。

①建筑物易受雷击的部位，如图 7-7 所示。

平屋面或坡度不大于 1/10 的屋面——檐角、女儿墙、屋檐，见图 7-7（a）、（b）。

坡度大于 1/10 且小于 1/2 的屋面——屋角、屋脊、檐角、屋檐，见图 7-7（c）。

坡度不小于 1/2 的屋面——屋角、屋脊、檐角，见图 7-7（d）。

对于图 7-7（c）、（d），在屋脊有接闪带（避雷带）的情况下，当屋檐处于屋脊接闪带（避雷带）的保护范围内时屋檐上可不设接闪带。

②所有接闪杆（避雷针）应与接闪带（避雷带）互相联结。引下线不应少于两根，并应沿建筑物四周均匀或对称布置，引下线间距不应大于 12m。

③较高的建筑物应装设均压环，均压环间垂直距离不应大于 12m，所有引下线及建筑物的金属结构和金属设备均应连接到均压环上。均压环可利用电气设备的 PE 干线环路。

④当建筑物高于 30m 时，应有以下防侧击的措施：

从 30m 起，每隔不大于 6m，沿建筑物四周设水平避雷带并与引下线联结；

30m 及以上外墙上的金属栏杆、门窗等较大的金属物应与防雷装置联结。

⑤防直击雷的接地装置应围绕建筑物敷设成环形接地体，每根引下线的冲击接地电阻不应大于 10Ω，并应和电气设备接地装置及所有进入建筑物的金属管道联结，此接地装置可兼作防雷电感应之用。

⑥在电源引入的总配电箱处宜装设电压保护器。

此外，当树木高于建筑物且不在接闪器保护范围内时，树木与建筑物之间的净距不应小于 5m。

（2）防雷电感应的措施：

1）建筑物内的设备、管道、构架、电缆金属外皮、钢屋架、钢窗等较大金属物和突出屋面的放散管、风管等金属物，均应接到防雷电感应的接地装置上。

金属屋面周边每隔 18～24m 应采用引下线接地一次。

现场浇制的或预制构件组成的钢筋混凝土屋面，其钢筋宜绑扎或焊接成闭合回路，并应每隔 18～24m 采用引下线接地一次。

2）平行敷设的管道、构架和电缆金属外皮等长金属物，其净距小于 100mm 时应采用金属线跨接，跨接点的间距不应大于 30m；交叉净距小于 100mm 时，其交叉处亦应跨接。

当长金属物的弯头、阀门、法兰盘等连接处的过渡电阻大于 0.03Ω 时，连接处应用金属线跨接。对有不少于 5 根螺栓连接的法兰盘，在非腐蚀环境下，可不跨接。

3）防雷电感应的接地装置应和电气设备的接地装置共用，其工频接地电阻不应大于 10Ω。防雷电感应的接地装置与独立接闪杆、架空接闪线或接闪网之间的距离应符合要求，且不得小于 3m。

屋内接地干线与防雷电感应接地装置的联结不应少于两处。

（3）防雷电波侵入的措施：雷电波侵入造成的雷害事故很多，在低压线路上，这种雷害事故占总雷害事故的 70%以上。

雷击低压线路时，雷电波将沿低压线路侵入用户。特别是采用木杆或木横担的低压线路，由于其对地冲击电压较高，会有很高的电压进入室内，造成大面积雷害事故。除电气线路外，架空金属管道也有引入雷电波的危险。对于建筑物，雷电波侵入可能引起火灾或爆炸，也可能伤及人身，因此，必须采取必要的防护措施。

1）首先，低电压线路宜全线采用电缆直接埋地敷设，在入户端应将电缆的金属外皮、保护钢管接到防雷电感应的接地装置上。当采用钢筋混凝土杆和铁横担的架空线路时，则应使用一段金属铠装电缆或护套电缆穿钢管埋地引入，其埋地长度应符合下列表达式的要求，且不应小于 15m，即

$$l \geqslant 2\sqrt{\rho}$$

式中 l——金属铠装电缆或护套电缆穿钢管埋于地中的长度，m；

ρ——埋电缆处的土壤电阻率，Ω·m。

在电缆与架空线连接处，尚应装设避雷器。避雷器的接地端与电缆金属外皮、钢管和绝缘子铁脚、金具等应连在一起接地，其冲击接地电阻不应大于 10Ω。

2）架空金属管道，在进出建筑物处，应与防雷电感应的接地装置联结。距离建筑物 100m 内的管道，应每隔 25m 左右接地一次，其冲击接地电阻不应大于 20Ω，并宜利用金属支架或钢筋混凝土支架的焊接、绑扎钢筋网作为引下线，其钢筋混凝土基础宜作为接地装置。

埋地或地沟内的金属管道，在进出建筑物处亦应与防雷电感应的接地装置联结。

3. 第二类防雷建筑物的防雷措施

（1）防直击雷的措施：

1）宜采用装设在建筑物上的接闪网（带）或接闪杆或由其混合组成的接闪器。接闪网（带）应在屋角、屋脊、屋檐和檐角等易受雷击的部位敷设，并应在整个屋面组成不大于 10m×10m 或 12m×8m 的网格。所有接闪杆应与接闪带相联结。

2）突出屋面的排放爆炸危险气体、蒸气或粉尘的放散管、呼吸阀、排风管等管道，与第一类建筑物防直击雷措施之 2）相同。

排放无爆炸危险气体、蒸气或粉尘的放散管、烟囱，Ⅰ区、Ⅱ区和Ⅲ区爆炸危险环境的自然通风管，装有阻火器的排放爆炸危险气体、蒸气或粉尘的放散管、呼吸阀、排风管，金属物体可不装接闪器，但应和屋面防雷装置联结；在屋面接闪器保护范围之外的非金属物体应装接闪器，并和屋面防雷装置联结。

3）引下线不应少于两根，并应沿建筑物四周均匀或对称布置，其间距不应大于 18m。当仅利用建筑物四周的钢柱或柱子钢筋作为引下线时，可按跨度设引下线，但引下线的平均间距不应大于 18m。每根引下线的冲击接地电阻不应大于 10Ω。防直击雷接地宜和防雷电感应、电气设备等接地共用同一接地装置，并宜与埋地金属管道相连；当不共用、不相连时，两者间在地中的距离应小于 2m，并满足

$$S_{e2} \geqslant 0.3k_{c}R_{i} \tag{7-23}$$

式中 S_{e2}——地中距离，m；

k_{c}——分流系数，单根引下线应为 1，两根引下线及接闪器不成闭合环的多根引下线应为 0.66，接闪器成闭合环或网状的多根引下线应为 0.44，详见图 7-20 所示。

在共用接地装置与埋地金属管道联结的情况下，接地装置宜围绕建筑物敷设成环形接地体。

4）第二类防雷建筑物可利用钢筋混凝土屋面、梁、柱、基础内的钢筋作为引下线，部分建筑物可利用其做接闪器；也可利用基础内的钢筋作为接地装置。混凝土中作为防雷装置的钢筋或圆钢，直径不应小于 10mm；构件内的钢筋应采用绑扎或焊接连接，之间必须连接成可靠的电气通路。

利用基础内钢筋网作为接地体时，在周围地面以下，距地面不小于 0.5m，每根引下线所连接的钢筋表面积总和应满足

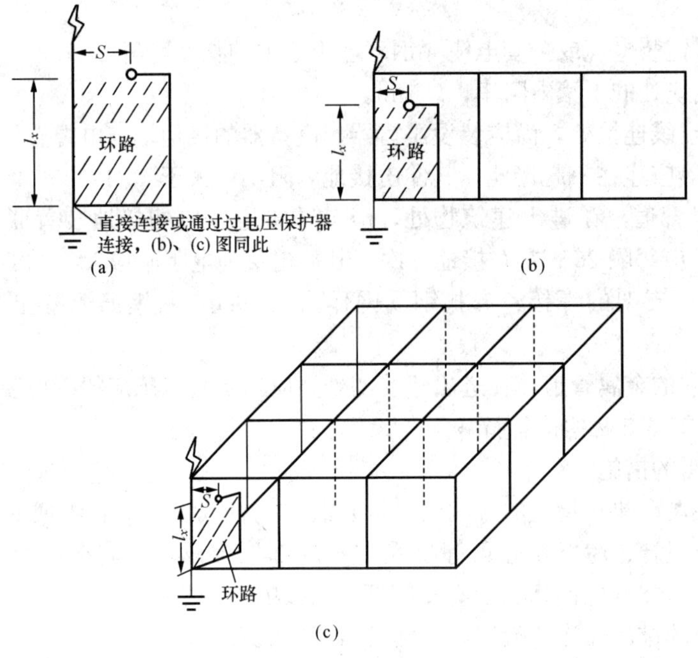

图 7-20 分流系数 k_c

(a) 单根引下线，$k_c=1$；(b) 两根引下线及接闪器不形成闭合环的多根引下线，$k_c=0.66$；(c) 接闪器成闭合环或网状的多根引下线，$k_c=0.44$

$$S \geqslant 4.24k_c^2 \tag{7-24}$$

式中 S——钢筋表面积总和，m^2。

5）高度超过 45m 的钢筋混凝土结构、钢结构建筑物，应有防侧击以及等电位联结的保护措施。具体做法是将 45m 及以上外墙装置的主要金属构件进行焊接并与 PE 干线联结；竖直敷设的金属管道及金属物的顶端和底端亦应与防雷接地装置联结。

6）有爆炸危险的露天钢质封闭气罐，当其壁厚不小于 4mm 时，可不另外装设接闪器，但应可靠接地，且接地点不应少于两处；两接地点间距离不宜大于 30m，冲击接地电阻不应大于 30Ω。防雷的接地装置应符合规定，放散管和呼吸阀的保护应符合要求。

7）非金属贮油罐（混凝土等），可采用独立接闪杆保护。为提高安全程度，在地面上的排风管、呼吸阀处应安装接闪杆保护。

（2）防雷电感应的措施：

1）建筑物内的设备、管道、构架等主要金属物，应就近接至防直击雷的接地装置或电气设备的保护接地装置上，可不另设接地装置。建筑物内防雷电感应的接地干线与接地装置的联结不应少于两处。

平行敷设的管道、构架和电缆金属外皮等长形金属物应采取与第一类防雷建筑物相类似的防雷电感应措施，但长金属物连接处可不跨接。

2）为防止雷电流经引下线和接地装置时产生的高电位对附近金属物或电气线路的反击，应符合下列要求：

①当金属物或电气线路与防雷的接地装置之间不相连时，其与引下线之间的距离应按下列表达式确定：

当 $l_x<5R_i$ 时　　$7S_{a3}\geqslant 0.3k_c(R_i+0.1l_x)$　　(7-25)

当 $l_x\geqslant 5R_i$ 时　　$S_{a3}\geqslant 0.075k_c(R_i+l_x)$　　(7-26)

式中　S_{a3}——空气中距离，m；

R_i——引下线的冲击接地电阻，Ω；

l_x——引下线计算点到地面的长度，m。

②当金属物或电气线路与防雷的接地装置之间相连或通过电涌保护器（SPD）相连时，其与引下线之间的距离用计算式确定为

$$S_{a4}\geqslant 0.075k_c l_x \tag{7-27}$$

式中　S_{a4}——空气中距离，m；

l_x——引下线计算点到连接处的长度，m。

当利用金属建筑物的钢筋或钢结构作为引下线，同时建筑物的大部分钢筋、钢结构等金属物与被利用的部分联结成整体时，金属物或线路与引下线之间的距离可不受限制。

③当建筑物或线路与引下线之间有自然接地或人工接地的钢筋混凝土构件、金属板、金属网等静电屏蔽物隔开时，金属物或线路与引下线之间的距离可不受限制。

④在电气接地装置与防雷的接地装置共用或联结的情况下，当低压电源线路全长用电缆或架空线换电缆引入时，宜在电源线路引入的总配电箱处装设过电压保护器；在高压侧采用电缆进线的情况下，宜在变压器高、低压侧各相上装设避雷器；在高压侧采用架空进线的情况下，除按国家现行有关规范的规定在高压侧装设避雷器外，尚宜在低压侧各相上装设避雷器。

（3）防雷电波侵入的措施：

1）当低压线路全长采用埋地电缆或敷设在架空金属线槽内的电缆引入时，在入户端应将电缆金属外皮、金属线槽接地，或与防雷的接地装置联结。

2）危险环境的建筑物，其低压电源线路应符合下列要求：

①低压架空线应改换一段埋地的铠装电缆或穿钢管的护套电缆直接埋地引入，其埋地长度应符合 $l\geqslant 2\sqrt{\rho}$，且不小于15m，即式（7-6）的要求，电缆埋地长度不应小于15m。入户端电缆的金属外皮、钢管等应与防雷的接地装置联结。在电缆与架空线的换接处尚应装设避雷器。避雷器、电缆金属外皮、钢管和绝缘子铁脚、金具等应联结在一起接地，其冲击接地电阻不应大于10Ω。

②平均雷暴日小于30d/a地区的建筑物，可采用低压架空线直接引入建筑物内，但应符合下列要求：

·在入户处应装设避雷器或设2～3mm的空气间隙，并应与绝缘子铁脚、金具连在一起接到防雷的接地装置上，其冲击接地电阻不应大于5Ω。

·入户处之前的三基电杆绝缘子铁脚、金具应接地，靠近建筑物的电杆，其冲击接地电阻不应大于10Ω，其余两基电杆不应大于20Ω。

③引入、引出该建筑物的金属管道在进、出处应与防雷的接地装置联结；对架空金属管道尚应在距建筑物约25m处接地一次，其冲击接地电阻不应大于10Ω。

3）第二类防雷建筑物中除去危险环境中的建筑物，其低压电源线路应符合下列要求：

①当低压架空线转换为金属铠装电缆或护套电缆穿钢管直接埋地引入时，其埋地长度应大于或等于15m。

②当架空线直接引入时，在入户处应加装避雷器，并将其与绝缘子铁脚、金具连在一起接到电气设备的接地装置上。靠近建筑物的两基电杆上的绝缘子铁脚应接地，其冲击接地电阻不应大于30Ω。

4）架空和直接埋地的金属管道在进、出建筑物处应就近与防雷的接地装置联结。

4. 第三类防雷建筑物的防雷措施

（1）防直击雷的措施：

1）防直击雷的接闪器，与第一、二类防雷建筑物相同，只是接闪网（带）的敷设，应在整个屋面组成不大于20m×20m或24m×16m的网格。

平屋面的建筑物，当其宽度不大于20m时，可仅沿周边敷设一圈接闪带。

2）每根引下线的冲击接地电阻不宜大于30Ω，但对于预计雷击次数$N \geqslant 0.012$次/a且$N \leqslant 0.06$次/a的重要或人员密集的公共建筑物，则冲击接地电阻不宜大于10Ω。其接地装置宜与电气设备等接地装置共用。防雷的接地装置宜与埋地金属管道联结。当不能共用、不联结时，两者间在地中的距离不应小于2m。

在共用接地装置与埋地金属管道联结的情况下，接地装置宜围绕建筑物敷设成环形接地体。

3）这类建筑物宜利用钢筋混凝土屋面板、梁、柱和基础的钢筋作为接闪器、引下线和接地装置，其钢筋或圆钢直径不应小于10mm。

利用基础内钢筋网作为接地装置时，在周围地面以下距地面不小于0.5m处，每根引下线所连接的钢筋表面积总和应符合下列表达式的要求，即

$$S \geqslant 1.89k_c^2 \tag{7-28}$$

式中　S——钢筋表面积总和，m^2。

4）第三类防雷建筑物突出屋面的物体的保护应与第二类防雷建筑物防直击雷措施2）相同。

5）非金属烟囱（如砖、钢筋混凝土烟囱），宜在其上装设接闪杆或接闪环保护。当采用多支接闪杆时，应联结在闭合环上；当无法采用单支或双支接闪杆保护时，应在烟囱口上装设环形接闪带，并应对称布置三支高出烟囱口不低于0.5m的接闪杆。

钢筋混凝土烟囱的钢筋应在其顶部和底部与引下线和贯通连接的金属爬梯相连。利用钢筋作为引下线和接地装置时，可不另设专用引下线。

高度不超过40m的烟囱，可只设一根引下线，超过40m时应设两根引下线。可利用螺栓连接或焊接的一座金属爬梯作为两根引下线用。

金属烟囱本体可作为接闪器和引下线。

6）建筑物的引下线不应少于两根，但周长不超过25m且高度不超过40m的建筑物可只设一根引下线，引下线应沿建筑物四周均匀或对称布置，其间距不应大于25m。当仅利用建筑物四周的钢柱或柱内钢筋作为引下线时，可按跨度设引下线，但引下线的平均间距不应大于25m。

7）防止雷电流流经引下线和接地装置时产生的高电位对附近金属物或线路的反击，应与第二类防雷建筑物防反击要求相同，但引下线与其他金属物体之间的距离应按下列表达式计算：

当$l_x < 5R_i$时
$$S_{a3} \geqslant 0.2k_c(R_i + 0.1l_x) \tag{7-29}$$

当 $l_x \geqslant 5R_i$ 时　$$S_{a3} \geqslant 0.05k_c(R_i + l_x) \tag{7-30}$$

$$S_{a4} \geqslant 0.05k_c l_x \tag{7-31}$$

8）高度超过 60m 的建筑物，其防侧击和等电位的措施与第二类防雷建筑物防侧击和等电位的措施相同，只是应将 60m 及以上外墙上的栏杆、门窗等较大金属物体与防雷装置联结。

（2）防雷电波侵入的措施：

1）对电缆进出线，应在进出端将电缆的金属外皮、钢管等与电气设备的接地装置联结。当电缆转换为架空线时，应在转换处装设避雷器；避雷器、电缆金属外皮和绝缘子铁脚、金具等应联结在一起接地，其冲击接地电阻不宜大于 30Ω。

2）对低压架空进出线，应在进出处装设避雷器并与绝缘子铁脚、金具联结在一起接到电气设备的接地装置上。当多回路架空进出线时，可仅在母线或总配电箱处设一组避雷器或其他型式的过电压保护器，但绝缘子铁脚、金具仍应接到接地装置上。

3）进出建筑物的架空金属管道在进出处应就近联结到防雷或电气设备的接地装置上。

5. 其他防雷措施

（1）固定在建筑物上的节日彩灯、航空障碍信号灯及其他电气设备的线路，应根据建筑物的重要性采取相应的防止雷电波侵入的措施，并应符合下列规定：

无金属外壳或保护网罩的用电设备宜处在接闪器的保护范围内，不宜布置在接闪网之外，并不宜高出接闪网。

从配电盘引出的线路宜穿钢管。钢管的一端宜与配电盘外壳相连；另一端宜与用电设备外壳或保护罩相连，并宜就近与屋顶防雷装置联结。当钢管因连接设备而中间断开时宜设跨接线。

在配电盘内，宜在开关的电源侧与外壳之间装设过电压保护器。

（2）粮、棉及易燃物大量集中的露天堆场，宜采取防直击雷措施。当其年计算雷击次数大于或等于 0.06 时，宜采用独立接闪杆或架空接闪线防直击雷。

在计算雷击次数时，建筑物的高度可按堆放物可能堆放的高度计算，其长度和宽度可按可能堆放面积的长度和宽度计算。

（3）当采用接闪器保护建筑物、封闭气罐时，其外表面 2 区爆炸危险环境可不在滚球法确定的保护范围内。

（4）当一座防雷建筑物中兼有第一、二、三类防雷建筑物时，其防雷分类和防雷措施宜符合下列规定：

1）当防雷建筑物可能遭直接雷击时，宜按各自类别采取防雷措施。

2）当防雷建筑物不可能遭到直接雷击时，可不采取防直击雷措施，可仅按各自类别采取防雷电感应和防雷电波侵入的措施。

第三节　雷电感应过电压的防护

一、雷击电磁脉冲的分区

现代建筑一般多为框架结构的多层或高层建筑，大量垂直和水平的钢筋包围高层建筑使之成为一个实际意义上的法拉第笼。如果将钢筋互相连接成电气通路（见图 7-21），就会使

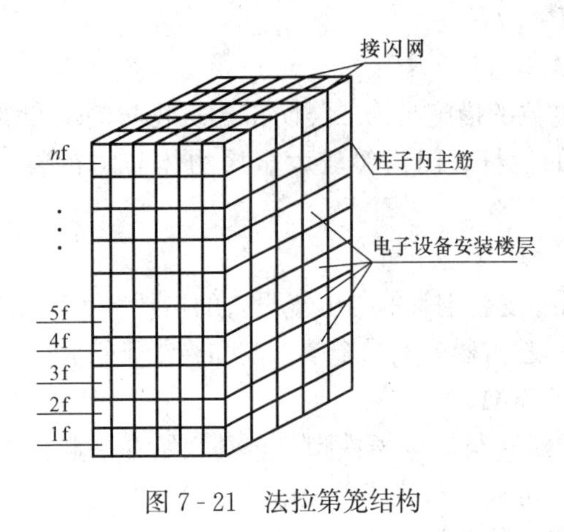

图 7-21 法拉第笼结构

整座大楼具有良好的接地体和极低的接地电阻，多层屏蔽及等电位面，形成一个严密的防雷接地体系。但是，单纯采用法拉第笼原理，很难保证信息系统的防雷要求，即既能防直击雷，又能防雷击电磁脉冲。电磁兼容性（Electromagnetic Compatibility，EMC）一般指设备或系统在其电磁环境中能正常工作，且不对环境中的其他设备和系统构成不能承受的电磁干扰的能力。因此，从电磁兼容的观点看来，有必要把一个欲保护的区域，由外至内分为几个保护区。按数字越大者越安全的规律排列，最外层是 0 级，是直接雷击区域，危险性最高；越往里，危险性越低。这样就将需要保护的空间划分成不同的防雷区，以规定各部分空间不同的雷击电磁脉冲的严重程度和指明各区交界处的等电位联结点的位置。一般以各区在其交界处的电磁环境有明显改变作为划分不同防雷区的特征。通常，防雷区的级数越高电磁场强度越小。

在 GB 50057—2010《建筑物防雷设计规范》中将防雷区进行了以下划分，如图 7-22 所示。

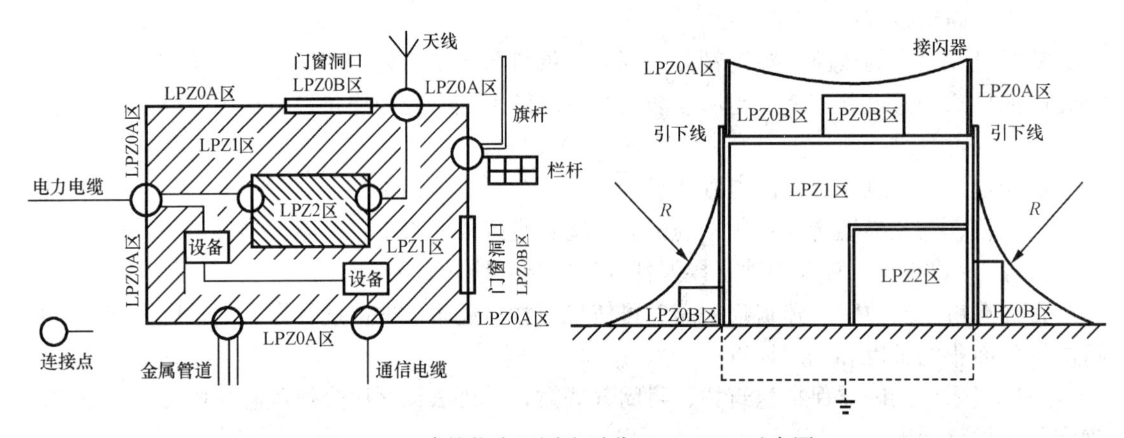

图 7-22 建筑物内不同防雷分区（LPZ）示意图

LPZ0A 区（直击雷非防护区）：本区内的各物体都可能遭到直击雷，因此本区内的各物体都可能导走全部雷电流；本区内的电磁场强度没有衰减。例如：位于建筑物外的各种天线，架空引入的配电线和信号线，非铠装和非穿钢管的电缆，明装或浅埋的金属供水、供气、供热管道等。该区不在接闪器（接闪杆、带、网）的保护范围内。

LPZ0B 区（直击雷防护区）：本区内的各物体几乎不可能遭到大于所选滚球半径对应的雷电流直接雷击，但本区内的电磁场强度没有衰减。例如，全铠装的电力、电信电缆，穿金属管且长度大于 50m 的深埋电缆等。要求铠装电缆的外层铠皮和金属管至少两端接地或每一次穿界面都接地。该区在接闪器（接闪杆、带、网）的保护范围内。

LPZ1 区（第一防护区）：本区内的各物体不可能遭到直接雷击，流经各导体的电流比 LPZOB 区更小；本区内的电磁场强度可以衰减，这取决于屏蔽措施。例如，高低压配电室、电容器室、变压器室，通信电缆和计算机网络跳线、配线用总配线室，沿窗口的外走廊，有外窗户的一般办公区等地方。

LPZ2 区（第二防护区）：进一步减小所导引的雷电流或电磁场强度而引入的后续防护区。例如，一些重要的电子设备和有大量精密仪器的机房、仪表室及办公区域。

LPZ*n* 区（后续防护区）：当需要进一步减小雷击电磁脉冲，以保护敏感度水平高的设备的后续防护区。通常指信息设备机箱、机架、机框内的空间，其电磁场强度又得到进一步衰减。

二、防雷击电磁脉冲装置

电涌保护器（Surge Protective Device，SPD）又称浪涌保护器，实际上也就是一种防雷击电磁脉冲的防雷装置。目前应用最广泛的是氧化锌压敏电阻型电涌保护器。根据 IEC（国际电工委员会）规定，电涌保护器是一种抑制过电压和过电流的保护装置。它具有快速响应的特点，通过自身优良的非线性特性来实现对过电压和过电流的抑制作用。

（一）电涌保护器的应用

1. 电涌保护器的作用

电涌保护器的作用是将电气系统、信息系统中作等电位联结的带电导体（例如电源线、信号线等）经过电涌保护器与接地系统联结，在 SPD 动作前形成一种“准等电位联结”。在 SPD 动作后则利用电涌保护器的非线性特性来限制瞬时过电压和分流瞬时过电流，从而形成等电位联结，以达到保护电气系统和信息系统的目的。

电涌保护器（SPD）一般并联在电源线路上。在正常工作条件下，快速响应模块呈现高电阻特性，泄漏电流很小；当电源线路上出现过电压时，流过快速响应模块上的电流迅速增加，快速响应模块呈现低电阻特性，使过电压的能量迅速经 SPD 泄放到大地，从而抑制了电源线路的过电压。

2. 电涌保护器的主要技术参数

（1）冲击电流：它反映了 SPD 耐雷电流的能力，包括幅值电流和电荷，其值可根据建筑物的防雷等级和进入建筑物的各种设施进行分流计算而获得。

（2）标称放电电流：流过 SPD 的 8/20μs 电流波的峰值电流，用于对 SPD 做Ⅱ级分类实验的预处理。对于Ⅰ级分类实验 I_n 不小于 15kA，对于Ⅱ级分类实验 I_n 不小于 5kA。(8/20）μs 电流波型一般用来模拟雷电感应时的雷电脉冲电流波型。其中，8μs 表示雷电脉冲电流从零达到 90%峰值的时间，而 20μs 则表示从峰值下降到 50%峰值的时间。

（3）最高保护水平：在标称放电电流下的残压，又称 SPD 的最大钳压，对于电源保护器而言，可分为一、二、三级保护，保护级别决定其安装位置，在信息系统中保护级别需与被保护系统和设备的耐压能力相匹配。

（4）残压：放电电流通过 ZnO 阀片时在 SPD 端子间产生的电压峰值。它充分形容了 SPD 设备的性能和保护水平。选用防雷设备时，首要考虑的就是将残压限制在一定的水平。

（5）响应时间：这是 SPD 的一个重要的参数，也是最容易引起误解的参数之一。SPD 的响应时间通常被认为是从施加一个浪涌波形起到该组件动作止的时间。

火花间隙防雷保护器，这类装置几乎是瞬时从高阻抗切换到非常低的阻抗状态。它的响应时间是不恒定的，而是取决于所施加的浪涌电流幅值、上升率以及火花间隙的间距等因素。

对于固态组件（比如压敏电阻和雪崩二极管）的装置，其响应时间则没有那么容易定义。固态半导体中的雪崩传导，比火花隙中的气体离子化大约快 1000 倍。这些器件进入导通状态也更缓和，单结保护器件（比如 TVS 二极管）的响应时间大约为 1ns，而多结保护器件（比如压敏电阻）的响应时间则在 3～5ns 之间。

然而，这些响应时间也仅适用于组件本身的特性，即使保护器配用短至几英寸长的连接导线，也会引入相当大的串联电感，从而将有效的响应时间增大 10 倍以上。所以，当固态组件连接在电涌保护器电路的内部时，它们的响应时间实际上没有太大的差别。

3. 选择电涌保护器时应考虑的因素

（1）电气和信息系统的设备，除天线和某些传感器是工作在防雷区中的 LPZ0B 区外，其他主要设备均工作在 LPZ1 和 LPZ2 防雷区。所以，对这些设备系统来说，主要应考虑对雷击电磁脉冲的防护，即主要考虑建筑物内部防雷。对这些区域来说，雷电流已经分流，电磁场强度已得到衰减。

（2）因为电涌保护器是安装在电源线路和信号线路上的，所以应考虑 SPD 的安装位置、SPD 的组合形式，以及 SPD 的通流量、负载能力、残压、响应速度等参数，以便与被保护设备适当配合。

（3）对多级 SPD 保护，要考虑各级 SPD 之间的能量配合以及 SPD 与被保护设备的配合。总之，各级 SPD 要泄放的能量应比 SPD 能承受的能量低，靠近设备的 SPD 的残压要低于被保护设备所能耐受的冲击电压。

（4）常规的多级 SPD 通流量是逐级减小的。以低压供电系统为例，第一级选用大通流量的 SPD，安装在 LPZ0B 与 LPZ1 交界处。第二、三级选用通流较小的 SPD，安装在相应的防雷区界面处。这样安装的前提条件是雷击电磁脉冲一定是由 LPZ0B 区处侵入电源线路的，所以需要这样层层设防。

实际上很多建筑物不存在定义上的 LPZ1 区，常常在防雷区中存在 LPZ0B 区，甚至存在 LPZ0A 区。例如在 LPZ1 区的开放部分，例如门、窗附近。另一方面，当直击雷击在由法拉第笼组成屏蔽体系的建筑物上，强大的雷电流通过法拉第笼向大地泄放时，在建筑物内整个空间内都会产生很强的电磁场，并产生谐振，这会在建筑物内各条线路中感应出很强的过电压和过电流。这样一来，以上分级安装的条件起了变化，信息系统所处的电磁环境变了，所以逐级保护就可能起不到保护作用。

（5）实际应用中，应选用较大通流量或有热备份的 SPD。因为在多次雷击时，通流量大一些的 SPD 所能承受的雷击次数比通流量较小的 SPD 所能承受的雷击次数多好几倍。有热备份的 SPD 在主要部分被击穿后，备份芯片仍能起到限压分流的作用，所以重要设备的保护应选用有热备份的 SPD。

（二）屏蔽、接地、等电位联结

1. 屏蔽

屏蔽是减少电磁干扰的基本措施。在建筑物中一般采取三种基本屏蔽措施：一是建筑物和房间的外部屏蔽；二是线路屏蔽；三是以合适的路径敷设线路。以上三种措施宜综合应用。

（1）建筑物的屏蔽：当雷击在有屏蔽的建筑物上，强大的雷电流通过法拉第笼向大地泄放时，在建筑物内整个空间内都会产生很强的电磁场。在此区域内所有的相邻金属物体、管道和线路等都会感应出很高的过电压和过电流，将会严重干扰甚至危害该区域内信息系统的正常工作，甚至烧毁设备。

为了改进电磁环境，所有与建筑物组合在一起的大尺寸金属件都应等电位联结在一起，并与防雷装置相连，但第一类防雷建筑物的独立接闪杆及其接地装置除外；例如屋顶金属表面、立面金属表面、混凝土内的钢筋和金属门窗框架等。

当建筑物或房间的空间屏蔽是由金属支撑物、金属框架或钢筋混凝土的钢筋等自然构件组成时，这些构件形成一个格栅形的大屏蔽空间，进入这类屏蔽空间的导电金属物应就近与屏蔽格栅做等电位联结。对屏蔽区内磁场强度的计算如下。

1）闪电击于格栅形空间屏蔽以外附近的情况，如图 7-23 所示。在无屏蔽时所产生的无衰减磁场强度 H_0，相当于处在 LPZ0 区内的磁场强度，其计算式为

$$H_0=\frac{i_0}{2\pi S_a}(\mathrm{A/m}) \tag{7-32}$$

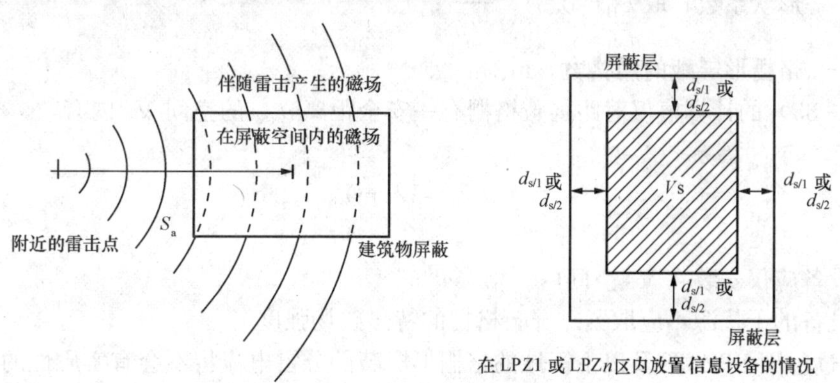

图 7-23　附近雷击时的环境情况

式中　i_0——雷电流，查雷电流参数得到，A；

S_a——雷击点到屏蔽空间之间的平均距离（见图 7-23），m。

当有屏蔽时，在格栅形空间内，磁场强度从 H_0 减少为 H_1，其计算式为

$$H_1=\frac{H_0}{10^{\frac{SF}{20}}}(\mathrm{A/m}) \tag{7-33}$$

式中　SF——屏蔽系数，dB，按表 7-7 计算。

表 7-7　格栅形大空间屏蔽的屏蔽系数表

材料	SF/dB	
	25kHz①	1MHz②
铜/铝	$20\log(8.5/W)$	$20\log(8.5/W)$
钢③	$20\log\left[(8.5/W)/\sqrt{1+18\times10^{-6}/r^2}\right]$	$20\log(8.5/W)$

注　①适用于首次雷击的磁场；

②适用于后续雷击的磁场；

③相对磁导系数 $\mu_r\approx200$。

W—格栅形屏蔽的网格宽，m，适用于 $W\leqslant5$m；

r—格栅形屏蔽网格导体的半径，m。

表 7-7 的计算值仅对在 LPZ1 区内距屏蔽层有一安全距离 $d_{s/1}$ 的安全空间 V_s 内才有效。$d_{s/1}$ 的计算式为

$$d_{s/1}=W\frac{SF}{10}(\text{m}) \tag{7-34}$$

式中　W——格栅形屏蔽的网格宽，m。

2）在雷电直接击在位于LPZ0A区的格栅形大空间屏蔽上的情况下，其内部LPZ1区内Vs空间内某点的磁场强度 H_1 的计算式为

$$H_1=k_H i_0\frac{W}{(d_w\sqrt{d_r})}(\text{A/m}) \tag{7-35}$$

式中　d_r——被考虑的点距LPZ1区屏蔽顶的最短距离，m；

d_w——被考虑的点距LPZ1区屏蔽壁的最短距离，m；

k_H——形状系数，取 $k_H=0.01$，$\frac{1}{\sqrt{m}}$；

W——格栅形屏蔽的网格宽，m。

式（7-35）的计算值仅对距屏蔽格栅有一安全距离 $d_{s/2}$ 的空间Vs内有效，$d_{s/2}$ 应符合计算式

$$d_{s/2}=W(\text{m}) \tag{7-36}$$

的要求。

信息设备应仅安装在Vs空间内。

信息设备的干扰源不应取紧靠屏蔽格栅的特强磁场强度。

3）流过包围LPZ2区及以上区域的格栅形屏蔽的分雷电流将不会有实质性的影响作用，处在LPZn区内LPZ$n+1$区的磁场强度将由LPZn区内的磁场强度 H_n 减到LPZ$n+1$区内的 H_{n+1}，其值可近似地计算为

$$H_{n+1}=\frac{H_n}{10^{\frac{SF}{20}}}(\text{A/m}) \tag{7-37}$$

式（7-37）适用于LPZ$n+1$区内距其屏蔽有一安全距离 $d_{s/1}$ 的空间Vs。$d_{s/1}$ 应按式（7-34）计算。

（2）线路的屏蔽：在信息传输线路上通常要求受保护的信号不受电磁干扰，防止这种干扰的有效方法就是采用屏蔽。《建筑物防雷设计规范》指出：在需要保护的空间内，采用屏蔽电缆时，其屏蔽层应至少在两端并宜在防雷区交界处做等电位联结，当系统要求只在一端做等电位联结时，应采用两层屏蔽。外层屏蔽按前述处理，以使与电磁干扰有关的近磁场在屏蔽层上产生一电流，然后利用这一屏蔽层电流在传输型号的线路上建立起反向电流，它们的相位差接近180°，以抵消原来在该导线上感应的电磁干扰电流。因为屏蔽层仅一端做等电位联结而另一端悬浮时，它只能防静电感应，防不了磁场强度变化所感应的电压。为了减少屏蔽芯线的感应电压，在屏蔽层仅一端做等电位联结的情况下应采用有绝缘隔开的双层屏蔽，外层屏蔽至少应该两端做等电位联结。在这种情况下，外屏蔽层与其他同样做了等电位联结的导体构成环路，感应出一个电流，因此产生一个削弱源磁场强度的磁通，从而基本上抵消掉无外屏蔽层时所感应的电压。

（3）以合适的路径敷设线路。在建筑物内以合适的路径敷设线路，可减少雷电电磁脉冲的侵害。因此，建筑物内的强电线路与弱电线路应分开走线，垂直敷设的各种电气干线应集中在建筑物的中心部位，例如电缆竖井内。各种电气线路宜采用钢管穿线，因为钢管的屏蔽

效果很好，防止反击事故的能力强。

2. 等电位联结与共同接地系统

需要保护的电子信息系统必须采取等电位联结与接地保护措施。电气和电子设备的金属外壳、机柜、机架、金属管（槽）、屏蔽线外层、信息设备防静电接地、保护接地及SPD的接地端等，均应以最短的距离与等电位联结网络的接地端子联结。最短的距离系指连接导线应最短。过长的连接导线将构成较大的环路面积，增大防雷空间内LEMP的耦合概率，从而增大LEMP的干扰度。

（1）信息系统设备等电位联结的网络结构。信息系统设备等电位联结的基本方法如图7-24所示。

S型结构一般宜用于电子信息设备相对较少或局部的系统，例如消防、BAS、扩声等系统。当采用S型结构等电位联结网时，该信息系统的所有金属组件，除等电位联结基准点ERP外，均应与共同接地系统的各部件之间有足够的绝缘（大于10kV，1.2/50μs）。S型结构等电位联结网只允许单点接地，接地线可就近接至本机房或本楼层的等电位联结端子板。

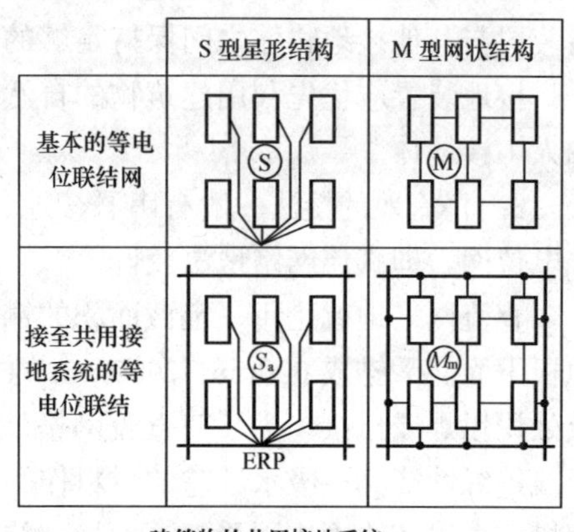

图7-24　电子信息系统设备等电位联结的基本方法

对于较大的电子信息系统宜采用图7-24中所示M型网状结构，例如计算机房、通信基站等。此时，电子信息系统的所有金属组件不应与共同接地系统的各组件绝缘。M型网状等电位联结网应通过多点组合到共同接地系统中去，并形成M_m型等电位联结网络。

对于更复杂的电子信息系统，宜采用上述S型与M型两种结构形式的组合。一般多为S型+M型或者M型+M型。组合型式的等电位联结更加灵活、方便，而且便于接线、安全可靠。

电子信息系统的等电位联结网采用S型还是M型，除了考虑系统设备多少和机房面积大小外，还应根据电子信息设备的工作频率来选择等电位联结网络形式及接地形式，以便有效地消除杂信干扰。

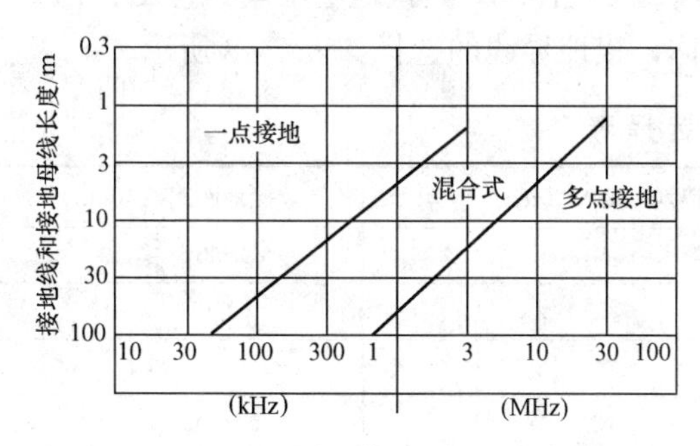

图7-25　信息系统工作接地形式选择图

电子信息系统工作接地形式选择与工作频率的关系如图7-25所示。

（2）计算机机房的接地。

1）计算机机房可能有四种接地。交流工作接地和安全保护接地，其接地电阻不应大于4Ω或1Ω；直流工作接地，其接地电阻应按计算机系统的具体要求确定；防雷接地，其接地电阻则应按国家标准GB 50057—2010《建筑物防雷设计规范》执行。

交流工作接地就是把计算机中使用交流电的设备作二次接地或经特殊设备与大地作金属

联结。安全保护接地通常是将所有机柜的机壳，用一些绝缘导线串联起来，再用接地线将其接地或者接到配电柜的PE线上。计算机系统的直流地（亦称逻辑地）对不同的计算机系统有不同的处理方法，一般分为直流地悬浮和直流地直接接大地两种，从安全角度而言，直流地应直接接大地。

交流工作接地、安全保护接地、直流工作接地、防雷接地等四种接地宜共同一组接地装置，其接地电阻应按其中最小值确定。若防雷接地需单独设置接地装置时，其余三种接地宜共用一组接地装置，其接地电阻不应大于其中最小值，并应采取防雷电反击措施，例如使防雷装置与其他接地物体之间保持足够的安全距离等。

接地装置应优先利用建筑物的自然接地体，当自然接地体的接地电阻达不到要求时应增加人工接地体。

2）直流地的接法一般有串联接地、并联接地和信号基准电位三种类型。其中，信号基准电位网，即直流网络地法较好。

直流网络地就是用一定截面积的铜带（建议用1～1.5mm厚、25～35mm宽），在活动地板下面交叉排成600mm×600mm的方格，其交叉点与活动地板支撑的位置交错排列。交点处用锡焊或压接。为了使直流网格地与大地绝缘，在铜皮下应垫2～3mm厚的聚氯乙烯板或绝缘性能高、吸水性差的材料作为直流网络地绝缘体，若用绝缘橡皮则应采取相应的防潮措施，以防止橡皮因受潮等而导致绝缘性能降低。

计算机各机柜的直流网络地，都要用多股编织软线联结到直流网络地的交点上。

3）计算机系统的接地应采用单点接地并采取等电位联结措施。当多个计算机系统共用一个接地装置时，宜将各计算机系统分别采用接地线与接地体联结。

接地引下线一般应选用截面积不小于35mm^{2}的多芯铜电缆，以减少高频阻抗。

重要部门计算机室内的非计算机系统的管、线、风道或暖气片等金属物体，均应做接地和等电位联结处理。

计算机房的低压配电系统不能采用TN—C系统，一般应采用TN—S系统。考虑到电脑开关电源所产生的$3n$次谐波的影响，计算机房的电源的N线截面宜不小于相线截面。

（3）综合布线系统的接地。综合布线系统采用屏蔽措施时，应有良好的接地系统。综合布线系统的所有屏蔽层应保持连续性，并注意保证导线相对位置不变。其具体安装方式如下：

1）屏蔽层的配线设备端应接地，用户（终端设备）端视具体情况宜接地，两端的接地应尽量连接同一接地体。若接地系统中存在两个不同的接地体时，其接地电位差不应大于1V。

2）每一楼层的配线柜都应单独布线至接地体，接地导线的选择如表7-8所示。

表7-8　　接地导线选择表

名　称	接地距离≤30m	接地距离≤100m
接入自动交换机的工作站数量/个	≤50	>50，≤300
专线的数量/条	≤15	>15，≤80
信息插座的数量/个	≤75	>75，≤450
工作区的面积/m^2	≤750	>750，≤4500
配线室或电脑室的面积/m^2	10	15
选用绝缘铜导线的截面/mm^2	6～16	16～50

3）信号插座的接地可利用电缆屏蔽层联结至每层的配线柜上。工作站的外壳接地应单独布线联结至接地体，一个办公室的几个工作站可合用同一条接地导线，应选用截面积不小于 $25mm^2$ 的绝缘铜导线。

4）综合布线的电缆采用金属槽道或钢管敷设时，槽道或钢管应保持连续可靠的电气联结，并在两端有良好的接地。

5）干线电缆的位置应接近垂直的地导体（例如建筑物的钢结构），并尽可能位于建筑物的网络中心部分。

6）综合布线系统有源设备的正极或外壳、电缆屏蔽层等均应接地。且宜采用联合接地方式，如同层有接闪带及均压网时应与此联结，使整个大楼的接地系统组成一个笼式均压体。

3. 等电位联结

（1）等电位联结的分类。等电位联结的目的在于减小需要防护的空间内各金属物与各系统之间的电位差。防雷等电位联结就是将分开的诸金属物体直接用导体或经电涌保护器联结到防雷装置上，以减少雷电引发的电位差。等电位联结一般可分为以下三类，即总等电位联结（MEB）、局部等电位联结（LEB）和辅助等电位联结（SEB）。

总等电位联结（MEB）作用于全建筑物，它在一定程度上可降低建筑物内的接触电压和不同金属部件间的电位差，并消除自建筑物外经电气线路和各种金属管道引入的危险电压。在建筑物的电源进线处，一般都装有总等电位联结端子板。

辅助等电位联结（LEB）是在设备的外露可导电部分之间，用导线直接联结，使它们之间的电位相等或接近。一般而言，当某部分电气装置的接地故障保护不能满足切断回路的时间要求时，则应作辅助等电位联结，其目的是把两个导电位部分联结以降低接触电压。

局部等电位联结（SEB）是在一局部场所范围内通过局部等电位联结端子板把各可导电部分联结起来。例如，在浴室、游泳池、医院手术室等发生电击的危险性较大的场所，电气设备要求更低的接触电压或为了满足信息系统抗干扰的要求时，应设置局部等电位联结。

实际上可以认为，以前所说的"接地"就是一种特殊的"等电位联结"，即"接地"就是以大地为参考电位，在地球表面实施的"等电位联结"，而"等电位联结"则可视为以金属导体代替大地，以导体电位作参考电位的"接地"。可见，"等电位联结"是一种比"接地"更为广泛和本质的概念。

（2）等电位联结的有效性。GB 50057—2010《建筑物防雷设计规范》规定：装有防雷装置的建筑物，在防雷装置与其他设施和建筑物内人员无法隔离的情况下，应采取等电位联结。

关于等电位联结的有效性测定，为了在实际工作上容易执行，主要参考了德国标准，提出了等电位导通性的量化标准 3Ω 的数值。在用电设备投入运行之前，对等电位用的管夹、端子板、联结线、有关接头、截面和整个路径上的色标要进行一次检验，测量等电位联结端子板与等电位联结范围内的金属管道末端之间的电阻。这种测量有时是较困难的，因为一般距离较远，建议进行分段测量，然后将电阻值相加。有人担心测量后电阻不满足要求时没有较好的补救措施，其实所测得的电阻值主要为接触电阻，如果联结可靠或增补一些跨接线，做到 3Ω 以下应是不困难的。在导通性测试中。测试电源可采用空载电压为 4～24V 的直流或交流电源，测试电流不小于 0.2A；最好用 5A 的测试电流，电流太小测量值不准确。目前国外及国内已有专门厂家生产测试等电位联结有效性用的测试仪，用于检测比较方便。

对于辅助等电位联结和局部等电位联结，防电击的有效性可通过计算进行校验，即

$$R \leqslant U/I_a \tag{7-38}$$

式中 R——可同时触及的外露可导电部分和外界可导电部分之间的电阻，Ω；

I_a——切断故障回路时间不超过 5s 的保护电器动作电流，A；

U——允许持续接触电压限值（一般场所内为交流 50V 或直流 120V，潮湿场所为交流 25V 或直流 60V）。

例如，采用整定值为 16A 的断路器，其瞬动电流脱扣器整定电流为 160A，则 $I_a=1.3\times160=208$A，一般场所内 $U=50$V，$R\leqslant U/I_a=50/208=0.24\Omega$。则在此种情况下，同时触及的外露可导电部分和装置外可导电部分之间的电阻小于 0.24Ω 时，等电位联结是有效的。

如果采用漏电断路器，其额定漏电动作电流为 30mA，则 $I_a=0.03$A，一般场所内 $U=50$V，则 $R\leqslant U/I_a=50/0.03=1666.7\Omega$。即同时触及的外露可导电部分和装置外可导电部分之间的电阻在此种情况下小于 1666.7Ω 时，等电位联结是有效的。如果是潮湿场所，$U=25$V，则 $R\leqslant U/I_a=25/0.03=833.3\Omega$。

（3）防雷等电位联结中导线的截面。按有关设计和施工验收规范的要求，防雷等电位联结中使用的导线的规定见表 7-9。

表 7-9　　防雷等电位联结线的最小允许截面表

截面 / 不同部位 / 材料	总等电位联结处 LPZOB 与 LPZI 交界处	局部等电位联结处 LPZ1 与 LPZ2 以下交界处
铜线	16mm^2	6mm^2
钢材	50mm^2	16mm^2

建筑物等电位联结干线应从接地装置有不少于 2 处直接联结的接地干线或总等电位箱引出，等电位联结干线或局部等电位箱之间的联结线应形成环形网络，环形网络应就近与等电位联结干线或局部等电位箱联结。

支线之间不应串联联结。

等电位联结端子板的最小截面不应小于 50mm^2 的铜或热镀锌钢材料。

等电位联结中的裸露导体或其他金属部件、构件与支线应可靠联结，熔焊、钎焊或机械紧固后应保证导通正常。

需等电位联结的金属部件或零件，应有专用联结螺栓与等电位联结支线连接，且有标识。联结处应有防止紧固松散的措施。

（4）等电位联结用的材料。防雷等电位联结中的等电位联结线及端子板的推荐使用材料为铜和钢两种材料。但用铜材与基础钢筋或地下的钢材管道相联结时，应充分注意到铜和钢铁具有不同的电位。铜的标准电位是＋0.35V，而钢铁的标准电位是－0.44V，它们与土壤中水分及盐类形成的电解液组合在一起就会产生原电池效应。会出现电化学腐蚀，基础钢筋或钢管就会加快被腐蚀掉。因此在土壤中应避免使用裸铜线或带铜皮的钢线作联结线。

对于防雷等电位来说，如果用裸铜线作为联结线与基础钢筋或钢管、钢容器相联结时，应在与基础钢筋相联结处用放电间隙把裸铜线与基础钢筋隔开，在平时裸铜线与基础钢筋不能形成敌情通路，从而也就不能形成原电池产生电化学腐蚀。而在有雷电流通过时，放电间隙可把两端接通，起到散流和等电位的作用，这样一来就可以避免或减少腐蚀危害。因此，与基础钢筋连接时，建议联结线选用钢材，这种钢材最好也用混凝土保护，这样一来就与基础钢筋的电位基本一致，不会形成电化学腐蚀。在与土壤中的钢管等联结时，也应采取防腐措施，如选用塑料电线或铅包电缆等。

金属水管、建筑物基础钢筋等可作为接地极，是接地装置的一部分。而在做等电位联结时，等电位联结端子板应与下列金属部分连通，但不允许下列金属部分作为联结线使用：

金属水管；

输送爆炸性气体或液体的金属管道；

正常情况下承受机械压力的结构部分；

容易弯曲的金属部分；

钢索配线的钢索。

(5) 防雷等电位和信息技术设备的等电位。在 GB 50057—2010《建筑物防雷设计规范》中增加了电磁兼容方面的内容，但主要是对信息系统的电源线路做过电压防护，即在电源进线处、分配电箱处、末端配电箱或末端插座处均宜安装电涌防护器（SPD）实施三级防护。但在防雷工程的等电位联结中还应考虑以下几种措施：

在信息线路的进线端、设备端加装信号线用 SPD；

在网络系统上安装数据线用 SPD；

在天线馈线、同轴电缆入户处加装同轴型 SPD。

信息设备的等电位联结方式一般可按以下三种形式之一或组合。

1）放射式接地。用电源线路的 PE 线做放射式接地，如图 7-26 所示。

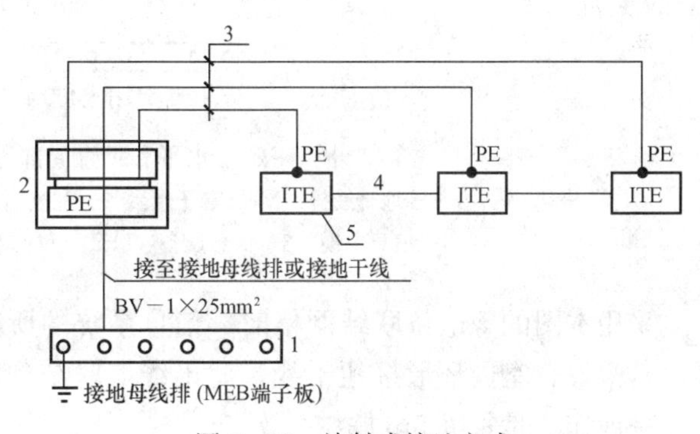

图 7-26 放射式接地方式

1—接地母线排（MEB 端子板）；2—配电箱；3—PE 线，与电源线共管；4—信息电缆；5—信息设备（ITE）

这种联结为 IT 设备设置专用的配电回路、PE 线与其他配电回路、PE 线及装置外导电部分绝缘，可显著减低干扰。IT 设备配电箱 PE 母排也宜用绝缘导线接到总接地母排。

2）水平等电位联结。水平等电位联结也称网格式接地，如图 7-27 所示。

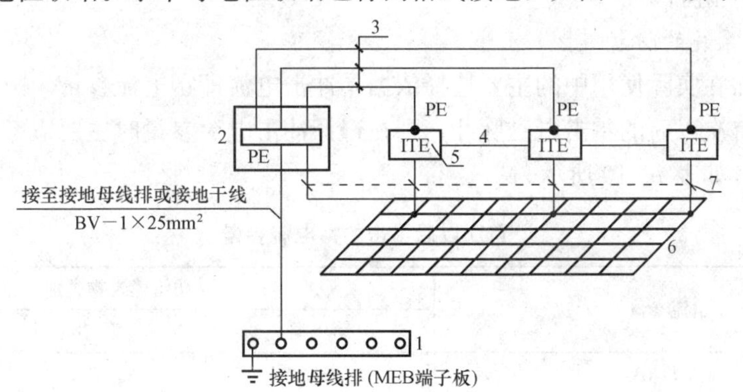

图 7-27 水平等电位联结方式

1—接地母线排（MEB 端子板）；2—配电箱；3—PE 线，与电源线共管；4—信息电缆；5—信息设备（ITE）；6—等电位金属网格；7—LEB 线

这种联结的做法是放射式接地的作法再加上金属网格联结。等电位金属网格可采用宽60～80mm，厚0.6mm的紫铜带在架空地板下明敷，无特殊要求时，网格尺寸不大于600mm×600mm，紫铜带可压在架空地板支柱下。此网格宜与其他供电线路（包括PE线）及装置外可导电部分之间绝缘。

3）水平和垂直等电位联结。不同楼层内有信息设备或大型信息系统的建筑物宜采用本方式。整个信息系统内的外露可导电部分及装置外可导电部分与等电位联结网格多重联结，在竖向与上、下层楼板钢筋、管道及其他层等电位金属网格相连通，如图7-28所示。

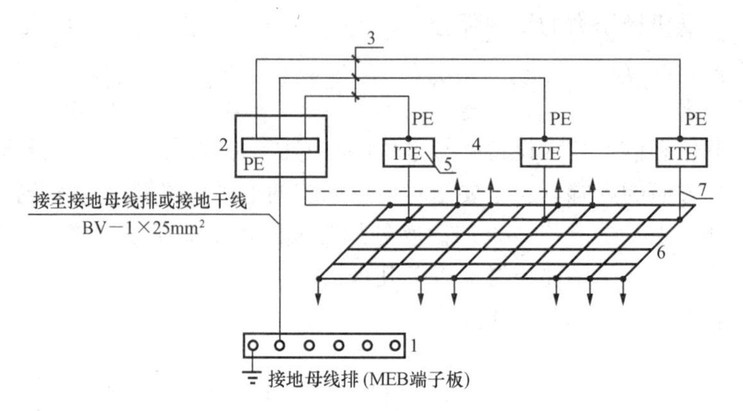

图7-28 水平和垂直局部等电位联结方式

1—接地母线排（MEB端子板）；2—配电箱；3—PE线，与电源线共管；4—信息电缆；5—信息设备（ITE）；6—等电位金属网格；7—LEB线

采用本图的等电位联结网格时，信息系统的所有组件不应与共用接地系统的各组件绝缘。若敷设有室内环形接地干线，此干线应联结到建筑物钢筋或金属立面等其他屏蔽构件上。一般作法是每隔5m联结一次。

三、雷击电磁脉冲的防护措施*

建筑物内的雷击电磁脉冲的防护主要体现在建筑物内的供电系统中，而且主要是在供电线路的防护上，另外就是建筑物内的信息系统（主要包括信息设备和信息传输线路）的保护上。而对于上述保护对象，最简单、最常用、最行之有效的防护措施就是应用电涌保护器（SPD）来对它们进行保护。

（一）供电系统的防护

电涌保护器在实际使用中的主要选择依据是冲击电流即雷电流参量。由于电涌保护的主要目的是防止首次以后的雷击电磁脉冲，则在选择冲击电流参量时主要应考虑首次以后雷击的雷电流参量，如表7-10所示。

表7-10 首次以后雷击的雷电流参量

雷电流参量	防雷建筑物类别		
	第一类	第二类	第三类
幅值 I/kA	50	37.5	20
波头时间 $T_1/\mu s$	0.25	0.25	0.25
半值时间 $T_2/\mu s$	100	100	100

可根据防雷建筑物类别不同分别选取幅值 I（kA）、半值时间 T_2（μs），在确定了接入线路的残压值 U 以后，就可以进行相关选择。由于现代建筑物的综合接地电阻通常较小，一般 $R \leqslant 1\Omega$，所以按不同类别进行选择时，雷电残压值应在 2.5～5kV 之间。

在工程设计中，配电系统的配电级数一般为 3～4 级，根据这一情况，SPD 的保护级数一般也为 3～4 级。其配置示意图见图 7-29。图中示出了 SPD 在不同防雷等级中的通流容量 I、响应时间 T、耐冲击电压水平（残压）U 以及持续工作电压 U_c。如用电设备跨出了原有的防雷分区，该设备前的配电设备装设的 SPD 应按上一级的参数选定。

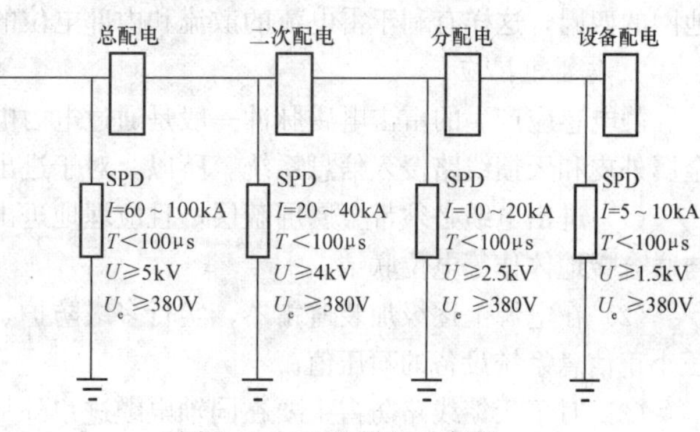

图 7-29　SPD 设置示意图

为了保护各级的 SPD 及 SPD 的检修方便，通常在 SPD 前分别装置一只断路器，其额定电流为：第一级 63A、第二级 40A、第三级 32A。

应按照 GB 50057—2010《建筑物防雷设计规范》第六章中的计算示例计算，按照计算得到的雷电流值 I 来选择电涌保护器。对于在各种防雷建筑物的电力系统设置的三级电涌保护器，一般可参照表 7-11 进行选择。

表 7-11　　电涌保护器（SPD）选择表

建筑物防雷级别 / 电涌保护器级数	一类防雷建筑	二类防雷建筑	三类防雷建筑	
	最大放电电流	最大放电电流	最大放电电流	残压
第一级电涌保护器	65kA，8/20μs	65kA，8/20μs	40kA，8/20μs	4kV
第二级电涌保护器	40kA，8/20μs	40kA，8/20μs	40kA，8/2μs·	1.5kV
第三级电涌保护器	10～15kA，8/20μs	10～15kA，8/20μs	10～15kA，8/20μs	1kV

（二）电子信息系统的防护

随着电子技术的飞速发展，当今世界已进入了计算机网络、有线电视网络、通信网络的信息化时代。一方面由于这类电子设备的元器件高度集成化，耐压与耐过电流的水平相对下降；另一方面，由于有线电视、电信、计算机等电子设备的使用普及和网络的广域化，都增大了电子设备受干扰、损坏的可能。如建筑物外的信号线缆，不管是埋地还是架空，都容易受到雷击引起的瞬态高压的感应，会导致信号中断，并损坏设备。因此，应在信号线的出入口端安装合适的电涌保护器（SPD），抑制由雷击电磁脉冲引起的高电压侵入，确保设备的安全运行。

电子信息系统设备由 TN 交流配电系统供电时，配电线路必须采用 TN—S 系统的接地方式；不能采用 TN—C 系统的接地方式。

1. 防直击雷

为了尽量减少雷击电磁脉冲的产生，一般宜采用抑制型或屏蔽型的直击雷防护措施，如接闪带、接闪网和接闪杆等，以减小直击雷击中的概率。应尽量采用多根均匀布置的引下线，因为多根引下线的分流作用可降低引下线沿线压降，减少侧击的危险，并使引下线泄流产生的磁场强度减小。引下线的均匀布置可使引下线泄流产生的电磁场在建筑物内部空间内部分抵消，以抑制电磁脉冲的产生强度。接地体宜采用环形接地网，引下线宜联结在环形接地网的四周，这样有利于雷电流的散流和内部电位的均衡。

2. 防雷电感应

静电感应产生的雷击电磁脉冲一般是通过电力电缆、通信电缆、视频电缆、光纤电缆的金属外皮和天馈线路侵入信息系统。所以，对于进出电缆防雷的主要措施是：

（1）进出电缆必须带金属屏蔽层，且应埋地进出建筑物，并在进出户电缆金属外屏蔽层与联合接地体作等电位联结。

（2）在电源上逐级加装避雷器，实行多级防护，使雷击电磁脉冲在经过多级泄流后的残压小于信息系统设备的耐压值。

（3）对于天馈线路防雷主要在同轴电缆进户外加装相应的高频电涌保护器，并且天馈线路的顶端通过金属支架接地，如无金属支架，则采用直径 12 以上的镀锌圆钢下引接地。如果天馈线路较长，在其中间应隔 20m 左右与下引接地线跨接一次。

（4）用于建筑物内的信息系统综合布线保护管应采用金属管。

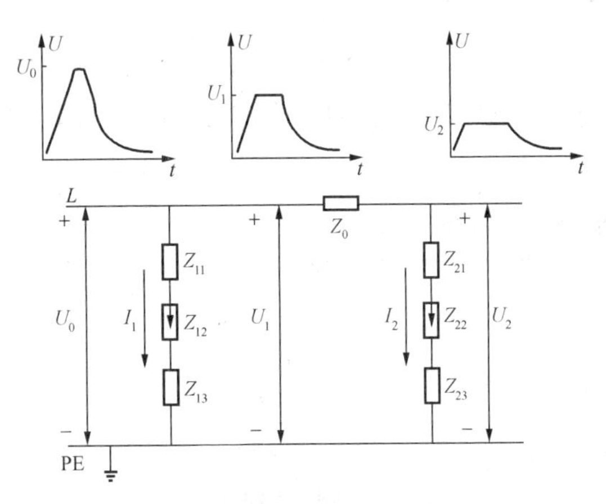

图 7-30　雷击电磁脉冲泄放电流示意图

Z_0—线路阻抗；Z_{11}、Z_{21}—线路和避雷器之间的阻抗；Z_{12}、Z_{22}—避雷器阻抗；Z_{13}、Z_{23}—大地和避雷器之间的阻抗；U_0—雷击电磁脉冲；U_1—前级避雷器后的残压值；U_2—后级避雷器后的残压值；I_1—前级避雷器泄放的雷电流；I_2—后级避雷器泄放的雷电流

避雷器的防雷能力与安装方式有密切关系，主要是引线阻抗会产生额外的残压，应尽可能地缩短电力线路与避雷器之间以及避雷器与接地极之间的联结长度。多级布置避雷器可减小引线阻抗产生的额外残压，因为前级避雷器已将大部分雷电流泄放入地，在后级避雷器中泄放的雷电流较小。$U_1=I_1\times(Z_{11}+Z_{12}+Z_{13})$，$U_2=12\times(Z_{21}+Z_{22}+Z_{23})$，一般来说，后级泄放的雷电流 I_2 为前级 I_1 的 20%左右，所以必然导致引线上的附加残压减小，如图 7-30 所示。

（三）电涌保护器的选择

要使用 SPD 设备对系统进行防雷保护，首先遇到的问题就是如何选择 SPD 设备。SPD 一般必须具备以下条件：

（1）动作时间快：一般应小于 25ns。

（2）相容性：不会对其所保护的设备或线路造成任何干扰及中断。

（3）能承受大电流：虽然直击雷电流可达 200kA，但一般二次感应雷电流不会达到这么高。不同标准对 SPD 设备能承受的电流有不同的规定，但通常第一级防护器最大的都在 60kA 左右。表 7-12 为我国公安部公布的防雷工程中 SPD 设备的选用标准，可供参考。

（4）低允通电压：通过三级防护装置的泄放能将雷电冲击电压降到设备能承受的水平，即小于 700V。

表 7-12　**SPD 设备的选用标准**

雷电区	交流电源 SPD					
	户外交流电源线引入处（第一级）		供电设备前（第二级）		计算机电源接口前（第三级）	
	冲击通流容量	限制电压	冲击通流容量	限制电压	冲击通流容量	限制电压
少雷区	≥10kA	≤1500V	≥5kA	≤1000V	≥5kA	≤500V
中雷区	≥10kA	≤1500V	≥10kA	≤1000V	≥10kA	≤500V
多雷区	≥20kA	≤1500V	≥10kA	≤1000V	≥10kA	≤500V
强雷区	≥40kA	≤1500V	≥20kA	≤1000V	≥10kA	≤500V

（5）全面保护：SPD 必须能提供相线对 PE 线、相线对 N 线和 N 线对 PE 线之间的全面的保护。

（6）反复使用：在正常使用的情况下可承受多次感应雷击，并能自动恢复原始保护状态。

（7）长寿命：经过老化测试，一般在正常的工作环境和状态下能连续工作 10 年以上。

第四节　高层建筑的防雷*

一、高层建筑的概念

关于高层建筑的概念，不同国家、不同地区在不同时期具有不同的理解和含义，对建筑类别、材料品种以及防火要求等因素也有不同的规定。例如美国对高层建筑的起始高度规定为 22～25m、或 7 层以上；日本规定为 11 层、31m；德国规定为 22 层（从室内地面起）；法国规定为住宅 50m 以上、其他建筑 28m 以上。从工程的观点看来，高层建筑定义的本质应在于建筑物的高度（或层数）对于规划、设计、施工，以及对环境的特殊影响程度。例如：是否必须采用电梯等专门解决垂直运输的工具；是否超过消防队一般救火设备的高度等。

在我国，关于高层建筑的界限规定也未完全统一。一般可以认为，10 层及 10 层以上的住宅建筑（包括首层设置商业服务网点的住宅）和建筑高度超过 24m 的公共建筑为高层建筑。高层建筑容易落雷，发生雷害的危险性更大。故在设计高层建筑时，采取有效的防雷设施，对建筑物及其内部的人员和设备的安全都是极为重要的。

雷电的破坏作用有两种。一种是雷电直接击在建筑物上，因雷电的高温而引起建筑物的燃烧。在雷电流的通道上，物体中所含的水分受热汽化膨胀，产生强大的机械力，使建筑物遭到破坏。雷电的另一个破坏作用是由于雷电流变化梯度大而产生强大的交变磁场，使得周围的金属构件上产生感应电流，从而构成火灾危险。另外，雷击架空输电线路时，雷电波沿架空线路侵入室内，造成人身伤亡或设备损坏。

二、高层建筑防雷击的特殊性

1. 雷击的过程

典型的云对地雷击过程如图 7-31 和图 7-32 所示。

大气的流动形成了雷云。随着雷云下部的电荷积累，其电场强度增加到极限值，于是开始电离并向下方梯级式放电，称为下行先导放电。当这个先导逐渐接近地面物体并达到一定

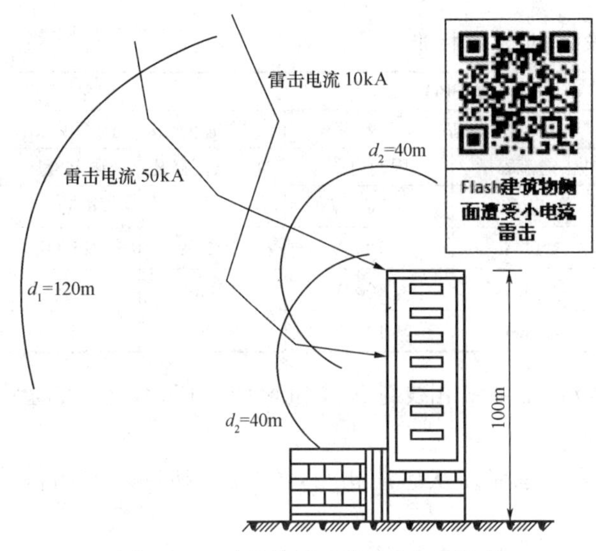

图 7-31 建筑物侧面遭受小电流雷击

距离时，地面物体在强电场作用下产生尖端放电，形成向上的先导并朝向下行先导发展，两者会合形成雷电通路并随之开始主放电，发出明亮的闪电和隆隆的雷声。这种云对地的雷击称为负极性下行先导雷击，它约占全部对地雷击中的 85%左右。其余的还有正极性下行先导雷击、负极性上行先导雷击和正极性上行先导雷击等三种，它们都属于对建筑物可能有破坏作用的雷击。

高层建筑发生上行先导雷击的概率较高，但这种雷击起源于接闪线或接闪杆的尖端，不是接受闪电而是发生闪电，因此一般不必考虑避雷装置对这类雷击的保护范围问题。

2. 击距与侧击

一般认为，当先导放电从雷云向下发展的时候，它的梯级式跳跃只受到周围大气的影响，并没有一定的方向和袭击对象。但它的最后一次跳跃即最后一个梯级就不同了，它必须在这个最终阶段选择被击对象。此时，地面上可能有不止一个物体（比如树木或建筑物）在雷云电场的作用下产生上行先导，并趋向与下行先导会合。在被保护建筑物上安装接闪器，就是使它产生一个最强的上行先导去和下行先导会合。这个最后一次梯级式跳跃的距离，即下行先导在选定被击上点时其端部与被击点之间的距离，称为“闪击距离”，简称“击距”（见图 7-32）。从接闪器来说，它可以在这个距离内把雷电吸引到自己身上，而对于此距离之外的下行先导，接闪器将无能为力。研究发现，闪击距离是一个变量，它和雷电流幅值有关，幅值大相应的闪击距离也大，而雷电流幅值小则相应的闪击距离也小。也就是说，接闪器可以把较远的较强的雷电引向自身，但对较弱的雷电则有可能失去对建筑物的有效保护。

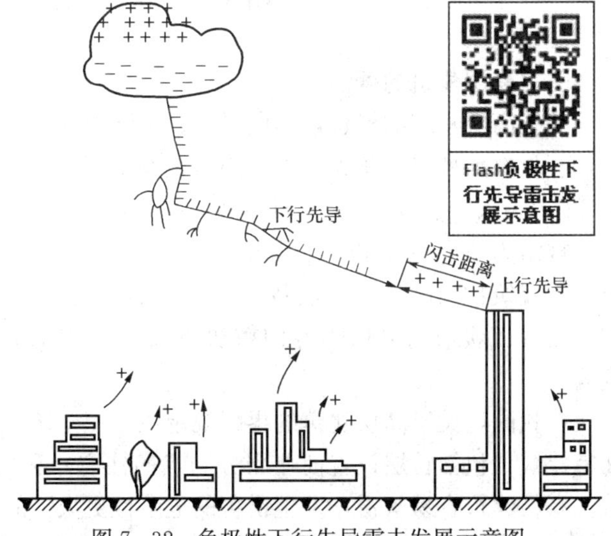

图 7-32 负极性下行先导雷击发展示意图

图 7-31 所示的一座高层建筑上的避雷带，它可以把 100m 处的 50kA 的雷击先导吸引到自己身上，使建筑物不受雷击（设此时的击距为 120m）。但对于一个较近的距离只有 50m 的 10kA 的雷击先导，由于超过了相应的 45m 的闪击距离（见表 7-2），接闪带就不能把它吸引过来，在建筑物上高 60m 处有一个金属窗框，由于雷击先导已进入到对它的闪击距离之内，于是金属窗框受到雷击。幸而这个雷击电流较小，例如只有 10kA，它没有给建

筑物本身的结构造成很大的破坏。这种幅值较小的雷电流击中建筑物侧面的现象，称为“侧击”。

三、高层建筑防雷的常用措施

防雷是一个系统工程。总的来说，高层建筑的防雷系统应按照“综合治理，整体防御，突出重点，多重保护”的原则，充分利用高层建筑物的结构，将防雷系统内的接闪、分流、均压、屏蔽、布线、接地与等电位联结等六个要素与建筑物的结构有机地结合在一起，进行综合治理。

1. 防直击雷（包括防侧击）

（1）在高层建筑顶部和其他易受雷击的部位装设接闪杆或接闪带、接闪网等。利用结构中的多根主钢筋作引下线，利用整个钢筋混凝土基础作接地装置。这样做，一般都能达到接地电阻不大于1Ω的要求。

（2）自30m及以上，沿建筑物四周外墙的圈梁内用扁钢作接闪带。实际施工中可将30m以上每层圈梁内的主钢筋和外墙上所有金属门窗、阳台等金属构件沿水平方向焊接起来作均压带，并与竖直方向作引下线的多根结构钢筋焊接。

（3）自30m以下，每间隔三层，沿建筑物四周将圈梁内的主钢筋沿水平方向焊接起来作均压带，并与竖直方向作引下线的多根结构钢筋焊接。

这样，整个高层建筑的金属部分全部成为一个法拉第笼，不但可以有效地防直击雷（包括防侧击），且同时具有均压、屏蔽和分流的效果。

为防止出现危险的接触电压、跨步电压和防止雷电反击，高层建筑内应做好等电位联结。

2. 防雷电感应

上述法拉第笼和等电位联结也是防雷电感应的有效措施。

为防止静电感应产生火花，建筑物内的金属物体（例如管道、设备、构架、电缆外皮、钢窗等金属构件）和突出屋面的金属物（例如风管等）均应可靠接地；金属屋面和钢筋混凝土屋面（其中钢筋应绑扎或焊接成电气通路）沿周边每隔18m应用引下线接地（可利用竖直方向的柱内结构钢筋作引下线）。

为防止电磁感应产生火花，平行敷设的长金属物（例如管道、构架等），其相互间净距小于100mm时应每隔20～30m用金属线跨接，净距小于100mm的交叉处及管道连接处（例如阀门、弯头等）亦应用金属线跨接。

3. 防雷电波侵入

电源进线采用直埋电缆。金属管道进入建筑物时也尽量采用埋地方式。电缆和金属管道进入建筑物处应作等电位联结。

4. 屏蔽

屏蔽的主要目的之一是防雷击电磁脉冲对信息系统的干扰。将高层建筑的接闪带以及水平、竖直方向的结构钢筋联结成一个法拉第笼就是一种很好的屏蔽措施。它和等电位联结配合起来就构成了高层建筑防雷击电磁脉冲的有效措施。

四、高层建筑的等电位联结

高层建筑内应设总等电位联结端子板，每层竖井内设置楼层等电位联结端子板，各设备机房设置局部等电位联结端子板，如图7-33所示。

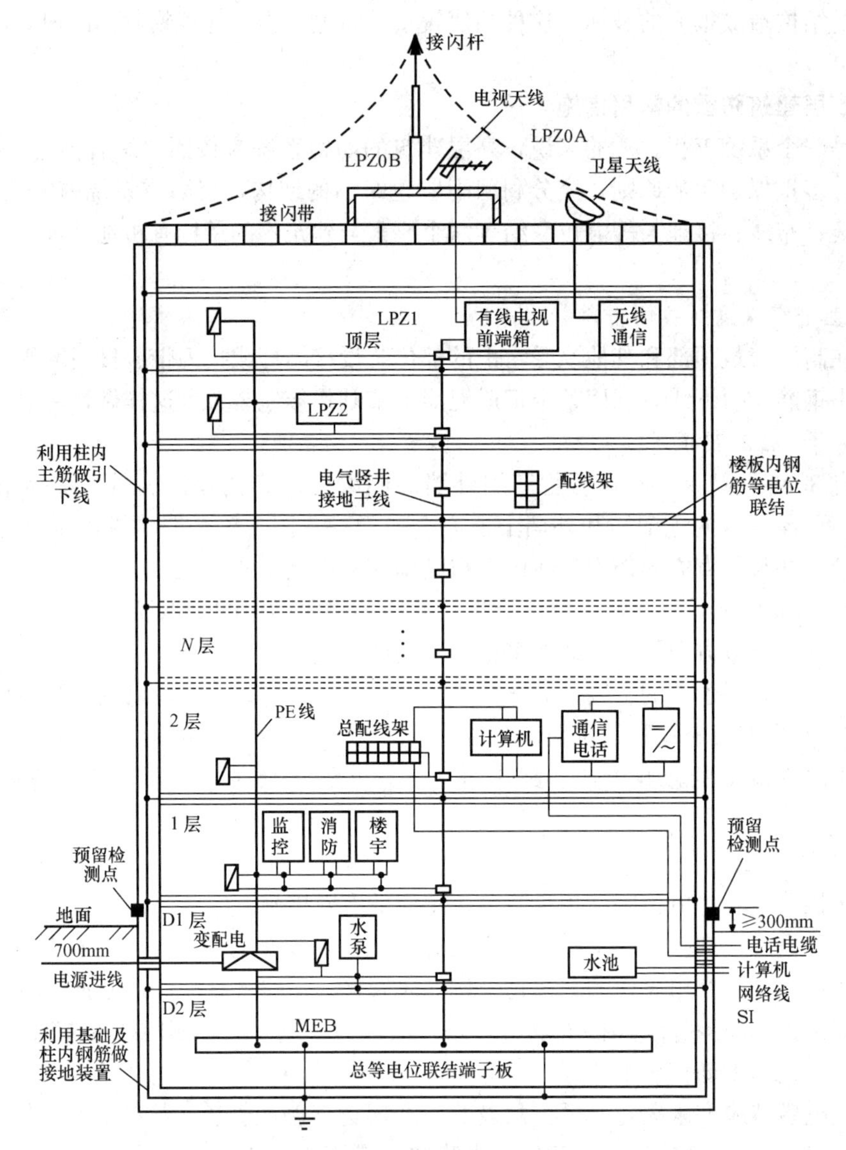

图 7-33　高层建筑的等电位联结示意图

▱—配电箱；PE—保护接地线；SI—进出电缆金属护套接地；

MEB—总等电位联结端子板；▭—楼层等电位联结端子板

7-1　什么是雷电？建筑物的哪些部位容易遭受雷击？

7-2　建筑物有几类防雷等级？它们各自适用于什么场合？

7-3　建筑物防直击雷系统一般由几部分组成？防直击雷有哪些措施？

7-4　避雷带的组成及其在防雷系统中的作用是什么？

7-5　避雷针的保护范围与哪些因素有关？

7-6　雷电感应或雷击电磁脉冲是怎样产生的？要防止其损害主要采取哪些措施？

7-7　信息系统防止雷击损害的主要措施有哪些？

7-8　在什么情况下需要防止高电位侵入建筑物？防护措施主要有哪些？

7-9　电涌保护器应用于信息系统时主要考虑几方面的因素？

7-10　防雷系统中屏蔽、接地、等电位联结分别起什么作用？

7-11　高层建筑物的防雷有什么特殊要求？应采用哪些特殊防雷措施？

7-12　综合防雷措施一般是由哪两部分组成？其各部分又主要包括哪些内容？

第八章　节约用电、计划用电与安全用电

本章首先概述电力供应与使用的管理原则，然后重点讲述节约用电措施及并联电容器的装设与运行，最后讲述计划用电措施及电价与电费。

第一节　电力供应与使用的管理原则*

《中华人民共和国电力法》已自1996年4月1日起施行。目前已有2015年4月24日召开的第十二届全国人民代表大会常务委员会第十四次会议通过的最新修订版。电力法规定："国家对电力供应和使用，实行安全用电、节约用电、计划用电的管理原则"。上述"安全用电、节约用电、计划用电"俗称"三电"。

为了加强电力供应与使用的管理，保障供电、用电双方的合法权益，维护供电、用电秩序，安全、经济、合理地供电和用电，根据《电力法》制定了《电力供应与使用条例》，并自1996年9月1日起施行。

《电力供应与使用条例》中关于供用电管理原则的部分重要规定如下：

（1）国务院电力管理部门负责全国电力供应与使用的监督管理工作。县级以上地方人民政府电力管理部门负责行政区域内电力供应与使用的监督管理工作。

（2）电网经营企业依法负责本供区内的电力供应与使用的业务工作，并接受电力管理部门的监督。

（3）供电企业和用户都应当遵守国家有关规定，采取有效措施，做好安全用电、节约用电、计划用电工作。

（4）电力管理部门应当加强对供用电的监督管理，协调供用电各方面的关系，禁止危害供用电安全和非法侵占电能的行为。

（5）供电企业在批准的供电营业区内向用户供电。供电营业区的划分，应当考虑电网的结构和供电合理性等因素。一个供电营业区内只设立一个供电营业机构。

（6）县级以上各级人民政府应当将城乡电网的建设与改造规划，纳入城乡建设的总体规划。各级电力管理部门应当会同有关行政管理部门和电网经营企业做好城乡电网建设和改造的规划。供电企业应当按照规划做好供电设施建设和运行管理工作。

（7）用户受电端的供电质量应当符合国家标准或者电力行业标准。

（8）供电方式应当按照安全、可靠、经济、合理和便于管理的原则，由供用电双方根据国家有关规定以及电网规划、用电需求和当地供电条件等因素协商确定。

（9）供电企业应当按照国家标准或者电力行业标准参与用户受送电装置设计图纸的审核，对用户受送电装置隐蔽工程的施工过程实施监督，并在该受送电装置工程竣工后进行检验；检验合格的，方可投入使用。

（10）县级以上人民政府电力管理部门应当遵照国家产业政策，按照统筹兼顾、保证重点、择优供应的原则，做好计划用电工作。

（11）在用户受送电装置上作业的电工，必须经电力管理部门考核合格，取得电力管理部门颁发的《电工进网作业许可证》，方可上岗作业。

（12）供电企业职工违反规章制度造成供电事故的，或者滥用职权、利用职务之便谋取私利的，依法给予行政处分；构成犯罪的，依法追究刑事责任。

（13）违反本条例规定，逾期未交付电费，或者违章用电，或盗窃电能，均应依法进行处理。

第二节　节　约　用　电*

一、节约电能的意义

能源一般分为两大类：天然能源和人工能源。

自然界本来存在的能源，称为天然能源或一次能源。例如太阳能、煤、石油、天然气、水力、风力、地热、原子能、潮汐能、生物能等等，都是天然能源。

天然能源经过加工转化而形成的新能源，称为人工能源或二次能源。电能是应用最广泛的二次能源。此外，汽油、煤气、沼气、液化气、焦炭及各种余热等也都是二次能源。

能源是发展国民经济的重要物质基础，也是制约国民经济发展的一个重要因素。历史上，国家之间因争夺能源而引发战争，而战争又往往是以能源为武器的较量。因此，在加强能源开发的同时，必须大力降低能源消耗，提高能源的有效利用程度。

节能的科学含义即是提高能源的利用率。

节约能源是我国经济建设中的一项重大政策。而电能是一种高价的二次能源，它只利用了一次能源的30%左右。因此，节约电能又是节约能源工作中的一个重要方面。

节约电能就是通过采取技术上可行、经济上合理和对环境保护无严重妨碍的措施，用以消除供用电过程中的电能浪费现象，提高电能的利用率。

随着工农业生产的迅速发展，机械化、自动化程度及人民生活水平的不断提高，电能的生产与消费间的矛盾日趋尖锐，因此节约电能更显得必要，它是缓和电力供需矛盾的一项重要措施。

节约电能既可减少电费开支，降低单位产品的电能消耗，又能在一定条件下提高劳动生产率和产品质量。电能可以创造比它本身价值高几十倍甚至上百倍的工业产值。因此，节约电能被视为是加强企业经营管理、提高经济效益的一项重要任务。我国目前的能源利用率较低，致使很多产品的单位产量所耗能源（产品单耗）远高于一些技术先进的国家；但从另一方面看来，这也说明我国在节能方面大有潜力。

在我国，要得到1kW的电力，建火电厂需4000～6000元、建水电厂约需10000元、建核电站约需1.6万元。而通过节约电能达到这一目的则大约只需2000元，还可以减少环境污染。因此，充分利用在生产、输送、使用过程中被无谓损耗和浪费掉的电能，是一项意义重大并且效益显著的工作。

总之，节约电能是一项不投资或少投资就能取得很大经济效益的工作，对于促进国民经济的发展，具有十分重要的意义。

二、电能节约的一般措施

要搞好节约用电工作，就应大力宣传节电的重要意义，提高人们的节电意识，努力提高供用电水平。这就需要从供用电系统的科学管理和技术改造两方面采取措施。

（一）加强供用电系统的科学管理

1. 加强能源管理，建立管理机构和制度

工业与民用企业都要建立专门的能源管理机构，对各种能源（包括电能）进行统一管理。要有专人负责本单位的日常节能工作。电能管理是能源管理的一部分，电能管理的基础工作是搞好耗电定额的管理。通过充分调查研究，制定出各部门及各个环节的合理而先进的耗电定额。对于电能要认真计量，严格考核，并切实做到节电受奖、浪费受罚，这对节电工作有很大的推动作用。

2. 实行计划供用电，提高电能的利用率

实行计划供用电，必须把电能的供应、分配和使用纳入计划。对于地区电网来说，各个用电单位要按地区电网下达的指标，实行计划用电，并采取必要的限电措施；对单位内部供电系统来说，各个用电单位也要有计划。

供电部门为了对用电单位的功率与电能进行监督，一般都装有电力定量器。电力定量器可对功率和电能分别加以控制，当超过用电指标时，发出报警信号，或在超过用电指标一段时间后，发出跳闸指令，将用户的总闸或分闸切断，停止供电。对超负荷或不按规定时间用电的要罚款。实践证明，安装和使用电力定量器后，可促进用电单位计划用电和加强用电管理。图 8 - 1 为 DSK-1 型电力定量器的结构图，其工作原理可参阅有关资料。

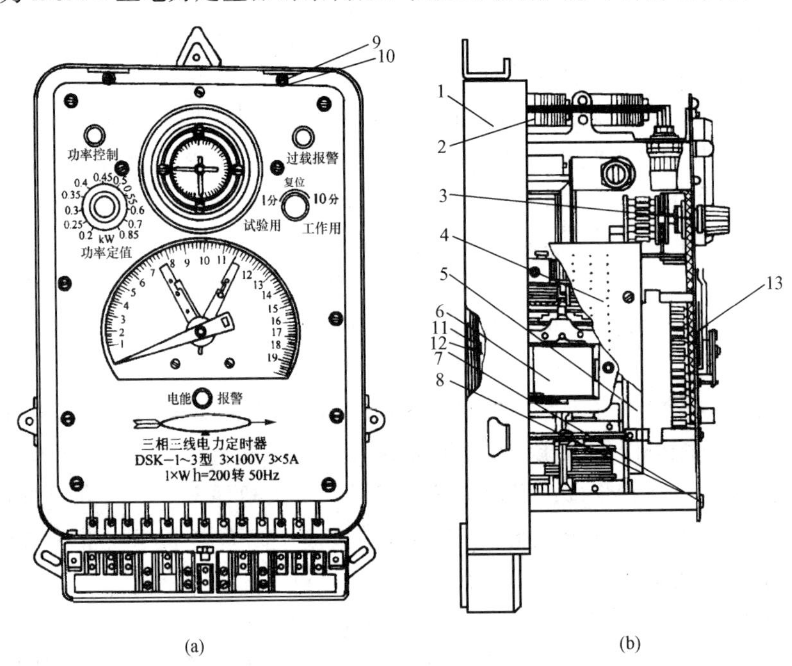

(a) (b)

图 8 - 1 DSK-1 型电力定量器的结构图

(a) 正面；(b) 侧面

1—底壳；2—底板；3—铭牌；4—电力板；5—电源板；6—电能表；7、9—垫圈；8、10、12—螺钉；11—底壳压板；13—计数器组合

对于各种非生产用电也要加强管理，防止浪费。同时要研究各种能源的合理利用。在可以直接利用一次能源的地方，尽量不用一次能源转换而来的电能。因为煤炭等一次能源转换为电能的效率只有 30%左右，用电相当于浪费了 70%左右的能源，很不经济。

3. 实行负荷调整，“削峰填谷”，提高供电能力

所谓负荷调整，就是根据供电系统的电能供应情况及各类用户不同的用电规律，合理地、有计划地安排和组织各类用户的用电时间，以降低负荷高峰，填补负荷的低谷，充分发挥发、变电设备的潜力，提高系统的供电能力，以满足电力负荷日益增长的需要。负荷调整是一项带全局性的工作，首先，电力系统要做全局性的调整负荷（简称调荷）。由于工业用电在整个电力系统中占的比重最大，因此电力系统调荷的主要对象是工业用户。同一地区各工厂的厂休日错开，就是电力系统调整负荷的措施之一。工厂等单位内部也要调整负荷。其主要方法有：①错开各车间的上下班时间，使各车间的高峰负荷分散；②调整大容量用电设备的用电时间，使之避开高峰负荷时间用电，这样就降低了负荷高峰，填补了负荷低谷，做到均衡用电，从而提高了变压器的负荷系数和功率因数，减少了电能损耗。因此，调整负荷不仅提高了供电能力，而且也是节约电能的一项有效措施。

实行分时电价制可以有效地促使用户“削峰填谷”。上海、北京、武汉、深圳等大城市的分时电价制已相继出台。例如上海2006年规定生活用电的价格为：峰时（6～22时）0.61元/kWh，谷时（22时～次日6时）0.30元/kWh。北京市的电价自2006年7月1日调整为高峰时段（6～22时）0.4883元/kWh，低谷时段（22时～次日6时）0.30元/kWh。深圳市2015年的规定为，对工商业用户，“峰时”电价为1.0755元/kWh，“平时”电价为0.7230元/kWh，“谷时”电价为0.2790元/kWh。并特别规定，蓄冷空调用电“谷时”电价按0.2788元/kWh执行。又例如，京津唐电网实行的峰谷分时电价中：对1～10kV普通工业用户，高峰时段（8～11时，18～23时）的电价为0.53元/kWh，低谷时段（23时～次日7时）的电价为0.134元/kWh，其他时段（平时段）的电价为0.324元/kWh。低谷时段用电的电价仅为高峰时段电价的1/4，也只为平时段电价的1/2.4，这对鼓励工业用户避开高峰时间用电、尽量将大容量设备安排在深夜用电有积极的作用。

4. 实行经济运行方式，降低电力系统的能耗

所谓经济运行方式，就是一种能使整个电力系统的电能损耗减少、经济效益提高的运行方式，例如两台并列运行的变压器可在低负荷时切除一台；又如长期处于轻载运行的电动机可更换较小容量的电动机。至于负荷率低到多少时才宜于“以小换大”或“以单代双”，则需要通过计算确定。关于变压器的经济运行将在下面详述。

5. 加强运行维护，提高设备的检修质量

搞好供用电系统的运行维护和用电设备的检修，可减少电能损耗，节约电能。如检修电动机时要保证质量，重绕的绕组匝数、导线截面都不应改变，气隙要均匀，轴承磨损严重的应更换轴承减少转子的转动摩擦，这些都能减少电能的损耗。又如，导线接头处接触不良，发热严重，应及时维修，这样既保证了安全供电，又减少了电能损耗。对于其他动力设施也要加强维修和保养，减少水、气、热等能源的跑、冒、滴、漏，这样也能直接节约电能。

（二）搞好供用电系统的技术改造

1. 逐步淘汰现有低效率的供用电设备

以高效节能的用电设备替换低效率的用电设备，节能效果十分显著。以电力变压器为例，应采用冷轧硅钢片的节能型（如S9、S11型）变压器，其空载损耗比老型号的热轧硅钢片变压器低50%左右，同是1000kVA（高压侧10kV）的变压器，采用冷轧硅钢片的S9型节能变压器的空载损耗为1.7kW，而热轧硅钢片SJL型变压器的空载损耗为3.9kW。如果用S9型替代SJL型，则一

年仅空载损耗(铁损耗)方面就节电(3.9−1.7)kW×8760h=19272kWh,相当可观。又如电动机,新的Y系列电动机与JO2系列电动机比较,效率又提高了0.413%。如果全国按年产量20×10^6kW计算,年工作时间按4000h计,则全国一年可因此节电$20\times10^6\times4000h\times0.413/100\approx3.3\times10^8$kWh。若采用高效节能电动机,效率还可提高8%～9%。对于照明设备,应采用高效率的新光源和照明自动控制装置。例如我国新生产的采用稀土元素的节能灯,其9W灯的光通量即相当于60W普通白炽灯。另外,采用大功率的硅整流和晶闸管整流装置取代电动—发电机组和汞弧整流器,也可以取得较显著的节电效果。

国家有关部门经常分批公布若干淘汰的机电产品，使用单位必须按规定的淘汰期限执行。

2. 改造现有的供配电系统，降低线路损耗

对现有的不尽合理的供配电系统应进行技术改造，降低线路损耗，节约电能。例如，将迂回的配电线路改为直配线路、将截面偏小的导线更换为较大截面的导线、用阻抗较小的电缆线路代替架空线路（见表4-1）、在技术经济指标合理的条件下将配电系统升压运行、改变变电所的位置或分散安装变压器使之更加靠近负荷中心等等。这些都能有效地降低线损，节约电能。

3. 合理地选择供用电设备容量或进行技术改造，提高设备的负荷率

合理地选择设备容量，发挥设备潜力，提高设备的负荷率和使用率，这也是节电的基本措施之一。如电力变压器、电动机等供用电设备在低负荷运行时，效率低，功率因数也低，很不经济。对于长期处于低负荷运行的供用电设备（俗称“大马拉小车”），从节电的观点，应更换较小容量的设备。

关于供用电设备进行技术改造，如对长期轻负荷运行的电动机进行改造、电焊机加装无载自停装置等等，将在下面分别加以详述。

4. 改革落后工艺，改进操作

生产工艺不仅对产品的质量、数量有着决定性的影响，而且也关系到产品用电量的多少。如在机床加工中，采用以铣代刨的工艺能使零件加工耗电量下降30%～40%。在铸造工艺中，用精密铸造工艺取代目前的铸造方法，可使生产铸件的耗电量减少50%左右。

改进操作方法也是节约电能的一条有效途径。例如在电加热生产中，电炉连续作业比间歇作业消耗的电能少。

5. 提高功率因数

功率因数是衡量供配电系统电能利用程度及电气设备使用状况的一个具有代表性的重要指标，提高功率因数可以降低电能损耗。

首先应考虑提高自然功率因数，即在不添置任何补偿设备的前提下，采取适当技术措施，以达到提高功率因数的目的。在一定意义上讲，这就是向运行管理要经济效益，靠挖潜来节约电能。

无功功率主要消耗在感应电动机和变压器中，因此提高自然功率因数的主要措施是：①合理地选择感应电动机和电力变压器的容量，避免低负荷运行；②改变感应电动机绕组的结线（如由△联结改为Y联结）；③绕线转子感应电动机同步化运行；④在条件允许时，用同等容量的同步电动机替代感应电动机等。

在尽量提高自然功率因数的前提下，如果功率因数仍达不到供电部门的要求时，则应该考虑无功功率的人工补偿，这部分内容将在下面详述。

三、供用电设备的电能节约

电能一般都是被转换为其他形式的能量来使用的。例如，电能通过电动机转换为机械能，通过电灯转换为光能，通过电热设备转换为热能等，使一定的电能发挥更大的作用，这是节约电能的关键问题。

下面简要介绍电力变压器、电动机、电焊机、电热设备及电气照明等的节电问题。

（一）电力变压器的电能节约

电力变压器在供用电设备中，是效率最高的设备之一。然而由于它通常是长期连续运行，因此，虽然其功率损耗较小，但是长年累积起来，其电能损耗也十分可观，必须引起足够的重视。

电力变压器的电能节约主要可从以下几方面考虑：应选用新型低损耗（即节能型）电力变压器；合理选择电力变压器的容量；实行电力变压器的经济运行，避免变压器轻负荷运行。关于电力变压器的型式和容量的选择问题，已分别在第二章和第五章讲过了，这里主要讲述电力变压器的经济运行问题。

1. 经济运行与无功功率经济当量的概念

经济运行是指能使整个电力系统的有功损耗最小，能获得最佳经济效益的设备运行方式。电力系统的有功损耗，不仅与设备的有功损耗有关，而且与设备的无功损耗有关，因为设备消耗的无功功率也是由电力系统供给的。由于无功功率的存在，就使得系统中的电流增大，从而使电力系统的有功损耗增加。

为了计算设备的无功损耗在电力系统中引起的有功损耗增加量，引入一个换算系数，即无功功率经济当量 K_q，它表示电力系统多发送 1kvar 的无功功率时，将在电力系统中增加的有功功率损耗 kW 数，其符号为 K_q，单位为 kW/kvar。这一 K_q 值与电力系统的容量、结构及计算点距发电厂的远近等多种因素有关。当由发电机电压直接配电时，可取 $K_q=0.02\sim0.04$；经两级变压时，可取 $K_q=0.05\sim0.08$；经三级及以上变压时，可取 $K_q=0.1\sim0.15$。一般情况下，可概略地取 $K_q=0.1$。

2. 一台变压器运行的经济负荷计算

变压器的损耗包括有功损耗和无功损耗两部分，而无功损耗对电力系统来说也可相当于按 K_q 换算的有功损耗。因此变压器的有功损耗加上变压器无功损耗所换算的等效有功损耗，就称为变压器有功损耗换算值。

一台变压器在负荷为 S 时的有功损耗换算值为

$$\Delta P \approx \Delta P_T + K_q \Delta Q_T \approx \Delta P_0 + \Delta P_k \left(\frac{S}{S_N}\right)^2 + K_q \Delta Q_0 + K_q \Delta Q_N \left(\frac{S}{S_N}\right)^2$$

即

$$\Delta P \approx \Delta P_0 + K_q \Delta Q_0 + (\Delta P_k + K_q \Delta Q_N)\left(\frac{S}{S_N}\right)^2 \tag{8-1}$$

式中　ΔP_T——变压器的有功损耗；

ΔQ_T——变压器的无功损耗；

ΔP_0——变压器的空载有功损耗；

ΔP_k——变压器的短路有功损耗；

ΔQ_0——变压器的空载无功损耗；

ΔQ_N——变压器额定负荷时的无功损耗；

S_N——变压器的额定容量。

变压器的空载有功损耗 ΔP_0 和短路有功损耗 ΔP_k 可由产品样本查得，S9、SCB10 等型的可查附表 A-8。

变压器的空载无功损耗 ΔQ_0 可近似地计算为

$$\Delta Q_0 \approx \frac{I_0\%}{100} S_N \tag{8-2}$$

式中　$I_0\%$——变压器空载电流占额定电流的百分值，SL7 型和 S9 型的可查附表 A-5。

变压器额定负荷时的无功损耗 ΔQ_N 可近似地计算为

$$\Delta Q_N \approx \frac{U_k\%}{100} S_N \tag{8-3}$$

式中　$U_k\%$——变压器的短路电压（即阻抗电压）占额定电压的百分值，S9 和 SC1310 型的可查附表 A-8。

要使变压器运行在经济负荷 $S_{ec.T}$ 下，就必须满足变压器单位容量的有功损耗换算值 $\Delta P/S$ 为最小值的条件。因此令 d（$\Delta P/S$）/dS=0，可得变压器的经济负荷为

$$S_{ec.T} = S_N \sqrt{\frac{\Delta P_0 + K_q \Delta Q_0}{\Delta P_k + K_q \Delta Q_N}} \tag{8-4}$$

变压器经济负荷与变压器额定容量之比，称为变压器的经济负荷系数或经济负荷率，用 $K_{ec.T}$ 表示，即

$$K_{ec.T} = \sqrt{\frac{\Delta P_0 + K_q \Delta Q_0}{\Delta P_k + K_q \Delta Q_N}} = \frac{S_{ec.T}}{S_N} \tag{8-5}$$

一般电力变压器的经济负荷率为 50%左右。

对于新型号节能变压器，经济负荷率比老型号的低。若按此原则选择变压器的容量，则使初投资增大，基本电费也加多，因此选择变压器的容量要综合考虑电价制度等各方面因素，负荷率大致在 70%～80%左右较适合我国目前情况。

【例 8-1】　试计算 SL7-500/10 型变压器的经济负荷及经济负荷率。

解　查有关手册得 SL7-500/10 型变压器的有关数据：$\Delta P_0 = 1.08\text{kW}$，$\Delta P_k = 6.9\text{kW}$，$I_0\% = 2.1$，$U_k\% = 4$。

由式（8-2）得　　$\Delta Q_0 \approx 0.021 \times 500\text{kVA} = 10.5\text{kvar}$

由式（8-3）得　　$\Delta Q_N \approx 0.04 \times 500\text{kVA} = 20\text{kvar}$

取 $K_q = 0.1$。由式（8-5）可得此变压器的经济负荷率为

$$K_{ec.T} = \sqrt{\frac{\Delta P_0 + K_q \Delta Q_0}{\Delta P_k + K_q \Delta Q_N}} = \sqrt{\frac{1.08 + 0.1 \times 10.5}{6.9 + 0.1 \times 20}} = 0.49$$

因此变压器的经济负荷为

$$S_{ec.T} = K_{ec.T} S_N = 0.49 \times 500\text{kVA} = 245\text{kVA}$$

若改为 S9-500/10 型（Dyn11），则可计算出 $K_{ec.T} = 0.603$，$S_{ec.T} = 301.7\text{kVA}$。请读者自行查表并计算。

3. 两台变压器经济运行的临界负荷计算

假设变电所有两台同型号同容量（S_N）的变压器，变电所的总负荷为 S。

一台变压器单独运行时，它承担总负荷 S，因此由式(8-1)可求得其有功损耗换算值为

$$\Delta P_{\mathrm{I}} \approx \Delta P_0 + K_q \Delta Q_0 + (\Delta P_k + K_q \Delta Q_N)\left(\frac{S}{S_N}\right)^2$$

两台变压器并联运行时，每台承担负荷 $S/2$，因此由式（8-1）可求得两台变压器的有功损耗换算值为

$$\Delta P_{\mathrm{II}} \approx 2(\Delta P_0 + K_q \Delta Q_0) + 2(\Delta P_k + K_q \Delta Q_N)\left(\frac{S}{2S_N}\right)^2$$

将以上两式 ΔP 与 S 的函数关系绘成如图 8-2 所示两条曲线，这两条曲线相交于 a 点，a 点所对应的变压器负荷，就是变压器经济运行的临界负荷，用 S_{cr} 表示。

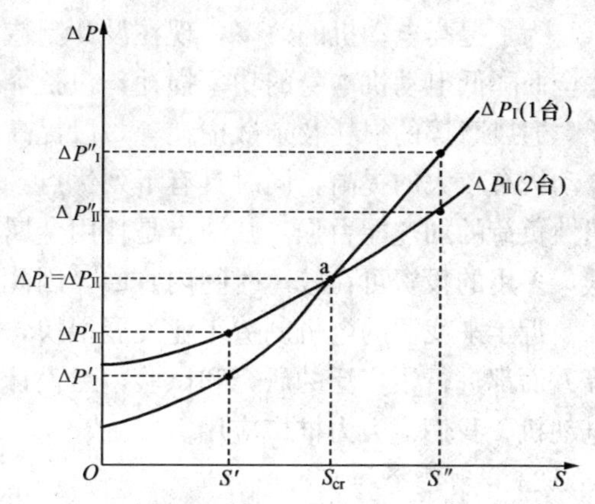

图 8-2　两台变压器经济运行的临界负荷

当 $S=S'<S_{cr}$ 时，则因 $\Delta P'_{\mathrm{I}}<\Delta P'_{\mathrm{II}}$，故宜于一台运行；

当 $S=S''>S_{cr}$ 时，则因 $\Delta P''_{\mathrm{I}}>\Delta P''_{\mathrm{II}}$，故宜于两台运行；

当 $S=S_{cr}$ 时，则 $\Delta P_{\mathrm{I}}=\Delta P_{\mathrm{II}}$，即

$$\Delta P_0 + K_q \Delta Q_0 + (\Delta P_k + K_q \Delta Q_N)\left(\frac{S}{S_N}\right)^2 = 2(\Delta P_0 + K_q \Delta Q_0) + 2(\Delta P_k + K_q \Delta Q_N) \times \left(\frac{S}{2S_N}\right)^2。$$

由此可求得判别两台变压器经济运行的临界负荷为

$$S_{cr} = S_N \sqrt{2 \times \frac{\Delta P_0 + K_q \Delta Q_0}{\Delta P_k + K_q \Delta Q_N}} \tag{8-6}$$

如果是 n 台同型号同容量的变压器，则判别 n 台与 $n-1$ 台经济运行的临界负荷为

$$S_{cr} = S_N \sqrt{(n-1)n \times \frac{\Delta P_0 + K_q \Delta Q_0}{\Delta P_k + K_q \Delta Q_N}} \tag{8-7}$$

【例 8-2】　某厂变电所装有两台 SL7-500/10 型变压器，试计算此变电所变压器经济运行的临界负荷值。

解　全部利用［例 8-1］的变压器技术数据，代入式（8-6）即得判别此变电所两台变压器经济运行的临界负荷为（取 $K_q=0.1$），则

$$S_{cr} = 500\mathrm{kVA} \times \sqrt{2 \times \frac{1.08 + 0.1 \times 10.5}{6.9 + 0.1 \times 20}} = 346\mathrm{kVA}$$

因此，如果负荷 $S<346\mathrm{kVA}$，则宜于一台运行；如果负荷 $S>346\mathrm{kVA}$，则宜于两台运行。

若改为 S9-500/10 型（Dyn11），则可计算出 $S_{cr}=426.6\mathrm{kVA}$。

以上计算和讨论仅考虑了经济运行的观点；实际运行中，由于电费制度等原因，目前一般选择变压器负荷率为 70%～80%较为适合。

（二）电动机的电能节约

电动机是应用最广的电气设备之一，所消耗的电能约占全部工业生产用电量的 60%，因此，电动机的节电问题显得十分重要。

电动机的节电主要应从选用高效电动机、合理选择和使用电动机、合理选择调速方式以及提高功率因数等几方面考虑。

1. 选用高效节能电动机

过去人们选用电动机时，往往只注意其电压、频率、额定功率、转速及价格等因素，而忽略了电动机的效率，尤其是选用的小功率电动机的效率往往很低，以致造成不容忽视的电能浪费现象。

为了提高电动机的效率，现在设计制造上提出了所谓高效节能电动机的概念，主要是设法全面降低电动机本身的功率损耗，包括降低铁损耗及定子绕组的铜损耗、转子绕组的铜损耗、通风摩擦的损耗及杂散损耗等，以提高电动机的效率。高效节能电动机不仅效率比老式电动机有较大的提高，同时具有下列优点：噪声小、温升低、使用寿命长、间歇超载能力和惯性负荷的加速能力强。其缺点是耗用金属材料较多、价格较贵，但由于其效率高、运行费低，多用的投资可在较短时间内收回，因此总的经济效益还是较高的。

近年来我国的电机制造工业发展很快，对电动机的原理、结构、工艺、材料和运行方式等方面都进行了广泛的研究和试验，已设计制造出一系列高效节能电动机。对这些高效节能电动机，我们应大力推广应用。

2. 合理选择和使用电动机

在选用电动机时，应首先选择电动机的类型、功率及其他技术参数，使它具备与其所拖动的生产机械相适应的负荷特性，能在各种状态下稳定地工作，而且尽量安全、可靠、简单、经济和节约电能。

（1）合理选择电动机的类型：按 GB 50055—2011《通用用电设备配电设计规范》规定：①机械对起动、调速及制动无特殊要求时，应选用笼型电动机；但功率较大且连续工作的机械，当在技术经济上合理时，宜采用同步电动机。②重载起动的机械，如选用笼型电动机不能满足起动要求或加大功率不合理时，或者调速范围不大的机械，且低速运行时间较短时，均宜选用绕线转子电动机。③机械对起动、调速及制动有特殊要求时，在交流电动机达不到要求的情况下，可选用直流电动机。所有各类电动机，均应选用高效节能型。

（2）合理选择电动机的容量：电动机的容量如果选择过大，电动机会长期处于轻负荷运行，这是很不经济的。以感应电动机为例，电动机的负荷率与功率因数和效率的关系曲线如图 8-3 所示，在此曲线上空载、半载及满载等 5 个点的数据如表 8-1 所示。

表 8-1　感应电动机负荷率与功率因数及效率的关系

负荷率	空载	25%	50%	75%	100%
功率因数	0.20	0.5	0.77	0.85	0.89
效率	0	0.78	0.85	0.88	0.88

由图 8-3 可以看出，感应电动机的效率和功率因数随负荷率的变化而变化。一般负荷率 K_L=75%～100%时，可出现最高效率，因此如选用的电动机容量合适，不但能节电，而且还可以提高功率因数，降低无功损耗，进一步节约电能。

当电动机负荷率 K_L<40%时，不需要经过技术经济比较就可以换成较小容量的电动机。

当 40%≤K_L≤70%时，则需经过技术经济比较后再决定是否更换。

（3）合理选择电动机的电压等级：对于中型电动机系列，还存在一个电压等级的合理选择问题，如果选择得当，则在保证电动机性能的前提下，能达到节电和节省投资的效果。

凡是供电线路短、电网容量允许，且起动转矩和过负荷能力要求不高的场合，以选用低压感应电动机为宜。因这种电动机效率比高压电动机高、价格便宜、利于节电、维护方便、采用一般低压电器控制即可。而对那些供电线路长、电网容量有限、起动转矩较高、或要求过负荷能力较大的场合，宜选用高压电动机。一般容量为200kW以上的宜选用高压电动机。

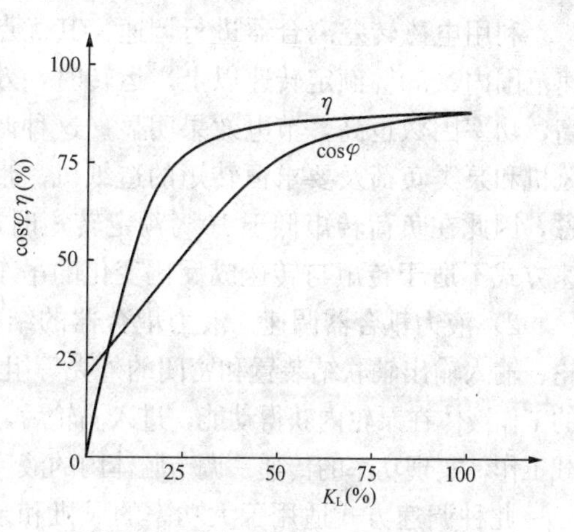

图8-3　感应电动机负荷率与功率因数及效率的关系曲线

（4）合理选择电动机的负荷特性：感应电动机的用途很广，所拖动的负荷种类很多，根据负荷特性来合理选择电动机，对于提高设备运行时的安全可靠性和节电都具有实际的意义。

电动机的运行特性受它所拖动机械的负荷特性影响。有些机械，如大部分鼓风机、离心机、压缩机等，要求较小的起动转矩，但起动后所要求的拖动转矩随转速的上升而增加，因此通常选择一般机械特性的电动机。另外一些机械如往复式空气压缩机、带负荷的传送机等要求有较大的起动转矩，故常选用高转差率的机械特性的电动机。只有电动机的机械特性和它拖动的负荷特性互相配合，才能满足安全并节电运行的要求。

3. 电动机的节电调速方式

根据生产的需要，电动机可采用各种调速方式。但是传统的调速方式中，有的耗电多、效率低。为了节约电能，一般推广以下几种节电调速方式：

（1）交流感应电动机的节电调速方式。

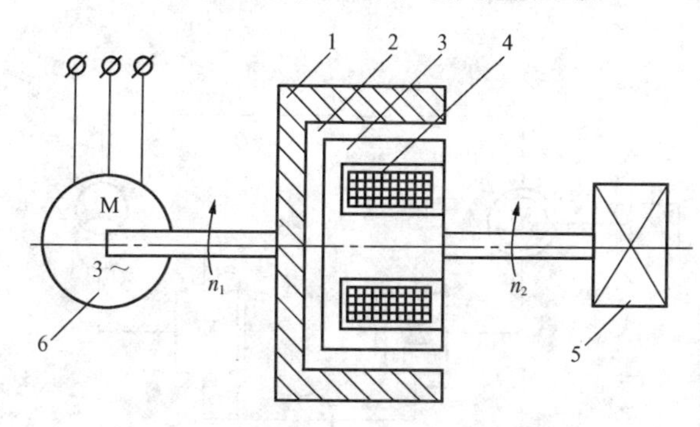

图8-4　电磁转差离合器原理结构图

1—电枢；2—气隙；3—磁极；4—励磁绕组；5—机械负荷；6—交流电动机

1）电磁转差离合器调速：电磁转差离合器（又称滑差离合器）的原理结构如图8-4所示，由电枢和磁极两部分组成。电枢做成如笼型电动机转子那样的短路绕组，也可以做成实心的圆筒形。磁极部分由磁极与励磁绕组组成。电枢部分与电动机的转轴联结，以恒定转速 n_1 旋转，是主动部分。磁极部分与机械负荷的转轴相联结，是从动部分，转速为 n_2。

当励磁绕组通入直流励磁电流后，在电磁转差离合器的磁路里产生磁通，旋转的电枢切割气隙磁通，即在电枢中感生电流，这个电流与磁通作用就产生电磁转矩。由于主动部分已由电动机带动，因此就促使从动部分随主轴的方向而旋转。

电磁转差离合器的工作原理与感应电动机相似，从动部分的转速 n_2 总比主动部分转速 n_1 稍慢。

电磁转差离合器通过改变励磁电流可自由地调整磁极的转速 n_2。由于磁极与机械负荷联轴，所以改变励磁电流也就改变了机械负荷的转速。

利用电磁转差离合器进行调速，其优点是结构简单、投资小、可靠性高，在接近额定转速范围内（90%额定转速以上）运转时，效率比电流型变频调速和直流电动机调速的效率都高，功率因数也高，节电效果明显。这种调速方式特别适用于负荷转矩随转速下降而减小的风机和泵类负荷及要求恒转矩的造纸机、带传送机等负荷。但由于离合器存在摩擦转矩和剩磁，因此在负荷转矩低于10%额定转矩时，可能使控制功能变坏，甚至失控，所以这种调速方式不适于转矩与转速成反比变化的吊车类负荷。

2）液力耦合器调速：液力耦合器的结构和工作原理如图8-5所示。它主要由泵轮、涡轮、输入输出轴联结装置和密闭的外壳等组成。当泵轮被主动机械拖动时，液力耦合器腔体内的工作液体在泵轮内获得动能，进入涡轮后，其动能转变为机械能，从而推动涡轮旋转，带动负载工作，实现功率的传递。调节腔体内的液量就可实现输出轴的无级调速，可达到节电的目的。

此种调速方式适用于大功率的风机和泵类负荷。

3）晶闸管串级调速：三相绕线转子感应电动机调速有两种方法。一种是转子串电阻调速，其缺点是在电阻上损耗大量的电能，调速越低，损耗越大，而且是有级调速；另一种是转子串电动势调速。晶闸管串级调速就是转子串电动势调速的一种，其原理电路图如图8-6所示。由图可知，绕线转子感应电动机转子电压经二极管整流为直流电压U_d，再由晶闸管逆变器将$U_{d\beta}$（逆变器直流侧电压，若忽略直流回路电阻，则$U_d=U_{d\beta}$）逆变为交流电压，转差功率经变压器反馈到交流电网，此时$U_{d\beta}$可视为加到电动机转子绕组的电动势，控制逆变角β就可改变$U_{d\beta}$的数值，亦即改变了引入转子电路的电动势，从而实现了绕线转子感应电动机的串级调速。这种调速方法既实现了无级平滑调速，又消除了电阻发热，减少了损耗，节约了电能。

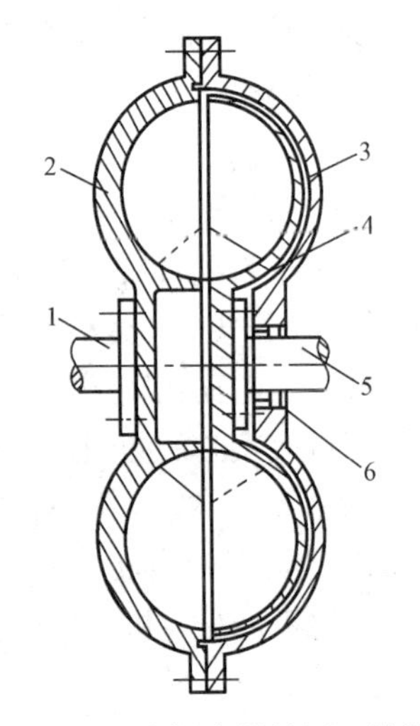

图8-5　液力耦合器的原理结构图

1—输入轴；2—泵轮；3—外壳；
4—涡轮；5—输出轴；6—油封

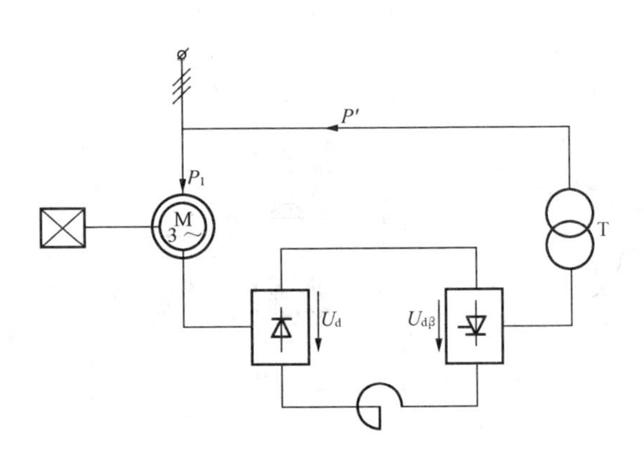

图8-6　晶闸管串级调速原理电路图

如果采用常规的晶闸管串级调速，由于电流滞后于电压导通，不但电动机本身需要吸收无功功率，而且逆变器也需要吸收无功功率，从而使功率因数进一步降低。一般功率因数在0.4～0.6之间。

超前导通的晶闸管串级调速，应用了一种可关断的晶闸管（GTO）。这是一种在门极加正向脉冲电流能使其导通，加反向脉冲电流能使其关断的器件，依靠此特性使电流超前电压，从而使功率因数提高到0.9以上，达到节电的目的。例如一台550kW交流电动机，采用晶闸管串级调速后，每年节电100万kWh以上。

4）变频调速：改变电源的频率 f_1 可以调节交流电动机的同步转速 n_0，感应电动机的 $n=n_0(1-s)=\frac{60f_1}{p}(1-s)$。当转差率 s 变化不大时，n 基本上与 f_1 成正比，因此平滑改变频率，即可平滑调节电动机的转速，从而满足机械负荷的要求，达到节电的目的。

变频调速对于笼型和绕线转子感应电动机都是适用的。这种调速方式具有优异的性能，调速范围大，平滑性较好，变频时电源电压 U_1 按不同规律变化，可实现恒转矩或恒功率调速，以适应不同负荷时的要求。其缺点是必须有专用的变频电源，结构较复杂，初投资大。

变频电源有晶闸管变频装置或变频机组。由于晶闸管变频装置具有起动快、效率高、体积小、无旋转部分、噪声小等优点，因此目前逐步取代变频机组。晶闸管变频装置的工作原理已在《电力电子变流技术》课程中讲授，这里从略。

（2）直流电动机的节电调速方式。

1）晶闸管—电动机组调速方式：直流电动机的传统调速方式有两种：一种是电枢回路串电阻，把电枢接在恒压源上，利用改变电阻值进行调速，这种方式电能损耗大，很不经济；另一种是采用发电机—电动机组，利用调节直流发电机的励磁电流来改变供给直流电动机的电枢电压，从而调节直流电动机的转速。采用后一种调速方式，主电路中没有电阻，损耗较小，但直流发电机需要交流感应电动机拖动，在感应电动机和直流发电机上都有功率损耗，而且结构复杂，投资大。

现在推广应用的晶闸管—电动机组调速，去掉了发电机组，比上述两种调速方式的损耗都小，是一种较好的节电调速方式，其原理电路如图8-7所示。

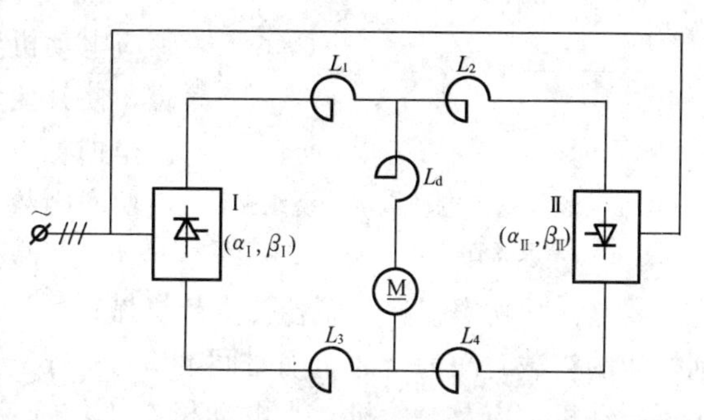

图8-7　晶闸管—电动机组调速原理电路图

用晶闸管对交流电进行整流，形成可变的直流电压接在电枢上，调整晶闸管触发脉冲的相位，可把输出的直流电压和电流控制在任意正负值上，从而可以自由调节速度和转矩。这种调速方式，在主电路上没有电阻，因此主电路没有损耗，即使在低速范围内损耗也不大。另外，通过逆变器使电流反向进行制动，制动能量全部反馈到交流侧而回收（再生制动），而且从全速到低速的整个范围内均可进行制动。由此可知，从节电方面看，这是一种最佳的制动方式。

2）晶闸管斩波器调速方式：将直流电源的恒定直流电压变换为可调直流电压的晶闸管装置，称为直流斩波器。斩波器以晶闸管作为直流开关，控制负荷电路的接通与关断，使负荷端得到大小可调的直流平均电压 U_d。主电路没有电阻，而且也可以再生制动，因此也是一种节电的调速方式，其原理电路如图8-8所示。

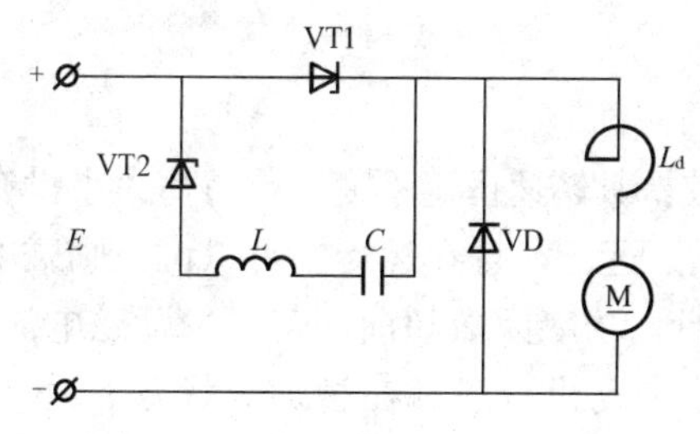

图8-8　逆导型直流斩波器调速原理电路图

这种调速方式具有起动平稳、调速特性好以及节电效果显著等优点，现已广泛应用于电力机车、地铁、城市电车、电瓶叉车等的调速控制。

4. 提高电动机的功率因数

提高功率因数也是节电的重要方面，主要措施如下。

（1）合理地选择电动机容量：合理地选择电动机容量使负荷率在70%以上，可使电动机在高功率因数下运行。

（2）采用适当的调速方式：绕线转子感应电动机采用超前导通的晶闸管串级调速，可使功率因数达到0.9以上。

（3）△—Y联结变换：对负荷不足的电动机降低外施电压。

1）长期轻负荷运行的感应电动机。长期轻负荷运行的感应电动机，其定子绕组原为△联结，则可改为Y联结，使每相绕组的电压降为原来的$1/\sqrt{3}$，从而使定子旋转磁场降为原来的$1/\sqrt{3}$，因此使电动机的铁损耗相应减小，使电动机的功率因数提高。

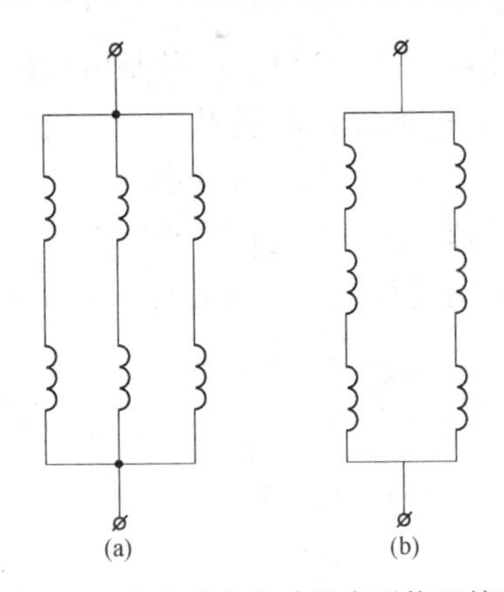

图8-9 改变感应电动机定子绕组接法
（a）改接前；（b）改接后

2）改变电动机绕组的联结法。若长期轻负荷运行的电动机，调换较小容量的电动机受条件限制，定子绕组又不便改为Y联结，则可将定子绕组分段改接，如图8-9所示。使电动机定子绕组每相由原来的三个并联支路改为两个并联支路，使每段绕组承受的电压减小，从而使定子铁心磁通减少，铁损耗降低，功率因数提高。

（4）绕线转子感应电动机同步化运行。在绕线转子感应电动机异步起动后，向转子绕组通入直流电进行励磁，使其变为同步电动机运行，这样可节约无功电能，甚至把感应电动机改为容性负荷向电网供给无功功率，使功率因数大大提高。

（5）减少电动机的空载损耗。感应电动机的空载损耗主要是无功功率损耗，而各种生产机械在生产过程中又有不同的空载间断时间（如金属切削机床的空载时间为全部切削时间的35%～65%）。对于空载运行持续时间超过5min的中小型电动机，应及时停机。当电动机在工作周期反复出现上述情况，则应安装空载自停装置，这样可减少有功及无功功率损耗，提高自然功率因数。

（6）提高电动机的检修质量。感应电动机的检修质量对功率因数影响较大，为了保证电动机的检修质量，使检修后的效率、功率因数等都达到原来的出厂标准，应注意以下几点。

1）检修后空气隙应保持原来的尺寸与均匀性。

2）重绕绕组每相匝数不应少于原有绕组匝数。

3）重绕绕组每组的总截面不应小于原有绕组每相的截面。

（7）采用同步电动机。同步电动机与感应电动机比较：其转速恒定不变，与负荷大小没有关系；而它的功率因数是可调的，能够在$\cos\varphi=1$的情况下运行，且在运行中可以调节励磁电流。若增加励磁电流，同步电动机就在过励磁状态下运行，功率因数超前；若减少励磁电流，同步电动机就在欠励磁状态下运行，功率因数滞后。同步电动机一般都在过励磁状态下运行，即在功率因数超前的情况下运行，从而可改善电网的功率因数，这是感应电动机做不到的。

过去，由于同步电动机的起动问题不好解决，而且还需直流电源供给励磁电流，因而限制了它的应用。随着科学技术的发展，同步电动机可采用异步起动，近年来又采用了晶闸管整流装置作为它的励磁电源，使得同步电动机的应用更加方便和广泛。

同步电动机在工矿企业中主要用于拖动那些不需要调速的低转速大功率负荷，如空气压缩机、离心水泵、活塞式水泵、破碎机、球磨机等设备。

由于同步电动机的功率因数较异步电动机高、体积小、气隙大、便于制造安装，还具有过载能力大、效率高等优点。因此，对于无变速要求的100kW以上的异步电动机用同步电动机替代是经济合理的。

(三) 电焊机的电能节约

电焊机产生大量无功负荷。电焊机不规则地、间歇性地工作，其空载时间一般大于工作时间，空载时的功率因数只有0.1～0.3，因此，电焊机在空载时断开电源具有较好的节电效果。

电焊机有交流电焊机和直流电焊机两大类。节电用的电焊机空载自停装置有许多种，这里只介绍一种较简单的交流电焊机空载自停装置，其原理电路图如图8-10所示。它是利用电焊机二次电流的变化作为控制开关的依据。电焊机二次回路加装电流互感器。延时电路由三极管V和电容C_3及C_4组成。当开关S合上时，380V交流电分别输送到电焊机T及整流变压器TR，TR的二次交流电经VD1～VD4桥式整流转换成直流电，作为控制电源。当电焊机未开始工作时，其二次电流为零，电流互感器无感应电压，使三极管V无基极偏压，则三极管V不导通，继电器KA不动作，接触器KM不吸合，其动合触点也不闭合，因此，电焊机不直接与380V线路接通。

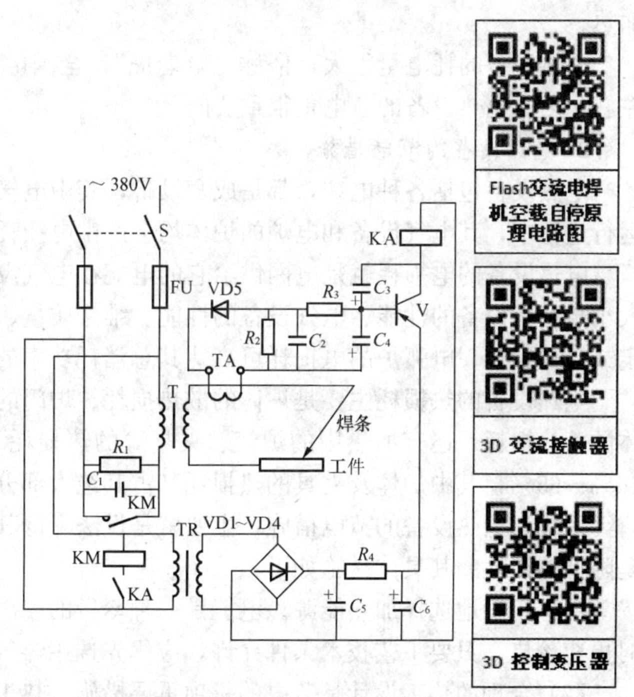

图8-10 交流电焊机空载自停原理电路图

电焊机T的一次绕组与电阻R_1、电容C_1串接在回路中，减少了空载电流，T的二次绕组感应出40V电压，当焊条焊接工件时，电流互感器TA二次侧感应出1～3V电压，经过VD5整流后加在三极管V的基极上，使三极管V导通，继电器KA吸合，接触器KM线圈得电，其动合触点闭合，电焊机运行。

当焊条脱离工件时，电焊机二次侧无电流，电流互感器TA二次侧无感应电压，但由于电容C_3、C_4放电而继续保持三极管V导通。如果在延时时间内再焊接，TA的感应电压继续供给三极管基极电流，KA及KM不返回，使电焊机继续运行。如果空载时间超过整定的延时时间，则电容C_3、C_4放电完毕，三极管无基极电流，三极管V不导通，使KA、KM释放，电焊机自动断电。

（四）电热设备的电能节约

电热设备是用电能作为热源来加热或熔炼金属和非金属材料的设备。

1. 电热设备的类型

（1）电阻炉。电阻炉是一种利用电流通过电阻产生热效应进行加热处理的设备。常见的电阻炉有箱式电阻炉、井式电阻炉、盐浴炉等。

（2）感应炉。感应炉是一种利用电磁感应引起涡流发热进行加热处理的设备。按用途分为感应熔炼炉和感应加热炉；按电源设备的频率可分为工频、中频和高频三种。

（3）电弧炉。电弧炉是一种利用电弧的高温进行加热处理的设备，通常用于材料的熔炼。

（4）高频电场加热设备。高频电场加热设备是一种利用电介质在高频电场作用下产生热效应进行加热处理的设备。它可分为极板式电场加热和微波加热两种。极板式加热是将加热物放置在两块极板的电场中进行加热；微波加热是将加热物放在微波加热器中进行微波辐射加热。

电热设备的耗电量很大，俗称“电老虎”，全国电热设备消耗的电量占总用电量的 1/6 左右，因此电热设备的节电是很重要的。

2. 电热设备的节电措施

电热设备包括各种电炉，都是成套设备，其中电气设备是重要的配套设备。电热设备在运行过程中，其电气设备和电炉的炉体均会产生电损耗和热损耗。

电热设备的电损耗就是电网供给它的电能在电气设备电阻上产生的电能损耗。电损耗的大小与配套设备的性能、电气设备的性能、维修质量、使用时间等因素有关。一般可通过测定或计算确定。电弧炉的电损耗可高达其总消耗功率的 9%～13%。

电热设备的热损耗主要是炉体的散热损耗、炉门的辐射热损耗、炉气和炉渣的显热及炉体的蓄热损耗，还有加热用的炉筐、夹具等的热损耗。电阻炉的热损耗占其总消耗功率的 46%～65%，其中炉体及夹具的热损耗又占其绝大部分。

因此，电热设备的节电措施，主要就是设法降低其运行中的电损耗和热损耗，其中特别是降低热损耗。其具体措施如下：

（1）正确地选择加热能源。电能是一种珍贵的二次能源，特别是把电能作为热源来使用时更应珍惜。只要工艺技术条件允许，应优先选用煤气、石油或天然气等作加热能源。

（2）合理的热工设计是节电的一项重要措施。热工设计是电炉设计的重要部分。电炉的热工设计不当，即使在操作等方面十分精心，电炉散热造成的热损耗也是无法补救的。过去电炉设计对节约用电方面考虑甚少，目前我国使用的大多数电炉炉壁散热量大，电热元件效率低，炉壁结构不合理，电炉的热效率普遍较低。

（3）减少炉体的热损耗。炉体的热损耗一般为 20%～35%，是电炉最大的一项热损耗。炉体的热损耗包括炉衬的蓄热损耗和炉壁的散热损耗。要想减少热损耗，必须加强炉体的保温隔热性能，过去国产的箱式、井式等电阻炉，大多采用重质黏土砖和硅藻土砖组合炉衬，蓄热量大，保温隔热性差，热损耗严重。如果采用新型保温耐火材料（例如漂珠砖、轻质耐火砖、硅酸铝纤维）取代重质黏土砖，则可使电阻炉大大节约电能。例如黏土耐火砖炉衬在1000℃时，比硅酸铝纤维炉衬要多消耗 56%的电能。近几年来各地陆续对老的箱式、井式电阻炉用硅酸铝纤维进行改造，取得节电 30%的效果。

硅酸铝纤维又称陶瓷纤维，是一种新型保温耐火材料，主要成分是三氧化二铝（Al_2O_3）

和二氧化硅（SiO_2），具有耐高温、蓄热量小、导热系数小等特点，使炉子升温快，提高了生产效率，节约了电能。

（4）改革夹具和料筐。夹具和料筐所需的热量占输入热量的18%～19%，减少夹具等热损耗的途径，一是改善夹具和料筐的结构，二是合理选择材料，使夹具和料筐的质量减轻、数量减少。

（5）改善电热元件的发热材料。电热元件的发热性能好坏直接影响加热速度和电阻。过去低温电阻炉采用常规的电阻发热元件，加热主要靠热对流，故加热时间长，电能损耗较大。其原因是电阻发热元件热辐射性能差，热能未能充分利用。近年来，电阻炉普遍采用了远红外线加热器或远红外线涂料，使电阻发热元件的热辐射性能明显提高。使用远红外线加热技术的低温电阻炉，节电可达30%以上。远红外线加热是近几年来发展起来的一项新的加热技术，是国家重点推广的节电新技术之一。如果全国普遍推广这项新技术，每年可节电数十亿千瓦时。

（6）改进操作工艺。连续作业比间歇作业消耗的电能少。在加热温度为900～950℃时，据对某一台电炉设备的测定，连续作业的热效率可达40%，而间歇作业的热效率只有30%左右。所以电炉生产应尽可能连续进行，集中或满量开炉。生产量小或分散进行的热处理，应集中起来，实行专业化生产。

同时，在加热过程中要保持额定的工作电压，因为电压U下降时，电能与U^2成比例下降，使炉温下降，加热时间长，耗电多。

此外，从工艺上采取措施也可以取得很好的节电效果。如缩短加热时间；利用铸、锻的余热进行热处理；把整体淬火改成局部淬火等。

（7）改造短网结构。对电弧炉、矿热炉等进行短网改造也可以节约电能。电弧炉、矿热炉从电炉变压器的低压端至电炉电极的这一段导线称为电炉的短网。短网的长度一般虽只有10m左右，但在冶炼时却通过很大的电流，所以短网的功率损耗很大，约占总消耗功率的9%～13%，因此降低短网的电能损耗是电炉节约用电的一个重要方面。

减少短网电能损耗的具体措施如下：

1）减少短网电阻：

①缩短短网长度。因短网电阻与其长度成正比，缩短短网长度可使电阻减小。以5t电弧炉为例，在10kA运行时，短网缩短1m，可减少功率损耗20kW。缩短短网的措施有：移动电炉变压器，使其尽量靠近电炉；升高电炉变压器的安装位置，使各段短网处在同一水平面上；在保证电极升降和炉体转动需要的前提下，尽量减少短网电缆的长度。

②减小接触电阻，短网中连接的地方很多，联结不良，则接触电阻增大，不仅增大了短网的功率损耗，同时还会烧坏接头。为了降低接触电阻，应对不需拆卸的接点采用焊接或增大接触面积，并对接触面保持足够的压力。在运行时对接触处要经常进行检查，发现发热温度过高时应及时进行检修。

③采用水冷短网。由于电炉周围温度较高，依靠导体自然散热远不能满足要求，因此现在普遍采用水冷短网，使短网电阻减小，从而使电能损耗减少。

2）减少短网周围的铁磁物质。当很大的交流电流通过短网时，将在短网周围产生强大的交变磁场，从而在短网周围的铁磁物质中产生涡流和磁滞损耗。为了减少这些附加损耗，应尽量避免用铁磁材料包围短网导体，如电极把持器可用铜制作，水冷密封圈不做成整体的圆环，而在中间留一道约 20mm 的缝隙。

3）合理选择短网的电流密度。短网导体截面应按经济电流密度选择。以往选择的电流密度一般偏高，造成短网功率损耗较大，因此合理地选择短网电流密度是节电的重要措施。

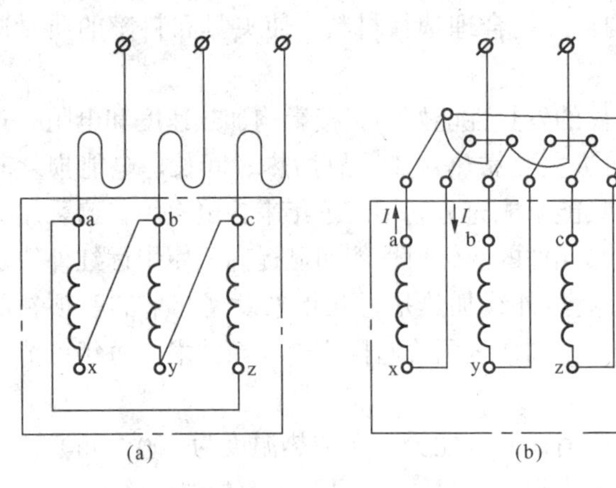

图 8-11　短网布线方式
(a) 单线布线方式；(b) 双线布线方式

4）改变短网的布线方式，减少短网的电感。一般电炉短网均采用图 8-11（a）的单线布线方式，这种布线方式产生较大的感抗。感抗是由电磁感应作用产生的自感电动势和互感电动势造成的。如果相邻两根平行导体中通过的电流方向相反时，则自感电动势和互感电动势方向也相反，对导体造成的感抗也会减小。根据这一原理将短网改为图 8-11（b）所示双线布线方式，可使短网电抗减小，提高功率因数，减小电压降，提高电极电压，增加电炉的熔化功率，缩短熔化时间，从而节约电能。如某钢厂改用双线布置后，功率因数由原来的 0.76 提高到 0.82～0.87，取得了很好的节电效果。

（五）电气照明的电能节约

照明用电在生活和生产中是不可缺少的。我国照明用电量约占总用电量的 7%～8%，个别地区高达 15%以上，因此节约照明用电的潜力是相当大的。节约照明用电要在保证合理照度的前提下，尽可能提高电能的有效利用率。照明节电的基本措施有：

(1) 采用高效电光源，提高光源的效率。目前推广的紧凑型节能荧光灯节电效果不错。如用一只 13W 节能灯取代 60W 白炽灯，每天照明以 4h 计算，年节电 68.62kWh，而且寿命是白炽灯的 6 倍，经济效益可观。在光色要求较高的场所，可采用三基色荧光灯。用 30W 的节能型细管荧光灯代替旧型的 40W 荧光灯，以及采用电子型镇流器或节能型电感镇流器等，都可获得很好的节能效果。

(2) 降低照明电路的损耗。例如适当增大照明供电线路的截面等。

(3) 提高光通量的利用系数。例如选用光能利用率高的灯具等。

(4) 采用节电的照明系统。例如：

1）采用不同电光源混合照明（混光照明）。实践证明这样既可节电又可提高照明质量。以下场所宜采用混合照明：较大面积的照明场所，视看条件要求较高的场所，均匀照度要求不高的场所。

2）采用科学的管理系统。对照明进行科学、合理地管理，能够减少电能损耗。例如采用日光控制、时间控制、照度控制等。

(5) 充分利用自然光源。例如从建筑设计上优化照明条件，缩短电气照明时间，达到节电的目的。一些高档建筑采用中空玻璃等材料的透光屋顶，既美观大方又节约能源，值得推广。

我国早已提出“绿色照明”的概念，即在不降低照明质量的前提下，节约照明用电，提高资源的利用率，从而减少因发电而产生的“三废”，达到保护环境的目的。例如采用高效节能的电光源、灯具和照明控制设备，推广照明工程中的电子节能技术等。绿色照明是人类可持续发展战略在照明技术中的具体体现。

（六）空调系统的电能节约

在现代建筑中，经常需要将室内或某些特殊场所的空气加以调节。完成空气调节任务的所有装置、设备的有机组合称为空调系统。空调系统的任务就是要实现对空气的温度、湿度、洁净度和气流速度的调节。

目前家庭中常用的空调器是一种典型的局部空调系统，它将冷冻机、风机、自动控制设备等组装成一体，就近直接为空调房间服务。

现代建筑特别是高层建筑，面积大、功能多、结构复杂，对空调系统的要求也高，一般要采用集中空调系统。

空调系统负荷大，要消耗大量电能；空调负荷在建筑物总的电气负荷中占有相当大的比例，因此，空调系统的电能节约具有重要的意义。

例如，当空调负荷较低或者在谷时电价时，可以采用蓄冰运行方式，达到节能和节省电费的效果。

此外，在智能型建筑中，可以充分利用其建筑物自动化系统（Building Automation System，BAS）来管理电气设备，从而达到节约电能的效果。

BAS 的空调监控系统可以对温度、湿度，以及新风、回风、排风进行监控，使之工作在节能状态。BAS 的冷冻站监控系统可以自动控制冷却水泵、冷却塔风机的开、停，以及实现冷水机组台数的节能控制和冷冻水系统的压差控制等。

BAS 的照明监控系统可以按预定的时间和照度等对照明器的开关进行控制，以达到最佳的节能效果。

第三节　无功功率的人工补偿

《全国供用电规则》规定："用户在当地供电局规定的电网高峰负荷时的功率因数应达到下列规定：高压供电的工业用户和高压供电装有带负荷调整电压装置的电力用户，功率因数为 0.90 以上；其他功率因数为 0.85 以上。"功率因数未达到上述规定的应增添无功功率补偿设备。

一、无功功率人工补偿设备

常用的无功功率人工补偿设备，主要有同步补偿机（又称同期调相机）和并联电容器。同步补偿机是一种专门用来改善功率因数的空载运行的同步电动机，通过调节其励磁电流可以起到补偿电网无功功率的作用，通常用在大电网中枢调压或地区降压变电所中。并联电容器又称移相电容器，是一种专门用来改善功率因数的电力电容器。并联电容器与同步补偿机相比，无旋转部分，并具有安装简单、运行维护方便、有功损耗小以及组装灵活、扩建方便等优点，所以并联电容器在一般工业与民用建筑的供配电系统中广泛应用。但它损坏后不便修复，从电网切除后有危险的残余电压存在（残余电压可通过放电消除）。新型的 CLMB、CLMD 等型干式金属化全膜低压电容器具有自愈性能，不用维护，且体积小，便于实现就地补偿，已获得广泛的应用。

同步补偿机和并联电容器一般只适应于补偿变动不快的无功功率，即对无功功率进行静态补偿。在现代工业与民用建筑中，大容量冲击负荷带来了大量的冲击性无功功率，而且这种负荷含有大量的高次谐波，用同步补偿机和并联电容器是无法补偿的。静止无功补偿装置（SVC，简称静补装置）具有反应速度快、补偿效果好、维护方便等优点，因而应用越来越广泛。静补装置目前主要用于电弧炉、大型轧钢机等冲击性快速变动的无功功率及超高压输电系统的无功功率补偿。SVC 价格较高，故一般中小型工业与民用建筑中较少应用，仍以采用并联电容器为主。无功功率应尽可能地做到就地补偿，以实现无功功率的就地平衡原则，从而减少线路的功率损耗和电压损耗，提高无功补偿的经济效果。

下面主要介绍并联电容器的结线、装设、控制、保护及其运行维护。

二、并联电容器的结线

并联电容器的结线，通常分为△结线和 Y 结线两种方式，而大多数采用△结线。低压电容器多数是三相的，内部已结成△。

电容量为 C 的三个电容器，采用△结线的容量 $Q_{C(\triangle)}$ 为 Y 结线容量 $Q_{C(Y)}$ 的 3 倍。因为 $Q_C=\omega CU^2$，而△结线时加在 C 上的电压 $U_{\triangle}$ 为 Y 结线时加在 C 上的电压 U_Y 的$\sqrt{3}$倍，所以 $Q_{C(\triangle)}=3Q_{C(Y)}$。同时，电容器采用△结线时，若任一电容器断线，三相线路仍得到无功补偿；而采用 Y 结线时，若一相电容器断线，将使该相失去补偿，造成三相负荷不平衡。此外，电容器采用△结线时，电容器的额定电压与电网的额定电压相同，这时电容器结线简单，电容器外壳及支架均可接地，安全性也得到提高。由此可见，当电容器的额定电压与电网额定电压相等时，电容器一般宜采用△结线。

电容器采用△结线也存在一定缺点，在一相电容器发生短路故障时，就形成两相直接短路，短路电流很大，有可能引起电容器爆炸，使事故扩大。如果电容器采用 Y 结线，在一相电容器发生击穿短路时，其短路电流仅为正常工作电流的 3 倍，因此运行就安全多了。所以国家标准 GB 50053—2013《20kV 及以下变电所设计规范》规定：在高压电容器组的容量较大（超过 400kvar）时，宜采用 Y 结线（中性点不接地系统）。这时电容器的额定电压应按电网相电压（即电网额定电压除以$\sqrt{3}$）来选择。例如 10kV 电网中，电容器为 Y 结线时，应选用额定电压为 11kV/$\sqrt{3}$的电容器；而电容器为△结线时，应选用额定电压为 11kV。通常电容器额定电压比电网电压高 10%，以便电网电压正偏差 10%时电容器也不致损坏。

三、并联电容器的装设位置

并联电容器在供电系统中的装设位置，有高压集中补偿、低压集中补偿和低压单独就地补偿等三种方式，如图 8 - 12 所示。

（一）高压集中补偿

高压集中补偿是将高压电容器组集中装设在变电所的 6～10kV 母线上，这种补偿方式只能补偿 6～10kV 母线前所有线路上的无功功率，而此母线后的线路和变压器没有得到无功补偿，所以这种补偿方式的经济效果比后两种补偿方式差。但这种补偿方式的初投资较少，便于集中运行维护，而且能对高压侧的无功功率进行有效的补偿以满足功率因数的要求，所以这种补偿方式以前在一些大中型工业与民用建筑中有所应用。后来，由于装设高压电容和低压电容时每千乏的投资逐渐接近，这种采用高压集中补偿的作法在 10kV 变配电所中已经很少见到，有些地区（例如深圳）甚至规定不得采用。

图 8 - 13 是接在变配电所 6～10kV 母线上集中补偿的电容器组电路图。这里的电容器接

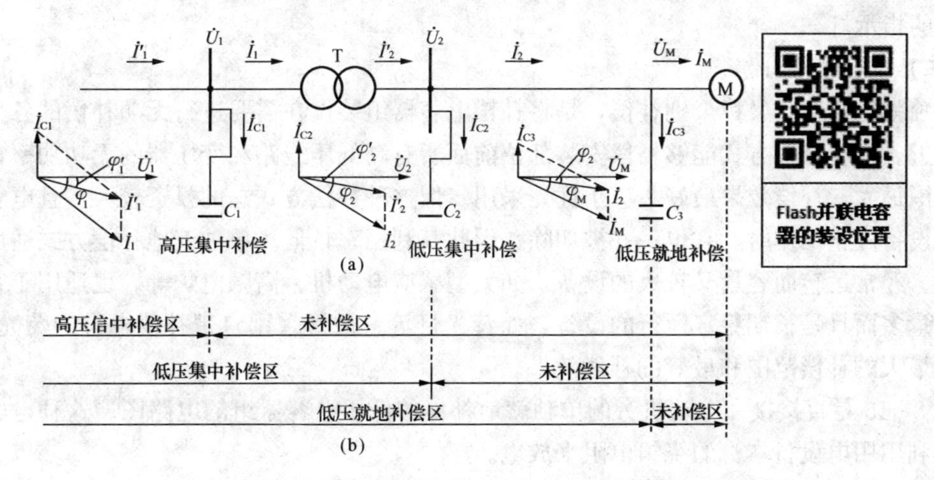

图 8－12　并联电容器在供电系统中的装设位置及补偿效果

(a) 装设位置；(b) 补偿范围

成△，装在高压电容器柜内。为防止电容器击穿时引起相间短路，所以△各边均接有高压熔断器 FU 作短路保护。

由于电容器从电网上切除后仍有残余电压，其值最高可达电网电压的峰值，这对人身是很危险的，所以 GB 50053—2013《20kV 及以下变电所设计规范》规定：电容器组应装设放电设备，使电容器组两端的电压从峰值（$\sqrt{2}U_N$）降至 50V 所需时间，对高压电容器最长为 5min，对低压电容器最长为 1min。高压电容器通常利用电压互感器（如图 8－13 的 TV）的一次绕组放电。互感器与电容器装在同型的高压柜内。为了确保可靠放电，电容器组的放电回路中不得装设熔断器或开关设备，以免放电回路断开，危及人身安全。

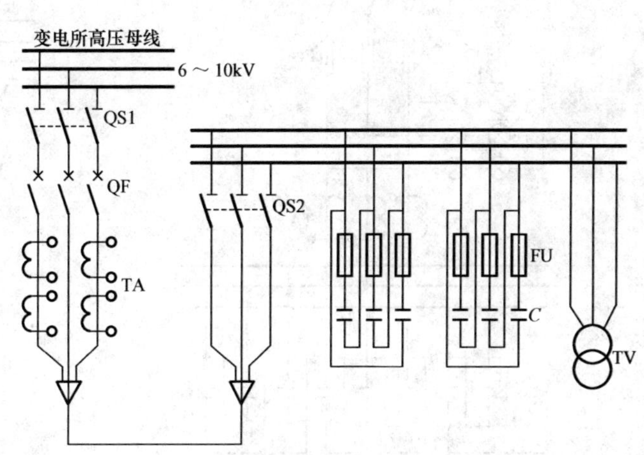

图 8－13　高压集中补偿电容器组的电路图

按 GB 50053—2013 规定：高压电容器组一般装设在单独的高压电容器室内，当数量较少时，也可装设在高压配电室内，但与高压配电装置的距离不应小于 1.5m。

（二）低压集中补偿

低压集中补偿是将低压电容器集中装设在车间变电所的低压母线上。这种补偿方式能补偿车间变电所低压母线前的无功功率。这种补偿能使车间主变压器的视在功率减小，从而使主变压器容量选得较小，因而比较经济。而且低压电容器柜可以安装在变电所低压配电室内，运行维护方便。因此这种补偿方式在工业与民用建筑中应用非常普遍，尤其是 6～10kV 供电的中小型工业与民用建筑变电所大多数采用这种补偿方式。

图 8－14 是低压集中补偿的电容器组的电路图。这种电容器组，一般利用 220V、15～25W 的白炽灯的灯丝电阻放电（也有用专门的放电电阻的），这些白炽灯同时也作为电容器

组运行的指示灯。

（三）单独就地补偿

单独就地补偿，又称个别补偿，是将补偿电容器组装设在需要进行无功补偿的各个用电设备附近。这种补偿方式能够补偿安装部位前面所有高低压线路和变压器的无功功率，因此补偿范围最大，补偿效果最好，应予优先采用。但这种补偿方式总的投资较大，且电容器组在用电设备停止工作时，它也一并被切除，因此其利用率较低。单独就地补偿方式适用于负荷平稳、经常运转而容量又较大的设备，如大型感应电动机、高频电炉等。也适用于容量虽小但数量多而且是长期稳定运行的设备，如荧光灯等。最好采用自带补偿电容的荧光灯具，以获得最大的补偿范围和最好的补偿效果。

图 8 - 15 是直接接在电动机旁的单独就地补偿的低压电容器组的电路图。这种电容器组通常就利用用电设备本身的绕组电阻来放电。

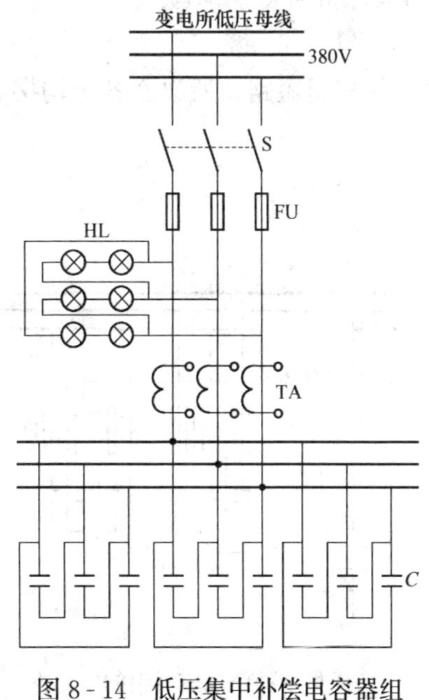

图 8 - 14 低压集中补偿电容器组的电路图

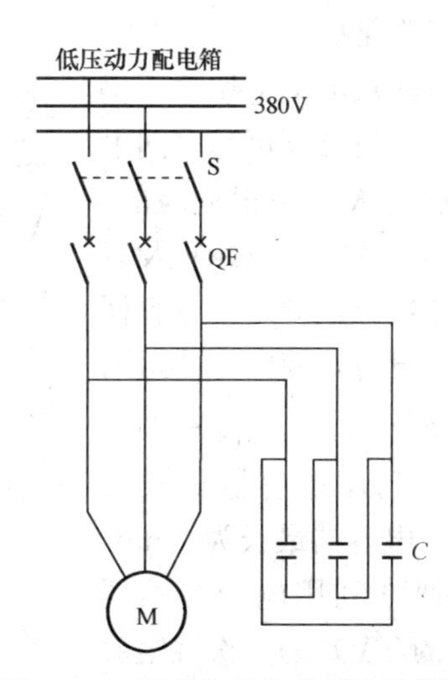

图 8 - 15 感应电动机旁就地补偿的低压电容器组电路图

对感应电动机进行就地补偿时，其电容器容量的计算，应以电动机空载时补偿的功率因数接近 1 为宜，不能按电动机的负荷情况计算补偿容量。若以负荷情况补偿至功率因数等于 1 时，空载时将出现过补偿，在切断电源时因电容器放电而使电动机产生自励磁，致使旋转着的电动机成为感应发电机，使电压超过额定电压，这对电动机和电容器的绝缘都是不利的。因此对于个别补偿的感应电动机，其补偿容量可用计算式确定为

$$Q_C \leqslant \sqrt{3} U_N I_0$$

式中 Q_C——电动机所需补偿的容量，kvar；

U_N——电动机的额定电压，kV；

I_0——电动机的空载电流，A。

除上述补偿方式外，实际中还有一种分组补偿，这种补偿是将电容器组分别安装在各

个建筑物（例如车间）的配电箱处，可以使配电变压器自变电所至车间的线路都可以得到无功功率补偿。

在工业与民用建筑的供配电系统中，实际上多是综合采用上述各种补偿方式，以求经济合理地达到总的补偿要求。

总之，采用并联电容器作无功补偿装置时，宜就地平衡补偿。低压部分的无功功率宜由低压电容器补偿；高压部分的无功功率宜由高压电容器补偿；负荷平稳且经常使用的用电设备的无功功率宜单独就地补偿。补偿基本无功功率的电容器组宜在变配电所内集中补偿。在正常环境的车间内，低压电容器宜分散补偿。

四、并联电容器的控制

并联电容器有手动投切和自动控制两种控制方式。

（一）手动投切的并联电容器

手动投切的控制方式，要求值班人员根据负荷的变化对补偿功率进行调节，具有简单、经济、便于维护的优点，因此应用十分普遍。

下列情况一般适于采用手动投切并联电容器：

（1）补偿低压基本无功功率（即设备正常运行时所需的最小无功功率）的电容器组。

（2）补偿常年稳定的无功功率的电容器组。

（3）补偿长期投入运行的变压器及变配电所内投切次数较少的高压电动机的电容器组。

对集中补偿的高压电容器组（见图 8-13），利用高压断路器进行手动投切。

对集中补偿的低压电容器组，可按补偿容量分组投切。图 8-16 是手动投切的低压电容器组。

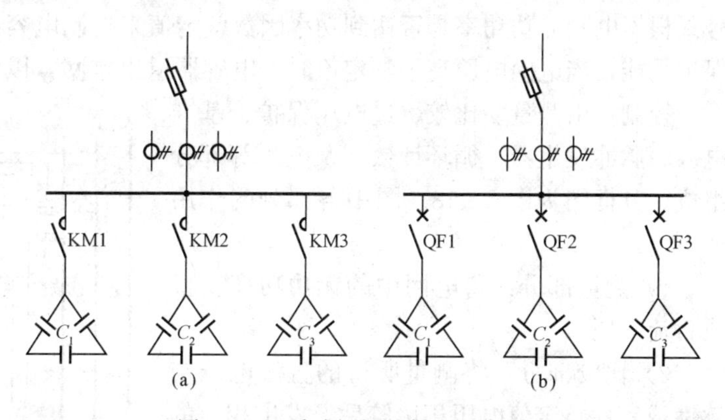

图 8-16　手动投切的低压电容器组

（a）利用接触器进行分组投切；（b）利用低压断路器进行分组投切

对于无功负荷经常变化的用户，采用手动投切控制方式，往往增加值班人员的劳动强度，而且补偿效果也欠佳，因此宜采用自动控制的方法。

（二）自动控制的并联电容器

采用自动控制的并联电容器（无功功率自动补偿装置）可以使电容器组能够随着无功负荷的变化而按一定的规则自动地投入或者切除，从而达到较理想的无功功率补偿要求。

为了避免由于电网电压波动、电动机起动以及其他因素造成的瞬时无功功率波动而使无功功率自动补偿装置的执行机构动作，自动补偿装置必须采取延时投入及延时切除的方式。

高压电容器采用自动补偿时对电容器电路中的切换元件要求较高，价格较贵，而且我国目前有的产品尚不稳定，因此 GB 50052—2009《供配电系统设计规范》特别规定：在采用高、低压自动补偿装置效果相同时宜采用低压自动补偿装置。

低压自动补偿电容器的原理电路图如图 8-17 所示。电路中的功率因数自动补偿控制器与电容器成套柜配合使用，构成无功功率自动补偿成套装置，目前广泛应用于工业与民用建

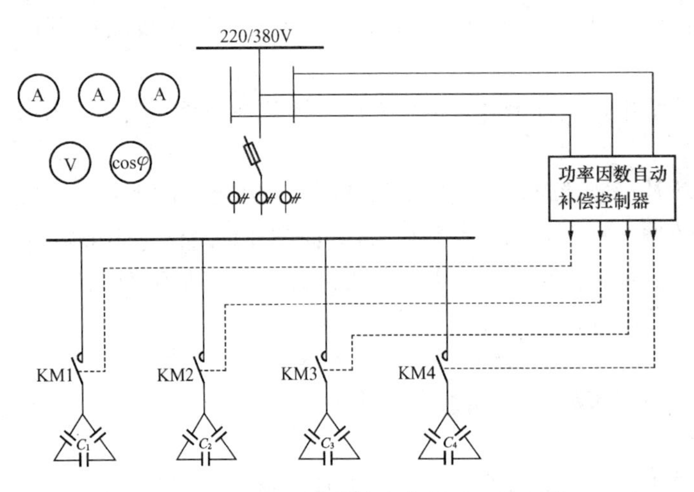

图 8-17 低压自动补偿电容器原理电路图

筑的变配电所中。

电容器组的自动投入及自动切除装置目前发展很快，方案很多，例如按无功功率控制、按功率因数控制、按母线电压控制、按昼夜时间控制等。下面简要介绍两种无功功率自动补偿控制器。

（1）采用 CMOS 集成电路元件组成的 ZKW-Ⅱ型无功功率自动补偿控制器。ZKW-Ⅱ型无功功率自动补偿控制器具有工作稳定、性能可靠、灵敏度高、抗干扰能力强、体积小、消耗功率小等优点。控制器的输出为 10 路（也可应用于输出 6 路或 8 路的电容器控制屏中）。工作方式采用循环投切，可保证接触器、电容器的操作次数相同，延长接触器、电容器的使用寿命。

控制器取两线间的线电压 U_{BC} 与另一相电流 I_A（经电流互感器）作为控制器的输入信号。根据电网无功功率是否达到功率因数整定值来控制电容器的投入与切除，并具有过电压保护功能，当电网电压高于整定值时，电容器退出电网，以保护电容器。

控制器由测量、比较、过电压保护、基准电源、脉冲发生器、循环计数器及电源等部分组成，其框图为图 8-18。图中各部分的作用如下。

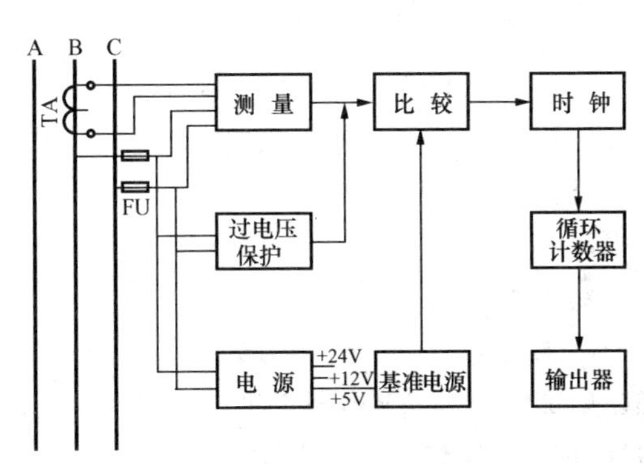

图 8-18 ZKW-Ⅱ无功功率自动补偿控制器框图

1）测量部分：将电网中的无功功率变换成直流电压。

2）比较部分：将测量所得的直流电压与感性或容性整定值电压相比较后，发出相应的滞后或超前信号。

3）时钟脉冲：由比较电路控制的，可发出 10～120s 时间间隔的脉冲送到循环计数电路中去。

4）循环计数器：由比较部分和时钟脉冲控制，按其要求发出循环投切信号。例如，当电网中感性无功功率高于整定值时，比较器发出滞后信号，同时起动时钟脉冲，经延时发出一脉冲到循环计数器，通过出口继电器使一组电容器投入，直到电网中感性无功功率值低于整定值为止。同理，如果电网中容性无功功率高于整定值时，比较器发出超前信号，脉冲电路起动，经延时发出一脉冲到循环计数器，通过出口继电器将电容器从电网中切除一组，直到电网中容性无功功率低于整定值为止。

5）过电压保护电路：当电网电压高于整定值时（一般规定电网电压不得超过其额定电压 10%），发出过电压信号，同时切除即将输入到比较器中的信号，将电容器从电网中退出，以保护电容器。当电压恢复正常时，控制器仍根据无功功率投切电容器。

6）基准电源：由温度补偿、齐纳二极管稳压电路提供，经电位器分压后，作为提供整定值用的基准电源。

7）电源电路：采用三端固定的稳压集成电路。

（2）采用单片机构成的无功功率自动补偿控制器。单片机具有体积小、功耗低、价格便宜、使用灵活、控制能力强、可靠性高等优点，已成为科技领域的有力工具，人类生活的有益助手。我国已研制成以单片机为核心构成的新型智能无功功率补偿控制器。此种控制器与常规控制器比较，最突出的优点是具有运算和记忆功能，以判断式选择投切取代了以往试探性依次投切的方法，从而使系统以较少的投切次数迅速进入最佳补偿状态，并避免了临界投切振荡现象，使控制质量大为提高。

现以 WGB-Ⅰ型单片机无功补偿控制器为例，简要介绍其工作原理及特点。

1）系统的硬件框图及工作原理：WGB-Ⅰ型单片机无功补偿控制器框图如图 8-19 所示。

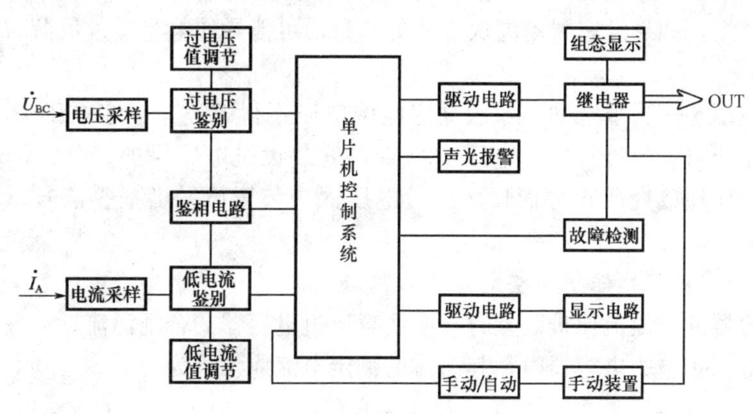

图 8-19　单片机无功补偿控制器框图

系统的工作原理为：当电网的线电压 $\dot{U}_{BC}$ 和 A 相负荷电流输入鉴相电路后，该电路输出脉冲宽度与 $\dot{U}_{BC}$、$\dot{I}_A$ 之间的夹角 φ 相对应的脉冲信号，送入到单片机进行处理，并显示其功率因数 $\cos\varphi$，再根据此功率因数值，采用寻优控制，向继电器驱动电路输出相应的“投切”信号，控制外界补偿电容的投切状态，从而实现无功功率的自动补偿。与此同时，过电压鉴别电路与低电流鉴别电路一旦判别出过电压或低电流时，就申请中断，并给出声光报警信号。

2）系统的软件设计：本系统采用模块设计方法，整个系统是通过不断调用子程序和接受中断子程序来完成检测、控制工作的。其软件模块示意图如图 8-20 所示。

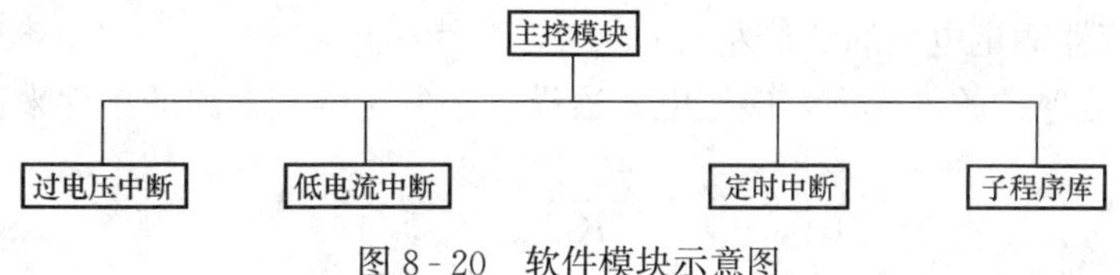

图 8-20　软件模块示意图

3）系统的主要特点：本系统采用单片机和大规模集成电路，从硬件、软件两方面提高了可靠性和稳定性，使性能价格比较高。

功率因数值采用数字显示，清晰悦目。

具有过电压、过电流、过补偿、欠补偿、振荡等非常情况的自动判断与处理能力，并给出明显的声光报警信号。并具有手动/自动两种工作方式。

整个控制过程由软件实现，增加了灵活性。根据用户设备情况，修改部分软硬件就可与计算机、中央监测台或打印机连接。

五、并联电容器的保护

（一）并联电容器保护的一般要求

并联电容器主要故障形式是短路故障，它可造成相间短路。对于低压电容器和容量不超过 400kvar 的高压电容器，可装设熔断器作为电容器的相间短路保护；对于容量较大的高压电容器，则需要采用高压断路器控制，装设瞬时或短延时的过电流继电保护来作相间短路保护。

高次谐波对电容器的影响很大。含有高次谐波的电压加在电容器两端时，由于电容器对高次谐波的阻抗很小，故电容器很容易发生过负荷现象。安装在大型整流设备和大型电弧炉等附近的电容器组，如果没有限制高次谐波的措施而可能导致电容器过负荷时，宜装设过负荷保护。

电容器对电压是相当敏感的，一般规定电网电压不得超过其额定电压 10%。因此凡电容器装设处的电压可能超过其额定电压 10%时，宜装设过电压保护，以免长期过电压运行引起电容器寿命缩短或介质击穿而损坏。过电压保护装置可发出报警信号，或经 3～5min 延时跳闸。

（二）并联电容器短路保护的整定

在整定电容器的过电流保护装置时，应注意躲过电容器的合闸涌流。

采用熔断器保护电力电容器时，其熔体的额定电流应计算为

$$I_{N.FE}=KI_{N.C} \tag{8-8}$$

式中 $I_{N.C}$——电容器的额定电流。

K——系数。对于高压跌开式熔断器，取 1.2～1.3；对于限流式熔断器，当为一台电容器时取 1.5～2.0；当为一组电容器时取 1.3～1.8。

采用电流继电器作相间短路保护时，其动作电流应计算为

$$I_{op}=\frac{K_{rel}K_w}{K_i}I_{N.C} \tag{8-9}$$

式中 K_{rel}——保护装置的可靠系数，取 2～2.5；

K_w——保护装置的结线系数；

K_i——电流互感器的变流比（考虑到电容器的合闸涌流，互感器一次电流宜选为电容器额定电流的 2 倍左右）。

电容器过电流保护的灵敏度，应按电容器端子上发生两相短路的条件来检验，即

$$S_p=\frac{K_w I_{k.min}^{(2)}}{K_i I_{op}}\geqslant 2 \tag{8-10}$$

式中 $I_{k.min}^{(2)}$——系统最小运行方式下电容器的两相短路电流，$I_{k.min}^{(2)}=0.866I_{k.min}^{(3)}$。

六、并联电容器的运行维护

（一）并联电容器的投入和切除

并联电容器在供电系统运行时是否投入，主要看供电系统的功率因数或电压是否符合

要求而定。如果功率因数过低，或者电压过低时，则应投入电容器，或增加电容器的投入量。

并联电容器是否切除或部分切除，也主要视系统的功率因数或电压情况而定。如变配电所母线电压偏高时（如超过电容器额定电压的1.1倍），则应将电容器切除。

当发生下列任一情况时，应立即切除电容器：

（1）电容器爆炸。

（2）接头严重过热。

（3）套管闪络放电。

（4）电容器喷油或燃烧。

（5）环境温度超过40℃。

变电所停电时，电容器也应切除，以免突然来电时，母线电压过高，致使电容器击穿。

在切除电容器前，需从外观（如仪表指示或指示灯）检查放电回路是否完好。电容器从电网切除后，应立即通过放电回路放电。高压电容器放电时间应在5min以上，低压电容器放电应在1min以上。为确保人身安全，人体接触电容器之前，应该用导线将所有电容器两端直接短接放电。

（二）并联电容器的维护

并联电容器正常运行时，值班人员应定期检视其电压、电流和室温等，并检查其外部，看看有无漏油、喷油、外壳膨胀（鼓肚）等现象，有无放电声响或放电痕迹，接头有无发热现象，放电回路是否完好，指示灯是否正常等。对装有通风装置的电容器室，还应检查通风装置是否完好。

七、低压无功自动补偿屏

常用的PGJ1（1A）型低压无功自动补偿屏可与PGL1（2）型低压配电屏配套使用，可双面维护，屏内装有无功功率补偿自动控制器。

PGJ1（1A）型低压无功自动补偿屏有1、2、3、4等四种结线方案，如图8-21所示。其中，1、2屏为主屏，3、4屏为辅屏。辅屏只能与主屏配合使用。1、3屏为6步控制，2、4屏为8步控制。

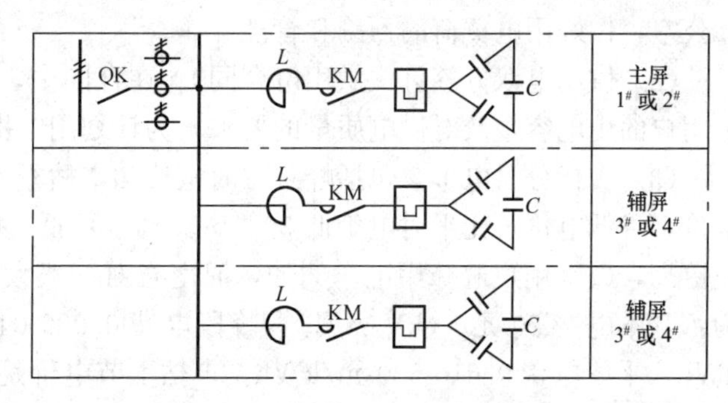

图8-21　PGJ1型低压无功自动补偿屏的结线方案

第四节　计划用电及电价与电费*

一、计划用电的必要性

（1）计划用电的必要性，首先是由电力这一特殊商品的特点所决定的。电力的生产、输送、分配以及转换为其他形态能量的过程是同时进行的，只能用多少发多少，不像其他商品那样可以大量储存。发电、供电和用电每时每刻都必须保持平衡。如果用电负荷突然增加，则电力系统的频率和电压就要下降，可能造成严重的后果。

（2）计划用电也是解决电力供需矛盾的一种措施。即使在电力供需矛盾出现缓和的情况下，实行计划用电也是很有必要的，它可以改善电网的运行状态，保证电能的质量。

（3）计划用电也是电能节约的重要保证。实行计划用电，采取适当措施，包括利用电价制度这一经济杠杆来调整负荷，使电力系统削峰填谷，就能降低系统的电能损耗，提高供电设备的利用率。

二、计划用电工作的特点

计划用电工作的特点主要表现在以下几个方面：

（1）计划用电工作是一项政策性很强的工作。电力不足时要有保有舍，如何取舍则要根据有关的方针和政策来确定；不能搞“一刀切”，也不能搞平均分配和自由分配。

（2）计划用电工作是一项在不平衡中求平衡的工作。实行计划用电，就是在不平衡中求得暂时的平衡。求得平衡是电力统配、计划用电的长期任务。“发电要按国家计划，供电要按发电水平，用电要按分配指标”，这是计划用电的总原则。

（3）计划用电工作是地区性很强的工作。各个地区水电和火电的比重不同，燃料构成和自给程度不同，用电构成不同，电网的结构不同，这些差别的存在说明各个电网有其地区特点。因此，计划用电工作也必须因地制宜。计划用电工作的地区性还表现在供电和地区经济的关系十分密切。因此，计划用电工作要依靠当地政府和经济部门的领导和支持。

三、计划用电的一般措施

实践证明，合理分配、科学管理、节约使用、灵活调度，这是落实计划用电工作中应抓好的四个重要环节。在实际中可以采取以下一些具体措施：

（1）建立健全计划用电的各级能源管理机构和制度，组建各级的能源办公室或“三电”办公室，作好用电负荷的预测和管理工作。

（2）供用电双方签订《供用电合同》。在合同中，按照电网的供电条件和用户的需求确定用户的用电容量及对供电质量的要求，为计划用电提供基本依据。

（3）实行分时电价，包括峰谷分时电价和丰枯季节电价。峰谷分时电价就是峰高谷低的电价，谷低电价可比平时电价低30%～50%或更低，峰高电价可比平时电价高30%～50%或更高，鼓励用户避峰用电。例如，河南省对一般大工业用电采用峰谷电价制的具体标准为：基本电费20元/（kVA·月），峰段电费0.939 040元/kW·h，谷段电费0.329 370元/kWh，平段电费0.610 530元/kWh。丰枯季节电价是水电比重较大地区的电网所实行的一种电价。丰水季节电价可比平时电价低30%～50%，枯水季节电价可比平时电价高30%～50%，鼓励用户在丰水季节多用电，充分发挥水电的作用。

（4）按用户的最大需量或最大装设容量收取基本电费，促使用户尽可能压低负荷高峰，提高低谷负荷，以减小基本电费开支。

（5）装设电力负荷管理装置。电力负荷管理装置是指能够监视、控制用户电力负荷的各种仪器装置，包括音频、载波、无线电等集中型电力负荷管理装置和电力定量器、电流定量器、电力时控开关、电力监控仪、多费率电能表等分散型电力负荷管理装置。装设电力负荷管理装置是贯彻落实国家有关计划用电的政策，实现管理到户的技术手段。通过推广应用负荷管理技术来加强计划用电和节约用电管理，保证重点用户供电，对居民生活用电也尽量不停电或少停电，有计划地均衡用电负荷，保证电网的安全经济运行，提高电力资源的社会效益。

四、电价政策与电费计收

（一）电价与电价政策

1. 电价的概念

电价是电力这类特殊商品在电力企业参与市场经济活动中进行贸易结算的货币表现形式，是电力商品价格的总称。电价对电力的生产、供应和使用各方具有不同的作用：

（1）对电力企业，电价是获取资金以维持简单再生产和扩大再生产的手段。电价的合理与否直接关系到电力事业的发展。

（2）对电力用户，电价意味着他们在取得电力使用价值时必须付出的代价。电价的合理与否直接关系到国民经济的发展和人民的生活水平。

电价按生产和流通环节分，有电力生产企业的上网电价、电网之间的互供电价和电网的销售电价；按销售方式分，有直供电价、趸售电价；按用电类别分，有照明电价、商业电价、大工业电价、普通工业电价、非工业电价等。

2. 我国电价的管理原则

我国《电力法》规定："电价实行统一政策，统一定价原则，分级管理。"这就是要求电价管理必须集中统一，在统一政策、统一定价原则的前提下，进行分级管理，发挥各方面的积极性，使电价管理更加科学、合理和规范。

3. 制定电价的基本原则

我国《电力法》规定："制定电价，应当合理补偿成本，合理确定收益，依法计入税金，坚持公平负担，促进电力建设。"

（1）合理补偿成本：电价必须能够补偿电力生产和流通全过程的成本费用支出（但要排除非正常费用计入成本），以保证电力企业的正常运营。

（2）合理确定收益：电价必须保证电力企业及有关投资者的合理收益。但由于电力企业具有垄断经营的性质，因此必须加以控制，以免借此获取超额利润，损害电力使用者的利益。

（3）依法纳入税金：凡属于我国法律允许纳入电价的税种、税款、应计入电价；但并不是电力企业的其他应交纳的税金都可以计入电价之中。

（4）坚持公平负担：公平负担是指在制定电价时，要从电力公用性和发、供用电的特殊性出发，使电力使用者价格负担公平合理。要使电力使用者对电费的负担与其用电特性相适应。用电特性不同，其电价也有所差异，应体现"优质优价"原则。

（5）促进电力建设：电价应能促使电力资源优化配置，保证电力企业正常生产，并具有一定的自我发展能力，推动电力事业走上良性循环发展的道路。

（二）用电计量与电费计收

1. 用电计量的一般要求

关于用电计量，《供电营业规则》规定了下列要求：

（1）供电企业应在用户每一个受电点内按不同电价类别，分别安装用电计量装置。每个受电点作为用户的一个计费单位。用户为满足内部核算的需要而自行装设的电能表，不得作为供电企业计费依据。

（2）计费电能表及附件的购置、安装、移动、更换、校验、拆除、加封、启封及表计接线等，均由供电企业负责办理，用户应提供工作上的方便。高压用户的成套设备中装有自备电能表及附件时，经供电企业检验合格、加封并移交供电企业维护管理的，可作为计费电能表。

（3）对10kV及以下电压供电的用户，应配置专用的电能计量柜；对35kV及以上电压供电的用户，应有专用的电流互感器二次绕组和专用的电压互感器二次连接线，并不得与保护、测量回路共用。

（4）用电计量装置原则上应装在供电设施的产权分界处。如产权分界处不适宜装表时，对专线供电的高压用户，可在供电变压器出口装表计量；对公用线路供电的高压用户，可在用户受电装置的低压侧计量。当用电计量装置不安装在产权分界处时，线路与变压器损耗的有功和无功电能均须由产权所有者负担。在计算用户基本电度（按最大需量计收时）、电度电费及功率因数调整电费时，应将上述损耗电能计算在内。

（5）供电企业必须按规定的周期校验、轮换计费电能表，并对计费电能表进行不定期检查。

2. 电费计收

电费计收是按照国家批准的电价，依据用户实际用电情况和用电计量装置记录来计算和回收电费。电费计收包括抄表、核算和收费等环节。

（1）抄表。抄表就是供电企业抄表人员定期抄录用户所装用电计量装置记录的读数，以便计收电费。抄表的方法有：

1）现场手抄。这是一种传统的方法，主要用于中小用户和居民用户。

2）现场微电脑抄表器抄表。抄表员携带抄表器前往用户现场，将用电计量装置记录的数值输入抄表器内，回所后将抄表器现场存储的数据通过接口输入营业系统微机进行电费计算。

3）远程遥测抄表。利用负荷控制装置的功能综合开发，实现一套装置数据共享及其他远动传输通道，从而实现用户电量远程遥测抄表。

4）小区集中低压载波抄表。小区内居民用户的用电计量装置读数，通过低压载波等通道传送到小区变电所内，抄表人员按时到小区变电所内抄录各用户的用电计量装置读数。

5）红外线抄表。抄表员利用红外线抄表器在路经用户时，即可采集到该用户用电装置的读数。

6）电话抄表。对安装在边远地区用户变电所内的用电计量装置，可通过电话抄表，但需定期赴现场核对。

7）委托专业性抄表公司代理抄表，或与煤气、自来水等单位联合，采取气、水、电一次性抄表的办法以方便居民用户。

8）对于智能化的住宅或小区，还可以采用总线式自动抄表系统，并可与BAS结合。

（2）电费核算。电费核算是电费管理的中枢。电费是否按照规定及时、准确地收回，账目是否清楚，统计数字是否准确，关键在于电费核算质量。因此电费核算一定要严肃认真，一丝不苟，逐项审核，而且要注意账目处理和汇总工作。

现行销售电价的计价方式分为单一制电价和两部制电价：

1）单一制电价，又称“电度电价”，按用户用电量的kWh数来计算电费，适用于非工业、普通工业、农业及居民生活等用电。

2）两部制电价，即用户的电价分两部分：一部分为基本电价，以用户最大需电量的kW数或接装设备容量（主变压器容量）的kVA值来计算，与实际用电量无关；另一部分为电度电价，以用户实际使用的电能量（kWh）数来计算。两部制电价一般适用于大中型工业与民用建筑。不论实行单一制电价还是两部制电价，其电度电价中，有的还实行峰谷分时电价和丰枯季度电价，并实行按月平均功率因数值调整电费，高于规定的功率因数值时少收电费，低于规定的功率因数值时增收电费。

（3）电费收取。电费收取的方式有：

1）走取电费，即收费人员逐户上门收取。

2）定期定点坐收，即由用户按规定期限前往指定地点交纳。

3）委托银行代收，用户就近到委托银行交纳。

4）用户电费储蓄，由银行根据供电企业通知代扣用户电费，并划入供电企业账户内，用户存款余额可得到银行相应的活期储蓄利息。

5）付费购电方式，即用户持购电卡前往供电企业营业部门在售电微机上购电，将购电数量存储于购电卡中。用户持卡插入电卡式电能表后，其电源开关自动合上，即可用电。如购电卡上的储存电量余额不足10kWh时，电能表将显示余额，提示用户去购电。当余额不足3kWh时，即停电一次警告用户速去购电，用户将电卡再插入一次即可恢复供电。当所购电量全部用完时，则自动断电，直到用户插入新的购电卡后，方可恢复用电。这种付费购电方式改革了传统落后的人工抄表、核收电费制度，从根本上解决了一些用户只管用电、不按时交纳电费的问题。

第五节　安　全　用　电

一、电气危害

（一）概论

电气安全包括以下两方面的内容：其一是专业人员（例如电工）在专业场所中（例如工厂）的电气安全；其二是非专业人员在非专业场所（例如民用建筑中的居民）的电气安全。前者主要应依靠专业知识和一些安全规章制度来保障其人身和设备的安全；后者则主要依靠一些技术措施来保障人身的安全。由于历史的原因，我国以前在电气安全方面偏重于电气设备的安全和生产过程中的劳动保护，而对一般民用场所中的电气安全问题重视不够。我国电击和电气火灾等事故的发生率长期居高不下，单位用电量的电击伤亡事故比发达国家高出数十倍以上；据《中国火灾统计年鉴》，在21世纪初期，因电气原因引发的火灾数量已占到火灾总数的41.3%，而且绝大多数的电气火灾是发生在非专业场所，造成的损失也极为巨大。改革开放以来，我国在学习国际先进技术、等效或等同采用国际先进标准等方面作了大量工作，在电气安全的工程实践上有了长足的进步，但与发达国家相比，仍然还有较大的改进空间。

一般说来，一门学科在发展初期，大多以研究其规律并利用这些规律为人类造福为主攻方向；而当与此学科相关的工程技术高度发展和应用之后，由于负面效应日益凸显，如何抑制其危害又会成为研究的重点之一。这一规律在汽车、石油化工、煤矿、核能、水利工程、生物工程、互联网和电气等行业都得到了验证。

我国经济持续快速的发展，促使城市化进程加快，城市居民家庭的电气化水平迅速提高，使得电气安全问题显得更为迫切。因此，将电气安全问题作为电气工程一个重要的专业方向进行研究，消除长期以来对电气安全问题的一些模糊认识，以科学的态度去认识它，用工程的手段去应对它，是一项十分有意义的工作。

必须指出，本书中“安全”一词的含义更多的是指为了提高安全性所作的努力，并不代表能够绝对保证安全。即便是一个满足了诸多安全条件的系统，也不一定能够绝对避免电气事故和电击伤害的发生；但可以肯定，这些安全措施可以大大降低电击伤害的危险性。

人类在认识和改造自然的过程中创造了辉煌的文明，同时也付出了极大的代价。科学技术是一把双刃剑，它在给人类带来便利的同时，也带来对人类的危害。电气工程领域的情况也不例外。而且，由于电气工程对现代社会的作用是广泛而深刻的，以致电气工程领域中所产生的负面效应也是广泛而深刻的。

在我们周围存在着各种各样的能量。这些能量大部分以其自然的形态存在，小部分被我们有控制地使用。能量是人类赖以生存的一种物质形式，但能量也会对人类的生存条件造成破坏。电能是能量的一种存在形式，它存在于我们人为制造的电力系统中，也存在于雷电、静电等自然现象中。电气危害总是源于电能的非期望分配，而电气安全则正是要研究这些非期望分配产生的原因及特性，并提出有效的防护措施。

“电”既被人们用作能源，又被用作信息的载体。因而电气安全是电力、通信、计算机等诸多领域共同面临的问题，具有广泛性的特征。同时，电气安全又涉及材料选用、设备制造、设计施工和运行维护等诸多环节，具有综合性的特征。再者，电气安全的问题往往发生在人们预期以外的电磁过程，具有随机性和统计规律的特征。因此，电气安全问题具有丰富的学术内涵和广阔的应用范围，应该得到足够的关注。

表 8 - 2 列出了电气危害的种类及原因。

表 8 - 2　　电气危害的种类及原因

<table>
<tr><th colspan="3">类　型</th><th>原　因　及　举　例</th></tr>
<tr><td rowspan="6">电气事故</td><td rowspan="3">故障型</td><td>电击</td><td>1. 绝缘损坏，造成非导电部分带电
2. 爬电距离或电气间隙被导电物短接，造成非带电部分带电
3. 机械性原因，如线路断落、带电部件滑出等
4. 雷击
5. 各种因素造成的系统中性点电位升高，使 PE 线或 PEN 线带上危险的高电压</td></tr>
<tr><td>电气火灾和电气引爆</td><td>1. 过电流产生高温引燃
2. 电火花、电弧引燃、引爆
3. 雷电引燃、引爆</td></tr>
<tr><td>设备损坏</td><td>1. 过载或缺相运行
2. 电解和电蚀作用
3. 静电或雷击
4. 过电压或电涌</td></tr>
<tr><td rowspan="3">非故障型</td><td>电击</td><td>1. 直接事故：误入带电区、人为超越安全屏障、携带过长金属工具等
2. 间接事故：因触碰感应电或低压电等非致命带电体引起的惊吓、坠落或摔倒等</td></tr>
<tr><td>电气火灾</td><td>高温：溶液、溶渣的滴落、流淌、积聚，使附近的物体燃烧、爆炸</td></tr>
<tr><td>设备损坏和质量事故</td><td>1. 长期电蚀作用使设备、线路受损
2. 工业静电引起的吸附作用、影响产品质量</td></tr>
<tr><td rowspan="2">电磁污染</td><td colspan="2">电磁骚扰</td><td>工作产生的电磁场对别的设备或系统产生的干扰等</td></tr>
<tr><td colspan="2">职业病</td><td>强电磁场对人体器官的损伤（例如微波），或使人体某一部分功能失调等</td></tr>
</table>

由表8-2可见，从电气危害发生的特征来分类，可将电气危害划分为电气事故和电磁污染两大类。电气事故是指由电流、雷电、静电和某些电路故障等直接或间接造成的人员伤亡、建筑设施或电气设备毁坏，以及引起火灾和爆炸等后果的事故。电磁污染则是指电磁场对其他设备造成的干扰和使人体产生的功能性或器质性损伤。电气事故具有偶然性和突发性。电磁污染则具有必然性和持续性。

大多数电气危害是在故障时发生的；而在非故障时发生的电气危害，多数是因缺乏电气知识和违反安全操作规程所致。因此，在工厂、变电所等专业场所，应以加强安全管理措施为主；而在非专业场所，则主要应依赖技术措施来防止电气危害。

（二）电力系统产生的电气危害

电力系统产生的电气危害包括两个方面：其一是对电力系统自身的危害，例如绝缘老化、短路、过电压等；其二是对人员、设备和环境的危害，例如电击、电气火灾、电压异常升高造成用电设备损坏等。

电击伤害是最严重的电气危害之一，它可直接导致人员伤亡。因此，对电击伤害的研究是电气安全中极为重要的组成部分。特别应该指出，针对非专业场所和非专业人员的电击防护措施应被置于重要的地位。过去那种主要依赖管理措施来进行电击防护的观念和作法，不一定适用于非专业人员和场所。

电气火灾是近20年来在我国迅速蔓延的一种电气灾害。我国电气火灾在火灾总数中所占比例已高达30%左右。据国家公安消防总局2003年年度报告，2003年全国由于电气火灾事故造成的直接经济损失高达131.7亿元以上，国家用于防止电气火灾发生的消防经费亦高达60多亿元。

电气火灾的发生多与供配电系统的过负荷或电气设备质量低劣、施工安装不规范等有关。例如，造成北京某大型商厦火灾的原因是把日光灯镇流器直接固定在木板上了，镇流器发热，烤着了木板，引发了电气火灾。

（三）雷电和静电产生的电气危害

雷电产生的电气危害是广泛而巨大的。雷电可使人、畜遭受电击死亡，可使建筑物受到损坏，可使电气系统、信息系统遭到破坏，还可能引发火灾。例如，黄岛大型油库特大火灾就是雷击引发的。我国历史上许多珍贵的古建筑都不幸毁于“天火”。例如，曲阜的孔庙在1742年被雷火全部烧毁，重建时耗银十六万七千余两。据《光绪政要》记载，北京天坛院内就遭受雷击五次，其中最严重的一次是“光绪十五年（1889年）9月24日寅刻雷击祈年殿额，未刻殿内火起……”，致使整个祈年殿化为灰烬。仅1952年以后记载，北京故宫博物院内就有十次雷击事故。

此外，在某些场所，静电产生的危害也不可忽视。静电产生的强场强和高电压是引发电气火灾的原因之一。静电对电子设备的危害也是十分严重的。

（四）电气危害的特点及规律

1. 电气危害的特点

电气危害具有以下一些特点：

（1）非直观性。电是一种看不见、听不到、嗅不着的东西，不易为人们直观地识别，其潜在的危险也就不易为人们所察觉。

（2）危害途径广。以电击伤害为例，其原因有电气设备漏电，有PEN线断线造成设备金属外壳带电，还可能是带电体接触到电气装置以外的导体（如水管、暖气管等）。由于供配电系统分布很广，且所处环境复杂，电气危害产生和传递的途径也极为多样，致使对电气危害的防护十分困难和复杂。

（3）作用时间长短不一，差异很大。短者如雷电，作用时间仅为微秒级；长者如间歇性电弧短路，可能持续数分钟至数小时才引发火灾；而电气设备的轻度过负荷，则可能经数月以至数年之后，才使绝缘加速老化，最终导致绝缘损坏而漏电或短路，引起电击或火灾。

（4）能量范围广泛。例如，雷电流可达数百千安，且具有高频和直流的成分；此时，合理控制能量的泄放是主要的防护手段。而电击电流仅几十毫安就能致人死命；此时，能否灵敏地感知则是防护的关键。

（5）不同危害之间具有关联性。例如，绝缘损坏可导致短路，而短路又可能引发绝缘燃烧，扩大故障范围，甚至引发电气火灾。

2. 电气危害的规律

（1）电气危害总是伴随着能量的非期望分配。例如，本应传送给用电设备的能量部分地传送到了人体，这就是电击伤害。因此，在研究防护措施时，应密切关注能量的分配问题。

（2）电气危害总是伴随着电气参数或特性的变化。例如：短路往往伴随着电流增大和电压降低；发生电击时可能会有剩余电流产生等等。因此，检测电气危害时电气参数的明显变化，是进行电气危害防护的有效途径。

此外，不同类型的电气危害，还具有各自的特殊性。例如电击事故的规律可归纳为：低压触电居多；夏季居多；移动式和手握式设备居多；农村触电事故居多；特殊场所如施工现场、矿山巷道、狭窄场所、潮湿场所等居多。

（五）电气安全的一般措施

电气化给人类带来了巨大的物质文明，但同时也给我们带来了新的灾害——触电死亡。

人们在长期的生产实践中，逐渐积累了丰富的安全用电经验。各种安全工作规程以及有关保证安全的各种规章制度，都是这些丰富经验的总结。

所谓安全用电，是指在保证人身及设备安全的前提下，正确地使用电能以及为此目的而采取的科学的措施和手段。

防止发生用电事故的主要对策，概括地讲，就是要做到思想重视、措施落实、组织保证。

保证电气安全的一般措施如下：

（1）加强安全教育。触电事故往往不给人以任何预兆，并且往往在极短的时间内造成不可挽回的严重后果。因此，对于触电事故要特别注意以防为主的方针，必须加强安全教育，人人树立安全第一的观点，个个都作安全教育工作，力争供电系统无事故的运行，彻底消灭人身触电事故。

（2）建立和健全规章制度。供电系统中的很多事故都是由于制度不健全或违反操作规程而造成的。因此必须建立和健全必要的规章制度，特别是要建立和健全岗位责任制。

（3）确保供电工程的设计和安装质量。必须“精心设计，精心施工”，严格设计的审批手续和竣工的验收制度，确保供电工程的质量。

（4）加强运行维护和检修试验工作。加强日常的运行维护工作和定期的检修试验工作，力求防患于未然。

（5）正确地采用安全电压和防爆电器。对于容易触电的场所和手持电器，应采用 GB/T 3805—2008 所示的安全电压。在易燃、易爆场所，应遵照 GB 50058—2014《爆炸危险环境电力装置设计规范》，正确划分爆炸和火灾危险场所的等级，正确选择相应类型和级别的防爆电气设备。与之前的 GB 50058—1992《爆炸和火灾危险环境电力装置设计规范》相比，GB 50058—2014 不但在名称上有所变化，而且在具体条文规定上也有很大的变化，例如引进了“设备保护级别（EPL）”新概念等。附表 A-5 列出了爆炸危险区域的划分，供参考。

爆炸危险场所使用的防爆电气设备，在运行过程中，必须具备不引燃周围爆炸性混合物的性能，满足上述要求的电气设备可制成隔爆型、增安型、本质安全型、正压型、充油型、充砂型、无火花型、防爆特殊型和粉尘防爆型等类型。

1）隔爆型电气设备（d）：具有隔爆外壳的电气设备，是指把能点燃爆炸性混合物的部件封闭在一个外壳内，该外壳能承受内部爆炸性混合物的爆炸压力并阻止向周围的爆炸性混合物传爆的电气设备。

2）增安型电气设备（e）：指在正常运行条件下不会产生电弧、火花或可能点燃爆炸性混合物的高温的设备结构上，采取措施提高安全程度，以避免在正常和规定的过载条件下出现这些现象的电气设备。

3）本质安全型电气设备（i）：在正常运行或在标准试验条件下所产生的火花或热效应均不能点燃爆炸性混合物的电气设备。

4）正压型电气设备（p）：具有保护外壳，且壳内充有保护气体，其压力保持高于周围爆炸性混合物气体的压力，以避免外部爆炸性混合物进入外壳内部的电气设备。

5）充油型电气设备（o）：全部或某些带电部件浸在油中使之不能点燃油面以上或外壳周围的爆炸性混合物的电气设备。

6）充砂型电气设备（q）：外壳内充填细颗粒材料，以便在规定的使用条件下，外壳内产生电弧、火焰传播，壳壁或颗粒材料表面的过热温度均不能够点燃周围的爆炸性混合物的电气设备。

7）无火花型电气设备（n）：在正常运行条件下不产生电弧或火花，也不产生能够点燃周围爆炸性混合物的高温表面或灼热点，且一般不会发生有点燃作用的故障的电气设备。

8）浇封型电气设备（m）：整台设备或其中的某些部分浇封在浇封剂中，在正常运行和认可的过载或认可的故障下不能点燃周围爆炸性混合物的电气设备。

以上几种防爆电气设备的制造及检验应符合国家标准 GB 3836—2010《爆炸性气体环境用防爆电气设备》的要求。

9）防爆特殊型设备（s）：电气设备或部件采用 GB 3836—2010 未包括的防爆型式时，由主管部门制订暂行规定，送劳动人事部备案，并经指定的鉴定单位检验后，按特殊电气设备“S”形处理。

10）粉尘防爆电气设备（DIP）：国家标准 GB 12476.1—2013《可燃性粉尘环境用电气设备　第 1 部分：通用要求》已由国家技术监督局于 2013 年 12 月 17 日批准，并从 2014 年 11 月 14 日起实施。

（六）采用电气安全用具

绝缘安全用具分两类：

（1）基本安全用具。这类安全用具的绝缘足以承受电气设备的工作电压，并能在该电压等级产生的内过电压下保证工作人员的人身安全。例如操作隔离开关时的绝缘钩棒和绝缘夹钳等。

（2）辅助安全用具。这类安全用具的绝缘不足以完全承受电气设备的工作电压，只能加强基本安全用具的保安作用，用来防止接触电压、跨步电压、电弧灼伤对操作人员的危害。例如绝缘手套、绝缘靴、绝缘垫台，高压验电器、低压试电笔和临时接地线以及“有人工作、禁止合闸”之类标示牌等。

（七）普及安全用电知识

供电人员应注意向用户和广大群众反复宣传安全用电的重要意义，大力普及安全用电常识。例如：

（1）不得私拉电线，私用电炉。

（2）不得随意加大熔体规格或改用其他材料来取代原有熔体。

（3）装拆电线和电气设备，应请电工，避免发生触电和短路事故。

（4）电线上不能晾衣物，晾衣物的铁丝也不能太靠近电线。

（5）不得用枪或弹弓打电线上的鸟；不能在架空线路和室外变电所附近放风筝。

（6）尽量不使用或少使用多孔排插。移动电器的插座，一般应采用带保护接地（PE）插孔的插座并正确接线。电灯宜使用翘板开关或拉线开关。不要用湿手去摸灯头、开关和插头等，以免触电。

（7）当发生电气故障而起火时，应立即切断电源。电气设备起火时，应用干砂覆盖灭火，或者用四氯化碳灭火器或二氧化碳灭火器来灭火，绝对不能用水或酸性泡沫灭火器，否则有触电危险。使用四氯化碳灭火器时，应打开门窗，有条件的最好戴上防毒面具。使用二氧化碳灭火器时，要注意防止冻伤和窒息。

（8）当电线断落在地上时，不可走近。对落地的高压线，应离开落地点 8～10m 以上，以免跨步电压伤人；遇此断线接地故障，应划定禁止通行区，派人看守，并通知电工或供电部门前来处理。

（9）在户外遇到雷雨时不要在大树下避雨，不要拿着大件金属物品（如锄头、铝盆、金属柄雨伞等）在雷雨中停留。

二、电流对人体的作用

（一）直接接触电击与间接接触电击

电击即通常所说的触电，一般指人体因接触带电部位而受到生理伤害的事件。按接触带电部位的途径，电击可分为直接接触电击和间接接触电击两大类。

1. 直接接触电击

直接接触电击是指因接触到正常工作时带电的导体而产生的电击。例如电工在检修时不小心触及带电的导体，或人们在插拔电源插头时触及尚未脱离电接触的插头金属片等。

2. 间接接触电击

正常工作时不带电的部位，因任何原因（主要是故障）带上危险电压后被人触及而产生的电击，称为间接接触电击。一般电气设备正常运行时，其金属外壳或结构是不带电的，但当电气设备绝缘损坏而发生接地或短路故障（俗称碰壳或漏电）时，其金属外壳便带有危险电压，人体触及时便会触电。

Flash间接接触触电

发生间接接触电击的情况远远多于直接接触电击，且电击强度差异较大，防护措施也较为复杂。

防直接接触电击的技术措施有绝缘、罩盖、屏护与间距等。防间接接触电击的技术措施有自动切断电源（包括过电流保护和剩余电流保护）和等电位联结等。有的技术措施则是兼有防直接接触电击与防间接接触电击的功能，例如非导电场所、电气隔离、采用Ⅱ类设备、特低电压、剩余电流动作保护等。

（二）有关电气安全的电流效应阈值

国际电工委员会IEC 60497《电流通过人体时的效应》标准规定了电压不大于1000V、频率不大于100Hz的交流电流通过人体时的几个主要的效应阈值。

1. 感知阈值

感知阈值是指使人体产生触电感觉的最小电流值，一般可取为0.5mA。此值与电流通过的持续时间长短无关，但与频率有关，频率越高，感知阈值越大。

2. 摆脱阈值

摆脱阈值是指用手持握带电导体，人体受刺激的肌肉尚能自主摆脱带电体时，人所能承受的最大电流值。此值因人而异，一般取通用值为10mA。

3. 心室纤维性颤动阈值

通过人体能引起心室纤维性颤动（以下简称心室纤颤）的最小电流值，简称室颤阈值。电流通过人体时引起心室纤颤是电击致死的主要原因。此值与通电时间长短有关，也与人体条件、心脏功能状况及电流在人体内通过的路径等有关。

IEC 60479标准给出的导致心室纤颤的交流人体电流 I_b 与通电时间 t 的关系曲线如图8-22所示。图中各区域的含义：

①区——直线 a 左侧的区域，通常无感觉；

②区——直线 a 与折线 b 之间的区域，有电的感觉，但无病理反应；

③区——折线 b 至曲线 c 之间的区域，通常无器官损伤，但可能出现肌肉收缩、呼吸困难、心房纤颤、无心室纤颤的短暂心脏停跳，此等病理反应随电流和时间的增大而加剧；

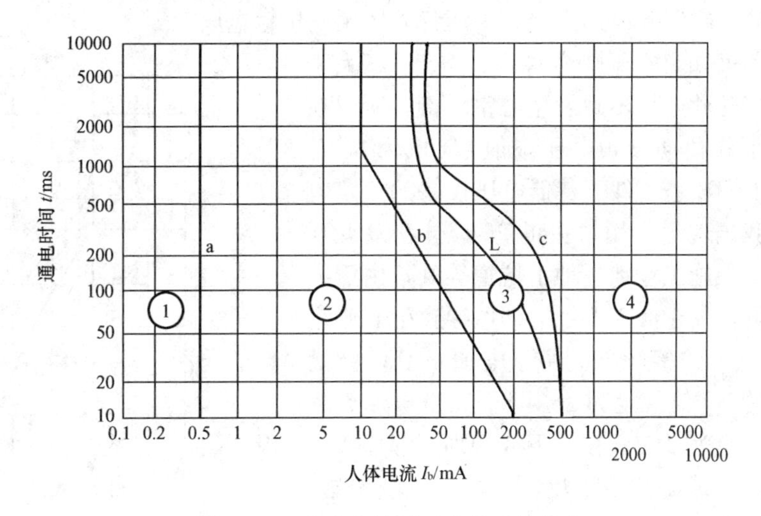

图8-22　交流电流通过人体时的效应

④区——曲线 c 右侧的区域，除出现③区的病理反应外，还出现导致死亡的心室纤颤以及心脏停跳、呼吸停止、严重烧伤等反应，且随电流和时间的增大而加剧。

从图 8-22 可知，如电击电流及其持续时间在④区内，人体就有死亡危险。在制定电气安全措施时，尚需为其他一些外界影响条件留出一些裕量，通常以③区内离曲线 c 一段距离的曲线 L 作为人体是否安全的界限。从图 8-22 中曲线 L 可知，只要 I_b 小于 30mA，人体就不致因发生心室纤颤而电击致死。据此，国际上将防电击的高灵敏度剩余电流动作保护器（Residual Current Operated Protective Devices，以下简称 RCD）的额定动作电流值取为 30mA。

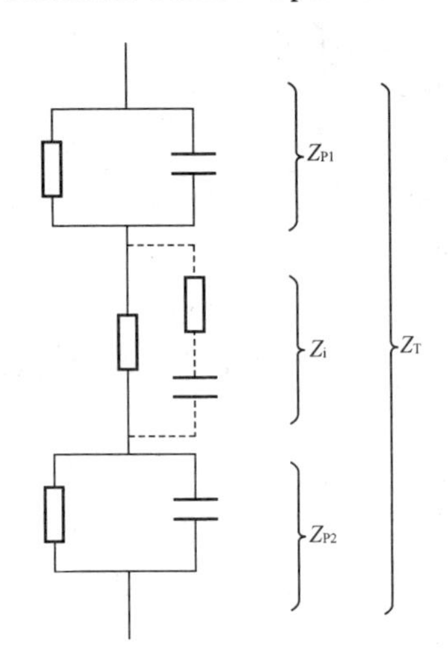

图 8-23　人体阻抗的等效电路
Z_i—体内阻抗；Z_{p1}、Z_{p2}—皮肤阻抗；Z_T—总阻抗

三、不同环境下的接触电压限值

人体阻抗由皮肤阻抗和人体内阻抗构成，其总阻抗呈阻容性，其等效电路如图 8-23 所示。

在正常环境下，人体阻抗的典型值可取为 1000Ω。而在人体接触电压出现的瞬间，由于电容尚未充电，皮肤阻抗可忽略不计，这时的人体总阻抗称为初始电阻，其值约等于人体内阻抗 Z_i，典型取值为 500Ω。

电流 I_b 因施加于人体阻抗 Z_T 上的接触电压而产生。接触电压越大，I_b 也越大。但在设计电气装置时计算 I_b 很困难，而计算接触电压比较方便。为此，IEC 又提出在干燥和潮湿环境条件下相应的预期接触电压 U_t—时间 t 曲线 L1 和 L2，如图 8-24 所示。特别说明，图 8-24 曲线的 L1 和 L2 不是由图 8-22 曲线 L 按欧姆定律推算求得，因为人体阻抗是随接触电压的增大而减小的，此曲线为测试求得。另外，在防电击的计算中求出的是预期接触电压 U_t，对于从手到足的电击电流通路而言，它是施加于人体、鞋袜、地面等阻抗之和上的电压，故人体实际接触电压常小于预期接触电压 U_t。但在诸如赤足和导电地面之类的情况下，鞋袜和地面电阻可不计，这时实际接触电压即为预期接触电压，故预期接触电压为最大的接触电压。为确保电气安全和简化计算，在实际应用中接触电压都采用预期接触电压 U_t。

由图 8-24 可知，在干燥条件下，当 U_t 不大于 50V 时，人体接触此电压不致发生心室纤颤，所以在干燥环境条件下将预期接触电压限值 U_L 取为 50V。据此，IEC 将干燥环境条件下特低电压设备的额定电压定为 48V（我国现仍沿用过去的 36V）。在潮湿环境条件下，例如在施工场地、地下坑道等处，由于人体皮肤阻抗降低，大于 25V 的 U_L 即可导致引起心室纤颤的 30mA 以上的接触电流 I_b。据此，IEC 将潮湿环境条件下的 U_L 值规定为 25V，而特低电压设备的额定电压则规定为 24V。在水下或特别潮湿环境条件下，例如在浴室或游泳池等场所，由于皮肤湿透，IEC 规定特低电压设备的额定电压仅为 12V 或 6V。

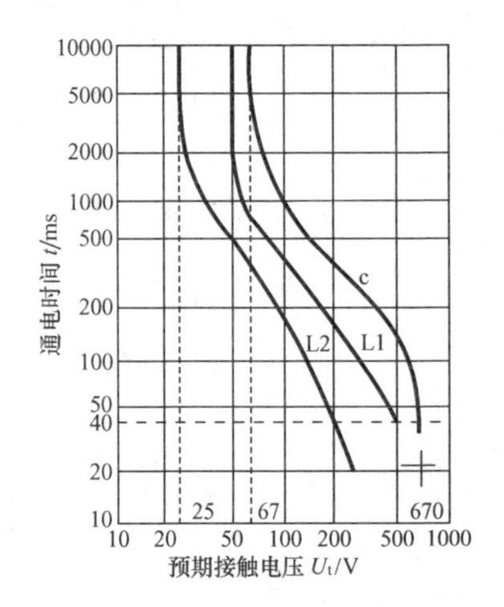

图 8-24　干燥和潮湿条件下预期接触电压 U_t 和允许最大持续时间 t 的关系曲线

需要注意，尽管不同潮湿环境条件下的接触电压

限值各不相同，但导致人体心室纤颤的电流阈值都为30mA。这正是在不同潮湿环境条件下，IEC都规定装用额定动作电流不大于30mA的瞬动RCD的原因。

四、电流通过人体的效应与防护电器选用的关系

从图8-22可知，人体遭受电击时发生心室纤颤致死的危险程度，是与通过人体电流的大小及其持续时间的长短有关的。由此可知，手握式设备（例如手电钻）和移动式设备（例如落地灯）比固定式设备具有更大的电击致死的危险性。因为，在持握这类绝缘损坏的设备时，如通过人体的电流大于30mA，由于已超过摆脱电流阈值10mA，所以人体不能脱离与电的接触。若切断电源的时间较长，超过图8-22的发生心室纤颤阈值，即有可能电击致死。因此，对于手握式和移动式设备，必须在图8-22曲线L左侧的相应时间内切断电源。对于固定式设备和配电线路，因不存在手掌紧握故障设备不能摆脱的问题，可在5s内切断电源。这也正是要求在接用手握式、移动式设备的插座上装设瞬动型RCD的原因。

五、触电急救

电气事故可分为人身事故和设备事故两大类。本节先介绍人身事故。当然，这两类事故是有密切联系的，例如人触及漏电设备的金属外壳引起的触电死亡就是设备事故引发的人身事故。电线过载或短路引起火灾并烧死人，也是设备事故引发的人身事故。

（一）触电事故实例

在介绍触电急救的具体方法之前，先让我们看一看下列不幸发生的28例典型触电事故。由这些活生生的实际例子可见，触电事故给人们带来了多么惨重的灾难！给国家、集体和个人造成了多么巨大的损失！经常学习并掌握好电气安全技术和触电急救方法，又该是何等重要！希望大家认真阅读与思考，务必牢牢汲取这些血的教训！

1. 缺乏电气安全常识的事故实例

（1）跨步电压电击。1980年6月，湖南某县郊区电杆上的电线被大风刮断掉在水田中。早晨有一个小学生把一群鸭子赶进水田，当鸭子游到断线落地附近时，一只只死去，小学生便下田去看鸭子，未跨几步被电击倒。随后哥哥赶到田边并下田拉弟弟，也被电击倒。爷爷赶到田边，急忙跳入水田拉孙子，也被电击倒。小学生的父亲闻讯赶到，见鸭死人亡，下田抢救也被电击倒。一家三代4人均死在水田中！

主要原因：①低压线（常用的380/220V系统）一相断落碰地形成单相接地短路，尤其在水田中，落地处附近的跨步电压很高；②缺乏电气安全常识，未立即切断电源，造成多人触电死亡的恶性事故。

（2）电机无可靠保护装置。1982年7月一个炎热的中午，有5个小学生来到某化肥厂的工业循环水池游泳。水池长40m，宽10m，深5m。露天安装了一台水泵，配用一台17kW交流电动机，从水池内抽水供循环水系统。当他们游到进水管附近时，竟全部触电死亡！

主要原因：①对学生的电气安全教育不够，儿童缺乏电气安全常识；②在穿有输电线的保护钢管内有电线接头，因被水长期浸湿而松动脱落，其裸线接头触及钢管，然后使水泵、电动机外壳、水泵外壳、水管及其附近的水均带电；③电动机未采取可靠的保护措施。

Flash电气安全事故-持证上岗

（3）电动机外壳带电。1985年8月，某供销社豆制品厂一名职工在磨豆腐时，因磨豆粉机的电动机外壳带电而触电死亡；1986年8月某日，某县商业总店一名女营业员，在豆腐店使用电磨加工米粉时，因380V电磨外壳带电而触电死亡。

主要原因：①管理混乱，设备陈旧，未定期检修；②缺乏电气安全常识；③电气设备外壳未采取保护接地措施。

（4）带电作业。1979年8月3日，某工厂机动科一名电工（男，26岁）和另一人安装日光灯。他站在七档人字梯的最高档，带电接日光灯电源线。在拆开火线上的绝缘胶布后，不慎碰上附近的接地铁丝引起触电，并从2.3m高处的梯子上摔下，头部后脑着地，经抢救无效于当日死亡。

主要原因：①低压带电作业未采取相应安全措施；②缺乏高处作业的电气安全常识，也没有使用安全带；③对周围环境未仔细观察，误碰接地铁丝线，形成单相经人体接地短路。

Flash电气安全事故-最小安全距离

（5）安全距离不够。1984年1月31日下午4点，某县3名职工在四楼平台上安装电视机室外天线时，金属天线不慎倾倒在附近的10kV高压线上，3人同时触电倒下。经抢救，两人脱险，一人死亡。

主要原因：①缺乏电气安全常识；②装设电视机室外天线时，未考虑到万一倾倒时天线可能碰触架空线；③高压线距楼台建筑距离仅1.5m，不符合安全距离规定。

（6）线路老化。1985年9月7日，某市某建筑工程公司一名混凝土工（男，39岁），在操纵蛙式打夯机时，因开关处电线破损漏电而触电死亡。

主要原因：①橡皮电缆软线陈旧老化，没有定期检查更换且施工用电混乱；②开关上未采取保护接地措施，又未采用剩余电流保护（俗称为漏电保护）装置；③缺乏电气安全常识。

（7）静电火花。某工厂用管道输送高压液化石油气时，发现漏气，检修时发生了爆炸事故，并导致5人伤亡！

主要原因：①缺乏有关静电的安全知识；②检修时泵内残留的137.3×10^4Pa压力的液化气高速喷出，产生了高压静电，并由静电火花引起液化气爆炸，造成人员伤亡。

2. 电气安装不合格导致的事故实例

（1）带电移动电器。1986年8月25日，某县水利建筑安装公司实习电工两人，在某工地帮助打夯时，由于打夯机移位，电缆线被压破，打夯机外壳带电，致使两人均触电。经抢救，结果一人获救，一人死亡。

主要原因：①电气安装不合要求，设备外壳没有采取保护接地措施，也未装设漏电保护装置；②施工现场管理混乱；③带电移动电器时未注意安全工作事项。

（2）晒衣铁丝传电。1970年9月的一天早晨，我海军某通信站一位守机员，执勤后在狂风暴雨中归来，将湿衣服往门外晒衣服的铁丝上搭去。由于铁丝与被大风刮断的电线相接，顿时被电流击倒，呼吸停止，心脏也停止了跳动。随即施行心肺复苏法抢救并同时送往附近海军医院，经紧急抢救，终于恢复了心脏跳动，挽救了触电假死者的生命。

主要原因：①电力线路安装不合要求，晒衣铁丝离得过近，又未装设漏电保护装置；②及时而正确地采取了触电急救措施，并坚持进行抢救取得了成效。

（3）未装避雷器。某年7月，某县一青年将收音机天线挂在20m高的大树上。有一天，忽然雷声大作，正在天线引下线处收衣服的女青年当场被击死，且雷电沿引线进入室内将收音机击毁，墙边的水缸打穿，天线也被熔化。

主要原因：①未安装避雷器，引线对地也未留放电间隙；②天线过高，超出常规；③雷雨期间，天线未与PE线相连（此措施只能防感应雷，对直击雷仍不安全）。

（4）三孔插座接错线。1982年5月，某厂一名女工买来400mm的台扇，插上电源试运转。当手触碰电扇底座时，竟惨叫一声并将风扇从桌上带下来，且压在自身胸部，造成触电死亡。

主要原因：①电源相线误接在三孔插座内的PE桩头上，从而使外壳带有220V相电压；②未装设漏电保护器；③未进行触电急救。

（5）中性线烧红。1984年某日，某厂变电所值班电工正在值班。忽然室内照明灯熄灭，接着外面有人叫喊："变压器起火，变压器起火!"。当值班电工奔出来时，只见10/0.4kV变压器平台上一片烟火，燃烧不停，酿成了电气火灾。

主要原因：①电气设备漏油；②发生事故时断路器过电流保护装置失灵，使短路电流得以持续而导致中性线烧红；③烧红的中性线又燃着了漏油，酿成了电气火灾。

（6）中性线断线。某厂因外部电源停电，便启用自备柴油发电机发电，各个部门便相继合闸用电。每开一盏灯，灯泡或灯管只闪烁一下便烧毁。半个小时内共烧毁日光灯16支，白炽灯82只，损坏数占全部灯具的60%以上。

主要原因：①中性线安装不合要求、发生断裂，且三相负荷不平衡，负荷小的一相电压值升高到线电压（380V），使该相所带灯具及设备被烧毁；而另外两相上的灯具或设备则串接在380V上，负荷小的一相其灯具或设备承受的电压会高于220V也可能被烧毁。②安装时未实施重复接地和等电位联结。

3. 设备有缺陷或故障的事故实例

（1）电线漏电。1982年7月12日，某市人防一公司机电队沙某（男，34岁，钳工班长）在工地的更衣室内换衣时，发现挂衣服的铁丝麻手（由于铁丝磨破了行灯电源线）；铁丝的另一端落在墙壁的竹扫把上。沙某在挂衣服时，下肢又误碰到竹扫把那端的铁丝，"哎呀!"一声便倒在积水的地面上，当即触电身亡。

主要原因：①违反国务院《工厂安全卫生规程》中第44条："行灯电压不能超过36V，在金属容器内或潮湿场所不得超过12V"的规定而采用了220V电源；②设备有缺陷，发现漏电又未及时采取相应的防范措施；③安全措施检查不细不严。

（2）闸刀爆炸。1982年12月18日，某厂打井时，使用一台3kW水泵抽水（用380V、15A闸刀开关直接起动），并已运转多时。当水泵停机后再开时，不料闸刀发生炸裂，烧伤操作人员并使右手致残。

主要原因：①设备有缺陷，闸刀开关动触头螺丝松动，合闸时三相不能同时接触而引起电弧放电；②由电弧而造成相间短路，产生高温后引起闸刀爆炸。

（3）配电柜起火。1984年4月10日，淮南矿务局某厂铸造车间清砂房内的1号配电柜弧光一闪，一声巨响，配电柜起火。接着室外低压架空线路有1根线断落，碰到其余3根架空线上，顿时弧光大起，响声如鞭炮，4根架空线全部熔断掉落，造成全厂局部停电8h，以及部分车间停产的事故。

主要原因：①灭弧罩上有豆粒大的缺损，当交流接触器切断电路时，主触头产生的电弧通过灭弧罩缺损处引起相间短路；②配电柜本来采用RM1型熔断器作短路保护，而现场实际是用裸铝丝代替熔丝，使熔断时间延长不能立即切断故障电流。

（4）导线短路。1988年1月21日凌晨，某无线电厂彩电插件房发生重大火灾。后出动

17部消防车，经2h后方才扑灭，直接经济损失达18万余元！

主要原因：①室内照明线路短路；②安装时未穿管敷设，导线受潮、受热老化，切断开关时仍带电；③该插件房吊顶和隔墙均为可燃材料，吊顶内潮湿、闷热，不符合防火安全要求。

（5）变压器爆炸。某厂有一台320kVA车间变压器，因故障导致变压器油剧烈分解、气化，油箱内部压力剧增发生爆炸，箱盖螺栓拉断，喷油燃烧，竟使8m外的工作人员面部也被烧伤。燃油又点燃了下面的电缆及其他可燃物，并沿电缆燃烧，以致将整个配电室和控制室也烧毁。

主要原因：①变压器内部出现短路故障，产生电弧，引起爆炸；②变压器下面无储油措施卵石层，致使燃油外流，引起重大火灾。

（6）变电所起火。1984年2月1日，某矿变电所内变压器10kV的电缆头发热、冒烟，片刻电弧燃着了喷油，大火由室内烧到屋顶，使整个变电所烧毁。

主要原因：①变压器10kV电缆头过热，烧断电缆，造成三相弧光短路，且油断路器受热后绝缘油向外喷出，遇电弧即燃烧；②变电所继电保护装置在系统出现故障（电压下降）时，保护动作失灵（操作电源未能采取由独立于系统的电源供电）。

（7）互感器爆炸。1987年7月25日，上海某变电所内的电流互感器发生爆炸，引起两台大容量220kV变压器跳闸。中断了上海某化工厂电源，致使该厂电解槽内的氯气压力增加，使氯气外逸，致附近居民百余人中毒！

主要原因：①互感器电容芯子绝缘内部有气泡，在运行电压下发生了局部放电；②产品有缺陷，对局部放电量大的电容式电流互感器制造时未能进行长时间高真空处理以消除气泡。

4. 违反操作规程或规定的事故实例

（1）误触高压。1986年6月27日，某厂电工（男，30岁）在变电所拆计量柜上的电能表时，被相邻的10kV高压母线排放电击中，并被电弧烧伤，经抢救无效而死亡。

主要原因：①邻近高压开关柜（10kV）带电操作时，安全距离不足0.7m，严重违反了安全工作规程；②没有严格执行工作票制度和工作监护制度。

（2）擅自合闸。1980年1月23日，某市电机厂停电整修厂房，并悬挂了“禁止合闸！”的标示牌。但组长周某为移动行车而擅自合闸，此时房梁上的木工梁某（男，27岁）正扶着行车的硬母排导线，引起触电。当周某发现并立即切断电源时，梁双手也随即脱离母排并从3.4m高处摔下，经送医院抢救无效，于当夜死亡。

主要原因：①严重违反操作规程，擅自合闸通电；②有关高处作业的安全措施不落实，检查不严；③违反了高处触电急救的安全注意事项。

（3）交接不清。1979年2月7日，某县水泥厂检修工周某（男，34岁，3级钳工）正在维修熟料提升机，操作工潘某午饭后回来打扫清洁，不问检修情况，便按动按钮清料，致使正在检修的周某被提升机挤死。

主要原因：①交接不清，管理混乱，劳动纪律松懈，违反安全规定；②开关处未悬挂“禁止合闸！”标示牌。

（4）误近高压线。1987年10月15日，某市大酒家一名电工（男，26岁）运送铜管进店。管子过长，欲从三楼窗口送入。由于窗外有梧桐树且枝叶繁茂，当他将铜管竖直时，因离马路上的高压线过近便发生放电，致双手触电并产生火花。他人急用木棒猛击铜管，方使触电者脱离电源。随即送医院后，只得锯掉双手双脚，造成终身残疾。

主要原因：①违反安全规程，忽视必要的安全距离；②对周围环境未作仔细观察。

（5）无联锁装置。1978年8月下旬的一个晚上，某化工厂机修车间有一女青工去更换60A胶盖开关的熔体（保险丝）。换装后未盖胶盖即把开关一合，只听轰的一声，瞬间短路将熔体熔断；强烈的电弧喷射到她的双眼，致使双目失明。

主要原因：①违反安全规程，熔体熔断既未查明原因，也未排除故障；②拉合开关时没有侧身，且双眼也不该正视；③大容量负荷开关未设联锁装置（未盖上开关盖就不能接通电源），操作人员违反规定未将胶盖盖上便合上开关。

（6）二次电压触电。1983年8月某日，天气炎热，某厂机修车间电焊房内，上午下班时发现某电焊工躺在2m多长的焊件上，紧握焊钳的右手，掌心一片灼黑，后腰有3cm长的电击点，由电击灼伤而导致死亡（当时在现场，从焊钳与焊件之间测得交流电焊机的二次电压为57V）。

主要原因：①违反安全规程，天气炎热身上又有汗水，操作人员未戴绝缘手套，未穿绝缘鞋，未戴头盔，导致带有汗水的右手与焊钳上的导体经右臂、上躯、后腰到焊件形成回路，使电焊机二次线圈的电流流经人体；②未在弧焊机上装设空载自动断电装置，故弧焊机一次线圈的电源未能自动切断。

（7）配电板着火。1983年8月15日，某厂焊工车间有一木制动力配电板，其内三相熔体完好，但运行中却突然冒烟着火。

主要原因：①管理混乱，违反规定任意接线，加大了电力负载，使三相负荷的平衡遭到破坏；②其中一相严重过电流，将胶皮线烧焦并引起木制配电板着火；③对木制配电板未采取防火安全措施。

（8）中性线带电。某矿由6台柴油发电机组并列运行供电。在检修其中一台134kW柴油发电机组时，用汽油淋洗定子和转子绕组。突然“轰”的一声，发电机基础的滑轨上燃起熊熊大火，火焰高达2m，发生了严重的火灾事故。

主要原因：①违反规程的规定，发电机组负荷很不均衡，使中性线对地电压竟高达180V；②检修中中性线误碰发电机滑轨引起火花，点燃了在淋洗过程中溅泼到发电机基础和滑轨上的汽油，引发了电气火灾。

（二）触电事故的特点

触电事故的特点是多发性、突发性、季节性、高死亡率并具有行业特征。

1. 触电事故的多发性

据有关资料统计，我国每年因触电而死亡的人数，约占全国各类事故总死亡人数的10%，仅次于交通事故。随着电气化的发展，生活用电的日益广泛，发生人身触电事故的机会也相应增多。1977年，全年农村触电死亡人数竟高达7199人；工业企业和城市居民触电死亡人数约为农村触电死亡人数的15%。这些数字是相当惊人的。

2. 触电事故的季节性

从统计资料分析来看，触电事故多发生在湿热的夏季。因夏季多雨潮湿，设备绝缘能力降低，人体电阻因天热多汗、皮肤湿润而下降，再加上衣着短小单薄，这些因素都增加了触电的危险性。

3. 触电事故的部门特征

据国外统计资料，触电事故的死亡率（触电死亡人数占伤亡人数的百分比）在工业企业单位为40%，在电业部门为30%，工业部门中又以化工、冶金企业的触电死亡率居高。比较起来，触电事故多发生在非专职电工人员身上，而且城市低于农村，高压低于低压。这种情况显然与安全用电知识的普及程度、组织管理水平及安全措施的完善与否有关。某市1986年触电死亡21起，其中9起发生在建筑施工工地，占全市触电死亡总人数的43%，死者多系进城打工的农民工。这说明了加强安全用电教育和加强管理的重要性。

4. 触电事故的偶然性和突发性

触电事故往往令人猝不及防。如果延误急救时机，死亡率是很高的。但如防范得当，仍可最大限度地减免事故的发生几率。而在触电事故发生后，若能及时采取正确的救护措施，死亡率亦可大大地减少。

（三）触电急救

人触电以后，会出现神经麻痹、呼吸困难、血压升高、昏迷、痉挛，直至呼吸中断、心脏停跳等险象，呈现昏迷不醒的状态。但是，如果未见明显的致命外伤，就不能轻率地认定触电者已经死亡，而应该看作是“假死”，并应立即施行急救。

有效的急救贵在快而得法。即用最快的速度，施以正确的方法进行现场救护，多数触电者是可以复活的。曾有触电后经五小时救护而脱险的记录。这说明触电急救对于减少触电死亡率是很有效的。同时，因为抢救无效而死亡者亦不乏其例。例如某市在1986年触电死亡了21人，其中多数事例都具备触电急救的条件和救活的机会，但都因抢救无效而死亡。究其原因，除了发现过晚的因素外，救护人未能正确掌握触电急救方法是未能将触电者救活的主要原因。这说明了正确掌握触电急救知识和技能的重要性。因此，《电业安全工作规程》将紧急救护法列为电气工作人员必须具备的从业条件之一。

触电急救的第一步是使触电者迅速脱离电源，第二步是现场救护，现分述如下。

Flash使触电者脱离电源的方法

1. 使触电者脱离电源

电流对人体的作用时间越长，对生命的威胁越大。所以，触电急救的要旨是首先使触电者迅速脱离电源，越快越好。脱离电源就是要使触电者接触的那一部分带电设备的开关断开，或设法将触电者与带电设备脱离。在脱离电源时，救护人员既要救人，也要注意保护自己。触电者未脱离电源前，救护人员不得直接用手触及伤员，以免触电。可根据具体情况选用下述几种方法使触电者脱离电源：

（1）脱离低压电源的方法。脱离低压电源的方法可用“拉”“切”“挑”“拽”和“垫”五字来概括：

“拉”，指就近拉开电源开关、拔出插头或瓷插保险。此时应注意拉线开关和扳把开关是单极的，只能断开一根导线。有时由于安装不符合规程要求，误把开关安装在零线上了。这时虽然断开了开关，伤员触及的导线可能仍然带电，这时就不能认为已切断电源了。

“切”，指用带有绝缘柄的利器切断电源线。当电源开关、插座或瓷插保险距离触电现场较远时，可用带有绝缘手柄的电工钳或有干燥木柄的斧头、铁锨等利器将电源线切断。切断时应防止带电导线断落触及周围的人体。注意：多芯线应分相切断，以防短路伤人。

“挑”，如果导线搭落在触电者身上或压在身下，此时可用干燥的木棒、竹竿等挑开导线或用干燥的绝缘绳套拉导线或触电者，使之脱离电源。

“拽”，救护人可戴上手套或在手上包缠干燥的衣服、围巾、帽子等绝缘物品拖拽触电者，使之脱离电源。如果触电者的衣裤是干燥的，又没有紧缠在身上，救护人可直接用一只手抓住触电者不贴身的衣裤，将触电者拉脱电源。但要注意拖拽时切勿触及触电者的体肤。救护人亦可站在干燥的木板、木桌椅或橡胶垫等绝缘物品上，用一只手把触电者拉脱电源。

“垫”，如果触电者由于痉挛而手指紧握导线或导线缠绕在身上，救护人可先用干燥的木板塞进触电者身下使其与地绝缘来隔断电源，然后再采取其他办法把电源切断。

（2）脱离高压电源的方法。当电压等级高时，一般绝缘物品不能保证救护人的安全，而且高压电源开关距离现场较远，不便拉闸。因此，使触电者脱离高压电源的方法与脱离低压电源的方法有所不同，通常的做法如下：

1）立即电话通知有关供电部门拉闸停电。

2）如电源开关离触电现场不甚远，则可戴上绝缘手套，穿上绝缘靴，拉开高压断路器，或用绝缘棒拉开高压跌落式熔断器以切断电源。

3）情况紧急时，可往10kV架空线路抛挂裸金属软导线，人为造成线路短路，迫使继电保护装置动作，从而使电源开关跳闸。抛挂前，将短路线的一端先固定在铁塔或接地引下线上，另一端系重物。抛掷短路导线时，应注意防止电弧伤人或断线危及人员安全，也要防止重物砸伤人。注意：应慎用此法。

4）若触电者触及断落在地上的高压线，且尚未确证线路无电，则救护人员不可进入断线落地点8～10m范围内，以防跨步电压触电伤人。进入该范围的救护人员应穿上绝缘靴或临时双脚并拢跳跃地接近触电者，使触电者脱离带电导线后应迅速将其带至8～10m以外并立即开始触电急救。只有在确证线路已经无电后，才可在触电者离开触电导线后就地急救。

（3）使触电者脱离电源时应注意的事项。

1）救护人不得采用金属和其他潮湿的物品作为救护工具。

2）未采取绝缘措施前，救护人不得直接触及触电者的皮肤和潮湿的衣服。

3）在拉拽触电者脱离电源的过程中，救护人员宜用单手操作，这样对救护人比较安全。

4）当触电者位于高位时，应采取措施预防触电者在脱离电源后摔下坠地受伤。

5）夜间发生触电事故时，应考虑切断电源后的临时照明问题，以利救护。

2. 现场救护

Flash 触电现场急救

触电者脱离电源后，应立即就地进行抢救。“立即”之意就是争分夺秒，不可贻误。“就地”之意就是不能消极地等待医生的到来，而应在现场施行正确的救护的同时，派人通知医务人员到现场并做好将触电者送往医院的准备工作。

根据触电者受伤害的轻重程度，现场救护有以下几种抢救措施：

（1）触电者未失去知觉时的救护措施。如果触电者所受的伤害不太严重，神志尚清醒，只是心悸、头晕、出冷汗、恶心、呕吐、四肢发麻、全身乏力，甚至一度昏迷，但未失去知觉，则应让触电者在通风暖和的处所静卧休息，并派人严密观察，同时请医生前来或送往医院诊治。

（2）触电者已失去知觉但心肺正常时的抢救措施。如果触电者已失去知觉，但呼吸和心跳尚正常，则应使其舒适地平卧着，解开衣服以利呼吸，四周不要围着人，保持空气流通，冷天应注意保暖，同时立即请医生前来或送往医院诊察。若发现触电者呼吸困难或心跳失常，应立即施行人工呼吸或胸外心脏挤压法救治。

（3）对“假死”者的急救措施。如果触电者呈现“假死”（即所谓电休克）现象，则可能有三种临床症状：一是心跳停止，但尚能呼吸；二是呼吸停止，但心跳尚存（但可能脉搏很弱）；三是呼吸和心跳均已停止。“假死”症状的判定方法是“看”“听”“试”。

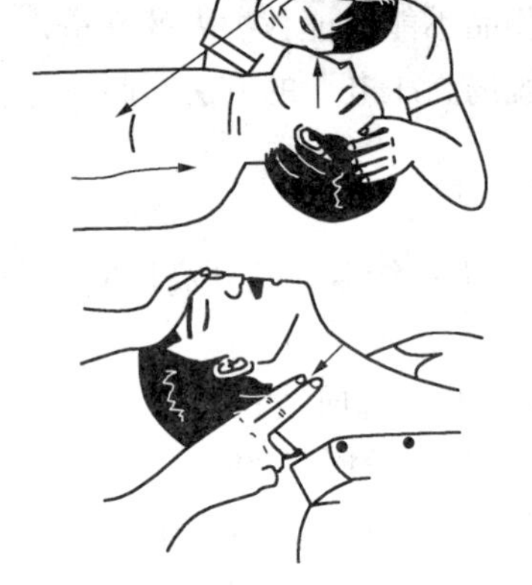

图 8-25 判定“假死”的看、听、试操作方法

“看”就是观察触电者的胸部、腹部有无起伏动作。“听”就是用耳贴近触电者的口鼻处，听他有无呼气声音。“试”则是用手或小纸条试测口鼻有无呼吸的气流，再用两手指轻压一侧的颈动脉试有无搏动感觉。如果“看”“听”“试”的结果，既无呼吸又无颈动脉搏动，则可判定触电者为呼吸停止或心跳停止或呼吸和心跳均已停止。“看”“听”“试”的操作方法如图 8-25 所示。

当判定触电者呼吸和心跳停止时，应立即按心肺复苏法就地抢救。所谓心肺复苏法就是支持生命的三项基本措施，即通畅气道、口对口（鼻）人工呼吸、胸外按压（人工循环）。

1）通畅气道。若触电者呼吸停止，要紧的是始终确保气道通畅。其操作要领是：

• 清除口中异物：使触电者仰面躺在平硬的地方，迅速解开其领扣、围巾、紧身衣和裤带。如发现触电者口内有假牙、血块等异物，可将其身体及头部同时侧转，迅速用一个手指或两个手指交叉从口角处插入，从中取出异物。操作时要注意防止将异物推到咽喉深处。

• 采用仰头抬颏法（见图 8-26）通畅气道：操作时，救护人用一只手放在触电者前额，另一只手的手指将其颏骨向上抬起，两手协同将头部推向后仰，舌根自然随之抬起、气道即可畅通。气道是否畅通见图 8-27 所示。为使触电者头部后仰，可在其颈部下方垫上较低厚度的物品，但严禁用枕头或其他物品垫在触电者头下，因为头部抬高前倾会阻塞气道，还会使施行胸外按压时流向脑部的血量减小，甚至完全消失。

2）口对口（鼻）人工呼吸。救护人在完成气道通畅的操作后，应立即对触电者施行口对口或口对鼻人工呼吸。口对鼻人工呼吸用于触电者嘴巴紧闭的情况。人工呼吸的操作要领如下：

图 8-26 仰头抬颏法

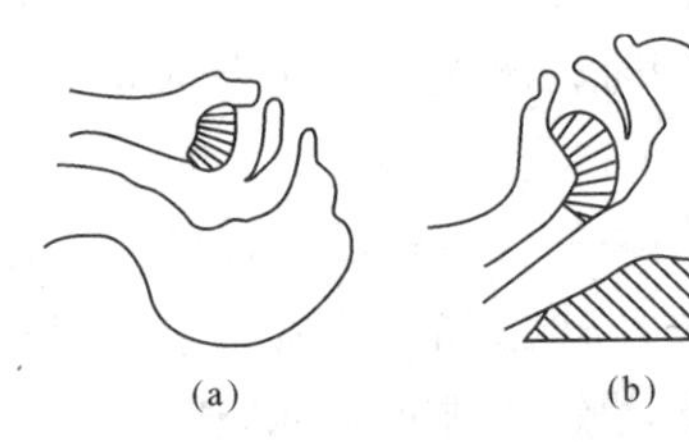

图 8-27 气道状况

(a) 气道畅通；(b) 气道阻塞

•先大口吹气刺激起搏：救护人蹲跪在触电者的左侧或右侧，用放在触电者额上的手的三指捏住其鼻翼，另一只手的食指和中指轻轻托住其下巴；救护人深吸气后，与触电者口对口紧合，在不漏气的情况下，先连续大口吹气两次，每次1～1.5s；然后用手指试测触电者颈动脉是否有搏动，如仍无搏动，可判断心跳确已停止，在施行人工呼吸的同时应进行胸外按压。

•正常口对口人工呼吸：大口吹气两次试测搏动后，立即转入正常的口对口人工呼吸阶段。正常的吹气频率是每分钟约12次。正常的口对口人工呼吸操作姿势见图8-28所示。应注意每次的吹气量不需过大，以免引起胃膨胀。如触电者是儿童，吹气量也宜小一些，以免肺泡破裂。救护人换气时，应将触电者的鼻或口放松，让他借自己胸部的弹性自动吐气。吹气和放松时要注意触电者胸部有无起伏的呼吸动作。吹气时如有较大的阻力，可能是头部后仰不够，应及时纠正，使气道保持畅通。

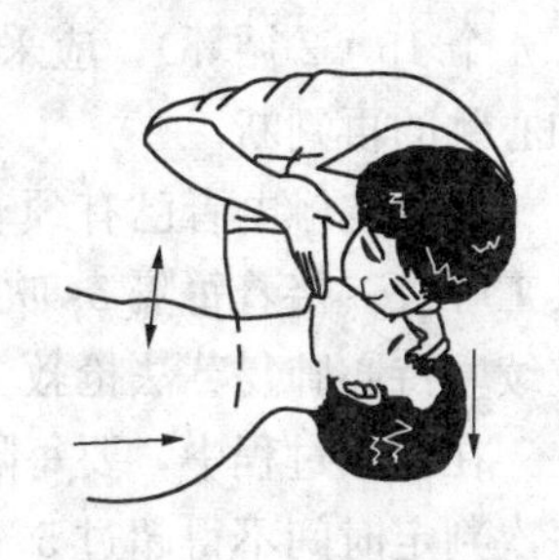

图8-28　口对口人工呼吸

•触电者如牙关紧闭，可改行口对鼻人工呼吸。吹气时要将触电者嘴唇紧闭，防止漏气。

3）胸外按压。胸外按压是借助人力使触电者恢复心脏跳动的急救方法。胸外按压时应选择正确的按压位置和采取正确的按压姿势。根据能源部1991年发布并实施的《电业安全工作规程》，将操作要领简述如下。

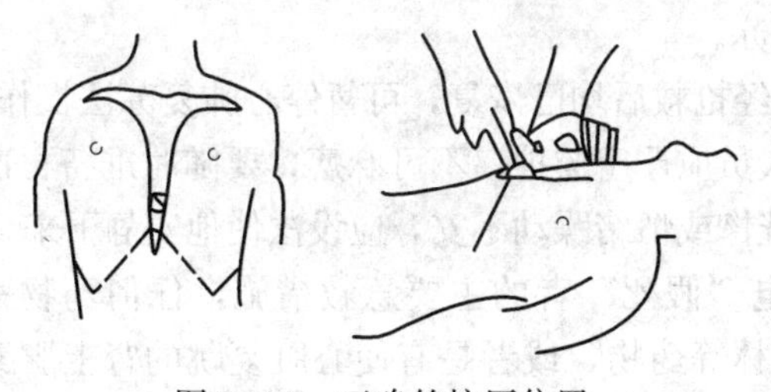

图8-29　正确的按压位置

•确定正确的按压位置：右手的食指和中指沿触电者的右侧肋弓下缘向上，找到肋骨和胸骨接合处的中点；右手两手指并齐，中指放在切迹中点（剑突底部），食指平放在胸骨下部，左手的掌根紧挨食指上缘置于胸骨上，掌根处即为正确按压位置，如图8-29所示。

•保持正确的按压姿势：

使触电者仰面躺在平硬的地方并解开其衣服，仰卧姿势与口对口（鼻）人工呼吸法相同。

救护人或立或跪在触电者一侧肩旁，两肩位于触电者胸骨正上方，两臂伸直，肘关节固定不屈，两手掌相叠，手指翘起，不接触触电者胸壁。

以髋关节为支点，利用上身的重力，垂直将正常成人胸骨压陷3～5cm（儿童和瘦弱者酌减）。

压至要求程度后，立即全部放松，但救护人的掌根不离开触电者的胸壁。

按压姿势与用力方法见图8-30。按压有效的标志是在按压过程中可以触到颈动脉搏动。

•保持恰当的按压频率。

胸外按压要以均匀速度进行。操作频率以每分钟80次左右为宜，每次包括按压和放松一个循环，按压和放松的时间相等。

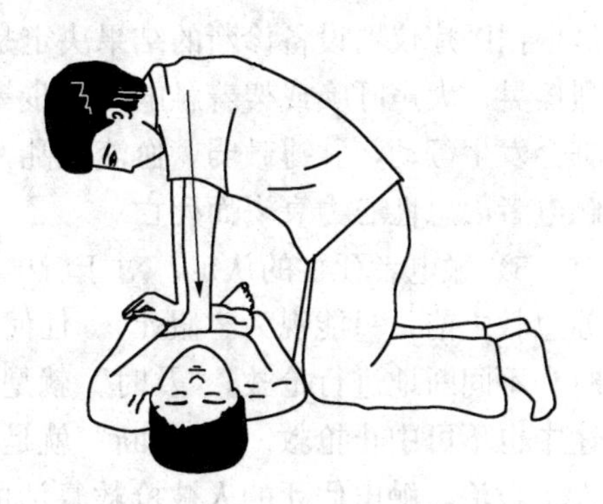

图8-30　按压姿势与用力方法

当胸外按压与口对口（鼻）人工呼吸同时进行时，操作的节奏为：单人救护时，每按压

15 次后吹气 2 次（15∶2），反复进行；双人救护时，每按压 15 次后由另一人吹气 1 次（15∶1），反复进行。

（4）现场救护中的注意事项。

1）抢救过程中应适时对触电者进行再判定。按压吹气 1min 后（相当于单人抢救时做了 4 个 15∶2 循环），应采用看、听、试方法在 5～7s 内完成对触电伤员是否恢复自然呼吸和心跳的再判断。

若判定触电者已有颈动脉搏动，但仍无呼吸，则可暂停胸外挤压，改为进行 2 次口对口人工呼吸，接着每隔 5s 吹气一次（相当于每分钟 12 次）。如果脉搏和呼吸仍未能恢复，则继续坚持心肺复苏法抢救。

在抢救过程中，要每隔数分钟用看、听、试方法再判定一次触电者的呼吸和脉搏情况，每次判定时间不得超过 5～7s。在医务人员未来接替抢救前，现场人员不得放弃现场抢救。

2）抢救过程中移送触电伤员时的注意事项。

①心肺复苏应在现场就地坚持进行，不要图方便而随意移动触电伤员，如确有需要移动时，抢救中断时间不应超过 30s。

②移动触电伤员或将伤员送往医院，应使用担架并在其背部垫以木板，不可让伤员身体蜷曲着进行搬运。移送途中应继续抢救，在医务人员未接替救治前不可中断抢救。

③应尽可能创造条件，用装有冰屑的塑料袋作成帽状包绕在伤员头部，露出眼睛，使脑部温度降低，争取触电者的心、肺、脑能得以复苏。

3）伤员好转后的处理。如伤员的心跳和呼吸经抢救后均已恢复，可暂停心肺复苏法操作。但心跳呼吸恢复的早期仍有可能再次骤停，救护人员应严密监护，不可麻痹，要随时准备再次抢救。触电伤员恢复之初，往往神志不清、精神恍惚或情绪躁动不安，应设法使他安静下来。

4）慎用药物。人工呼吸和胸外挤压是对触电“假死”者的主要急救措施，任何药物都不可替代。无论是兴奋呼吸中枢的可拉明、洛贝林等药物，或者是有使心脏复跳的肾上腺素等强心针剂，都不能代替人工呼吸和胸外心脏按压这两种急救办法。必须强调指出的是，对触电者用药或注射针剂，应由有经验的医生诊断确定，慎重使用。例如肾上腺素有使心脏恢复跳动的作用，但也可使心脏由跳动微弱转为心室颤动，从而导致触电者心跳停止而死亡，这方面的教训是不少的。因此，现场触电抢救中，对使用肾上腺素等药物应持慎重态度。如没有必要的诊断设备条件和足够的把握，不得乱用。而在医院内抢救触电者时，则由医务人员根据医疗仪器设备诊断的结果决定是否采用这类药物救治。此外，禁止采取冷水浇淋、猛烈摇晃、大声呼唤或架着触电者跑步等“土”办法刺激触电者的举措。因为人体触电后，心脏会发生颤动，脉搏微弱，血流混乱，如果在这种险象下用上述办法强烈刺激心脏，可能使触电者因急性心力衰竭而死亡。

5）触电者死亡的认定。对于触电后失去知觉、呼吸心跳停止的触电者，在未经心肺复苏急救之前，只能视为“假死”。任何在事故现场的人员，一旦发现有人触电，都有责任及时和不间断地进行抢救。“及时”就是要争分夺秒，即医生到来之前不等待，且送往医院的途中也不可中止抢救。“不间断”就是要有耐心坚持抢救。事实证明，只要正确地坚持施行人工救治，触电假死的人被抢救复活的可能性是很大的。据报道，有不间断抢救近 5h，终于使触电者复活的实例。因此，抢救时间应持续 6h 以上，直到救活或医生作出触电者已临床死亡的认定为止。应记住：只有医生才有权认定触电者已死亡，宣布抢救无效，否则就应本着人道主义精神坚持不懈地运用人工呼吸和胸外按压对触电者进行抢救。

（四）关于电伤的处理

电伤是触电引起的人体外部损伤（包括电击引起的摔伤）、电灼伤、电烙印、皮肤金属化等组织损伤，一般需要上医院治疗。但现场也必须作预处理，以防止细菌感染，损伤扩大。这样，可以减轻触电者的痛苦和便于转送医院。

（1）对于一般性的外伤创面，可用无菌生理食盐水或清洁的温开水冲洗后，再用消毒纱布防腐绷带或干净的布包扎，然后将触电者护送去医院。

（2）如伤口大出血，要立即设法止住。压迫止血法是最迅速的临时止血法，即用手指、手掌或止血橡皮带在出血处供血端将血管压瘪在骨骼上而止血。同时火速送医院处置。如果伤口出血不严重，可用消毒纱布或干净的布料叠几层盖在伤口处压紧止血。

（3）高压触电造成的电弧灼伤，往往深达骨骼，处理十分复杂。现场救护可用无菌生理盐水或清洁的温开水冲洗，再用酒精全面涂擦，然后用消毒被单或干净的布类包裹好送往医院处理。

（4）对于因触电摔跌而骨折的触电者，应先止血、包扎，然后用木板、竹竿、木棍等物品将骨折肢体临时固定并速送医院处理。

六、电气设备按电击防护方式分类

IEC 产品标准将低压电气设备按防间接接触电击的不同要求分为 0、Ⅰ、Ⅱ、Ⅲ共四类，详见表 8-3。

表 8-3　电气设备按电击防护方式的分类

类别	0类	Ⅰ类	Ⅱ类	Ⅲ类
设备主要特征	基本绝缘，无保护连接手段	基本绝缘，有保护连接手段	基本绝缘和附加绝缘组成的双重绝缘或相当于双重绝缘的加强绝缘，没有保护接地手段	由安全特低电压供电，设备不会产生高于安全特低电压的电压
安全措施	用于不导电环境	与保护接地相连	不需要	接于安全特低电压
电气设备的防电击标志	无标志	⏚	▣	◇Ⅲ

1. 0 类设备

仅依靠基本绝缘作为电击防护的设备，称为 0 类设备。这类设备的基本绝缘一旦失效时，是否会发生电击危险，完全取决于设备所处的场所条件。所谓场所条件，主要是指人操作设备时所站立的地面及人体能触及的墙面，或装置外可导电部分等的情况。

我国过去曾大量使用 0 类设备，它具有较高机械强度的金属外壳，但它仅靠一层基本绝缘来防电击，且不具备经 PE 线接地的手段。例如具有金属外壳但电源插头没有 PE 线插脚的台灯、电风扇、电吹风等。

为保证安全，0 类设备一般只能用于非导电场所，不然就需用隔离变压器供电。

由于 0 类设备的电击防护条件较差，在一些发达国家已逐步被淘汰，有些国家甚至已明令禁止生产该类产品。

2. Ⅰ类设备

Ⅰ类设备的电击防护不仅依靠基本绝缘，而且还可采取附加的安全措施，即设备外露可导电部分连接有一根 PE 线，这根线用来与场所中固定布线系统中的保护线（或端子）相连接。

这类设备在目前应用最为广泛。

第一章第四节所介绍的 TT、TN、IT 等系统，设备端的保护连接方式都是针对Ⅰ类设备而言的。Ⅰ类设备保护线的作用在不同接地形式的系统中有所不同。在 TN 系统中，保护线的作用是提供一个低阻抗通道，使碰壳故障变成单相短路故障，从而使过电流保护装置动作，消除电击危险。在 TT 系统中，保护线连接至设备的接地体，当发生碰壳故障时，可形成故障回路，通过接地电阻的分压作用降低设备外壳接触电压；在设置了剩余电流保护的 TT 或 TN 系统中，该保护线还具有提供剩余电流流通通道的作用。

Ⅰ类设备的保护线，要求与设备的电源线配置在一起。设备的电源线若采用软电缆或软电线，则保护线应当是其中的一根芯线。我们常用的家用电器的三芯插头，其中有一芯就是 PE 线插头片，它通过插座与室内固定配线系统中的 PE 线相连。PE 线应采用黄色和绿色相间的颜色。

在我国日常使用的电器中，Ⅰ类设备占了大多数，因此，作好对Ⅰ类设备的电击防护，对降低电击事故的发生率有着十分重大的意义。

3. Ⅱ类设备

Ⅱ类设备的电击防护不仅依靠基本绝缘，而且还增加了附加绝缘作为辅助安全措施，或者使设备的绝缘能达到加强绝缘的水平。Ⅱ类设备不设置 PE 线。

Ⅱ类设备一般用绝缘材料做外壳，例如目前带塑料外壳的家用电器一般都是Ⅱ类设备。也有采用金属外壳的，但其金属外壳与带电部分之间的绝缘必须是双重绝缘或加强绝缘。采用金属外壳的Ⅱ类设备，其外壳也不能与保护线连接，只有在实施不接地的局部等电位联结时，才可考虑将设备的金属外壳与等电位联结线相连。

Ⅱ类设备的电击防护全靠设备本身的技术措施，其电击防护完全不依赖于供配电系统，也不依赖于使用场所的环境条件，是一种安全性能很好的设备类别，若排除价格等因素，这是一种值得大力发展的设备类别。但Ⅱ类设备绝缘外壳的机械强度和耐热水平不高，且其外形尺寸和电功率都不宜过大，使它的应用范围受到了限制。

4. Ⅲ类设备

Ⅲ类设备的防间接接触电击原理是降低设备的工作电压，即根据不同的环境条件采用适当的特低电压供电，使发生接地故障或人体直接接触带电导体时，接触电压都小于限值。

Ⅲ类设备的电击防护依靠采用 SELV（安全特低电压）供电，这类设备要求在任何情况下，设备内部都不会出现高于安全电压值的电压。

应当注意，安全（特低）电压并不只是一个电压值，它是包括电压值在内的一系列规定的总称，因此，必须满足对安全（特低）电压的全部要求，Ⅲ类设备的电击防护才是完整有效的。

顺便说明，以上四类设备，以罗马数字 0、Ⅰ、Ⅱ、Ⅲ进行分“类”而不是分“级”，分类的顺序并不说明防电击性能的优劣，也并不表明设备的安全水平等级，它只是用以区别各类设备防电击的不同措施。

七、电气设备外壳的防护等级

（一）外壳与外壳防护的概念

电气设备的“外壳”是指与电气设备直接相关联的界定设备空间范围的壳体，那些设置在设备以外的为保证人身安全或防止人员进入的栅栏、护围等的设施，不能被算作是“外壳”。关于外壳防护，我国现行国家标准为GB/T 4208—2017《外壳防护等级（IP代码）》。

外壳防护是电气安全的一项重要措施，它既是保护人身安全的措施，又是保护设备自身安全的措施，因此标准规定了外壳的两种防护形式。

第一种防护形式：防止人体触及或接近壳内带电部分和触及壳内的运动部件（光滑的转轴和类似部件除外），防止固体异物进入外壳内部。

第二种防护形式：防止水进入外壳内部而引起有害的影响。

另外，对于机械损坏、易爆、腐蚀性气体或潮湿、霉菌、虫害、应力效应等条件下的防护等级，在以上标准中并未作出规定。对这些有害因素的防护措施，在其他一些相关标准中有专门规定。例如对于防爆电器，就有隔爆型、增安型、充油型、充砂型、本质安全型、正压型、无火花型、特殊型、粉尘防爆型等多种形式。在这些形式中，外壳是作为因素之一被考虑进去的，但不是唯一因素，也就是说，这些形式是否成立，不是由外壳因素唯一确定的，而我们这里要讨论的电气设备外壳的这两种防护形式，是完全由外壳的机械结构确定的。

（二）外壳防护等级的代号及划分

1. 代号

表示外壳防护等级的代号由表征字母“IP”（International Protection Code）和附加在后面的两个表征数字组成，写作IPXX，其中第一位数字表示第一种防护形式（防固体异物）的各个等级，第二位数字则表示第二种防护形式（防水）的各个等级，表征数字的含义分别见表8-4和表8-5。

表8-4　第一位表征数字表示的防护等级

第一位表征数字	防护等级	
	简述	含义
0	无防护	无专门防护
1	防止大于50mm的固体异物	能防止人体的某一大面积（如手）偶然或意外地触及壳内带电部分或运动部件，但不能防止有意识地接近这些部分。能防止直径大于50mm的固体异物进入壳内
2	防止大于12mm的固体异物	能防止手指或长度不大于80mm的类似物体触及壳内带电部分或运动部件。能防止直径大于12mm的固体异物进入壳内
3	防止大于2.5mm的固体异物	能防止直径（或厚度）大于2.5mm的工具、金属线等进入壳内。能防止直径大于2.5mm的固体异物进入壳内
4	防止大于1mm的固体异物	能防止直径（或厚度）大于1mm的工具、金属线等进入壳内。能防止直径大于1mm的固体异物进入壳内
5	防尘	不能完全防止尘埃进入壳内，但进尘量不足以影响电器正常运行
6	尘密	无尘埃进入

注　1. 本表“简述”栏不作为防护形式的规定，只能作为概要介绍。

2. 本表第一位表征数字为1～4的电器，所能防止的固体异物系包括形状规则或不规则的物体，其3个相互垂直的尺寸均超过“含义”栏中相应规定的数值。

3. 具有泄水孔和通风孔等的电器外壳，必须符合于该电器所属的防护等级“IP”号的要求。

例如，某设备的外壳防护等级为IP30，就是指该外壳能防止大于2.5mm的固体异物进入，但不防水。当只需用一个表征数字表示某一防护等级时，被省略的数字应以字母X代替，例如 IPX3、IP2X 等。

表 8-5 第二位表征数字表示的防护等级

第二位表征数字	防护等级	
	简述	含义
0	无防护	无专门防护
1	防滴	垂直滴水应无有害影响
2	15°防滴	当电器从正常位置的任何方向倾斜至15°以内任一角度时，垂直滴水应无有害影响
3	防淋水	与垂直线成60°范围以内的淋水应无有害影响
4	防溅水	承受任何方向的溅水应无有害影响
5	防喷水	承受任何方向的喷水应无有害影响
6	防海浪	承受猛烈的海浪冲击或强烈喷水时，电器的进水量应不致达到有害影响
7	防浸水影响	当电器浸入规定压力的水中经规定时间后，电器的进水量应不致达到有害的影响
8	防潜水影响	电器在规定压力下长时间潜水时，水应不进入壳内

当电器各部分具有不同的防护等级时，应首先标明最低的防护等级，若再需标明其他部分，则按该部分的防护等级分别标示。

低压电器的常用外壳防护等级见表 8-6。

表 8-6 低压电器的常用外壳防护等级

防护等级（第一个特征数字＼第二个特征数字）	0	1	2	3	4	5	6	7	8
0	IP00	—	—	—	—	—	—	—	—
1	IP10	IP11	IP12	—	—	—	—	—	—
2	IP20	IP21	IP22	IP23	—	—	—	—	—
3	IP30	IP31	IP32	IP33	IP34	—	—	—	—
4	IP40	IP41	IP42	IP43	IP44	—	—	—	—
5	IP50	—	—	—	IP54	IP55	—	—	—
6	IP60	—	—	—	—	IP65	IP66	IP67	IP68

2. 试验

电气设备外壳防护等级的确定是与相关的试验紧密联系的。可以说，没有相关的标准化形式试验，电气设备外壳的防护等级问题就不具备可操作性。因此在有关电气设备外壳防护等级的标准中，试验方法总是与等级划分关联出现的。我们在理解外壳防护等级的时候，应该对相关试验也有所了解，现举例予以说明。

例如，对第一位表征数字的试验中，对防护等级“2”，规定要进行试球试验和试指试验。所谓试球试验，就是用直径为 $12.0_{-0}^{+0.05}$ mm 的刚性试球对外壳的各开启部分施加（30±3）N 的力，若试球未能穿过任一开启部分并与电器壳内带电部分或转动部件保持足够的间隙，即认为试验合格。试球试验的目的主要是试验外壳防护设备不受外界固体异物损伤的能力。所谓试指试验，就是用金属材料模拟人的手指作一个标准的"试验手指"，其金属部分长 80mm，直径 12mm，可模拟人手指的弯曲，用不大于 10N 的力将试指推向外壳各开启部分，如能顺利进入，则应注意活动至各个可能的位置，若试指与壳内带电部分或转动部件保持足够的间隙，即认为试验合格，但试指允许与非危险的光滑转轴及类似部件接触。试指试验的主要目的是试验外壳防护人体通过手指受电击或机械损伤的能力。只有试球试验和试指试验都通过了，才能确认设备达到第一位表征数字"2"的等级。

与电气设备按电击防护的分"类"不同，设备外壳的防护等级是以"级"来划分的，它表示不同级别的安全防护性能有高低之分。

思考题

8-1　我国对电力供应和使用实行一条什么管理原则？

8-2　电能节约在国民经济建设中有何重大意义？

8-3　如何加强工业与民用建筑供用电系统的科学管理来节约电能？

8-4　如何搞好工业与民用建筑供用电系统的技术改造来节约电能？

8-5　什么是经济运行？对电力变压器如何考虑其经济运行？

8-6　电动机的电能节约主要从哪些方面考虑？

8-7　电热设备的节电措施主要有哪些？

8-8　什么是无功功率的人工补偿？无功功率人工补偿的设备主要有哪些？

8-9　为什么并联电容器组大多数采用△结线？但是对于容量较大的高压电容器又为什么宜采用 Y 结线？

8-10　高压集中补偿、低压集中补偿和单独就地补偿各有什么优缺点？各适用于什么情况？各采用什么放电设备？为什么要采用放电设备？高、低压电容器的放电时间是如何规定的？

8-11　并联电容器在哪些情况下宜采用手动投切？无功功率自动补偿装置有哪些优缺点？

8-12　并联电容器在什么情况下应予投入？什么情况下应予切除？

8-13　为什么有必要实行计划用电？落实计划用电工作中应抓好的四个重要环节是什么？

8-14　什么是电价？制定电价的基本原则有哪些？

8-15　什么是分时电价？

8-16　直接危及人员生命安全的电气量是什么？

8-17　电气设备按电击防护方式分为几类？每一类各有什么特点？

8-18　什么是电气设备的"外壳"？IP65 和 IP3X、IPX4 的具体含义是什么？

8 - 19 试计算 S9-1000/10 型 Dyn11 电力变压器的经济负荷系数（K_q 取 0.1）。

8 - 20 某车间变电所有两台 S9-1000/10Dyn11 型变压器，而负荷为 850kVA，若仅从变压器经济运行的观点看来，应采用一台还是采用两台变压器运行（K_q 取 0.1）?

8 - 21 并联电容器采用 BW0.4-14-3 型 6 台，采用 RT0 型熔断器进行短路保护，试选择熔体的额定电流及电流互感器的变流比。

8 - 22 现有 BW6.3-30-1 型并联电容器 18 台，采用高压断路器控制和两相两继电器结线的过电流保护，试选择电流互感器的变流比，并整定 GL-15 型电流继电器的动作电流。

第九章　高层建筑的供配电

本章首先概述高层建筑电气设备的特点，然后介绍高层建筑供配电的特点及发展趋势，引出了智能建筑的概念；最后简介了高层建筑电气设计的主要内容。本章试图为高层建筑和智能建筑的电气设计勾勒出一个概貌，为学习相关课程打下基础。

第一节　概　　述

一、高层建筑的定义

关于高层建筑的概念，不同国家、不同地区在不同时期具有不同的理解和含义；对建筑类别、材料品种以及防火要求等因素也有不同的规定。

在我国，关于高层建筑的界限规定也未完全统一。一般可以认为，10层及10层以上的住宅建筑（包括首层设置商业服务网点的住宅）和建筑高度超过24m的公共建筑为高层建筑；建筑高度大于100m的则称为超高层建筑。

图9-1为一高层建筑的配电示意图。通过此图可对高层建筑及其配电系统有一个初步的了解。

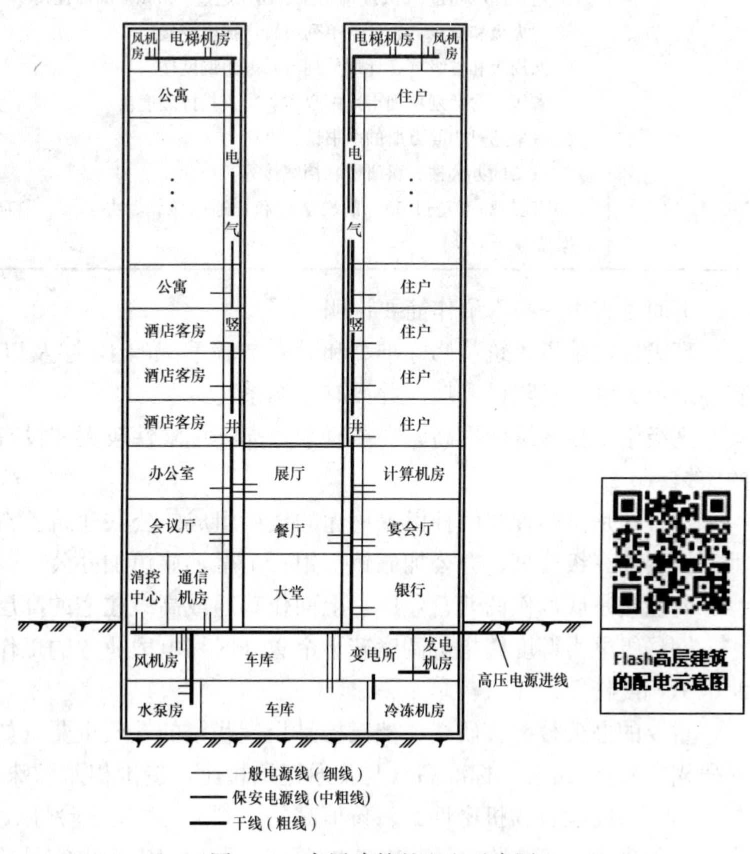

图9-1　高层建筑的配电示意图

这是一个综合楼，其中可能有公寓、住户、商业用房、办公用房、银行、餐饮娱乐以及高级酒店等等。

相应的设备用房可能有：水泵房（包括给水泵、排水泵、消防栓水泵、热水循环泵、自动喷水泵、补压泵等），风机房（包括进风机、排风机、排烟风机、正压风机等），冷冻机房，锅炉房，电梯机房，变电所及发电机房等。对于现代建筑，还有设备自动化控制中心、消防控制中心、保安中心、信息中心以及计算机中心等等。

图中还示出了高压电缆进线，低压配电干线及电气竖井等的走向和位置。

二、高层建筑的防火等级分类

按 GB 50016—2014《建筑设计防火规范》规定，高层建筑应根据其使用性质、火灾危险性、疏散和扑救难度等进行分类，详见表 9-1。

表 9-1　　高层建筑按防火等级分类表

名称	一类高层建筑	二类高层建筑
居住建筑	高级住宅 19 层及 19 层以上的普通住宅	10～18 层的普通住宅
公共建筑	1. 医院 2. 高级旅馆 3. 建筑高度超过 50m 或每层建筑面积超过 $1000m^2$ 的商业楼、展览楼、综合楼、电信楼、财贸金融楼 4. 建筑高度超过 50m 或每层建筑面积超过 $1500m^2$ 的商住楼 5. 中央级和省级（含计划单列市）广播电视楼 6. 网局级和省级（含计划单列市）电力调度楼 7. 省级（含计划单列市）邮政楼、防灾指挥调度楼 8. 藏书超过 100 万册的图书馆、书库 9. 重要的办公楼、科研楼、档案楼等 10. 建筑高度超过 50m 的教学楼和普通的旅馆、办公楼、科研楼、档案楼等	1. 除一类建筑以外的商业楼、展览楼、综合楼、电信楼、财贸金融楼、商住楼、图书馆、书库 2. 省级以下的邮政楼、防灾指挥调度楼、广播电视楼、电力调度楼 3. 建筑高度不超过 50m 的教学楼和普通的旅馆、办公楼、科研楼、档案楼等

下面对表中一些术语作简要说明：

高级住宅是指建筑装修标准高和设有空调系统的 10 层及以上住宅。其装修复杂、室内满铺地毯、家具和陈设高档、并设有空调系统。

高级旅馆指建筑标准高、功能复杂，火灾危险性较大和设有空调系统的，具有星级条件的旅馆。

综合楼是由两种及两种以上用途的楼层组成的公共建筑。常见的组成形式有商场加办公写字楼层加高级公寓、办公加旅馆、银行金融加旅馆加办公等。

商住楼是底部作商业营业厅、上面作普通或高级住宅的高层建筑。

网局级电力调度楼指可调度若干个省（区）电力业务的工作楼，如华北电力调度楼、东北电力调度楼等。

重要的办公楼、科研楼、档案楼是指这些楼的性质重要（如有关国防、国计民生的重要科研楼等），建筑装修标准高（与普通建筑相比，造价相差悬殊），设备、资料贵重（主要指高、精、尖的设备和机密性大、价值高的资料），火灾危险性大，发生火灾后损失大、影响大。一般来说，可燃物多，火源或电源多，发生火灾后也容易造成损失大、影响大。

三、高层建筑电气设备的特点

高层建筑的高度较高、建筑面积较大，并且功能复杂、建筑设备多、电能耗量大、管理要求高。因此，与一般的单层或多层建筑相比，高层建筑对电气设备的要求也有所不同。高层建筑电气设备的特点，主要表现在高层建筑的用电设备种类多、用电量大、对供电可靠性要求高、电气系统多而复杂、电气设备有较高的防火要求、电气线路多、电气用房多、自动化程度高等方面。下面分别介绍这些特点：

1. 用电设备种类多

高层建筑，例如高级宾馆、商住楼等，必须具备比较完善的、能够满足各种功能要求的设施，例如照明系统、给排水系统、空调系统、电梯及自动扶梯等垂直运输系统、保安系统、信息网络系统、火灾报警和消防联动控制系统等，以使其具有良好的硬件服务环境。

2. 用电量大，且负荷密度高

由于高层建筑的用电设备多，尤其是空调负荷大（一般占总用电负荷的30%～40%左右），所以高层建筑的用电量大，并且负荷密度高。一般说来，高层旅游宾馆和酒店、高层商住楼、高层办公楼、高层综合楼等高层建筑的负荷密度都在60W/m^2以上，有的甚至高达150W/m^2；即便是高层住宅或公寓，负荷密度也有25～60W/m^2。目前，北京地区有集中空调的高层建筑，一般可按80～120VA/m^2估算变压器容量。

3. 对供电可靠性的要求高

高层建筑中的较大部分电力负荷属二级负荷，还有相当数量的负荷属一级负荷。所以，高层建筑对供电可靠性要求较高，一般均要求有两个及以上的独立供电电源。为满足一级负荷中“特别重要负荷”的供电可靠性要求，很多情况下还需要设置自备发电设备（例如柴油发电机组、燃气发电机组）作为应急电源；有时还需另设不间断电源装置（UPS或EPS），以确保在特殊情况下也不致中断供电。而且，一类高层建筑自备发电设备应设有自动起动装置，并能在30s内供电。

4. 电气系统复杂

由于高层建筑的功能复杂，用电设备种类繁多、供电负荷既多又大，且对供电可靠性要求高，致使高层建筑的电气系统较为复杂。不但电气子系统较多，且一些电气子系统本身也较为复杂。例如，为保证一级负荷供电的可靠性，除了在变电所高低压主结线上采取两路电源或两段母线的切换措施外，还需考虑应急电源（例如柴油发电机组）的投入和切换。另外，高层建筑的消防控制室、消防水泵、消防电梯、防烟排烟风机等的供电，应在最末一级配电箱处设置自动切换装置。又如，对于火灾报警及联动控制系统，由于探测点的数量较多、联动控制设备复杂，致使其电气系统也较为复杂。

5. 电气线路多

电气系统复杂了，电气线路也就多了，不仅有高、低压供配电线路和照明线路，还有火灾报警与消防联动控制线路，以及电话和音响广播线路、通信线路及其他弱电线路等等。

6. 电气用房多

复杂的电气系统必然对电气用房提出更多的要求。例如，为了使供电深入负荷中心，除了把变电所设置在地下层或底层外，有时还要设置在大楼的顶层或中间层。电话站、音控室、消防中心、监控中心等都要占用一定的房间面积。另外，为便于种类繁多的电气线路在竖直方向和水平方向上的敷设和分配，高层建筑中一般要设置电气竖井和各层的电气小室。对于复杂的系统，其强电和弱电的电气小室还可能要分开设置。为了缩短线路长度和便于维修，也可以设置多个强弱电共用的电气小室。

7. 电气设备和线路的防火要求高

高层建筑发生火灾的因素多；而一般的消防工具要受到高度的限制；另外，由于高层建筑必有的各种管道及竖井的“烟囱效应”，发生火灾后火势凶猛且蔓延极快，致使高层建筑的灭火难度较大。因此，用于高层建筑的电气设备一定要考虑防火要求。例如：不允许采用油浸式电力变压器，一般采用干式变压器。开关等电气设备一般也要求用无油型，一般用真空型或六氟化硫（SF_6）绝缘型。要注意电气线路的防火，并根据用途及其重要性采用不同的措施。例如：对于消防系统的线路，为确保火灾时仍能继续工作，应采用耐火电缆（例如 NH-YJV 型）；为防止配电线路故障引起火灾或火灾时火势沿线路蔓延，一般线路也应采用难燃导线和穿难燃管保护或采用防火型电缆。电缆本体耐热、阻燃或不燃的电缆统称为防火型电缆。此外，还应加强对电气设备和线路的火灾保护，例如装设防火的漏电保护装置等。

8. 自动化程度高

由于高层建筑功能复杂、设备多且用电量大，为了降低能耗、减少设备的维修和更新费用、延长设备的使用寿命、提高管理水平，一般要求对高层建筑的设备进行自动化管理。应对各类设备的运行情况、安全状况、能源使用状况等实行综合的自动监测、控制与管理，以实现对设备的最优控制和最佳管理。伴随着计算机技术与网络技术的应用，高层建筑正在沿着自动化、信息化和智能化的方向飞速发展。

四、高层建筑的负荷等级

本书第一章第二节中已经介绍了电力负荷的分级和各级电力负荷对供电电源的要求。

本书表 1-1 工业和民用建筑部分重要电力负荷的级别中，依据 GB 51348—2019《民用建筑电气设计标准》，列出了包括高层建筑在内的民用建筑中常用重要电力负荷的级别。

从表 1-1 中可以看出，高层建筑对供电可靠性的要求较高。高层建筑中的较大部分电力负荷属二级负荷，例如高层建筑的客梯、生活水泵的电力负荷、楼梯间照明等；还有相当数量的负荷属一级负荷，例如一、二级旅馆的计算机系统电源、重要医院的主要电力和照明、高层建筑的电话站电源，以及表 9-1 所示一类高层建筑的消防用电等。

当主体建筑中有大量一级负荷时，其附属的锅炉房、冷冻站、空调机房的电力和照明应为二级负荷。

按照 GB 50016—2014《建筑设计防火规范》的规定：一类高层建筑的消防控制室、消防水泵、消防电梯、防烟排烟设施、火灾自动报警、自动灭火系统、应急照明、疏散指示标志和电动的防火门、窗、卷帘、阀门等消防用电，应按一级负荷要求供电；相应地，对于二类高层建筑则应按二级负荷要求供电。

五、高层建筑的负荷计算

本书第三章已经介绍了电力负荷的计算方法。民用建筑中最常用的是需要系数法。在初步设计阶段，可以按单位面积的负荷密度进行估算。高层建筑的用电量大，并且负荷密度高。目前，北京地区有集中空调的高层建筑，一般可按 $80 \sim 120 VA/m^2$ 估算变压器容量。

负荷计算是供电设计的基础，计算结果包括总的计算负荷、一级和二级负荷的计算容量等。计算负荷是选择电气设备的依据，也是确定总的供电指标及变配电所的数量和容量的依据。一、二级负荷的计算容量或消防时的需要容量则是确定自备电源或应急电源容量的依据。无功计算负荷则是确定无功补偿容量的依据。

表 9-2 为某高层建筑的负荷计算及变压器、发电机选择表，可供参考。从该表可以看到：这种办公、住宅加商场的综合楼高层建筑主要有哪些负荷；各类负荷的需要系数及功率

因数；哪些是市电断电时的重要负荷；哪些是消防时仍必须保证供电的重要负荷；作正常电源的干式变压器和作应急（保安）电源的自起动柴油发电机组的容量是如何选择的。通过该表可使初学者对高层建筑负荷计算的内容和结果一目了然。该表摘录于一个实际的工程设计。

表 9-2　某高层建筑的负荷计算及变压器、发电机选择表

序号	用电设备名称	设备容量 kW	需要系数 K_d	功率因数 $\cos\varphi$	计算负荷 有功功率 kW	计算负荷 无功功率 kvar	计算负荷 视在功率 kVA	变压器容量 kVA	备注
1B	公寓式办公楼住户	800	0.7	0.75	560	494			
	补偿电容					−250			
	补偿后计算容量			0.92	560	244	611	800	负荷率 76%
2B	住宅楼住户	1620	0.38	0.8	616	462			
	补偿电容					−250			
	补偿后计算容量			0.94	616	212	652	800	负荷率 82%
3B	裙楼商场照明等	524	0.8	0.75	419	369			
	地下室照明	34	0.9	0.6	31	41			
	电梯	190	0.8	0.8	152	114			
	自动扶梯	64	0.9	0.8	58	44			
	水泵	127	0.5	0.8	64	48			
	排风机	44	0.8	0.8	35	26			
	户外广告及立面照明	100	0.8	0.6	80	107			
	其他	50	0.8	0.8	40	30			
	合计	1133			879	779			
	乘同时系数 0.95				835	740			
	补偿电容					−360			
	补偿后计算容量			0.91	835	380	917	1250	负荷率 73.4%
4B	冷水机组	666	0.85	0.9	566	274			
	辅助水泵及风机	242	0.85	0.8	206	155			
	空 调 器	162	0.8	0.8	130	98			
	排风、排烟机	44	0.8	0.8	35	26			
	卫生间排风	10	0.8	0.8	8	6			
	应急照明	117	0.9	0.8	105	79			
	商场重要照明	145	0.9	0.7	131	134			
	餐厅及厨房	100	0.7	0.9	70	34			备用

续表

序号	用电设备名称	设备容量 kW	需要系数 K_d	功率因数 $\cos\varphi$	计算负荷			变压器容量 kVA	备注
					有功功率 kW	无功功率 kvar	视在功率 kVA		
	卡拉 OK	50	0.7	0.8	35	26			备用
	合计	1536			1286	832			
	乘同时系数 0.95				1222	790			
	补偿电容					−300			
	补偿后计算容量			0.93	1222	490	1317	1600	负荷率 82%
全大厦总负荷计算									
1B		800			560	244			
2B		1620			616	212			
3B		1133			835	380			
4B		1536			1222	490			
	合计	5089		0.925	3233	1326	3494		
1	消防时负荷计算								
	消防水泵	75	1	0.85	75	46			
	自动喷淋泵	75	1	0.85	75	46			
	消防电梯	57	0.9	0.8	51	38			
	排烟风机	88	1	0.8	88	66			
	正压风机	11	1	0.8	11	8			
	排水泵	59	0.5	0.8	30	23			
	应急照明	117	0.9	0.8	105	79			
	报警系统广播等	5	1	0.7	5	5			
	合计	487		0.816	440	311	539		
2	市电断电时重要负荷计算								
	电梯	190	0.8	0.8	152	114			
	应急照明	117	0.9	0.8	105	79			
	商场重要照明	150	0.8	0.7	120	122			
	餐厅、歌舞厅	150	0.6	0.9	90	44			
	排风机	44	0.8	0.8	35	26			
	给水泵等	127	0.5	0.8	64	48			
	合计				566	433			
	乘同时系数 0.9				509	390			
	补偿电容					−150			
	补偿后计算容量			0.90	509	240	563	524/655	

第二节　高层建筑的供配电系统

一、市电电源与自备应急电源

高层建筑首先宜从市电获取工作电源，其电压一般为10kV。

高层建筑的一级负荷容量较大或有高压用电设备时，应采用两路高压电源。如一级负荷的容量不大，应优先采用从市电或邻近单位取得第二低压电源，亦可采用应急发电机组作为第二低压电源。一级负荷中的特别重要负荷，除上述两个电源外，还必须增设应急电源。为保证对特别重要负荷的供电可靠性，严禁将其他负荷接入应急电源系统。

根据允许的中断供电时间可分别选择下列应急电源：

(1) 静态交流不间断电源装置（UPS）适用于允许中断供电时间为毫秒级的供电。

(2) 带有自动投入装置的独立于正常电源的专门馈电线路，适用于允许中断供电时间为1.5s以上的供电。

(3) 快速自起动的柴油发电机组，适用于允许中断供电时间为15s以内的供电。

此外还应特别注意：应急电源与工作电源之间必须采取可靠措施防止其并列运行。

关于高层建筑的电源，我国以往的习惯作法一般是：由两个独立的市电电源作双电源，例如从两个区域变电所各取得一路10kV电源。后来，大城市里的高层建筑有如雨后春笋，越来越多，越来越高，实际中很难使所有的高层建筑都获得这样的双电源。而且，从另一方面考虑，由市电引来的双电源也并非绝对可靠，仍有可能出现两个电源同时断电的情况，从而影响高层建筑的安全运行。因此，借鉴国外多年来的习惯作法，目前国内大城市（例如深圳）的普遍作法是：在高层建筑中设置应急发电机组作为备用电源，当市电断电时或消防时，应急柴油发电机组自动起动，并在15s内恢复对消防负荷等一级负荷供电。这样，对于一般的大中型高层建筑，有一路10kV市电加应急柴油发电机组就可以了；对于特别重要和用电量很大（例如计算容量大于5000kVA）的大型高层建筑，则仍要求两个独立的市电电源再加应急柴油发电机组。有些城市的供电主管部门（例如深圳市）还制定了详细的、可操作性较强的导则，规定了对各种不同规格、容量高层建筑的供电方案。

图5-3和图9-2所示均为一路10kV市电加应急柴油发电机组的供电方案。读者可仔细阅读图样及其说明文字，体会该设计是如何具体实现以上要求的。

二、环网供电系统

从前，我国城市中常用的高压配电方式是树干式和放射式（专用线供电）。现在，很多大城市中已经几乎见不到树干式了；放射式（专用线供电）仍用于特别重要和用电量很大的负荷；而对于一般大中型负荷，往往都采用环网供电方式。

环网供电方式有单环、双环，开环、闭环等多种形式。为了限制系统短路容量和简化继电保护，一般采取开环运行方式。

环网供电系统具有结构简单、可靠性高等优点，因而近几年在我国获得广泛应用。一般中、小型工业与民用建筑的配变电所属于终端配变电所，不需要太复杂的继电保护，适于采用环网柜供电。基于施工的要求，采用环网供电时，变配电所进出线方式应采用电缆。

环网供电也是目前高层建筑10kV供配电系统采用的主要形式。这种供电方式在用户处设置一进一出两个负荷开关柜（也有把一进一出合并为一个开关柜，例如图5-3和下面图

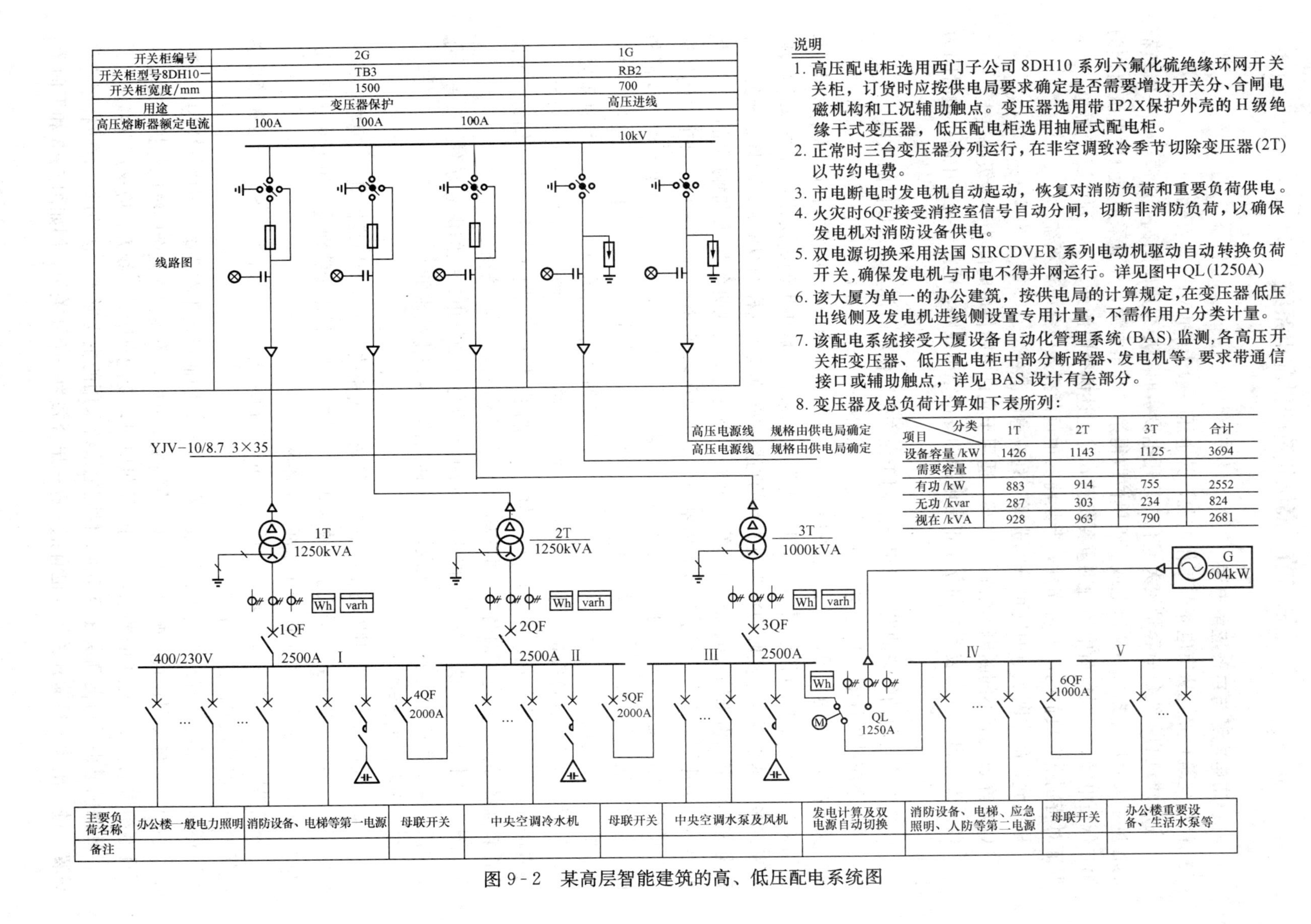

说明

1. 高压配电柜选用西门子公司 8DH10 系列六氟化硫绝缘环网开关关柜，订货时应按供电局要求确定是否需要增设开关分、合闸电磁机构和工况辅助触点。变压器选用带 IP2X保护外壳的 H 级绝缘干式变压器，低压配电柜选用抽屉式配电柜。
2. 正常时三台变压器分列运行，在非空调致冷季节切除变压器(2T)以节约电费。
3. 市电断电时发电机自动起动，恢复对消防负荷和重要负荷供电。
4. 火灾时6QF接受消控室信号自动分闸，切断非消防负荷，以确保发电机对消防设备供电。
5. 双电源切换采用法国 SIRCDVER 系列电动机驱动自动转换负荷开关,确保发电机与市电不得并网运行。详见图中QL(1250A)
6. 该大厦为单一的办公建筑，按供电局的计算规定,在变压器低压出线侧及发电机进线侧设置专用计量，不需作用户分类计量。
7. 该配电系统接受大厦设备自动化管理系统 (BAS) 监测,各高压开关柜变压器、低压配电柜中部分断路器、发电机等，要求带通信接口或辅助触点，详见 BAS 设计有关部分。
8. 变压器及总负荷计算如下表所列：

项目 \ 分类	1T	2T	3T	合计
设备容量 /kW	1426	1143	1125	3694
需要容量				
有功 /kW	883	914	755	2552
无功 /kvar	287	303	234	824
视在 /kVA	928	963	790	2681

图 9-2　某高层智能建筑的高、低压配电系统图

9-2中的西门子公司产8DH10-RB2型六氟化硫绝缘环网开关柜），非常简单而又可靠。当一端（例如原进线端）发生故障时，可通过倒闸操作由另一端（例如原出线端）恢复供电。

在图5-3中，六氟化硫绝缘环网开关柜1G（8DH10-RB2）接两路10kV电源（进、出各一路），2G（8DH10-TB2）接两路10kV电缆出线，分别到1T、2T两台变压器，此即所谓“一进一出二变”式环网结线。正常工作电源为一路，当正常工作电源故障时可通过倒闸操作切换到另一路电源。正常时两台变压器分列运行［图中母线联络断路器（以下简称母联开关）3Q断开］。轻负荷时可只投入一台变压器，以母线联络方式运行。

应急电源采用CD512型柴油发电机组，容量为512kW，当市电断电或火灾消防时，发电机自动起动，并在15s内恢复对消防负荷等一级负荷供电。

图9-2为另一高层智能建筑的高、低压配电系统图。这是所谓“一进一出三变”式环网供电方式。图中高压配电柜1G（西门子公司8DH10-RB2型）接两路10kV电源电缆进、出线，2G（8DH10-TB3）接三路10kV电缆出线，分别到1T、2T、3T变压器。正常工作电源为一路10kV市电，故障时可通过倒闸操作切换到另一路电源。正常时三台变压器分列运行，变压器选用带IP2X级金属保护外壳的H级绝缘干式变压器。1T（1250kVA）主要供一般电力及照明，2T（1250kVA）专供中央空调的冷水机组，3T（1000kVA）主要供重要设备配电及应急照明等。

应急电源为一台604kW应急柴油发电机组（英国彼特波公司生产的CQ-604型）。当市电断电时，发电机自动起动，在15s内恢复对重要设备供电；当消防时，按消防控制室发出的指令，图中6QF断路器自动分闸，切除非消防负荷，以确保发电机对消防负荷供电。此时的消防负荷即为第一章第二节中所说的一级负荷中特别重要的负荷。

图5-3和图9-2所示这种环网供电方式，结构简单，又能满足安全、可靠、灵活、经济的要求，因而在高层建筑的供配电系统中得到了广泛应用。

三、变电所低压母线系统

在图5-3中，低压配电系统共设有四段母线，其中两段（Ⅰ和Ⅱ）为正常工作母线，向一般负荷供电，它们之间设有母线联络开关，便于当某台变压器故障或季节变化时调配负荷；这两段正常工作母线分别由1T和2T供电。另外两段（Ⅲ和Ⅳ）母线则由变压器和发电机双电源供电，并由它们供电给高层建筑的一级和二级负荷。其中第Ⅲ段为保安母线，负责向消防负荷供电；第Ⅳ段为重要负荷母线，负责向“特别重要的负荷”供电。正常负荷时，两台变压器1T和2T同时工作；Ⅰ段和Ⅱ段母线分段运行（3Q断开）；Ⅲ和Ⅳ段母线由变压器2T供电（QL1250A打向左边，如图中所示）。当负荷很轻时（例如低于50%），可采用经济运行方式，只投入一台变压器，节约电能；此时四段母线全部相联结（3Q合上）。当10kV市电断电时，QL1250A打向右边，发电机自动起动，Ⅲ和Ⅳ段母线自动切换到由发电机供电。如果不幸发生火灾，消防控制室发出指令可解列重要负荷母线Ⅳ段（7Q断开），使柴油发电机组只向保安母线（第Ⅲ段）带的消防负荷供电，以确保这类“特别重要的负荷”。当市电恢复时，Ⅲ和Ⅳ段母线自动切换回到市电供电（QL1250A打向左边），发电机继续运行数分钟后自动停机。由以上分析可见，这种变电所低压母线系统符合安全、可靠、灵活、经济的要求；并且还能充分利用发电机的功率，在市电断电而未发生火灾时，除保证消防负荷外，还对重要负荷供电。

在图9-2中，系统共设有五段母线，其中三段（Ⅰ、Ⅱ和Ⅲ）为正常工作母线，分别由1T、2T和3T供电，并由它们向一般负荷供电；三段母线之间设有母线联络开关4QF和5QF（均为2000A），便于当某台变压器故障或季节变化时调配负荷。变压器的设计负荷率为75％～78％，留有一定裕量以备发展之需。三台变压器的结线方式具有较高的供电可靠性且便于节能运行；当任一台变压器发生故障时，另外两台变压器通过母线联络，仍可满足部分中央空调及其他全部负荷的供电；当负荷较轻和在非空调季节，则可只投入两台变压器（例如切除2T），以节约电费。另外两段母线（Ⅳ和Ⅴ）由发电机和变压器双电源供电。正常情况下，这两段母线由3T变压器供电（如图中所示，QL1250A打到左边）；当市电断电时，则自动切换到由发电机供电（QL1250A打到右边）；其中一段母线（Ⅳ）为保安母线，它向消防负荷供电；另一段母线（Ⅴ）为重要负荷母线，它向生活水泵等重要负荷供电。这两段母线间也设有联络开关，联络开关（低压断路器6QF）应带分励脱扣，当发生火灾时，消防控制室发出指令可解列重要负荷母线段，使柴油发电机组只向消防负荷供电，以确保消防设备、电梯、应急照明等“特别重要的负荷”的第二电源。

为确保应急柴油发电机组与市电不得并网运行，在正常工作母线、保安母线和自起动应急柴油发电机组之间装设有一个自动转换负荷开关QL（1250A）。本设计采用法国SIR-COVER系列电机驱动自动转换负荷开关。当市电断电时，发电机自动起动，在15s内恢复对重要设备供电；当市电恢复时，QL经延时几秒后又自动切换回市电供电。

ABB公司的DPT/SE型双电源自动切换装置可实现双市电、市电与发电机之间的自动切换，转换延时可调；并对脱扣、缺相、拒执行等具有声光报警功能，可供选用。

变电所低压系统中最重要的设备是低压断路器。低压断路器按其容量大小分为万能式空气断路器（ACB）和塑料外壳式断路器（MCCB）两类。通常800A以上选用ACB，800A以下则多用MCCB。例如，在高层建筑中，变压器的总出线、母联开关和大容量自动切换开关等常用ACB，其他一般出线回路则多用MCCB。过去常用的ACB有DW10、DW15等型号，过去常用的MCCB有DZ10、DZ20等型号。在高层建筑中以前常用的是进口或组装产品，例如ABB、西门子、施耐德等公司的产品，此外，目前也有一些引进先进技术生产的国产化产品，例如江苏凯帆电器有限公司的KFW2（万能式）和KFM2（塑料外壳式）等。这些产品的特点是：体积小、寿命长、开断容量大，当然价格也较贵；其选择型的过电流保护装置已发展到智能型，性能可靠，整定方便。

高层建筑中使用的低压配电柜，也由固定式向抽屉式以至更新的插入式发展。所谓插入式，其外形与抽屉式相近，每个单元也是独自分隔的空间，但只有面板而无抽屉。打开面板，各单元的元件布置得一清二楚，其主要元件（例如低压断路器）则采用插入式，更换方便。由于不用抽屉，可降低造价20％～30％，且元件插座比抽屉插头较少出现故障，因而工作更加可靠。目前很多进口的低压配电柜都采用这种结构型式，国内有的厂家也称之为分格式。

四、低压配电干线系统

（一）低压配电干线系统的确定

一般而言，高层建筑低压配电干线系统的确定，应满足供电安全、可靠，以及计量、维护管理等方面的要求。一般应将照明与电力负荷分为不同的配电系统；另外，消防及其他防灾用电设施的配电亦宜自成体系。

对于容量较大的集中负荷或重要负荷在配电室中宜采用放射式配电。

对各层配电间的配电则宜采用下列方式之一：

（1）工作电源采用分区树干式，备用电源也采用分区树干式或采用由首层到顶层垂直干线的方式。

（2）工作电源和备用电源都采用由首层到顶层垂直干线的方式。

（3）工作电源采用分区树干式，备用电源取自应急照明等电源干线。

高层建筑内的消防及其他防灾用电设施，以及其他重要用电负荷的工作电源与备用电源应在末端自动切换。

高层建筑的配电箱设置和配电回路划分，应根据负荷的性质和密度、防火分区及维护管理等条件综合确定。

（二）低压配电干线的分类

由于高层建筑的层数多、负荷大，用放射式电缆加配电箱的分配方法已不能满足要求。目前高层建筑中常用的配电干线主要有以下三种类型：

（1）插接式母线。插接式母线封闭在金属外壳中，所以又叫封闭式母线。它垂直敷设在电气竖井中，每层有一或两个分接箱；分接箱为插接式，内带断路器。当某层线路发生故障时，断路器动作；维修时可将本层的分接箱拉下，使之脱离母线，进行停电检修，而不影响其他层用电。插接式母线的输送容量大、电压降低、安全可靠、灵活方便，在高层建筑中使用最广。其缺点是价格较高，对安装的技术要求也较高。图 5 - 48 即为插接式母线槽在高层建筑内的敷设方式。

（2）预制式分支电缆。根据设计要求，把主电缆及各层的分支电缆预先在工厂中整体加工好，再到现场安装。其优点是可靠性高，不用各层设分接箱，可明显降低配电成本，对安装环境要求低，施工方便。其最大缺点是缺乏灵活性，即当所供负荷的大小、位置和数量发生变化时，预制式分支电缆不能作相应改变。图 9 - 3 为预制分支电缆装置穿过楼板安装的示意图。预制分支电缆装置的垂直主电缆和分支电缆之间采用模压分支联结，电缆的 PVC 外套和注塑的 PVC 分支联结件接合在一起形成气密和防水，以保证安全。

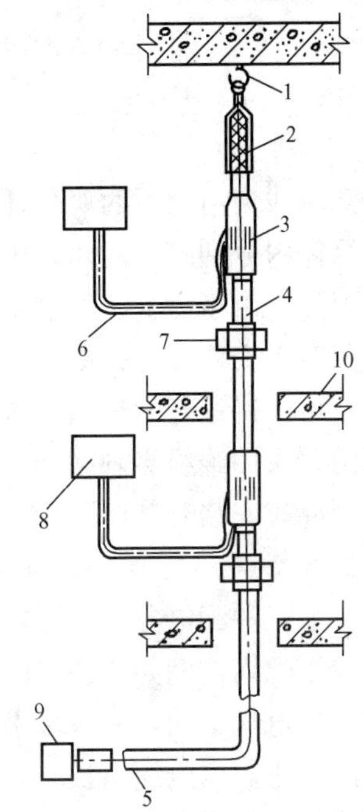

图 9 - 3　预制分支电缆装置

1—吊钩；2—上端支承；3—模压分支接头；4—垂直主干电缆；5—水平主干电缆；6—水平分支电缆；7—固定夹；8—配电箱；9—电源；10—楼板

（3）采用绝缘穿刺式线夹（IPC）分支的电缆。这是一种很灵活的电缆分支方式。这种穿刺式线夹的外部是绝缘的，中间有两个带金属穿刺的孔，一大一小。将大孔夹在干线电缆上，小孔夹在分支线电缆上，上紧线夹螺栓，孔内的金属刺穿透电缆的绝缘层紧压线芯，分支电缆就联结到干线电缆上了。采用绝缘穿刺式线夹（IPC）作电缆分支的最大优点是安装简便。不需截断主电缆，且不需剥去电缆的绝缘外皮即可在任意部位做电缆分支，接头完全密封绝缘。法国西卡姆（Sicame）公司和美国安普（AMP）公司专门生产这类电气连接配件，已有数十年的生产历史和运行经验。图 9 - 4 为法国 Sicame 公司生产的穿刺式线夹的示意图。

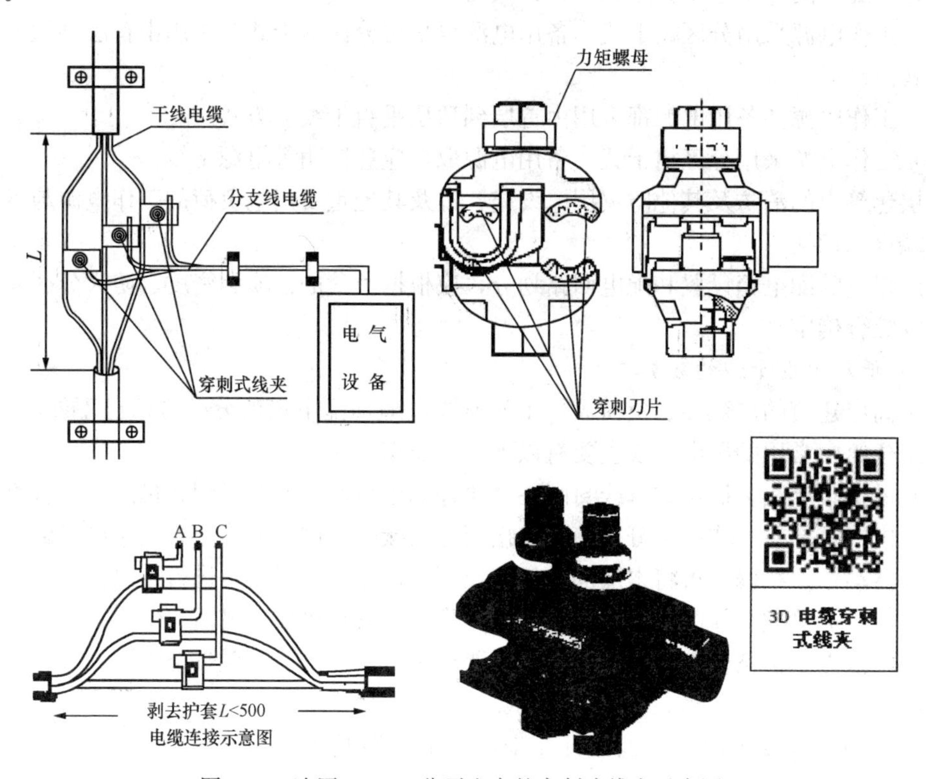

图 9-4　法国 Sicame 公司生产的穿刺式线夹示意图

穿刺线夹由上下两块分开的高强度绝缘体组成，通过一个配有力矩螺母的螺杆联结。每块绝缘体内分别暗藏两片采用特殊合金制成的并由防水工程橡胶包裹的可与导线多点接触的穿刺刀片。由于配备了经过精确力矩计算所设计的力矩螺母，使安装更为简便（拧至力矩螺母脱落时，安装即可完成），确保了每个联结器安装达到最佳状态，既满足了最小的接触电阻，又可保持最好的热循环状态，从而克服了传统联结方式的不稳定性。

由于采用绝缘穿刺联结器做电缆分支时无须截断主电缆，整个操作在绝缘的状态下进行，因此，安装时甚至可带电作业，安装简便、使用安全、低成本、免维护是绝缘穿刺联结器的最大特点。

以上三种配电方式，通常用于垂直方向的多层分支，以适应高层建筑的电气配线特点。至于专用配线，例如到顶层的电梯机房，到某层的电气设备或特殊用电场所的干线，以及水平部分的电气干线，一般多采用电缆，用电缆梯架敷设。当电缆根数较多时，应特别注意载流量的校正。当电缆很长时，应注意校验电压降，例如对电梯配电的电缆。图 9-5 为竖井内电缆梯架垂直安装的做法。

图 9-6 为图 5-3 所示某高层建筑的配电干线竖向系统图。该图主要表示出了从地下一层变电所引出的配电干线竖向系统。从该图可见：由于电价计费的要求，照明负荷与电力负荷分为不同的配电系统；由于对供电可靠性的要求，消防用电设施的配电自成体系；重要负荷，例如消防控制室、电梯及正压风机、消防泵自动喷水泵等都是从地下一层的配电室以放射式双回路配电；地下一层的生活给水泵和地下二层的冷水机等容量较大的集中负荷也都是

从配电室以放射式配电；消防用电设施，例如排烟风机、消防泵、自动喷水泵等都采用双电源供电，并且工作电源与备用电源在末端有自动切换；电梯及正压风机的工作电源和备用电源都采用由地下一层到屋面设备层垂直电缆干线的配电方式。

在该图中，编号为7P1、6P1、6P2的垂直干线（均供住户配电），从地下一层到地上七层采用电缆干线（因不需分支，采用电缆干线可降低造价），在第七层设有800A的封闭母线—电缆转换箱，从七层以上均采用封闭式母线（因容量大且需分支）。编号为16P8（供风机盘管）和16P1（供招待所配电）的垂直干线，则是采用穿刺式线夹分支的电缆（因需分支且容量不是很大）。读者可从此设计中仔细体会以上三种干线的不同特点和适用条件（图9-6见书末附页）。

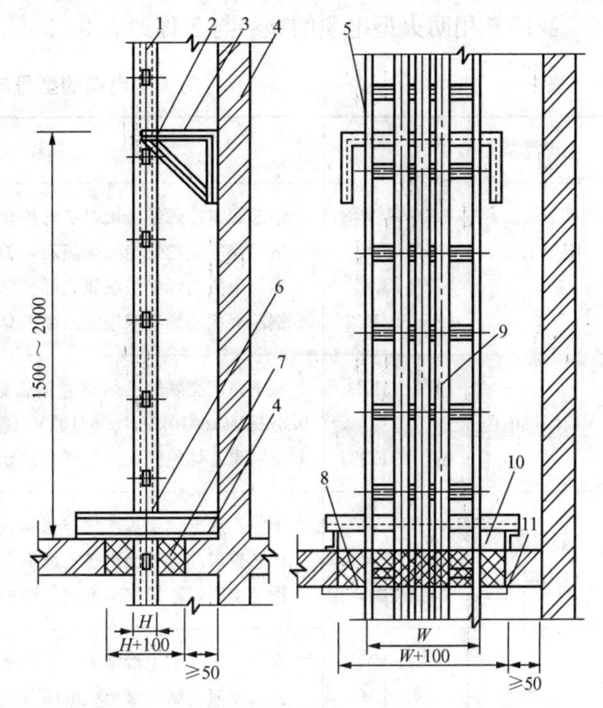

图9-5　竖井内电缆桥架垂直安装的做法

1—电缆梯架；2—角钢支架；3—三角形角钢支架；4—M10×80膨胀螺栓；5—M8×35固定螺栓；6—M8×40螺栓；7—槽钢支架；8—防火隔板；9—电缆；10—防火堵料；11—40mm×40mm×4mm固定角钢

（三）配电线路的防火

高层建筑内部的电气线路多而且分布广。高层建筑的火灾往往因电气故障而引起，其中多数又与电气线路有关。因此，配电线路的防火问题是电气安全的一个重要方面。

配电线路按防火类别可划分为以下三类：

（1）不防火的线路。其电线或电缆的绝缘层或外层材料是可燃的，火灾时明火可沿着线路蔓延。由于隐患严重，高层建筑内不准使用这类线路。

（2）难燃或阻燃线路。在火源作用下，这种线路可以燃烧；但当火源移开后会自动熄灭，从而避免了火灾沿线路蔓延扩大的危险。高层建筑内的一般线路均为这类线路，例如阻燃塑料导线、阻燃型电缆、阻燃型塑料电线管等。绝缘导线穿钢管敷设时也属于阻燃线路。例如ZR-YJV型即为一种阻燃电力电缆。

对于大量人员集中的场所，最好进一步选用无卤阻燃电缆。大量火灾事故证明，绝大多数死者都是因火灾时的浓烟和毒气窒息而亡。因此，选用无卤阻燃电缆（例如WL-YJE23型），有利于火灾时人员安全疏散。

（3）耐火线路。这种线路在火源直接作用下仍可维持一定时间的正常通电状态。常见的耐火电缆绝缘结构有两种：一种是氧化镁绝缘铜套保护；另一种是云母绝缘。比较起来，云母绝缘电缆价格较低、施工较易，能在950～1000℃的高温下维持继续供电1.5h，已可满足一般高层建筑的消防要求。耐火线路用于配电给消防电梯、消防水泵、排烟风机、消防控制中心、应急照明等在火灾时要继续工作的设备。例如NH-VV型即为一种耐火电缆。

我国常用防火型电缆的型号与名称如表 9 - 3 所示。

表 9 - 3　　防火型电缆的型号与名称

电缆类型	型　号	名　　称	主要用途
阻燃电缆	ZR-VV ZR-YJV ZR-KVV ZR-KVV22	铜芯聚氯乙烯绝缘聚氯乙烯护套阻燃电力电缆 铜芯交联聚乙烯绝缘聚氯乙烯护套阻燃电力电缆 铜芯聚氯乙烯绝缘聚氯乙烯护套阻燃控制电缆 铜芯聚氯乙烯绝缘聚氯乙烯护套钢带铠装阻燃控制电缆	重要建筑物等
无卤阻燃电缆	WL-YJE23 WL-YJEQ23	核电站用交联聚乙烯绝缘钢带铠装热缩性聚乙烯护套无卤电缆 0.6/1kV，6/10kV，6.6/10kV（符合 IEC332-3B 类） 交联聚乙烯绝缘无卤阻燃电缆 0.6/1kV（符合 IEC 332-3C 类）	防火场地、高层建筑、地铁、隧道等
隔氧层电力电缆	CZRKVV CZRVV QZRYJV	聚氯乙烯绝缘聚氯乙烯护套隔氧层阻燃控制电缆 铜芯聚氯乙烯绝缘聚氯乙烯护套隔氧层阻燃电力电缆 铜芯交联聚乙烯绝缘聚氯乙烯护套隔氧层阻燃电力电缆	信号控制系统、高层建筑物内等
耐火电缆	NH-VV NH-BV NH-YJV	铜芯聚氯乙烯绝缘聚氯乙烯护套耐火电力电缆 铜芯聚氯乙烯绝缘耐火电缆（电线） 铜芯交联聚乙烯绝缘聚氯乙烯护套耐火电力电缆	高层建筑、地铁、电站等
防火电缆 500/750V	BTTQ BTTVQ BTTZ BTTVZ	轻型铜芯铜套氧化镁绝缘防火电缆 轻型铜芯铜套聚氯乙烯外套氧化镁绝缘防火电缆 重型铜芯铜套氧化镁绝缘防火电缆 重型铜芯铜套聚氯乙烯外套氧化镁绝缘防火电缆	耐高温、防爆，适用于重要历史性建筑等

（四）有特殊要求的设备配电

（1）消防设备的配电：一类高层建筑的消防用电应按一级负荷要求供电。对于消防控制中心、消防水泵、消防电梯、防排烟风机等的供电，还应在最末一级配电箱处（即用电设备处，例如消防水泵房的配电箱）设置自动转换装置。其具体作法是从变电所的一段母线和保安母线上各引来一路电缆线路（而且从保安母线上引来的应是耐火电缆线路），到配电箱内再进行自动切换。在图 9 - 6 中，所有对双电源自动切换箱的供电均是如此。例如 1P1 和 14P1 供消防泵自动喷水泵，1P2 和 14P2，以及 1P3 和 14P3 供排烟风机，1P7 和 14P7，以及 1P8 和 14P8、1P5 和 14P5 都是供电梯及正压风机等。

（2）电梯配电：电梯必须专用线路供电，不可与照明或其他负荷合用干线，以避免电梯频繁起动时的电压波动对其他设备的影响。另外，当电缆较长时，还应按电梯制造厂的规定加大电缆的截面。例如图 9 - 3 所示中 1P8 和 14P8 供电梯及正压风机等，均为从地下一层变电所母线到屋面设备层采用双回路直接供电。

（3）计算机中心的配电：对计算机中心的配电，除了按照重要性确定并保证其负荷等级外，还应注意以下几点：

1）必须专用线供电，而且必须采用五芯的电缆，即 PE 线与 N 线一定要分开。而且，N 线截面宜选得较大，一般应为相应相线截面的 1～2 倍。

2）计算机房应按要求作局部等电位联结。

3）计算机房的配电箱处应加装SPD，以防雷击电磁脉冲沿线路入侵计算机等信息设备。

第三节　高层建筑电气设计的内容*

高层建筑的电气设计与一般建筑工程的电气设计一样，都必须遵循有关的设计原则，遵守设计工作的程序。设计必须贯彻国家的有关规程、规范和标准，执行国家的有关方针和政策；应遵循安全适用、技术先进、经济合理、节约能源和保护环境的基本原则；应根据工程特点、规模及发展规划，正确处理近期建设与远期发展的关系；应从全局出发，统筹兼顾，按照负荷性质、用电容量、工程特点和当地供电条件等，合理确定供电设计方案。

建筑电气工程设计一般都分为初步设计和施工图设计两个阶段。高层建筑这类大型复杂工程的初步设计一般又可细分为方案设计和扩大初步设计两个阶段。

初步设计的依据是经有关部门批准的设计任务书，施工图设计的依据是经审批的初步设计文件和修改意见以及建设单位的补充要求。

由于高层建筑的功能复杂，高层建筑电气设备又具有如前所述的诸多特点，致使高层建筑电气设计比一般建筑工程的电气设计更为复杂：设计内容更多了，设计任务更重了，与土建和其他专业的配合要求也更高了。

初步设计阶段的主要内容有：收集设计所需的原始资料；计算出最大用电容量和电能需要量；与当地供电部门签订供用电协议；做不同方案的技术经济比较并初步确定供配电系统等设计方案；初步选择供配电系统的主要电气设备；绘制初步设计图样，包括总体布置图、主结线图和弱电项目的方框图等；编制设计说明书；编制主要设备材料表及工程概算。

施工图设计阶段的主要内容有：依据批准的初步设计文件（包括审批时的修改意见和建设单位的补充要求）进行深入具体的设计计算（可对初步设计作必要的修正）；着重绘制施工图样（包括选择标准图和绘制有关设备的制作安装图）；编制设备材料明细表；编写设计和施工说明书；编制工程预算等。

在整个设计过程中，电气设计人员应特别注意与土建和其他专业的密切配合。实际上，电气方案的最终确定都是离不开土建和其他专业的配合的。例如，变配电所、发电机房、消防控制中心、电话总机房、音响控制室、监控中心等电气用房的位置、面积、层高，以及电气竖井的位置、面积等等都必须与建筑专业协商后才能确定；空调设备和各种机泵的平面位置、负荷大小、设备的控制方式等都必须由给排水、暖通等专业提供；电气管线的水平敷设，尤其是在走廊吊顶内的走线，以及设备机房内的走线也需要和其他专业的管线协调，以免相互“打架”。

一个优秀的工程设计，是各个专业相互之间完美配合的产物。这个配合工作贯穿于整个工程设计和施工的始终：在初步设计阶段，要提供和索取的是初步配合协作条件；在施工图设计阶段，则必须进一步补充和完善；在现场施工过程中，还有可能根据实际情况作进一步调整。

下面，结合高层建筑电气设备的特点，对高层建筑电气设计的内容作一个概括性的介绍。

一、供电系统设计

供电系统设计的内容主要有：负荷计算和无功功率的补偿；供电电源及电压的确定；变配电所位置和型式的选择；主变压器台数、容量及主结线方案的选择；短路电流计算及一次设备的选择与校验；变配电所二次回路方案选择和继电保护的整定等。

负荷计算是供电设计的基础，计算结果包括总的计算负荷、一级和二级负荷的计算容量等。计算负荷是选择电气设备的依据，也是确定总的供电指标及变配电所的数量和容量的依据。一、二级负荷的计算容量则是确定自备电源或应急电源的依据。无功计算负荷则是确定无功补偿容量的依据。

由于高层建筑的电力负荷容量大、对供电可靠性的要求高，因此，一般均采用双电源，高低压系统主结线以单母线分段、互为备用、自动切换方式为主。为满足一级负荷中“特别重要负荷”的供电可靠性要求，一般需要设置自备发电设备（例如柴油发电机组）作为应急电源。而且，一类高层建筑自备发电设备应设有自动起动装置，并能在30s内供电。自备发电设备的容量应保证消防泵能顺利起动，一般不小于消防泵电动机容量的4～5倍。当自备发电设备容量较小时，也可采用软起动器等降压起动设备。

在考虑变配电所的位置时，应注意尽量深入负荷中心，因此，高层建筑多在地下室或底层以及设备机房等处设变配电所。对于超高层建筑，还可以在高层区的避难层或技术层内设置变配电所。

高层建筑的自备电源目前以柴油发电机组为主。但燃气轮发电机组具有体积小、重量轻、噪声低、震动小、点燃成功率高、故障率低等优点，今后有成为高层建筑自备电源的可能。但尚需解决自起动等技术问题，目前尚未见应用实例。值得注意的是，燃气轮发电机工作时需要大量的空气，为了进气和排气方便，宜将燃气轮发电机组设置在地上层或屋顶。

二、照明系统设计

照明系统设计的内容主要有：电光源和灯具的选择与布置；照度计算；各类建筑和不同功能的房间的照明设计；景观照明、环境照明和障碍照明等的设计；照明配电方式和照明配电设备的选择与布置；应急照明系统设计等。

电光源类型的选择，应依据照明的要求和使用场所的特点而定，并应尽量选择高效、长寿的光源。我国已经提出“绿色照明”（Green Lights）的概念，即在不降低照明质量的前提下，节约照明用电，提高资源的利用率，从而减少因发电而产生的“三废”，达到保护环境的目的。绿色照明是人类可持续发展战略在照明技术中的具体体现。我国于1994年开始组织制定“中国绿色照明工程”计划，1996年，在国家经济贸易委员会组织下该工程正式启动。“中国绿色照明工程”的主要内容是：制订我国的“绿色照明”法规和条例；采用发光效率高、光色好、寿命长、性能稳定的电光源；采用功率损耗小且对人身和环境无污染的附件；采用光能利用率高且安全美观的照明灯具；采用电能损耗低、使用寿命长的配电器材和节能的调光控制设备等。

在一些民用建筑的照明设计中，应该特别注意灯具与建筑环境的配合。在一些特殊场合，我们主要希望灯具起到装饰环境、烘托气氛的作用，此时提供照度的作用已退居其次。

高层建筑的照明配电系统多采用放射式和树干式相结合的混合型配电方式。竖直方向上的干线采用树干式或分区树干式，当楼层多、负荷大时多采用插接式母线（封闭母线）。水平方向上的配电方式则多为放射式和链式等。

应急照明电源应有区别于正常照明的电源。不同用途的应急照明电源，应采用不同的切换时间和连续供电时间。

在民用高层建筑中，照明设计分为正常照明和应急照明两个系统。在大厅、餐厅、电梯厅、走廊、重要设备用房、地下室等处均应设置应急照明。在疏散楼梯口、走廊出口等处均应设置疏散指示标志灯。一些重要的办公室、会议室、计算机房等亦应设置应急照明，以满足在市电停电时继续工作的需要。

在具有建筑物自动化系统（Building Automation System，BAS）的智能建筑中，走道、电梯厅等公共场所的照明应接受BAS的控制，按最佳运行方式工作。疏散用应急照明应在火警时接受火灾报警系统的信号而自动开启。

应采用技术先进和节能的照明控制系统。例如会议室、大办公室、地下车库等场所可选用总线（BUS）式照明控制系统（例如C-BUS或i-BUS等）。总线式照明控制系统使各个分散安装、并可就地操作的元件有机地结合起来，可以灵活地改变功能和扩展容量。例如可通过光敏开关、红外线开关、输入键等输入器件及系统时钟，利用就地分散安装的输出继电器作为执行元件，实现对各地照明灯具的自动控制，满足现代化建筑对照明的多样化的控制要求，同时获得节能的效果。

从图9-6（见书末插页）可见：照明系统与电力系统是分开设置的；应急照明与一般照明也是分开的；该高层建筑有户外照明（15P2）和立面照明（15P4）；到各层的照明配电干线采用树干式，各层分别设置带干线分线装置的照明配电箱和应急照明配电箱；到各层住户的配电也采用树干式，在各层设置封闭母线插接箱取电，再到各住户电能表箱（6P1、6P2、7P1）。

有关照明的内容详见本书第九章建筑照明系统。

三、动力系统设计

动力系统设计包括各种风机、泵类等动力设备的配电，设备的起动、制动，调速方式及控制等内容。

高层建筑中，有些动力设备对供电可靠性的要求较高（例如电梯和各种消防用的泵类），有些动力设备的单台容量较大（例如空调机组和一些泵类等）。因此，高层建筑中动力设备的配电方式一般以放射式为主。例如在图9-3中，给水泵、冷水机、冷却塔风机、电梯及正压风机等都采用放射式供电。

四、低压配电线路设计

低压配电线路主要有照明配电线路和电力配电线路，多采用放射式和树干式相结合的混合型配电方式。图9-7所示为典型的高层建筑低压配电系统示意图。图中的配电干线可为插接式母线、预制式分支电缆或采用穿刺式线夹的电缆线路。

图9-7（a）方案为典型的分区树干式系统，每回干线对应一个供电区域。图9-7（b）方案增加了一个共用的备用回路。图9-7（c）方案则是增加了一级中间配电箱，多了一级控制保护装置。图9-7（d）方案采用大树干式配电，各层配电箱放在电气竖井内，通过专用插件与电气竖井内的插接式母线连接；此方案便于查找故障、维护方便，适用于楼层多、负荷大的场所。

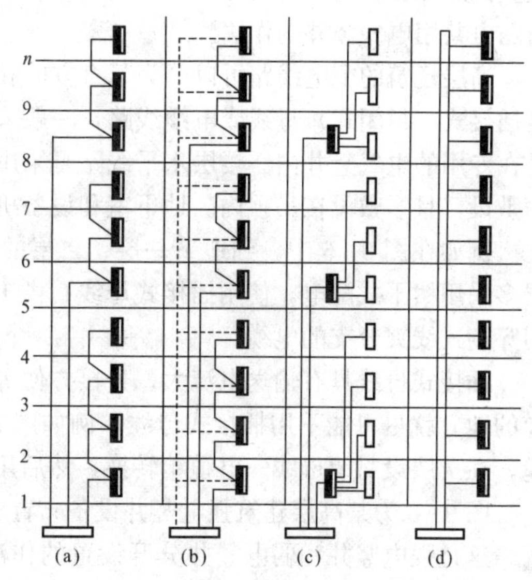

图9-7 高层建筑低压配电系统示意图

（a）典型的分区树干式；（b）有公共备用回路的分区树干式；（c）有中间配电箱的分区树干式；（d）典型的大树干式

为了让配电干线方便地从变配电所通向各层，高层建筑中必须设置电气竖井，如图 9-1 中所示。所谓电气竖井，就是一个上下贯通的井型空间，各层的配电室都设在这同一个垂直位置，以便配电干线上下贯通；各层的配电箱（包括动力配电箱、照明配电箱以至弱电配电箱）也放在此配电室内。配电室内地面施工时留有孔洞，以便封闭式插接母线或电缆等配电干线通过。配电干线敷设完毕后应对孔洞作密封处理，以免火灾时形成烟道。对于高层建筑，电气竖井每隔三层左右应装烟雾探测器；对于超高层建筑，则要求每层都安装，以便及时发现和监视火情。电气竖井应设有向外开的防火门，以利维修。

竖井内布线一般适用于高层建筑内强电及弱电垂直干线的敷设。竖井内可采用金属管、金属线槽、电缆、电缆梯架及封闭式母线等布线方式。

电气竖井的位置和数量应根据建筑物规模、负荷性质、供电半径、防火分区和建筑物的沉降缝设置等因素确定。

竖井的位置宜靠近负荷中心，以减少干线电缆沟道的长度；电气竖井不得与电梯井、管道井共用；并避免邻近烟道、热力管道及其他散热量大或潮湿的设施。竖井内应敷有保护接地（PE）干线和接地端子。

竖井的大小除满足布线间隔及端子箱、配电箱布置所必须尺寸外，宜在箱体前留有不小于 0.80m 的操作、维护距离。竖井内高压、低压和应急电源的电气线路，相互之间应保持 0.30m 及以上距离或采取隔离措施，并且高压线路应设有明显标志。

电气竖井的位置和数量经历了以下的发展过程：起初，强电及弱电线路一般共用一个电气竖井；后来，弱电线路增多了，加上防止干扰的需要，强电竖井和弱电竖井分开设置。JGJ 16—2008《民用建筑电气设计规范》也明文规定："强电和弱电线路，有条件时宜分别设置在不同竖井内。如受条件限制必须合用时，强电与弱电线路应分别布置在竖井两侧或采取隔离措施以防止强电对弱电的干扰。"近来，对负荷较大或单层面积较大的高层建筑，为使竖井的位置尽量靠近负荷中心，以便施工、维修和增设线路，又出现了左右分设两个强电与弱电共用电气竖井的作法。

高层建筑的配电线路可以分为竖直方向和楼层水平方向两个部分。竖直方向的干线可以是插接式（封闭式）母线或电缆线路，一般采用电缆梯架敷设。插接式母线和电缆梯架均敷设在专用的电气竖井内。楼层水平线路可采用绝缘导线或电缆，绝缘导线可穿管敷设或穿线槽敷设，且多敷设在吊顶内。地下室和设备机房内敷设的线路则可采用电缆梯架敷设。

例如在图 9-6 中，到地下一层、二层的大型和重要的设备采用放射式供电；从 7～29 层多采用树干式配电，使用插接式母线；供 1～6 层风机盘管的线路也采用树干式配电，使用穿刺式线夹分支的电缆。

插接式母线具有输送电流大、分接方便等优点，但价格较贵且安装麻烦；因此，能用电缆的地方就尽可能不用插接式母线。例如图 9-6 中，从地下一层变电所出线至 7 层采用电缆，在 7 层设封闭母线—电缆箱转换，然后用插接式母线向 8～29 层住户配电。

图 9-8 为某高层建筑强电竖井设备布置示意图，可供参考。

这是强电竖井和弱电竖井分开设置的作法。该图详细表示出了强电竖井中的动力配电箱、照明配电箱、事故照明配电箱、封闭母线插接箱等的具体位置；以及总等电位盘和 PE 线用铜排的位置和走向等。此图可与图 9-5 和图 9-6 对照阅读。

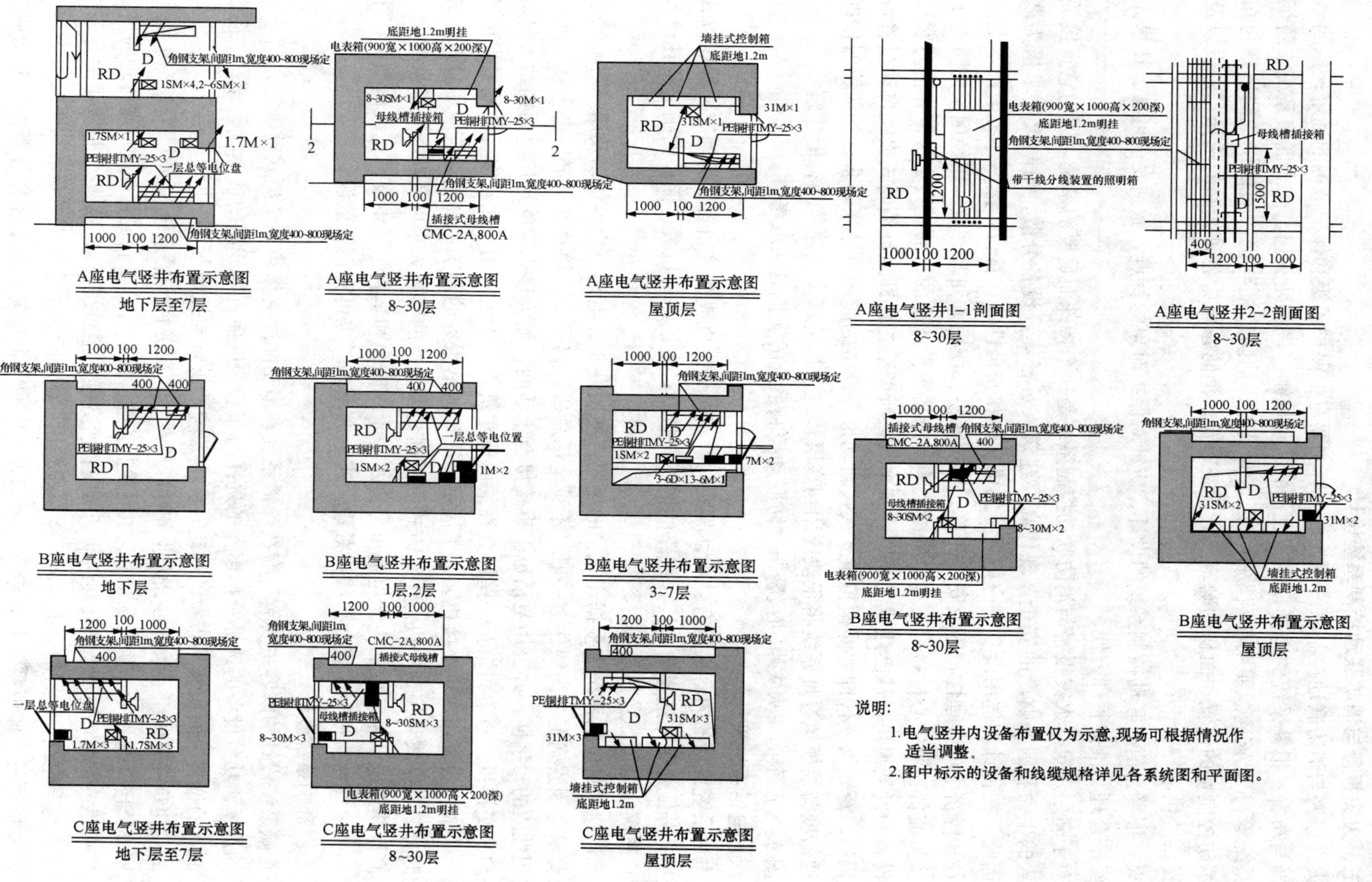

图9-8　某高层建筑强电竖井设备布置示意图

五、火灾报警与消防联动控制系统设计

火灾报警与消防联动控制系统设计的内容主要有：保护等级和保护范围的确定；探测器的选择与布置；报警系统的选择；消防设备的联动控制（例如防火门、防火卷帘系统、防烟排烟系统等）；火灾应急照明与疏散指示标志的设置；消防广播与消防通信设备的选择与布置；消防控制室的位置和面积的确定及其设备布置；消防系统中各种线路的选择与敷设以及消防设备的供电等。

火灾报警与消防联动控制系统的设计，应针对保护对象的特点，做到安全可靠、技术先进、经济合理、维护管理方便。

对于高层建筑，火灾报警与消防联动控制系统是一个特殊而重要的系统，因为它直接关系到人的生命和国家财产的安全。现代高层建筑人员密集，设备分散，对防火要求极为严格。因此，在设计和选用设备时应把系统的可靠性和安全性放在首位，然后才考虑技术上的先进性和经济上的合理性，以及安装简单、维护容易、使用方便等。应选用经国家消防电子产品质量监督检测中心检验合格并得到国家消防产品质量认证的产品。火灾报警和消防联动控制设备的发展很快，从已建成的高层建筑来看，所谓第二代即地址编码式火灾自动报警设备使用很广泛；第三代即智能模拟量式火灾自动报警设备的应用也越来越多；相信第四代即无线通信型智能模拟寻址系统将很快应用到高层建筑尤其是超高层建筑和智能建筑中。

图 9-9 所示为一火灾自动报警与消防联动控制系统的实例，供参考。

六、电话系统设计

电话系统设计的内容主要有：市话程式的确定；交换机或交接箱容量的确定；配线方式的选择；分线设备的选择与布置；线路的选择与敷设；电话站房位置、面积的确定及其设备布置；系统供电电源及接地等。

高层建筑的电话系统应根据建筑物的规模、使用性质、电话用户容量以及用户对电话通信的要求等因素确定。高层住宅一般可不设电话总机，仅设交接箱直通市局。办公楼，尤其是出租性质的写字楼，办公用电话也多直接接至市话网，而大楼内部管理用电话则纳入另设的用户小交换机。旅游宾馆及一些综合性的商业建筑，由于电话用户比较多、功能要求也比较高，一般应设置用户小交换机。为了满足高质量通信服务的要求，高层建筑应尽量选用先进的时分制数字式程控交换机。中继方式应根据交换设备的容量大小以及功能要求来确定。

高层建筑电话系统中的主干电缆可分为水平干线电缆和垂直干线电缆。干线电缆可以采用封闭式电缆桥架或封闭式金属线槽敷设，当电缆不多时也可穿钢管敷设。

七、音响系统设计

音响系统设计的内容主要有：有线广播系统和多功能厅立体声系统型式的确定；信号节目源的选择；功放设备的选择及扬声器的选择与布置；广播音响线路的选择与敷设；广播音响控制室的位置、面积及其布置的确定；音响系统的供电与接地等。

高层建筑的有线广播系统可分为业务性广播系统、服务性广播系统和火灾事故广播系统。在高层办公楼、商业楼、教学楼等建筑中设置业务性广播系统，以满足业务及行政管理为主的语言广播要求。在宾馆及大型公共活动场所设置服务性广播系统，以满足欣赏性为主的音乐广播要求。高层建筑中设置的火灾事故广播系统则用以满足火灾时引导人员疏散的要求。

多功能厅的立体声系统兼有语言扩声和音乐广播两个功能，要求根据厅堂的主要功能并兼顾其辅助功能来确定系统的技术指标。

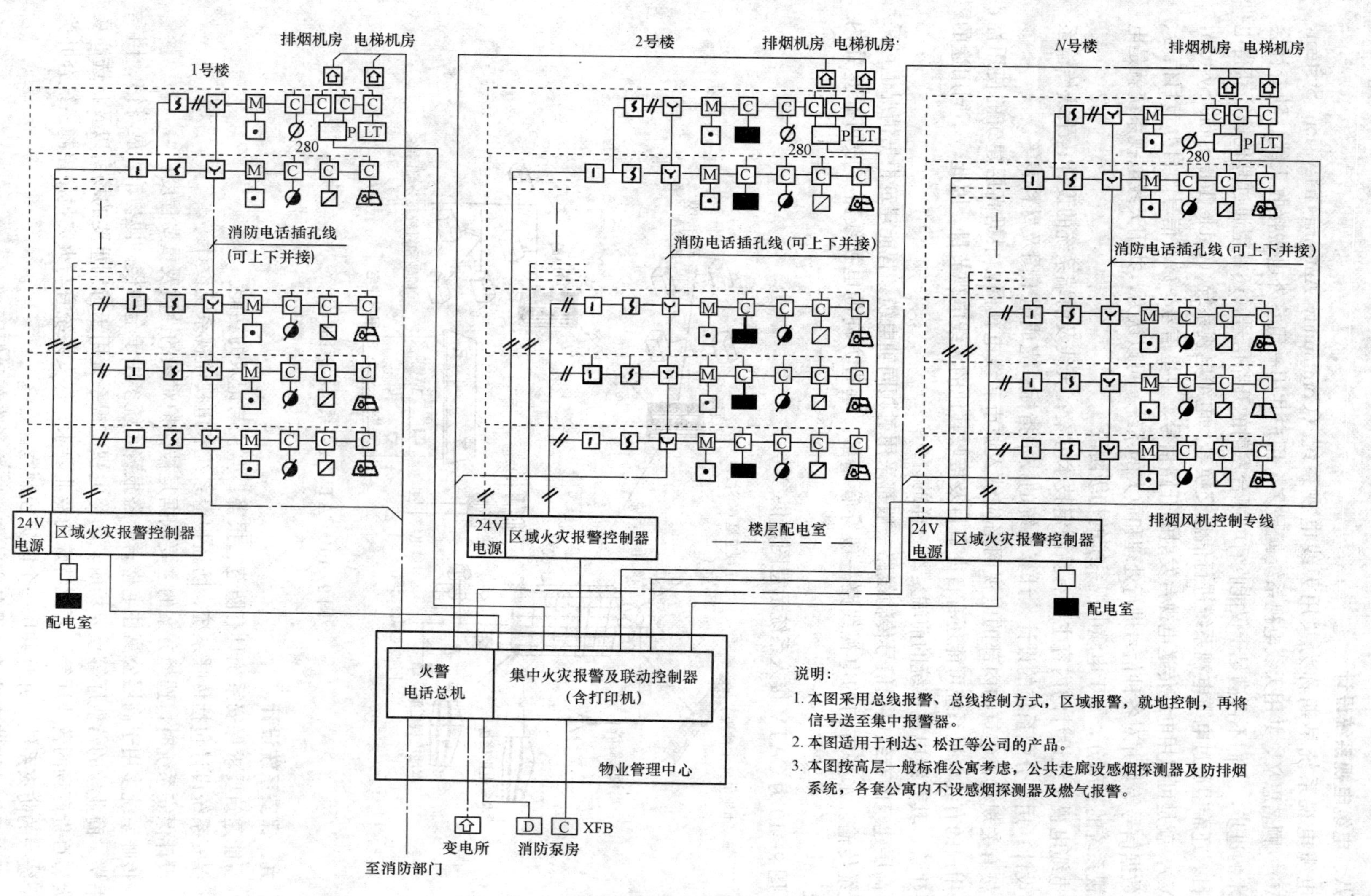

图 9-9 火灾自动报警与消防联动控制系统图

八、电缆电视系统设计

电缆电视系统早期称为共用天线电视系统（Community Antenna Television System，CATV）。顾名思义，共用天线电视系统就是多个用户共用一组室外电视接收天线。随着社会和技术的进步，人们不再满足于仅能收看电视台发射的开路信号，还希望通过其他途径获得电视节目，还希望通过电缆电视系统进行信息交换等。电缆电视系统（Cable Television System，CATV），就是可以用电缆传送电视台发射的开路信号、卫星信号、微波信号、自办节目信号、双向数据信号等，并对各种信号进行处理和放大的系统。可以认为，共用天线电视系统就是电缆电视系统的一部分，属于电缆电视系统的初级阶段。

电缆电视系统设计的内容主要有：制定技术方案；天线及前端系统的设计；干线传输系统的设计；用户分配系统的设计；计算系统的技术指标；完成施工图及材料表等。

按有关规定，建筑物内部的电视网络应纳入城市有线电视网，根据高层建筑的使用性质，用户的有线电视系统可能还有自办节目及接收其他的无线电视节目。因此，不同用途的高层建筑，其有线电视系统的前端是不一样的。

高层建筑的有线电视信号传输线路一般都采用射频同轴电缆。智能建筑根据情况也可采用光缆传输。水平方向的电视线路一般穿管暗敷，垂直方向的电视线路一般可在竖井内敷设。

图 9 - 10 为 CATV 接入系统示意图，供参考。

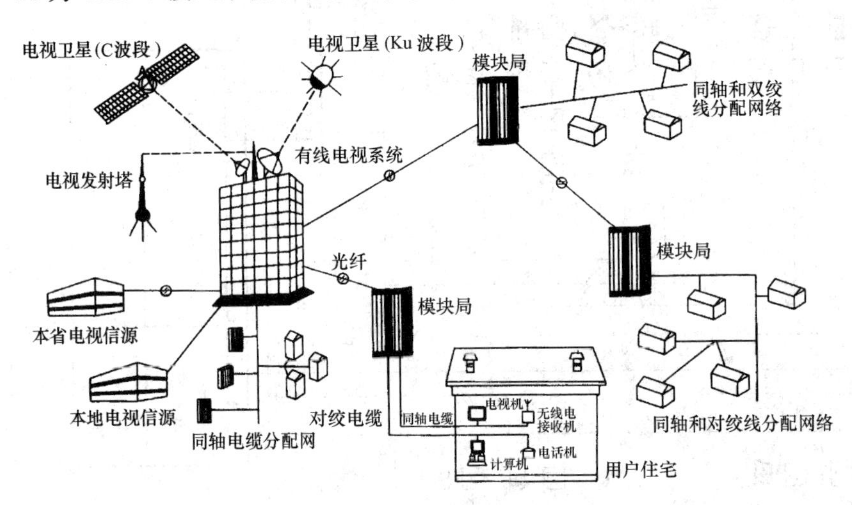

图 9 - 10　CATV 接入系统示意图

九、保安系统设计

智能建筑要求保安系统具有防范、报警、监视与记录的功能。

保安系统设计包括传呼系统、防盗报警系统和电视监视系统设计等。

设计保安系统时，选择方案的主要依据是被保护对象的性质及重要程度。

传呼系统多用于高层公寓住宅楼；防盗报警系统多用于金融楼、博物馆、展览馆、档案图书楼、商业楼的营业厅等重要场所；闭路电视监视系统用于特别重要的场所以及自选商场和大型百货商场的营业厅等。若无特殊的专业要求，保安系统宜与火灾报警控制系统合并为一个统一的防灾系统，并且共用一个防灾控制室。

保安系统的线路宜暗敷，设备安装布置应注意隐蔽和保密。

图 9-11 为一小区安全防范系统示意图，供参考。

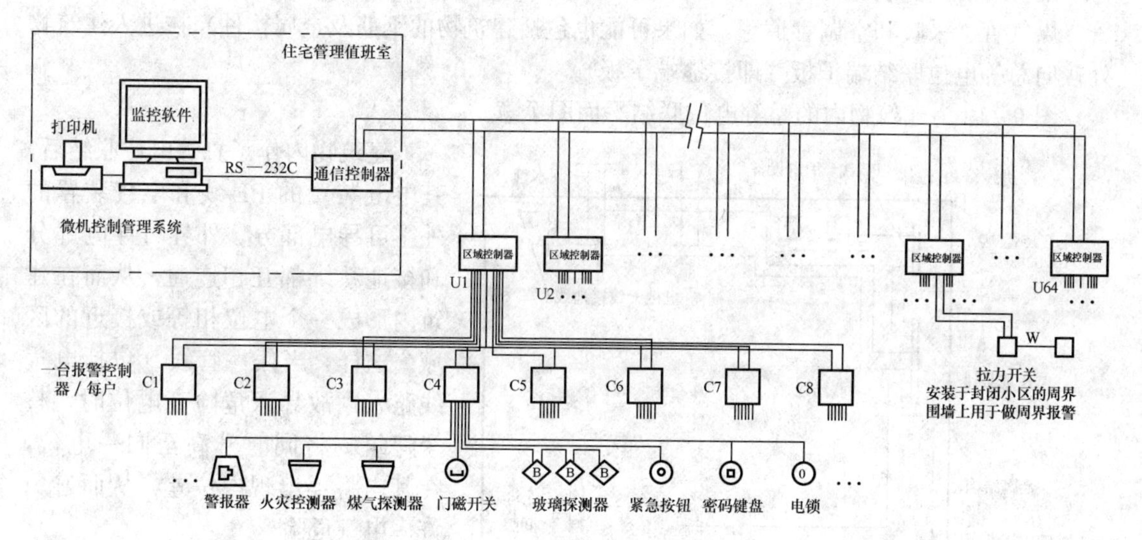

说明：

1. 监控软件包含实时电子地图、语音报警、远程控制和历史记录管理等功能。
2. 通信控制器至区域控制器的最大通信距离为 20km。
3. 区域控制器最多可容纳 8 路信号输入（8 户）和 8 路控制输出，可任意设定输入与输出间对应的控制关系。
4. 监控软件可接 64 台区域控制器，并可扩展到最多为 512 台，最多容纳 512×8=4096 户。
5. 每台报警控制器有 4 个探测回路，即 2 个盗警、1 个煤气、1 个紧急。主机附按键密码可做布撤防，并有可选择的 1 点输出或 3 点输出（图中为 1 点输出）。
6. 密码键盘（安装在每户门外）和电锁（安装在每户门上）为可选件，用来方便对报警控制器做布撤防控制。
7. 报警控制器也可联结其他防盗探测器，如双鉴器、红外探测器等。
8. 报警控制器也可与 TF 传输显示管理系统及其他报警系统连接组成小区管理系统。
9. 通信干线电缆型号一般可选为 RVVP-2×1.5mm²。
10. 区域控制器可安装在楼梯间内。

图 9-11　小区安全防范系统示意图

十、防雷、接地与电气安全设计

高层建筑的防雷措施除了常规的防直击雷、防雷电感应和防雷电波侵入之外，还要特别考虑防侧击的措施，并要做好等电位联结。例如将可能遭受侧击部位的钢窗等金属物体与防雷装置联结等，具体作法详见第七章建筑物的防雷。

防雷装置是指接闪器、引下线、接地装置、电涌保护器（Surge protective device，SPD）及其他连接导体等的总合。

国际电工委员会标准 IEC1024-1 文件将建筑物的防雷装置分为两大类——外部防雷装置和内部防雷装置。外部防雷装置由接闪器、引下线和接地装置组成，即传统的避雷装置。内部防雷装置主要用来减小侵入建筑物内部的雷电流及其电磁效应，例如采用电磁屏蔽、等电位联结和装设电涌保护器等措施，用以防止雷击电磁脉冲（Lightning electromagnetic impulse，LEMP）可能造成的危害。

为了防止信息系统的电子设备被雷击电磁脉冲损坏，可在线路上分级安装相应的 SPD。例如：在低压母线上装设第一级 SPD；在线路末端，比如计算机房的配电箱上再装设第二级 SPD。

等电位联结包括总等电位联结和辅助等电位联结及局部等电位联结三种。所谓“总等电位联结”，即将电气装置的PE线或PEN线与附近的所有金属管道构件（例如接地干线、水管、煤气管、采暖和空调管道等，如果可能也包括建筑物的钢筋及金属构件）在进入建筑物处接向总等电位联结端子板（即接地端子板）。

图9-12为建筑物内的总等电位联结平面图示意。

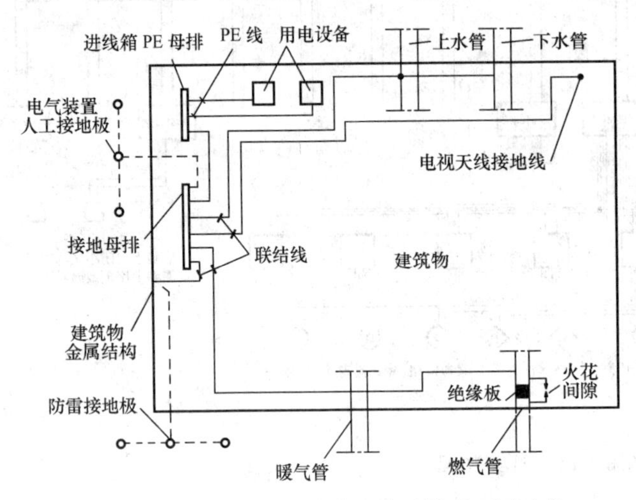

图9-12　建筑物内的总等电位联结平面图示意

建筑物内作了总等电位联结后，其电气装置的PE线和电气装置的外露可导电部分、外界可导电部分和接地系统都互相连通，从而在建筑内形成一个电位相等或接近的区域。这样，当任一管线（包括电气线路）因故导入危险高电位时，整个建筑物将同时升高至同一电位，在其内将不出现电位差，从而避免许多电气危险。

总等电位联结对不同接地系统的作用是不尽相同的。对于常用的TN系统，其作用如下：

当建筑物内发生接地故障时，降低由此引起的接触电压。

当建筑物外的电源发生接地故障时，它可消除沿PEN（或PE）线导入的对地电压在建筑物内形成的电位差引起的电气事故。

图9-13为住宅建筑总等电位联结的具体做法。

总等电位联结靠均衡电位而降低接触电压，同时它也能消除从电源线路和其他金属管道等引入建筑物的危险电压。它是建筑物内电气装置的一项基本安全措施。IEC标准和一些技术先进国家的电气规范都将总等电位联结作为接地故障保护的基本条件，实际上总等电位联结已兼有电源进线重复接地的作用。对于特别潮湿，触电危险大的局部特殊环境，如浴室、医院手术室等处，还应作“局部等电位联结”，即在此局部范围内，将PE线或PEN线与附近所有的上述金属管道构件等相互联结，作为总等电位联结的补充，以进一步提高用电安全水平。局部等电位联结的主要目的在于使接触电压降低至安全电压限制以下。

等电位联结不需增设保护电器，只要在施工时增加一些联结导体，就可以均衡电位而降低接触电压，消除因电位差而引起的电击危险。这是一种经济而又有效的安全技术措施。

实际上，可以认为：传统的接地就是一种特殊的等电位联结，即是以大地电位作参考电位的等电位联结。因此，等电位联结是一个更广泛也更本质的概念。

高层建筑防雷装置的引下线多采用建筑物构造柱内的主筋，并应充分利用建筑物基础的钢筋等作自然接地体。

高层建筑的防雷接地装置多和其他接地装置共用，且其共同接地电阻不大于1Ω。

接地装置安装的具体作法可参见电气装置标准图集86D563《接地装置安装》。

图9-14为图5-1所示高压配电所及其附设2号车间变电所的接地装置平面布置图。

图9-15为图5-3所示某高层民用建筑变配电所的接地装置平面布置图。

在10kV变配电所中，正常情况下不带电的外露可导电部分均采用保护接地，例如电力变压器、高压开关柜的外壳和电缆的金属外皮等。对于中性点直接接地的 220/380V 系统（TN 系统），电力装置一般采用所谓“接零”保护。10kV 变配电所中电力装置的保护接地，变压器低压侧中性点的工作接地以及阀型避雷器的接地，一般可采用一个共同的接地装置（共同接地），其工频接地电阻不得大于 4Ω。

在图 9-14 中，距建筑物 3m 左右，埋设 10 根棒形接地体（直径 50mm、长 2.5～3m 的钢管或者∟50mm×5mm 的角钢，接地体之间的距离一般为 5m 或稍大一些。接地体之间用 40mm×4mm 的扁钢焊接成为一个外缘闭合的接地网，要求其工频接地电阻不大于 4Ω，施工后应进行实测，必要时可增加接地极的根数。若条件允许，应采用等电位联结，且使其工频接地电阻不大于 1Ω。

为充分利用自然接地体，将变压器的轨道以及放置高压配电柜、低压配电屏的地沟上的槽钢或角钢用 25mm×4mm 的扁钢焊接成网，并与室外的接地网多处焊接。

为防止腐蚀，作棒形接地体的钢管或角钢以及构成接地网的扁钢都应热镀锌或作其他防腐处理。

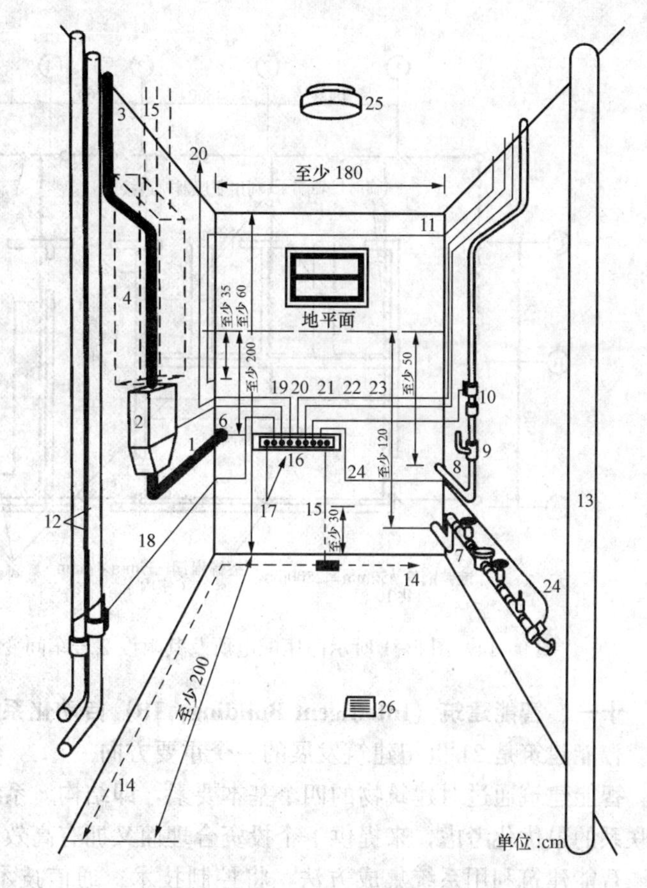

图 9-13　住宅建筑总等电位联结的具体做法

1—引入住宅的电力电缆；2—住宅总电源进线配电箱；3—电源干线；4—电能表箱；5—配电回路；6—防水导管；7—带水表的自来水连接管；8—煤气管；9—煤气总阀；10—绝缘段；11—通信设备用的住房联结电线；12—暖气管；13—排水管；14—基础接地体；15—基础接地体的联结线；16—总等电位联结端子板（MEB）；17—至防雷引下线的等电位联结线；18—至暖气管的等电位联结线；19—TN 系统重复接地连线；20—TT 系统共同接地 PE 线；21—至通信系统的等电位联结线；22—至天线系统的等电位联结线；23—至煤气管的等电位联结线；24—至给水管的等电位联结线；25—吸顶灯；26—地漏

为便于测量接地电阻和移动式设备的临时接地，图中适当处装有临时接地端子。

由图 9-15 可以看出，高层建筑的变电所和发电机房一般都设在本建筑物内部（本例是位于地下一层），且高层建筑基础较深，因此可直接利用建筑物钢筋混凝土基础作接地装置。将各个基础用地下室底板的主钢筋联结成一个接地网，此接地网兼作保护接地与防雷接地之用。按照 GB 51348—2019《民用建筑电气设计标准》的要求，其接地电阻应不大于 1Ω。高层建筑的基础和构造柱中的钢筋与大地有良好的接触，因此这一要求不难达到。

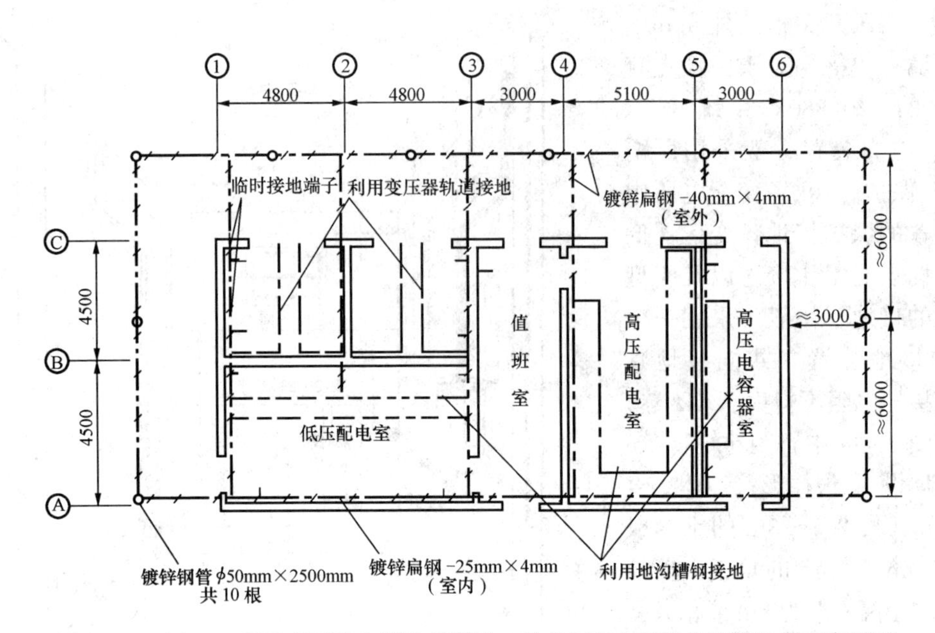

图 9-14　图 5-1 所示高压配电所及其附设 2 号车间变电所的接地装置平面布置图

十一、智能建筑（Intelligent Building，IB）自动化系统设计

智能建筑是 21 世纪建筑发展的一个重要方向。

智能建筑通过对建筑物的四个基本要素，即结构、系统、服务、管理以及它们之间的内在联系的最优化考虑，来提供一个投资合理而又拥有高效率的舒适、便利的建筑环境。

智能建筑利用系统集成方法，将控制技术、通信技术、计算机技术与建筑技术有机结合，通过对设备的自动监控、对信息资源的管理和对使用者的信息服务及其与建筑的优化组合，获得投资合理、适合信息社会要求以及安全、高效、舒适、便利和灵活的特点。智能建筑是多学科高新技术的有机集成，是社会信息化与经济国际化的产物。图 9-16 为智能建筑的系统功能示意图。

从图 9-16 可见，智能建筑的系统功能通常包括：建筑物自动化系统（Building Automation System，BAS），通信自动化系统（Communication Automation System，CAS），办公自动化系统（Office Automation System，OAS），以上即所谓“3A”智能系统；智能系统的主要设备通常放置在系统集成中心（System Integrated Center，SIC），并通过综合布线系统（Generic Cabling System，GCS）与各种终端设备（例如电话机、传真机、传感器等）连接，从而“感知”智能建筑内各处的信息，经过计算机处理后给出相应的对策，再通过终端设备（例如步进电机和各种开关、阀门等）给出相应的反应，使建筑物具有“智能”。

智能建筑自动化系统设计包括建筑物自动化系统、通信自动化系统、办公自动化系统、综合布线系统和智能化系统集成中心的设计。

图 9-17 为智能建筑的系统结构图。图中大致表示出了 BAS、CAS、OAS 的主要内容。

在设计智能建筑时，应根据建筑物的使用功能、管理要求和投资标准等因素确定建筑物的智能化水平和系统配置，各项子系统的配置等级也可以根据工程的具体情况而有所不同。

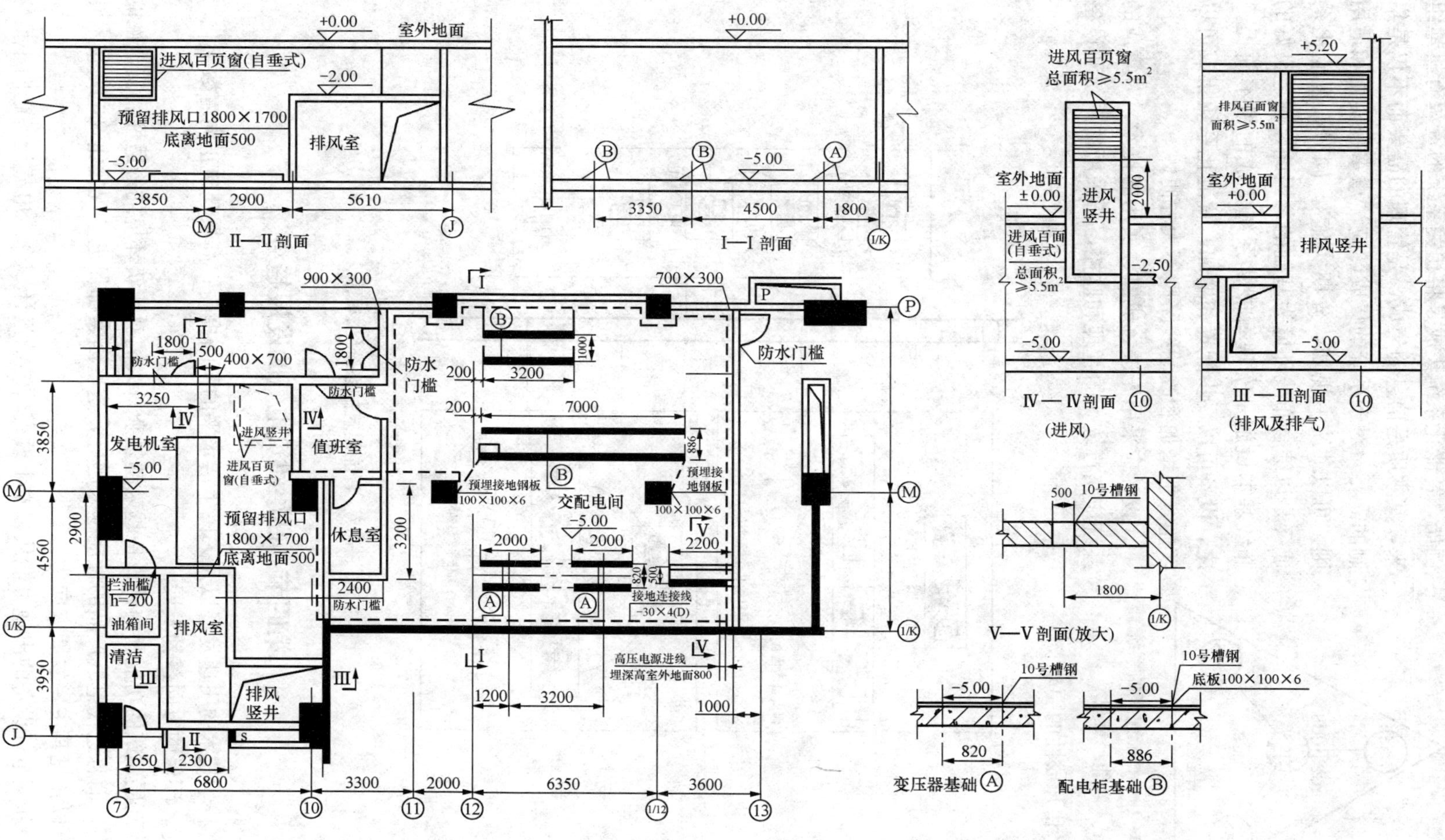

图9-15　图5-3所示某高层民用建筑变配电所的接地装置平面布置图

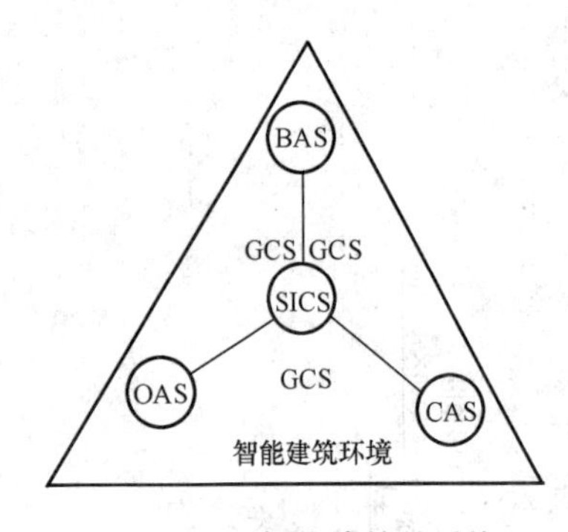

图 9-16　智能建筑的系统功能示意图

例如，智能化系统集成是将相关系统的资源有机地组合起来，其本质是信息的集成，是管理的需要而不仅是集中控制的需要。对于系统的集成，应注意掌握实用和适用的原则，可以“统一规划，分期实施”。同时，智能化系统集成又是以综合布线环境为基础的，因此，创造良好的综合布线基本设施是实现智能化系统集成的根本前提。简言之，设备可以逐步配置和增加，智能化系统集成可以分期实施，但增加和改动线路则不大方便。

设计应采用先进、成熟、实用的技术，对集成的各子系统应实行统一的管理和监控，所采用的系统和设备应符合标准化和开放性的要求。

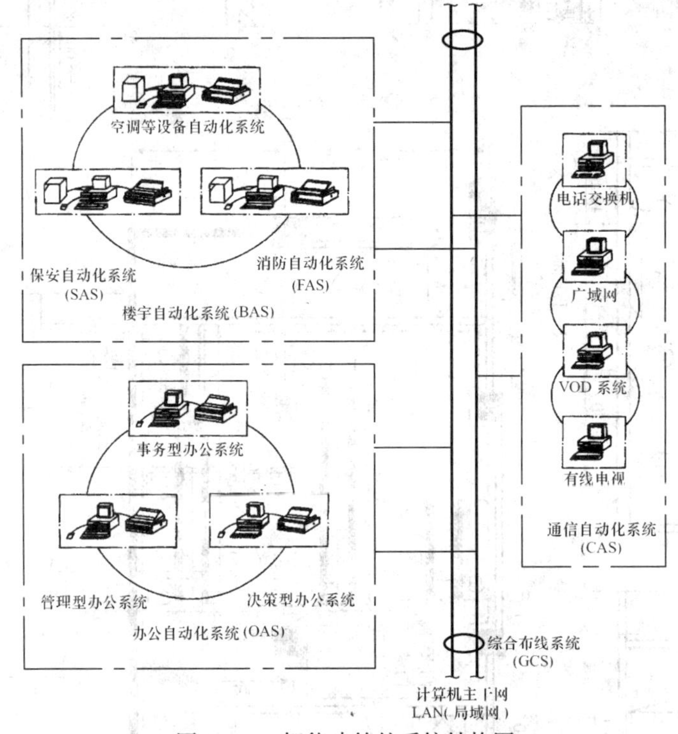

图 9-17　智能建筑的系统结构图

第四节　高层建筑电气的发展趋势*

随着科学技术的飞速发展以及人民生活水平的不断提高，高层建筑正向着数字化、智能化和节能、环保的方向蓬勃发展。

现代高层建筑的功能和内部设备越来越复杂，人们对建筑环境的舒适性、安全性的要求越来越高，而且近代电气产品的性能越来越好，这些因素都促进了现代建筑电气技术的蓬勃发展。可以预见其主要发展方向为：

（1）新型电气设备的出现可能从根本上改变传统的设计观念。电气设备趋向小型化、易操作、寿命长、免维护，可扩展，并且更加安全可靠。

(2) 防止人身触电和火灾事故的措施更加完善；防雷，特别是防雷击电磁脉冲损坏高层建筑内信息设备的措施更加完善。

(3) 线路敷设方式更加灵活，能方便地满足功能及场所变化的要求。

(4) 全面采用微机技术，配电系统实现测量、计量、控制、监视、事故记录全面自动化。

(5) 更加注重保护环境和节约能源，实现可持续发展。

智能建筑是社会信息化的产物，它已经成为衡量一个国家或地区经济发展和科技进步的重要标志之一。

事实上，智能建筑是多学科高新技术的有机集成，它综合了电工技术、电子技术、电声技术、光学技术、自动控制技术、计算机技术、通信和网络技术等方面的最新科技成果，涉及电力、电子、仪表、建材、机械、计算机及通信等多种行业。智能建筑的出现，使建筑电气尤其是高层建筑电气技术成为一门综合性的应用技术。智能建筑中的供配电系统、照明系统、动力及控制系统、火灾报警与消防联动控制系统、电话通信系统、广播音响系统、有线电视系统、保安系统等不再是相对独立性很大的系统，而是统一于智能建筑中的建筑物自动化系统（BAS）、通信自动化系统（CAS）和办公自动化系统（OAS），成为相互联系密切的几个子系统。这里，综合布线系统（GCS）为智能建筑的系统集成提供了物理介质，将智能建筑的三大系统（BAS、OAS 和 CAS）有机地联结起来。建筑物智能化的高低主要取决于它是否具有完善的弱电系统。

高层智能建筑将成为 21 世纪高层建筑的重要发展方向。高层建筑电气技术将朝着以微电子技术为主体的、综合应用和反映最新科技成就的方向发展。

随着高层建筑向着自动化、节能化、信息化、智能化的方向发展，高层建筑电气设计的内容越来越多，要求也越来越高。为适应发展的要求，将会制定出一些新的标准和规范，将逐步完善已有的一些标准和规范，并逐步与国际接轨。例如，GB 55024—2022《建筑电气与智能化通用规范》已经颁布并于 2022 年 10 月 1 日起实施。另外，已经广泛应用的 BIM 技术亦将对建筑电气及自动化的设计和施工带来巨大的影响。

为满足高层建筑发展的需要，大量采用新技术的、高性能的、节能并安全可靠的建筑电气产品将得到开发和推广应用，各种定型产品的系列也将逐步齐全。

随着计算机辅助设计（Computer Aided Design，CAD）在工程设计界的普及应用，已经出现了一些性能和界面较好的建筑电气 CAD 软件，例如：中国建筑科学研究院计算中心的 ABD-E，北京浩辰技术开发公司的 INTER-DQ V3.5，北京华远软件工程有限公司的 HOUSE-E95 和北京博超技术开发公司的 EES2000＋等。这些建筑电气 CAD 软件对提高设计质量、减轻设计人员的繁重劳动、缩短设计周期起到了重要作用。建筑电气 CAD 软件应与国家标准 GB/T 18112—2000《房屋建筑 CAD 制图统一规则》相适应。我们相信，伴随着高层建筑电气技术的迅速发展，将会出现更多使用简便、功能强大的建筑电气 CAD 软件。

习题

案例

9-1　试述高层建筑的定义。

9-2　高层建筑按防火等级是如何分类的?

9-3　高层建筑的电气设备有何特点?

9-4　高层建筑的竖井内布线有何特点?

9-5　消防设备、电梯和计算机中心的配电有哪些特殊要求?

9-6　试述高层建筑电气设计的主要内容。

9-7　你认为现代建筑电气技术的主要发展方向有哪些?

9-8　什么是智能建筑?智能建筑的系统功能包括哪些内容?

第十章　建筑电气照明技术

本章首先简述电气照明的基本知识，然后通过具体案例详细介绍建筑照明的设计、施工和验收。最后简要介绍建筑物照明的智能控制与管理系统。

第一节　电气照明的基本知识

照明可分为天然照明和人工照明两大类。电气照明是现代建筑最基本的人工照明，它具有光照稳定、易于控制和调节、使用安全、经济等优点。

良好的照明条件是实现安全生产、提高劳动生产率、提高产品质量和保障职工和学生视力健康的重要条件。因此，合理地进行照明设计和加强照明装置的运行维护工作，对各行各业的生产和学生、职工的生活和身心健康具有十分重要的意义。

下面首先介绍电光源和灯具、照明方式、照度标准、照明质量及照明计算等基本知识。

一、基本光度单位

电气照明中，常用的光度单位有光通量、发光强度、照度和亮度等。

1. 光通量

光源在单位时间内向周围空间辐射出去的、能使人眼产生光感的能量，称为光通量。其符号为Φ，单位为lm（流明）。例如：40W白炽灯的光通量约为350lm，40W直管荧光灯的光通量约为2000lm。

2. 发光强度

发光强度，简称光强，它表示光源向空间某一方向辐射的光通量密度。其符号为I，单位为cd（坎德拉），发光强度的单位坎德拉（cd）是国际单位制的七个基本单位之一。

3. 照度

照度是指单位被照面积上所接受的光通量，即被照物体表面的光通量密度。其符号为E，单位为lx（勒克斯）。

为使读者对照度有一个大致的感性认识，下面列举几种常见的照度情况（见表10-1）。

表10-1　一些实际情况下的照度值

情　况	照　度　值/lx
满月晴空在地面上产生的照度	0.2
工作场所必需的光照度	20～200
晴朗的夏日在采光良好的室内的照度	100～500
太阳不直接照到的露天地面的照度	1000～10000
中午阳光直射的露天地面的照度	10^5
在40W白炽灯下1m远处的照度	30
在40W白炽灯加搪瓷伞形白色罩后1m远处的照度	73

照度为1lx，仅能辨认物体的轮廓；照度为5～10lx，看一般书籍比较困难；阅览室和办公室的照度一般要求不低于300lx。

4. 亮度

亮度是物体表面上的照度值和反射的结果。

被视物体（直接发光体或间接发光体）在人眼视线方向单位投影面积上的发光强度，称为该物体的表面亮度。其符号为 L，单位为 cd/m^2（坎德拉/米^2）。

亮度的一些实际概念：

（1）无云晴天的平均亮度为 $0.52\times10^4 cd/m^2$。

（2）白炽灯的灯丝亮度为 $300\times10^4 \sim 1400\times10^4 cd/m^2$。

（3）40W 荧光灯的表面亮度为 $0.6\times10^4 \sim 0.9\times10^4 cd/m^2$。

（4）太阳的亮度高达 $20\times10^4 cd/m^2$。

亮度超过 $16\times10^4 cd/m^2$，人眼即不能忍受。

二、照明方式及种类

（一）照明方式

照明方式是指照明灯具按其布局方式或使用功能而构成的基本形式。照明方式可分为一般照明、局部照明和混合照明等。

1. 一般照明

一般照明是指为照亮整个场所而设置的均匀照明。一般照明又有均匀一般照明和分区一般照明之分。

（1）均匀一般照明：是指使整个被照场所内的工作面上都得到相同照度的一般照明。例如普通的教室、阅览室。

（2）分区一般照明：指在一个场所内根据需要而提高某特定区域照度的一般照明，即在同一照明房间的某个区域的照度是均匀的，但该区域的照度比房间其他区域的照度要高，例如旅馆大堂的总服务台。

一般照明方式的照明器布置大多采用均匀布置方式，其照明器的形式、悬挂高度、灯泡容量也是均匀对称的。

2. 局部照明

局部照明是为了满足工作场所某些局部（如小范围的工作台面）的特殊需要而设置的照明。

3. 混合照明

由一般照明和局部照明共同组成的照明称为混合照明。

（二）照明种类

为规范照明设计，通常按照明的功能将照明种类分为正常照明、应急照明、值班照明、警卫照明、障碍标志照明、装饰照明和景观照明等。

1. 正常照明

正常照明是指在正常情况下使用的室内外照明。正常照明可以满足基本的视觉功能要求，是应用最多的照明种类，一般场所均应装设正常照明。

2. 应急照明

因正常照明的电源失效而启用的照明称为应急照明。应急照明包括疏散照明、安全照明和备用照明等。

（1）疏散照明：作为应急照明的一部分，用于确保疏散通道能被有效地辨认和使用的照明。

(2) 安全照明：作为应急照明的一部分，用于确保处于潜在危险之中的人员安全的照明。

(3) 备用照明：作为应急照明的一部分，用于确保正常工作或活动能继续进行的照明。

3. 值班照明

值班照明是指在非工作时间供值班人员使用的照明。一般在非三班倒生产的重要车间、仓库或非营业时间的大型商场、银行等处设置。

4. 警卫照明

用于警戒防范而设置的照明称为警卫照明。是否设置警卫照明应根据企业的重要性和有关保卫部门的要求来决定。警卫照明宜尽量与厂区照明合用。

5. 障碍标志照明

用灯光表明障碍物存在而设置的照明称为障碍标志照明。如为确保航空飞行的安全，对于飞行物可能到达的区域，当存在有成片的障碍物或高度超过一定值的障碍物时，在建筑物顶部等设置的障碍标志灯，或船舶通航两侧修建的障碍指示灯。

6. 装饰照明

为美化和装饰某一特定空间而设置的照明称为装饰照明。

7. 景观照明

在建筑和环境景点创造出恰当的气氛，构筑出独特的情景和观看效果的照明称为景观照明。例如，夜间用适当的光照射于建筑的立面，既强调了建筑的形态和特有的结构，又渲染了建筑色彩，增强了建筑的艺术表现力。

景观照明一般用于建筑物的立面及广场、繁华街道、绿地、喷泉等场所的照明，它已成为城市文化的一大特色。景观照明多采用泛光灯，故有些文献也称之为泛光照明。

三、照度标准

为了创造一个技术先进、经济合理的良好工作条件，在确定了照明方式后，对工作场所及其他活动场所提供适当的照度的依据就是照度标准。在此应指出，GB 50034—2013《建筑照明设计标准》已于2014年6月1日实施，而原国家标准GB 50034—2004《建筑照明设计标准》同时废止。新的国家标准较大幅度地提高了照度水平，并使照明质量水平基本上与国际标准接轨；定量化了各种房间和场所的眩光限制和显色性标准；并且增加了办公居住、医院、学校、商业、旅馆和工业等七类建筑的照明功率密度［LPD，是指单位面积上的照明功率值（W/m^2）］的最大允许值。

CIE（国际照明委员会）提出，辨认人的脸部特征的最低亮度约需1cd/m^2，此时所需的一般照明的水平照度约为20lx，因此将20lx作为所有非工作房间的最低照度；而工作房间推荐的最低照度为300lx，工作房间内具有最高满意度的照度为2000lx，并把20-200-2000lx作为照度分级的基准值。在进行照度分级时，是以确保两级之间在主观效果上有最小的但有显著的差别为原则，一般取后一级照度值约为前一级的1.5～2.0倍。

照度标准值应按0.5、1、3、5、10、15、20、30、50、75、100、150、200、300、500、750、1000、1500、2000、3000、5000lx分级。国家标准GB 50034—2013规定的照度值均为作业面上的维持平均照度值，即当照明装置必须进行维护时，在规定表面上的平均照度。

依据由建设部批准并颁发的 GB 50034—2013《建筑照明设计标准》，住宅建筑、教育建筑及办公建筑的照明标准值见表 10-2～表 10-4。

表 10-2　居住建筑照明标准值

房间或场所		参考平面及其高度	照度标准值/lx	R_a
起居室	一般活动	0.75m 水平面	100	80
	书写、阅读		300*	
卧室	一般活动	0.75m 水平面	75	80
	床头、阅读		150*	
餐厅		0.75m 水平面	150	80
厨房	一般活动	0.75m 水平面	100	80
	操作台	台面	150*	
卫生间		0.75m 水平面	100	80
电梯前厅		地面	75	60
走道、楼梯间		地面	50	60
车库		地面	30	60

注　* 指混合照明照度。

表 10-3　教育建筑照明标准值

房间或场所	参考平面及其高度	照度标准值/lx	UGR	U_0	R_a
教室、阅览室	课桌面	300	19	0.6	80
实验室	实验桌面	300	19	0.6	80
美术教室	桌面	500	19	0.6	90
多媒体教室	0.75m 水平面	300	19	0.6	80
电子信息机房	0.75m 水平面	500	19	0.6	80
计算机教室、电子阅览室	0.75m 水平面	500	19	0.6	80
楼梯间	地面	100	22	0.4	80
教室黑板	黑板面	500*	—	0.7	80
学生宿舍	地面	150	22	0.4	80

注　* 指混合照明照度。

表 10-4　办公建筑照明标准值

房间或场所	参考平面及其高度	照度标准值/lx	UGR	U_0	R_a
普通办公室	0.75m 水平面	300	19	0.6	80
高档办公室	0.75m 水平面	500	19	0.6	80
会议室	0.75m 水平面	300	19	0.6	80

续表

房间或场所	参考平面及其高度	照度标准值/lx	*UGR*	U_0	R_a
视频会议室	0.75m 水平面	750	19	0.6	80
接待室、前台	0.75m 水平面	200	—	0.4	80
服务大厅、营业厅	0.75m 水平面	300	22	0.4	80
设计室	实际工作面	500	19	0.6	80
文件整理、复印、发行室	0.75m 水平面	300	—	0.4	80
资料、档案存放室	0.75m 水平面	200	—	0.4	80

四、照明质量

照明设计的目的在于正确运用经济上的合理性和技术上的可能性来创造满意的视觉条件，良好的视觉效果（即照明质量）要求在量的方面有合适的照度（亮度），在质的方面要全面考虑和适当处理照度的均匀度、亮度分布、眩光、光的颜色、照度的稳定性、阴影和造型立体感问题等。下面对上述各指标逐一说明。

（一）照度水平

照度是决定物体明亮程度的间接指标，在一定范围内照度增加可使视觉功能提高。合适的照度有利于保护视力，并提高工作和学习效率。设计中选用的照度值应不低于 GB 50034—2013《建筑照明设计标准》中规定的照明标准值。

（二）照度均匀度

实践表明，在视野范围内，各处的照度值相差较大时，人眼就会因频繁的明暗适应而造成视觉疲劳。为此，工作面与周围的照度应力求均匀。

照度均匀度是指工作面上的最小照度与平均照度之比。GB 50034—2013 规定了各种区域内的照度均匀度。例如，公共建筑的工作房间和工业建筑作业区域内的一般照明照度均匀度 U_0 不应小于 0.6，而作业面邻近周围的照度均匀度 U_0 不应小于 0.5。

室内一般照明如何获得较为满意的照度均匀度，详见本章第二节。

（三）亮度分布

亮度是人眼对物体表面明亮程度的主观感觉。在室内环境中，如果中心视野与周围视野的亮度有较大的差异，即亮度分布不适当，就会引起视觉疲劳，过大时还会产生不舒服的眩光，从而降低了视觉功效。因此，视野内（房间内）适宜的亮度分布是视觉舒适的必要条件。但应注意：虽然过大的亮度不均匀会造成不舒适；但亮度过于均匀有时也是不必要的。适度的亮度变化能使室内显得不单调和有愉快的气氛。例如会议室桌子周围比桌面上照度高 3～5 倍时，便可造成工作处于中心的效果。

为了使室内环境能获得适当的亮度分布，相近环境的亮度应尽量低于观察物体的亮度。例如，当被观察物体的亮度为相近环境亮度的 3 倍时，视觉清晰度较好。

（四）眩光

1. 眩光的概念

所谓眩光，是指在亮度分布不适当，或由于亮度的变化过大，或由于空间和时间上存在极端的亮度对比时，引起视觉不舒适或导致视觉下降的现象。例如，白天看太阳时，感到不能睁开眼睛，这是由于太阳亮度太大而形成的眩光；晚上看路灯，会感到刺眼，这是由于漆黑的夜空与明亮的路灯亮度对比过大而形成的眩光。又如室内环境中，如果灯具、窗子的亮度远远高于室内一般环境的亮度，我们也会感受到眩光。眩光是影响照明质量的重要指标之一。

2. 眩光的种类

按引起眩光的光线来源来分，眩光又分为直接眩光、反射眩光和光幕反射。

直接眩光是指在观察视野内未曾充分遮蔽的高亮度光源（或灯具）时引起的眩光；反射眩光是由光泽表面的规则反射形成高亮度所引起的眩光；而光幕反射则是被照面的镜面反射与漫反射（被照面上的光通量来自不同的方向照明称为漫反射，又称扩散照明）重叠出现所引起的反射眩光。例如，有些纸张表面在受到光照时，会有少量的镜面反射，它与纸面的漫反射叠加，使纸面好像蒙上一层光幕，造成对比减弱，使所看的一部分或全部细节模糊不清。

3. 眩光的限制方法

（1）直接眩光的限制方法：

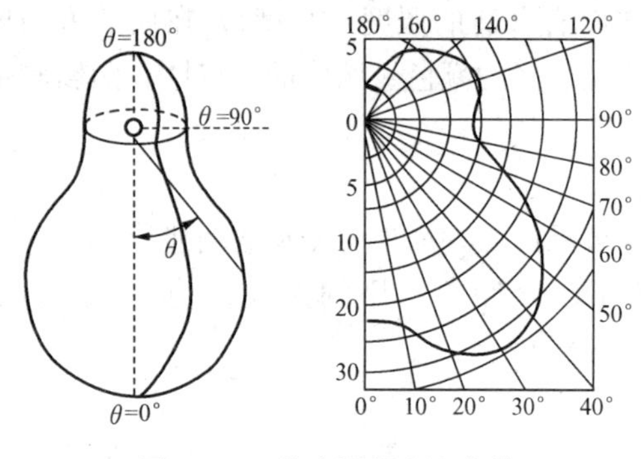

图 10-1　某光源的配光曲线

1）合理选择光源或灯具。选用表面亮度较低、配光合理的光源或灯具。

光源或灯具的配光特性是指光强在空间分布的特性。光强的空间分布特性因光源或灯具的形状和尺寸不同而不同。在实际应用中，为了便于了解不同光源或灯具光强分布的概貌，常用极坐标曲线表示。图 10-1 是某光源的配光曲线。由图 10-1 可见，光源在各个方向上的光强是不同的；在 20°处，$I_{20}=30$cd；在 120°处，$I_{120}=10$cd。

2）合理选择灯具的悬挂高度。在室内环境中，绝大多数的视觉工作是向下注视的，所以在讨论眩光时，通常规定观察者的眼睛在地面以上 1.2m 高度（坐姿），并贴近后墙居中，视线为水平方向，直视前方，并与墙平行。房间尺寸和灯具的安装高度与眩光的关系如图 10-2 所示。图中离观察者最远的灯具与观察者眼睛的连线同该灯光轴之间的夹角称为眩光角 γ。实践证明，当 $\gamma<45°$时，一般不会感到眩光；只有当 $\gamma>45°$时才会有可能感觉到眩光的存在；且眩光感觉程度会随着 γ 角的增大而增强。可见眩光角与灯具的安装高度有关，当房间的长和宽一定时，灯具安装得越高，产生眩光的可能性就越小。

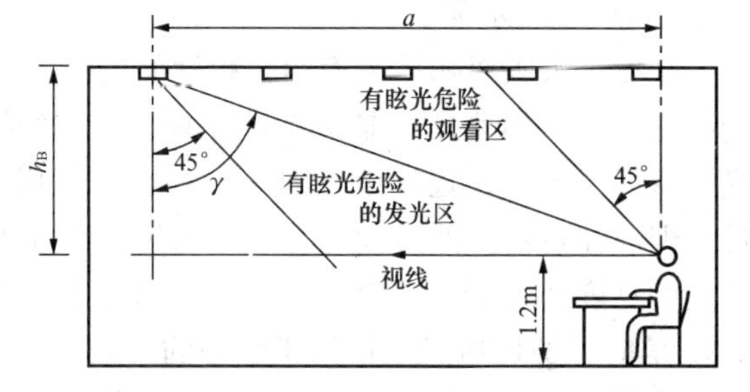

图 10-2　房间尺寸和灯具的安装高度与眩光的关系

3）合理选择灯具的保护角。实践证明，减少在水平视线以上高度、角度在 45°～90°范围内的光源表面亮度可限制眩光。其限制方法，一是用透光材料减弱眩光，二是用灯具的保护角加以限制，也可两种方法同时采用。一般灯具的保护角是指光源发光体最边缘的一点和灯具出光口的连线与水平线之间的夹角。保护角实际上反映的是灯具遮挡光源直射光的范围，故又称遮光角。保护角越大，光分布就越窄，效率也愈低。为了控制灯具在 $\gamma=45°\sim75°$垂直范围内的亮度值，一般灯具应选取

15°～30°的保护角，而格栅灯应选取25°～45°的保护角。

4）合理的亮度分布。合理的亮度分布亦可以限制直接眩光。

（2）反射眩光和光幕反射的限制方法：

1）正确安排照明光源和工作人员的相对位置。

2）尽量增加从侧面投射到视觉作业上的光通量。

3）选用发光面大、亮度低、配光曲线宽，但在视线方向亮度锐减的灯具，如蝙蝠形配光灯具。

4）顶棚、墙和工作面尽量选择无光泽的浅色饰面，以减少反射的影响。

（五）光源的显色性

光源的显色性是指照明光源对物体色表的影响，该影响是由于观察者有意识或无意识地将它与参比光源下的色表相比较而产生的。色表是指CIE1931标准色度系统所表示的颜色性质。简言之，光源照到物体上所显现出来的颜色，称为光源的显色性。显色性一般用显色指数R或一般显色指数R_a来量度。

例如：现在有些路灯采用高压荧光汞灯，从远处看，它发出的光又亮又白，说明该灯的色表好；但当我们看它照在人脸时，脸色便显得发青，这说明该灯的显色性不好。普通的白炽灯，从远处看它发出的是偏黄红色光，当看它照射的有色物体时，物体的颜色与白天受日光照射时差不多，这说明白炽灯的色表较差而显色性好。

人们长期在太阳光下生活，习惯了以日光的光谱成分和能量分布为基准来分辨颜色，所以我们就将物体在日光色的情况下获得的颜色称之为正常或真实的颜色。在显色性的比较中，用日光作标准，以显色指数为100来表示，其他光源的显色指数都小于100。表10-5列出了各种光源的一般显色指数R_a值。物体受某光源照射的效果和日光相近，就说明该光源的显色性好，显色指数高；反之，物体被照后颜色失真大，则说明显色性很差，显色指数低。

表10-5　各种光源的显色指数

光　源	一般显色指数R_a	光　源	一般显色指数R_a
白炽灯	97	荧光水银灯	41
白色荧光灯	65	金属卤化物灯	62
日光色荧光灯	77	高显色金属卤化物灯	92
暖白色荧光灯	52	高压钠灯	29
高显色荧光灯	92	氙灯	94
水银灯	23		

（六）光的颜色

光色对人有一定的生理作用和心理作用。在生理作用方面：红色会使神经兴奋，蓝色使人沉静。在心理作用方面：红色彩及彩度高的色能使人食欲增进，蓝色彩或彩度低的则使人食欲减退。不同的色彩给人以不同的感觉：红、橙色给人以温暖的感觉，蓝色给人冷的感觉。红、橙、黄色为暖色，青、蓝、紫色为冷色，白、灰、黑色属于冷色感的范畴。

光环境所形成或烘托的气氛与光色有很大的关系。应正确选择光色，使之适应不同的工作环境和场所。

（七）照度的稳定性

照度的不稳定性主要是由于光源光通量的变化导致工作环境中亮度发生变化。视野内的这种忽明忽暗的照明使人被迫产生视力跟随适应，如果这种跟随适应次数较多，将使视力降低。如果光环境中的照度在短时间内迅速发生变化，还会在心理上分散人们的注意力，使人感到烦躁，从而影响生活、工作和学习。因此室内一般照明都应当具有较稳定的照度。

提高照度稳定性的措施有：

（1）将照明供电线路与负荷经常变化的电力线路分开。若在照明供电的电源系统中存在有较大容量的冲击负荷，如电动机、电焊机等，当这些负荷起动时，会引起电网电压波动，从而引起光通量变化，致使照度不稳定。对照明要求较高时，应将照明供电电源与有冲击性负荷的电力线路分开，必要时，还可考虑采用稳压措施。

（2）消除频闪效应。在50Hz交流电源供电时，电压的周期性变化会使气体放电光源的光通量也发生周期性的变化，从而降低视觉分辨能力，引起视觉不舒服的感觉，这种现象就叫做频闪效应。

频闪效应与光源光通量的波动程度即波动深度 h 有关，即

$$h=[(\Phi_{max}-\Phi_{min})/(2\times\Phi_{av})]\times 100\% \tag{10-1}$$

式中 Φ_{max}——光通量的最大值；

Φ_{min}——光通量的最小值；

Φ_{av}——光通量的平均值。

光通量的波动深度又与光源种类及灯具接入线路的方式有关，如表10-6所示。当光通量波动深度在25%以下时，频闪效应就可避免。

防止频闪效应的方法是：①尽可能避免使用有频闪效应的气体放电光源。②当采用气体放电光源时，可用移相的接法，如两支并列的荧光灯，一回路按正常接线，另一回路接入电容器移相，当一支电流为零时，另一支则处于点燃状态，从而减弱了光的闪烁。组合三管荧光灯则可分别接在三相电源的U、V、W相上，利用三相电压之间的相位差克服频闪效应。③灯具安装注意避开气流引起的摆动，吊挂长度超过1.5m的灯具宜采用管吊式安装。

表10-6　几种光源的光通量波动深度

光源类型	接入电路的方式	光通量波动深度/%
日光色荧光灯	一灯接入单相电路	55
	二灯分别接入二相电路	23
	二灯移相接入电路	23
	三灯分别接入三相电路	5
冷白色荧光灯	一灯接入一相电路	35
	二灯分别接入二相电路	15
	三灯移相接入电路	15
	三灯分别接入三相电路	3.1
荧光高压汞灯	一灯接入一相电路	65
	二灯分别接入二相电路	31
	三灯分别接入三相电路	5
白炽灯	40W	13
	100W	5

为避免人眼观察运动的物体时产生错觉，在一些需要仔细观察运动物体的场所，例如工

厂中带传动机构的电动机，以及体育场馆中比赛篮球、排球、乒乓球、羽毛球等的场所，一般都不允许使用荧光灯等有频闪效应的气体放电光源。

（八）阴影和造型立体感

定向的光照射到物体上（又称定向照明）将产生阴影，此时应根据具体情况分别评价其好坏。当阴影构成视看障碍时，对视觉是有害的；而当阴影可把物体的造型（立体感）和材质感表现出来时，则对视觉是有利的。

在要求避免阴影的场合（如采用一般照明的绘图室、教室）宜采用漫射光照明，提高顶棚、墙面、地板的反射比（物体的反射光通量与入射光通量之比），可有效地改善照明扩散度。对以直射光为主的照明，可使用宽配光的灯具均匀布置，以获得适当的漫射照明。

在有些场合，例如建筑物立面照明和商店照明，应注意有效地利用阴影，以取得较好的视觉效果，从而获得较好的心理效果。利用阴影造型（表现物体外形）要注意物体上最亮部分和最暗部分的亮度比，一般以 3∶1 最为理想；而且造型效果的好坏与光的强弱、方向及观察者的视线方向都有关系。

第二节 电气照明设计基础

一、电光源

（一）电光源的分类

电光源按其发光原理，可分为固体发光光源和气体放电光源两大类。

1. 固体发光光源

固体发光光源又主要包括两大类，即热辐射光源和电致发光光源。

热辐射光源是利用物体加热到白炽状态时辐射发光的原理制成的电光源，如白炽灯、卤钨灯等。

电致发光光源是直接把电能转换为光能的电光源，包括场致发光灯和半导体灯（LED）等。

2. 气体放电光源

利用气体放电时发光的原理所制成的光源称为气体放电光源，如荧光灯、高压汞灯、高压钠灯、金属卤化物灯以及氙灯等。

（二）电光源的特性

电光源的工作特性通常可用一些参数来说明，制造厂家给出这些参数以作为选用电光源的依据。表明电光源工作特性的主要参数如下。

（1）额定电压：指光源及其附件所组成的回路所需电源电压的额定值。光源只有在额定电压下工作，才有最好的技术经济效果，才能获得各种规定的特性。

（2）灯泡（灯管）的功率：指灯泡在工作时所消耗的功率。通常灯泡按一定的额定功率等级制造，额定功率指在额定电流时所消耗的功率。

（3）额定光通量：指光源在额定电压、额定功率下工作时输出的光通量。

（4）发光效率：灯泡消耗单位电功率所发出的光通量，即灯泡输出的光通量与它取用的电功率之比，简称光效，单位 lm/W。发光效率是表征光源经济效果的主要参数之一。

（5）寿命：电光源的寿命又分全寿命、有效寿命、平均寿命三种。

全寿命是指电光源直到不能使用为止的全部时间；有效寿命是指电光源的发光效率下降至初始值的70%为止的使用时间；平均寿命是每批抽样试品有效寿命的平均值。通常所指的寿命为平均寿命。

（6）光色：光源的光色包含色表和显色性两方面。

色表：色表是人眼观看到光源所发出的光的颜色，它又以色温来表示。光源的发光颜色与温度有关，当温度不同时，光源发出的颜色也是不同的。例如白炽灯，当灯丝温度低时发出的光以红色为主，当温度升高时灯丝发出的光由红变白。

色温是以发光体表面颜色来估计其温度的一个物理量。如果一个物体能够在任何温度下全部吸收任何波长的辐射，则称该物体为黑体。黑体的吸收能力最强，加热时其辐射能力也最强。

光源的色温，则是指光源发射光的颜色与完全辐射的黑体所辐射的光色相同时的黑体温度，一般用绝对温度（约等于摄氏温度＋273）K（开尔文）来表示。对于气体放电光源，则要采用相关色温来描述它的颜色，相关色温与黑体在某一温度的发光颜色相近似，故只能近似地表示气体放电光源的颜色。表10-7所列是常用的电光源的色温。

色温为2000K的光源发出的光色为橙色；2500K左右为浅橙色；3000K左右为橙白色；4000K呈白中略橙色；4500～7500K为近似白色；日光的平均色温约为6000～6500K。

光源色温的高低不同会产生冷或暖的感觉，见表10-8。

为了调节冷暖感，可根据不同场合，采取与光感觉相反的光源来增加舒适感。如在寒冷地区用低色温的暖色光源，在炎热地区用高色温的冷色调光源等。

表10-7　　常用电光源的色温

光　源	色温/K	光　源	色温/K
白炽灯	2800～2900	暖白色荧光灯	2900～3000
卤钨灯	3000～3200	氙灯	5500～6000
日光色荧光灯	4500～6500	荧光高压汞灯	5500
白色荧光灯	3000～4500	高压钠灯	2000～2400

表10-8　　色温和感觉

色温度/K	感觉
＞5000	冷的
3300～5000	中间的（爽快的）
＜3300	暖的

（7）显色性：光源的显色性是指光源对被照物体颜色显现的性能，常用一般显色指数R_a来表示。物体的颜色一般以日光照射下的颜色为准，一般设日光的显色指数$R_a=100$。白炽灯、卤钨灯的显色指数R_a较高，可达95～99，故照到物体上所显现的颜色与日光下基本相同；荧光灯的R_a为75～90；而高压汞灯、钠灯的R_a较低，只有30左右，它们照到物体上所显现的颜色与日光下相差甚远。

（8）启燃与再启燃时间：

1）启燃时间：指光源从接通电源到光源的光通量输出达到额定值所需的时间。热辐射光源的启燃时间一般不到1s，可认为是瞬间启燃；气体放电光源的启燃时间从几秒到几分钟不等，取决于放电光源的种类。

2）再启燃时间：指正常工作着的光源熄灭后再将其点燃所需的时间。大部分高压气体放电灯的再启燃时间比启燃时间更长。

(9) 频闪效应：在一定频率变化的光的照射下，观察到物体运动显现出不同于其实际运动的现象，称为频闪效应。白炽灯、卤钨灯无明显的频闪效应，而荧光灯等气体放电光源的频闪效应较明显。

（三）常用照明电光源的主要特性

为了便于比较和选用，现将常用电光源的主要技术特性归纳为表 10-9 所示。

表 10-9　常用电光源的主要技术特性

特性参数	白炽灯	管型、单端卤钨灯	卤钨灯	直管荧光灯	紧凑型荧光灯	高压汞灯	高压钠灯	金属卤化物灯
额定功率/W	10～1500	60～5000	20～75	4～200	5～55	50～1000	35～1000	35～3500
发光效率(lm/W)	10～25	14～30		60～100	44～87	32～55	64～140	52～130
平均使用寿命/h	1000～2000	1500～2000		8000～150000	5000～10000	10000～20000	12000～24000	3000～10000
色温或相关色温/K	2400～2900	2800～3300		2500～6500		4400～5500	1900～2900	3000～6500
一般显色指数 R_a	95～99			70～95	>80	30～60	23～85	60～90
起动稳定时间	瞬时			1～4s	10s 或快速	4～8min	4～8min	4～10min
再起动时间	瞬时			1～4s	10s 或快速	5～10min	10～15min	10～15min
功率因数	1.0			0.33～0.53		0.44～0.67	0.44	0.4～0.61
频闪效应	不明显			明显	明显	明显	明显	明显
表面亮度	大			小	小	较大	较大	大
电压变化对光通量的影响	大			较大	较大	较大	大	较大
温度变化对光通量的影响	小			大	大	较小	较小	较小
耐震性能	较差	差	较好	较好	好	较好	好	好
所需附件	无			镇流器、启辉器		镇流器	镇流器	镇流器 触发器

（四）电光源的选择

选择电光源应符合新国标 GB 50034—2013《建筑照明设计标准》；应在满足显色性、起动时间等条件下，根据光源、灯具及镇流器等的效率、寿命和价格并进行综合技术经济分析比较后确定。一般可按下列条件选择光源：

(1) 高度较低的房间，例如办公室、教室、会议室等宜采用细管径（≤26mm）直管形荧光灯。

(2) 商店营业厅宜采用细管径直管形荧光灯、紧凑型荧光灯或小功率的金属卤化物灯。

(3) 高度较高的工业厂房，应按照生产使用要求，采用金属卤化物灯或高压钠灯，亦可采用大功率细管径荧光灯。

（4）一般情况下，室内外照明不宜采用普通照明白炽灯；在特殊情况下需要时，其功率不应超过100W。但在下列情况下可采用白炽灯：①要求瞬时起动和连续调光的场所，使用其他光源技术经济不合理时；②对防止电磁干扰要求严格的场所；③需频繁开关灯具的场所；④照度要求不高且照明时间较短的场所；⑤对装饰有特殊要求的场所。

（5）特别注意：应急照明应选用能快速点燃的光源（例如白炽灯、卤钨灯）；应根据识别颜色要求和场所特点，选用相应显色指数的光源（例如三基色稀土荧光灯的$R_a \geqslant 80$）或混光光源；识别移动物体的场所应选用无明显频闪效应的光源（例如白炽灯或卤钨灯）。

二、照明灯具的选择及其布置

（一）灯具的选择

灯具的主要作用是：固定和保护电光源，并使之与电源安全可靠地联结；合理地分配光的输出；装饰和美化环境。应尽量选择能满足使用功能和照明质量的要求、效率高、便于安装维护且长期运行费用低的灯具，具体而言可从以下几个方面考虑。

1. 配光的选择

配光的选择主要应根据各类灯具的配光特点及使用场合的要求考虑。例如：

（1）在各种办公室及公共建筑中，房间的墙和顶棚均要求有一定的亮度，要求房间内各表面有较高的反射比，并需有一部分光直接射到墙和顶棚上，此时可以采用上射光通量不小于15%的半直接型灯具，从而获得舒适的视觉条件及良好的艺术效果；有吊顶的大型办公室，可以采用嵌入式格栅荧光灯具。

（2）工业厂房应采用效率较高的开启式灯具。在高大的厂房（高6m以上），宜采用配光较窄的灯具（例如深照型）；厂房不高或要求减少阴影时，可采用配照型、广照型等灯具，使工作面能受到来自各个方向的光线的照射。

（3）为限制眩光，应采用表面亮度低、保护角符合规定的灯具，如带有格栅或漫反射罩的灯具，也可采用蝙蝠翼配光的灯具，使视线方向的反射光通量减少到最低限度。

（4）当要求垂直照度时，可选用不对称配光的灯具，也可采用指向型灯具（聚光灯、射灯等）。

2. 按环境条件选择

应正确选择灯具的外壳防护等级（IPXX），确保灯具能在相应环境条件下安全工作。

应特别注意有火灾、爆炸危险、灰尘、潮湿、振动和化学腐蚀等特殊环境条件下灯具类型的选择。

3. 按防触电保护要求选择

IEC产品标准将低压电气设备按防间接接触电击的不同要求分为0、Ⅰ、Ⅱ、Ⅲ共四类，详见第八章表8-3。

0类灯具本身的安全程度不高，只能用于安全程度好的环境，如空气干燥、木地板的场所；Ⅰ类灯具的金属外壳有保护接地，安全程度有所提高，如投光灯、路灯、庭院灯等；Ⅱ类灯具采用双重绝缘性，安全程度高，适用于环境差、人可能经常触摸的灯具（如台灯、手提灯等）；Ⅲ类灯具由安全特低电压供电，可用于机床灯，儿童用灯等。特别指出：上述分类的顺序并不说明防电击性能的优劣，只是用以区分各类设备对防电击的不同措施。

4. 按经济效果选择

主要应考虑初投资费（灯具的净费用、安装费）、年运行费（每年的电费、更换灯泡的年平均费）以及年维护费（换灯和清扫的年人力费）。在满足照明质量、环境条件和防触电要求的情况下，尽量选用效率高、利用系数高、安装维护方便的灯具。

5. 灯具的外观应与建筑物相协调

灯具的造型尺寸、颜色等应与建筑物协调一致，还可以通过采用艺术灯具（壁灯、吊灯、特制的各种灯具等），来达到美化环境、烘托气氛的目的。在某些场合，灯具具有美化建筑环境和烘托空间气氛的作用，甚至可能是灯具最重要的作用。

（二）灯具的布置

布置灯具应满足的要求为：①规定的照度；②工作面上照度均匀；③光线的射向适当，无眩光，无阴影；④灯泡安装容量；⑤使用安全、维护方便；⑥布置整齐美观，并与建筑空间环境协调。

下面主要介绍室内一般照明灯具的布置要求和方法。

1. 悬挂高度

灯具的悬挂高度要合适。若灯具悬挂过高，则会降低工作面的照度，从而必须加大光源的功率，不经济，同时也不便于维护和修理；若悬挂过低，则容易碰撞，不安全，而且容易产生眩光。

在综合考虑了使用安全、无机械损害、限制眩光、提高灯具的利用系数、便于安装维护、与建筑物协调美观等因素后，我国有关标准规定了室内一般照明灯具距地面最低悬挂高度，详见表 10-10。

表 10-10　　工业企业室内一般照明灯具距地面的最低悬挂高度

光源种类	灯具型式	灯具遮光角	光源功率/W	最低悬挂高度/m
白炽灯	有反射罩	10°～30°	≤100	2.5
			150～200	3.0
			300～500	3.5
	乳白玻璃漫射罩	—	≤100	2.0
			150～200	2.5
			300～500	3.0
荧光灯	无反射罩	—	≤40	2.0
			＞40	3.0
	有反射罩	—	≤40	2.0
			＞40	2.0
荧光高压汞灯	有反射罩	10°～30°	＜125	3.5
			125～250	5.0
			≥400	6.0
	有反射罩带格栅	＞30°	＜125	3.0
			125～250	4.0
			≥400	5.0

续表

光源种类	灯具型式	灯具遮光角	光源功率/W	最低悬挂高度/m
金属卤化物灯 高压钠灯 混光光源	有反射罩	10°～30°	<150	4.5
			150～250	5.5
			250～400	6.5
			>400	7.5
	有反射罩带格栅	>30°	<150	4.0
			150～250	4.5
			250～400	5.5
			>400	6.5

2. 布置方案

室内灯具的布置方案与照明方式有关，一般照明灯具的布置方案，通常采用均匀布置和选择布置两种。

（1）均匀布置。均匀布置的灯具在整个室内均匀分布，其布置与生产设备或工作面的位置无关，以便在整个工作面上都可获得较均匀的照度。

一般均匀照明常采用同类型灯具按等分面积来配置，均匀布置成单一的几何图形（如直线形、正方形、矩形、菱形、角形、满天星形等），且排列形式应以眼睛看到灯具时产生的刺激感最小为原则。线光源多为按房间长的方向成直线布置。正方形、矩形、菱形布置如图10-3所示。

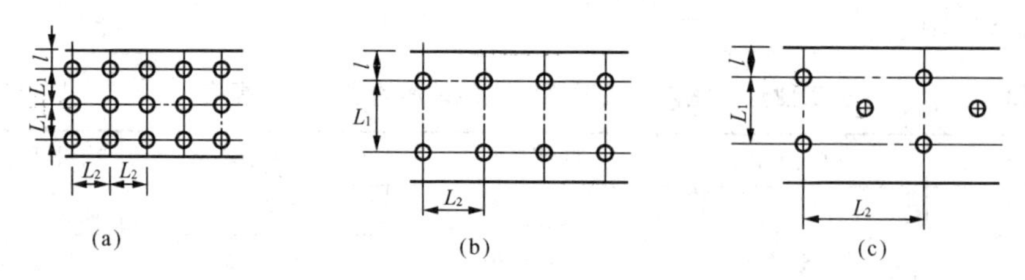

图10-3 正方形、矩形、菱形布置

(a) 正方形 $L=L_1=L_2$；(b) 矩形 $L=\sqrt{L_1\times L_2}$；(c) 菱形 $L=\sqrt{L_1^2+L_2^2}$

应注意，灯具布置方法不同，给人心理效果也不同，如图10-4所示。其中：图（c）使用点光源，有熙熙攘攘、过分热闹的感觉，这对要求沉静的大型绘图设计工作室或办公室就显得不合适，若用于宴会厅确是合适的，并且比荧光灯效果好；图（d）为荧光灯光带顺着长度方向连续排列，绘图室可采用此种布灯方式。

此外还应注意，在工程实际中，布置灯具时常常要受到建筑装修与结构形式的制约，甚至受到空调管道、风口、火灾自动报警探测器、应急灯和扬声器等设备布置的制约，难以做到均匀布灯，但是，无论如何也应尽可能保持顶棚外观的同一性。在许多情况下，建筑照明设计中对顶棚美观性以及装修设计意图的考虑往往优先于灯具的合理布灯设计。

（2）选择布置。选择布置是一种满足局部照明要求的灯具布置方案。其特点是灯具的布置与生产设备或工作面位置有关，以力求使工作面能获得最有利的光照方向，或突出某一部位、或加强某一局部的照度，或创造出某种装饰气氛。在确定其布灯位置时，应主要考虑照明的目的、主视线角度及需要突出的部位。

(3) 如何进行灯具的均匀布置。灯具之间的距离 L 和计算高度 h（灯具至工作面之间的距离，如图 10-5 所示）的比值 L/h 称为距高比。在高度 h 已确定的前提下，L/h 值小，照度均匀性好，但经济性差；L/h 值大，照度均匀性差。

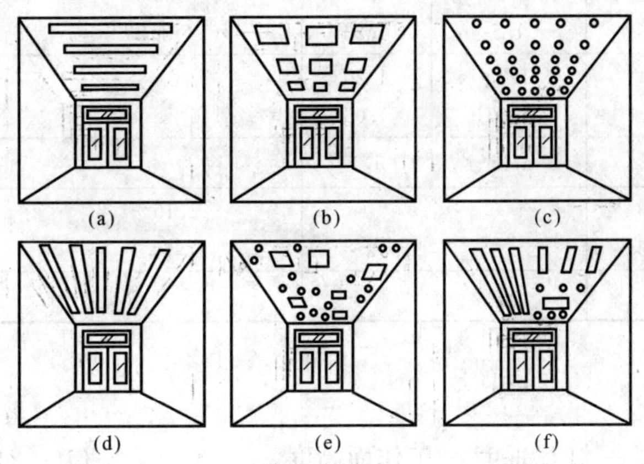
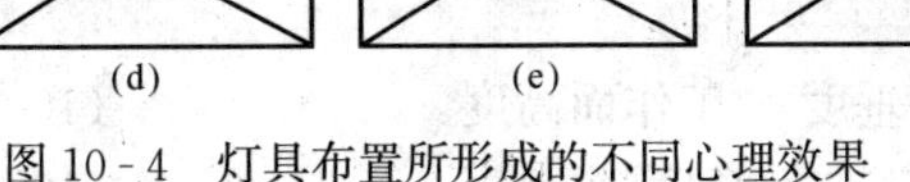

图 10-4 灯具布置所形成的不同心理效果

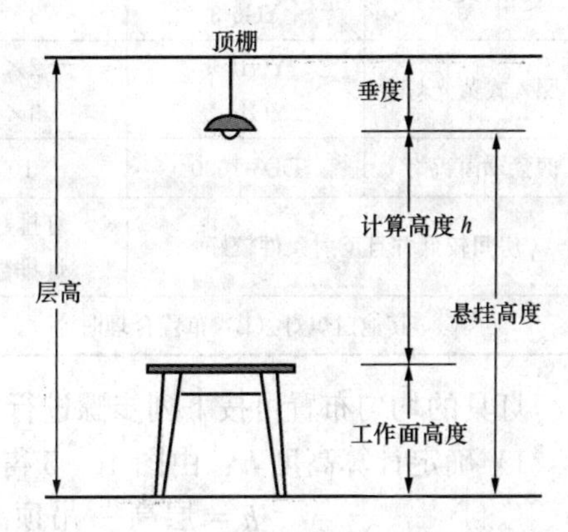

图 10-5 室内一般照明灯具计算高度

通常每种灯具都有一个最大允许距高比，如表 10-11 所示。对于非对称性配光（如荧光灯等线光源），则有纵向（A—A）和横向（B—B）的最大允许距高比。

均匀对称布置是室内照明最常用的布灯方案。在这种布灯形式中，要使整个房间或某个区域内获得均匀的照度，灯具布置的实际距高比应小于或等于灯具的最大允许距高比。此外，还应注意灯具与墙的距离。校核距高比 L/h 时，在图 10-3 中：

图（a）取 $L=L_1=L_2$；

图（b）取 $L=\sqrt{L_1 \times L_2}$；

图（c）取 $L=\sqrt{L_1^2+L_2^2}$。

表 10-11 **部分灯具的最大允许距高比**

<table>
<tr><th rowspan="3">照明器</th><th rowspan="3">型 号</th><th rowspan="3">光源种类及容量/W</th><th colspan="2">最大允许值 L/h</th><th rowspan="3">最低照度系数 Z 值</th></tr>
<tr><th colspan="2">L/h</th></tr>
<tr><th>A—A</th><th>B—B</th></tr>
<tr><td rowspan="2">配照型照明器</td><td rowspan="2">GC1A/B-1</td><td>B150</td><td colspan="2">1.25</td><td>1.33</td></tr>
<tr><td>G125</td><td colspan="2">1.41</td><td>1.23</td></tr>
<tr><td rowspan="2">广照型照明器</td><td rowspan="2">GC3A/B-2</td><td>G125</td><td colspan="2">0.98</td><td>1.32</td></tr>
<tr><td>G250</td><td colspan="2">1.02</td><td>1.33</td></tr>
<tr><td rowspan="4">深照型照明器</td><td rowspan="2">GC5A/B-3</td><td>B300</td><td colspan="2">1.40</td><td>1.29</td></tr>
<tr><td>G250</td><td colspan="2">1.45</td><td>1.32</td></tr>
<tr><td rowspan="2">GC5A/B-3</td><td>B300，500</td><td colspan="2">1.40</td><td>1.31</td></tr>
<tr><td>G100</td><td colspan="2">1.23</td><td>1.32</td></tr>
<tr><td rowspan="3">筒式荧光灯</td><td>YG1-1</td><td rowspan="2">1×40</td><td>1.62</td><td>1.22</td><td>1.29</td></tr>
<tr><td>YG2-1</td><td>1.46</td><td>1.28</td><td>1.28</td></tr>
<tr><td>YG2-2</td><td>2×40</td><td>1.33</td><td>1.28</td><td>1.29</td></tr>
</table>

续表

照明器	型号	光源种类及容量/W	最大允许值		最低照度系数 Z 值
			L/h		
			A—A	B—B	
吸顶式荧光灯	YG6-2	2×40	1.48	1.22	1.29
	YG6-3	3×40	1.5	1.26	1.30
照入式荧光灯	YG15-1	2×40	1.25	1.20	—
	YG15-3	3×40	1.07	1.05	
搪瓷罩卤钨灯	DD3-1000	1000	1.25	1.4	
房间较低并且反射条件较好		灯排数≤3			1.15～1.2
		灯排数>3			1.1
其他白炽灯（B）布置合理时					1.1～1.2

灯具的均匀布置可按下列步骤进行：

1）确定计算高度 h：由图 10-5 得

$$h=\text{层高}-\text{吊顶高度}-\text{灯具垂度}-\text{工作面高度} \tag{10-2}$$

或

$$h=\text{灯具悬挂高度}-\text{工作面高度} \tag{10-3}$$

注：若灯具用反射光或漫射光灯具时，应取灯具与顶棚之间的距离=(1/5～1/4)倍顶棚至工作面的距离，以保证顶棚上有适当的均匀照度。

2）确定灯具之间的距离：对称配光灯具与非对称配光灯具要求不同。

①对于对称配光灯具布置（如图 10-6 所示），一般步骤为：

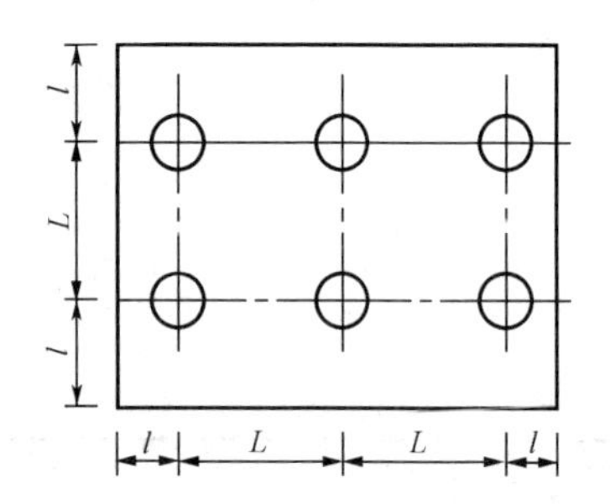

图 10-6　对称配光灯具布置图

A. 查表 10-11 得出该灯具的最大允许距高比。

B. 计算灯具间应取的最大允许距离 L_{max}，即

$$L_{max}=(\text{最大允许距高比})\times h \tag{10-4}$$

C. 布置灯具。

D. 验算布置方案的灯距：实际灯距 $L\leqslant L_{max}$。

E. 最边行对称配光灯具与墙壁之间的距离 l，可按下面规定进行选取：

靠墙有工作面时　　$l=(0.25\sim0.3)L$　　(10-5)

靠墙为通道时　　$l=(0.4\sim0.5)L$　　(10-6)

②对于非对称配光（如荧光灯）灯具布置，如图 10-7 所示，其中 L_{A-A} 为灯具纵向（A—A）向的中心距离，L_{B-B} 为横向（B—B）向的中心距离，其均匀布灯步骤一般为：

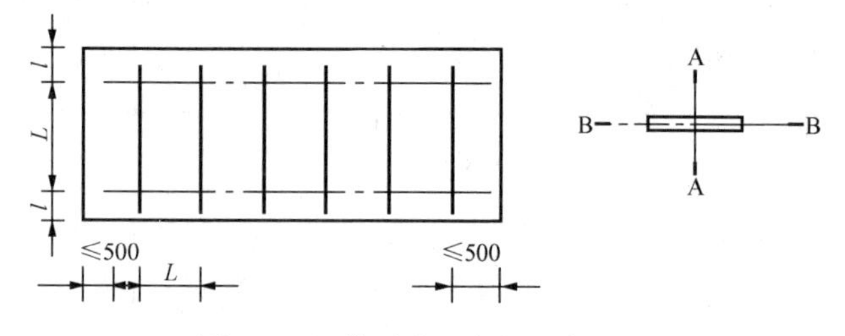

图 10-7　非对称配光灯具布置图

A. 查表 10-11 得出所选用灯具 A—A 向和 B—B 向的最大允许距高比。

B. 计算出灯距 L_{A-A} 和 L_{B-B}，即

$$L_{A-A} \leqslant (\text{最大允许距高比})_{A-A} \times h \tag{10-7}$$

$$L_{B-B} \leqslant (\text{最大允许距高比})_{B-B} \times h \tag{10-8}$$

C. 确定最边行非对称配光灯具与墙壁之间的距离 L，即

$$L = (1/3 \sim 1/4) L_{A-A} \tag{10-9}$$

应注意，由于荧光灯两端部照度较低，并且有扇形光影，所以灯具两端与墙壁的距离不宜大于 500mm，一般取 300～500mm。

【例 10-1】　某车间的平面面积为 18m×30m，桁架的跨度为 18m，离地面高度为 5.5m，桁架之间相距 6m，工作面离地 0.75m。拟采用 GC1-A-1 型配照型灯（装 220V、150W 白炽灯）作室内的一般照明。试初步确定灯具的布置方案。

解　(1) 确定灯具计算高度。根据车间的结构来看，灯具宜悬挂在桁架上。如灯具下吊 0.5m，则灯具离地高度为 5.5m－0.5m＝5m。这一高度符合表 10-10 规定的最低悬挂高度要求。

由于工作面离地 0.75m，故灯具在工作面上的计算高度 h＝5m－0.75m＝4.25m。

(2) 确定灯具之间的距离。

1）由表 10-11 可知，这种灯具的最大允许距高比为 1.25。

2）灯具间最大允许距离为

$L_{max} = 1.25h = 1.25 \times 4.25\text{m} = 5.313\text{ m}$

3）根据车间的结构和上面的计算，初步确定灯具布置方案如图 10-8 所示。

4）验算该布置方案的灯距 $L = \sqrt{4.5 \times 6} = 5.2\text{m} < 5.313\text{m}$。

5）最边行灯具与墙壁之间的距离 2.25m。

注：此方案能否满足照度要求，还有待进一步的照度计算来检验。

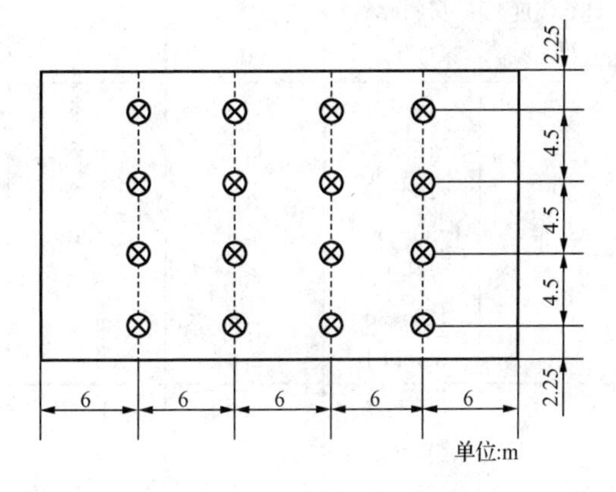

图 10-8　［例 10-1］图

【例 10-2】　某办公室长 7.0m、宽 7.0m、高 3.5m，工作面高度为 0.75m。拟用 9 套 YG2-2 型荧光灯具作室内一般照明。试初步确定灯具的布置方案。

图 10-9　［例 10-2］图

解　据表 10-10 规定的最低悬挂高度要求，取灯具离地高度为 3.0m，则：

(1) 灯具的计算高度为 h＝3.0m－0.75m＝2.25m。

(2) 确定灯具间的距离。

①查表 10-11，得 YG2-2 最大允许距高比 L_{A-A}/h＝1.33、L_{B-B}/h＝1.28。

②求出灯间最大允许距离：

A－A 向 $L_{A-A\max}$＝1.33×2.25＝2.99m，取 2.8m。

B－B 向　$L_{B-B\max}$＝1.28×2.25＝2.88m，取 2.5m。

初步确定布灯方案如图 10-9 所示。

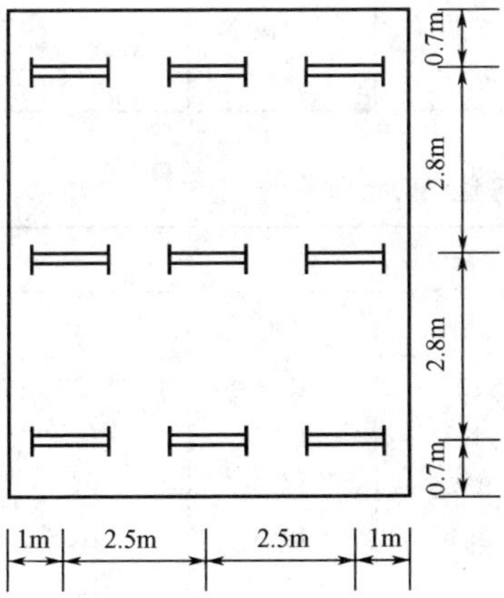

三、照度计算

照度计算的任务是：在灯具的形式、悬挂高度及布置方案初步确定之后，根据初步拟订的照明方案计算工作面上的照度，检验是否符合照度标准要求；或在初步确定灯具型式和悬挂高度之后，根据工作面上的照度标准来计算灯具数目，然后确定布置方案。

常见的照度计算方法有四种：利用系数法、概算曲线法、单位容量法和逐点计算法。前三种都只计算水平面上的平均照度；后一种可用来计算任一倾斜面，包括垂直面上的照度。下面仅详细介绍单位容量法。

1. 单位容量的概念

单位容量是单位面积上照明光源的安装功率，用每单位被照水平面上所需光源的安装功率 P_0 来表示。单位容量法适用于一般均匀照明的照度计算。

表 10 - 12 列出了配照型工厂灯单位面积安装功率的参考值。

表 10 - 13 列出了不带反射罩荧光灯的单位面积安装功率的参考值。

表 10 - 12　配照型工厂灯单位面积安装功率参考值/W/m²

计算高度 m	房间面积 m²	白炽灯照度/lx					
		10	15	20	30	50	75
3～4	10～15	7.3	9.6	12.1	16.2	26	36
	15～20	6.4	8.5	10.5	13.8	22	31
	20～30	5.5	7.2	8.9	12.4	19	27
	30～50	4.5	6.0	7.3	10.0	15	22
	50～120	3.8	5.1	6.3	8.3	13	18
	120～300	3.3	4.4	5.5	7.3	12	16
	300 以上	2.9	4.0	5.0	6.8	11	15
4～6	10～17	8.9	11.0	15.0	21.0	33	48
	17～25	7.0	9.0	12.0	16.0	27	37
	25～35	5.8	7.7	10.0	14.0	22	32
	35～50	5.0	6.8	8.5	12.0	19	27
	50～80	4.1	5.6	7.0	10.0	16	22
	80～150	3.3	4.6	5.8	8.5	12	17
	150～400	2.8	3.9	5.0	7.0	11	15
	400 以上	2.5	3.5	4.0	6.0	10	14

表 10 - 13　不带反射罩荧光灯的单位面积安装功率参考值/W/m²

计算高度 m	房间面积 m²	荧光灯照度/lx					
		30	50	75	100	150	200
2～3	10～15	3.9	6.5	9.8	13	19.5	26
	15～25	3.4	5.6	8.1	11.1	16.7	22.2
	25～50	3.0	4.9	7.3	9.7	14.6	19.1
	50～150	2.6	4.2	6.3	8.4	12.6	16.8
	150～300	2.3	3.7	5.6	7.4	11.1	14.8
	>300	2.0	3.4	5.1	6.7	10.1	13.4

续表

计算高度 m	房间面积 m^2	荧光灯照度/lx					
		30	50	75	100	150	200
3～4	10～15	5.9	9.8	14.7	19.6	29.4	39.2
	15～22	4.7	7.8	11.7	15.6	23.4	31.2
	20～30	4.0	6.7	10	13.3	20	26.6
	30～50	3.4	5.7	8.5	11.3	17	22.6
	50～120	3.0	4.9	7.3	9.7	14.6	19.4
	120～300	2.6	4.2	6.3	8.4	12.6	16.8
	＞300	2.3	3.8	5.7	7.5	11.2	14.9

2. 按单位容量法进行照度计算的一般步骤

(1) 确定所计算房间的单位面积安装功率 P_0。可按下列思路进行：

先确定灯具的计算高度 h，房间的面积 A；

后由表 10-2～表 10-3 或 GB 50034—2013《建筑照明设计标准》查出房间的照明标准值（取维持平均照度 E_{av}）；由表 10-11 查出最低照度系数 Z（等于工作面上的平均照度与最低照度的比值）；算出最低照度 E_{min}，即

$$E_{min}=E_{av}/Z \tag{10-10}$$

最后，根据计算高度 h、房间面积 A、最低照度 E_{min}，由表 10-12、表 10-13 等，查出所计算房间的灯具单位安装容量 P_0。

(2) 算出受照房间一般照明总功率：即

$$P_{\Sigma}=P_0\times A \tag{10-11}$$

(3) 确定受照房间灯的盏数：即

$$n=P_{\Sigma}/P_0 \tag{10-12}$$

(4) 确定灯具布置方案。

【例 10-3】 ［例 10-1］所示车间，欲达到平均照度 $E_{av}=50\text{lx}$。试用单位容量法进行照度计算。

解 (1) 确定所计算房间的单位面积安装功率 P_0：

根据计算，高度 $h=4.25\text{m}$、面积 $A=18\text{m}\times30\text{m}=540\text{m}^2$；

最低照度 $E_{min}=E_{av}/Z=50\text{lx}/1.33=37.6\text{lx}$；

按 30lx 查表 10-12，得 $P_0=6$（W/m^2）。

(2) 计算该车间一般照明总的安装功率：即

$$P_{\Sigma}=P_0\times A=6\times540=3240\ (\text{W})$$

(3) 计算灯的盏数：即 $n=P_{\Sigma}/P_L=3240/150=22$（盏），实取 24 盏。

(4) 确定灯具布置方案。

按图 10-8 的布置方式，每个桁架上应布置 6 盏，沿桁架的灯距为 3m，边上的灯与墙壁的距离为 1.5m。

四、电气照明施工图

电气照明施工图的主要作用是用来说明建筑电气工程中照明系统的构成和功能，描述系统的工作原理，提供设备的安装技术数据和实用维护数据等。

（一）电气照明施工图的符号及标注

1. 图形符号

照明施工图中常用的图形符号见表 10 - 14。

2. 文字符号

照明工程中常用导线敷设方式的标注符号见表 10 - 15；导线敷设部位标注符号见表 10 - 16；照明灯具安装方式标注符号见表 10 - 17。

表 10 - 14　　照明施工图中常用的图形符号

图例	名称	图例	名称	图例	名称	图例	名称
	灯具一般符号		深照灯		双联单控防水开关		单相三极防水插座
	天棚灯		墙上座灯		双联单控防爆开关		单相三极防爆插座
	四火装饰灯		疏散指示灯		三联单控暗装开关		三相四极暗装插座
	六火装饰灯		疏散指示灯		三联单控防水开关		三相四极防水插座
	壁灯	EXIT	出口标志灯		三联单控防爆开关		三相四极防爆插座
	单管荧光灯		应急照明灯		声光控延时开关		双电源切换箱
	双管荧光灯	E	应急照明灯		单联暗装拉线开关		明装配电箱
	三管荧光灯		换气扇		单联双控暗装开关		暗装配电箱
	防水防尘灯		吊扇		吊扇调速开关		带剩余电流保护的断路器
	防爆灯		单联单控暗装开关		单相两极暗装插座		低压断路器
	泛光灯		单联单控防水开关		单相两极防水插座		弯灯
	单联单控防爆开关		单相两极防爆插座		广照灯		双联单控暗装开关
	单相三极暗装插座						

表 10 - 15　　导线敷设方式的标注符号

名　称	旧 代 号	新 代 号
穿焊接（水煤气）钢管敷设	G	SC
穿电线管敷设	DG	TC
穿硬聚氯乙烯管敷设	VG	PC
穿阻燃半硬聚氯乙烯管敷设	ZVG	FPC
用绝缘子（瓷瓶或瓷柱）敷设	CP	K
用塑料线槽敷设	XC	PR
用钢线槽敷设	CC	SR
用电缆桥架敷设	—	CT
用瓷夹板敷设	CJ	PL
用塑料夹板敷设	VJ	PCL
穿蛇皮管敷设	SPG	CP
穿阻燃塑料管敷设—	PVC	

表 10-16 导线敷设部位标注符号

名 称	旧 代 号	新 代 号
沿钢索敷设	S	SR
沿屋架或跨屋架敷设	LM	BE
沿柱或跨柱敷设	ZM	CLE
沿墙面敷设	QM	WE
沿天棚面或顶板面敷设	PM	CE
在能进入的吊顶内敷设	PNM	ACE
暗敷设在梁内	LA	BC
暗敷设在柱内	ZA	CLC
暗敷设在墙内	QA	WC
暗敷设在地面或地板内	DA	FC
暗敷设在屋面或顶板内	PA	CC
暗敷设在不能进入的吊顶内	PNA	ACC

表 10-17 照明灯具安装方式标注符号

名 称	旧 代 号	新 代 号
线吊式	X	CP
自在器线吊式	X	CP
固定线吊式	X1	CP1
防水线吊式	X3	CP2
吊线器式	X3	CP3
链吊式	L	Ch
管吊式	G	P
吸顶式或直附式	D	S
嵌入式（嵌入不可进人的顶棚）	R	R
顶棚内安装（嵌入可进人的顶棚）	DR	CR
墙壁内安装	BR	WR
台上安装	T	T
支架上安装	J	SP
壁装式	B	W
柱上安装	Z	CL
座装	ZH	HM

3. 照明配电线路的标注

照明配电线路的标注一般为 $a-b(c\times d)e-f$。若导线截面不同时，应分别标注，如两种芯线截面的配电线路可标注为 $a-b(c\times d+n\times h)e-f$。

其中 a—线路的编号（亦可不标）；b—导线或电缆的型号；c、n—导线的根数；d、h—导线或电缆截面，mm^2；e—敷设方式及管径；f—敷设部位。

例如，某照明系统图中标注有 BLV(3×50＋2×35)SC50-FC，表示该线路采用的导线型号是铝芯塑料绝缘导线，三根 50mm²，两根 35mm²，穿管径为 50mm 的焊接钢管沿地面暗装敷设。

4. 照明灯具的标注

照明灯具的一般标注方法为：

$$a-b\,\frac{c\times d\times L}{e}\mathrm{f}$$

若灯具为吸顶安装，可标注为：

$$a-b\,\frac{c\times d\times L}{-}\mathrm{f}$$

式中 a——灯具数量；

b——灯具型号或编号；

c——每套照明灯具的灯泡（管）数量；

d——每个灯泡（管）容量，W；

e——灯具的安装高度；

f——安装方式；

L——光源种类。

例如，照明灯具标注为：

$$10-\mathrm{YZ40RR}\,\frac{2\times 30}{2.8}\mathrm{P}$$

则表示这个房间或某个区域安装 10 套型号为 YZ40RR 的荧光灯（Z—直管型，RR—日光色），每套灯具装有 2 根 30W 灯管，管吊式安装，安装高度 2.8m。

而标注为：

$$6-\mathrm{JXD6}\,\frac{2\times 60}{-}\mathrm{S}$$

则表示这个房间装有 6 套型号为 JXD6 的灯具，每套灯具装有 2 个 60W 的白炽灯，吸顶安装。

5. 开关及熔断器的标注

一般的标注方法为：

$$a\,\frac{b}{c/i}\text{ 或 }a-b-c/i$$

当需标注引入线的规格时为：

$$a\,\frac{b-c/i}{d(e\times f)-\mathrm{g}}$$

式中 a——设备编号；

b——设备型号；

c——额定电流，A；

i——整定电流，A；

d——导线型号；

e——导线根数；

f——导线截面，mm²；

g——敷设方式。

进行照明工程设计时，若将灯具、开关及熔断器的型号随图例标注在材料表中，则这部分内容可不在图上标出。

（二）电气照明施工图的种类及绘制

1. 电气照明施工图的种类

当工程规模大小不同时，图纸数量相差可能很大，但图纸种类却大致相同。电气照明施工图一般由首页、照明系统图、照明平面图等组成。

2. 各种图纸的内容及绘制

（1）首页。一般由以下四部分组成：

· 图纸目录：注明图纸序号、名称、编号、张数等，以利于图纸的保存和查找。

· 图例：一般画出本套图纸所使用的图形符号，以便于阅读。

· 设计说明：对图纸中尚未表达清楚或表达不清楚的问题进行说明。例如：工程设计依据，建筑特点及等级，图纸设计范围，供电电源，接地形式，配电设备及线路的型号规格、安装及敷设方式等。

· 设备材料表：列出该项工程所需主要设备和材料的型号规格和数量等有关的重要数据。设备材料表一般与图例一同按序号进行编写，并要求与图纸一致，以便于施工单位计算材料、采购电气设备、编制工程概（预）算和编制施工组织计划等。

（2）照明系统图。图 10 - 10 为一照明系统图示例。

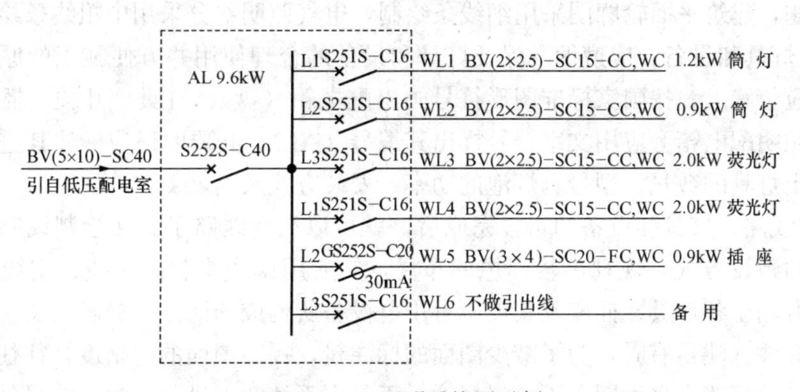

图 10 - 10 照明系统图示例

照明系统图应在照明平面图的基础上绘制，用图形符号和文字符号表示建筑物照明配电线路的控制关系。系统图只画出各设备之间的联结，并且一般采用单线图。照明配电图一般由配电箱系统图组成，表达的内容主要有以下几项：

1）电源进线回路数、导线或电缆的型号规格、敷设方式及穿管管径。

2）总开关及熔断器、各分支回路开关及熔断器的规格型号，各照明支路的分相情况（用 A、B、C 或 L1、L2、L3 标注），出线回路数量及编号（用文字符号 WL 标注），各支路用途及照明设备容量（用 kW 标注），其中，也包括电风扇、插座和其他用电器具的容量。

3）系统总的设备容量、需要系数、计算容量、计算电流、配电方式等用电参数。

（3）照明平面图。某楼层照明平面局部图如图 10 - 11 所示。

应特别注意：一般插座回路应采用带剩余电流保护的断路器，但供电给空调的插座回路例外。

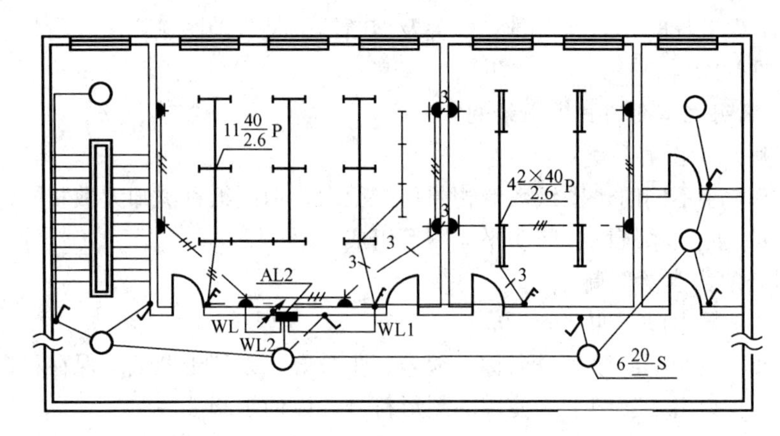

图 10-11　照明平面局部图

照明平面图是表示建筑物照明设备、配电线路平面布置的图样。需要表达的内容主要有：电源进线的位置，导线的根数及敷设方式，灯具及各种用电和配电设备的安装位置、安装方式、规格型号及数量。

照明平面图的一般绘制步骤如下：

1）照明平面图应按建筑物不同标高的楼层分别在其建筑平面轮廓图上进行设计。为了强调设计主题，建筑平面轮廓图采用细线条绘制，电气照明部分采用中粗线条绘制。

2）布置灯具和设备。应遵循既保证灯具和设备的合理使用并方便施工的原则，在建筑平面图的相应位置上，按国家标准图形符号画出配电箱（盘）、灯具、开关、插座及其他用电设备。在照明配电箱旁应用文字符号标出其编号（AL），必要时还应标注其进线；在照明灯具旁标注出灯具的数量、型号、灯泡的功率、安装方式及高度。

3）绘制线路。灯具和设备的布置完成后，就可以绘制线路了。在绘制线路时，应首先按室内配电的敷设方式，规划出较理想的布局，然后用单线绘制出干线、支线的位置和走向，连接配电箱至各灯具、插座及其他所有用电设备所构成的回路，接着用文字符号对干线和支线进行标注（注：有时，为了减少图面的标注量，提高图面的清晰度，往往把从配电箱到各用电设备的管线在平面图上不直接标注，而是在系统图上进行标注，或另外提供一个用电设备导线、管径选择表）。然后对干线和支线进行编号（照明干线用 WLM，支线用 WL 标注）。最后还要标注导线的根数（注：在平面图上，两根导线一般不标注。3 根及以上导线的标注方式有两种：一是在图线上打上斜线表示，斜线根数与导线根数相同；二是在图线上画一根短斜线，在斜线旁标以与导线根数相同的阿拉伯数字）。

4）撰写必要的文字说明，交代未尽事宜，便于阅读者识图。

（三）常用照明基本线路的阅读和分析

1. 阅读顺序

实践中，照明施工图的阅读一般按设计说明、照明系统图、照明平面图与详图、设备材料表和图例并进的程序进行。其中照明系统图、照明平面图的阅读顺序一般又按电流入户方向依次阅读，即：

进户线⟶配电箱（盘）⟶支线⟶支线上的用电设备。

2. 分析举例

由于照明灯具一般都是单相负荷，其控制方式多种多样，加上施工配线方法的不同，对相线、中性线（N线）、保护线（PE线）的联结各有要求，因此其联结关系比较复杂，如相线必须经开关后再接于灯座，中性线可以直接进灯座，保护接地线则应直接与灯具的金属外壳相联结等。这样就会在灯具之间、灯具与开关之间出现导线根数的变化。对于初学者来说，必须搞清基本照明线路和配线基本要求。

（1）一只开关控制一盏灯。最简单的照明控制线路是在一间房内采用一只开关控制一盏灯，如采用管配线暗敷设，其照明平面图如图10-12所示，实际结线图如图10-13所示。

平面图和实际结线图是有区别的，由图可知，电源与灯座的导线和灯座与开关之间的导线都是两根，但其意义是不同的：电源与灯座的两根导线，一根为直接接灯座的中性线（N），一根为相线（L），中线直接接灯座，相线必须经开关后再接于灯座；所以，灯座与开关的两根导线，一根是相线，一根是受控线（G）。

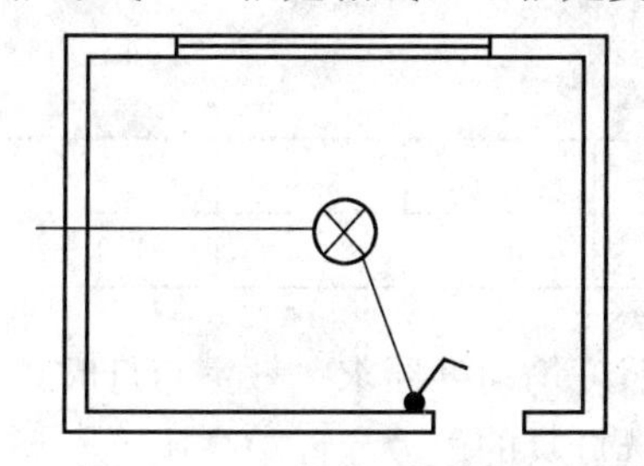

图10-12　一只开关控制一盏灯的照明平面图

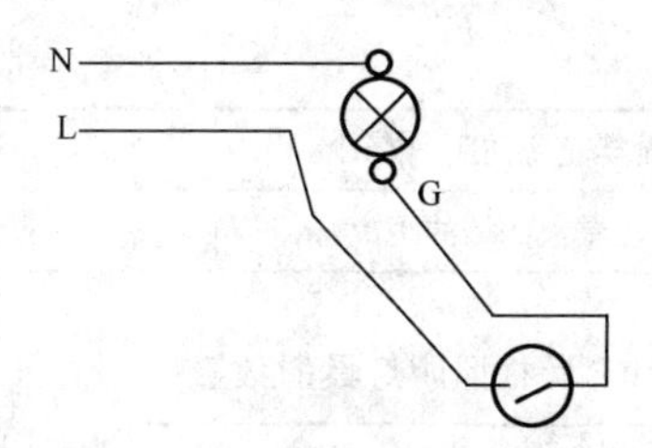

图10-13　一只开关控制一盏灯的实际结线图

（2）多只开关控制多盏灯。图10-14为两个房间的照明平面图，图中有一个照明配电箱，三盏灯，一个双联单控开关和一个单联单控开关，采用穿管配线。大房间的两灯之间为三根线，中间一盏灯与双联单控开关之间为三根线，其余都是两根线，因为线管中间一般不许有接头，故接头只能放在灯座盒内或开关盒内。详见与之对应的实际结线图10-15。

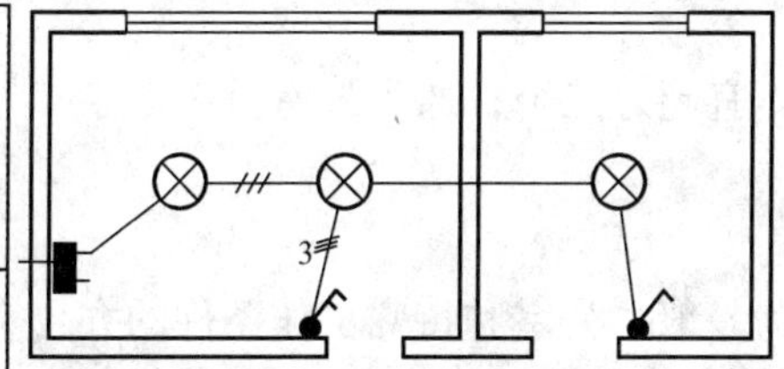

图10-14　多只开关控制的照明平面图

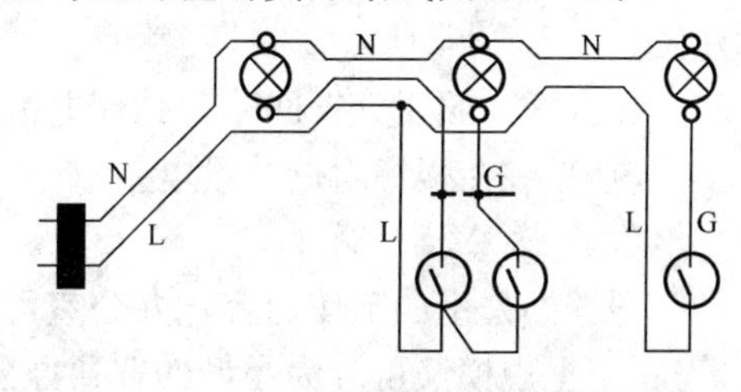

图10-15　多只开关控制的实际结线图

由以上的分析可见，在绘制或阅读照明平面图时，应结合灯具、开关、插座的原理结线图或实际结线图并对照平面图进行分析。借助于照明平面图，了解灯具、开关、插座和线路的具体位置及安装方法；借助于原理结线图了解灯具、开关之间的控制关系；借助于实际结线图了解灯具、开关之间的具体结线关系。开关、灯具位置、线路并头位置发生变化时，实际结线图也随之发生变化。只要理解了原理，就不难看懂任何复杂的平面图和系统图，在施工中穿线、并头、结线就不会搞错了。

五、各类建筑物照明设计要点

（一）学校照明

学校教室的视觉作业主要有：学生看书、写字、看黑板、注视老师的演示等，教师看教案、观察学生、在黑板上书写等。学校照明的主要任务就是提供良好的光照环境，满足学生和教师的视觉作业要求，保护视力，提高教学与学习效率。

学校照明设计要点：

（1）学校教室的照度标准应按 GB 50034—2013《建筑照明设计标准》选取，一般为 300lx，但教室黑板和美术教室应为 500lx。

（2）教室照明光源宜选用色温为 4000～5000K、显色指数不低于 80 的高效荧光灯。

（3）教室一般照明光源宜选用蝙蝠翼式配光荧光灯具，灯具布置一般应与学生主视线相平行、安装在课桌间的通道上方，与课桌的垂直距离不宜小于 1.7m。

（4）当装设黑板照明时，宜采用非对称配光灯具，灯具与黑板平行，黑板上的平均垂直照度应达到 500lx。黑板照明不应对教师产生直接眩光，也不应对学生产生反射眩光。为此，设计时，应合理确定灯具的安装高度及与黑板墙面的距离，并应使黑板照明灯具的布灯位置和布灯数量满足表 10 - 18 和表 10 - 19 的规定。

表 10 - 18　黑板照明灯具的位置

地面至光源的距离/m	2.6	2.7	2.8	3.0	3.2	3.4	3.6
光源距装黑板的墙的距离/m	0.6	0.7	0.8	0.9	1.1	1.2	1.3

表 10 - 19　黑板照明灯具的数量

黑板宽度/m	36、40W 单管专用荧光灯数量
3～3.6	2
4～5	3

（5）为了满足照度均匀度要求，教室布灯时，灯具的距高比不应超过所选灯具的最大允许距高比。

（6）普通教室前后墙应各设 1～2 组电源插座，插座宜单独回路配电，且应装设带剩余电流保护的低压断路器。

（7）教室宜装设吊扇及调速开关。

（8）学生活动区与教师及公共活动区宜分开控制与配电。每栋楼均应设置电源切断开关。

（9）每一照明分支回路，其配电范围不宜超过三个普通小教室。

（10）宜在楼梯附近装设电铃。

（二）办公楼照明

根据办公室的工作内容，办公室可分为一般办公室和特殊工作条件的办公室（如制图室等）；根据规模又可分为小型的普通办公室和大型办公楼敞开式办公室。由于各类办公室的大部分活动都与水平面作业的视觉有关，所以办公楼照明设计要根据具体工作要求来考虑，其主要任务是提高工作效率、减少视觉疲劳。

办公楼照明的设计要点：

（1）办公室照度按 GB 50034—2013《建筑照明设计标准》选取，普通办公室为 300lx，而高档办公室、设计室为 500lx。

（2）推荐采用色温在 4000～4600K、显色指数在 80 左右、蝙蝠翼式配光荧光灯具。宜将灯具布置在工作台的两侧，并使荧光灯纵轴与水平视线相平行。不能确定工作位置时宜与外窗平行布置，并宜采用双向蝙蝠翼式配光灯具。

（3）每普通开间设 2～3 组电源插座，且照明与插座回路应分开配电，插座回路应装设剩余电流保护装置（RCD）。

（4）宜将办公区域与公共区域分开配电。

（三）住宅楼照明

（1）宜优先采用紧凑型荧光灯、环形荧光灯为主，直管型荧光灯、发光二极管（LED）灯为辅的照明光源方案。

（2）应根据室内的用途、格调、面积和形状等选择灯具。如厅、室可选择装饰性较强的灯具；厨房应选择易于清洁的灯具，配防潮灯口；卫生间应选择防潮灯具，并设置镜前照明。

（3）厅堂吊灯下吊高度不宜超过300mm，吊扇的扇叶距地不宜小于2.5m。

（4）灯具开关安装的位置应便于操作，开关边缘距门框宜为0.15～0.2m，开关距地高度宜为1.3m，拉线开关距地面高度宜为2～3m，拉线出口应垂直向下；卫生间灯具开关宜设于门外，起居室及卧室推荐设置双控开关或调光开关；楼梯间、走廊照明宜用延时开关、声光控开关或红外探测开关等节能控制方式。

（5）住宅应采用一户一表及集表箱计量配电方式，集表箱宜设于住宅地上一层的公共部位；多层和高层住宅的公共场所照明、公共用电应单独设电能表计量。

（6）住宅的普通插座回路应装设剩余电流保护装置（RCD）。

（7）按有关规范要求，高层住宅的疏散走廊和安全出口、楼梯间、电梯前室、公共走廊、配电室、消防值班室、消防泵房、防排烟机房等场所应设置应急照明。

第三节　建筑照明设计程序及案例

一、建筑照明设计程序

（一）建筑照明设计的资料准备

（1）建筑平面图、立面图、剖面图。

（2）生产车间、实验室的工艺设备布置图或办公室、商店等室内布置图。

（3）建筑物和设备对电气照明的要求（设计任务书）。

（4）照明电源的进线方位。

（二）建筑照明设计的基本要求

（1）供电安全可靠。

（2）照度符合规定。

（3）限制眩光。

（4）维护和检修方便。

（5）照明装置与建筑（周围环境）协调统一，电光源的显色性和颜色特性适宜，亮度分布合理，视觉舒适。

（6）尽可能经济合理地使用资金和节约电能。

（三）建筑照明设计的步骤

建筑电气照明设计包括两部分内容：一是照明光照设计；二是照明供电设计。其具体步骤为：

（1）收集有关资料。

（2）选择电光源及灯具。

（3）确定灯具布置方案，并进行照度计算。

（4）确定照明供电方式和照明线路的布置方式。

（5）计算照明负荷。

（6）选择照明线路的导线、开关等设备。

（7）按国家统一规定的符号绘制照明供电系统图和照明布置平面图。

二、建筑照明设计案例

案例 1

试为某教学楼作出照明设计。其平面图见图 10 - 16，每间教室和办公室要求安装单相插座 2 只。

1. 电光源及灯具的选择

教室和卫生间选用 YG2-2 型，每套灯具容量 $P=2\times40$W 的管吊式荧光灯[若改为新式 36W 或 30W 荧光灯并采用电子式镇流器，则光效和照明功率密度（DLP）都可以大大提高]；办公室选用 YG2-3 型 3×40W 管吊式荧光灯，走道和雨篷初步选用 JXD5-2 型吸顶灯。

2. 确定布置灯具方案和进行照度计算

（1）选择计算系数。查表 10 - 3（据 GB 50034—2013），教室、办公室取平均照度 $E_{av}=300$lx，卫生间取平均照度 $E_{av}=100$lx，走道、雨篷取 $E_{av}=50$lx。

查表 10 - 10，取最低照度系数 $Z=1.3$，由式（10-10）换算成最低照度 E_{min}：

教室、办公室　　$E_{min}=E_{av}/Z=300/1.3=230.8$lx

卫生间　　$E_{min}=Z_{av}/Z=100/1.3=76.9$lx

走道、雨篷　　$E_{min}=E_{av}/Z=50/1.3=38.5$lx。

（2）计算高度。教学楼层高为 3.5m，设荧光灯具吊高 3m，课桌高 0.75m，所以各计算高度为：

教室、办公室、卫生间　　$h=3-0.75=2.25$m

走道、雨篷　　$h=3.5$m

（3）面积计算。

教室　　$A_1=9.9\times6=59.4\text{m}^2$

　　$A_2=9.9\times5.4=53.46\text{m}^2$

办公室或卫生间　　$A=3.3\times5.4=17.82\text{m}^2$

走道　　$A=2.2\times23.1=50.82\text{m}^2$

雨篷　　$A=3.3\times3.6=11.88\text{m}^2$

（4）照度计算（采用单位容量法）。查表 10 - 11、表 10 - 12 和《民用建筑电气设计手册》，得各房间的照明单位安装功率 p_0 为：

教室（按 200lx 查）　　$p_0=16.8\text{W/m}^2$

办公室（按 200lx 查）　　$p_0=22.2\text{W/m}^2$

走道　　$p_0=16.2\text{W/m}^2$

雨篷　　$p_0=30.9\text{W/m}^2$

卫生间　　$p_0=11.7\text{W/m}^2$

（5）计算总安装容量。

教室　　$P_1=p_0\times A=16.8\times59.4=997.92$W

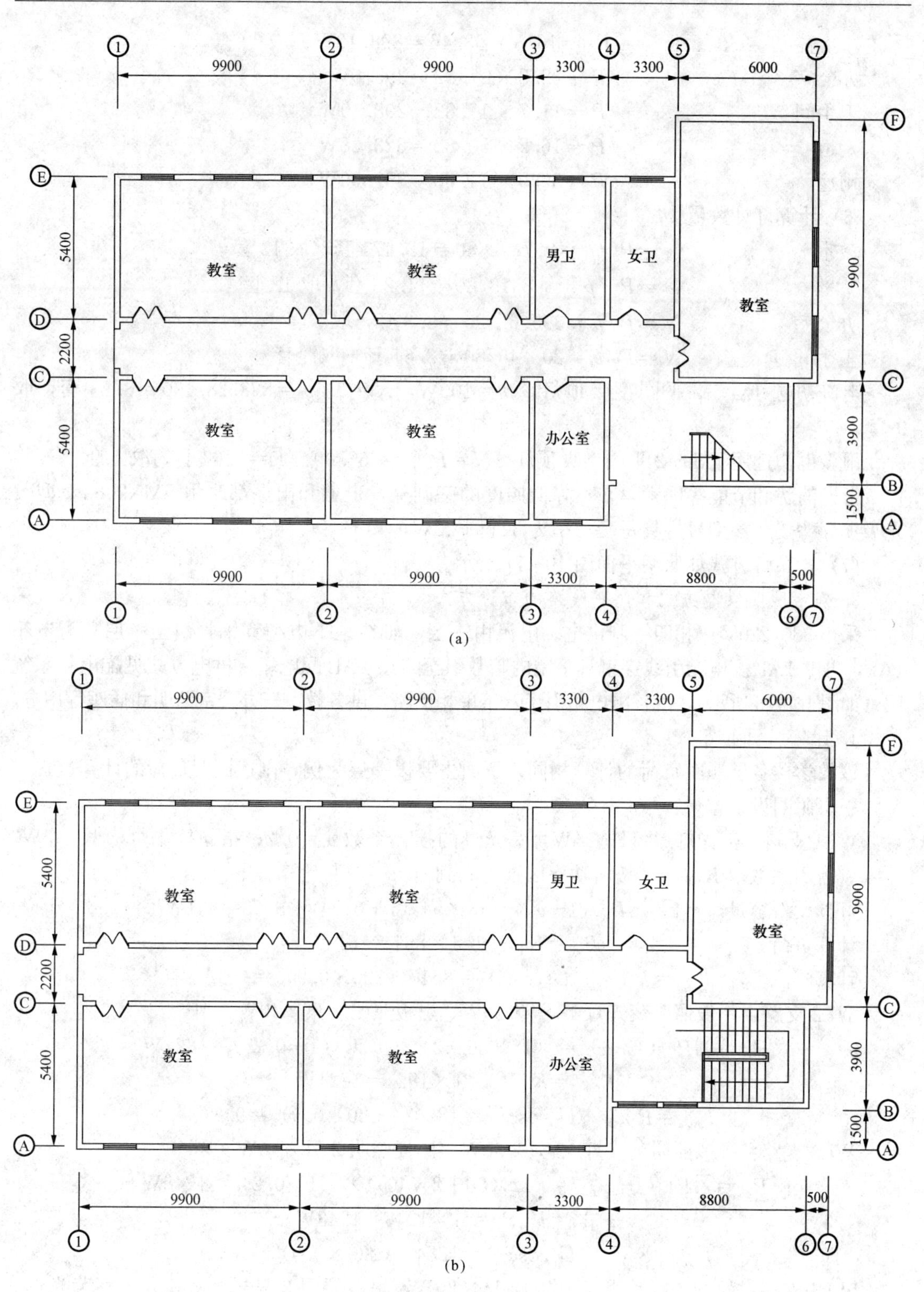

图 10-16 某教学楼平面图

(a) 一层平面图；(b) 二层平面图

$$P_2 = 16.8 \times 53.46 = 898.13\text{W}$$

办公室 $P = 22.2 \times 17.82 = 395.6\text{W}$

卫生间 $P = 11.7 \times 17.82 = 208.49\text{W}$

走道 $P = 16.2 \times 50.82 = 823.28\text{W}$

雨篷 $P = 30.9 \times 11.88 = 367.09\text{W}$

（6）计算灯具数量。

教室 $N_1 = P_1/p = 997.92/80 = 12.474$ 套，取 12 套

$N_2 = P_2/p = 898.13/80 = 11.23$ 套，取 12 套

办公室 $N = P/p = 395.6/120 = 3.3$ 套，取 3 套

卫生间 $N = P/p = 208.49/80 = 2.61$ 套，取 3 套

走道初选 JXD5-2 平圆型吸顶灯，$p = 100\text{W}$，$N = P/p = 823.28/100 = 8.23$ 套，取 9 套；

雨篷也初选用 JXD5-2 平圆型吸顶灯，$N = P/p = 367.09/100 = 3.67$ 套，取 4 套。

考虑消防和节能等因素，在不降低照度的基础上，走道和雨篷都改用 SMX2069-2 型荧光吸顶灯替代，该型号灯具每套功率为 32W+22W，共 13 套。

（7）各布灯方式如照明平面图 10-17 所示。

3. 确定照明供电方式和照明线路的布置方式

采用 380/220V 三相四线制供电。电源由一层④轴线地下电缆穿钢管引至一层总配电箱 1AL，再由 1AL 配电箱引线穿钢管于墙内暗敷引至二层 2AL 配电箱。供电方式见配电箱系统图（如图 10-18 所示），由各配电箱引出八条单相支路，供各教室、办公室照明和插座等用电。

4. 计算照明负荷

该教学楼各层照明负荷的计算相同，下面主要以一层为例，阐述照明负荷的计算过程。

一层照明设备容量：

WL1 支路：荧光灯 13 只×54W，荧光灯的损耗系数 $\alpha = 0.2$；指向标志灯 3 只×3W，$\alpha = 0$；需用系数取 $K_d = 1$；按将功率因数提高到 $\cos\varphi = 0.9$ 计算。则：

灯具设备容量 $P_{e1} = \sum P_a (1+\alpha) = 13 \times 54 (1+0.2) + 3 \times 3 = 851\text{W}$

计算负荷 $P_{30} = K_d P_{e1} = 1 \times 851 = 851\text{W}$

计算电流 $I_{30.1} = P_{30.1}/(U_p \cos\varphi) = 851/(220 \times 0.9) = 4.3\text{A}$

WL2 支路：一般照明荧光灯 18 只×80W，黑板照明 2 只×40W。则

$$P_{e2} = \sum P_a (1+\alpha) = (18 \times 80 + 2 \times 40) \times (1+0.2) = 1824\text{W}$$

$$P_{30.2} = K_d P_{e2} = 1 \times 1824 = 1824\text{W}$$

$$I_{30.2} = P_{30.2}/(U_p \cos\varphi) = 1824/(220 \times 0.9) = 9.2\text{A}$$

WL3 支路：一般照明荧光灯 12 只×80W，黑板照明 2 只×40W。则

$$P_{e3} = \sum P_a (1+\alpha) = (12 \times 80 + 2 \times 40) \times (1+0.2) = 1248\text{W}$$

$$P_{30.3} = K_d P_{e2} = 1 \times 1248 = 1248\text{W}$$

$$I_{30.3} = S_{30.3}/(U_p \cos\varphi) = 1284/(220 \times 0.9) = 6.3\text{A}$$

WL4 支路：教室一般照明荧光灯 12 只×80W，黑板照明 2 只×40W；办公室荧光灯 3 只×120W。则

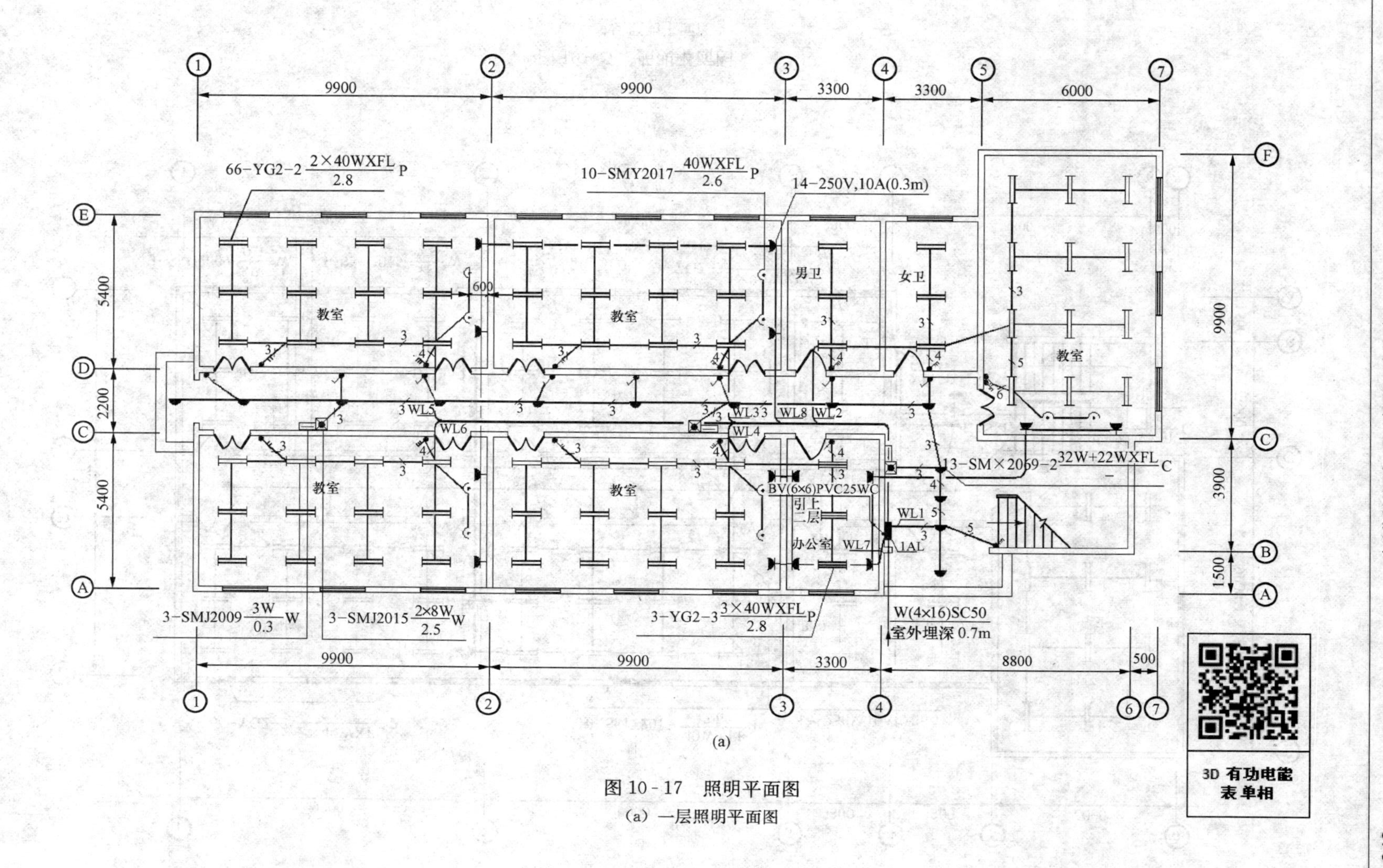

(a)

图 10-17 照明平面图

(a) 一层照明平面图

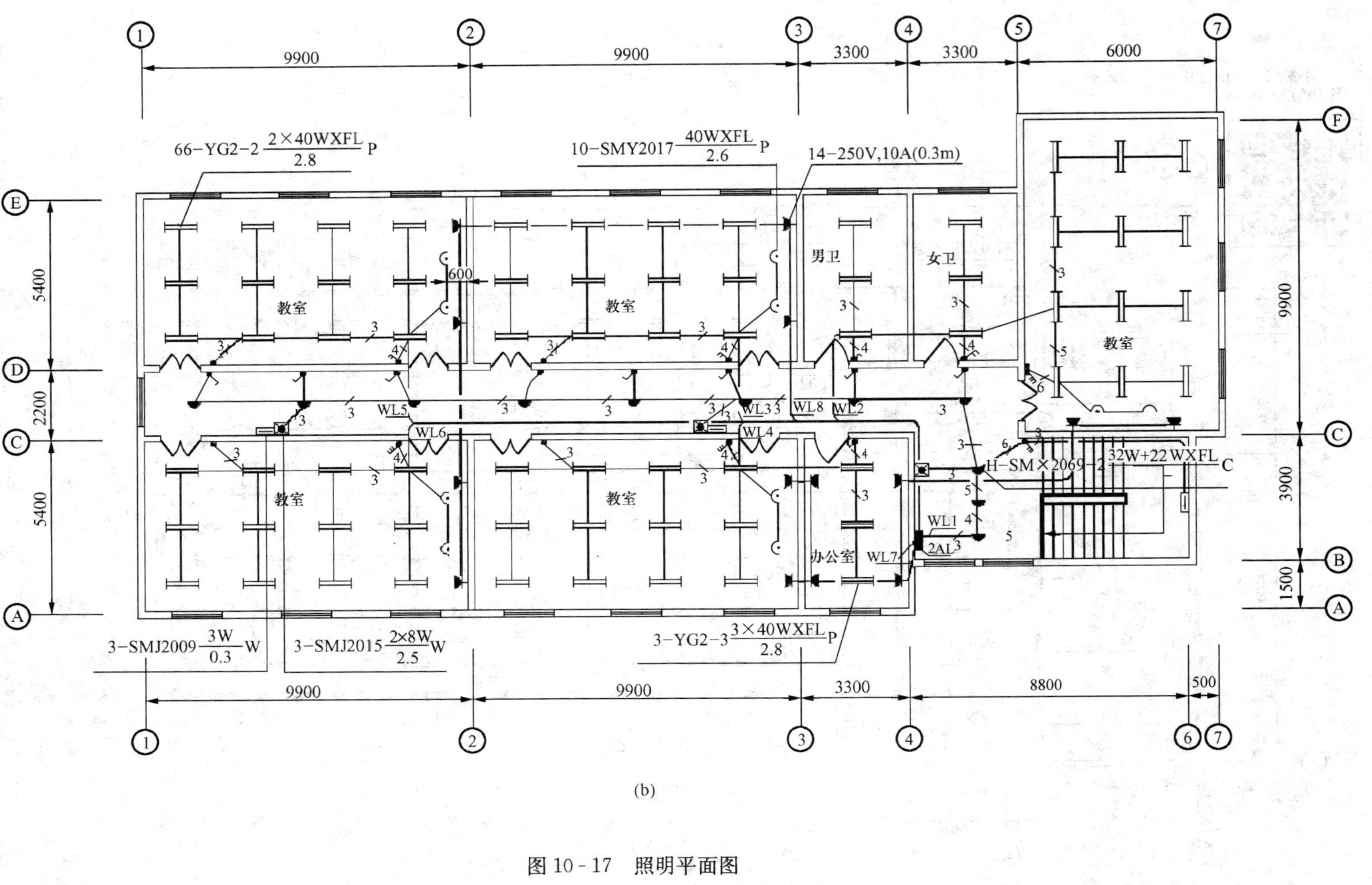

图 10-17　照明平面图

（b）二层照明平面图

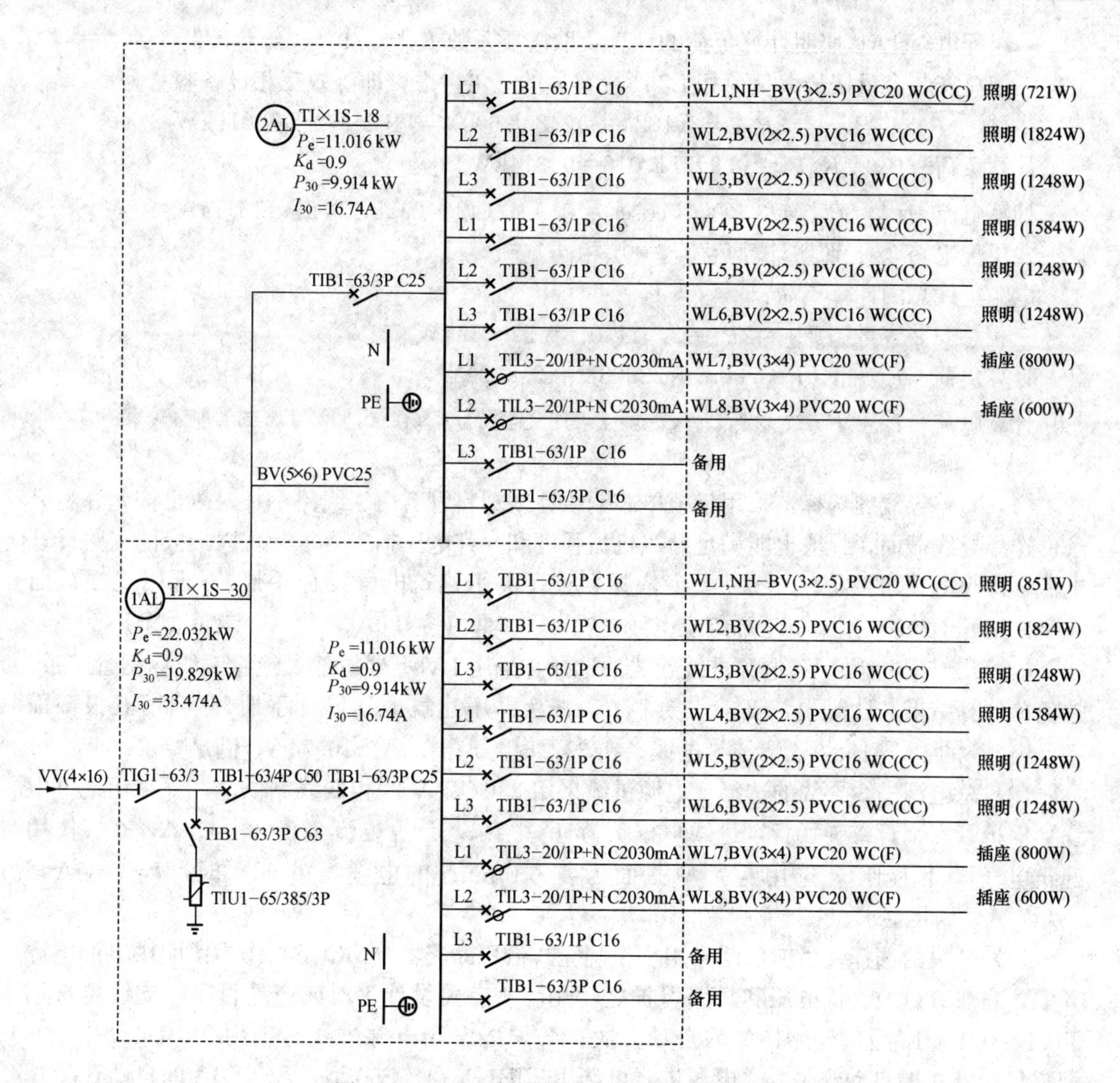

图 10-18　配电箱系统图（照明供电系统图）

$$P_{e4}=\sum P_a(1+\alpha)=(12\times80+2\times40+3\times120)\times(1+0.2)=1680\text{W}$$

$$P_{30.4}=K_dP_{e2}=1\times1248=1680\text{W}$$

$$I_{30.4}=P_{30.4}/(U_p\cos\varphi)=1680/(220\times0.9)=8.5\text{A}$$

WL5、WL6 支路灯具设备容量与 WL3 相同。

WL7 支路：插座 8 只，每只按 100W，损耗系数 $\alpha=0.2$ 计算。则

$$P_{e7}=\sum P_a(1+\alpha)=8\times100=800\text{W}$$

$$P_{30.7}=K_dP_{e7}=1\times800=800\text{W}$$

$$I_{30.7}=P_{30.7}/(U_p\cos\varphi)=800/(220\times0.9)=4.04\text{A}$$

WL8 支路：插座 6 只，每只按 100W，损耗系数 $\alpha=0.2$ 计算。则

$$P_{e8}=\sum P_a(1+\alpha)=6\times100=600\text{W}$$

$$P_{30.8}=K_dP_{e8}=1\times600=600\text{W}$$

$$I_{30.8}=P_{30.8}/(U_p\cos\varphi)=600/(220\times0.9)=3.03\text{A}$$

一层配电箱 1AL 照明计算负荷的计算：取需要系数 $K_d=0.9$，$\cos\varphi=0.9$。

三相总安装容量按最大负荷相 L2 所接容量的三倍考虑，即等效三相设备容量为

$$P_e=3P_{em\varphi}=3P_{L2}=3(1824+1248+600)=11016W=11.016kW$$

计算负荷 $P_{30}=K_d P_e=0.9\times11.016=9.914kW$

计算电流 $I_{30}=P_{30}/(\sqrt{3}\times U_e\times\cos\varphi)=9.914/(\sqrt{3}\times0.38\times0.9)=16.74A$

二层配电箱 2AL 照明计算负荷与一层相同。

电源进线总的计算负荷：

三相总安装容量 $P_{e\Sigma}=2P_e=2\times11.016=22.032kW$

计算负荷 $P_{30}=K_d P_{e\Sigma}=0.9\times22.032=19.829kW$

计算电流 $I_{30}=P_{30}/(\sqrt{3}\times U_e\times\cos\varphi)=19.829/(\sqrt{3}\times0.38\times0.9)=33.474A$

5. 选择照明线路的导线和开关

（1）支路导线的选择：采用三根单芯铜线穿硬塑料管。由于线路不长，故可按允许温升条件选择导线截面，一般也能满足导线机械强度和允许电压损失要求。现以最大的支路计算电流，即 WL2 支路的 $I_{30}=9.3A$ 为依据，查《民用建筑电气设计手册》，选用三根截面 $A=2.5mm^2$ 的 BV 型聚氯乙烯绝缘电线，在 35℃时，$I_N=20A>9.3A$，满足要求。

（2）二层配电箱 2AL 电源进线导线的选择：采用 BV 型聚氯乙烯绝缘铜线穿钢管暗敷。据负荷计算结果，计算电流 $I_{30}=16.74A$，查《民用建筑电气设计手册》，选用五根截面 $A=6mm^2$ 的 BV 型聚氯乙烯绝缘电线，在 35℃时，$I_N=30A>16.74A$，满足要求。

（3）总电源进线导线的选择。电源进线采用 380/220V 三相四线制供电，并采用地下电缆穿保护管（钢管或碳素管）进线，据负荷计算结果，计算电流 $I_{30}=33.474A$，查《民用建筑电气设计手册》，选用 VV 型截面为 $4\times16mm^2$ 的电缆，在 35℃时，$I_N=86A>33.474A$，满足要求。

（4）开关的选择。目前广泛采用小型塑壳式低压断路器（MCCB）作为照明供电的电源开关，它兼有过载、低电压和短路保护之功用。查有关设计手册或产品目录，支线可选用 TIB1-63/IP C16 型，$I_N=16A$ 的自动开关；各层配电箱电源进线可选用 TIB1-63/3P C25 型，$I_N=25A$ 的自动开关，总电源进线可选用 TIB1-63/4P C50 型，$I_N=50A$ 的自动开关。

6. 绘制照明平面布置图

建筑照明平面布置图的绘制方法可参考有关规定绘制，本案例的照明平面布置图如图 10-17 所示。

案例 2

某办公大楼，共 16 层，层高 3.6m，办公区设置中央空调系统，小开间办公室每面墙上要求布置两组单相五孔插座，大开间要求 6～8 组；插座回路应选择防电击漏电断路器（带剩余电流保护的断路器），额定漏电动作电流为 30mA。

1. 电光源及灯具的选择

查产品目录，办公室、门厅和走廊都选用节能型荧光灯。因本例属于高层建筑，按有关规定，电梯厅（消防电梯门厅、走廊前室）、疏散楼梯间及走廊等处应设置应急照明和疏散指示标志。

2. 确定布置灯具方案和进行照度计算

计算过程略，布灯方式如照明平面图 10-19、图 10-20 所示。

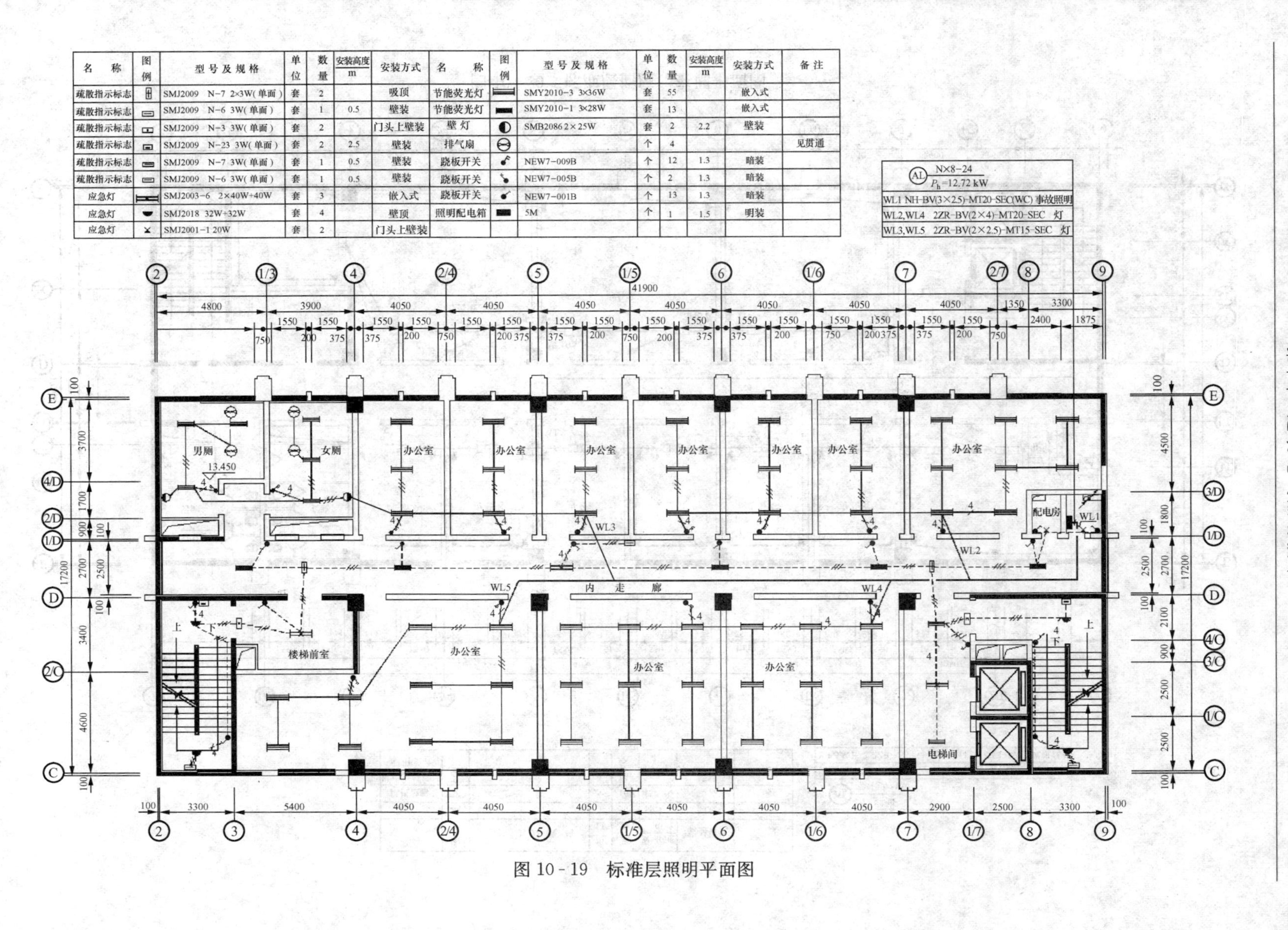

名称	图例	型号及规格	单位	数量	安装高度 m	安装方式	名称	图例	型号及规格	单位	数量	安装高度 m	安装方式	备注
疏散指示标志		SMJ2009 N-7 2×3W(单面)	套	2		吸顶	节能荧光灯		SMY2010-3 3×36W	套	55		嵌入式	
疏散指示标志		SMJ2009 N-6 3W(单面)	套	1	0.5	壁装	节能荧光灯		SMY2010-1 3×28W	套	13		嵌入式	
疏散指示标志		SMJ2009 N-3 3W(单面)	套	2		门头上壁装	壁灯		SMB2086 2×25W	套	2	2.2	壁装	
疏散指示标志		SMJ2009 N-23 3W(单面)	套	2	2.5	壁装	排气扇			个	4			见贯通
疏散指示标志		SMJ2009 N-7 3W(单面)	套	1	0.5	壁装	跷板开关		NEW7-009B	个	12	1.3	暗装	
疏散指示标志		SMJ2009 N-6 3W(单面)	套	1	0.5	壁装	跷板开关		NEW7-005B	个	2	1.3	暗装	
应急灯		SMJ2003-6 2×40W+40W	套	3		嵌入式	跷板开关		NEW7-001B	个	13	1.3	暗装	
应急灯		SMJ2018 32W+32W	套	4		壁顶	照明配电箱		5M	个	1	1.5	明装	
应急灯		SMJ2001-1 20W	套	2		门头上壁装								

图 10-19 标准层照明平面图

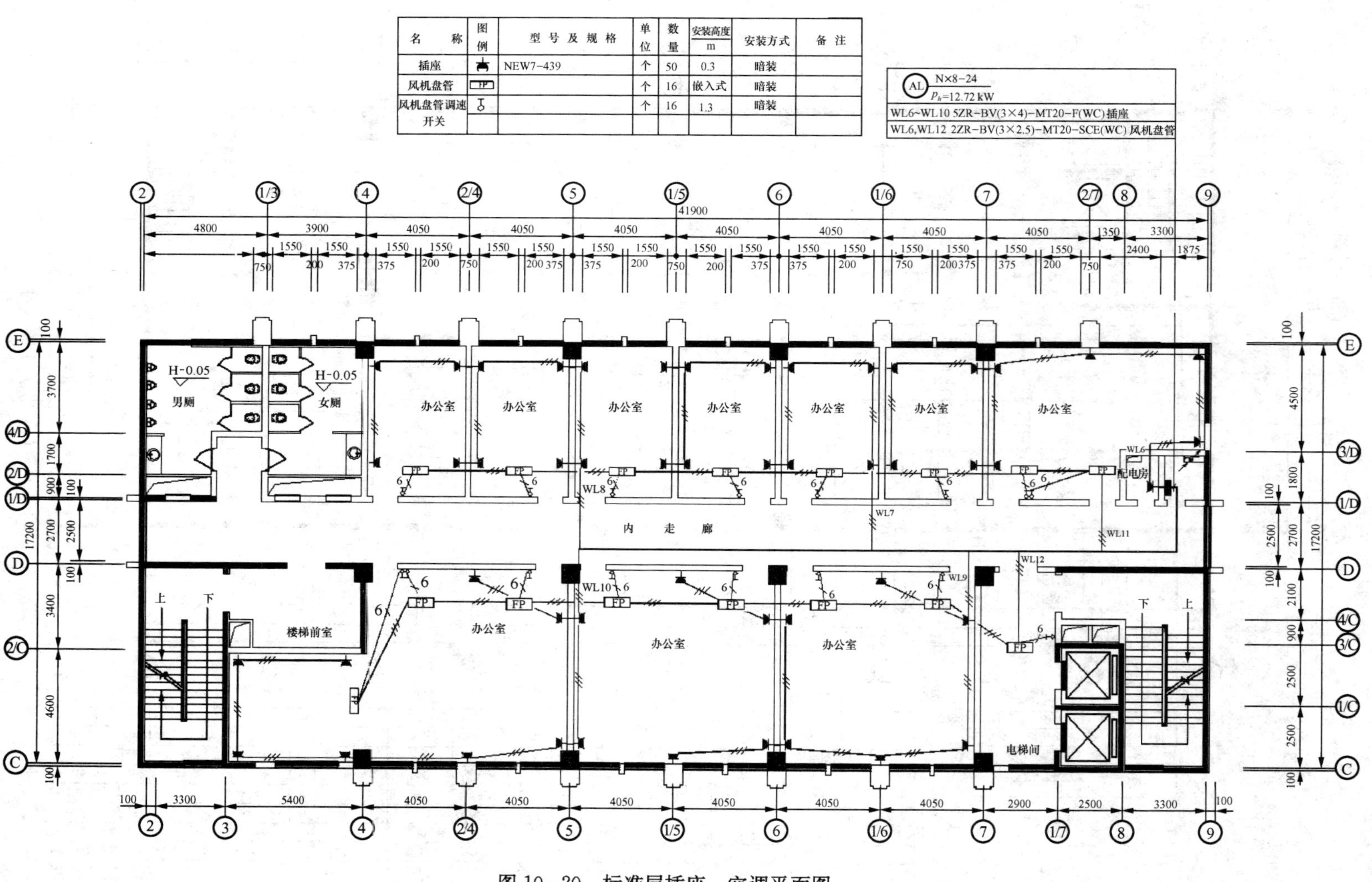

名称	图例	型号及规格	单位	数量	安装高度 m	安装方式	备注
插座		NEW7-439	个	50	0.3	暗装	
风机盘管	FP		个	16	嵌入式	暗装	
风机盘管调速开关			个	16	1.3	暗装	

图 10-20 标准层插座、空调平面图

一般照明灯具在办公室内作均匀布置。应注意以下几点：

(1) 应充分考虑到建筑和结构的特点（例如装修方式以及结构主梁、井字梁等）给灯具布置带来的影响；灯具布置应做到整齐、美观。

(2) 荧光灯灯具的纵轴宜与水平视线平行，不宜将灯具布置在工作位置的正前方，大开间办公室采用与外窗平行的布灯形式。

(3) 电梯厅（消防电梯前室）、疏散楼梯间及走廊等处设置的疏散照明，其地面最低照度不应低于 0.5lx。疏散用应急照明灯宜设在墙面或顶棚上，安全出口标志（EXIT）宜设在出口的顶部，疏散走道的指示标志宜设在疏散走道及起转弯角处距地面 1.00m 以下的墙面上，走道疏散标志灯的间距不应大于 20m。

3. 确定照明供电方式和照明线路的布置方式

照明线路的布置方式见图 10 - 19、图 10 - 20，一般均匀照明的照明供电方式见图 10 - 21。

注：办公室内灯具可按开间控制，也可按与外窗平行方向分组控制；走廊内灯具可采用一灯一控；楼梯间休息平台灯具宜采用双控开关或声、光控延时开关控制。

疏散照明宜采用带有蓄电池的应急照明灯时，供电电源可接自本层分配电盘的专用回路上或接自本层防灾专用配电盘。墙面上的疏散指示标志灯具（一般安装高度为 0.5m）的配电应增加一根 PE 线。

4. 计算照明负荷

其计算方法与案例 1 同，此例略。

5. 选择照明线路的导线和开关

其选择过程略，结果见系统图 10 - 21。

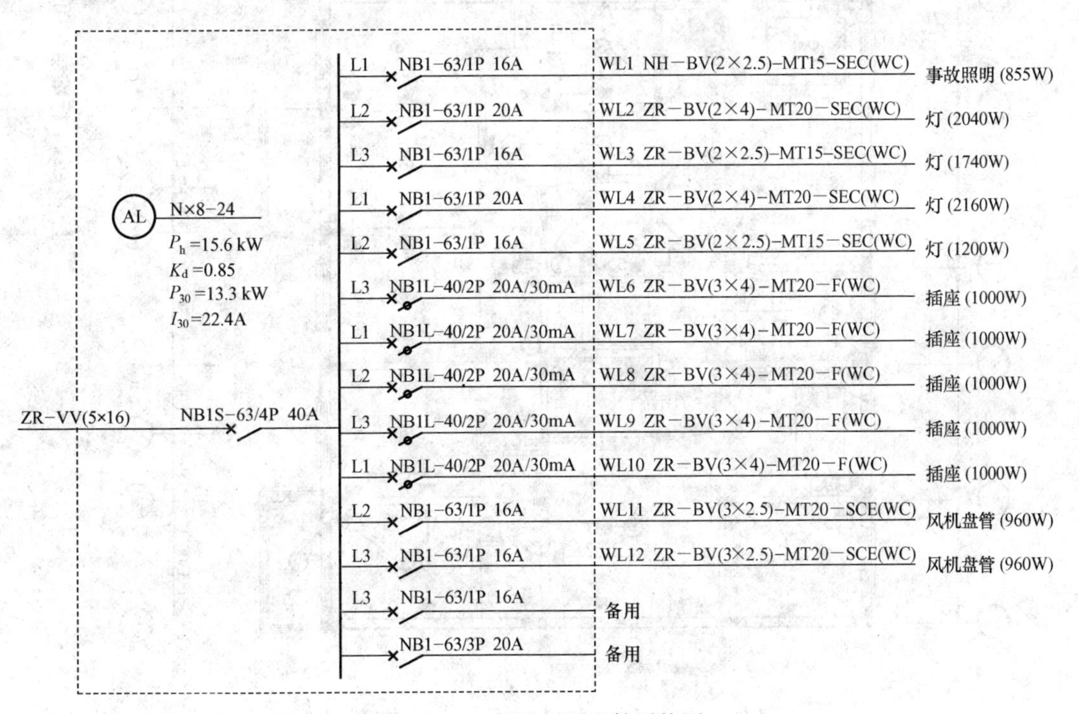

图 10 - 21 标准层配电箱系统图

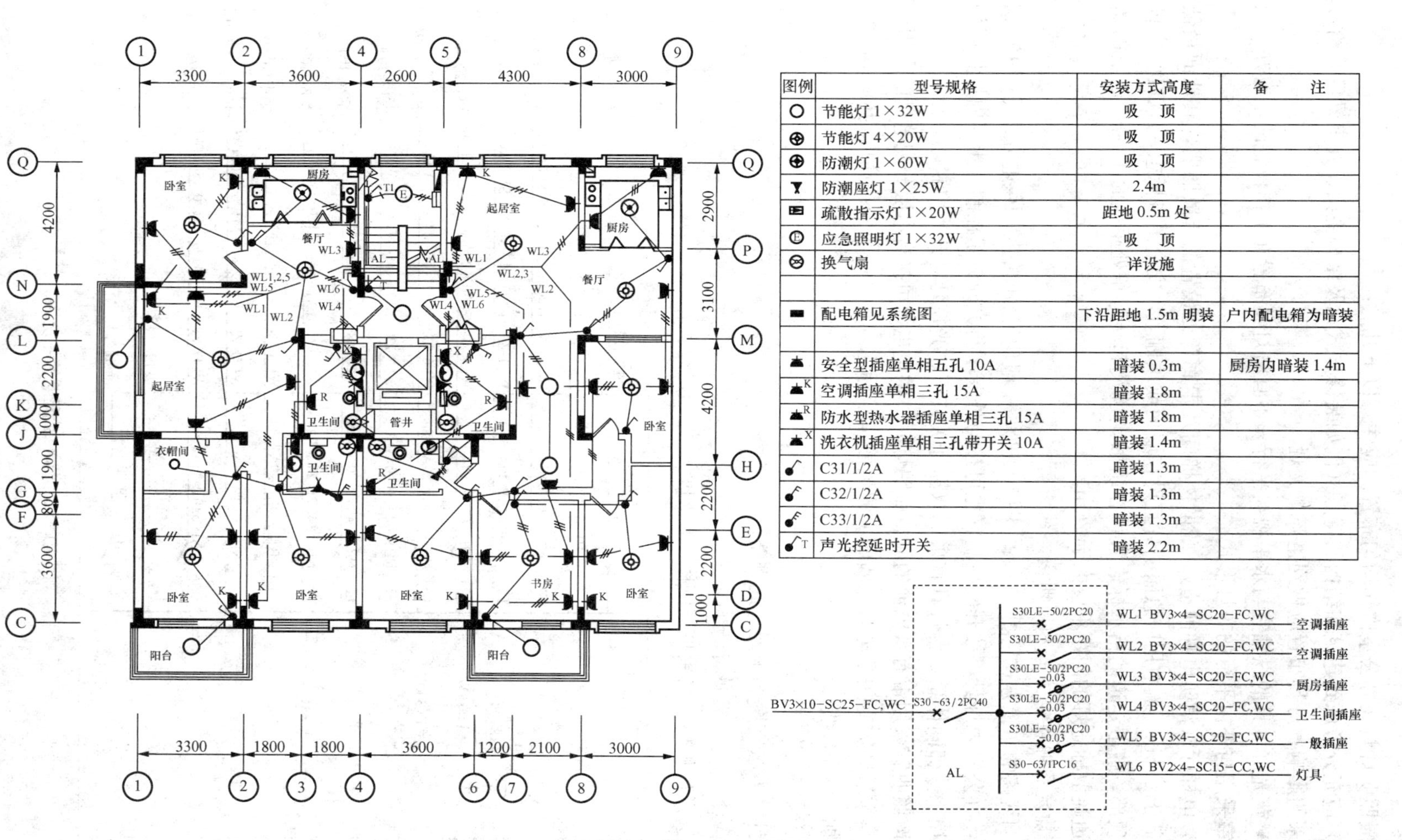

图例	型号规格	安装方式高度	备注
	节能灯 1×32W	吸顶	
	节能灯 4×20W	吸顶	
	防潮灯 1×60W	吸顶	
	防潮座灯 1×25W	2.4m	
	疏散指示灯 1×20W	距地 0.5m 处	
	应急照明灯 1×32W	吸顶	
	换气扇	详设施	
	配电箱见系统图	下沿距地 1.5m 明装	户内配电箱为暗装
	安全型插座单相五孔 10A	暗装 0.3m	厨房内暗装 1.4m
	空调插座单相三孔 15A	暗装 1.8m	
	防水型热水器插座单相三孔 15A	暗装 1.8m	
	洗衣机插座单相三孔带开关 10A	暗装 1.4m	
	C31/1/2A	暗装 1.3m	
	C32/1/2A	暗装 1.3m	
	C33/1/2A	暗装 1.3m	
	声光控延时开关	暗装 2.2m	

图 10-22 标准层照明平面图、图例、户配电箱系统图

6. 绘制照明平面布置图

绘制照明平面布置图见图 10-19、图 10-20。

案例 3

住宅楼照明设计。

某开发公司小高层住宅楼一梯两户，共十一层，楼梯间内设置有强、弱电的电气竖井。本住宅照明设计应在满足照度标准和照明质量的基础上，注重照明节能，大力推广节能型光源和电子镇流器等节能产品，实施绿色照明。

(1) 电光源及灯具的选择及布置。

卧室、起居室、餐厅、阳台选用相应规格的节能灯，吸顶安装；

厨房内选用防潮灯，且与餐厅所用的照明光源显色性一致或近似；

卫生间内安装防潮灯座，一般翘板开关按规范要求可设于卫生间门外，本例中安装于卫生间内，但采用了防水型面板；

楼梯间灯具采用声、光控延时开关控制，以节省电能；

因本例属于高层建筑，故楼梯间内还设置了应急照明灯和疏散指示灯。

(2) 灯具布置方案、照明供电方式和照明线路的布置方式、照明线路的导线和开关选择结果见图 10-22（因每套都相同，所以这里只给出一套的）。

(3) 说明：

1) 本住宅楼每套住宅的空调电源插座、一般电源插座与照明采用了分回路设计，以免互相影响；

2) 厨房电源插座和卫生间电源插座均按独立回路设置；

3) 照明线路采用了塑料绝缘铜芯导线，每套住宅进户线截面为 $10mm^2$，插座分支回路截面为 $4mm^2$，灯具分支回路截面为 $2.5mm^2$。

4) 本案按照不同的用电器具选用了不同型号和规格的插座：

空调负荷较大，选择单相三孔 16A 插座；洗衣机选择单相三孔带开关 10A 插座。插座的数量、位置、高度应保证家用电器接线方便。出于安全考虑，应尽量少用多孔转换插排，可适当增加固定插座。

5) 一般插座回路均应选用带剩余电流保护的断路器，其动作电流为 30mA。但控制空调插座的低压断路器除外。

6) 每套住宅均设置了电源总断路器，采用可同时开断相线和中性线的开关电器。

7) 各户电能表规格均为 10 (40) A，采用具有远传功能的集中智能型电表，装设在地下室公共房间内。

第四节　照　明　施　工

一、室内灯具的安装方式

室内灯具的安装方式，应根据设计施工的要求确定，通常有悬吊式（又称悬挂式），吸顶式和壁装式等几种，如图 10-23 所示。

1. 悬吊式灯具安装

此方式可分为线吊式（软线吊灯）、链吊式（链条吊灯）和管吊式（钢管吊灯）。

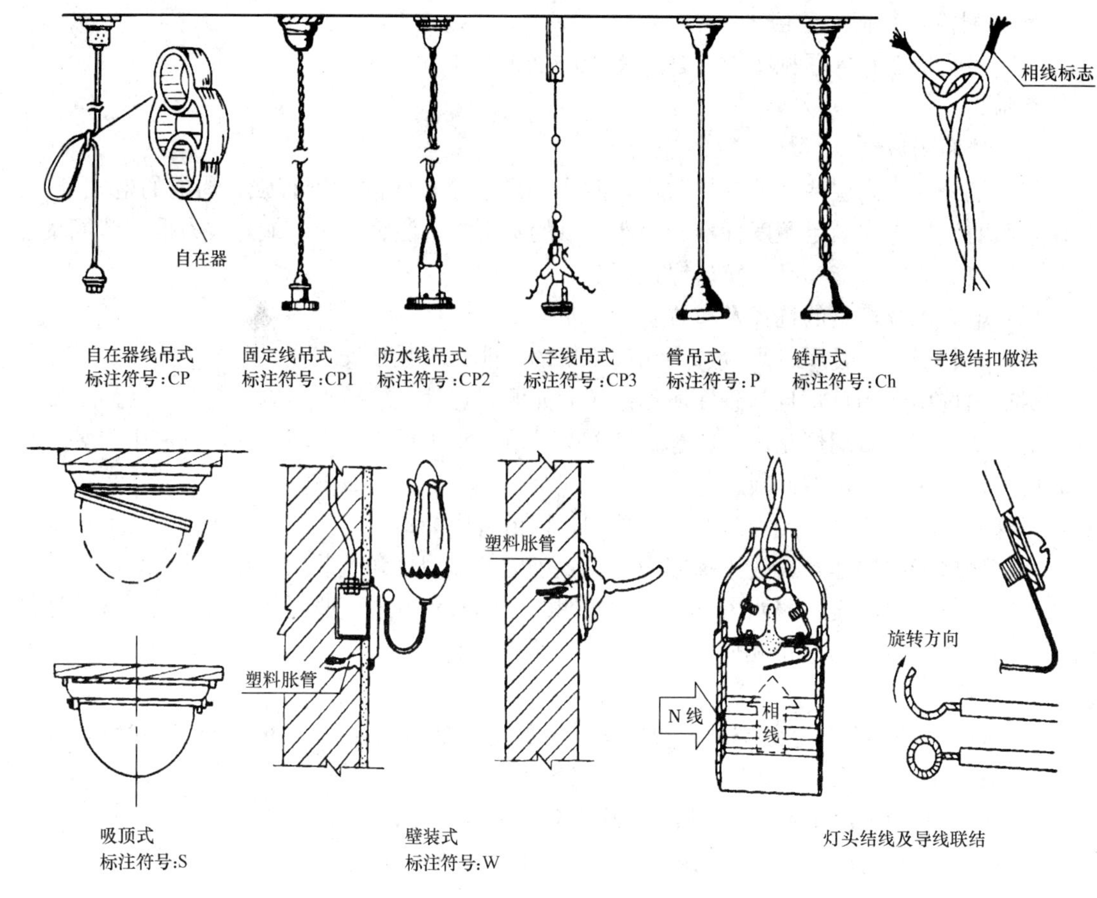

图 10-23 灯具安装方式

（1）线吊式：直接由软线承重。但由于挂线盒内接线螺钉承重较小，因此安装时，需在吊线盒内打好结，使线结卡在盒盖的线孔处。有时还在导线上采用自在器，以便调整灯的悬挂高度。软线吊灯多用于普通白炽灯照明。

软线吊灯限于 1kg 以下，超过者应加吊链。

（2）链吊式：其方法与软线吊灯相似，但悬挂质量由吊链承担，下端固定在灯具上，上端固定在吊线盒内或挂钩上。

（3）管吊式：当灯具的质量较大时，可采用钢管来悬挂灯具。

2. 嵌顶式灯具安装

其安装方式为吸顶式和嵌入式。

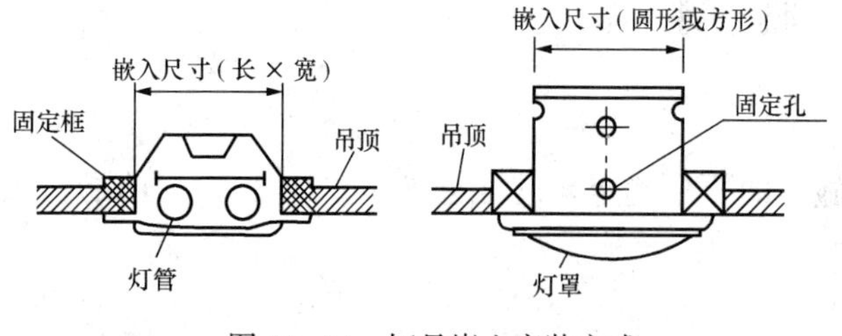

图 10-24 灯具嵌入安装方式

（1）吸顶式：是通过木台或直接用塑料胀管将灯具吸顶安装在屋面上。

（2）嵌入式：适用于室内有吊顶的场所。其方法是在吊顶制作时，根据灯具的嵌入尺寸预留孔洞，再将灯具嵌装在吊顶上，其安装方式如图 10-24 所示。

3. 壁式灯具安装

壁式灯具通常装设在墙壁或柱上。安装前应埋设木台固定件。如预埋木砖、焊接铁件或打入膨胀螺栓等，其预埋件的做法如图 10-25 所示。

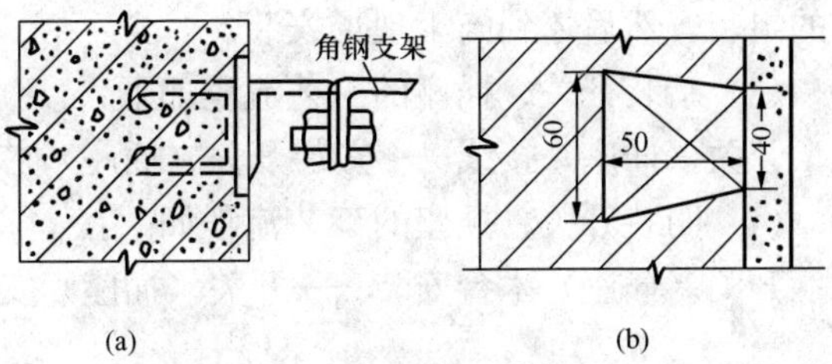

图 10-25　壁灯固定件的埋设

(a) 预埋铁件焊接角钢；(b) 预埋木砖

二、照明施工一般要求

(1) 灯具的安装高度：应符合施工验收规范的规定（详见下节）。

(2) 灯具配线最小线芯截面：应符合的施工验收规范的规定。穿入灯箱的导线在分支联结处不得承受额外应力和磨损，多股软线的端头需盘圈、挂锡。灯箱内的导线不应过于靠近热源，并采取措施。

(3) 使用螺口灯头时，应将相线（即开关控制的火线）接入螺口内的中心弹簧片上，N 线接入螺旋部分（如图 10-23 所示）。当采用双芯绵纸绝缘线时（俗称花线），其中有色花线应接相线，无花单色导线接 N 线。

(4) 固定灯具需用接线盒及木台等配件。安装木台前应预埋木台固定件或采用膨胀螺栓或塑料胀管。安装时，应先按照明器具安装位置钻孔，并锯好线槽（明配线时），然后将导线从木台出线孔穿出后，再固定木台，最后安装挂线盒或灯具。

(5) 室内照明开关一般安装在门边便于操作的位置上。拉线开关安装的高度一般离地 2～3m。扳把开关一般离地 1.3m，与门框距离一般为 150～200mm。

(6) 明插座的安装高度一般离地 1.4m，在幼儿园、小学及民用住宅明插座的高度不应低于 1.8m；暗装插座一般离地 0.3m。应根据安全需要采用带保护门的插座。同一场所安装插座高度应一致，其高差一般不应大于 5mm；成排安装的插座高差不应大于 2mm。

(7) 吊灯灯具重量超过 3kg 时，应预埋吊钩或螺栓。

(8) 吸顶灯具暗装采用木制底台时，应在灯具与底台之间铺垫石棉或石棉布。荧光灯暗装时，其附件装设位置应便于维护检修，其镇流器应采取防水和隔热措施。

三、照明器具安装施工准备

1. 材料

(1) 各种灯具、开关、插座、吊扇、电铃和电钟等。

(2) 各种木（塑料）台、各种螺丝、多种规格型号导线、焊接材料及焊锡膏等。

2. 工具

(1) 克丝钳子、电工刀、螺丝刀、电烙铁及焊锡锅等。

(2) 500V 或 1000V 的兆欧表。

3. 作业条件

(1) 建筑物内顶棚、墙面等的抹灰及表面装饰工作已经完成，并结束了场地清理工作，在房门可以关锁的情况下才能安装。

(2) 对灯具安装有妨碍的模板、脚手架等应预先拆除。

(3) 成排或对称及组成几何图形的灯具，安装前应进行测位画线。

四、照明施工的工艺流程

(1) 照明装置安装前必须清理开关、插座、灯位盒内的杂物。

（2）由于灯具种类不同，因此灯具安装施工程序也不尽相同。一般而言，应预先进行灯具的组装，然后才到施工现场安装。

（3）暗装开关、插座的工艺流程如下：

开关（插座）接线⟶安装开关（插座）芯或连同盖板⟶安装盖板。

（4）明装开关、插座的工艺流程如下：

开关（插座）木台安装⟶开关（插座）安装⟶接线。

第五节 建筑照明系统施工案例详解

案例1 平灯座安装

把瓷（胶木）平灯座与木（塑料）台固定好，根据使用场所，如用胶木平灯座时，最好使用带台座灯头。

把相线（指受控线，即来自开关的电源线），接到与平灯座中心触点相联结的结线桩上；把N线接在与灯座螺口触点相联结的结线桩上。结线时应注意防止螺口及中心触点固定螺丝松动，以免发生短路故障。

导线接好后把木（塑料）台固定在灯位盒的缩口盖上。

如果平灯座安装在潮湿场所，应使用瓷质平灯座，且木（塑料）台与建筑物墙面或天棚之间，要垫橡胶垫防潮，胶垫厚2～3mm，且应比木（塑料）台大5mm。

案例2 简式链吊荧光灯安装

（1）灯具组成：木（塑料）台与吊线盒（或带台吊线盒），荧光灯吊链、吊环、起辉器和软线等，镇流器按另行安装考虑。

（2）软线加工：根据不同需要截取不同长度的塑料软线（不宜使用花线，因在链孔内叉编困难），各联结的线端均应挂锡。

（3）灯具组装：把两个吊线盒分别与木台固定（用带台吊线盒可省掉这一工序），将吊链与吊环安装一体，把软线与吊链编花，并将吊链上端与吊线盒盖用U形铁丝挂牢，将软线分别与吊线盒结线柱和起辉器结线桩联结好，准备到现场安装。

（4）灯具安装：把电源相线（即与开关相连的镇流器的出线端）接在起辉器的吊线盒结线柱上，把零线接在另一个吊线盒结线柱上，然后把木台固定到结线盒上。

（5）安装卡牢荧光灯管，进行管脚接线，采用4mm^2塑料线的绝缘管保护导线，把导线与灯脚联结。

案例3 普通白炽灯吸顶安装

普通白炽（或LED）吸顶灯，是直接安装在室内顶棚上的一种固定式灯具。形状有圆形或半扁圆形及尖扁圆形、长方形和方形等多种。灯罩也有乳白玻璃、喷砂玻璃或彩色玻璃等制成的各种不同形状的封闭体。

（1）灯具组装：较小的吸顶灯一般常用木台组合安装，可直接到现场先安装木台，再根据灯具的结构将其与木台安装为一体。

较大些的方形或长方形吸顶灯，要先进行组装，然后再到施工现场安装，当然，也可以在现场边组装边安装。

当建筑物顶棚表面平整度较差时，灯具的安装质量将会受到影响，造成灯具与建筑物表面有缝隙。此时可以不使用木台直接安装，还可以使用空心木台，使木台四周与建筑物顶棚接触，易达到灯具紧贴建筑物表面无缝隙的标准。

（2）灯具的安装：3kg 以下的吸顶灯，应先把木台固定在预埋的木砖上，也可以用膨胀螺栓固定。超过 3kg 的吸顶灯，应把灯具（或木台）直接固定预埋螺栓上，或用膨胀螺栓固定。

在灯位盒上安装吸顶灯，其灯具或木台应完全遮盖住灯位盒。

安装有木台的吸顶灯，在确定好的灯位处，应先将导线由木台的出线孔穿出，再根据结构的不同，采用不同的方法安装。木台固定好后，将灯具底板与木台进行固定，无木台时可直接把灯具底板与建筑物表面固定，若灯泡与木台接近时（如半扁圆罩灯），要在灯泡与木台中间铺垫 3mm 厚的石棉板或石棉布隔热。

案例 4　荧光灯吸顶安装

（1）灯具组装：环形管圆形吸顶灯可直接到现场安装，较大的荧光吸顶灯（方形、长方形）一般要先进行组装，通电试验无误后再到施工现场安装。

（2）灯具安装：根据已敷设好的灯位盒（或灯位引出线）位置，确定出荧光灯的安装位置，找好灯位盒安装孔的位置（荧光灯灯箱应完全遮盖住灯位盒），在灯箱的底板上用电钻打好安装孔，并在灯箱上对着灯位盒（或灯位引出线）的位置同时打好进线孔。

长方形吸顶灯且只有一端设置灯位盒时，在灯箱的另一端适当位置处，打好膨胀管孔（当无灯位盒时，应两端打孔），使用膨胀螺栓固定灯箱。

安装时，在近线孔处套上软塑料管保护线，将电源线引入灯箱内，固定好灯箱，使其紧贴在建筑物表面上，并将灯箱调整顺直。

灯箱固定后，将电源线压入灯箱的端子板（或瓷接头）上，无端子板（或瓷接头）的灯箱，应把导线连接好，把灯具的反光板固定在灯箱上，最后把荧光灯管装好。

案例 5　开关和插座的安装

明装时，应先在定位处预埋木榫或膨胀螺栓（一般多采用塑料胀管）以固定木台，然后在木台上安装开关和插座。暗装时，应设有专用接线盒，一般是先预埋，再用水泥砂浆填充抹平，接线盒口应与墙面粉刷层平齐，待穿线完毕后再安装开关和插座，其盖板或面板应端正并紧贴墙面。

1. 开关的安装

其一般做法如图 10-26 所示。所有开关均应接在电源的相线上，其扳把接通或断开的上下位置应一致。

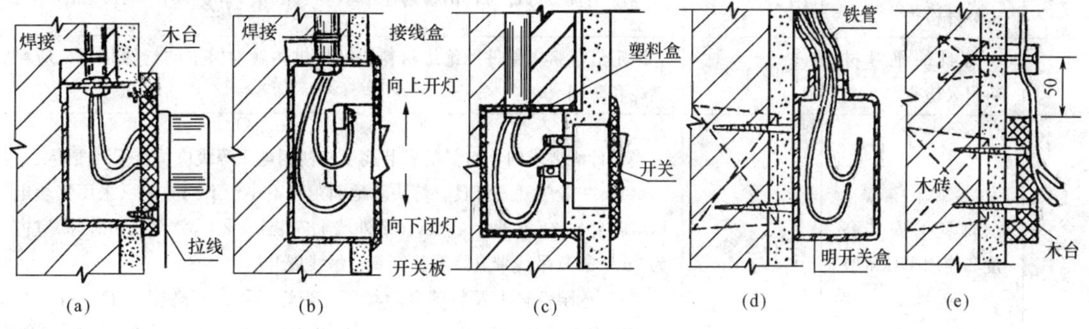

图 10-26　开关的安装

(a) 拉线开关；(b) 暗扳把开关；(c) 盒装扳把开关；(d) 明管开关或插座；(e) 明线开关或插座

2. 插座的安装

方法与安装开关相似，其插孔的极性连接应按图 10-27 的要求进行，切勿乱接。按电工们的通俗说法为“左零右火”“下零上火”当交直流或不同电压的插座安装在同一场所时，应有明显区别，并应保证不同类别的插头和插座均不能相互插入。

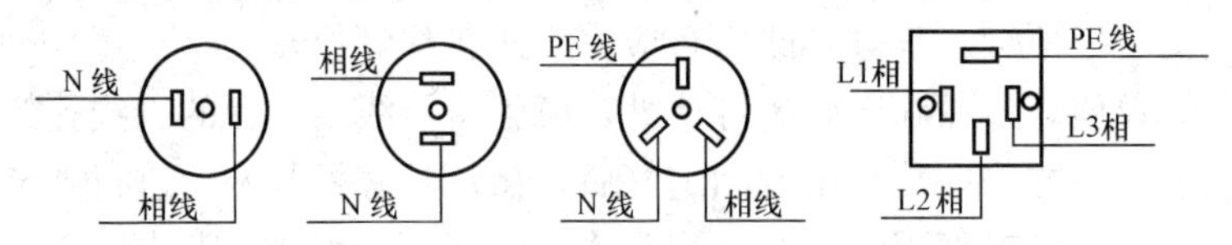

图 10-27 插座插孔的极性连接法

第六节 建筑照明工程的验收程序与质量要求*

为了保证工程安全、使用功能、人体健康、环境效益和公众利益，国家有关部门对建筑电气工程施工质量做出了控制和验收的规定。下面依据 GB 50303—2015《建筑电气工程施工质量验收规范》，介绍普通灯具施工质量的验收内容与质量要求。

一、普通灯具安装质量验收标准的内容和验收要求

1. 主要控制项目

主控项目内容及验收要求如表 10-20 所示。

表 10-20 主控项目内容及验收要求

项次	项目内容	规范编号	验收要求
1	灯具的固定	第 19.1.1 条	灯具的固定应符合下列规定： （1）灯具质量大于 3kg 时，固定在螺栓或预埋吊钩上 （2）软线吊灯，灯具质量在 0.5kg 以下时，采用软电线自身吊装；大于 0.5kg 的灯具采用吊链，且用软电线编叉在吊链内，使电线不受力 （3）灯具固定牢固可靠，不使用木楔。每个灯具固定用螺钉或螺栓不少于 2 个；当绝缘台直径在 75mm 及以下时，采用 1 个螺钉或螺栓固定
2	花灯吊钩选用、固定及悬吊装置的过载试验	第 19.1.2 条	花灯吊钩圆钢直径不应小于灯具挂销直径，且不应小于 6mm。大花灯的固定及悬吊装置，应按灯具质量的 2 倍做过载试验
3	钢管吊灯灯杆检查	第 19.1.3 条	当用钢管做灯杆时，钢管内径不小于 10mm、厚度不小于 1.5mm
4	灯具的绝缘材料耐火检查	第 19.1.4 条	固定灯具带电部件的绝缘材料以及提供防触电保护的绝缘材料，应耐燃烧和防明火
5	灯具的安装高度和使用电压等级	第 19.1.5 条	当设计无要求时，灯具的安装高度和使用电压等级应符合下列规定： （1）一般敞开式灯具，灯头对地面距离不小于下列数值（采用安全电压时除外）：①室外为 2.5m（室外墙上安装）；②厂房为 2.5m；③室内为 2m；④软吊线带升降器的灯具在吊线展开后为 0.8m （2）危险性较大及特殊危险场所，当灯具距地面高度小于 2.4m 时，使用额定电压为 36V 及以下的照明灯具或有专用的保护措施

续表

项次	项目内容	规范编号	验收要求
6	距地高度小于2.4m的灯具金属外壳的接地或接零	第19.1.6条	当灯具距地面高度小于2.4m时，灯具的可接近裸露导体必须接地（PE）或接零（PEN），并应有专用接地螺栓，且有标识

2. 一般项目

一般项目内容及验收要求见表10-21。

表10-21　一般项目内容及验收要求

<table>
<tr><th>项次</th><th>项目内容</th><th>规范编号</th><th>验收要求</th></tr>
<tr><td>1</td><td>引向每个灯具的电线线芯最小截面</td><td>第19.2.1条</td><td>引向每个灯具的电线芯最小截面应符合下表的规定
<table>
<tr><td rowspan="2" colspan="2">灯具安装的场所及用途</td><td colspan="3">线芯最小截面/mm²</td></tr>
<tr><td>铜芯软线</td><td>铜线</td><td>铝线</td></tr>
<tr><td rowspan="3">灯头线</td><td>民用建筑室内</td><td>0.5</td><td>0.5</td><td>0.5</td></tr>
<tr><td>工业建筑室内</td><td>0.5</td><td>1.0</td><td>2.5</td></tr>
<tr><td>室外</td><td>1.0</td><td>1.0</td><td>2.5</td></tr>
</table></td></tr>
<tr><td>2</td><td>灯具的外形、灯头及其结线检查</td><td>第19.2.2条</td><td>灯具的外形、灯头及其结线应符合下列规定：
（1）灯具及其配件齐全，无机械损伤、无变形、无涂层剥落和灯罩破裂等缺陷
（2）软线吊灯的软线两端做保护扣，两端芯线搪锡；当装升降器时，套塑料软管，采用安全灯头
（3）除敞开式灯具外，其他各类灯具灯泡容量在100W及以上者采用瓷质灯头
（4）连接灯具的软线盘扣、搪锡压线，当采用螺口灯头时，相线接于螺口灯头中间的端子上
（5）灯头的绝缘外壳不破损和漏电；带开关的灯头，开关手柄无裸露的金属部分</td></tr>
<tr><td>3</td><td>变电所内灯具的安装位置</td><td>第19.2.3条</td><td>变电所内，高低压配电设备及裸母线的正上方不应安装灯具</td></tr>
<tr><td>4</td><td>装有白炽灯泡的吸顶灯具隔热检查</td><td>第19.2.4条</td><td>装有白炽灯泡的吸顶灯具，灯具不应紧贴灯罩；当灯泡与绝缘台间距离小于5mm时，灯泡与绝缘台间应采取隔热措施</td></tr>
<tr><td>5</td><td>在重要场所的大型灯具的玻璃罩安全措施</td><td>第19.2.5条</td><td>安装在重要场所的大型灯具的玻璃罩，应采取防止玻璃罩碎裂后向下溅落的措施</td></tr>
<tr><td>6</td><td>投光灯的固定检查</td><td>第19.2.6条</td><td>投光灯的底座及支架应固定牢固，枢轴应沿需要的光轴方向拧紧固定</td></tr>
<tr><td>7</td><td>室外壁灯的防水检查</td><td>第19.2.7条</td><td>安装在室外的壁灯应有泄水孔，绝缘台与墙面之间应有防水措施</td></tr>
</table>

二、检查数量

(1) 主控项目2项全数检查；1、3、4、5、6项抽查10%，但少于10套时，则应全数检查。

(2) 一般项目3、5、6项全数检查；1、2、4、7项抽查10%，但少于10套时，则应全数检查。

三、质量判定

主控项目与一般项目的应检数量全部符合规定，则判为合格。

第七节　建筑物的照明智能控制与管理系统

建筑物的照明智能控制与管理系统是建筑自动化系统（Building Automation System, BAS）的一部分，它从各方面体现了“绿色照明工程”节能、高效、舒适、安全的理念。

一、智能建筑对照明系统的要求

智能建筑中，照明监控系统的任务有两个：一是为了保证建筑物内各区域的照度及视觉环境而对灯光进行的控制，即环境照度控制；二是以节能为目的的对照明设备进行的控制，以期实现最大限度的节能，即照明节能控制。

（一）环境照度控制

建筑中的视觉环境必须符合建筑师的总体构思，应与室内的色彩、家具等环境相协调。因此，除了在设计时确定灯具及其布置和照明方式外，还必须对光源（灯具）进行控制。在智能化照明系统中，通常采用以下方法对环境照度进行控制。

1. 定时控制

这种方法是事先设定好各照明灯具的开启和关闭时间，以满足不同阶段的照度需要。由于采用计算机系统作为监控装置，通常可在监控站设定，所以很容易实现这种控制。但是，这种方式灵活性较差，如遇到天气变化或临时更改作息时间，则必须修改设定的时间。

2. 合成照度控制

这种方式根据自然光的强弱，对照明灯具的发光亮度进行调节，既可充分利用自然光，达到节能的目的，又可提供一个基本不受季节和外部气候影响的、相对稳定的视觉环境。

（二）照明节能控制

从节能角度出发，需根据一定的外部情况及预定的控制规律对照明灯具进行开启或关断控制，一般有下面三种方式。

1. 区域控制

将照明范围划分为若干个区域，在照明配电盘上对应于每个区域均设开关装置，这些开关接收照明智能控制系统的控制。这样，就可根据不同区域的使用情况合理地开启或关闭该区域的照明灯具。对于未使用的区域可以用指令及时地进行关断控制，以达到节能的目的。

2. 定时控制

对有规律的使用场所，以一天为单位，设定照明程序，自动地定时开启或关断照明灯具，尽可能减少灯具长期点亮而带来的能源浪费。

3. 室内检测控制

利用光电、红外等传感器，检测照明区域内的人员活动情况，一旦人员离开该区域，照明智能控制管理系统则依照程序中预先设定的时间延时，待人员离开该区域一段时间后，自动切断照明配电盘中相应的开关装置，从而达到节能的目的。

二、建筑照明智能控制管理系统的组成

建筑照明智能控制管理系统一般由输入单元、输出单元、系统单元三部分组成。

输入单元的作用是将外界的信号转变为照明智能控制系统信号并在系统总线上传播。

输出单元的作用是在收到相关的命令后，按照命令对灯光做出相应的输出动作。

系统单元的作用是为系统提供弱电电源和控制信号载波，保证系统正常工作。

三、照明智能控制系统的控制管理对象、内容及控制方法

（一）控制管理对象及内容

(1) 室内照明：例如办公室、会议室、大厅和走廊的照明。其控制内容如下：

1）灯光场景控制。

2）动静探测器自动控制。

3）现场开关及调光控制。

4）电动设备（屏幕、窗帘等）的联动控制。

5）会议系统控制。

6）无线触摸屏图形控制。

7）消防、安防联动控制。

8）计算机集中控制。

(2) 户外照明：例如户外装饰及泛光照明用的霓虹灯、泛光灯等。其控制内容如下：

1）灯光场景自动控制。

2）灯光定时控制，分时、分期、分日、分季度自动控制。

3）根据外界光的亮度自动控制。

4）计算机集中控制。

5）回路状态监测。

6）灯具寿命计算。

（二）控制方法

1. 办公区照明

(1) 职员办公区。由于职员办公区域面积大，可以将整个职员办公区分成若干个独立的照明区域，采用场景控制开关，根据需要开关相应区域的照明。若出入口多，可采用多点控制，在每个出入口都可以开启或关闭整个办公区的所有的灯，以方便使用人员操作。同时可根据时间进行控制，比如，平时在晚上6点自动关灯，如有人加班，可切换为手动模式。

(2) 经理办公室。经理办公室是经理办公与会客的主要区域，功能多样，所以采用多种可调光源，通过系统预设照明回路的不同明暗搭配，产生各种灯光视觉效果，创造出所需要的灯光环境（如办公、会客、休闲等多种灯光场景）。操作时，只需按动某一个场景按钮即可调用所需的灯光场景。

例如：经理上班时，按下控制面板上的“办公”按键，房间内的吊灯、装饰画前的射灯、办公桌上方的嵌入式日光灯以及位于柱边、墙边的定向射灯分别自动达到80%、50%、70%以及20%的照度，营造一种安静、明快，同时又不乏庄严的效果。

经理入座后，如有客人来访，经理只需拿起手边的遥控器，按下“会客”按键，吊灯照

度自动达到40%，射灯、正前方的冷光源日光灯、柱边和墙边的定向射灯以及位于房间中央的低压射灯、灯槽内灯的照度都分别达到60%、80%、50%、50%以及30%，衬托出房间的气派和明亮，营造出一种友好和欢迎的气氛。

休息时，按下“休闲”场景按键，房间内的主照明全部变暗，灯槽内的槽灯调到合适的亮度，达到休息的目的。

经理离开时，按一下“OFF”键，房间内的灯光延时数秒钟或数分钟后缓慢熄灭。

2. 会议室及多功能厅

多功能厅主席台灯光以筒灯和投光灯为主，听众席照明以吊顶灯槽、筒灯和立柱等壁灯为主。根据使用功能不同，可设立多种模式。例如：

报告模式：以突出发言人的形象为主，主席台筒灯亮度在70%～100%之间，透光灯适当开启，以不影响发言人感觉为原则；听众席以筒灯（亮度80%）为主，同时壁灯全部开启，方便与会人员记录。

投影模式：主席台只留讲解人所在位置，筒灯亮度在59%；听众席的筒灯由前排至后排逐渐增亮，壁灯全部开启，增加对投影仪的红外控制。

研讨模式：所有灯光全部开启，亮度90%～100%。

入场模式：听众席灯槽、筒灯和立柱壁灯全部开启，亮度100%，主席台筒灯亮度50%。

退场模式：听众席灯槽、筒灯和立柱壁灯全部开启，亮度100%。

备场模式：主席台与听众席筒灯亮度均在70%左右。

以上所有模式场景变换，均可设置淡入、淡出时间为1～100s可调，保持场景切换不影响会议进程和视觉效果。

为方便工作人员平时进出场，在多功能厅外设置两键开关，当需要进入时，只需点击进入开关，室内自动打开部分灯光，满足可视效果；当清场结束关门后，只需点击清场开关，即可关闭所有灯具及电动设备。

3. 辅助区照明

（1）大厅。人员进出较多的时段（如上、下班），打开大厅全部回路的灯光，方便人员进出。人员进出较少时段，打开部分回路的灯光。

此区域照明控制集中在相关的管理室，由工作人员根据具体情况控制相应的照明。操作方式既可以现场就地控制，也可由中央监控计算机控制，还可设置时间控制。

（2）走廊、楼梯间和洗手间。采用自动照明控制，正常工作时间全开，非工作时间改为减光照明，节假日时可只亮少量灯。各出入口有手动控制开关，可根据需要手动就地控制灯具的开、关；也可采用红外移动控制方式，人来开灯，人走后延时关灯。

4. 户外照明

（1）停车场及停车场入口照明。停车场入口处安装照明智能控制系统开关，用于车库灯光照明的手动控制。平时车库照明处于自动控制状态。

车库照明根据使用情况分为几个状态：

车辆进出繁忙时，车库照明处于全开状态。白天，由于有日光，可适当降低照度以节能。

平时只开车道灯，如需观察车辆，可就地开启局部照明，经延时后关闭。

为便于管理，根据实际照明及车辆的使用情况，又可将一天的照明分成几个时段，例如上午、中午、下午、晚上和深夜五个时段。通过软件的设置，在这些不同时段内，自动控制灯具开闭的数量。这样既使灯光的照明得到了有效的利用，又大大地减少了电能的浪费，且保护了灯具，延长了灯具的使用寿命。如有特殊需要，可在管理室用按键开关手动开启或关闭照明。当符合自动控制的要求时，系统会自动恢复到自动运行状态，无须手动复位。

（2）建筑物户外景观照明。景观照明是为表现建筑物的造型特色、艺术特点、功能特征和周围环境而布置的照明，通常在夜间使用，利用各种泛光照明灯具照射建筑物的立面，让夜幕衬托出建筑物明亮的轮廓，产生出不同于白天的视觉效果。可通过软件方式编制景观照明的定时程序，例如分为平时照明景观、节假日照明景观、重大活动照明景观等。每天的照明场景自动开启时，又可分别划分出18：00、20：00、22：00、00：00、07：00五个时段的照明控制效果，以求变化和新颖。全部过程均可由计算机自动控制。

习题

案例

10-1　试述下列常用光度量的定义及其单位：

（1）光通量；（2）发光强度（光强）；（3）照度；（4）亮度。

10-2　常见的照明方式和照明种类有哪些？

10-3　我国现行照度标准中的照度值指的是什么照度？教室及教室黑板的照度标准值是多少？40W白炽灯下1m远处的照度大约是多少？

10-4　衡量照明质量的指标主要有哪些？

10-5　眩光的种类有哪几种？如何限制各种眩光？

10-6　什么是光源的显色性？如何表示？日光的显色指数为100，则白炽灯、荧光灯的显色指数大约为多少？哪一种光源的显色性较好？

10-7　提高照度稳定性的措施有哪些？

10-8　何谓频闪效应？如何防止频闪效应？

10-9　电光源分为哪几大类？

10-10　反映电光源工作特性的主要参数有哪些？

10-11　什么是色温和相关色温？光源色温的高低会使人产生什么感觉？

10-12　选择灯具应主要考虑哪些因素？

10-13　什么是灯具的均匀布置？什么是选择布置？室内要获得均匀照度的主要措施是什么？

10-14　某照明系统图中，配电线路旁标注有BV（3×35＋2×25）PC50-WC。试说明该式中各部分的含义。

10-15　某照明施工图中，在灯具旁标注有 $60\text{-YG2-2}\,\dfrac{2\times40\text{WXFL}}{2.6}\text{P}$，试说明该式中各部分的含义。

10-16　试画出下列设备在照明施工图中的图形符号：天棚灯、双管荧光灯、疏散指示灯、双联单控暗装开关、单相三极暗装插座、明装配电箱。

10-17 电气照明施工图主要有哪几种？各有什么用途？

10-18 简述学校、办公楼、住宅楼电气照明设计要点。

10-19 室内灯具安装方式有哪几种？

10-20 开关应接在相线上还是零线上？插座极性的联结又有何规定？

10-21 简述普通灯具安装质量验收标准内容和验收要求。

习 题

10-22 有一教室长10m、宽6m、高3.6m，课桌高为0.75m，拟用16套YG2-2型荧光灯具作室内一般照明。试初步确定灯具的布置方案。

10-23 试为你所在的教室和宿舍重新进行照明设计。

第十一章　城网小区规划及施工现场临时用电

本章首先概述了城网小区规划和电力负荷预测的概念，然后介绍了几种常用的电力负荷预测方法；最后着重介绍了建筑施工现场供配电的特点和施工现场电力供应平面布置图。

第一节　城网小区规划*

一、城网小区

城网小区是城市小区电力网的简称。城网小区规划是城市规划的一个重要组成部分。城市小区供电规划应与城市小区的发展规划密切配合。城网小区规划应根据小区发展阶段的负荷预测和电力平衡的原则，对电力部门提出具体的供电需求。城网小区规划应从实际出发，调查分析供电现状，研究负荷增长规律；按照新建与改造相结合，近期与远期相结合的原则，统一规划，分步实施。

进行城网小区规划应取得下列基础资料：城市规划资料；当地自然资料，包括气象、地质、水文、地形等；动力资料，包括当地电力系统现状及其发展资料、水力及热力资源状况等。

城网小区规划文件一般由说明书和图纸两部分组成，主要包括规划小区电网的具体供电范围、负荷密度和建设高度等控制指标、工程管线规划、总平面布置图等。

二、城网小区规划的基本要求

城网小区规划应满足下列基本要求：

（一）供电可靠性

根据负荷的级别、性质、密度、大小等因素确定供电可靠性。对不同时期的具体要求，应统筹规划，但可逐步提高。

首先应满足小区内重要负荷对供电可靠性的要求。对于较大的城市电网，可考虑当一个变电所停电时，通过切换操作能继续供电，且不会过负荷，不必限电。对于城市中心区的低压配电线路，当一台变压器或一条低压干线停电时，能由邻近的线路接着带上全部或大部分负荷。

（二）经济效益

城网小区规划的经济效益包括供电部门的财务性经济效益和小区用户的社会性经济效益。其主要内容为：

（1）各个规划时期的综合供电能力，以及新增每千瓦供电能力所需要的投资。

（2）各个规划时期网架结构预期达到的供电可靠性水平（例如能减少的用户年停电小时数等）。

（3）充分利用和改造旧设备可取得的经济效益。

（4）城网改造后，提高电压质量和降低线路损耗（一般简称为线损）所带来的经济效益。

（5）改造后的城网与系统电力网相互配合所获得的经济效益。

（6）促进城市建设和环境保护而产生的社会经济效益，例如加速市政建设，节约用地，美化了城市，有利于招商引资等。

（三）适应性

远期规划中的不确定因素较多，宜建立一个适应性较好的规划网架。例如：线路走向、变配电所占地和土建设施等宜按远期规划一次到位；而主变压器、线路回数等则可分期建设。这样做，即使负荷增长速度变化，只影响网架建设的进度，仍可保持网架格局基本不变。

（四）规划年限

一般而言，城网规划的年限为：近期—5年、中期—10年、远期—20年。近期规划主要解决当前存在的问题，它是年度计划的依据；中期规划应着重于向规划网架的过渡，并对大型建设项目做可行性研究，中期规划具有承上启下的作用，应注意与近期规划及远期规划之间的过渡和衔接。

（五）城网小区规划设计

城网小区规划设计的主要内容有：

（1）对小区网架现状的分析（存在的问题，改造和发展的重点等）。

（2）对小区各项用电指标的预测，确定小区的负荷和负荷密度等。

（3）选择供电电源点，进行电力负荷平衡。

（4）进行网络结构设计、方案比较及有关的计算（例如：供电可靠性、无功功率补偿、电压调整以及自动化程度等）。

（5）列出主要设备及材料表，并作投资概算。

（6）确定变电所位置、线路走廊及其分期建设的步骤。

（7）分析综合经济效益。

（8）编制城网小区规划说明书，绘制总平面图。

第二节 电力负荷的预测*

一、电力负荷预测的意义和分类

电力负荷的预测是搞好供用电工程规划设计的基础和依据。它对变配电所的设备容量、供配电线路的电压等级及线路的选择等都至关重要。电力负荷的预测也是搞好系统能量平衡和电能节约的前提，它有助于供电部门正确指导用电单位科学合理地使用电能。

电力负荷预测可分为近期（1～2年）、中期（5～10年）和远期（10年以上）。考虑到预测中的各种不确定因素，预测数字也可用高、低两个值表示。

二、电力负荷预测需收集的资料

电力负荷预测应在调查分析的基础上进行，应充分研究本地区负荷用电量的历史和发展规律，并可参考同类城市或地区的相关资料。

电力负荷预测需收集的资料主要有：

（1）城市建设总体规划中有关人口、产值或产量、收入和消费水平等方面的资料。

（2）市计委等有关部门提供的发电、用电发展规划，特别是重点工程的有关资料。

（3）过去和现在的用电资料，例如典型的负荷曲线、大用户的产品产量和单耗等。

（4）用户的用电申请，计划新增用电的情况。

(5) 现有供电设备过负荷的情况，因限电所造成的损失情况。

(6) 当地的气候情况及其他相关资料。

三、电力负荷预测的方法

预测电力负荷的方法很多，下面介绍几种常用的方法。

1. 单位产品耗电量法（简称单耗法）

将企业年产量 A 乘以单位产品耗电量 a，即可得到企业全年的需用电量，即

$$W_a = Aa \tag{11-1}$$

各类工厂的单位产品耗电量 a，可由有关设计单位根据实测统计资料确定，也可查有关设计手册。部分工厂的单位产品耗电量参考值如表 11-1 所示。

表 11-1　部分工厂的单位产品耗电量参考值

序号	产品名称	产品单位	单位产品耗电量/kWh
1	有色金属铸造	t	600～1000
2	铸铁件	t	300
3	锻铁件	t	30～80
4	拖拉机	台	5000～8000
5	汽车	辆	1500～2500
6	工作母机	t	1000
7	重型机床	t	1600
8	轴承	套	1～4
9	量具、刃具	t	6300～8500
10	电表	只	7
11	并联电容器	kvar	3
12	电力变压器	kVA	2.5
13	电动机	kW	14
14	纱	t	40
15	橡胶制品	t	250～400
16	合成铵（工艺单耗）	t	1600
17	电石（工艺单耗）	t	3650
18	烧碱（直流单耗）	t	2450
19	电解铝（交流单耗）	t	20000
20	硅铁（含硅 75%）（工艺单耗）	t	9500
21	电炉钢（冶金行业）（工艺单耗）	t	700
22	电炉钢（机械行业）（工艺单耗）	t	800

2. 负荷密度法

将建筑面积 B（m^2）乘以负荷密度 b（W/m^2），即可得到有功计算负荷 P_{30}（kW）

$$P_{30} = Bb \times 10^{-3} \tag{11-2}$$

于是，全年的需用电量

$$Wa = P_{30} \times T_{max} \tag{11-3}$$

式中　T_{max}——年有功负荷利用小时，其定义详见第三章。

各类建筑的负荷密度 b，可由有关设计单位根据实测统计资料确定，也可查有关设计手册。部分用电单位的负荷密度参考值如表 11-2 所示。

表 11-2 部分用电单位的负荷密度参考值

序号	用电单位名称	负荷密度①	序号	用电单位名称	负荷密度①
1	机械加工车间（照明）	7～10	21	医院、托儿所、幼儿园（照明）	9～12
2	机修电修车间（照明）	7.5～9	22	学校（照明）	12～15
3	木工车间（照明）	10～12	23	俱乐部（照明）	10～13
4	铸造车间（照明）	8～10	24	商店（照明）	12～15
5	锻压车间（照明）	7～9	25	浴室、更衣室、厕所	6～8
6	热处理车间（照明）	10～13	26	一般住宅或小家庭公寓	5.91～10.70（7.53）
7	表面处理车间（照明）	9～11	27	中等家庭公寓	10.76～16.14（13.45）
8	焊接车间（照明）	7～10	28	高级家庭公寓	21.52～26.5（25.8）
9	装配车间（照明）	8～11	29	豪华家庭公寓	43.04～64.5（48.4）
10	元件、仪表、装配试验厂房（照明）	10～13	30	商店	48.4～277（161.4）
11	中央试验室（照明）	9～12	31	无空调的商店	（43）
12	计量室（照明）	10～13	32	有空调的商店	（194）
13	冷冻站、氧气站、煤气站（照明）	8～10	33	餐厅、咖啡馆	（247）
14	空压站、水泵房（照明）	6～9	34	百货商店	14.5～21.5（161.4）
15	锅炉房（照明）	7～9	35	办公室	80.7～107.6（96.8）
16	材料库（照明）	4～7	36	旅馆	48.4～124（71）
17	变、配电所（照明）	8～12	37	居民住宅楼（北京）	25②
18	办公室、资料室（照明）	10～15	38	上海大厦（上海）	88.4
19	设计室、绘图室（照明）	12～18	39	白云宾馆（广州）	53.2
20	食堂、餐厅（照明）	10～13	40	长城饭店（北京）	61.2

注 ①负荷密度的单位：序号1～25，单位为 W/m^2；序号26～36，单位为 VA/m^2（括号内数字为平均值）；序号37，单位为 W/m^2；序号38～40，单位为 VA/m^2。

②按21世纪城市电网建设要求：新建住宅内配线供电能力宜满足40～50年内用电增长的需要；一般城市住宅负荷密度按不低于 $40W/m^2$ 计；直辖市、省会及经济发达地区按 $60\sim80W/m^2$ 计（据钱重耀《21世纪的中国电力工业》上海电机学会编《电力环保》. 中国电力出版社，1999年9月）。

3. 人均用电指标法

规划的人均综合用电量指标，应根据所在城市的性质、地理位置、人口规模、产业结构、经济发展水平、居民生活水平，以及当地动力资源和能源消费结构、电力供应条件、节能措施等因素，以该城市的人均综合用电量现状水平为基础，对照表11-3中相应的规划人均综合用电量赋值范围。

表 11-3 规划人均综合用电量指标

指标分级	城市用电水平分类	人均综合用电量/[kWh/（人·年）]	
		现状	规划
Ⅰ	用电水平较高城市	4501～6000	8000～10 000
Ⅱ	用电水平中上城市	3001～4500	5000～8000
Ⅲ	用电水平中等城市	1501～3000	3000～5000
Ⅳ	用电水平较低城市	701～1500	1500～3000

4. 大用户调查分析法

大用户调查分析法就是调查同行业中具有一定用电水平的有代表性的大用户，逐一横向分析比较，就可预测今后5～10年的用电水平和所需电量。一般情况下，这些大用户都有自己的5～10年发展规划，可按其发展规划预测用电量。此法也称为横向比较法，是一种深入实际，掌握第一手材料的方法。

5. 年平均增长率法

设 W_m 为第 m 年的用电量（kWh）或最大负荷（kW）；W_n 为第 n 年的用电量（kWh）或最大负荷（kW）；K 为从 n 年到 m 年即 $m-n$ 年间的年平均增长率。则 K 的计算式为

$$K(\%)=\left(\sqrt[m-n]{\frac{W_m}{W_n}}-1\right)\times 100 \tag{11-4}$$

按式（11-4）计算出 K 后，应再根据地区的发展情况进行修正，得到一个修正后的年平均增长率 K'，即可计算（预测）今后第 p 年的用电量（kWh）或最大负荷（kW）为

$$W_p=W_n(1+K')^{p-n} \tag{11-5}$$

6. 回归分析法

回归分析法是一种数理统计方法。它对大量的数据进行统计运算，从而找出描述变量间复杂关系的定量表达式。这是一种去粗取精、去伪存真、由表及里地找出事物间内在联系的科学方法。

利用回归分析法进行电量预测一般有以下三种形式：

（1）时间序列回归分析模拟法（时间序列预测法）。它将用电量视为与时间有关的预测对象，其常用的数学模型有直线型、指数型、抛物线型等。

（2）经济指标回归分析模拟法（经济指标相关分析法）。它根据用电量与国民经济指标之间的相关关系来进行电量预测。

（3）同时引进时间和经济指标的回归分析模拟法。它将用电量视为与时间和国民经济指标都有关的预测对象。

以上三种回归分析法，在预测中都只考虑一个或几个因素的影响，并假设在预测期内用电量与各因素之间的关系不发生质的变化，所需的信息较少。因此，回归分析法一般用于近期和中期的电力负荷的预测。

7. 电力弹性系数法

电力弹性系数（电力消费弹性系数）是反映电能消费与国民经济发展水平之间关系的一个宏观指标，它是指电量消费的年平均增长率与国民经济的年平均增长率的比值，即

电力弹性系数 ε = 电量消费的年平均增长率 γ/国民经济的年平均增长率 β

利用电力弹性系数预测今后的年需电量，首先需要掌握今后一段时期国民经济发展计划的国民生产总值的年平均增长速度，然后参考过去各个时期的电力弹性系数值，分析其变化规律和趋势，确定一个适当的电力消费弹性系数值 ε，即可据以计算今后某一年的年需电量。今后第 n 年的需电量计算式为

$$W_n=W_0(1+\varepsilon\beta)^n \tag{11-6}$$

式中　W_0——预测期初始的年需电量；

ε——电力弹性系数；

β——当地国民经济的年平均增长率。

表 11 - 4 为一些国家的电力弹性系数 ε 值。从该表可以看到，表中各国的电力弹性系数 ε 值都大于 1，这说明工业国家的电力工业发展速度均高于其国民经济的发展速度，即采取优先发展电力工业的方针。

表 11 - 4　一些国家的电力弹性系数 ε 值

国　家	中国	美国	苏联	日本	德国	英国
电力弹性系数 ε 值	1.73	1.89	1.30	1.20	1.70	2.40

第三节　建筑施工现场的供配电

一、概述

建筑施工现场的电力供应是保证高速度、高质量施工作业的重要前提。在施工组织设计中，必须根据施工现场用电的特点，综合考虑节约用电、节省费用以及保证安全、保证工程质量等因素，精心安排。

建筑施工现场的用电设备主要是塔式起重机、混凝土搅拌机、电动打夯机卷扬机、滤灰机、振捣器等动力设备以及照明设备，一般都采用 220/380V 电压，并采用 TN—S 系统的接地型式和两级剩余电流保护系统。建筑施工现场的环境较为恶劣，通常是露天作业，安全条件差，用电设备经常移动，负荷随工程进度变化较大（一般是基础施工阶段负荷较小，主体施工阶段负荷较大，建筑装修和收尾阶段负荷较小），并多属于临时设施（由建筑施工的工期决定，交工后，临时供电设施马上拆除），因此，建筑施工现场的供配电既要符合规范要求，又要考虑其临时性的特点，统筹兼顾，合理安排。应严格执行 GB 50194—2014《建设工程施工现场供用电安全规范》。

建筑施工现场的电源通常可采用下面几种途径解决：

（1）就近借用已有的配电变压器供电。

（2）先按图纸施工变配电所，从而取得施工电源。

（3）向供电部门提出临时用电申请，设置临时变压器。

（4）自建临时电站，例如柴油发电机等。

二、建筑施工现场的供配电设计

在作建筑施工现场的供配电设计时，应着重做好以下几方面的工作：

（1）计算建筑施工现场的用电量，选择配电变压器。

（2）确定配电变压器的位置。

（3）合理布置配电线路。

（4）计算并选择配电线路。

（5）绘制施工现场的电力供应平面布置图和系统结线图。

（6）制定安全用电的技术措施。

三、建筑施工现场的用电量计算

建筑施工现场用电量的大小是选择变压器容量的重要依据。建筑施工现场的用电量主要包括动力和照明两大部分。

计算建筑施工现场的总用电量，可采用第三章介绍的负荷计算方法，通常使用需要系数法。有时也可以按一些经验公式估算。此略。

四、施工现场的电力供应平面布置图

施工现场的电力供应平面布置图，主要应包括变压器的位置、配电线路的走向、主要配电箱（盘）和主要电气设备的位置等。

图 11-1 为某学校的施工组织平面布置图。它按一定的比例和图例，绘出了已建和拟建的所有建（构）筑物的位置和尺寸，大型机械（例如塔式起重机）的开行路线及垂直运输设施（例如卷扬机）的位置，以及材料和机具的堆放位置、生产生活设施的位置等。它是布置施工现场和进行施工准备工作的重要依据。施工现场电力供应平面布置图也是在它的基础上绘制的。

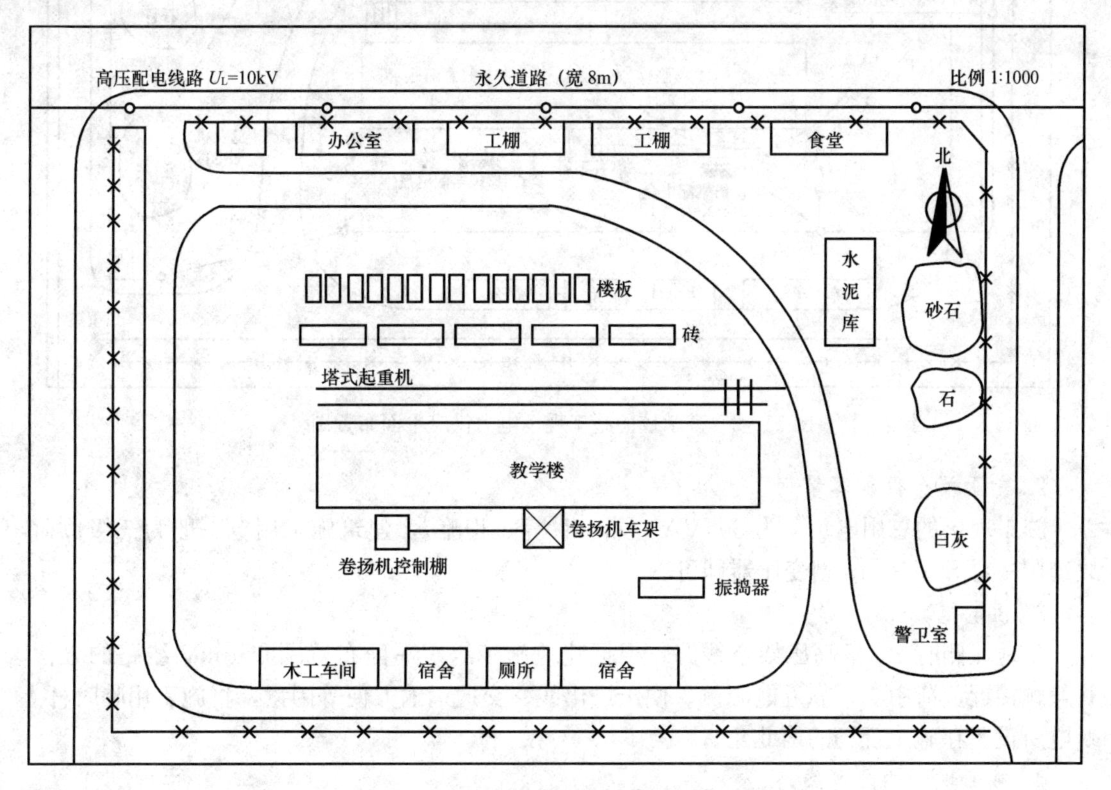

图 11-1　某学校的施工组织平面布置图

图 11-2 为某学校的施工现场电力供应平面布置图，简介如下。

1. 施工用电设备

混凝土搅拌机（400L）一台，电动机功率 10kW；

卷扬机一台，电动机功率 7.5kW；

塔式起重机一台，起重电动机功率 22kW，行走电动机功率 7.5kW×2，回转电动机功率 3.5kW，暂载率 $\varepsilon=25\%$；

滤灰机一台，电动机功率 2.8kW；

电动打夯机三台，每台电动机功率 1kW；

振捣器四台，每台电动机功率 2.8kW；以上电动机均为交流三相 380V；

照明用电约 10kW，交流 220V。

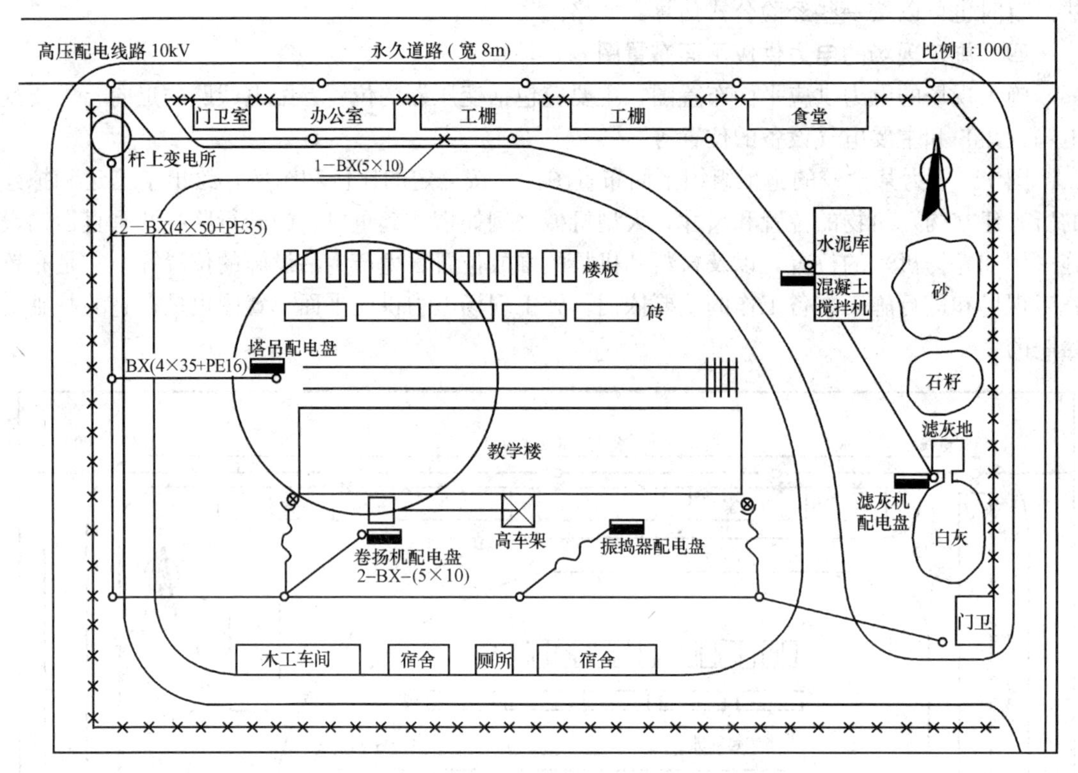

图 11 - 2　某学校的施工现场电力供应平面布置图

2. 变压器台数和容量

施工现场的总用电负荷为 80kVA 左右（计算过程略），建筑施工用电一般为三级负荷，故选用一台 S9-100/10 型变压器即可。

3. 供电电源

工地北侧有 10kV 高压架空线路。根据建筑施工组织平面布置图和 10kV 线路的方位，并兼顾接近负荷中心、靠近电源侧、便于进出线、交通运输方便等因素，将施工用临时杆上变电所设置在施工现场的西北角。

4. 施工现场的配电线路

施工现场的线路布置主要应考虑安全可靠、施工方便、节省投资、不碍交通等因素。一般采用绝缘导线架空敷设，便于向各负荷点供电，并尽量架设在道路一侧。

从图 11 - 2 中可见，配电线路分为两路干线。北路的负荷是混凝土搅拌机、滤灰机及路灯、室内照明等；另一路干线由西至南，其负荷是塔式起重机、卷扬机、电动打夯机、振捣器及路灯、投光灯、室内照明等。两路干线可分别控制，都在低压配电室的总配电盘上进行。

5. 配电线路导线截面的选择

施工现场配电线路的导线截面，一般可先按发热条件选择，然后按允许电压损耗和机械强度条件进行校验。按上述方法选择的施工现场配电线路导线截面已标注在图 11 - 2 上。

五、施工现场的电气安全

施工现场的电气安全条件差，这是建筑工程施工中发生电气事故的客观原因。建筑施工现场一般为多工种交叉作业，且到处有水泥砂浆的运输和灌注，建筑材料的水平和垂直运输增加了触碰电气线路的可能，施工现场一般都潮湿、多尘，且视觉条件较差。因此，除遵守一般的电气安全规定外，由于建筑施工现场的特殊性质，在电气安全方面应特别注意下列问题：

（1）架空线路不得使用裸线，应采用绝缘线；架空线路应有专用的电杆、横担、绝缘子等，不得成束架空敷设，严禁利用树木等作电杆使用。

（2）架空线路的档距不得大于35m，线间距不得小于30mm；架空线路与施工建筑物的水平距离不得小于1m，与地面的垂直距离不得小于6m，跨越建筑物时与其顶部的垂直距离不得小于2.5m。

（3）按国家标准GB 50194—2014《建设工程施工现场供用电安全规范》规定：配电箱应选用铁板或优质绝缘材料制作；配电箱、开关箱必须防雨、防尘；重要的配电箱应加锁；使用中的配电箱内严禁放杂物等等。但在实际中以上各条往往未被遵守，极易引发事故。

（4）施工现场内的外电高、低压架空线路，是工程开工之前就有的。为防止施工人员触电，就有一个安全距离与防护的问题。施工现场使用的电力架空线路与道路以及外电电力线路等设施的最小距离如表11-5所示。

表11-5　施工现场使用的电力架空线路与道路以及外电电力线路等设施的最小距离/m

<table>
<tr><th rowspan="2">类　别</th><th rowspan="2" colspan="2">距　离</th><th colspan="2">供用电绝缘线路电压等级</th></tr>
<tr><th>1kV及以下</th><th>10kV及以下</th></tr>
<tr><td rowspan="2">与施工现场道路</td><td colspan="2">沿道路边敷设时距离道路边最小水平距离</td><td>0.5</td><td>1.0</td></tr>
<tr><td colspan="2">跨越道路时距路面最小垂直距离</td><td>6.0</td><td>7.0</td></tr>
<tr><td>与在建工程，包含脚手架工程</td><td colspan="2">最小水平距离</td><td>7.0</td><td>8.0</td></tr>
<tr><td>与临时建（构）筑物</td><td colspan="2">最小水平距离</td><td>1.0</td><td>2.0</td></tr>
<tr><td rowspan="6">与外电电力线路</td><td rowspan="3">最小垂直距离</td><td>与10kV及以下</td><td colspan="2">2.0</td></tr>
<tr><td>与220kV及以下</td><td colspan="2">4.0</td></tr>
<tr><td>与500kV及以下</td><td colspan="2">6.0</td></tr>
<tr><td rowspan="3">最小水平距离</td><td>与10kV及以下</td><td colspan="2">3.0</td></tr>
<tr><td>与220kV及以下</td><td colspan="2">7.0</td></tr>
<tr><td>与500kV及以下</td><td colspan="2">13.0</td></tr>
</table>

如果受施工现场在建工程位置限制而无法保证规定的安全距离，则必须采取防护措施，例如设置遮栏、栅栏和悬挂警告标志牌等。不同电压等级的外电线路至遮栏、栅栏的安全距离如表11-6所示。

表 11-6　带电体至遮栏、栅栏的安全距离/cm

外电线路的额定电压/kV		1～3	6	10	35	66	110	220	330	500
线路边线至栅栏的安全距离	屋内	82.5	85	87.5	105	130	170			
	屋外	95	95	95	115	135	175	265	450	
线路边线至网状栅栏的安全距离	屋内	17.5	20	22.5	40	65	105			
	屋外	30	30	30	50	70	110	190	270	500

（5）按行业标准 JGJ 59—2011《建筑施工安全检查标准》的规定，施工现场配电应采用 TN—S 系统。

若借用的是 TT 型供电系统，则应在施工现场总配电箱进线侧作保护接地，同时从总配电箱引出专用的 PE 线至各用电设备。并且，一个施工现场的配电系统不得同时采用两种保护系统。

（6）施工现场一般环境较差，有些属于多尘和潮湿场所。因此，用电安全问题尤为重要，应特别注意实施等电位联结（前已述及，保护接地和重复接地等都可视为等电位联结的一部分，它们的作用都是利用接地导体来均衡电位，从而达到降低接触电压的效果）和装设剩余电流保护装置（RCD）等问题。

11-1　城网小区规划设计的主要内容有哪些？

11-2　电力负荷预测需收集哪些资料？

11-3　电力负荷预测的常用方法有哪几种？

11-4　施工现场的电力供应平面布置图主要应包括哪些内容？仔细对照阅读，并对图 11-1 和图 11-2 进行分析。

11-5　施工现场在电气安全方面应特别注意哪些问题？

附录A　部分常用电气设备技术数据表

附表 A-1　　RT0 型低压熔断器的主要技术数据和保护特性曲线

1. 主要技术数据

型　号	熔管额定电压/V	额定电流/A		最大分断电流/kA
		熔管	熔体	
RTD-100	交流 400 直流 440	100	30，40，50，60，80，100	50 （cosφ=0.1～0.2）
RT0-200		200	（80，100），120，150，200	
RT0-400		400	（150，200），250，300，350，400	
RT0-600		600	（350，400），450，500，550，600	
RT0-1000		1000	100，800，900，1000	

注　表中括号内的熔体电流尽量不采用。

2. 保护特性曲线（见附图 A-1）

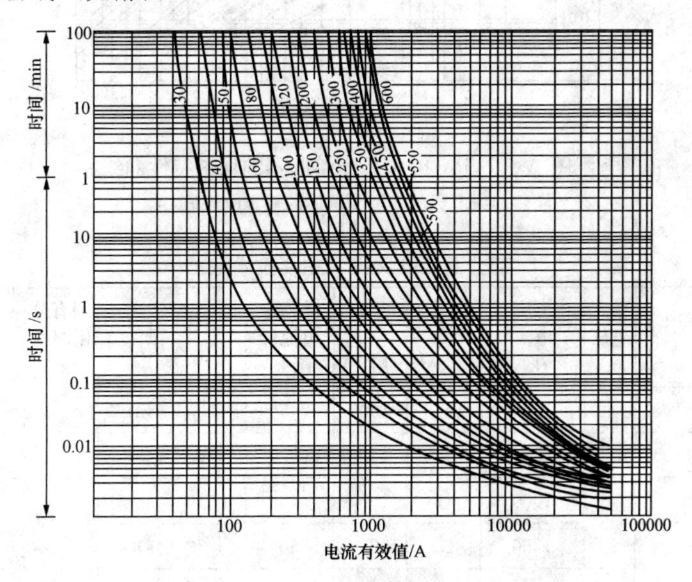

附图 A-1　RT0 型低压熔断器的保护特性曲线

注：曲线上标的数据为熔体的额定电流值/A。

附表 A-2　　RM10 型低压熔断器的主要技术数据和保护特性曲线

1. 主要技术数据

型　号	熔管额定电压/V	额定电流/A		最大分断能力	
		熔管	熔体	电流/kA	cosφ
RM10-15	交流 220，380，500 直流 220，440	15	6，10，15	1.2	0.8
RM10-60		60	15，20，25，35，45，60	3.5	0.7
RM10-100		100	60，80，100	10	0.3
RM10-200		200	100，125，160，200	10	0.35
RM10-350		350	200，225，260，300，350	10	0.35
RM10-600		600	350，430，500，600	10	0.35

2. 保护特性曲线（见附图 A-2）

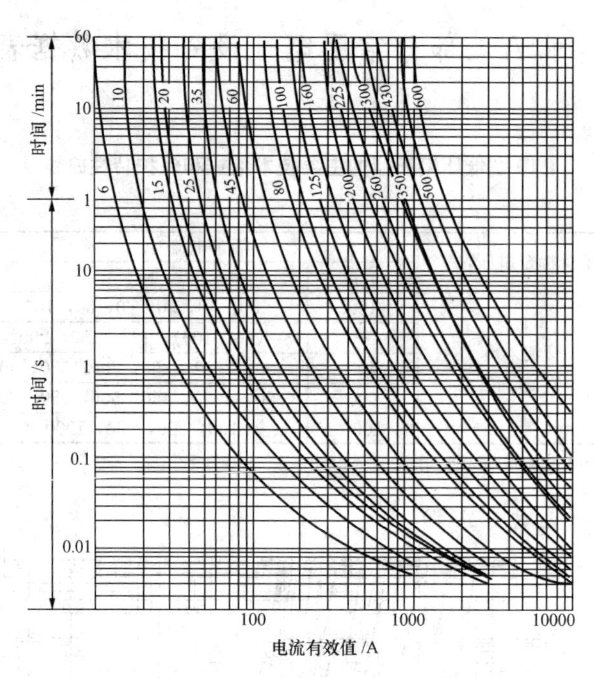

附图 A-2 RM10 型低压熔断器的保护特性曲线

注：曲线上标的数据为熔体的额定电流值/A。

附表 A-3　　部分高压断路器的主要技术数据

类别	型号	额定电压/kV	额定电流/kA	开断电流/kA	断流容量/MVA	动稳定电流峰值/kA	热稳定电流/kA	固有分闸时间/s≤	合闸时间/s≤	配用操动机构型号
少油户外	SW2-35/1000	35	1000	16.5	1000	45	16.5（4s）	0.06	0.4	CT2-XG
	SW2-35/1500		1500	24.8	1500	63.4	24.8（4s）			
少油户内	SN10-35Ⅰ	35	1000	16	1000	45	16（4s）	0.06	0.2	CT10
	SN10-35Ⅱ		1250	20	1250	50	20（4s）		0.25	CT10Ⅳ
	SN10-10Ⅰ	10	630	16	300	40	16（4s）	0.06	0.15	CT7、8
			1000	16	300	40	16（4s）		0.2	CD10Ⅰ
	SN10-10Ⅱ		1000	31.5	500	80	31.5（2s）	0.06	0.2	CD10Ⅰ、Ⅱ
	SN10-10Ⅲ		1250	40	750	125	40（2s）	0.07	0.2	CD10Ⅲ
			2000	40	750	125	40（4s）			
			3000	40	750	125	40（4s）			
真空户内	ZN23-35	35	1600	25		63	25（4s）	0.06	0.75	CT12
	ZN3-10Ⅰ	10	630	8		20	8（4s）	0.07	0.15	CD10 等
	ZN3-10Ⅱ		1000	20		50	20（2s）	0.05	0.10	
	ZN4-10/1000		1000	17.3		44	17.3（4s）	0.05	0.2	CD10 等
	ZN4-10/1250		1250	20		50	20（4s）			

续表

类别	型　号	额定电压/kV	额定电流/kA	开断电流/kA	断流容量/MVA	动稳定电流峰值/kA	热稳定电流/kA	固有分闸时间/s≤	合闸时间/s≤	配用操动机构型号
真空户内	ZN5-10/630	10	630	20		50	20（2s）	0.05	0.1	专用CD型
	ZN5-10/1000		1000	20		50	20（2s）			
	ZN5-10/1250		1250	25		63	25（2s）			
	ZN12-10/1250-25 ZN12-10/2000-25		1250 2000	25		63	25（4s）	0.06	0.1	CT8等
	ZN12-10/1250-31.5 ZN12-10/2000-31.5 ZN12-10/2500-40 ZN12-10/3150-40		1250 2000 2500 3150	31.5 31.5 40 40		80，100	31.5（4s） 40（4s）			
	ZN24-10/1250-20		1250	20		50	20（4s）	0.06	0.1	CT8等
	ZN24-10/1250-31.5 ZN24-10/2000-31.5		1250 2000	31.5		80	31.5（4s）			
	ZN63A-12	12	630、1250	16	300	40	16	0.05	0.1	自带
			630、1250	20	300	50	20			
			630、1250	25	300	63	25			
			1250、1600	31.5	500	80	31.5			
			2000、2500	31.5	500	80	31.5			
			1250、1600	40	750	100	40			
			2500、3150	40	750	100	40			
六氟化硫（SF_6）户内	LN2-35Ⅰ	35	1250	16		40	16（4s）	0.06	0.15	CT12Ⅱ
	LN2-35Ⅱ		1250	25		63	25（4s）			
	LN2-35Ⅲ		1600	25		63	25（4s）			
	LN2-10	10	1250	25		63	25（4s）	0.06	0.15	CT12Ⅰ CT8Ⅰ

附表A-4　　部分低压断路器的主要技术数据

型　号	脱扣器额定电流/A	长延时动作整定电流/A	短延时动作整定电流/A	瞬时动作整定电流/A	单相接地短路动作电流/A	分断能力	
						电流/kA	cosφ
DW10-200	100～200			1～1.5～3		10	0.4
DW10-400	100～400					15	
DW10-600	400～600					15	
DW10-1000	400～1000					20	
DW10-1500	1000～1500					20	
DW10-2500	1000～2500					30	
DW10-4000	2000～4000					40	

续表

型　号	脱扣器额定电流/A	长延时动作整定电流/A	短延时动作整定电流/A	瞬时动作整定电流/A	单相接地短路动作电流/A	分断能力	
						电流/kA	cosφ
DW15-200	100	64～100	300～1000	300～1000 800～2000	—	20	0.35
	150	98～150	—	—			
	200	128～200	600～2000	600～2000 1600～4000			
DW15-400	200	128～200	600～2000	600～2000 1600～4000	—	25	0.35
	300	192～300	—	—			
	400	256～400	1200～4000	3200～8000			
DW15-600（630）	300	192～300	1210～3000	900～3000 1400～6000	—	30	0.35
	400	256～400	1200～4000	1200～4000 3200～8000			
	600	384～600	1800～6000	—			
DW15-1000	600	420～600	1800～6000	6000～12000	—	40（短延时 30）	0.35
	800	560～800	2400～8000	8000～16000			
	1000	700～1000	3000～10000	10000～20000			
DW-1500	1500	1050～1500	4500～15000	15000～30000	—		
DW15-2500	1500	1050～1500	4500～9000	10500～21000	—	60（短延时 40）	0.2（短延时 0.25）
	2000	1400～2000	6000～12000	14000～28000			
	2500	1750～2500	7500～15000	17500～35000			
DW15-4000	2500	1750～2500	7500～15000	17500～35000	—	80（短延时 60）	0.2
	3000	2100～3000	9000～10000	21000～42000			
	4000	2800～4000	12000～24000	28000～56000			
DW16-630	100	64～100	—	300～600	50	30（380V） 20（660V）	0.25（380V） 0.3（660V）
	160	102～160		480～960	80		
	200	128～200		600～1200	100		
	250	160～250		750～1500	125		
	315	202～315		945～1890	158		
	400	256～400		1200～2400	200		
	630	403～630		1890～3780	315		
DW16-2000	800	512～800		2400～4800	400	50	
	1000	640～1000		3000～6000	500		
	1600	1024～1600		4800～9600	800		
	2000	1280～2000		6000～12000	1000		
DW16-4000	2500	1400～2500		7500～15000	1250	80	
	3200	2048～3200		9600～19200	1600		
	4000	2560～4000		12000～24000	2000		

续表

型　号	脱扣器额定电流/A	长延时动作整定电流/A	短延时动作整定电流/A	瞬时动作整定电流/A	单相接地短路动作电流/A	分断能力	
						电流/kA	cosφ
DW17-630 (ME630)	630	200～400 350～630	3000～5000 5000～8000	1000～2000 1500～3000 2000～4000 4000～8000		50	0.25
DW17-800 (ME800)	800	200～400 350～630 500～800	3000～5000 5000～8000	1500～3000 2000～4000 4000～8000		50	0.25
DW17-1000 (ME1000)	1000	350～630 500～1000	3000～5000 5000～8000	1500～3000 2000～4000 4000～8000		50	0.25
DW17-1250 (ME1250)	1250	500～1000 750～1250	3000～5000 5000～8000	2000～4000 4000～8000		50	0.25
DW17-1600 (ME1600)	1600	500～1000 900～1600	3000～5000 5000～8000	4000～8000		50	0.25
DW17-2000 (ME2000)	2000	500～1000 1000～2000	5000～8000 7000～1000	4000～8000 6000～12000		80	0.2
DW17-2500 (ME2500)	2500	1500～2500	7000～12000 8000～12000	6000～12000		80	0.2
DW17-3200 (ME3200)	3200	—	—	8000～16000		80	0.2
DW17-4000 (ME4000)	4000	—	—	10000～20000		80	0.2

附表 A-5　　爆炸危险区域的划分

类别	区域	爆炸危险区域的特征
第一类： 爆炸性 气体环境	0 区	连续出现或长期出现爆炸性气体混合物的区域
	1 区	在正常运行时可能出现爆炸性气体混合物的区域
	2 区	在正常运行时基本上不可能出现爆炸性气体混合物的区域，或即使出现也仅是短时存在的爆炸性气体混合物的区域
第二类： 爆炸性 粉尘环境	20 区	空气中的可燃性粉尘云持续地或长期地或频繁地呈现于爆炸性环境中的区域
	21 区	在正常运行时，空气中的可燃性粉尘云很可能偶尔出现于爆炸性环境中的区域
	22 区	在正常运行时，空气中的可燃粉尘云一般不可能出现于爆炸性粉尘环境中的区域，即使出现，持续时间也是短暂的

注　正常运行指正常的开车、运转、停车，易燃易爆物质产品的装卸，密闭容器盖的开闭，安全阀、排放阀，以及所有工厂设备都在其设计范围内工作的状态。

附表 A-6　　垂直管形接地体的利用系数值

1. 敷设成一排时（未计入连接扁钢的影响）

管间距离与管子长度之比 a/l	管子根数 n	利用系数 η_E	管间距离与管子长度之比 a/l	管子根数 n	利用系数 η_E
1	2	0.84～0.87	1	5	0.67～0.72
2		0.90～0.92	2		0.79～0.83
3		0.93～0.95	3		0.85～0.88
1	3	0.76～0.80	1	10	0.56～0.62
2		0.85～0.88	2		0.72～0.77
3		0.90～0.92	3		0.79～0.83

2. 敷设成环形时（未计入连接扁钢的影响）

管间距离与管子长度之比 a/l	管子根数 n	利用系数 η_E	管间距离与管子长度之比 a/l	管子根数 n	利用系数 η_E
1	4	0.66～0.72	1	20	0.44～0.50
2		0.76～0.30	2		0.61～0.66
3		0.84～0.86	3		0.68～0.73
1	6	0.58～0.65	1	30	0.41～0.47
2		0.71～0.75	2		0.58～0.63
3		0.78～0.82	3		0.66～0.71
1	10	0.52～0.58	1	40	0.38～0.44
2		0.66～0.71	2		0.56～0.61
3		0.74～0.78	3		0.64～0.69

附表 A-7　　各类建筑单位面积推荐负荷指标

省　市	建筑物名称	推荐负荷指标/（W·m^2）	备　　注
广东省	办公楼、招待所、商场	80	该指标作为建筑工程设计推荐指标的最小值
	宾馆	100	
宁波市	多层住宅	30～35	该指标作为建筑工程规划设计推荐负荷指标
	中、高层公寓	40～50	
	别墅	50～60	
	商业	40～60	
	办公	30～40	
	学校	20～40	

附表 A-8　　S9 系列、SC9 系列和 SCB10 系列电力变压器的主要技术数据

1. S9 系列电力变压器的主要技术数据

型　号	额定容量/kVA	额定电压/kV		联结组别标号	损耗/W		空载电流 I_0/%	阻抗电压 U_k/%
		一次	二次		空载 ΔP_0	负载 ΔP_k		
S9-30/10（6）	30	11，10.5，10，6.3，6	0.4	Yyn0	130	600	2.1	4
S9-50/10（6）	50	11，10.5，10，6.3，6	0.4	Yyn0	170	870	2.0	4
				Dyn11	175	870	4.5	4

续表

型　号	额定容量/kVA	额定电压/kV 一次	额定电压/kV 二次	联结组别标号	损耗/W 空载 ΔP_0	损耗/W 负载 ΔP_k	空载电流 I_0/%	阻抗电压 U_k/%
S9-63/10（6）	63	11，10.5，10，6.3，6	0.4	Yyn0	200	1040	1.9	4
				Dyn11	210	1030	4.5	4
S9-80/10（6）	80	11，10.5，10，6.3，6	0.4	Yyn0	240	1250	1.8	4
				Dyn11	250	1240	4.5	4
S9-100/10（6）	100	11，10.5，10，6.3，6	0.4	Yyn0	290	1500	1.6	4
				Dyn11	300	1470	4.0	4
S9-125/10（6）	125	11，10.5，10，6.3，6	0.4	Yyn0	340	1800	1.5	4
				Dyn11	360	1720	4.0	4
S9-160/10（6）	160	11，10.5，10，6.3，6	0.4	Yyn0	400	2200	1.4	4
				Dyn11	430	2100	3.5	4
S9-200/10（6）	200	11，10.5，10，6.3，6	0.4	Yyn0	480	2600	1.3	4
				Dyn11	500	2500	3.5	4
S9-250/10（6）	250	11，10.5，10，6.3，6	0.4	Yyn0	560	3050	1.2	4
				Dyn11	600	2900	3.0	4
S9-315/10（6）	315	11，10.5，10，6.3，6	0.4	Yyn0	670	3650	1.1	4
				Dyn11	720	3450	3.0	4
S9-400/10（6）	400	11，10.5，10，6.3，6	0.4	Yyn0	800	4300	1.0	4
				Dyn11	870	4100	3.0	4
S9-500/10（6）	500	11，10.5，10，6.3，6	0.4	Yyn0	960	5100	1.0	4
				Dyn11	1030	4950	3.0	4
		11，10.5，10	6.3	Yd11	1030	4950	1.5	4.5
S9-630/10（6）	630	11，10.5，10，6.3，6	0.4	Yyn0	1200	6200	0.9	4.5
				Dyn11	1300	5800	3.0	5
		11，10.5，10	6.3	Yd11	1200	6200	1.5	4.5
S9-800/10（6）	800	11，10.5，10，6.3，6	0.4	Yyn0	1400	7500	0.8	4.5
				Dyn11	1400	7500	2.5	5
		11，10.5，10	6.3	Yd11	1400	7500	1.4	5.5
S9-1000/10（6）	1000	11，10.5，10，6.3，6	0.4	Yyn0	1700	10300	0.7	4.5
				Dyn11	1700	9200	1.7	5
		11，10.5，10	6.3	Yd11	1700	9200	1.4	5.5
S9-1250/10（6）	1250	11，10.5，10，6.3，6	0.4	Yyn0	1950	12000	0.6	4.5
				Dyn11	2000	11000	2.5	5
		11，10.5.10	6.3	Yd11	1950	12000	1.3	5.5
S9-1600/10（6）	1600	11，10.5，10，6.3，6	0.4	Yyn0	2400	14500	0.6	4.5
				Dyn11	2400	14000	2.5	6
		11，10.5，10	6.3	Yd11	2400	14500	1.3	5.5
S9-2000/10（6）	2000	11，10.5，10，6.3，6	0.4	Yyn0	3000	18000	0.8	6
				Dyn11	3000	18000	0.8	6
		11，10.5，10	6.3	Yd11	3000	18000	1.2	6

续表

型　号	额定容量/kVA	额定电压/kV		联结组别标号	损耗/W		空载电流 I_0/%	阻抗电压 U_k/%
		一次	二次		空载 ΔP_0	负载 ΔP_k		
S9-2500/10（6）	2500	11，10.5，10，6.3，6	0.4	Yyn0	3500	25000	70.8	6
				Dyn11	3500	25000	0.8	6
		11，10.5，10	6.3	Yd11	3500	19000	1.2	5.5
S9-3150/10（6）	3150	11，10.5，10	6.3	Yd11	4100	23000	1.0	5.5
S9-4000/10（6）	4000	11，10.5，10	6.3	Yd11	5000	26000	1.0	5.5
S9-5000/10（6）	5000	11，10.5，10	6.3	Yd11	6000	30000	0.9	5.5
S9-6300/10（6）	6300	11，10.5，10	6.3	Yd11	7000	35000	0.9	5.5

2. 10kV 级 SC9 系列树脂浇注干式铜线电力变压器的主要技术数据

型　号	额定容量/kVA	额定电压/kV		联结组别标号	损耗/W		空载电流 I_0/%	阻抗电压 U_k/%
		一次	二次		空载 ΔP_0	负载 ΔP_k		
SC9-200/10	200	10	0.4	Yyn0 Dyn11	480	2670	1.2	4
SC9-250/10	250				550	2910	1.2	4
SC9-315/10	315				650	3200	1.2	4
SC9-400/10	400				750	3690	1.0	4
SC9-500/10	500				900	4500	1.0	4
SC9-630/10	630				1100	5420	0.9	4
SC9-630/10	630				1050	5500	0.9	6
SC9-800/10	800				1200	6430	0.9	6
SC9-1000/10	1000				1400	7510	0.8	6
SC9-1250/10	1250				1650	8960	0.8	6
SC9-1600/10	1600				1980	10850	0.7	6
SC9-2000/10	2000				2380	13360	0.6	6
SC9-2500/10	2500				2850	15880	0.6	6

3. 10kV 级 SCB10 系列干式电力变压器的主要技术数据

高压：10（11，10.5，6.3，6）kV；低压：0.4kV；联结组别：Dyn11 或 Yyn0；高压分接头范围：±5%

型　号	额定容量/kVA	空载损耗 ΔP_0/W	负载损耗 ΔP_k/W	阻抗电压 U_k/%	阻抗电流 I_0/%	外形尺寸/mm（长×宽×高）
SCB10-100/10	100	380	1370	4	1.6	1120×750×1100
SCB10-160/10	160	510	1850	4	1.6	1120×750×1120
SCB10-200/10	200	600	2200	4	1.4	1200×860×1150
SCB10-250/10	250	700	2400	4	1.4	1220×860×1180
SCB10-315/10	315	820	3020	4	1.2	1230×860×1190
SCB10-400/10	400	970	3480	4	1.2	1240×860×1190
SCB10-500/10	500	1100	4260	4	1	1260×860×1230

续表

型　号	额定容量/kVA	空载损耗 ΔP_0/W	负载损耗 ΔP_k/W	阻抗电压 U_k/%	阻抗电流 I_0/%	外形尺寸/mm（长×宽×高）
SCB10-630/10	630	1140	5200	6	1	1405×860×1260
SCB10-800/10	800	1340	6020	6	0.8	1425×1020×1385
SCB10-1000/10	1000	1560	7090	6	0.8	1500×1020×1470
SCB10-1250/10	1250	1830	8460	6	0.6	1580×1270×1600
SCB10-1600/10	1600	2150	10240	6	0.6	1660×1270×1655
SCB10-2000/10	2000	2910	12600	6	0.5	1800×1270×1850
SCB10-2500/10	2500	3500	15000	6	0.5	1900×1270×1990

附表 A-9　　工业用电设备组的需要系数、二项式系数及功率因数值

用电设备组名称	需要系数 K_d	二项式系数		最大容量设备台数 x[①]	$\cos\varphi$	$\tan\varphi$
		b	c			
小批生产的金属冷加工机床电动机	0.16～0.2	0.14	0.4	5	0.5	1.73
大批生产的金属冷加工机床电动机	0.18～0.25	0.14	0.5	5	0.5	1.73
小批生产的金属热加工机床电动机	0.25～0.3	0.24	0.4	5	0.6	1.33
大批生产的金属热加工机床电动机	0.3～0.35	0.26	0.5	5	0.65	1.17
通风机、水泵、空压机及电动发电机组电动机	0.7～0.8	0.65	0.25	5	0.8	0.75
非连锁的连续运输机械及铸造车间整砂机械	0.5～0.6	0.4	0.4	5	0.75	0.88
连锁的连续运输机械及铸造车间整砂机械	0.65～0.7	0.6	0.2	5	0.75	0.88
锅炉房和机加、机修、装配等类车间的吊车（ε=25%）	0.1～0.15	0.06	0.2	3	0.5	1.73
铸造车间的吊车（ε=25%）	0.15～0.25	0.09	0.3	3	0.5	1.73
自动连续装料的电阻炉设备	0.75～0.8	0.7	0.3	2	0.95	0.33
实验室用的小型电热设备（电阻炉、干燥箱等）	0.7	0.7	0	—	1.0	0
工频感应电炉（未带无功补偿装置）	0.8	—	—	—	0.35	2.68
高频感应电炉（未带无功补偿装置）	0.8	—	—	—	0.6	1.33
电弧熔炉	0.9	—	—	—	0.87	0.57
点焊机、缝焊机	0.35	—	—	—	0.6	1.33
对焊机，铆钉加热机	0.35	—	—	—	0.7	1.02
自动弧焊变压器	0.5	—	—	—	0.4	2.29
单头手动弧焊变压器	0.35	—	—	—	0.35	2.68
多头手动弧焊变压器	0.4	—	—	—	0.35	2.68
单头弧焊电动发电机组	0.35	—	—	—	0.6	1.33
多头弧焊电动发电机组	0.7	—	—	—	0.75	0.88

续表

用电设备组名称	需要系数 K_d	二项式系数		最大容量设备台数 x[①]	cosφ	tanφ
		b	c			
生产厂房及办公室、阅览室、实验室照明[②]	0.8～1	—	—	—	1.0	0
变配电所、仓库照明[②]	0.5～0.7	—	—	—	1.0	0
宿舍（生活区）照明[②]	0.6～0.8	—	—	—	1.0	0
室外照明、应急照明[②]	1	—	—	—	1.0	0

注　①如果用电设备组的设备总台数 $n<2x$ 时，则最大容量设备台数取 $x=n/2$。且按“四舍五入”修约规则取整数。

②这里的 $\cos\varphi$ 和 $\tan\varphi$ 值均为白炽灯照明数据。如为荧光灯照明，则 $\cos\varphi=0.9$，$\tan\varphi=0.48$；如为高压汞灯、钠灯照明，则 $\cos\varphi=0.5$，$\tan\varphi=1.73$。

附表 A-10　　民用建筑用电设备组的需要系数及功率因数参考值

序号	用电设备分类	需要系数 K_d	cosφ	tanφ
1	通风和采暖用电			
	各种风机，空调器	0.7～0.8	0.8	0.75
	恒温空调箱	0.6～0.7	0.95	0.33
	冷冻机	0.85～0.9	0.8	0.75
	集中式电热器	1.0	1.0	0
	分散式电热器（20kW 以下）	0.85～0.95	1.0	0
	分散式电热器（100kW 以上）	0.75～0.85	1.0	0
	小型电热设备	0.3～0.5	0.95	0.33
2	给排水用电			
	各种水泵（15kW 以下）	0.75～0.8	0.8	0.75
	各种水泵（17kW 以上）	0.6～0.7	0.87	0.57
3	起重运输用电			
	客梯（1.5t 及以下）	0.35～0.5	0.5	1.73
	客梯（2t 及以上）	0.6	0.7	1.02
	货梯输送带	0.25～0.35	0.5	1.73
	起重机械	0.6～0.65	0.75	0.88
4	锅炉房用电	0.75～0.85	0.85	0.62
5	消防用电	0.4～0.6	0.8	0.75
6	厨房及卫生用电			
	食品加工机械	0.5～0.7	0.8	0.75
	电饭锅	0.85	1.0	0
	电烤箱、电炒锅	0.7	1.0	0
	电冰箱	0.6～0.7	0.7	1.02
	热水器（淋浴用）	0.65	1.0	0
	除尘器	0.3	0.85	0.62

续表

序号	用电设备分类	需要系数 K_d	cosφ	tanφ
7	机修用电			
	修理间机械设备	0.15～0.2	0.5	1.73
	电焊机	0.35	0.35	2.68
	移动式电动工具	0.2	0.5	1.73
8	其他动力用电			
	打包机	0.2	0.6	1.33
	洗衣房动力	0.65～0.75	0.5	1.73
	天窗开闭机	0.1	0.5	1.73
9	家用电器（包括电视机、收录机、洗衣机、电冰箱、风扇、吊扇、冷热风扇、电吹风、电熨斗、电褥、电钟、电铃）	0.5～0.55	0.75	0.88
10	通信及信号设备			
	载波机	0.85～0.95	0.8	0.75
	收信机	0.8～0.9	0.8	0.75
	发信机	0.7～0.8	0.8	0.75
	电话交换台	0.75～0.85	0.8	0.75
	客房床头电气控制箱	0.15～0.25	0.6	1.33

附表 A-11　　架空裸导线的最小截面

线路类别		导线最小截面/mm^2		
		铝及铝合金线	铜芯铝线	铜绞线
35kV 及以上线路		35	35	35
3～10kV 线路	居民区	35	25	25
	非居民区	25	16	16
低压线路	一般	16	16	16
	与铁路交叉跨越挡	35	16	16

附表 A-12　　绝缘导线芯线的最小截面

线路类别		芯线最小截面/mm^2		
		铜芯软线	铜芯线	铝芯线
照明用灯头引下线	室内	0.5	1.0	2.5
	室外	1.0	1.0	2.5
移动式设备线路	生活用	0.75	—	—
	生产用	1.0	—	—

续表

<table>
<tr><th colspan="4" rowspan="2">线 路 类 别</th><th colspan="3">芯线最小截面/mm²</th></tr>
<tr><th>铜芯软线</th><th>铜芯线</th><th>铝芯线</th></tr>
<tr><td colspan="2" rowspan="5">敷设在绝缘支持件上的绝缘导线（L 为支持点间距）</td><td>室内</td><td>L≤2m</td><td>—</td><td>1.0</td><td>2.5</td></tr>
<tr><td rowspan="4">室外</td><td>L≤2m</td><td>—</td><td>1.5</td><td>2.5</td></tr>
<tr><td>2m<L≤6m</td><td>—</td><td>2.5</td><td>4</td></tr>
<tr><td>6m<L≤15m</td><td>—</td><td>4</td><td>6</td></tr>
<tr><td>15m<L≤25m</td><td>—</td><td>6</td><td>10</td></tr>
<tr><td colspan="4">穿管敷设的绝缘导线</td><td>1.0</td><td>1.0</td><td>2.5</td></tr>
<tr><td colspan="4">沿墙明敷的塑料护套线</td><td>—</td><td>1.0</td><td>2.5</td></tr>
<tr><td colspan="4">板孔穿线敷设的绝缘导线</td><td>—</td><td>1.0</td><td>2.5</td></tr>
<tr><td colspan="2" rowspan="3">PE 线和 PEN 线</td><td colspan="2">有机械保护时</td><td>—</td><td>1.5</td><td>2.5</td></tr>
<tr><td rowspan="2">无机械保护时</td><td>多芯线</td><td>—</td><td>2.5</td><td>4</td></tr>
<tr><td>单芯干线</td><td>—</td><td>10</td><td>16</td></tr>
</table>

注　GB 50096—2011《住宅设计规范》规定：住宅导线应采用铜芯绝缘线，住宅分支回路导线截面不应小于 2.5mm²。

附表 A-13　　**电力变压器配用的高压熔断器规格**

<table>
<tr><td colspan="2">变压器容量/kVA</td><td>100</td><td>125</td><td>160</td><td>200</td><td>250</td><td>315</td><td>400</td><td>500</td><td>630</td><td>800</td><td>1000</td></tr>
<tr><td rowspan="2">$I_{1N.T}$/A</td><td>6kV</td><td>9.6</td><td>12</td><td>15.4</td><td>19.2</td><td>24</td><td>30.2</td><td>38.4</td><td>48</td><td>60.5</td><td>76.8</td><td>96</td></tr>
<tr><td>10kV</td><td>5.8</td><td>7.2</td><td>9.3</td><td>11.6</td><td>14.4</td><td>18.2</td><td>23</td><td>29</td><td>36.5</td><td>46.2</td><td>58</td></tr>
<tr><td rowspan="2">RN1 型熔断器 $\frac{I_{N.FU}/I_{N.FE}}{A/A}$</td><td>6kV</td><td colspan="2">20/20</td><td colspan="2">75/30</td><td>75/40</td><td>75/50</td><td colspan="2">75/75</td><td>100/100</td><td colspan="2">200/150</td></tr>
<tr><td>10kV</td><td colspan="3">20/15</td><td>20/20</td><td colspan="2">50/30</td><td>50/40</td><td>50/50</td><td colspan="2">100/75</td><td>100/100</td></tr>
<tr><td rowspan="2">RW4 型熔断器 $\frac{I_{N.FU}/I_{N.FE}}{A/A}$</td><td>6kV</td><td colspan="2">50/20</td><td>50/30</td><td colspan="2">50/40</td><td>50/50</td><td colspan="2">100/75</td><td>100/100</td><td colspan="2">200/150</td></tr>
<tr><td>10kV</td><td colspan="2">50/15</td><td colspan="2">50/20</td><td>50/30</td><td colspan="2">50/40</td><td>50/50</td><td colspan="2">100/75</td><td>100/100</td></tr>
</table>

附表 A-14　　**10kV 常用三芯电缆的允许载流量及校正系数**

1. 10kV 常用三芯（铝芯）电缆的允许载流量

<table>
<tr><td>项目</td><td colspan="8">电缆允许载流量/A</td></tr>
<tr><td>绝缘类型</td><td colspan="2" rowspan="2">黏性油浸纸绝缘</td><td colspan="2" rowspan="2">不滴流纸绝缘</td><td colspan="4">交联聚乙烯绝缘</td></tr>
<tr><td>钢铠护套</td><td colspan="2">无</td><td colspan="2">有</td></tr>
<tr><td>缆芯最高工作温度</td><td colspan="2">60℃</td><td colspan="2">65℃</td><td colspan="4">90℃</td></tr>
<tr><td>敷设方式</td><td>空气中</td><td>直埋</td><td>空气中</td><td>直埋</td><td>空气中</td><td>直埋</td><td>空气中</td><td>直埋</td></tr>
</table>

续表

1. 10kV 常用三芯（铝芯）电缆的允许载流量

线芯截面/mm^2	16	42	55	47	59	—	—	—	—
	25	56	75	63	79	100	90	100	90
	35	68	90	77	95	123	110	123	105
	50	81	107	92	111	146	125	141	120
	70	106	133	118	138	178	152	173	152
	95	126	160	143	169	219	182	214	182
	120	146	182	168	196	251	205	246	2015
	150	171	206	189	220	283	223	278	219
	185	195	233	218	246	324	252	320	247
	240	232	272	261	290	378	292	373	292
	300	260	305	295	325	433	332	428	328
	400	—	—	—	—	506	378	501	374
	500	—	—	—	—	579	28	574	424
环境温度/℃		40	25	40	25	40	25	40	25
土壤热阻系数/(℃·m·W^{-1})		—	1.2	—	1.2	—	2.0	—	2.0

2. 电缆在不同环境温度时的载流量校正系数

电缆敷设地点		空气中				土壤中			
环境温度		30℃	35℃	40℃	45℃	20℃	25℃	30℃	35℃
线芯最高工作温度	60℃	1.22	1.11	1.0	0.86	1.07	1.0	0.93	0.85
	65℃	1.18	1.09	1.0	0.89	1.06	1.0	0.94	0.87
	70℃	1.15	1.08	1.0	0.91	1.05	1.0	0.94	0.88
	80℃	1.11	1.06	1.0	0.93	1.04	1.0	0.95	0.90
	90℃	1.09	1.05	1.0	0.94	1.04	1.0	0.96	0.92

3. 电缆在不同土壤热阻系数时的载流量校正系数

土壤热阻系数/(℃·m·W^{-1})	分类特征（土壤特性和雨量）	校正系数
0.8	土壤很潮湿，经常下雨。如湿度大于 9%的沙土；湿度大于 14%的沙—泥土等	1.05
1.2	土壤潮湿，规律性下雨。如湿度大于 7%但小于 9%的沙土；湿度为 12%～14%的沙—泥土等	1.0
1.5	土壤较干燥，雨量不大。如湿度为 8%～12%的沙—泥土等	0.93
2.0	土壤干燥，少雨。如湿度大于 4%但小于 7%的沙土；湿度为 4%～8%的沙—泥土等	0.87
3.0	多石地层，非常干燥。如湿度小于 4%的沙土等	0.75

附表 A-15　　　　LQJ-10 型电流互感器的主要技术数据

1. 额定二次负荷

铁心代号	额定二次负荷					
	0.5 级		1 级		3 级	
	阻抗/Ω	容量/VA	阻抗/Ω	容量/VA	阻抗/Ω	容量/VA
0.5	0.4	10	0.6	15	—	—
3	—	—	—	—	1.2	30

2. 热稳定度和动稳定度

额定一次电流/A	热稳定倍数	动稳定倍数
5，10，15，20，30，40，50，60，75，100	90	225
160（150），200，315（300），400	75	160

注　括号内数据，仅限老产品。

附表 A-16　　　　$GL\text{-}^{11,15}_{21,25}$ 型电流继电器的主要技术数据及其动作特性曲线

1. 主要技术数据

型号	额定电流/A	额定值		遮断电流倍数	返回系数
		动作电流/A	10 倍动作电流的动作时间/s		
GL-11/10，-21/10	10	4，5，6，7，8，9，10	0.5，1，2，3，4	2～8	0.85
GL-11/5，-21/5	5	2，2.5，3，3.5，4，4.5，5			
GL-15/10，-25/10	10	4，5.6，7，8，9，10	0.5，1，2，3，4		0.8
GL-15/5，-25/5	5	2，2.5，3，3.5，4，4.5，5			

2. 动作特性曲线（见附图 A-3）

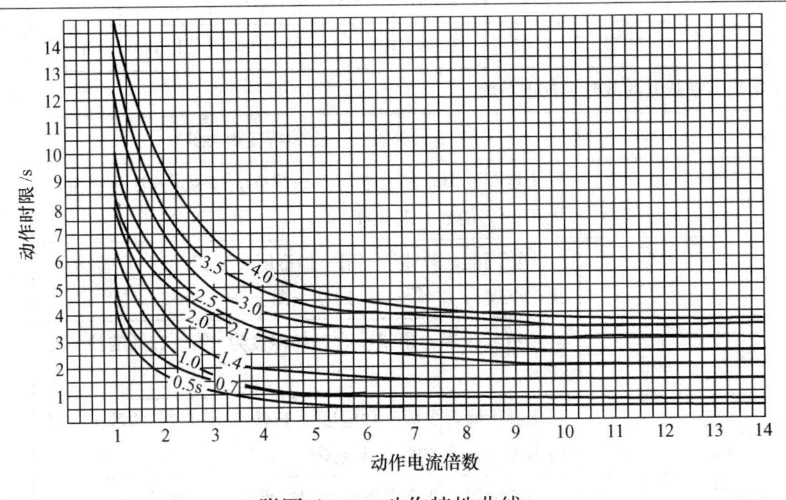

附图 A-3　动作特性曲线

注　速断电流倍数=电磁元件动作电流（遮断电流）/感应元件动作电流（整定电流）。

附表 A-17　部分旅游宾馆、饭店的变压器容量及负荷密度

名称	建筑面积/m^2	变压器容量/kVA	负荷密度	
			VA/m^2	kVA/床（房间）
上海大厦	25000	2210	88.4	
广州白天鹅宾馆	110000	6200	53.4	
北京长城饭店	67000	4100	61.2	
北京西苑饭店	62100	8000	126.6	
南京金陵饭店	68000	6400	94.1	
深圳亚洲大酒店	62500	6000	96.0	
广州中国大酒店	159000	14800	93.1	
长沙芙蓉饭店	18000	2000	111.1	12.3/房间
北京和平饭店	68570	3600	52.5	8.4/房间
成都锦江宾馆	38000	1570	41.5	
深圳西丽大厦	14700	1600	108.8	14.6/房间
北京香山饭店	40000	4800	120	
白天鹅酒家	80000	6200	77.5	
东方宾馆	80000	7600	95	
北京国际饭店	100000	7200	72	
日本世界贸易中心	153800	15000	97.5	
美国纽约世界贸易中心	840000	132000	157.1	

附表 A-18　部分企业的需要系数、功率因数及年最大有功负荷利用小时参考值

企业名称	需要系数	功率因数	年最大有功负荷利用小时数	企业名称	需要系数	功率因数	年最大有功负荷利用小时数
汽轮机制造厂	0.38	0.88	5000	量具刃具制造厂	0.26	0.60	3800
锅炉制造厂	0.27	0.73	4500	工具制造厂	0.34	0.65	3800
柴油机制造厂	0.32	0.7	4500	电机制造厂	0.33	0.65	3000
重型机械制造厂	0.35	0.79	3700	电器开关制造厂	0.35	0.75	3400
重型机床制造厂	0.32	0.71	3700	电线电缆制造厂	0.35	0.73	3500
机床制造厂	0.20	0.65	3200	仪器仪表制造厂	0.37	0.81	3500
石油机械制造厂	0.45	0.78	3500	滚珠轴承制造厂	0.28	0.70	5800

附表 A-19 **并联电容器的无功补偿率 Δq_C**

补偿前的功率因数 $\cos\varphi_1$	补偿后的功率因数 $\cos\varphi_2$								
	0.85	0.86	0.88	0.90	0.92	0.94	0.96	0.98	1.00
0.60	0.71	0.74	0.79	0.85	0.91	0.97	1.04	1.13	1.33
0.62	0.65	0.67	0.73	0.78	0.84	0.90	0.98	1.06	1.27
0.64	0.58	0.61	0.66	0.72	0.77	0.84	0.91	1.00	1.20
0.66	0.52	0.55	0.60	0.65	0.71	0.78	0.85	0.94	1.14
0.68	0.46	0.48	0.54	0.59	0.65	0.71	0.79	0.88	1.08
0.70	0.40	0.43	0.48	0.54	0.59	0.66	0.73	0.82	1.02
0.72	0.34	0.37	0.42	0.48	0.54	0.60	0.67	0.76	0.96
0.74	0.29	0.31	0.37	0.42	0.48	0.54	0.62	0.71	0.91
0.76	0.23	0.26	0.31	0.37	0.43	0.49	0.56	0.65	0.85
0.78	0.18	0.21	0.26	0.32	0.38	0.44	0.51	0.60	0.80
0.80	0.13	0.16	0.21	0.27	0.32	0.39	0.46	0.55	0.75
0.82	0.08	0.10	0.16	0.21	0.27	0.33	0.40	0.49	0.70
0.84	0.03	0.05	0.11	0.16	0.22	0.28	0.35	0.44	0.65
0.85	0.00	0.03	0.08	0.14	0.19	0.26	0.33	0.42	0.62
0.86		0.00	0.05	0.11	0.17	0.23	0.30	0.39	0.59
0.88			0.00	0.06	0.11	0.18	0.25	0.34	0.54
0.90				0.00	0.06	0.12	0.19	0.28	0.48

附表 A-20 **部分电力装置要求的工作接地电阻值**

序号	电力装置名称	接地的电力装置特点	接地电阻值
1	1kV 以上大电流接地系统	仅用于该系统的接地装置	$R_E \leqslant \frac{2000V}{I_k^{(1)}}$ 当 $I_k^{(1)} > 4000A$ 时 $R_E \leqslant 0.5\Omega$
2	1kV 以上小电流接地系统	仅用于该系统的接地装置	$R_E \leqslant \frac{250V}{I_E}$ 且 $R_E \leqslant 10\Omega$
3		与 1kV 以下系统共用的接地装置	$R_E \leqslant \frac{120V}{I_E}$ 且 $R_E \leqslant 4\Omega$

续表

序号	电力装置名称	接地的电力装置特点		接地电阻值
4	1kV以下系统	与总容量在100kVA以上的发电机或变压器相联结的接地装置		$R_E \leqslant 10\Omega$
5		上述（序号4）装置的重复接地		$R_E \leqslant 10\Omega$
6		与总容量在100kVA及以下的发电机或变压器相联结的接地装置		$R_E \leqslant 10\Omega$
7		上述（序号6）装置的重复接地		$R_E \leqslant 30\Omega$
8	避雷装置	独立避雷针和避雷线		$R_{sh} \leqslant 10\Omega$
9		变配电所装设的避雷器	与序号4装置共用	$R_E \leqslant 4\Omega$
10			与序号6装置共用	$R_E \leqslant 10\Omega$
11		线路上装设的避雷器或保护间隙	与电机无电气联系	$R_E \leqslant 10\Omega$
12			与电机有电气联系	$R_E \leqslant 5\Omega$
13	防雷建筑物	第一类防雷建筑物		$R_{sh} \leqslant 10\Omega$
14		第二类防雷建筑物		$R_{sh} \leqslant 10\Omega$
15		第三类防雷建筑物		$R_{sh} \leqslant 30\Omega$

附表 A-21　导体在正常和短路时的最高允许温度及热稳定系数

导体种类及材料			最高允许温度/℃		热稳定系数 $/A\sqrt{s}mm^{-2}$
			正常	短路	
母线	铜		70	300	171
	铜（接触面有锡层时）		85	200	164
	铝		70	200	87
油浸纸绝缘电缆	铜芯	1～3kV	80	250	148
		6kV	65	220	145
		10kV	60	220	148
	铝芯	1～3kV	80	200	84
		6kV	65	200	90
		10kV	60	200	92
橡皮绝缘导线和电缆		铜芯	65	150	112
		铝芯	65	150	74

续表

导体种类及材料		最高允许温度/℃		热稳定系数 $/A\sqrt{s}mm^{-2}$
		正常	短路	
聚氯乙烯绝缘导线和电缆	铜芯	65	130	100
	铝芯	65	130	65
交联聚乙烯绝缘电缆	铜芯	80	230	140
	铝芯	80	200	84
有中间接头的电缆（不包括聚氯乙烯绝缘电缆）	铜芯	—	150	—
	铝芯	—	150	—

附表 A-22　　土壤电阻率参考值

土壤名称	电阻率/(Ω·m)	土壤名称	电阻率/(Ω·m)
陶黏土	10	砂质黏土、可耕地	100
泥炭、泥灰岩、沼泽地	20	黄土	200
捣碎的木炭	40	含砂黏土、砂土	300
黑土、田园土、陶土	50	多石土壤	400
黏土	60	砂、砂砾	1000

附表 A-23　　LJ 型铝绞线、LGJ 型钢芯铝绞线和 LMY 型硬铝母线的主要技术数据

1. LJ 型铝绞线的主要技术数据

额定截面/mm^2	16	25	35	50	70	95	120	150	185	240
实际截面/mm^2	15.9	25.4	34.4	49.5	71.3	95.1	121	148	183	239
股数/外径/mm	7/ 5.10	7/ 6.45	7/ 7.50	7/ 9.00	7/ 10.8	7/ 12.5	19/ 14.3	19/ 15.8	19/ 17.5	19/ 20.0
50℃时电阻/$(\Omega \cdot km^{-1})$	2.07	1.33	0.96	0.66	0.48	0.36	0.28	0.23	0.18	0.14
线间几何均距/mm	线路电抗/$(\Omega \cdot km^{-1})$									
600	0.36	0.35	0.34	0.33	0.32	0.31	0.30	0.29	0.28	0.28
800	0.38	0.37	0.36	0.35	0.34	0.33	0.32	0.31	0.30	0.30
1000	0.40	0.38	0.37	0.36	0.35	0.34	0.33	0.32	0.31	0.31
1250	0.41	0.40	0.39	0.37	0.36	0.35	0.34	0.34	0.33	0.32
1500	0.42	0.41	0.40	0.38	0.37	0.36	0.35	0.35	0.34	0.33
2000	0.44	0.43	0.41	0.40	0.40	0.38	0.37	0.37	0.36	0.35
额定截面/mm^2	16	25	35	50	70	95	120	150	185	240

续表

导线温度	环境温度/℃	允许持续载流量/A									
70℃（室外架设）	20	110	142	179	226	278	341	394	462	525	641
	25	105	135	170	215	265	325	375	440	500	610
	30	98.7	121	160	202	249	306	353	414	470	573
	35	93.5	120	151	191	236	289	334	392	445	543
	40	86.1	111	139	176	217	267	308	361	410	500

注 1. 线间几何均距 $a_{av}=\sqrt[3]{a_1a_2a_3}$，式中 a_1、a_2、a_3 为三相导线的各相之间的线间距离。三相导线正三角形排列时，$a_{av}=a$；三相导线等距水平排列时，$a_{av}=1.26a$。

2. 铜绞线 TJ 的电阻约为同截面 LJ 电阻的 61%；TJ 的电抗与 LJ 同。TJ 的载流量约为同截面 LJ 载流量的 1.29 倍。

2. LGJ 型钢芯铝线的主要技术数据

额定截面/mm^2	35	50	70	95	120	150	185	240
铝线实际截面/mm^2	34.9	48.3	68.1	94.4	116	149	181	239
铝股数/钢股数/外径/mm	6/1/8.16	6/1/9.60	6/1/11.4	26/7/13.6	26/7/15.1	26/7/17.1	26/7/18.9	26/7/21.7
50℃时电阻/（$\Omega\cdot km^{-1}$）	0.89	0.68	0.48	0.35	0.29	0.24	0.18	0.15
1500	0.39	0.38	0.37	0.35	0.35	0.34	0.33	0.33
2000	0.40	0.39	0.38	0.37	0.37	0.36	0.35	0.34
2500	0.41	0.41	0.40	0.39	0.38	0.37	0.37	0.36
3000	0.43	0.42	0.41	0.40	0.39	0.39	0.38	0.37
3500	0.44	0.43	0.42	0.41	0.40	0.40	0.39	0.38
4000	0.45	0.44	0.43	0.42	0.41	0.40	0.40	0.39

导线温度	环境温度	允许持续载流量/A							
70℃（室外架设）	20	179	231	289	352	399	467	541	641
	25	170	220	275	335	380	445	515	610
	30	159	207	259	315	357	418	484	574
	35	149	193	228	295	335	391	453	536
	40	137	178	222	272	307	360	416	494

3. LMY 型涂漆矩形硬铝母线的主要技术数据

母线截面 $\frac{宽}{mm}\times\frac{厚}{mm}$	65℃时电阻 $\Omega\cdot km^{-1}$	相间距离为250mm时电抗 $\Omega\cdot km^{-1}$		母线竖放时的允许持续载流量/A（导线温度70℃）			
				环境温度			
		竖放	平放	25℃	30℃	35℃	40℃
25×3	0.47	0.24	0.22	265	249	233	215
30×4	0.29	0.23	0.21	365	343	321	296
40×4	0.22	0.21	0.19	480	451	422	389
40×5	0.18	0.21	0.19	540	507	475	438
50×5	0.14	0.20	0.17	665	625	585	539
50×6	0.12	0.20	0.17	740	695	651	600
60×6	0.10	0.19	0.16	870	818	765	705
80×6	0.076	0.17	0.15	1150	1080	1010	932
100×6	0.062	0.16	0.13	1425	1340	1255	1155
60×8	0.076	0.19	0.16	1025	965	902	831
80×8	0.059	0.17	0.15	1320	1240	1160	1070
100×8	0.048	0.16	0.13	1625	1530	1430	1315
120×8	0.041	0.16	0.12	1900	1785	1670	1540
60×10	0.062	0.18	0.16	1155	1085	1016	936
80×10	0.048	0.17	0.14	1480	1390	1300	1200
100×10	0.040	0.16	0.13	1820	1710	1600	1475
120×10	0.035	0.16	0.12	2070	1945	1820	1680
备注	本表母线载流量系母线竖放时的数据。如母线平放，且宽度大于60mm时，表中数据应乘以0.92；如母线平放，且宽度不大于60mm时，表中数据应乘以0.95						

附表 A-24　　绝缘导线明敷、穿钢管和穿塑料管时的允许载流量/A

（导线正常最高允许温度为65℃）

1. 绝缘导线明敷时的允许载流量

芯线截面/mm^2	橡皮绝缘线								塑料绝缘线							
	环境温度															
	25℃		30℃		35℃		40℃		25℃		30℃		35℃		40℃	
	铜芯	铝芯	铜芯	铝芯	铜芯	铝芯	铜芯	铝芯	铜芯	铝芯	铜芯	铝芯	铜芯	铝芯	铜芯	铝芯
2.5	35	27	32	25	30	23	27	21	32	25	30	23	27	21	25	19
4	45	35	41	32	39	30	35	27	41	32	37	29	35	27	32	25
6	58	45	54	42	49	38	45	35	54	42	50	39	46	36	43	33
10	84	65	77	60	72	56	66	51	76	59	71	55	66	51	59	46

续表

芯线截面 /mm²	橡皮绝缘线								塑料绝缘线							
	环境温度															
	25℃		30℃		35℃		40℃		25℃		30℃		35℃		40℃	
	铜芯	铝芯	铜芯	铝芯	铜芯	铝芯	铜芯	铝芯	铜芯	铝芯	铜芯	铝芯	铜芯	铝芯	铜芯	铝芯
16	110	85	102	79	94	73	86	67	103	80	95	74	89	69	81	63
25	142	110	132	102	123	95	112	87	135	105	126	98	116	90	107	53
35	178	138	166	129	154	119	141	109	168	130	156	121	144	112	132	102
50	226	175	210	163	195	151	178	138	213	165	199	154	183	142	168	130
70	284	220	266	206	245	190	224	174	264	205	246	191	228	177	209	162
95	342	265	319	247	295	229	270	200	323	250	301	233	279	216	254	197
120	400	310	361	280	346	268	316	243	365	283	343	266	317	246	290	225
150	416	360	433	336	411	311	366	284	419	325	391	303	362	281	332	257
185	540	420	506	392	468	363	428	332	490	380	458	355	423	328	387	300
240	600	510	615	476	570	441	520	403	—	—	—	—	—	—	—	—

注　型号表示：铜芯橡皮线－BX，铝芯橡皮线－BLX，铜芯塑料线－BV，铝芯塑料线－BLV。

2. 橡皮绝缘导线穿钢管时的允许载流量

芯线截面 /mm²	芯线材质	2根单芯线				2根穿管管径 /mm		3根单芯线				3根穿管管径 /mm		4～5根单芯线				4根穿管管径 /mm		5根穿管管径 /mm	
		环境温度						环境温度						环境温度							
		25℃	30℃	35℃	40℃	SC	MT	25℃	30℃	35℃	40℃	SC	MT	25℃	30℃	35℃	40℃	SC	MT	SC	MT
2.5	铜	27	25	23	21	15	20	25	22	21	19	15	20	21	18	17	15	20	25	21	25
	铝	21	19	18	16			19	17	16	15			16	14	13	12				
4	铜	36	34	31	28	20	25	32	30	27	25	20	25	30	27	25	23	20	25	20	25
	铝	28	26	24	22			25	23	21	19			23	21	19	18				
6	铜	48	44	41	37	20	25	44	40	37	34	20	25	39	36	32	30	25	25	25	32
	铝	37	34	32	29			34	31	29	26			30	28	25	23				
10	铜	67	62	57	53	25	32	59	55	50	46	25	32	52	48	44	40	25	32	32	40
	铝	52	48	44	41			46	43	39	36			40	37	34	31				
16	铜	85	79	74	67	25	32	76	71	66	59	32	32	67	62	57	53	32	41	40	(50)
	铝	66	61	57	52			59	55	51	46			52	48	44	41				
25	铜	111	103	95	88	32	40	98	92	114	77	32	40	85	81	75	68	40	(50)	40	—
	铝	86	80	74	68			76	71	65	60			68	63	58	53				
35	铜	137	128	117	107	32	40	121	112	104	95	32	(50)	199	99	92	84	40	(50)	50	—
	铝	106	99	91	83			94	87	83	74			83	77	71	65				

续表

芯线截面/mm²	芯线材质	2根单芯线 环境温度				2根穿管管径/mm		3根单芯线 环境温度				3根穿管管径/mm		4～5根单芯线 环境温度				4根穿管管径/mm		5根穿管管径/mm	
		25℃	30℃	35℃	40℃	SC	MT	25℃	30℃	35℃	40℃	SC	MT	25℃	30℃	35℃	40℃	SC	MT	SC	MT
50	铜	172	160	148	135	40	(50)	152	142	132	120	50	(50)	135	126	116	107	50	—	70	—
	铝	135	124	115	105			118	110	102	193			105	98	90	83				
70	铜	212	199	183	168	70	(50)	194	181	166	152	50	(50)	172	160	148	135	70	—	70	—
	铝	164	154	142	130			150	140	129	118			133	124	115	105				
95	铜	258	241	223	204	70	—	232	217	200	183	70	—	206	192	178	163	70	80	80	—
	铝	200	187	173	158			180	168	155	142			160	149	138	126				
120	铜	297	277	255	233	70	—	271	253	233	214	70	—	245	228	216	194	70	—	80	—
	铝	230	215	198	181			210	196	181	166			190	177	164	150				
150	铜	335	313	289	264	70	—	310	289	267	244	70	—	284	266	245	224	80	—	100	—
	铝	260	243	224	205			240	224	207	189			220	205	190	174				
185	铜	381	355	329	301	80	—	348	325	301	275	80	—	323	301	279	251	80	—	100	—
	铝	295	275	255	233			270	252	233	213			250	233	216	197				

注　1. 穿线管符号：SC—焊接钢管，管径按内径计；MT—电线管，管径按外径计。

2. 4～5根单芯线穿管的载流量是指低压TN—C系统、TN—S系统或TN—C—S系统中的相线载流量，其中N线或PEN线中可有不平衡电流通过。如三相负荷平衡，则虽有4根或5根线穿管，但其载流量仍按三根线穿管考虑，而穿线管管径则按实际穿管导线数选择。

3. 塑料绝缘导线穿钢管时的允许载流量

芯线截面/mm²	芯线材质	2根单芯线 环境温度				2根穿管管径/mm		3根单芯线 环境温度				3根穿管管径/mm		4～5根单芯线 环境温度				4根穿管管径/mm		5根穿管管径/mm	
		25℃	30℃	35℃	40℃	SC	MT	25℃	30℃	35℃	40℃	SC	MT	25℃	30℃	35℃	40℃	SC	MT	SC	MT
2.5	铜	26	23	21	19	15	15	23	21	19	18	15	15	19	18	16	14	15	15	15	20
	铝	20	18	17	15			18	16	15	14			15	14	12	11				
4	铜	35	32	30	27	15	15	31	28	26	23	15	15	28	26	23	21	15	20	20	20
	铝	27	25	23	21			24	22	20	18			22	20	19	17				
6	铜	45	41	39	35	15	20	41	37	35	32	15	20	36	34	31	28	20	25	25	25
	铝	35	32	30	27			32	29	27	25			28	26	24	22				
10	铜	63	58	54	49	20	25	57	53	49	44	20	25	49	45	41	39	25	25	25	32
	铝	49	45	42	38			44	41	38	34			38	35	32	30				

续表

芯线截面/mm²	芯线材质	2根单芯线 环境温度				2根穿管管径/mm		3根单芯线 环境温度				3根穿管管径/mm		4～5根单芯线 环境温度				4根穿管管径/mm		5根穿管管径/mm	
		25℃	30℃	35℃	40℃	SC	MT	25℃	30℃	35℃	40℃	SC	MT	25℃	30℃	35℃	40℃	SC	MT	SC	MT
16	铜	81	75	70	63	25	25	72	67	62	57	25	32	65	59	55	50	25	32	32	40
	铝	63	58	54	49			56	52	48	44			50	46	43	39				
25	铜	103	95	89	81	25	32	90	84	77	71	32	32	84	77	72	66	32	40	32	(50)
	铝	80	74	69	63			70	65	60	55			65	60	56	51				
35	铜	129	120	111	102	32	40	116	108	99	92	32	40	103	95	89	81	40	(50)	40	—
	铝	100	93	86	79			90	84	77	71			80	74	69	63				
50	铜	161	150	139	126	40	50	142	132	123	112	40	(50)	129	120	111	102	50	(50)	50	—
	铝	125	116	108	98			110	102	95	87			100	93	86	79				
70	铜	200	186	173	157	50	50	184	172	159	146	50	(50)	164	150	141	129	50	—	70	—
	铝	155	144	134	122			143	133	123	113			127	118	109	100				
95	铜	245	228	212	194	50	(50)	219	204	190	173	50	—	196	183	169	155	70	—	70	—
	铝	190	177	164	150			170	158	147	134			152	142	131	120				
120	铜	284	264	245	224	50	(50)	252	235	217	199	50	—	222	206	191	175	70	—	80	—
	铝	220	205	190	174			195	112	168	154			172	160	148	136				
150	铜	323	301	279	254	70	—	290	271	250	228	70	—	258	241	223	204	70	—	80	—
	铝	250	233	216	197			225	210	194	177			200	187	173	158				
185	铜	368	343	317	290	70	—	329	307	284	259	70	—	297	277	255	233	80	—	100	—
	铝	285	266	246	225			255	238	220	201			230	215	198	181				

4. 橡皮绝缘导线穿硬塑料管时的允许载流量

芯线截面/mm²	芯线材质	2根单芯线 环境温度				2根穿管管径/mm	3根单芯线 环境温度				3根穿管管径/mm	4～5根单芯线 环境温度				4根穿管管径/mm	5根穿管管径/mm
		25℃	30℃	35℃	40℃		25℃	30℃	35℃	40℃		25℃	30℃	35℃	40℃		
2.5	铜	25	22	21	19	15	22	19	18	17	15	19	18	16	14	20	25
	铝	19	17	16	15		17	15	14	13		15	14	12	11		
4	铜	32	30	27	25	20	30	27	25	23	20	26	23	22	20	20	25
	铝	25	23	21	19		23	21	19	18		20	18	17	15		

续表

芯线截面/mm²	芯线材质	2根单芯线				2根穿管管径/mm	3根单芯线				3根穿管管径/mm	4～5根单芯线				4根穿管管径/mm	5根穿管管径/mm
		环境温度					环境温度					环境温度					
		25℃	30℃	35℃	40℃		25℃	30℃	35℃	40℃		25℃	30℃	35℃	40℃		
6	铜	43	39	36	34	20	37	35	32	28	34	34	31	28	26	25	32
	铝	33	30	28	26		29	27	25	22		26	24	22	20		
10	铜	57	53	49	44	25	52	48	44	40	25	45	41	38	35	32	32
	铝	44	41	38	34		40	37	34	31		35	32	30	27		
16	铜	75	70	65	58	32	67	62	57	53	32	59	155	50	46	32	40
	铝	58	54	50	45		52	48	44	41		46	43	39	36		
25	铜	99	92	85	77	32	88	81	75	68	32	77	72	66	61	40	40
	铝	77	71	66	60		68	63	58	53		60	56	51	47		
35	铜	123	114	106	97	40	108	101	93	85	40	95	89	83	75	40	50
	铝	95	88	82	75		84	78	72	66		74	69	64	58		
50	铜	155	145	133	121	40	139	129	120	111	50	123	114	106	97	50	65
	铝	120	112	103	94		108	100	93	86		95	88	82	75		
70	铜	197	184	170	156	50	174	163	150	137	50	155	144	133	172	65	75
	铝	153	143	132	121		135	126	116	106		120	112	103	94		
95	铜	237	222	205	187	50	213	199	183	168	65	194	181	166	152	75	80
	铝	184	172	159	145		165	154	142	130		150	140	129	118		
100	铜	271	253	233	214	65	245	228	212	194	65	219	204	190	173	80	80
	铝	210	196	181	166		190	177	164	150		170	158	147	134		
150	铜	323	301	277	254	75	293	273	253	231	75	264	246	228	209	80	90
	铝	250	233	215	197		227	212	196	179		205	191	177	162		
185	铜	364	339	313	258	80	329	307	284	259	80	299	279	258	236	100	100
	铝	282	263	243	223		255	238	220	201		232	216	200	183		

注　如附表 A-25 中注 2 所述。如三相负荷平衡，则虽有 4 根或 5 根线穿管，但导线载流量仍应按三根线穿管的载流量选择，但穿线管管径则按实际穿管导线数选择。硬塑料管符号为 PC。

5. 塑料绝缘导线穿硬塑料管时的允许载流量

芯线截面/mm²	芯线材质	2根单芯线 环境温度				2根穿管管径/mm	3根单芯线 环境温度				3根穿管管径/mm	4~5根单芯线 环境温度				4根穿管管径/mm	5根穿管管径/mm
		25℃	30℃	35℃	40℃		25℃	30℃	35℃	40℃		25℃	30℃	35℃	40℃		
2.5	铜	23	21	19	18	15	21	18	17	15	15	18	17	15	14	20	25
	铝	18	16	15	14		16	14	13	12		14	13	12	11		
4	铜	31	28	26	23	20	28	26	24	22	20	25	22	20	19	20	25
	铝	24	22	20	18		22	20	19	17		19	17	16	15		
6	铜	40	36	34	31	20	35	32	30	27	20	32	30	27	25	25	32
	铝	31	28	26	24		27	25	23	21		25	23	21	19		
10	铜	54	50	46	43	25	49	45	42	39	25	43	39	36	34	32	32
	铝	42	39	36	33		38	35	32	30		33	30	28	26		
16	铜	71	66	61	51	32	63	58	54	49	32	57	53	49	44	32	40
	铝	55	51	47	43		49	45	42	38		44	41	311	34		
25	铜	94	88	81	74	32	84	77	72	66	40	74	68	63	58	40	50
	铝	73	68	63	57		65	60	56	51		57	53	49	45		
35	铜	116	108	99	92	40	103	95	89	81	40	90	84	77	71	50	65
	铝	90	84	77	71		80	74	69	63		70	65	60	55		
50	铜	147	137	126	116	51	132	123	114	100	50	116	108	99	92	65	65
	铝	114	106	98	90		102	95	89	80		90	84	77	71		
70	铜	187	174	161	147	50	168	156	144	132	50	148	138	128	116	65	75
	铝	145	135	125	114		130	121	112	102		115	107	98	90		
95	铜	226	210	195	178	65	204	190	175	160	65	181	168	156	142	75	75
	铝	175	163	151	138		153	147	136	124		140	130	121	110		
120	铜	266	241	223	205	65	232	217	200	183	65	206	192	178	163	75	80
	铝	206	187	173	158		180	168	155	142		160	149	138	126		
150	铜	297	277	255	233	75	267	249	231	210	75	239	212	206	188	80	90
	铝	230	215	198	181		207	193	179	163		185	172	160	146		

续表

芯线截面/mm²	芯线材质	2根单芯线 环境温度				2根穿管管径/mm	3根单芯线 环境温度				3根穿管管径/mm	4～5根单芯线 环境温度				4根穿管管径/mm	5根穿管管径/mm
		25℃	30℃	35℃	40℃		25℃	30℃	35℃	40℃		25℃	30℃	35℃	40℃		
185	铜	342	319	295	270	75	303	283	262	239	80	273	255	236	215	90	100
	铝	265	247	220	209		235	219	203	185		212	198	183	167		

注 1. 同附表A-23注。

2. 管径在工程中常用英寸（in）表示，管径的SI制（mm）与英制（in）的近似对照如下：

SI制/mm	15	20	25	32	41	50	65	70	80	90	100
英制/in	$\frac{1}{2}$	$\frac{3}{4}$	1	$1\frac{1}{4}$	$1\frac{1}{2}$	2	$2\frac{1}{2}$	$1\frac{3}{4}$	3	$3\frac{1}{2}$	4

附表A-25　绝缘导线和电缆的电阻和电抗值

1. 室内明敷和穿管的绝缘导线的电阻和电抗值

导线线芯额定截面/mm²	电阻/(Ω·km⁻¹) 导线温度 50℃ 铝芯	电阻 50℃ 铜芯	电阻 60℃ 铝芯	电阻 60℃ 铜芯	电抗/(Ω·km⁻¹) 明敷线距100mm 铝芯	明敷线距100mm 铜芯	明敷线距150mm 铝芯	明敷线距150mm 铜芯	导线穿管 铝芯	导线穿管 铜芯
1.5	—	14.00	—	14.50	—	0.342	—	0.368	—	0.138
2.5	13.33	8.40	13.80	8.70	0.327	0.327	0.353	0.353	0.127	0.127
4	8.25	5.20	8.55	5.38	0.312	0.312	0.338	0.338	0.119	0.119
6	5.53	3.48	5.75	3.61	0.300	0.300	0.325	0.325	0.112	0.112
10	3.33	2.05	3.45	2.12	0.280	0.280	0.306	0.306	0.108	0.108
16	2.08	1.25	2.16	1.30	0.265	0.265	0.290	0.290	0.102	0.102
25	1.31	0.81	1.36	0.84	0.251	0.251	0.277	0.277	0.099	0.099
35	0.94	0.58	0.97	0.60	0.241	0.241	0.266	0.266	0.095	0.095
50	0.65	0.40	0.67	0.41	0.229	0.229	0.251	0.251	0.091	0.091
70	0.47	0.29	0.49	0.30	0.219	0.219	0.242	0.242	0.088	0.088
95	0.35	0.22	0.36	0.23	0.206	0.206	0.231	0.231	0.085	0.085
120	0.28	0.17	0.29	0.18	0.199	0.199	0.223	0.223	0.083	0.083
150	0.22	0.14	0.23	0.14	0.191	0.191	0.216	0.216	0.082	0.082

续表

导线线芯额定截面/mm²	电阻/(Ω·km⁻¹)				电抗/(Ω·km⁻¹)					
	导线温度				明敷线距/mm				导线穿管	
	50℃		60℃		100		150			
	铝芯	铜芯	铝芯	铜芯	铝芯	铜芯	铝芯	铜芯	铝芯	铜芯
185	0.18	0.11	0.19	0.12	0.184	0.184	0.209	0.209	0.081	0.081
240	0.14	0.09	0.14	0.09	0.178	0.178	0.200	0.200	0.080	0.080

2. 电力电缆的电阻和电抗值

导线线芯额定截面/mm²	电阻/(Ω·km⁻¹)								电抗/(Ω·km⁻¹)					
	铝芯电缆				铜芯电缆				纸绝缘电缆			塑料电缆		
	缆芯工作温度/℃								额定电压/kV					
	55	60	75	80	55	60	75	80	1	6	10	1	6	10
2.5	—	14.38	15.13	—	—	8.54	8.98	—	0.098	—	—	0.100	—	—
4	—	8.99	9.45	—	—	5.34	5.61	—	0.091	—	—	0.05	—	—
6	—	6.00	6.31	—	—	3.56	3.75	—	0.087	—	—	0.091	—	—
10	—	3.60	3.78	—	—	2.13	2.25	—	0.081	—	—	0.087	—	—
16	2.21	2.25	2.36	2.40	1.31	1.33	1.40	1.43	0.077	0.099	0.110	0.082	0.124	0.133
25	1.41	1.44	1.51	1.54	0.84	0.85	0.90	0.91	0.067	0.088	0.098	0.075	0.111	0.120
35	1.01	1.03	1.08	1.10	0.60	0.61	0.64	0.65	0.065	0.083	0.092	0.073	0.105	0.113
50	0.71	0.72	0.76	0.77	0.42	0.43	0.45	0.46	0.063	0.079	0.087	0.071	0.099	0.107
70	0.51	0.52	0.54	0.56	0.30	0.31	0.32	0.33	0.062	0.076	0.083	0.070	0.093	0.101
95	0.37	0.38	0.40	0.41	0.22	0.23	0.24	0.24	0.062	0.074	0.080	0.070	0.089	0.096
120	0.29	0.30	0.31	0.32	0.17	0.18	0.19	0.19	0.062	0.072	0.078	0.070	0.087	0.095
150	0.24	0.24	0.25	0.26	0.14	0.14	0.15	0.15	0.062	0.071	0.077	0.070	0.085	0.093
185	0.20	0.20	0.21	0.21	0.12	0.12	0.12	0.13	0.062	0.070	0.075	0.070	0.082	0.090
240	0.15	0.16	0.16	0.17	0.09	0.09	0.10	0.11	0.062	0.069	0.073	0.070	0.080	0.087

注　1. 表中塑料电缆包括聚氯乙烯绝缘电缆和交联电缆。

2. 1kV 级 4～5 芯电缆的电阻和电抗值可近似地取用同级 3 芯电缆的电阻和电抗值（本表为三芯电缆值）。

附表 A-26　　GC1-A、B-2G 型工厂配照灯的主要技术数据和计算图表

1. 主要规格数据

光源型号	光源功率	光源光通量	遮光角	灯具效率	最大距高比
GGY-125	125W	4750lm	0°	66%	1.35

2. 灯具外形及其配光曲线（见附图 A-4）

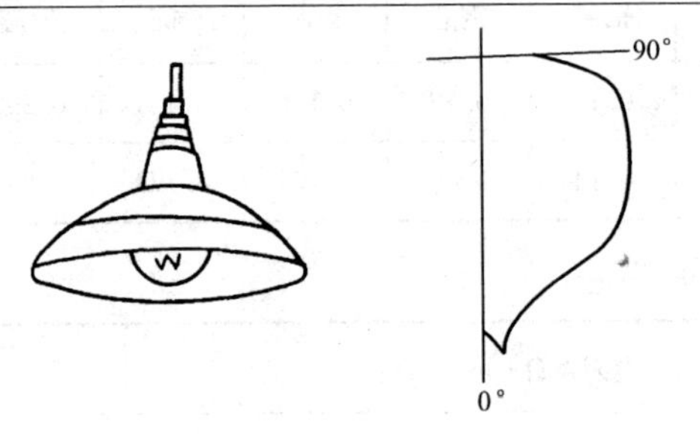

附图 A-4　灯具外形及配光曲线

3. 灯具利用系数

顶棚反射比 ρ_c（%）	70			50			30			0
墙壁反射比 ρ_w（%）	50	30	10	50	30	10	50	30	10	0
室空间比（RCR） 地面反射比（ρ_f=20%）	0.66	0.64	0.61	0.64	0.61	0.59	0.61	0.59	0.57	0.54
	0.57	0.53	0.49	0.55	0.51	0.49	0.52	0.49	0.47	0.44
	0.49	0.44	0.40	0.47	0.43	0.39	0.45	0.41	0.38	0.36
	0.43	0.38	0.33	0.42	0.37	0.33	0.40	0.36	0.32	0.30
	0.38	0.32	0.28	0.37	0.31	0.27	0.35	0.31	0.27	0.25
	0.34	0.28	0.23	0.32	0.27	0.23	0.31	0.27	0.23	0.21
	0.30	0.24	0.20	0.29	0.23	0.19	0.28	0.23	0.19	0.18
	0.27	0.21	0.17	0.26	0.21	0.17	0.25	0.20	0.17	0.15
	0.24	0.19	0.15	0.23	0.18	0.15	0.23	0.18	0.15	0.13
	0.22	0.16	0.13	0.21	0.16	0.13	0.21	0.16	0.13	0.11

4. 灯具概算图表（见附图 A-5）

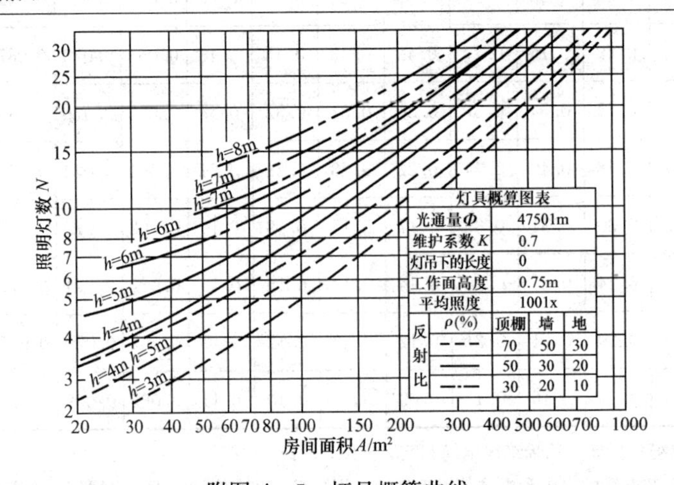

附图 A-5　灯具概算曲线

附表 A-27　　常用的电气简图用图形符号

序号	符号名称		图形符号
1	基本符号		
1.1	直流电		=
1.2	交流电		～
1.3	直流正极		+
1.4	直流负极		—
1.5	电源端交流相序	第一相	L1
		第二相	L2
		第三相	L3
	设备端交流相序	第一相	U
		第二相	V
		第三相	W
	本书建议采用的交流相序	第一相	A
		第二相	B
		第三相	C
1.6	中性线（N 线）		N
1.7	保护线（PE 线）		PE
1.8	保护中性线（PEN 线）		PEN
1.9	接地的一般符号		
1.10	故障（绝缘击穿）的一般符号		
2	导体和联结件符号		
2.1	导线、电缆、母线和线路的一般符号		
2.2	多根导线（例：3 根导线）		3
2.3	T 形连接		

序号	符号名称		图形符号
2.4	导线的双重联结		
2.5	中性点		n
2.6	插头和插座		
2.7	接通的联结片		
2.8	断开的联结片		
2.9	端子		○
2.10	电缆密封终端	表示带有一根三芯电缆	
		本书建议采用的符号	
3	电阻、电容和电感符号		
3.1	电阻器，一般符号		
3.2	可调电阻器		
3.3	带滑动触点的电阻器		
3.4	带滑动触点的电位器		
3.5	电容器，一般符号		

续表

序号	符号名称		图形符号
3.6	极性电容器（例如电解电容）		
3.7	可调电容器		
3.8	电感器、线圈、绕组、扼流圈		
3.9	带磁心的电感器		
3.10	磁心有间隙的电感器		
3.11	电抗器、扼流圈		
4	电能的发生和转换符号		
4.1	发电机		
4.2	交流发电机		
4.3	电动机		
4.4	直流电动机		
4.5	双绕组变压器	形式 1	
		形式 2	
4.6	三绕组	形式 1	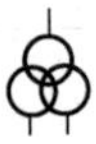
	变压器	形式 2	
4.7	自耦变压器	形式 1	
		形式 2	

序号	符号名称		图形符号
4.8	具有一个二次绕组的电流互感器	形式 1	
		形式 2	
4.9	具有两个二次绕组的电流互感器	形式 1	
		形式 2	
4.10	在一个铁芯上具有两个二次绕组的电流互感器	形式 1	
		形式 2	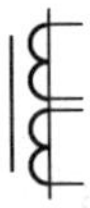
4.11	电压互感器	形式 1	
		形式 2	
4.12	整流器		
4.13	桥式全波整流器		
4.14	逆变器		
4.15	原电池，蓄电池，原电池或蓄电池组		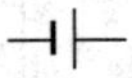

续表

序号	符号名称		图形符号
5	开关装置符号		
5.1	动合（常开）触点，可作开关的一般符号	形式 1	
		形式 2	
5.2	动断（常闭）触点		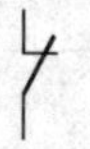
5.3	中间断开的双向转换触点		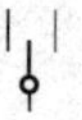
5.4	先合后断的转换触点	形式 1	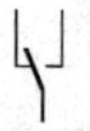
		形式 2	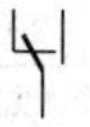
5.5	多触点组中比其他触点提前吸合的动合（常闭）触点		
5.6	多触点组中比其他触点滞后释放的动断（常闭）触点		
5.7	接触器；接触器的主触点	动合（常开）触点	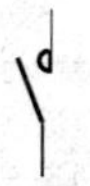
		动断（常闭）触点	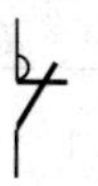
5.8	自动复位的按钮开关	动合（常开）触点	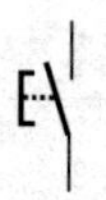
		动断（常闭）触点	

序号	符号名称	图形符号
5.9	具有动合触点但无自动复位的旋转开关	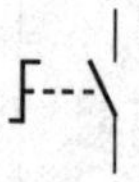
5.10	断路器	
5.11	隔离开关	
5.12	负荷开关（负荷隔离开关）	
5.13	静态开关，一般符号	
5.14	荧光灯起辉器	
5.15	自动复位的控制器或控翻开关（箭头“→”所指为自动复位方向）	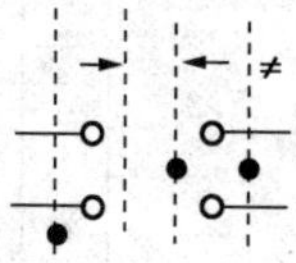
6	熔断器和避雷器符号	
6.1	熔断器，一般符号	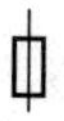
6.2	熔断器式开关	
6.3	熔断器式隔离开关（编者注：可用作一般跌开式熔断器图形符号，文字符号采用 FD）	
6.4	熔断器式负荷开关（可用作负荷型跌开式熔断器图形符号，文字符号采用 FDL）	
6.5	避雷器	

续表

序号	符号名称		图形符号
6.6	火花间隙		
7	继电器、接触器和自动装置符号		
7.1	测量继电器	测量继电器一般符号（“★”用特性量及其变化方式、能量流动方向等符号表示）	★
7.2	测量继电器	过电流继电器（示出一瞬时动合触点）	KA $I>$
7.3	测量继电器	低电压继电器（示出一瞬时动断触点）	KV $U<$
7.4	测量继电器	具有反时限特性的过电流继电器（示出一先合后断转换触点）	* $I>$ KA（亦可采用序号5.4触点符号）
7.5	测量继电器	差动继电器（示出一动合触点）	* I_d KD
7.6	测量继电器	气体（瓦斯）继电器，示出两对动合触点	

序号	符号名称		图形符号
7.7	有或无继电器	机电式有或无继电器操作器件，一般符号	
7.8	有或无继电器	具有两个独立绕组的操作器件（分出表示法）	
7.9		缓慢吸合继电器线圈（作时间继电器线圈，示出一延时闭合触点）	* KT
7.10		缓慢释放继电器线圈（作时间继电器线圈，示出一延时断开触点）	* KT
7.11		快速继电器线圈（作具有快吸快放动作性能的中间继电器线圈，并示出一动合、一动断触点）	* KT
7.12		机械保持继电器线圈（作具有机械保持结构的信号继电器线圈，并示出一非自动复位触点）	*
7.13		自动重闭合器件，自动重合闸继电器	
8	测量仪表符号		
8.1	指示仪表	电压表	V
8.2	指示仪表	电流表	A *
8.3	指示仪表	有功功率表	W *

续表

序号	符号名称		图形符号
8.4	指示仪表	无功功率表	var
8.5		功率因数表	cosφ
8.6		频率表	Hz
8.7	积算仪表	有功电能表（瓦时计）	Wh
8.8		无功电能表（乏时计）	varh *
8.9		多费率电能表（示出两费率）	Wh
8.10		带最大需量指示器的有功电能表	Wh P_{max}
9	灯和指示器件符号		
9.1	灯；信号灯		
9.2	电喇叭		
9.3	电铃		
9.4	蜂鸣器		
10	电子器件符号		
10.1	半导体二极管，一般符号		
10.2	PNP 半导体管		
10.3	NPN 半导体管		
10.4	光耦合器件；光隔离器（示出发光二极管和光敏半导体管）		

序号	符号名称	图形符号
10.5	闸流管；间热式阴极、充气三极管	
10.6	光电管；光电发射二极管	
11	建筑安装平面布置图符号	
11.1	中线性（N 线）	
11.2	保护线（PE 线）	
11.3	保护中性线（PEN 线）	
11.4	示例：具有中性线和保护线的三相配线	
11.5	向上配线	
11.6	向下配线	
11.7	垂直通过配线	
11.8	盒（箱）一般符号	
11.9	连接盒、接线盒	
11.10	用户端；供电输入设备（示出带配线）	
11.11	配电中心（示出五路馈线）	
11.12	（电源）插座，一般符号	
11.13	（电源）多个插座（示出 3 个）	3
11.14	带保护触点的（电源）插座	

续表

序号	符号名称	图形符号
11.15	带护板的（电源）插座	
11.16	带单极开关的（电源）插座	
11.17	带联锁开关的（电源）插座	
11.18	具有隔离变压器的插座	
11.19	电信插座的一般符号 可用以下文字或符号区别不同插座：TP—电话；FX—传真；M—传声器；扬声器；FM—调频；TV—电视；TX—电传	
11.20	开关，一般符号	
11.21	带指示灯的开关	
11.22	单极限时开关	
11.23	双极开关	
11.24	双控单极开关	
11.25	中间开关，等效电路图	
11.26	调光器	
11.27	单极拉线开关	
11.28	按钮	
11.29	带有指示灯的按钮	
11.30	限时设备；定时器	
11.31	定时开关	
11.32	钥匙开关	
11.33	照明引出线位置（示出配线）	
11.34	在墙上的照明引出线（示出来自左边的配线）	
11.35	灯，一般符号	
11.36	荧光灯，一般符号 示例：三管荧光灯 五管荧光灯	
11.37	投光灯，一般符号	
11.38	聚光灯	
11.39	泛光灯	
11.40	气体放电灯的辅助设备	
11.41	在专用电路上的事故照明灯	
11.42	自带电源的事故照明灯	

续表

序号	符号名称	图形符号
11.43	热水器（示出引线）	
11.44	风扇（示出引线）	
11.45	时钟； 时间记录器	
11.46	对讲电话机，如入户电话	
11.47	地下线路	
11.48	水下（海底）线路	
11.49	架空线路	
11.50	管道线路（管孔数等可标注在管线上方） 示例：6 孔管道的线路	6
11.51	过孔线路	
11.52	发电站（厂）　规划（设计）的	
	发电站（厂）　运行的	
11.53	变、配电所　规划（设计）的	
	变、配电所　运行的	

附录B 课程设计任务书

一、设计题目

某工业建筑降压变电所的电气设计。

二、设计要求

根据本厂所能取得的电源及用电负荷的实际情况，并适当考虑到生产的发展，按照安全可靠、技术先进、经济合理的要求，确定变电所的位置与型式，确定变电所主变压器的台数与容量，选择变电所主结线方案及高低压设备与进出线，确定二次回路方案，选择并整定继电保护装置，确定防雷和接地装置，最后按要求写出设计说明书，绘出设计图样。

三、设计依据

（1）工厂总平面图，另附（参看附图B-1～附图B-4）。

（2）工厂负荷情况：本厂的负荷统计资料如附表B-1所示。本厂多数车间为两班制，年最大负荷利用小时为a（见附表B-2，后面的b～y同）h，日最大负荷持续时间为bh。该厂除铸造车间、电镀车间和锅炉房属二级负荷外，其余均属三级负荷。低压动力设备均为三相，额定电压为380V。照明及家用电器均为单相，额定电压为220V。

附表B-1 工厂负荷统计资料

用电单位编号	用电单位名称	负荷性质	设备容量 kW	需要系数	功率因数
1	铸造车间	动力	200～400	0.3～0.4	0.65～0.70
		照明	5～10	0.7～0.9	1.0
2	锻压车间	动力	200～400	0.2～0.3	0.60～0.65
		照明	5～10	0.7～0.9	1.0
3	金工车间	动力	200～400	0.2～0.3	0.60～0.65
		照明	5～10	0.7～0.9	1.0
4	工具车间	动力	200～400	0.2～0.3	0.60～0.65
		照明	5～10	0.7～0.9	1.0
5	电镀车间	动力	150～300	0.4～0.6	0.70～0.80
		照明	5～10	0.7～0.9	1.0
6	热处理车间	动力	200～400	0.4～0.6	0.70～0.80
		照明	5～10	0.7～0.9	1.0
7	装配车间	动力	100～200	0.3～0.4	0.65～0.75
		照明	5～10	0.7～0.9	1.0
8	机修车间	动力	100～200	0.2～0.3	0.60～0.70
		照明	2～5	0.7～0.9	1.0
9	锅炉房	动力	50～100	0.4～0.6	0.60～0.70
		照明	1～2	0.7～0.9	1.0
10	仓库	动力	10～30	0.2～0.3	0.60～0.70
		照明	1～2	0.7～0.9	1.0
生活区		照明	200～400	0.6～0.8	1.0

注 1. 表中数据为供设计指导教师下达任务书时填写负荷资料参考的赋值范围，应力求使每个设计者的负荷数据都有所差异，厂房编号1～10，也可随意编写。

2. 生活区的负荷除照明外，尚含家用电器。

（3）供电电源情况：按照工厂与当地供电部门签订的供用电协议规定，本厂可由附近一条 ckV 的公用电源干线取得工作电源。该干线的走向参看工厂总平面图。该干线的导线牌号为 d，导线为等边三角形排列，线距为 em；干线首端（即电力系统的馈电变电所）距离本厂约 $f$km，该干线首端所装高压断路器的断流容量为 gMVA，此断路器配备有定时限过电流保护和电流速断保护，其定时限过电流保护整定的动作时间为 hs。为满足工厂二级负荷的要求，可采用联络线由邻近的单位取得备用电源。已知与本厂高压侧有电气联系的架空线路总长度达 $i$km，电缆线路总长度达 $j$km。

（4）气象资料：本厂所在地区的年最高气温为 k℃，年平均气温为 l℃，年最低气温为 m℃，年最热月平均最高气温为 n℃，年最热月平均气温为 o℃，年最热月地下 0.8m 处平均温度为 p℃。年主导风向为 q 风，年雷暴日数为 r。

（5）地质水文资料：本厂所在地区平均海拔 sm，地层以 t（土）为主，地下水位为 um。

（6）电费制度：本厂与当地供电部门达成协议，在工厂变电所高压侧计量电能，设专用计量柜，按两部电费制缴纳电费。每月基本电费按主变压器容量为 v 元/kVA， 动力电费为 w 元/kWh， 照明（含家电）电费为 x 元/kWh， 工厂最大负荷时的功率因数不得低于 y。

注：以上待填的原始数据资料，可依字母顺序由指导教师在附表 B-2 所列赋值范围内选取。

四、设计任务

要求在规定时间内独立完成下列工作量：

（一）设计说明书

（1）目录。

（2）前言及确定了赋值参数的设计任务书。

（3）负荷计算和无功功率补偿。

（4）变电所位置和型式的选择。

（5）变电所主变压器台数、容量及主结线方案的选择。

（6）短路电流计算。

（7）变电所一次设备的选择与校验。

（8）变电所高、低压线路的选择。

（9）变电所二次回路方案选择及继电保护的整定。

（10）防雷和接地装置的确定。

（11）附录及参考文献。

（12）收获和体会。

（二）设计图样

（1）主要设备及材料表。

（2）变电所主结线图（装置式）。

（3）变电所平、剖面布置图。

（4）变电所照明及接地平面图。

（5）变电所的二次回路接线图。

五、设计时间

______年____月____日至______年____月____日。　　指导教师：________（签名）

附表 B-2　　设计任务书中待填原始数据资料的赋值范围（供指导教师参考）

序号	原始数据资料	序号	原始数据资料	序号	原始数据资料	序号	原始数据资料
a	2500～5000	*h*	1.0～2.0	*o*	20～30	*v*	视当时当地电价自定
b	3～8	*i*	100～200	*p*	20～30	*w*	视当时当地电价自定
c	6 或 10	*j*	30～50	*q*	东、南、西、北等	*x*	视当时当地电价自定
d	LGJ-95～LGJ-185	*k*	30～40	*r*	15～50	*y*	0.90～0.94
e	0.8～1.5	*l*	10～30	*s*	50～1000		
f	5～10	*m*	−20～−5	*t*	黏土、砂黏土、黄土等		
g	300～500～750	*n*	25～35	*u*	2～4		

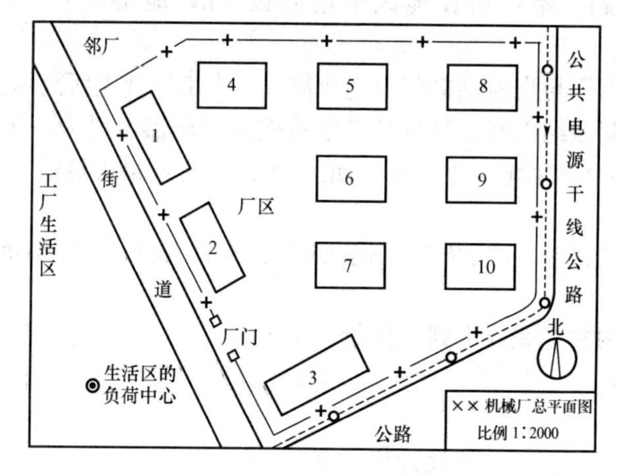

附图 B-1　××机械厂总平面图

注：图中 1～10 为用电单位编号，见附表 B-1。

附图 B-2～附图 B-4 同。

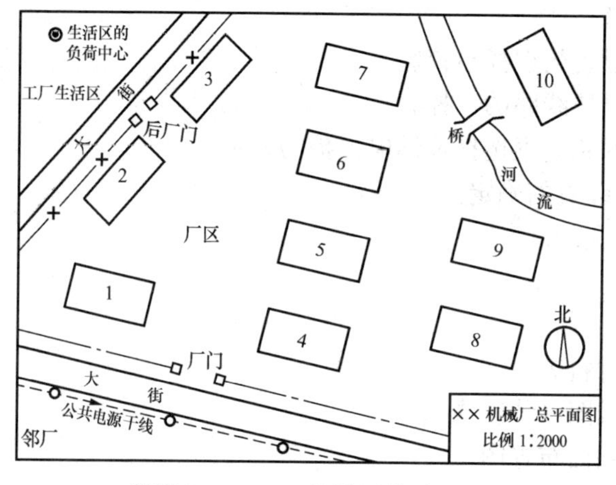

附图 B-2　××机械厂总平面图

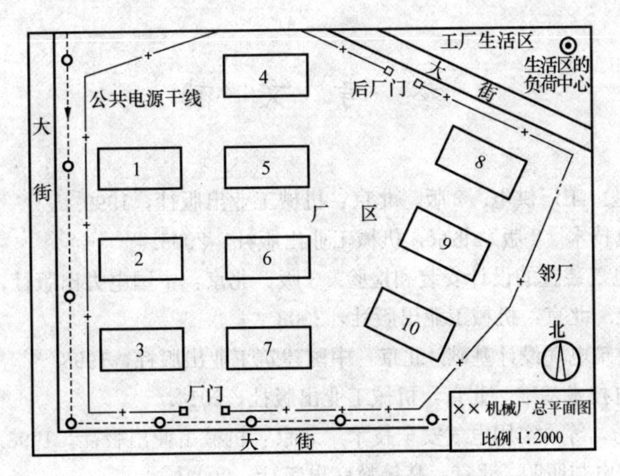

附图 B-3　××机械厂总平面图

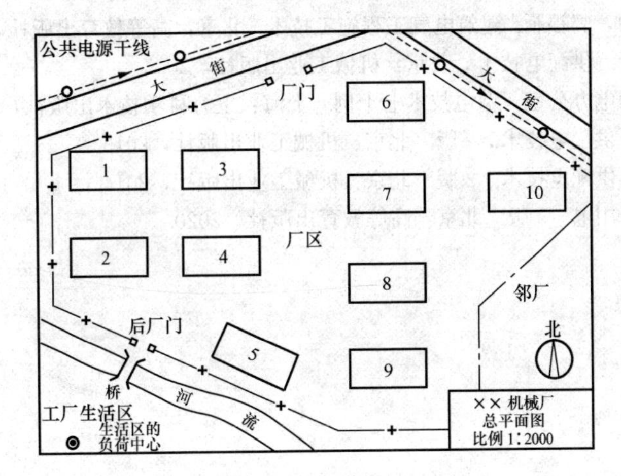

附图 B-4　××机械厂总平面图

参 考 文 献

[1] 刘介才，戴绍基. 工厂供电. 2版. 北京：机械工业出版社，1999.
[2] 刘介才. 供配电技术. 2版. 北京：机械工业出版社，2005.
[3] 王厚余. 低压电气装置的设计安装和检验. 3版. 北京：中国电力出版社，2012.
[4] 杨岳. 电气安全. 北京：机械工业出版社，2003.
[5] 张九根. 高层建筑电气设计基础. 北京：中国建筑工业出版社，1998.
[6] 马誌溪. 供配电技术基础. 北京：机械工业出版社，2014.
[7] 谈文华，万载杨，等. 实用电气安全技术. 北京：机械工业出版社，1998.
[8] 范同顺. 建筑配电与照明. 北京：高等教育出版社，2004.
[9] 李英姿. 建筑电气施工技术. 北京：机械工业出版社，2003.
[10] 黄民德，季中，郭福雁. 建筑电气工程施工技术. 北京：高等教育出版社，2004.
[11] 江文，许慧中. 供配电技术. 北京：机械工业出版社，2005.
[12] 上海市计划用电办公室. 节电技术七十例. 上海：上海科学技术出版社，1984.
[13] 戴绍基. 工厂供配电技术. 2版. 北京：机械工业出版社，2013.
[14] 戴绍基. 建筑供配电技术. 2版. 北京：机械工业出版社，2014.
[15] 戴绍基. 安全用电. 3版. 北京：高等教育出版社，2020.

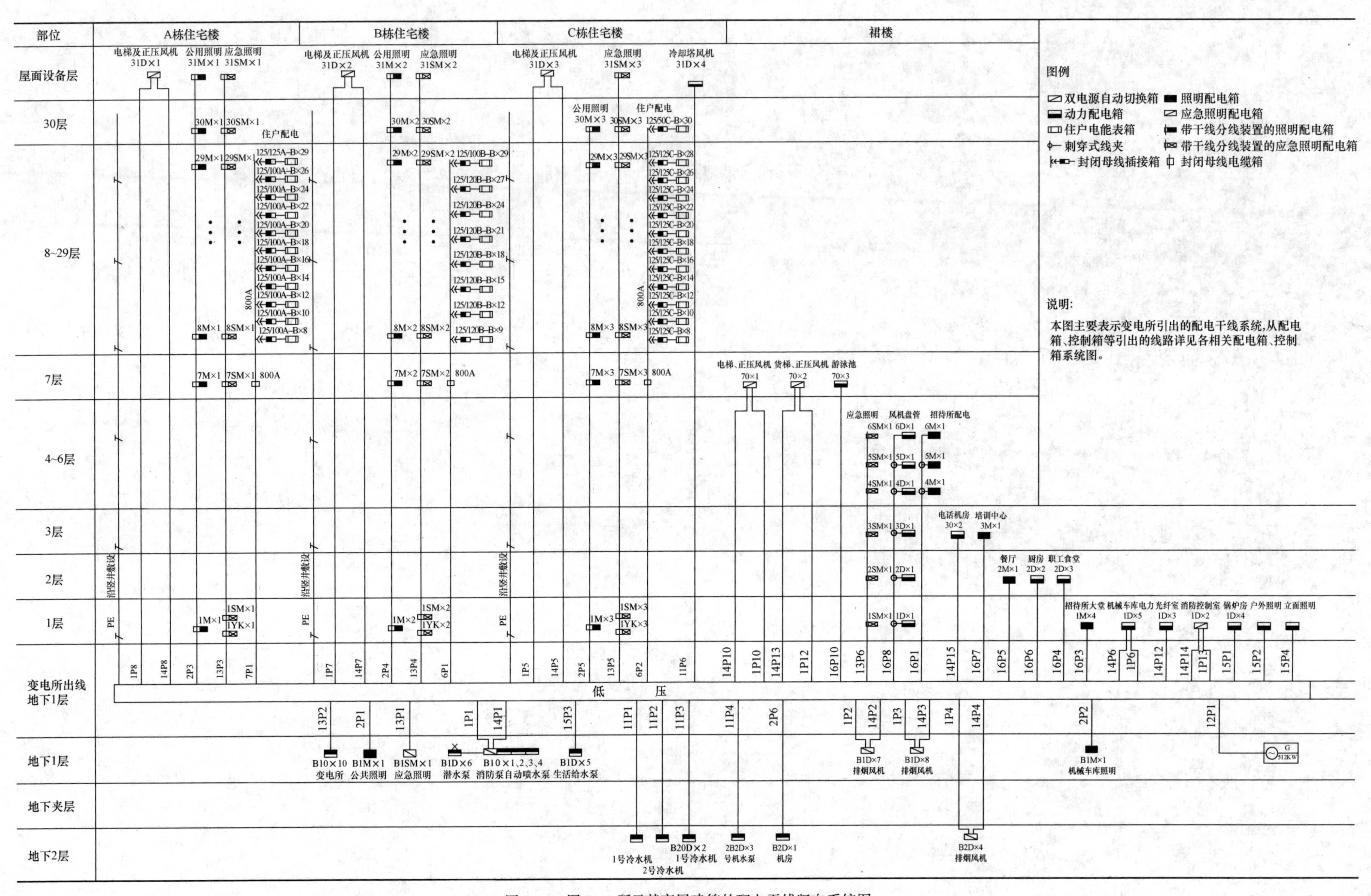

图 9-6　图 5-3 所示某高层建筑的配电干线竖向系统图